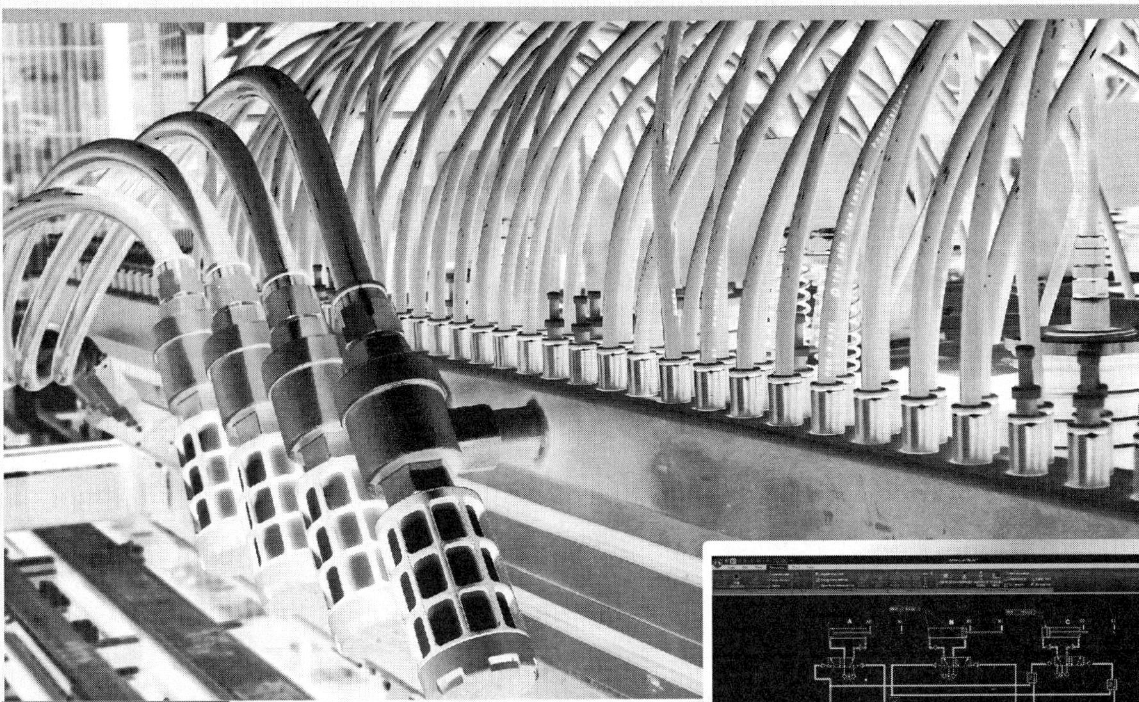

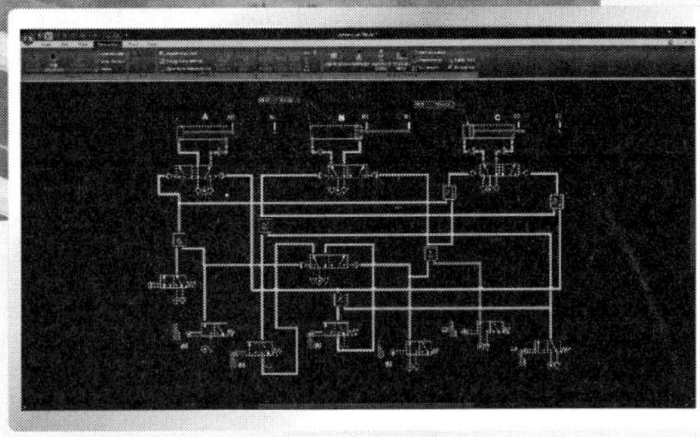

제 2 판

알기쉬운 공기압제어

박 정 규 저

B.C.Info

머리말

기계의 자동화는 일상생활에 필요한 여러 종류의 제품을 단종시키기도 하고 새로운 제품의 탄생을 예고하기도 한다. 최근에는 제4차 산업혁명 시대에 접어들며 기존의 공장자동화에서 한 발 더 나아가 스마트 팩토리가 등장하면서 생산자와 고객을 서로 연결하는 시대가 되었다. 특히 유선통신을 사용하는 통신매체에서 무선통신에 의한 개인휴대통신으로 변화하여 언제 어디서나 쉽게 개인 또는 기업 사이의 소통이 필요하면 즉시 상호간에 연락이 가능한 시스템을 갖춘 시대가 도래되었다.

이러한 시대적인 변화에 따라서 제품을 생산하는 기술 또한 첨단화되고 자동화되는 추세이다. 반도체 및 전기 자동차와 같은 첨단제품을 생산하는 생산장비는 기본적으로 전기 액추에이터에 의한 구동이 필수적이나 간단한 동작 및 부품의 반송, 조립 등으로 모듈화되어 신뢰성이 높고 취급이 용이한 공기압 제어기술이 많이 활용되고 있다.

공기압에 관련한 기술은 반도체 제조장비, TFT-LCD와 같은 평판 디스플레이, 자동차 및 가전제품을 조립하는 조립기계 등 여러 분야의 자동화기계 제작에 필수적인 요소기술이며, 공기압 관련한 제어기술은 대부분이 PLC를 사용하여 기계의 자동운전이 가능하도록 구성된다. PLC는 기계에 내장되어 있는 스위치의 신호를 입력으로 받아들여 기계의 상태를 파악하고 공기압제어밸브를 자동으로 ON/OFF하여 기계를 자동화한다.

본 교재는 기계 및 유공압 설계 엔지니어를 목표로 하는 독자(학생, 취업 준비생)를 위한 것으로서 공기압 주변기기 및 공기압 밸브, 액추에이터 등을 설명하고 순수공기압 회로설계, 전기 공기압제어 회로설계 및 PLC 공기압 제어 회로설계 등으로 구성하고 있다. 오토메이션 스튜디오 소프트웨어를 사용하여 설계한 공기압 회로의 동작은 시뮬레이션으로 확인하고 LS산전의 XGI CPU를 사용하는 PLC제어장치를 구성하여 복동 실린더를 제어하는 실습을 할 수 있도록 다음과 같이 본 교재를 구성한다.

제1장은 공기압 회로의 응용분야, 공기압 시스템의 장단점, 공기압 시스템의 구성 및 공기압 기초이론을 기술한다.

제2장은 공기압 시스템의 주변기기로서 공기 압축기의 종류 및 특징, 공기압축기와 공기저장탱크의 선정, 수분 제거를 위한 냉각기와 건조기, 먼지 및 이물질 제거를 위한 필터 및 압력조정을 위한 압력조절기 등을 기술한다.

제3장은 공기압 제어밸브의 종류 및 적용 방법에 대하여 기술하고 있으며 오리피스를 통과하는 유량계산, 방향제어밸브의 종류와 표기법, 밸브의 조작방법에 따른 분류와 특징, 솔레노이드밸브의 특성과 선정, 밸브의 구조 및 포트, 위치수에 따른 분류와 기본 공기압회로를 설명한다.

제4장은 공기압 액추에이터의 종류 및 특성을 기술하고 있으며, 공기압 실린더의 구조에 따른 분류와 기능, 공기압 실린더의 설치 형식, 단동 실린더와 복동 실린더, 로드리스 실린더 등의 특징과 사용법, 공기압 실린더의 출력 및 소모량 계산, 공기압 모터의 특징과 장단점, 요동형 액추에이터의 종류와 특징 등을 설명한다.

제5장은 순수 공기압 회로를 설계하는 것으로서 기본 공기압 회로 구성, 미터인 방식과 미터아웃 방식, 단동 실린더와 복동 실린더를 제어하는 순수 공기압 회로, 공기압 논리회로, 공기압 응용회로 설계, 작동선도와 제어선도를 사용한 공기압 회로설계, 복동 실린더의 자동왕복 및 2개 복동 실린더를 제어하는 순수 공기압 회로설계 방법을 설명한다.

제6장은 전기 시퀀스회로를 사용하여 공기압 실린더를 제어하는 것으로서 전기회로의 기본부품, 단동 실린더와 복동 실린더의 기본 전기 공기압 회로, 전기 논리회로, 자기유지와 우선회로, 리미트 스위치를 사용한 자동왕복 회로설계, 단동 실린더와 복동 실린더의 왕복 전기 공기압 회로설계, 복동 실린더 2개의 자동왕복 전기 공기압 회로설계를 기술한다.

제7장은 PLC를 사용하여 프로그램에 의한 공기압 실린더를 제어하는 것으로서 PLC의 기본구성과 프로그램, PLC를 사용하는 기본회로 구성, 직접제어와 간접제어 방법, 복동 실린더의 자동왕복제어 및 2개 실린더의 자동운전 등을 오토메이션 스튜디오를 사용하여 공기압 회로설계, 전기배선설계 및 PLC프로그램을 IEC표준래더를 사용하여 작성하고 시뮬레이션으로 동작을 확인한다. 실제 공기압 회로의 제어실습에는 LS산전 XGT시리즈의 XGI CPU를 사용하여 PLC제어장치를 구성하고 5포트 2위치 솔레노이드밸브, 5포트 3위치 양방향 솔레노이드밸브를 사용하여 공기압 회로를 설계하고 PLC와 전기배선 및 공기압 배관을 실시하고 LG산전에서 제공하는 IEC표준래더를 지원하는 XG5000 편집기로 프로그램을 작성하여 복동 실린더를 제어한다.

부록은 오토메이션 스튜디오 소프트웨어를 사용하는 방법을 기술한 것이다. 제1장에서는 기본 사용법과 공압 라이브러리를 설명하고 제2장에서는 공기압 회로 구성에 필요한 주변장치 및 기본 회로, 순수공기압 회로의 구성 방법과 시뮬레이션에 대하여 기술한다. 제3장에서는 전기 공기압 회로설계에 필요한 전기 회로도 작성, 복동 실린더를 제어하는 전기 공기압 회로설계 및 시뮬레이션 방법을 기술하고 제4장에서는 PLC를 사용하여 복동 실린더를 제어하는 공기압 회로설계, 전기회로설계 및 PLC프로그램을 작성하는 방법을 설명하고 시뮬레이션으로 동작을 확인한다.

끝으로 본 교재의 출판을 위하여 많은 도움을 주신 여러분께 감사드리며 복두출판사 사장님 이하 관계자 여러분께도 감사드린다.

2021년 2월

박정규 씀

목 차

1장 공기압 기술의 개요

2장 공기압 시스템의 주변기기

3장 공기압 제어밸브

4장 공기압 액추에이터

5장 순수 공기압 제어회로

6장 전기 공기압 제어

7장 PLC 공기압 회로제어

부록 1 오토메이션 스튜디오

부록 2 공기압회로 구성방법

부록 3 전기 공기압 제어

부록 4 PLC 공기압 제어

••••••••• Chapter 1

공기압기술의 개요

1.1 공기압 시스템의 구성

1.1.1 공기압 시스템의 기본구성

그림 1.1은 대기 중의 공기를 압축하여 이물질과 수분을 제거한 상태에서 공기압 실린더에 공급하여 일을 수행하는 공기압 시스템의 기본구성을 나타낸다. 대기 중의 공기는 흡기관로 측에 있는 필터를 통하여 이물질을 일부 제거하여 공기 압축기로 압축하여 토출관로를 통해 저장탱크로 유입되고, 수분은 배수관로를 통하여 외부로 배출한다. 공기 압축기에 의해 생산된 고온고압의 압축공기는 대기 중에 포함되어 있는 수분도 압축되어 있으므로 냉각기를 사용하여 수분을 제거하고 수분은 배수관으로 배출된다. 수분이 제거된 건조한 압축공기는 저장탱크에서 주관로에 공급되어 사용처로 공급한다. 압축공기는 분기 및 제어관로를 통하여 공기압 제어밸브를 거쳐서 공기압 실린더에 공급하여 에너지를 공급한다.

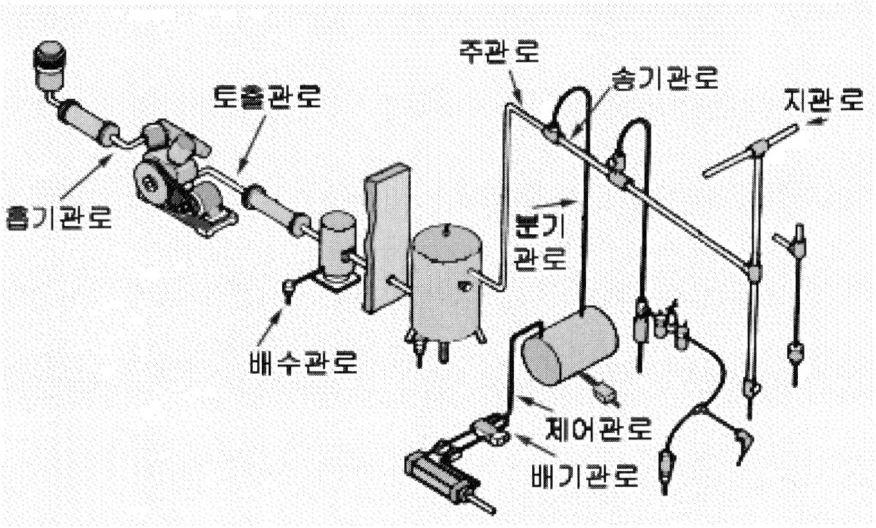

그림 1.1 공기압 시스템의 구성

1.1.2 공기압 회로응용

그림 1.2는 순수 공기압회로를 사용하여 용기 안에 에어로졸을 충진하는 자동화기계를 나타낸다. 에어로졸은 공기 중에 부유하고 있는 작은 고체 및 액체입자를 의미하며, 스프레이 분사를 위해 LPG가스를 사용하므로 인화성이 높은 공정으로서 전기 스파크 발생을 피해야 한다. 따라서 이러한 인화성이 있는 공정의 자동화에는 공기압력을 사용하는 순수 공기압회로를 구축하여 시퀀스제어를 하여야 한다.

https://www.youtube.com/watch?v=0ujTxM7K6_E

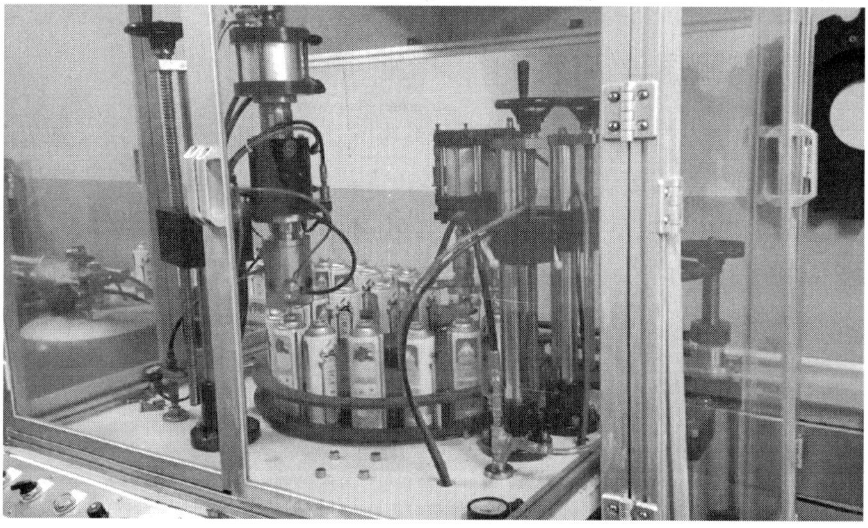

그림 1.2 순수 공기압회로 응용사례

그림 1.3은 용기 안에 에어로졸이 충진된 상태에서 캡을 조립하는 수동제어 공기압회로의 응용사례를 나타낸다. 에어로졸이 충진되어 있는 용기 위에 에어로졸을 분사시킬 수 있는 캡을 올려놓고 발을 사용하여 스위치를 동작시키면 실린더가 하강하여 캡을 눌러서 용기에 끼우는 조립공정의 사례를 나타낸다.

그림 1.4는 자동으로 제어하는 공기압 회로를 사용하여 일정한 크기로 동박을 절단하고 배출위치에 쌓는 자동화기계 사례를 나타낸다. 공급위치에 동박 롤이 풀리도록 설치되어 있고 동박 절단위치까지 자동으로 공급되면 실린더를 사용하여 고정시키고 칼날을 동작시켜 절단한다. 절단된 동박은 진공패드가 설치되어 있는 공기압 실린더를 하강시켜서 동박을 흡착하여 배출위치로 이동시키고 진공해제를 통해 배출위치에 쌓는다.

https://www.youtube.com/watch?v=3hTzp3NvL_g

그림 1.3 수동제어 공기압회로 사례

https://www.youtube.com/watch?v=DVoB_0uQUys

그림 1.4 자동제어 공기압회로 사례

1.1.3 공기압 구성요소

그림 1.5는 대기 중의 공기를 압축하여 압력 에너지를 만들어서 공기압 액추에이터에 공급하여 일을 수행하는 공기압 시스템의 구성요소를 나타낸다. 압력 에너지를 만드는 공기압 동력원은 컴프레서, 애프터쿨러, 에어탱크, 메인라인 필터 및 에어 드라이어로 구성되고 일을 수행하는 데 필요한 공기압 기기는 공기압 유니트(에어필터, 레귤레이터, 루브리케이터), 핸드 슬라이드 밸브, 압력스위치, 공기압 밸브, 스피드 컨트롤러 및 공기압 실린더로 구성된다.

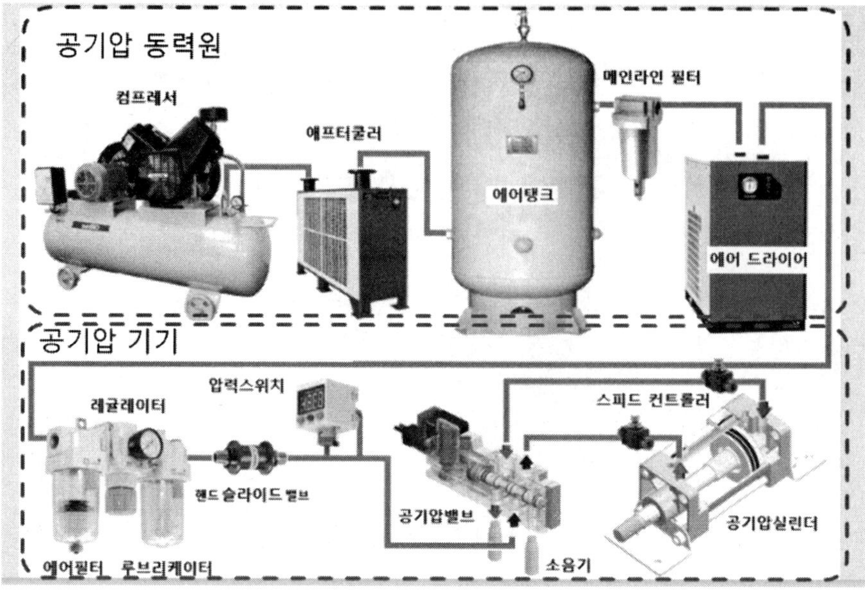

그림 1.5 공기압 구성요소

그림 1.6은 대기 중에 있는 공기를 압축시키는 피스톤형 공기 압축기를 나타낸다. 전동기의 회전운동을 피스톤의 왕복운동으로 변환하여 공기의 흡입과 배출의 반복으로 공기를 압축시켜서 공기저장탱크에 저장한다. 공기저장탱크에는 압력스위치를 설치하여 일정한 압력 이상이 되면 전동기의 정지신호를 발생시켜 전동기를 멈추고 일정한 압력 이하로 떨어지면 전동기의 운전신호를 발생시켜 공기를 압축한다. 하부에는 대기 중의 수분 압축으로 발생되는 물을 배출하는 수동밸브가 있다.

그림 1.6 공기 압축기

그림 1.7은 대기 중의 공기를 공기 압축기로 압축한 압력원을 공기압 시스템에서 사용할 수 있는 상태로 만들기 위한 공기압 주변기기의 구성을 나타낸다. 냉각기는 공기 압축기에서 토출되는 고온의 압축공기를 40℃ 이하로 냉각하여 수분을 응축시켜 압축공기에서 수분을 제거하여 녹이 발생하는 것을 억제한다. 공기탱크는 공기 압축기의 기계적 특성(흡입, 압축, 토출)으로 맥동현상이 발생하므로 맥동압력을 균일하게 유지하며, 공기의 압축에너지를 저장한다. 메인라인필터는 오일 미스트를 분리제거하고, 0.3 μm 이상의 녹 · 카본 등의 미립 고형물을 제거하여 오리피스의 막힘 현상을 억제한다. 에어 드라이어는 공기압 시스템에 압축공기가 공급되기 전에 수분을 제거한다.

그림 1.7 공기압 주변기기

그림 1.8은 공기압 주변기기를 통해서 1차 처리된 압축공기를 사용하고자 하는 기계의 특성에 맞도록 압축공기의 상태를 조정하기 위하여 기계의 압축공기 유입부에 설치하는 공기압 유니트를 나타낸다. 에어필터는 압축공기의 이물질을 제거하여 오리피스의 막힘을 방지하고 수분을 제거하여 부식에 의한 녹 발생을 방지한다. 레귤레이터는 압축공기의 압력을 조정하고 루브리케이터는 공기압기기의 미끄럼 부분이 부드럽게 움직이도록 윤활유를 공급한다.

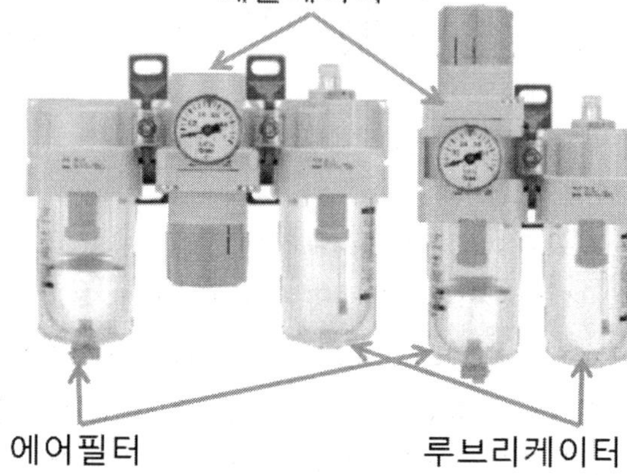

그림 1.8 공기압 유니트

그림 1.9는 공기압 액추에이터에 압축공기를 공급하여 운동방향을 제어할 수 있는 방향제어기기를 나타낸다. 방향제어기기는 압축공기의 흐름방향을 전환하여 실제로 일을 하는 구동장치의 전진과 후진동작을 제어하며, 솔레노이드와 메커니컬 밸브로 구분된다. 메커니컬 밸브는 기계적인 접촉으로 플런저를 열고 닫으며, 솔레노이드 밸브는 전기가 통하면 플런저에 의해 밸브가 열리고 전기가 차단되면 플런저 무게에 의하여 자동적으로 밸브가 닫힌다.

(a) 메커니컬 밸브　　(b) 솔레노이드 밸브

그림 1.9 공기압 방향제어기기

그림 1.10은 압축공기의 유량을 제어하여 구동기기의 운동속도를 제어하는 유량제어밸브(스피드 컨트롤러)를 나타내며, 조절된 유량의 공급방향에 따라서 미터인 방식과 미터아웃 방식으로 구분한다. 미터인 방식은 오리피스를 사용하여 액추에이터에 공급되는 유량을 조절하고, 미터아웃 방식은 액추에이터에서 대기로 배출되는 유량을 조절한다.

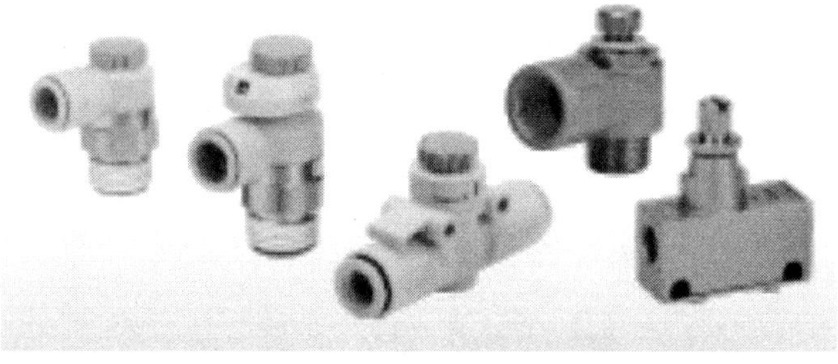

그림 1.10 스피드 컨트롤러

그림 1.11은 공기압을 사용하여 회전운동과 직선운동을 발생시키는 공기압 액추에이터의 종류를 나타낸다. 공기압 액추에이터는 압축공기의 작용으로 직선 및 회전운동을 발생시켜 실제 일을 행하는 액추에이터로, 실린더와 모터로 구분된다. 공기압 모터는 압축공기의 에너지를 회전력으로 변환하는 장치로서 회전모터와 요동모터로 구분되고, 공기압 실린더는 압축공기가 내포한 에너지를 기계적인 직선운동으로 변환하는 장치이다.

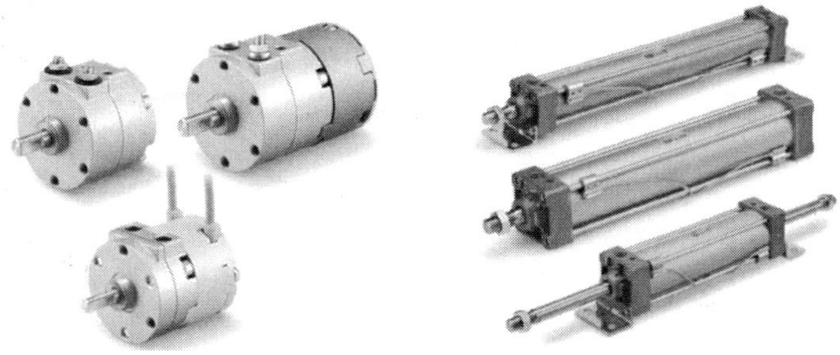

(a) 공기압 모터 (b) 공기압 실린더

그림 1.11 공기압 액추에이터

그림 1.12는 공기압 액추에이터의 끝단부에 부착되어 작업 대상을 직접 핸들링하는 공기압 끝단기기로서 에어척과 진공패드로 구분된다. 에어척은 작업 대상물의 반송을 위해서 집게 형태로 잡는 기기이고, 진공패드는 얇은 판 형태의 작업 대상물 반송을 위해 진공으로 흡착하는 기기이다.

(a) 에어척 (b) 진공패드

그림 1.12 공기압 끝단기기

그림 1.13은 공기압 회로의 배관작업에 필요한 원터치 피팅, 배관호스 및 절단가위 등을 나타내는 공기압 부속기기이다. 원터치 피팅은 구동기기, 스피드 컨트롤러 및 방향제어기기 등에 결합되어 공기압 배관호스를 연결하는 것으로, 배관호스의 직경 및 방향에 따라 여러 종류의 구조를 가지고 있다. 배관호스는 압축공기를 운반하는 호스로서 원터치 피팅에 연결하고, 절단가위는 배관호스의 절단에 사용한다.

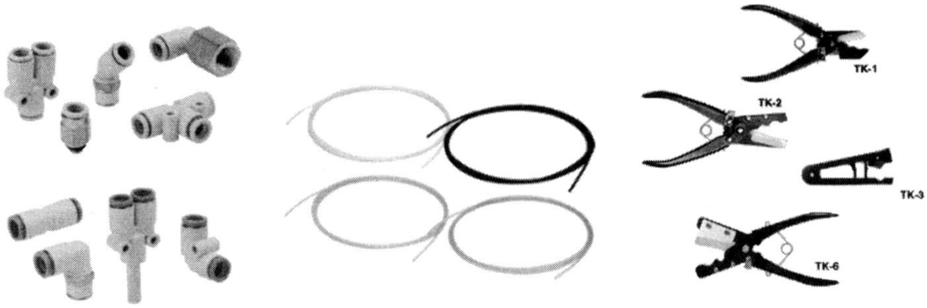

(a) 원터치 피팅　　　(b) 배관호스　　　(c) 절단가위

그림 1.13 공기압 부속기기

1.2 공기압의 특성

자동화 기계장치 및 일반용 산업기계에 응용되고 있는 동력전달 방식을 에너지원으로 분류하면 공기압제어, 유압제어, 전기제어 및 기계방식으로 구분한다.

표 1.1은 동력의 전달원으로 사용되는 공기압, 유압, 전기 및 기계를 특징별로 분류한 것이다.

표 1.1 동력전달 방식에 따른 특징분류

특징	전달방식	공기압제어	유압제어	전기제어	기계방식
장점	에너지 축적	공기탱크	어큐뮬레이터	축전지(직류)	스프링, 추
	동력원 집중	용이	곤란	용이	약간 곤란
	동력원 입수	약간 용이	약간 곤란	용이	곤란
	인화폭발	압축성 폭발	작동유 인화	누전 인화	없음
	외부누설	없음	더러움, 인화	감전, 인화	없음
	온도 허용범위	5 ~ 60 ℃	50 ~ 60 ℃	40 ℃, 좁다.	넓다
	과부하 대책	압력제어밸브	릴리프밸브	복잡	복잡
	출력유지	용이	약간 곤란	곤란	곤란
	작동속도	크다 (10 m/s 가능)	중간 (1 m/s 정도)	가장 크다	적다
	유지보수	용이	약간 곤란	약간 곤란	용이
단점	에너지변환효율	약간 나쁘다	약간 좋다	좋다	약간 좋다
	출력	적음, 1 ton 정도	큼, 10 ton 정도	중간	적다
	윤활대책	필요 있다	필요 없다	별로 없다	필요 있다
	배수대책	필요 있다	별로 없다	별로 없다	관계없다
	속도제어	조금 나쁨	좋다	좋다	나쁘다
	중간정지	곤란	용이	용이	약간 곤란
	응답성	나쁘다	좋다	대단히 좋다	좋다
	신호전달	약간 곤란	약간 곤란	용이	약간 곤란
	부하특성	변동이 크다	조금 있다	거의 없다	거의 없다
	소음	크다	약간 크다	적다	약간 적다

1.2.1 공기압의 특징

공장의 자동화 라인에 가장 많이 사용되고 있는 자동화의 구성요소는 공기압 부품이며, 공기압의 가장 큰 특징은 공기의 압축성이다. 공기의 압축성은 충돌 및 진동억제와 같은 제어에는 장점으로 작용하지만, 위치제어에서는 마찰력의 영향으로 위치제어가 곤란하다는 단점을 가지고 있으므로 단순 동작의 자동화에 많이 적용된다.

■ 공기압의 작동매체로서 기체를 사용한다.

- 압축공기의 압력 조절로써 무단계로 출력 조절한다.
- 압축공기의 유량 조절로써 무단계로 속도 및 회전수를 조절한다.

■ 작동유체는 압축성이 있는 공기이다.

- 압축공기는 압축성이 있어서 에너지의 축적이 용이하다.
- 공기저장탱크의 사용으로 정전이나 비상시 운전이 가능하다.
- 유압과 같은 서지 압력의 발생이 없어 과부하에 대한 안전대책은 압력 조정만으로 가능하다.
- 압축공기의 압축성 때문에 액추에이터의 위치제어가 어렵고 부하변동에 따른 운동속도가 영향을 받기 쉬우므로 정밀한 속도제어가 곤란하다.

■ 공기압은 내환경성이 있다.

- 공기압은 파열 등의 마찰열 인화를 제외하면 본질적으로 발화나 인화에 의한 폭발 위험성이 없다.
- 외부누설이 있어도 성능저하 이외에는 인화/오염의 염려가 없다.

■ 압축공기의 동력원을 용이하게 구할 수 있다.

- 공기의 점성은 유압의 1/10,000 정도로 작기 때문에 배관길이에 의한 압력손실이 적어서 긴 배관시설을 사용하여 공장 전체에 압축공기를 공급하고 어느 장소에서든 공기압을 쉽게 사용할 수 있다.
- 공기압은 압축기를 사용하여 하나의 공기압으로 집중하여 사용하며, 압축공기는 사용 후에 대기로 배출한다.

■ 공기 압축기를 사용한다.

- 공기압력은 1단에서 7 [bar], 2단에서 14 [bar] 정도가 보통이며, 유압의 1/10 ~ 1/30 정도의 압력을 사용하고 출력은 3톤 이하이다.
- 액추에이터가 움직이지 않으면 동력소비가 없으므로 열 발생이 없다.

- 수분을 포함한 대기를 흡입해서 압축공기를 생산하기 때문에 배수관로와 수분제거의 기능이 필요하다.

1.2.2 공기압의 장점

■ 이용 가능성

- 압축공기는 저장탱크에 저장할 수 있어서 정전과 같은 비상시나 안전기능이 요구될 때 편리하게 사용할 수 있다.
- 복귀라인이 필요하지 않고, 쉽게 이송과 확장이 가능하다.

■ 사용성

- 공기압기기는 동력공급원, 정류기, 변압기와 같은 부수적인 장치가 필요 없으므로 조립 및 취급이 용이하다.
- 공기압기기는 모듈화되어 있기 때문에 저렴한 가격으로 시스템을 확장할 수 있다.

■ 취급성

- 튼튼한 구조와 노이즈에 둔감하여 모든 산업분야에서 사용한다.
- 다양한 모듈과 기술보증으로 신뢰성이 매우 높고 내구성이 좋다.
- 공기압은 쉽게 배우고 사용하기에 친숙하며 설치가 용이하다.
- 유지보수가 쉬우며 비용 소요가 적다.
- 힘과 속도를 무단계로 조정할 수 있다.

■ 안정성

- 공기압은 부품자체에서 과부하에 대한 보호기능이 있다.
- 광산이나 화학 플랜트와 같은 폭발 위험성이 있는 곳에서도 안전하게 사용할 수 있다.
- 직물, 종이, 나무 및 고무산업 등과 같이 화재 위험성이 있는 곳에서 사용하기 적당하다.

1.2.3 단점

■ 준비성

- 압축공기를 만들기 위해서는 많은 주의가 필요하다.
- 먼지 및 습기를 가능한 많이 제거해야 하므로 많은 주변장치가 필요하다.

■ 압축성

- 공기의 압축성은 에너지의 저장 및 충격흡수라는 긍정적인 면도 있지만, 균일한 피스톤의

운동속도를 얻기에는 단점으로 작용한다.

• 저속에서는 스틱슬립(Stick slip)현상으로 운동속도가 불안정하다.

■ **역학적 한계**

• 압축공기는 기준 이상의 힘이 요구될 때는 비경제적이다.

• 보통 작업압력은 700 kPa(7 bar)이 한계이다.

1.3 공기압의 기초이론

1.3.1 대기의 성분

그림 1.14는 물질의 종류로서 고체, 액체 및 기체의 밀도를 나타낸다. 기체는 구성하는 입자들 사이의 거리가 매우 크기 때문에 고체나 액체보다 대단히 가볍고 밀도가 낮으며, 압축하기도 쉽고, 일정한 모양과 부피를 가지지 않으며 용기 안에서 확산하여 용기 속을 균일하게 가득 채운다. 기체는 지구 표면에서 농도가 짙고, 고도가 상승하면 농도가 엷어지고 1,000 [km] 상공까지 퍼져있다.

그림 1.14 물질의 밀도

그림 1.15는 지구의 대기성분과 용도를 나타내며 대기는 질소(78%)와 산소(21%)가 높은 비중으로 구성되어 있다. 대기는 지구 중력에 의하여 지구 주위를 둘러싸고 있는 기체(공기)로서 지구 전체 대기의 50%는 고도 약 6 ~ 7 km 이내에 분포하고, 90%는 고도 약 16km 이내에 분포한다.

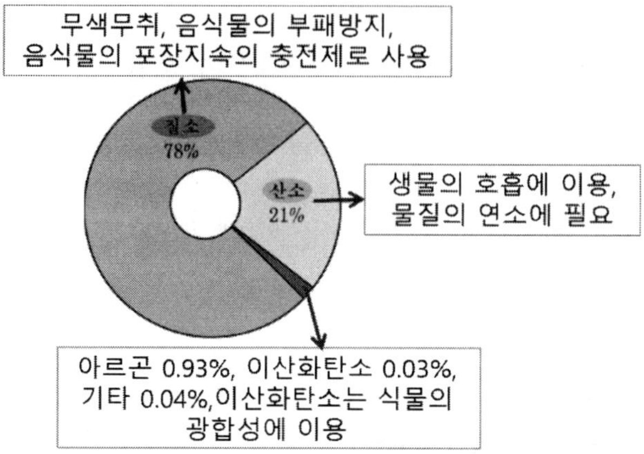

그림 1.15 대기의 성분과 용도

표 1.2는 지구상에 포함되어 있는 대기성분의 용적과 질량을 나타내며 공기 중에는 산소와 질소가 1 : 4의 비율로 혼합되어 있고 그밖에 소량의 다른 성분을 함유하고 있다. 실제 공기는 물의 증발에 의해 수증기를 함유한 습공기로 되어 있으므로 압축공기를 이용할 경우에는 공기 중에 포함되어 있는 수증기의 양과 온도에 따라 물로 변하여 공기압 기기에 심각한 영향을 끼치기 때문에 수증기의 온도와 양은 주의를 요하는 사항이다.

표 1.16 대기성분의 용적과 질량

	질소 (N_2)	산소 (O_2)	아르곤 (Ar)	이산화탄소 (CO_2)	수소 (H_2)	네온 (Ne)	헬륨 (He)	기타
용적[%]	78.03	20.99	0.933	0.03	0.01	0.0018	0.0005	나머지
질량[%]	75.47	23.2	1.28	0.046	0.001	0.0012	0.00007	나머지

1.3.2 대기압

지구 표면은 기체로 둘러싸여 있으며, 1,000 [km] 상공까지 기체가 퍼져있다. 기체는 지구 표면에서 농도가 짙고, 고도가 상승하면 농도가 엷어진다. 지구를 둘러싸고 있는 기체를 대기라 하고 지구표면으로부터 약 15[km]까지에 있는 기체를 공기라 한다.

그림 1.16은 수은을 사용하여 대기압을 측정하는 것을 나타낸다. 대기압 상태에서 진공 유리관을 수은 그릇에 넣으면, 대기압의 작용으로 수은이 760 mm 상승하고 이를 760 mmHg으로 표시한다. 수은의 비중은 13.595 gf/cm^{2}이므로 대기압은 76 cm × 13.595 gf/cm^2 = 1033.22 gf/cm^2 = 1.0332 kgf/cm^{2}으로 표시한다.

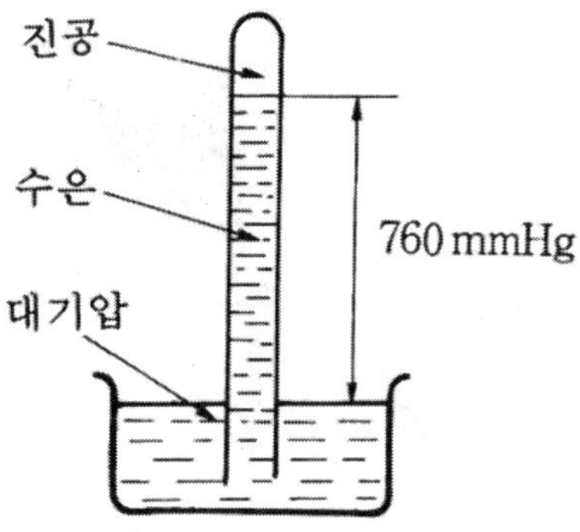

그림 1.16 대기압

대기압은 대기를 구성하는 분자들이 지구 중력에 의해 지구 중심으로 끌어당겨짐에 따라 발생하는 압력을 의미하며, 해면으로부터의 높이 및 기상조건 등에 따라서 변화한다. 지구를 둘러싸고 있는 대기인 공기는 물질이기에 질량을 가지고 있고, 지구의 인력을 받아 1.033 [kgf]의 중량을 가지고 있으므로 지구 표면에서 가해지는 1.033 [kgf/cm^2]의 압력을 대기압이라고 한다. 대기압은 해면으로부터의 높이 및 기상조건 등에 따라서 변화하므로 1,013 [mbar]를 표준기압이라고 하는데, 대기압은 공기의 밀도와 마찬가지로 해발높이가 높아짐에 따라 낮아진다.

1.3.3 공기의 압력

압력은 물체의 단위면적에 작용하는 힘의 크기를 나타낸다. 예를 들면, 중량 W [kgf]의 물체가 임의의 표면을 면적 A [cm^2]으로 누르고 있을 경우에 발생하는 압력 P [kgf/cm^2]은 다음의 식으로 구한다.

$$P = \frac{W}{A} \tag{1.1}$$

그림 1.17은 지구를 둘러싸고 있는 공기의 상태를 나타내며 공기의 무게로 인하여 지구 표면에는 압력이 발생하고 있는 것이다. 지구 표면에는 1.033 [kgf/cm^2]의 압력을 가진 공기가 겹쳐 쌓여져 있는데, 이것을 대기압이라고 하며 1 표준기압 [atm](= 1.033 [kgf/cm^2])으로 나타낸다.

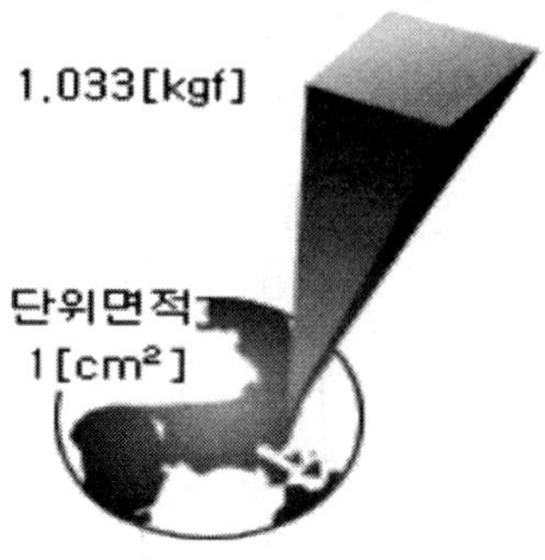

그림 1.17 공기의 압력

그림 1.18은 공기의 압력을 나타내는 용어로 사용되는 대기압(atmospheric pressure), 계기압력(gauge pressure)과 절대압력(absolute pressure)의 관계를 나타낸다. 지구를 둘러싼 공기를 대기라고 하고, 대기압은 대기에 의해 누르는 압력으로 나타내며 1 기압은 다음의 관계를 가진다.

$$1\ [\text{atm}] = 760\ [\text{mmHg}] = 1.033\ [\text{kgf/cm}^2] = 1.013\ [\text{bar}] \tag{1.2}$$

계기압력은 국소 대기압을 기준으로 한 상태에서 측정한 압력으로 정의하고, 절대압력은 완전진공을 기준으로 하여 측정한 압력으로 정의한다. 만일 공기압이 대기압보다 작을 때는 진공이며, 진공의 압력 표시에는 절대압력과 계기압력이 모두 사용된다. 절대압력과 계기압력과의 관계는 다음과 같다.

절대압력 = 국소 대기압 + 계기압력 (대기압보다 클 때)
= 국소 대기압 - 진공도 (대기압보다 작을 때)

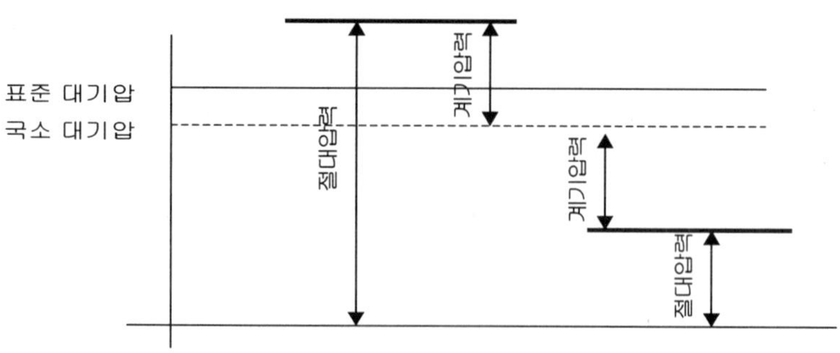

그림 1.18 절대압력과 계기압력

1.3.4 공기압의 단위 체계

공기압 시스템은 공기 압축기를 사용하여 공기를 압축시켜서 사용하는 것이므로 압력(pressure)을 나타내기 위한 단위가 필요하다. 압력은 물체의 단위 표면적에 가해지는 힘의 크기로 나타내며, [kgf/cm^2]으로 나타내는 공학단위와 [N/m^2] 혹은 [Pa](파스칼 : pascal)으로 나타내는 SI단위가 있다.

표 1.3은 각종 압력의 단위를 나타내며 이를 사용하여 단위를 환산한다. 중량(무게)은 단위질량과 중력 가속도의 곱으로 나타내고 다음의 관계를 가지고 있다.

$$1\ [\text{kgf}] = 1\ [\text{kg}] \times 9.8\ [\text{m/s}^2] = 9.8\ [\text{N}] \tag{1.3}$$

공기압 시스템의 압력단위로서 많이 사용하는 것은 공학단위와 SI단위를 병용하고 있으며 다음의 관계가 있다.

$$\begin{aligned} 10\ [\text{kgf/cm}^2] &= 10^5 \times 9.8\ [\text{N/m}^2] \\ &= 0.98 \times 10^6\ [\text{Pa}] = 0.98\ [\text{MPa}] \end{aligned} \tag{1.4}$$

인치계열을 사용하는 나라에서 압력의 단위로 [psi : Ibf/in^2]를 사용하는 경우도 있으며 우리나라의 산업현장에서도 [psi]의 압력단위를 사용하는 경우가 있으므로 이를 환산하는 방법을 알고 있을 필요가 있다.

$$1\ [\text{kgf/cm}^2] = 7.03 \times 10^{-2}\ [\text{psi}] \tag{1.5}$$

표 1.3 압력단위의 종류

Pa	bar	kgf/cm^2	atm	mmH_2O	mmHg, Torr
1	$1x10^{-5}$	$1.01972x10^{-5}$	$9.86923x10^{-6}$	$1.01972x10^{-1}$	$7.50062x10^{-3}$
$1x10^{5}$	1	1.01972	$9.86923x10^{-1}$	$1.01972x10^{4}$	$7.50062x10^{2}$
$9.86923x10^{4}$	$9.86923x10^{-1}$	1	$9.67841x10^{-1}$	$1x10^{4}$	$7.35559x10^{2}$
$1.01325x10^{5}$	1.01325	1.03323	1	$1.03323x10^{4}$	$7.6x10^{2}$
9.80665	$9.80665x10^{-5}$	$1x10^{-4}$	$9.67841x10^{-5}$	1	$7.35559x10^{-2}$
$1.33222x10^{2}$	$1.33222x10^{-3}$	$1.35951x10^{-3}$	$1.31579x10^{-3}$	1.35951x10	1

1.3.5 공기 중의 수분

우리가 일상생활에서 접하고 있는 공기는 대기 중의 건조한 공기와 수분의 혼합기체로 이루어진 습공기이다. 공기에 포함되어 있는 수증기량은 압력과 온도가 결정되면 그 조건에서 한도가 결정된다.

그림 1.19는 온도와 포화수증기량의 관계를 나타낸다. 최대한도의 수증기를 포함한 공기를 포화공기라 하고 최대한도에 도달하지 않은 것을 불포화공기라고 한다. 한도 이상의 수증기가 있는 공기를 과포화공기라 하며, 조그마한 충격으로도 물이 생성된다.

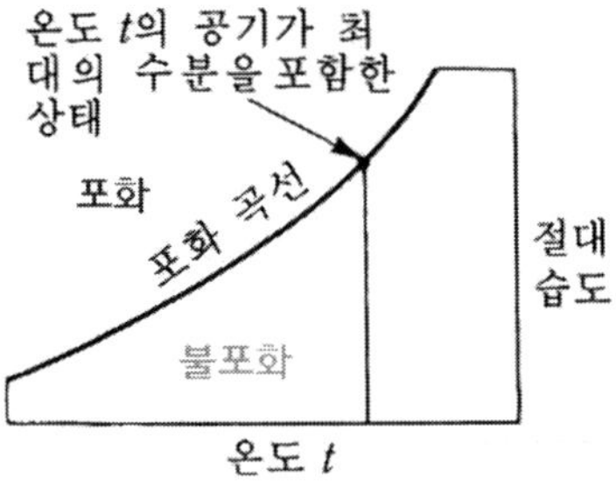

그림 1.19 온도와 포화수증기량 관계

그림 1.20은 압축공기 중에 포함되어 있는 수분의 양과 노점온도의 관계를 나타내는 곡선이다. 이슬이 맺힐 때의 온도를 노점(Dew point)이라고 하는데, 노점은 온도가 낮아지면 포화압력과 포화 수증기량이 감소하고 상대습도가 증가하여 이슬이 맺힌다. 압축공기의 노점은 부하의 크기에 따라 다르며, 부하 및 노점은 압축공기의 압력에 반비례하고 온도, 유량, 주위온도에 비례한다. 단위 중량당의 압축공기 중에 함유되어 있는 수증기량은 동일한 온도 내에서는 압력이 높을수록 적고 동일한 압력 내에서는 온도가 낮을수록 적다.

대기 공기를 압축하면 체적이 작아지므로 단위체적당 수증기량이 증가해서 포화 수증기량이 초과되기 때문에 물이 된다. 압축공기는 공기 압축기를 사용하여 습공기를 압축하는 것이므로 습공기를 압축하면 압력의 증가에 따른 체적의 감소로 많은 양의 수분이 발생하며 이를 드레인(drain)이라고 한다.

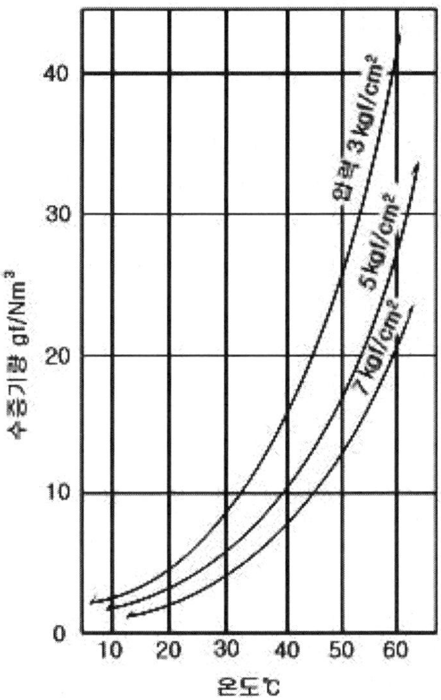

그림 1.20 압축공기의 수분과 노점온도

그림 1.21은 온도와 습도의 변화에 따른 수증기량의 변화를 나타낸다. 노점(Dew point)온도는 일정한 압력에서 공기의 온도를 낮추어 갈 때 공기 중의 수증기가 포화하여 이슬이 맺힐 때의 온도를 의미하며, 수증기의 양, 즉 습도에 비례한다. 수증기의 양이 4.8 gf/m^2일 때 노점온도는 0 ℃이며, 10.6 gf/m^2일 때는 12℃이다. 노점은 온도가 낮아지면 포화압력과 포화 수증기량이 감소하고 상대습도가 증가하여 이슬이 맺힌다.

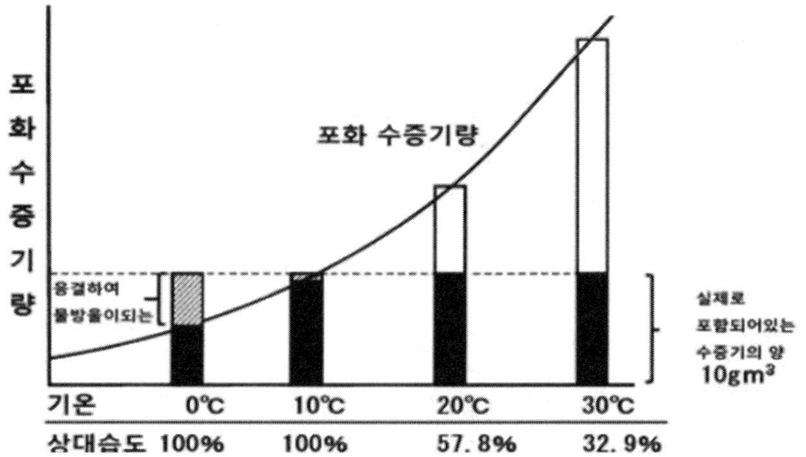

그림 1.21 수증기량과 온도/습도의 관계

1.3.6 절대습도와 상대습도

그림 1.22는 절대습도를 표현하는 방법을 나타낸다. 절대습도는 단위 공간 안에 들어있는 수증기의 양을 통해 나타내며, 수증기가 포함된 공기의 단위부피[$1m^3$] 안에 있는 수증기의 질량으로 계산하는 방법과 공기 중의 수분비율로 나타내는 방법이 있다. 공기의 부피는 온도가 높아짐에 따라 팽창하므로 같은 수증기량이라도 온도가 높아짐에 따라 절대습도가 증가하는 경향이 있으며 절대습도는 다음과 같이 식으로 표현한다.

$$\text{절대습도} = \frac{\text{수증기의 질량}[g]}{\text{부피}\ [m^3]} \tag{1.6}$$

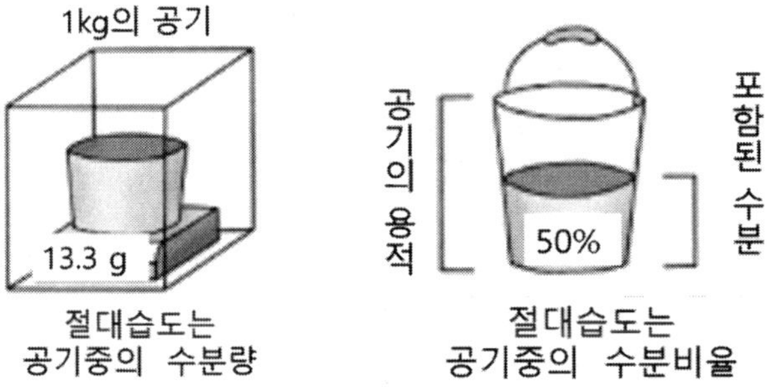

그림 1.22 절대습도

그림 1.23은 온도와 포화수증기량의 관계를 사용하여 온도 25℃일 때의 현재 수증기량과 포화수증기량을 나타낸다. 상대습도는 대기 중에 존재하는 수증기량을 포화수증기량에 대해 비율로 나타내며 포화수증기량은 온도가 높아짐에 따라 커지기 때문에 상대습도 또한 온도에 크게 영향을 받는 지표이다. 공기가 어느 정도로 수증기를 포함하고 있는가, 즉 어느 정도로 습한가를 표시하기 위해서는 일반적으로 상대습도를 사용한다.

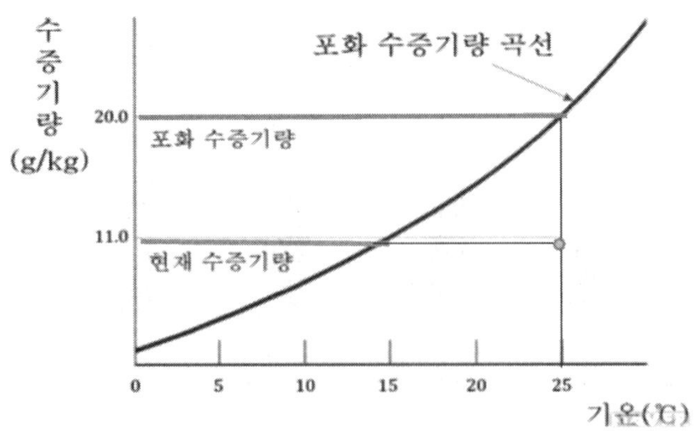

그림 1.23 온도와 포화수증기량 관계

$$상대습도\Phi = \frac{현존하는\ 수증기량[g/m^3]}{현재\ 온도에서의\ 포화수증기량[g/m^3]} \tag{1.7}$$

$$상대습도\Phi = \frac{현존하는\ 수증기압력[kgf/m^2]}{현재\ 온도에서의\ 포화압력[kgf/m^2]} \tag{1.8}$$

포화 수증기량은 체적 $1\,[m^3]$의 공기 중에 포함하고 있는 수증기의 양으로서 [g]으로 표시한다. 포화 수증기량은 온도에 따라 차이가 있는데, 온도가 높아질수록 포화 수증기량은 커지고, 압력이 변해도 포화 수증기와 습한 공기 중의 수증기압력 비는 일정하며 상대습도는 변화하지 않는다.

가습부하는 현재 온도 T_0에서의 습도를 가습온도 T까지 상승시키면서 가습을 한다고 가정한다면 현재 온도에서의 수분량 δ_0과 가습온도에서의 수분량 δ을 구하고 수분량의 차이와 풍량(CMM : m^3/min)으로 가습부하를 구한다.

$$가습부하 = 풍량 \times (가습온도\ 수분량\,\delta - 현재온도\ 수분량\,\delta_0) \tag{1.9}$$

예제 1.1

온도가 5℃이고 습도가 30%인 공기를 가열하여 온도가 24℃, 습도가 80%인 공기를 만들기 위해 필요한 가습량을 구하라. 단, 풍량은 500 CCM(Cubic Meter Minute : m^3/min)이고 증기 가습을 하며 증기 가습에 따른 온도 상승은 무시하며 수분량은 다음과 같다.

- **온도** $-5\,°C$, **습도 30%의 수분량** δ_0 : $0.098\,[kg/100\,m^3]$
- **온도** $24\,°C$, **습도 80%의 수분량** δ : $1.748\,[kg/100\,m^3]$

풀이

풍량과 수분량을 사용하여 식 (1.9)으로 구한다. 필요 가습량은 수분량의 차이를 구한다.

$$\begin{aligned} 필요\ 가습량 &= 1.748\,[kg/100\,m^3] - 0.098\,[kg/100\,m^3] \\ &= 1.650\,[kg/100\,m^3] \end{aligned}$$

총 가습부하는 풍량을 사용하여 구한다.

$$총가습부하 = 500 \times 60 \times 1.65/100 = 495\ [kg/h]$$

예제 1.2

온도가 0℃이고 습도가 60%인 공기를 가열하여 온도가 30℃까지 가열하는 데 가습하지 않는다. 이때의 상대습도는 얼마인가?

- **온도 0℃, 습도 60%의 수분량 :** $0.292\,[\mathrm{kg/100\ m^3}]$
- **온도 30℃, 수분량 :** $0.292\,[\mathrm{kg/100\ m^3}]$
- **온도 30℃, 포화 수분량 :** $3.058\,[\mathrm{kg/100\ m^3}]$

풀이

식 (1.7)을 사용하여 상대습도를 구한다.

$$
\begin{aligned}
\text{상대습도}\,\Phi &= \frac{\text{현존하는 수증기량}[\mathrm{g/m^3}]}{\text{현재 온도에서의 포화수증기량}[\mathrm{g/m^3}]} \\
&= \frac{0.292}{3.058}\times 100 \\
&= 9.5\%
\end{aligned}
$$

1.3.7 공기의 상태변화

■ 이상기체의 상태 방정식

기체 상태의 거시적 특징은 세 가지 변수, 즉 온도, 부피, 압력으로 명확하게 기술할 수 있으며, 이들 상태 변수 사이의 상관관계를 기체 상태 방정식이라고 한다. 온도는 보통 T로 표시하고 기체 분자들의 평균 운동 에너지에 해당하며, SI 단위는 절대온도로서 켈빈 [K]으로 나타낸다. 기체의 부피는 보통 V로 표시하고, SI단위는 [m^2]이지만 리터 [L]도 널리 사용한다. 압력은 P로 표시하며 분자들의 충돌에 의해 단위 넓이에 가해지는 힘의 크기로 나타낸다. 공학단위는 [kgf/cm^2]이고 SI단위는 [Pa]을 사용한다. 일반적으로 기체의 상태방정식은 다음과 같이 나타낸다.

$$PV = GRT \tag{1.10}$$

여기서, G는 기체의 중량 [kgf], R은 기체상수 [kgf · m / kgf · K]이고 공기의 경우에는 R = 29.27이다.

■ 보일의 법칙

보일의 법칙은 기체의 온도를 일정하게 한 상태에서 압력과 체적은 서로 반비례한다. 그림 1.24는 보일의 법칙을 설명하기 위한 것으로서 밀폐용기에 압축공기를 넣은 상태에서 피스톤에 가하는 힘을 다르게 하였을 경우에 발생하는 체적과 압력의 관계를 나타낸다. 보일의 법칙은 압축 전의 공기체적 V_1과 공기압력 P_1에 대하여 압축 후의 공기체적 V_2와 공기압력 P_2 사이의 관계를 나타낸다.

$$P_1 V_1 = P_2 V_2 = Constant \tag{1.11}$$

단, 공기 압축기를 사용한 공기의 압축 전후 공기온도는 일정한 것으로 하며 이를 등온변화라고 한다.

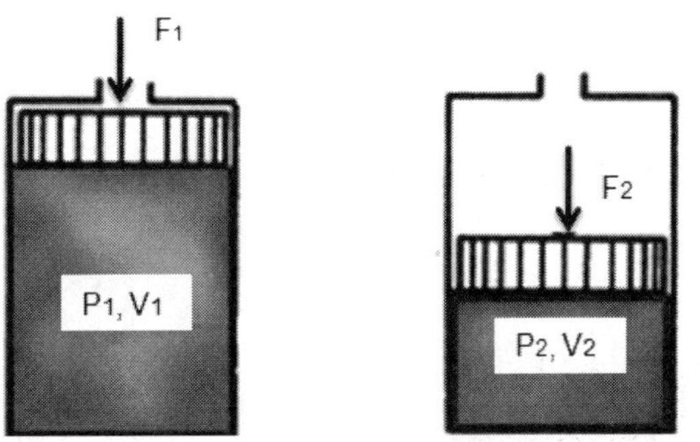

그림 1.24 압력과 체적의 관계

예제 1.3

그림 1.24와 같은 상태에서 체적 $V_1 = 1[\mathrm{m}^3]$, 압력 $P_1 = 0.1[\mathrm{MPa}]$인 공기에 힘 F_2를 가하여 체적 $V_2 = 0.5[\mathrm{m}^3]$으로 압축할 경우에 압축된 후의 압축은 얼마인가? 단, 온도는 일정하다.

풀이

식 (1.11)을 이용하여 압축된 후의 압력을 구한다. 체적 $V_2 = 0.5[\mathrm{m}^3]$으로 압축된 경우, $P_1 V_1 = P_2 V_2$의 관계식에서 압축된 후의 압력을 구한다.

$$P_2 = \frac{P_1 V_1}{V_2} = \frac{0.1 \times 1}{0.5} = 0.2[\mathrm{MPa}]$$

■ 샤를의 법칙

샤를의 법칙은 용기 내의 압력을 일정하게 한 상태에서 기체의 체적과 온도는 서로 비례한다는 법칙이다. 예를 들어 찌그러진 탁구공을 뜨거운 물속에 넣으면 다시 원래대로 돌아오는데, 이는 샤를의 법칙에 따라 공기의 온도가 상승하면 팽창해서 체적이 커지기 때문이다.

그림 1.25는 밀폐된 용기 내에 공기를 압축하여 압력을 변화시키지 않고 외부에서 열을 가하여 온도변화를 제공한 경우에 발생되는 기체의 체적변화를 알아보기 위한 예를 나타낸다. (a)는 외부에서 열을 가한 후의 상태를 나타내며 체적 V_2, 온도 T_2(절대온도)라고 하고, (b)는 외부에서 열을 가하기 전의 상태를 나타내며 체적 V_1, 온도 T_1(절대온도)라고 한다. 이에 따라 다음의 관계식이 성립한다.

$$\frac{V_1}{T_1} = \frac{V_2}{T_2} \text{ 또는 } \frac{V_1}{V_2} = \frac{T_1}{T_2} \tag{1.12}$$

위의 관계를 나타낸 것이 샤를의 법칙이며, 밀폐된 용기의 가열 전후 압력은 일정한데 이것을 등압변화라고 한다. 절대온도는 섭씨 -273 [℃]를 0(기준온도)으로 한 것으로 단위는 K(켈빈)를 사용한다.

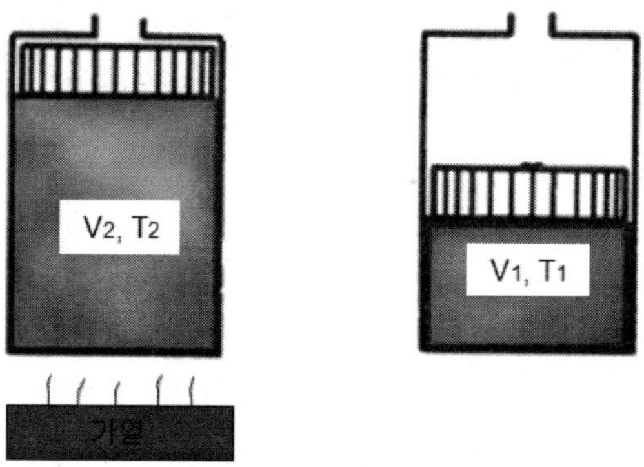

(a) 팽창 후 (b) 팽창 전

그림 1.25 체적과 온도의 관계

예제 1.4

그림 1.25와 같은 상태에서 온도 20 [℃]에서 체적 70.8[m^3]인 공기가 열을 받아 71[℃]로 되면 체적은 어떻게 되겠는가?

풀이

식 (1.12)을 이용하여 가열 후의 체적을 구한다.

$$V_2 = \frac{T_2}{T_1}V_1 = \frac{273+71}{273+20} \times 0.8 = 0.94\,[\mathrm{m}^3]$$

$$V_2 = V_0 + \frac{T_2}{T_1}V_1 = 0.8 + \frac{(273+71)-(273+20)}{273+20} \times 0.8 = 0.94\,[\mathrm{m}^3]$$

■ 보일-샤를의 법칙

보일의 법칙과 샤를의 법칙을 하나로 정리한 것을 보일-샤를의 법칙이라고 하며, 그 관계식을 기체의 상태 방정식이라고 한다.

$$\frac{P_1 V_1}{T_1} = \frac{P_2 V_2}{T_2} \tag{1.13}$$

즉, 보일-샤를의 법칙은 공기의 압력과 체적을 분자로 하고 그때의 온도를 분모로 하는 값으로 공기의 상태가 변화하기 전과 변화한 후에도 일정하다는 것을 나타내고 있다. 공기의 상태변화의 전후에 있어서, 공기의 절대량이 변화가 없을 때만 성립한다. 공기체적의 단위에는 특별한 제한이 없지만 압력에는 절대압력, 온도에는 절대온도를 사용해야 한다.

그림 1.26은 보일-샤를의 법칙을 설명하기 위한 부피, 압력 및 온도의 변화관계를 나타내는 그래프이다. 온도가 일정할 때는 기체의 압력은 부피에 반비례하는 보일의 법칙을 설명하고, 압력이 일정할 때는 기체의 부피는 온도의 증가에 비례하는 샤를의 법칙을 설명한다. 온도, 압력, 부피가 동시에 변화할 때는 보일-샤를의 법칙이 성립한다.

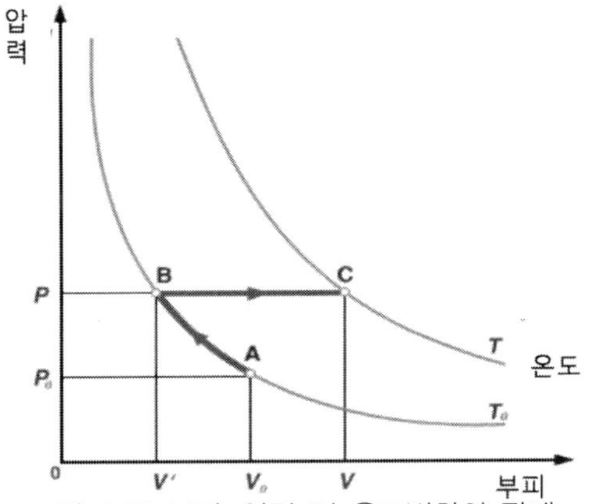

그림 1.26 부피, 압력 및 온도변화의 관계

예제 1.5

임의의 용기에 있는 공기는 온도 20 [℃], 체적 $V_1 = 1[\mathrm{m}^3]$, 압력 $P_1 = 0.1[\mathrm{MPa}]$인 상태에서 외부로부터 열을 받아서 온도가 71 [℃], 체적이 $V_2 = 0.5[\mathrm{m}^3]$으로 변화하면 이때의 공기압력은 어떻게 되는가?

풀이

식 (1.13)을 사용하여 가열 후의 공기압력을 구하기 위한 식으로 변환한다.

$$P_2 = \frac{P_1 V_1}{T_1} \times \frac{T_2}{V_2} = \frac{0.1 \times 1 \times 344}{293 \times 0.5} = 0.23\,[\mathrm{MPa}]$$

■ 공기압의 표준상태

공기압에서는 표준상태(normal conditions)라고 불리는 조건을 공기의 체적에 관한 자료의 기준으로 한다. DIN 1343에 의하면 표준상태는 고체, 액체 또는 기체가 어떤 온도와 압력에 있는 것을 의미하는데, 다음과 같이 공학적인 상태와 물리적인 상태로 분류한다.

- **공학적인 표준상태**
  - 표준온도 : Ts = 20 [℃] = 293.15 [K]
  - 표준압력 : Ps = 98,066.5 [Pa] = 0.980665 [bar]

- **물리적인 표준상태**
  - 표준온도 : Ts = 0 [℃] = 273.15 [K]
  - 표준압력 : Ps = 101,325 [Pa] = 1.01325 [bar]

Chapter 2 공기압 시스템의 주변기기

그림 2.1은 공기 압축기로 대기 중의 공기를 압축하여 저장탱크에 압력원을 저장하고, 공기압 유닛으로 이물질과 수분을 제거한 상태에서 사용하고자 하는 압력으로 조정하여 방향제어밸브에 압력원을 공급하여 일을 수행하는 공기압 시스템을 나타낸다. PLC는 실린더에 부착되어 있는 스위치의 신호를 입력으로 받아서 실린더의 위치를 파악하고 방향제어밸브에 출력신호 제공하여 실린더의 전진과 후진운동을 제어한다.

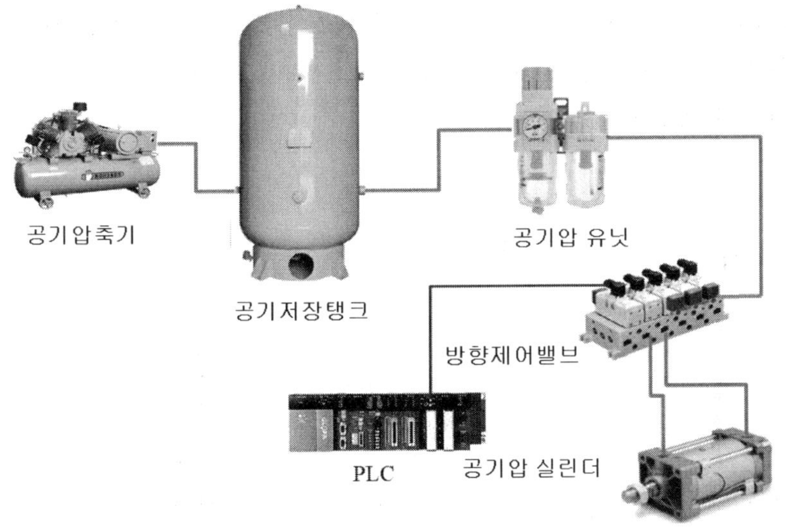

그림 2.1 공기압 시스템 구성

그림 2.2는 단동 실린더를 수동밸브를 사용하여 제어하는 공기압 회로도를 나타낸다. 회로도에 사용되는 공기압 부품으로서는 압력소스, 3포트 2위치 수동밸브 및 단동 실린더로 구성된 공기압 회로도이다.

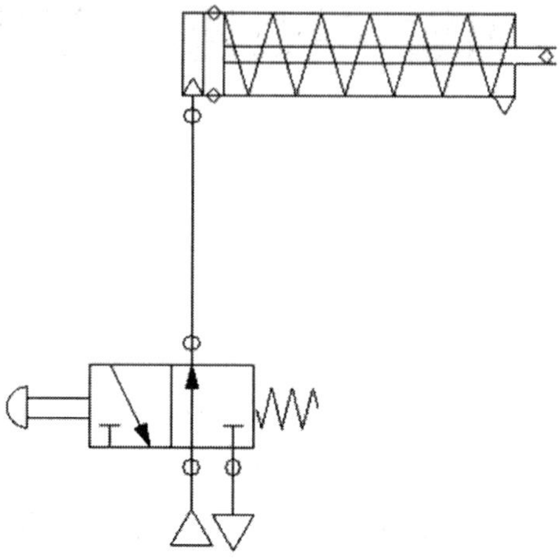

그림 2.2 공기압 회로도

그림 2.3은 단동 실린더를 수동밸브를 사용하여 전진과 후진을 제어하는 상태를 나타낸다. 수동밸브가 OFF된 상태는 압력소스의 압축공기가 피스톤 헤드에 공급되고 실린더가 전진하여 스프링을 압축한다. 수동밸브를 ON시키면 압축된 스프링에 의하여 피스톤 헤드가 복귀하면서 압축공기는 대기로 배출된다.

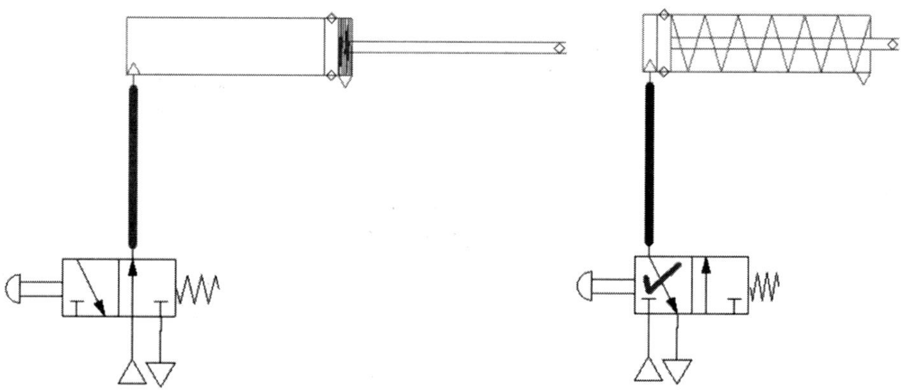

(a) 실린더 전진 (b) 실린더 후진

그림 2.3 공기압 실린더의 수동제어

그림 2.4는 공기 압축기와 공기저장탱크 주변에 설치되어 압축공기의 품질을 관리하기 위한 공기압 시스템의 주변기기 구성을 나타낸다. 공기 압축기에 의해 압축된 공기는 1차 냉각기에 의하여 수분을 제거하고 공기 저장탱크에 압축공기를 저장한다. 공기 저장탱크에 있는 압축공기는 2차 냉각기를 거쳐서 수분을 제거하고 라인필터에 의하여 먼지와 같은 불순물을 제거한 압축공기를 생산하여 주관로를 통하여 사용처에 압축공기를 공급한다.

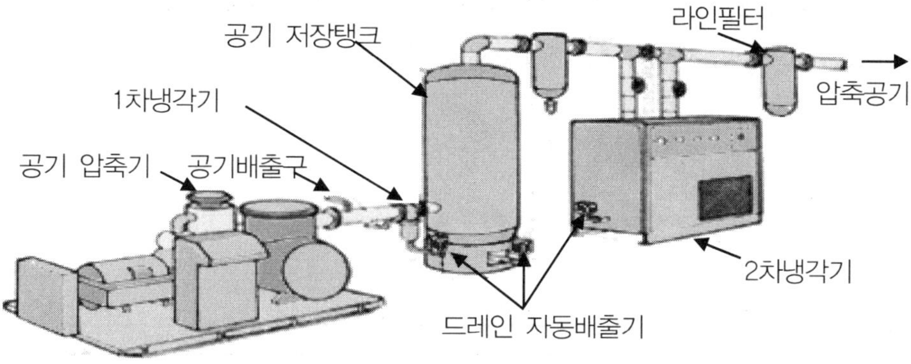

그림 2.4 공기압 시스템의 주변기기

2.1 공기 압축기

공기 압축기는 공기압 시스템을 사용하기 위한 에너지원을 생산하는 장치로, 공기나 여러 가지 기체에 에너지를 전달하여 이동, 압송 및 압축하는 일에 사용되는 기계이다.

그림 2.5는 오토메이션 스튜디오를 사용하여 공기 압축기 대신 압력소스를 사용하여 구성한 공기압 회로를 시뮬레이션한 상태를 나타낸다. 압력소스의 출력압력은 5 bar로 설정하고 시뮬레이션을 실시한다. 실린더가 전진하면 피스톤 헤드측의 압력은 0 bar에서 증가하여 5 bar를 유지하고 실린더가 후진하면 압력강하가 일어나서 0 bar에 도달하는 것을 확인할 수 있다.

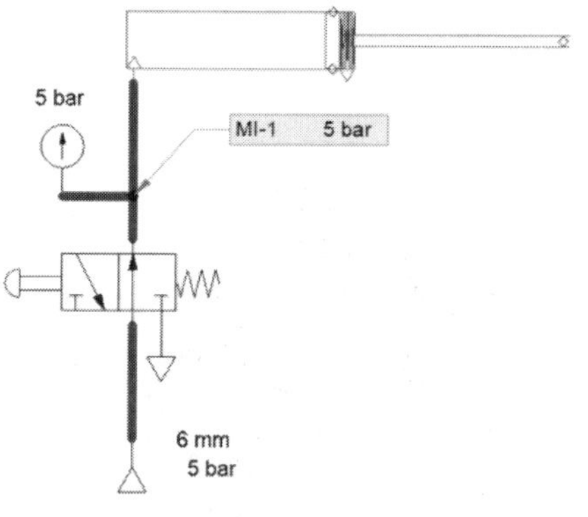

(a) 시뮬레이션

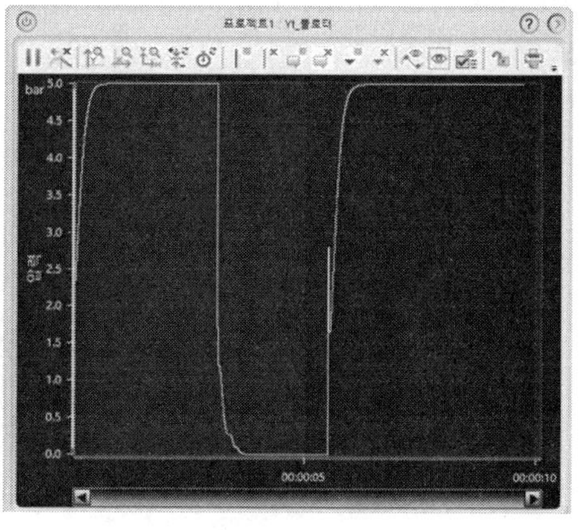

(b) 압력변화측정

그림 2.5 동작 시뮬레이션과 압력측정

그림 2.6은 압력소스의 압력과 토출배관의 지름을 설정하는 상태를 나타낸다. 압력소스의 오리피스 지름은 6 mm, 최대압력은 5 bar으로 설정한다.

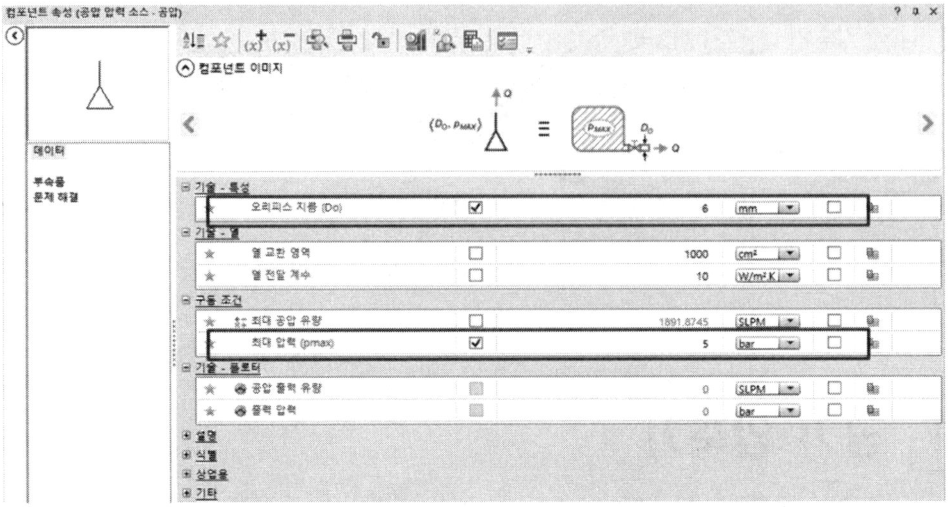

그림 2.6 압력소스의 파라미터 설정

그림 2.7은 배출압력을 기준으로 분류한 공기 압축기의 구분을 나타낸다. 일반적으로 공기 압축기는 공기압 액추에이터를 동작시킬 수 있는 압축공기를 만들어내기 위한 기기로, 대기압의 공기를 흡입하여 $1[\mathrm{kgf/cm^2}]$ 이상의 압력을 발생시킨다. 압축기, 송풍기 및 팬은 배출압력을 기준으로 구분하며 팬(fan)은 $0.1[\mathrm{kgf/cm^2}]$ 미만, 송풍기는 $0.1[\mathrm{kgf/cm^2}]$~$1[\mathrm{kgf/cm^2}]$ 미만이며 압축기는 $1[\mathrm{kgf/cm^2}]$ 이상의 압력을 발생시키는 것으로 구분하고 있으나 명확하지는 않다.

(a) 팬 (b) 송풍기 (c) 압축기

그림 2.7 배출압력에 의한 공기 압축기 구분

2.1.1 압축기의 종류

공기 압축기는 토출압력이 1[kgf/cm^2] 이상인 것을 말한다. 구조에 따라서 터보식, 회전식 및 왕복식 등으로 분류하고 계기압력(게이지압력) 7 ~ 10[kgf/cm^2]이 일반적으로 많이 사용된다. 압력이나 용도에 따라서는 10[kgf/cm^2] 이상의 고압이 사용되기도 하며 이때는 고압가스 규정에 저촉되므로 주의하여야 한다.

고압가스 안전관리법 시행령(2020.1.26. 시행) 제2조(고압가스의 종류 및 범위)에 따라 법의 적용을 받는 고압가스의 종류 및 범위는 다음 각 호와 같다. 다만, 별표 1에 정하는 고압가스는 제외한다.

상용의 온도에서 압력(게이지압력을 말한다. 이하 같다)이 1 메가파스칼 이상이 되는 압축가스로서 실제로 그 압력이 1 메가파스칼 이상이 되는 것 또는 섭씨 35도의 온도에서 압력이 1 메가파스칼 이상이 되는 압축가스(아세틸렌가스는 제외한다).

별표 1에서 적용 제외되는 압축가스 18. 섭씨 35도의 온도에서 게이지압력 4.9 메가파스칼(MPa) 이하인 유니트형 공기압축장치(압축기, 공기탱크, 배관, 유수분리기 등의 설비가 동일한 프레임 위에 일체로 조립된 것. 다만, 공기액화 분리장치는 제외한다) 안의 압축공기.

그림 2.8은 공기 압축기의 작동원리에 따른 분류를 나타낸다. 압축기는 작동원리에 따라 터보형과 용적형으로 크게 나뉘는데, 터보형은 날개차를 고속으로 회전시켜 날개 사이를 통과하는 기체의 에너지를 증가시킴으로써 기체의 압력과 속도를 높이는 형식이고, 용적형은 회전식과 왕복식으로 구분하며, 특수한 모양의 회전자(rotor) 또는 피스톤으로 일정한 체적 내에 기체를 흡입하여 그 기체의 체적을 축소시켜서 압력을 높인 다음 압축하는 형식이다. 또 터보형은 축류식과 원심식이 있다. 압축기는 각 형식에 따라 적용해야 할 기체의 체적과 압력 범위가 한정되어 있기 때문에 흡입량과 배출압력이 결정되면 압축기의 종류를 결정할 수 있다.

공기압 시스템에서는 7 ~ 10[kgf/cm^2]의 압축공기가 많이 사용되며 공기 공급량은 100[m^3/min]까지 사용되고 있다. 터보 압축기는 공기 공급량을 100[m^3/min]보다 훨씬 많은 공기를 공급할 수 있는 특징을 가진다. 피스톤 형태의 압축기들은 압축공기를 생산하는데 다른 형식의 압축기에 비해 경제적이므로 공기 압축기의 전체 시장 점유율의 절반을 차지하고 있으며 스크류 압축기가 30 [%] 정도를 차지하고 있다.

공급체적이 60[m^3/min]까지는 피스톤 압축기와 스크류 압축기가 많이 사용되고, 10[m^3/min] 이하의 영역에서는 로터리 압축기가, 100[m^3/min] 이상의 공급체적이 요구될 때에는 터보 압축기가 사용될 수 있는데 주로 50[m^3/min] 부근에서 많이 사용된다.

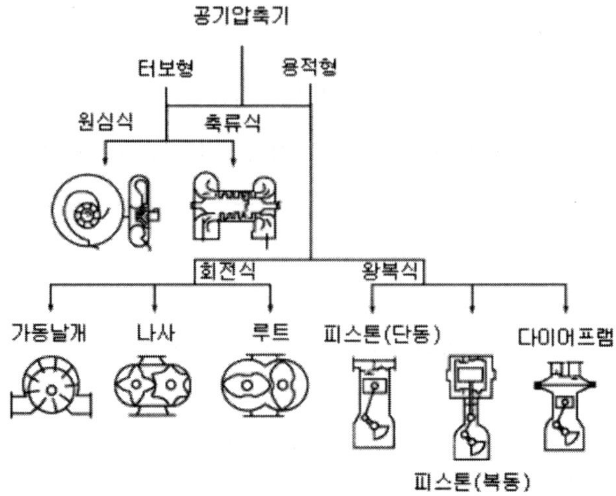

그림 2.8 공기 압축기의 작동원리에 따른 분류

2.1.2 터보형 압축기

터보형 압축기는 공기의 유동원리를 이용한 것으로, 대용량에 적합하고 공기는 날개에 의해 반경 방향으로 가속된 다음 공간의 축 방향으로 흡입되어 가속되는 동작을 반복하여 공기를 압축시킨다. 그림 2.9는 축류식과 원심식으로 구분되는 터보형 압축기를 나타낸다. 터보형 압축기는 1개의 날개만으로는 높은 압력을 얻을 수 없으므로 여러 장의 날개를 직렬로 배치하여 다단 압축형식을 취한다.

축류식 압축기(axial flow compressor)는 날개형의 단면을 가진 날개차를 반지름 방향으로 설치하여 회전시키며 기체는 축 방향으로 유동하게 되고 기체의 속도와 압력을 높이게 된다. 축류식 압축기는 많은 양의 기체를 압축하는 데 사용하며, 날개는 회전날개와 케이싱에 고정된 안내날개로 구성되는데 회전날개와 안내날개의 한 세트를 1단이라고 한다. 1단으로는 압력비가 작기 때문에 동일한 압력비를 얻기 위해서는 원심력보다 많은 단 수가 필요하게 되므로 축의 길이가 길어진다. 축류식 압축기에서는 기체가 축 방향으로 흐르므로 원심식의 압축기에서와 같은 흐름의 난동이나 분리현상은 적으며 90[%] 정도의 효율을 얻을 수 있다.

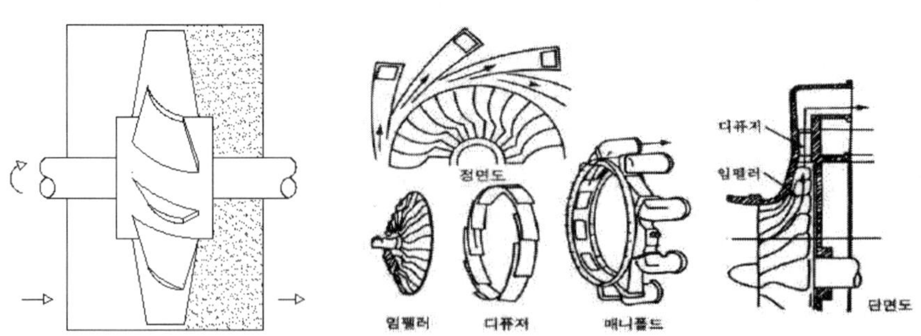

(a) 축류식 압축기 (b) 원심식 압축기

그림 2.9 터보형 압축기의 종류

그림 2.10은 원심식 압축기의 구조와 날개모양을 나타낸다. 원심식 압축기의 원리는 원심펌프와 동일하며 취급하는 작동유체가 다를 뿐이다. 원심식 압축기의 날개모양은 날개의 각도에 따라 앞보기 날개, 반지름방향 날개 및 뒷보기 날개로 나눌 수 있다. 날개의 출구 각도 β는 앞보기 날개에서는 90 [°]보다 크며 반지름 방향 날개에서는 90 [°]이고 뒷보기 날개에서는 90 [°]보다 작다. 앞보기 날개는 팬에서만 사용되고 나머지 두 형식의 것은 송풍기와 압축기에 사용된다.

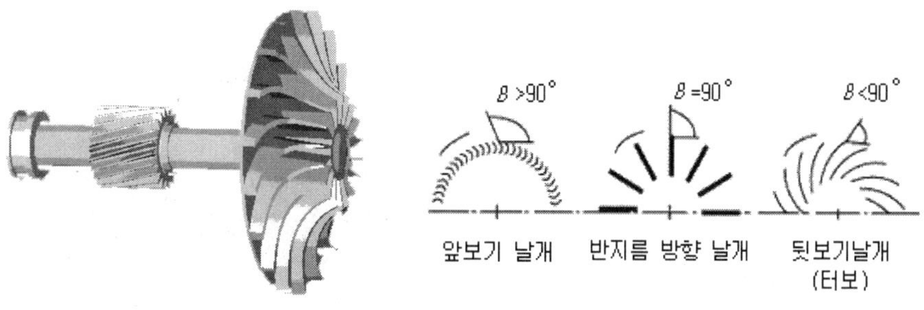

(a) 압축기의 구조　　　　(b) 날개 모양

그림 2.10 원심식 압축기의 구조와 날개 모양

2.1.3 용적형 압축기

그림 2.11은 용적형 압축기의 종류를 나타내며, 회전식과 왕복식으로 구분된다. 회전식은 일정한 용적 내에 흡입한 기체를 회전자의 회전으로 압송하는 압축기로서 나사형, 베인형(미끄럼 날개형) 및 로터리형 공기 압축기로 구분된다. 나사형 압축기는 한 쌍의 나사형 회전자(rotor)가 서로 반대로 회전하여 축 방향으로 공기를 유입하여 냉각, 밀봉 및 윤활 등으로 공기를 압축하여 생산된 압축공기 속에는 윤활유가 포함된다. 왕복식 압축기는 피스톤의 왕복운동에 의해 공기를 압축하며 피스톤형과 다이아프램형으로 구분된다.

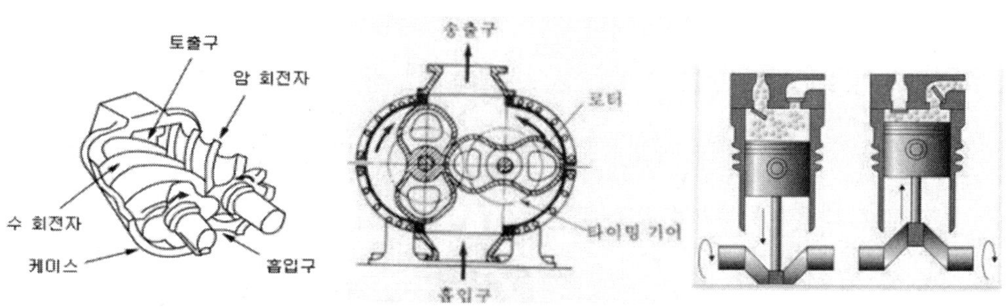

(a) 나사형　　　　(b) 로터리형　　　　(c) 피스톤형

그림 2.11 용적형 압축기의 종류

그림 2.12는 오목한 측면과 볼록한 측면을 가진 한 쌍의 나사형 회전자(rotor)가 서로 반대로 회전하여 축 방향으로 유입된 공기를 서로 맞물려 회전하면서 압축하는 나사(screw)형 공기압축기를 나타내며 80 [kgf/cm^2] 이상의 고압 펌프용으로 사용된다. 윤활유가 급유되는 나사형 압축기에는 냉각, 밀봉 및 윤활 등의 이유로 생산된 압축공기 속에 윤활유가 포함될 수 있으므로 윤활유 분리장치가 필요하여 비용이 상승한다. 운전상의 고장을 일으키지 않는 적정온도는 75~90 [℃]이고 일정한 부하의 연속 작업에 적합하다.

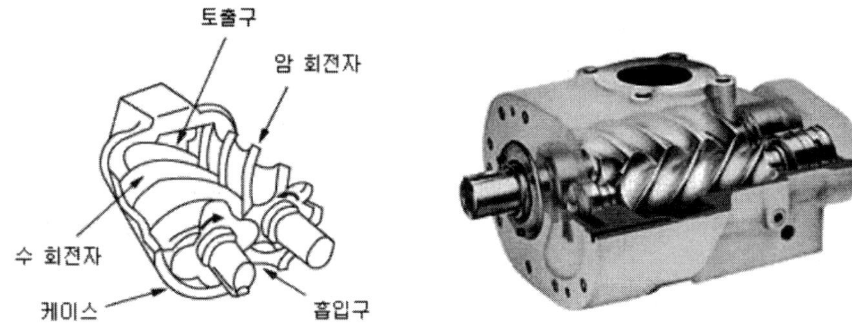

(a) 나사형 압축기의 구조 (b) 나사형 압축기의 사진

그림 2.12 나사형 압축기의 구조

그림 2.13은 베인형 압축기의 구조와 공기를 압축하고 배출하는 공정을 나타낸다. 미끄럼 날개(vane)라고 불리는 편심 회전자가 흡입과 배출 구멍이 있는 실린더 형태의 하우징 내에서 회전하면서 공기를 흡입한다. 편심로터가 흡입과 배출구멍이 있는 실린더 형태의 하우징(housing) 내에서 회전하며, 로터의 작은 홈에 있는 미끄럼 날개와 실린더의 벽은 공간을 형성하게 되고, 로터가 회전하면 원심력으로 날개가 벽 쪽에 베인이 달라붙게 되며, 하우징의 형태에 따라 체적을 증가시키거나 감소한다. 정밀한 치수를 가지고 있어서 정숙한 운전과 공기를 안정적으로 공급할 수 있다.

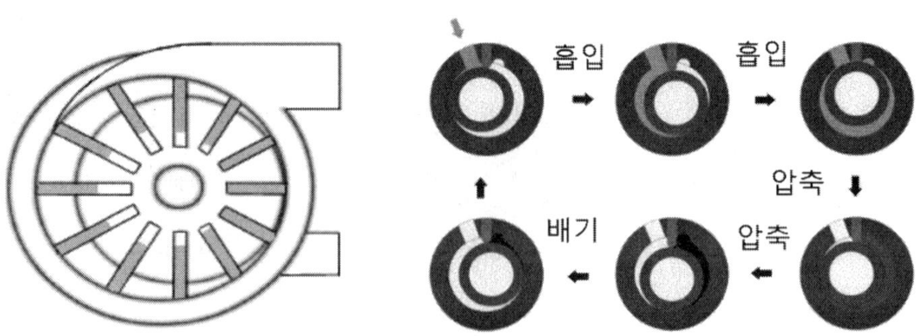

(a) 베인형 (b) 공기압축공정

그림 2.13 베인형 압축기의 구조와 공기압축공정

그림 2.14는 로터리형 압축기의 종류를 나타내며, 로터리형 압축기는 루츠형과 가동익형으로 구분한다. 루츠형은 케이싱 내에 2개의 기어를 가진 한 쌍의 로터가 90도 위상으로 서로 역방향으로 회전하면서 기체를 흡입하고 송출하는 구조를 가진다. 가동익형은 케이싱 내의 로터에 가동익 판을 설치하여 로터의 회전에 의한 원심력으로 가동익 판을 움직여서 압축하는 형식이다. 로터리 압축기의 특징은 경량 소형으로 고속회전이 가능하고 설치면적이 작으며, 회전수의 변화와 관계없이 압력을 일정하게 유지할 수 있고 송출기류가 비교적 균일하고 큰 맥동이나 서징(Surging) 현상이 없다는 것이다.

그림 2.15는 왕복형 공기 압축기의 공기흡입과 송출과정을 나타낸다. 커넥팅 로드와 연결된 피스톤은 왕복운동을 하면서 공기의 흡입 시에는 흡기밸브가 열리고 배기밸브는 닫히고 공기의 송출 시에는 흡기밸브는 닫히고 배기밸브가 열려서 흡입한 공기를 송출하여 공기를 압축한다. 고압으로 압축할 경우에는 다단식의 피스톤 공기 압축기가 필요하며 사용 압력범위는 10~100[kgf/cm^2]이다. 피스톤과 피스톤링은 마모되는 부분이므로 6,000~12,000시간 정도 사용한 후에는 교환해야 하며 일반적으로 피스톤 압축기는 나사형 압축기보다 정상운전에서 3~4 [dB] 정도 소음이 더 크다.

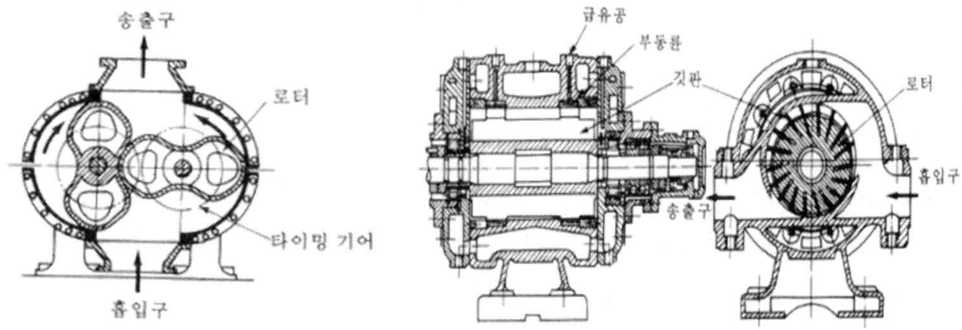

(a) 루츠형 압축기 (b) 가동익형 압축기

그림 2.14 로터리형 압축기의 종류

(a) 초기 상태 (b) 흡입과정 (c) 배기과정

그림 2.15 왕복 피스톤 압축기

그림 2.16은 2단 왕복 피스톤 압축기를 나타낸다. 왕복 피스톤 압축기는 낮은 압력에서 높은 압력까지 사용할 수 있으며 압력의 사용 범위는 100 [kPa](1 [bar])에서 수천 [kPa](수십 [bar])까지이다. 다단식 압축기는 실린더의 내경이 큰 첫 번째 압축실과 실린더 내경이 작은 두 번째 압축실을 가진 구조로 되어 있다. 첫 번째 압축실에서 1차 압축한 공기를 두 번째 압축실에서 다시 압축하여 높은 압력공기를 얻으며 공기가 압축되는 동안에 온도가 올라가므로 냉각시스템을 사용하여 압축공기를 냉각시켜야 한다. 왕복 피스톤 압축기의 최적 압력 영역은 1단에서 400 [kPa](4 [bar])이고 2단에서 1,500 [kPa](15 [bar])까지이며 그 이상의 압축이 필요할 경우에는 3단 왕복 피스톤 압축기를 사용한다.

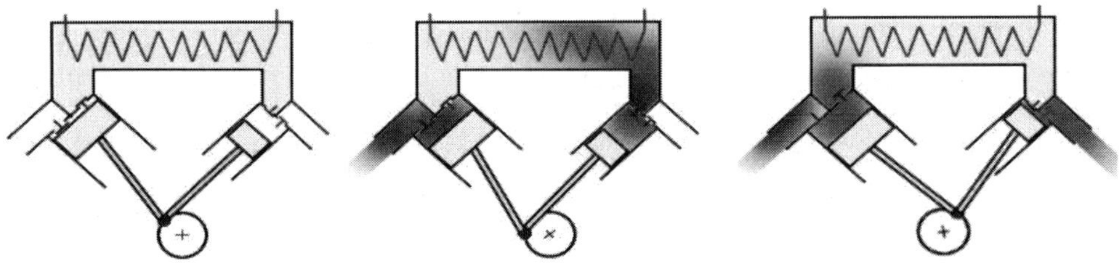

(a) 초기상태 (b) 흡입과정 (c) 배기과정

그림 2.16 2단 왕복 피스톤 압축기

그림 2.17은 다이아프램(격판)식 피스톤 공기 압축기의 구조를 나타낸다. 커넥팅 로드에는 다이아프램이 연결되어 있고 공기 챔버의 상단에는 흡기밸브와 배기밸브가 설치되어 있다. 커넥팅 로드가 상승할 때는 배기밸브는 닫히고 흡기밸브가 열려서 공기를 흡입한다.

그림 2.18은 피스톤이 격판에 의해 흡입실로부터 분리되어 있는 격판 피스톤 압축기의 동작 상태를 나타낸다. 공기가 왕복운동을 하는 부분과 직접 접촉하지 않기 때문에 공기에 기름이 섞이지 않게 되므로 식료품, 제약 및 화학 산업 등에 많이 사용된다.

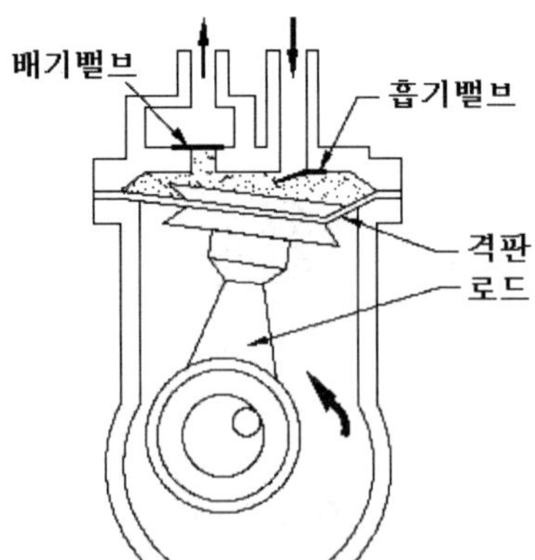

그림 17 격판 압축기의 구조

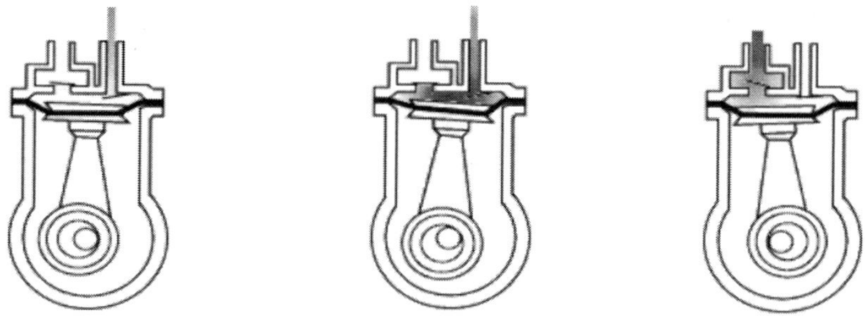

(a) 초기상태 (b) 흡입과정 (c) 배기과정

그림 2.18 격판(다이아프램) 피스톤 압축기

2.1.4 공기 압축기의 특성

모든 공기압 부품은 힘의 변환이나 전달을 따로 계산하여 설치할 필요 없이 파이프라인을 통하여 중앙의 압축기 플랜트로부터 압축공기를 공급받으면 된다. 운반이 간편한 휴대용 압축기는 토목 및 건축업체와 같이 기계의 위치가 자주 바뀌는 곳에 사용된다. 공장 신설을 계획할 때는 새로운 공기압 시설의 구입이나 확장을 위해 여유를 두어야 하며 어떤 경우든 현재의 수요보다 더 많은 압축공기를 생산할 수 있도록 공기 압축기를 구축하는 것이 추후에 생산설비를 확장할 경우에 드는 추가비용의 낭비를 막을 수 있다.

표 2.2는 공기 압축기의 종류와 그 특성을 나타내며 공기 압축기의 선정 시에는 이 표를 참고하여 선정하도록 한다. 일반적으로 많이 사용하는 피스톤식 공기 압축기는 비용이 적게 소요되지만, 진동과 소음이 크고 압축공기의 맥동현상이 크다는 단점이 있다. 그러나 과거부터 많이 사용한 관계로 친숙하여 현장에서 가장 많이 사용된다.

표 2.2 공기압축기의 특성

압축기 종류 / 구분	왕복식	회전식	터보식
비용	작다	높다	높다
맥동	크다	작다	작다
진동	크다	작다	작은 편
소음	크다	작다	크다
이물질의 종류	유분, 탄소, 먼지, 수분	유분, 먼지, 수분	먼지, 수분
정기수리시간	3,000~5,000	12,000~20,000	8,000~15,000

그림 2.19는 공기 압축기의 종류에 따른 공기를 압축할 수 있는 압력의 범위와 공급체적을 나타낸다. 피스톤 압축기의 경우에는 고압까지 압축이 가능하며 로터리 압축기는 주로 저압의 공기압축에 사용되므로 공기 압축기의 선정 시에는 표 2.2와 그림 2.19를 참고하여 선정하도록 한다.

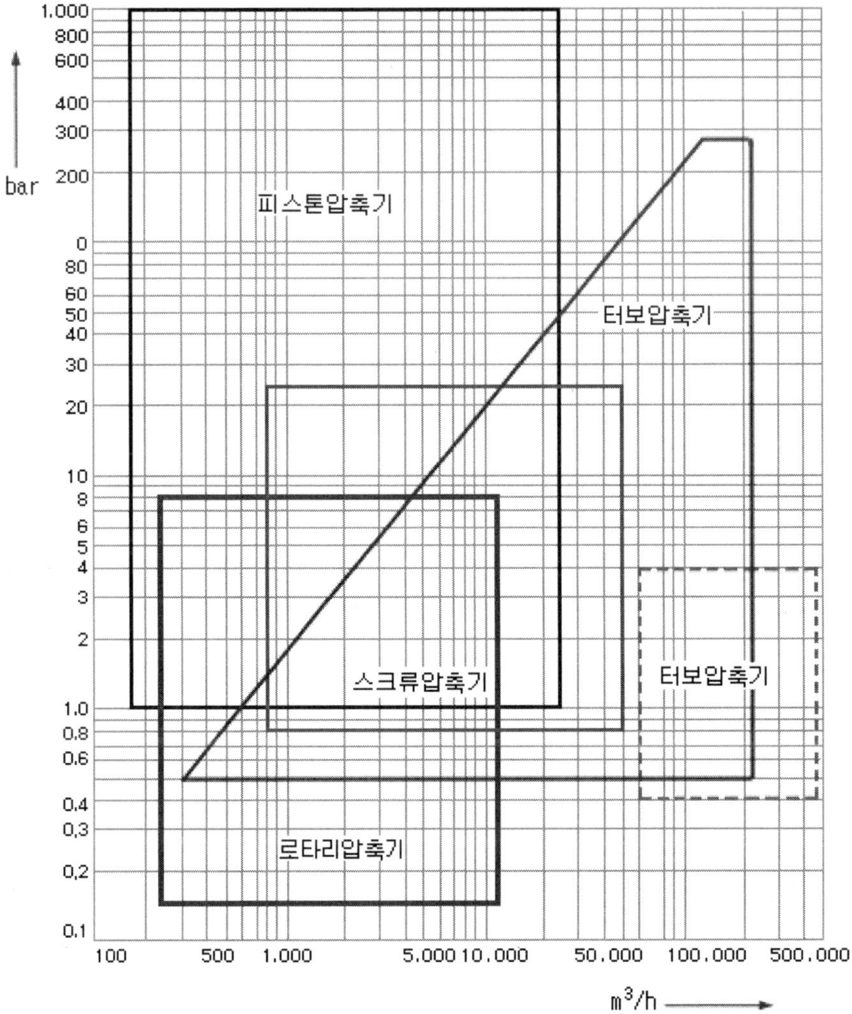

그림 2.19 압축기의 공급체적과 압축범위

2.1.5 공기 압축기의 선정

공기압 시스템에 압축기의 공급유량은 이론 공급유량과 유효 공급유량으로 구분한다. 이론 공급유량은 이론적으로 계산된 공급유량으로, 왕복 피스톤 압축기의 한 행정에 피스톤이 움직이는 체적과 회전수를 곱한 것이다. 유효 공급유량은 공기압축기의 형태와 압력 및 주위환경 등에 따라 다르게 되며 체적계수의 영향을 받는다.

이론 공급유량 = 1 행정체적 × 회전수 (2.1)

유효 공급유량 = 이론 공급체적 × 체적계수 (2.2)

공기압 시스템에 사용되는 압력은 작업압력과 작동압력으로 구분된다. 작업압력은 압축기의 출구 압력 또는 탱크나 파이프라인의 압력을 의미하며, 작동압력은 직접 공기압 기기를 작동시키는 곳에서 요구되는 압력으로서 대부분 600 ~ 700 [kPa]이다. 각 요소의 작업 데이터는 작동압력에 의하여 주어진다.

공기 압축기의 선정을 위해서는 설치면적, 소음, 유지보수성 등을 고려하여 적정용량을 선정하여야 한다. 압축기의 용량 산정시의 계산오차, 사용빈도(부하율)의 보정, 공기청정기기 및 배관의 압력강하, 배관 접속부의 누설, 압축기의 수명에 따른 보수유지 등을 고려하여 선정 시에는 계산용량의 1.5 ~ 2배 크기의 용량을 선정한다.

■ 공기 압축기의 선정기준

- 최종 수요처의 요구 공기압력
- 필요 공기량(자유 공기량으로 환산 : free air)
- 공기 사용 빈도(부하율 %)
- 공기의 청정도(수분, OIL 성분의 함유량)

■ 피스톤식 공기 압축기의 이론적인 공급유량 $Q_t\,[\mathrm{m^3/min}]$

$$Q_t = \frac{Q(P+P_a)}{P_a \beta} \tag{2.3}$$

여기서 $Q[\mathrm{m^3/min}]$은 공기압 액추에이터의 작동압력 $P[\mathrm{kgf/cm^2}]$에서 공급 공기유량이고, $P_a[\mathrm{kgf/cm^2}]$는 대기압으로서 $1.0332[\mathrm{kgf/cm^2}]$이며 β는 체적 효율계수를 나타낸다.

■ 공기압 실린더를 사용하는 경우의 공기 소모량 : $Q\,[\ell/\mathrm{min}]$

$$Q = \frac{2ASnP}{1000 \times P_a} \tag{2.4}$$

여기서 $A\,[\mathrm{cm^2}]$은 실린더의 단면적, $S[\mathrm{cm}]$는 실린더의 스트로크, n은 1분당 작동 횟수, 작동압력 $P[\mathrm{kgf/cm^2}]$은 압축기의 절대압력(게이지 압력+대기압), $P_a[\mathrm{kgf/cm^2}]$는 대기압으로 $1.0332[\mathrm{kgf/cm^2}]$이다.

예제 2.1

내경 $d=50\,[\mathrm{mm}]$, 스트로크 $\ell=200\,[\mathrm{mm}]$인 공기압 실린더를 작동압력 $6\,[\mathrm{kgf/cm^2}]$으로 분당 20회 동작시킬 때 소모되는 이론적인 공기유량은 얼마인가? 단, 공기압 실린더는 스프링 복귀형 단동 실린더이다.

풀이

식 (2.4)을 사용하여 공기 소모량을 계산한다.

$$Q=\frac{\frac{\pi\times 5^2}{4}\times 20\times 20\times 7.0332}{1000\times 1.0332}=53.4\,[\ell/\mathrm{min}]$$

복동 실린더를 사용할 경우에는 위에서 구한 소모량의 2배가 되나, 실제적으로는 피스톤 로드를 고려하여야 하므로 2배보다 적은 공기 소모량이 필요하다. 복동 실린더의 공기 소모량 = 53.4 [ℓ /min] × 2 = 106.8 [ℓ /min]이다.

2.1.6 공기 저장탱크

(1) 공기 저장탱크의 역할

공기 저장탱크는 공기압에서는 시스템의 안정성에 기여하고 있으며, 다음과 같은 작용을 한다.

(a) 공기 압축기로부터의 토출압력이 맥동화된 것을 평활하게 한다.

(b) 일시적으로 많은 양의 압축공기를 사용하게 되더라도 공기압력의 저하는 최소한으로 줄인다.

(c) 공기 압축기의 토출용량에 여유가 있을 때는 공기 압축기의 운전간격을 조절할 수 있게 한다.

(d) 공기 소비량이 어떤 사이클로 변동할 경우에 평균 공기 소비량이 공기 압축기의 토출량 이하이면 일시적으로 많은 양의 공기소비가 있더라도 작은 공기 압축기로 유지할 수 있다.

(e) 정전이 되어도 어느 정도의 시간은 운전이 가능하다.

(2) 공기 저장탱크의 구조

그림 2.20은 공기 저장탱크의 구조와 표시기호를 나타낸다. 공기 저장탱크에는 압력계, 안전밸브 및 압력스위치 등을 부착해야 하고 공기 저장탱크 자체가 압력용기이므로 법적규제를 받는다. 공기 저장탱크에는 규정 이상의 압력이 되면 공기압력을 내려주는 안전밸브, 압력을

표시하는 압력계, 압력스위치, 드레인을 제거하는 자동 배수기 및 접속관 등이 부착되어 있다. 공기 저장탱크의 용적과 공기압력에 따라 용기 안전규칙 또는 고압가스 안전관리법에 해당되기 때문에 주의를 요한다.

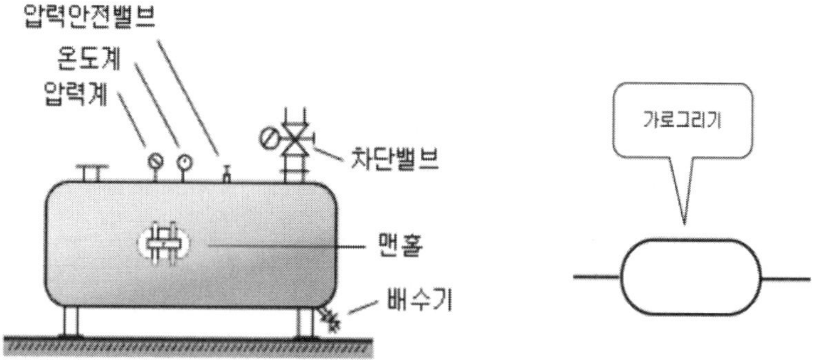

(a) 공기 저장탱크의 구조　　　　(b) 공기 저장탱크의 표시기호

그림 2.20 공기 저장탱크

그림 2.21은 공기 저장탱크를 사용하는 공기압 회로를 구축하고 시뮬레이션을 실시한 상태를 나타낸다. 압력소스에서 토출된 압력공기는 저장탱크로 유입되며, 저장탱크의 압축공기는 공기압 유니트를 통하여 수동밸브에 의해 실린더의 피스톤 헤드에 공급된다. 공기 저장탱크의 압력 변화를 측정해보면 점차 증가하고 있고, 초기상태라서 온도는 낮은 상태이나 압력소스의 온도는 증가한다.

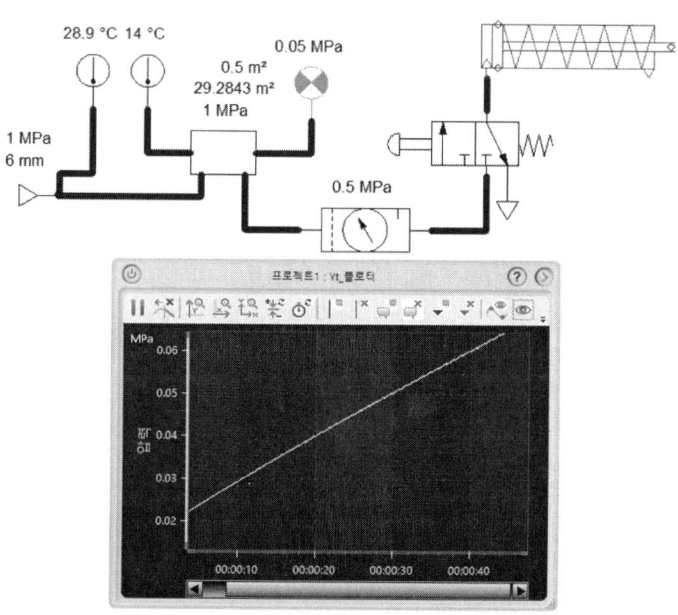

그림 2.21 공기 저장탱크 시뮬레이션

그림 2.22는 공기 저장탱크의 파라미터를 설정한 상태를 나타낸다. 내부 단면적은 0.5 m^2, 열교환영역인 탱크의 표면적은 29.2843 m^2, 최대압력은 5 bar으로 설정하였으며 공기압 회로도에 값을 나타내도록 하였다.

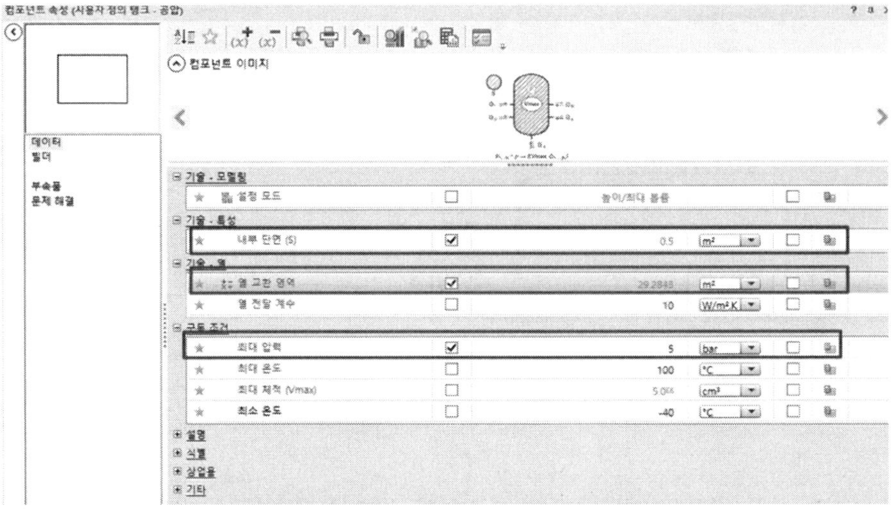

그림 2.22 공기 저장탱크 파라미터 설정

(3) 공기 저장탱크의 용량계산

공기 저장탱크의 크기는 공기 압축기의 공급체적, 공기소비량, 공기 분배망, 압축공기의 조절방법 및 허용 가능한 압력강하 등을 고려하여 결정한다. 공기 저장탱크의 적정용량 계산식은 다음과 같다.

$$V = \frac{0.25\, Q_n P_a}{Z \delta P} \tag{2.5}$$

여기서 $V[\mathrm{m}^3]$는 공기 저장탱크의 용량, $Q_n[\mathrm{m}^3/\mathrm{min}]$은 공기 압축기의 공급유량, $P_a[\mathrm{kgf/cm}^2]$는 흡입 공기압력, Z은 시간당 스위칭 수, $\delta P[\mathrm{kgf/cm}^2]$는 스위치 On과 Off 사이에서 발생하는 압력의 차이를 나타낸다.

표 2.3은 공기 저장탱크의 크기와 전동기의 출력의 관계를 나타낸다. 공기 저장탱크의 선정 시에는 이 표를 참고하도록 한다.

표 2.3 공기 저장탱크와 전동기의 관계

전동기의 정격 출력[kW]	공기탱크의 용적[l]
0.2	15 이상
0.4	25 이상
0.75	35 이상
1.5	60 이상
2.2	80 이상
3.7	100 이상
5.5	100 이상

예제 2.2

공기 압축기의 공급유량 $Q_n = 20\,[\ell/\mathrm{min}]$이고 시간당 스위칭 수는 Z = 20 [회/h]이다. 공기 압축기의 흡입공기압력은 $Pa = 1.0332[\mathrm{kgf/cm^2}]$이고, 공기 압축기의 전원 스위치 On과 Off 사이에서 발생하는 압력 차이 $\delta P = 2\,[\mathrm{kgf/cm^2}]$일 경우에 공기 저장탱크의 용적은 얼마인가?

풀이

식 (2.5)를 이용하여 공기 저장탱크의 용량을 계산한다.

$$V = \frac{0.25\,Q_n P_a}{Z\delta P} = \frac{0.25 \times 20 \times 60 \times 1.0332}{20 \times 2} = 7.75\,[\ell]$$

예제 2.3

공기 압축기의 토출 공기량 $Q_n = 2.4\,[\mathrm{m^3/min}]$이고 시간당 스위칭 수는 Z = 20 [회/h]이다. 공기 압축기의 흡입공기압력은 $P_a = 1.0332[\mathrm{kgf/cm^2}]$이고, 스위치 On과 Off 사이에서 발생하는 압력 차이 $\delta P = 1\,[\mathrm{kgf/cm^2}]$일 경우에 공기 저장탱크의 용적은 얼마인가?

풀이

식 (2.5)를 이용하여 공기 저장탱크의 용량을 계산한다.

$$V = \frac{0.25\,Q_n P_a}{Z\delta P}$$
$$= \frac{0.25 \times 2.4 \times 60 \times 1.0332}{20 \times 1}$$
$$= 1.86\,[\mathrm{m}^3]$$

공기 압축기에서 토출되는 압축공기를 저장하여 각 사용처로 공급하기 위해서는 압축공기를 일시적으로 저장하여 일정한 압력 이상으로 유지할 필요가 있으므로 공기 저장탱크의 용량 $V[\mathrm{m}^3]$은 다음의 식으로 계산한다.

$$V = \frac{P_a(Q_u - Q_n)t}{P - P_u} \tag{2.6}$$

여기서 $P_a[\mathrm{kgf/cm^2}]$은 공기 압축기로 흡입되는 공기압력으로서 통상적으로 대기압이다. $P[\mathrm{kgf/cm^2}]$는 공기 저장탱크 내의 압력, $P_u[\mathrm{kgf/cm^2}]$는 공기압의 사용처에서 요구하는 압력, $Q_u[\mathrm{m^3/min}]$은 공기압 사용처의 요구 공기량, $Q_n[\mathrm{m^3/min}]$는 공기 압축기 토출 공기량, $t[\mathrm{min}]$은 일시적으로 초과 용량을 사용하는 시간을 나타낸다.

예제 2.4

공기 압축기의 토출 공기량이 $Q_n = 550[\ell/\mathrm{min}]$이고 공기 저장탱크 내의 압력은 $P = 8.5[\mathrm{kgf/cm^2}]$이다. 압축공기를 40 [초] 동안 1500 [ℓ]를 분출시키려는 경우에 공기 저장탱크의 용량은 얼마로 해야 하는가? 단, 사용처의 공기압력은 $P_u = 5.0[\mathrm{kgf/cm^2}]$으로 설정한다.

풀이

공기압의 사용처에서 요구하는 압력 $Q_u[\ell/\mathrm{min}]$는 다음과 같다.

$$Q_u = 1500 \times \frac{40}{60} = 1000[\ell/\mathrm{min}]$$

식 (2.6)을 사용하여 공기 저장탱크의 용량을 계산한다.

$$V = \frac{P_a(Q_u - Q_n)t}{P - P_u}$$

$$= \frac{1.0332 \times (1000 - 550) \times \frac{40}{60}}{8.5 - 5.0}$$

$$= 88.56\ [\ell]$$

공기 저장탱크는 90 [ℓ] 이상의 용적을 가진 것을 설치한다.

2.2 공기 압축기의 주변장치

공기 압축기의 주변장치는 압축공기를 생산하는 데 필요한 것으로, 압축된 공기를 처리하여 깨끗하고 건조한 압축공기를 만든다. 압축공기 중에 포함되어 있는 수분을 제거하기 위하여 냉각기와 건조기가 있고 각종 오염물질을 제거하기 위하여 공기필터, 압력조절기 및 윤활기 등이 있다.

2.2.1 냉각기

냉각기는 공기 압축기 또는 배관에 설치하며 냉각수나 차가운 공기를 이용하여 압축공기를 강제적으로 냉각시켜서 압축공기 중의 수분을 분리하여 제거하는 역할을 한다. 공기 압축기에 의해서 가열된 공기는 물이나 공기를 이용한 냉각핀에 의해서 식혀서 공기의 온도가 이슬점 온도 이하로 내려가면 수분이 응축된다. 냉각기는 공기압기기의 성능을 보장하기 위해서 보통 약 40 [℃] 정도까지 냉각하여 압축공기 속에 혼입되어 있는 수분을 63[%] 이상을 제거할 수 있도록 설계되어 있다.

그림 2.23은 공냉식 냉각기의 구조를 나타내고, 그림 2.24는 공냉식과 수냉식 냉각기의 표시기호를 나타낸다. 공랭식 냉각기는 알루미늄핀을 사용한 방열판에 의한 냉각관의 모임이며 관의 내측에는 높은 온도의 압축공기를 보내고 관의 외측을 냉각핀으로부터의 냉각풍에 의해 강제냉각을 시킨다. 수냉식 냉각기는 주로 동(銅)파이프의 냉각관 내부에 물을 흐르게 하고 외부에는 고온의 압축공기를 보내서 냉각관의 벽을 통하여 고온의 공기로부터 냉각수에 열이 전도되어 공기가 냉각된다.

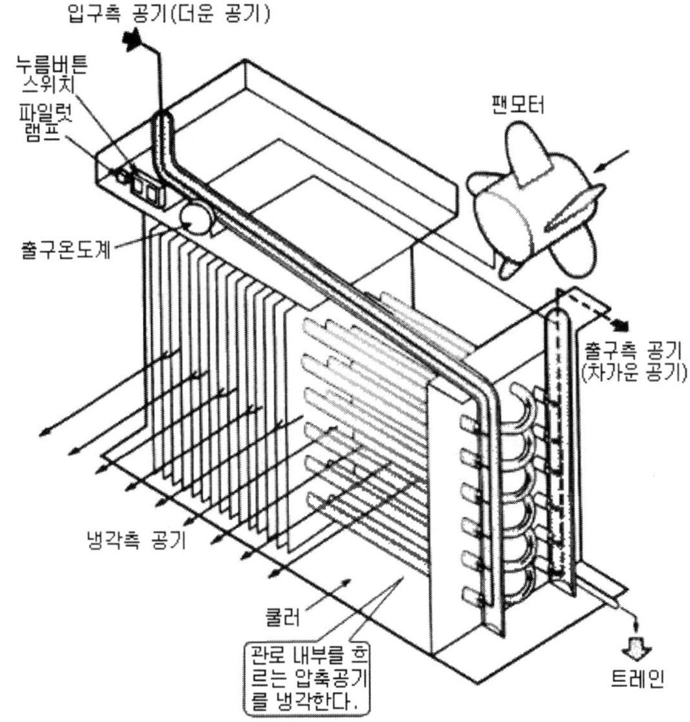

그림 2.23 공랭식 냉각기의 구조

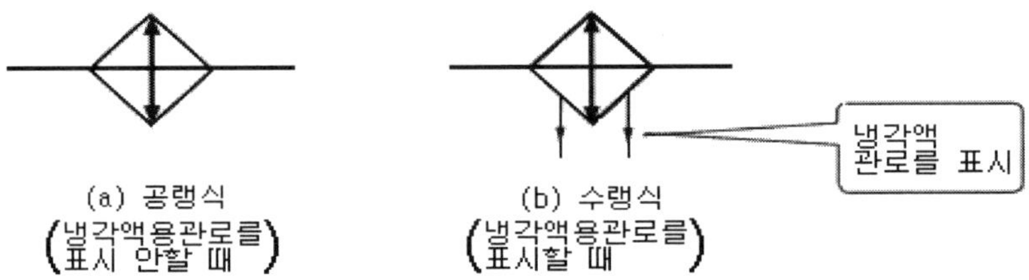

그림 2.24 냉각기의 표시기호

그림 2.25는 공기 압축기와 저장탱크 사이에 설치하는 냉각기의 시뮬레이션 상태를 나타낸다. 공기 압축기는 대기 중의 수분을 공기와 같이 압축하여 공기 저장탱크에 저장하므로 수분도 같이 압축된 상태이기에 냉각기를 설치하여 수분을 제거한다. 압력소스에서 토출된 압력이 냉각기를 거쳐서 저장되어 수동밸브를 통하여 실린더에 공급되고 있다. 압력소스의 온도는 점차 증가하고 있으나 냉각기는 초기에는 온도가 낮아서 동작하지 않는 상태이고, 압력소스의 온도가 높아지면 냉각기가 작동하여 온도는 28 ℃까지 하강하여 유지한다.

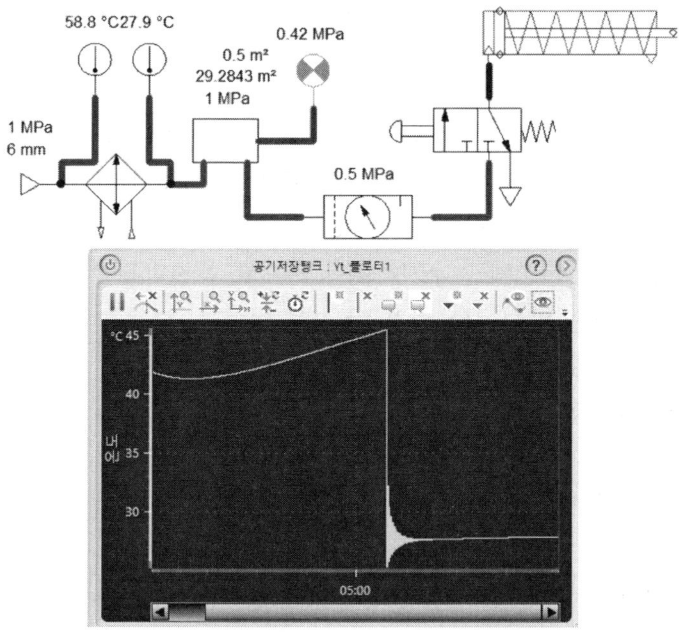

그림 2.25 냉각기 시뮬레이션

그림 2.26은 냉각기의 파라미터를 설정하는 상태를 나타낸다. 공기압 정격유량은 60 SLPM (*l* /min), 최대 소실량은 2 kW이다.

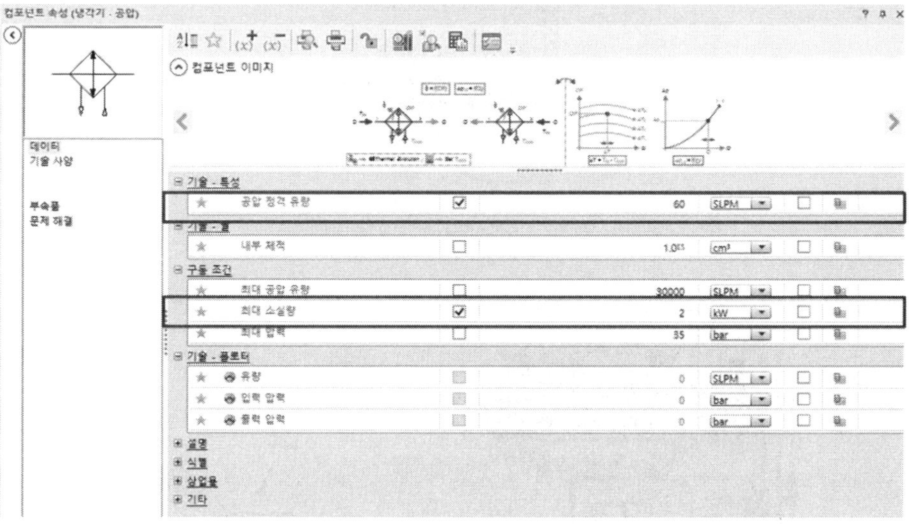

그림 2.26 냉각기 파라미터 설정

2.2.2 건조기

그림 2.27은 화학적인 건조방식을 사용하는 흡수식 건조기를 나타낸다. 흡수식 건조(Absorption drying)는 압축공기가 건조제를 통과하면서 물이나 증기가 건조제에 접촉하여 화합물이 형성되면서 건조제와 물의 화합물로 용해되어 압축공기가 건조된다. 흡수식 건조의 특징은 장비의 설치가 간단하고 움직이는 부분이 없으므로 외부 에너지 공급이 필요하지 않다. 1년에 2~4회 정도 새로운 건조제를 추가하여야 하므로 운전비용이 많이 들고 효율도 낮아 오늘날 흡수식 건조방법은 많이 사용되지 않는다.

그림 2.28은 냉동식 건조기의 구조를 나타내며, 공기 압축기에서 공기 저장탱크를 거쳐서 열교환기를 통과하는 과정으로 구성되어 있다. 열교환기의 역할은 습기와 열을 함유한 압축공기를 미리 식히는 것과 냉각실을 통과한 건조공기를 다시 열교환기로 데워서 유출공기의 온도를 상승시켜 배관계통에서의 발한작용(응축 수적화작용)을 방지하는 것이다. 냉각실에서는 고온의 압축공기를 냉각하고 수분과 다소의 유분을 응축시켜서 오토 드레인으로 배출시킨다. 이 방식은 오늘날 가장 보편적으로 사용되며, 경제적으로 운영되고 신뢰성도 좋으며 유지보수 비용도 적게 든다.

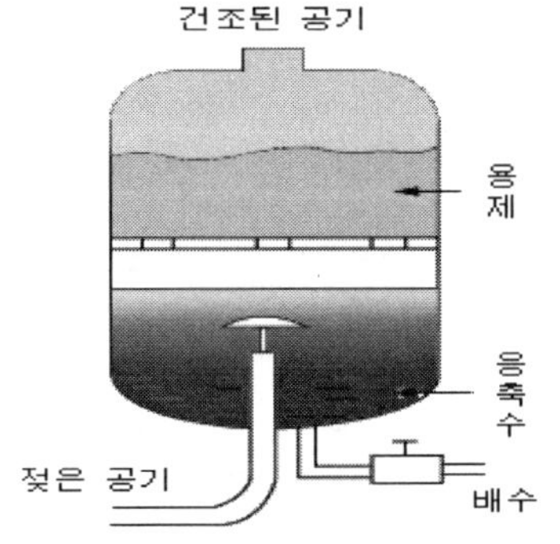

그림 2.27 흡수식 건조기

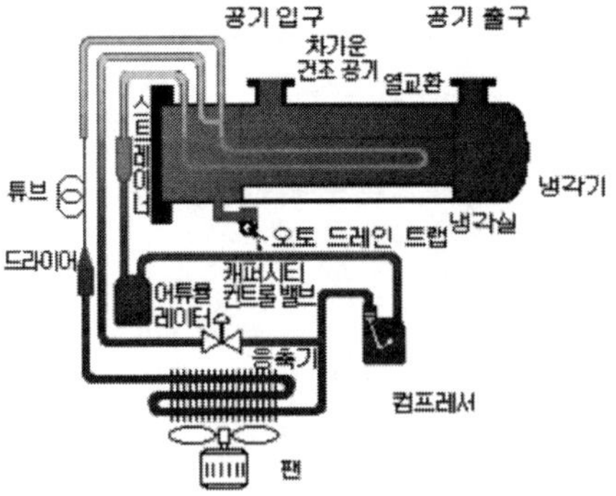

(a) 냉동식 건조기의 구조

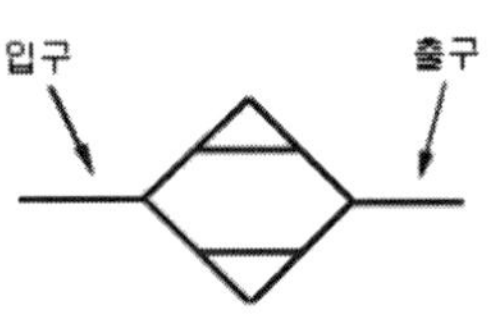

(b) 건조기의 표시기호

그림 2.28 냉동식 건조기

표 2.5는 공기의 이슬점 온도에 따라서 냉각기와 건조기의 필요성을 나타내는 표이다. 압축공기가 충분히 건조되어야 공기압 시스템이 동작될 때 고장 및 오동작을 감소시킬 수 있다. 압축공기의 배관이 어떤 온도상태에 위치하느냐에 따라서 올바른 온도가 추천되는데, 이 표는 그 가이드라인을 제공해준다.

표 2.5 이슬점 온도

배관 위치	이슬점 온도	냉각기	냉각식 건조기	흡착식 건조기
20℃ 이상의 장소	10℃ 이상	반드시	필요시	
15℃~20℃의 장소	5℃~10℃	필요시	반드시	
10℃~15℃의 장소	5℃	필요시	반드시	
10℃ 이하의 장소	2℃	필요시	반드시	
0℃ 이하의 장소	0℃ 이하		필요시	반드시

2.2.3 압축공기의 오염물질과 이물질

그림 2.29는 공기 압축기와 그 주변장치를 나타내며 오염물질의 크기에 따른 공기압기기와의 관계를 나타낸다. 수분, 유해가스, 먼지, 유분 등과 같은 다양한 오염물질을 포함하고 있는 공기는 흡입필터를 거쳐서 공기 압축기에 의해 압축된다. 오염물질이 포함된 압축공기를 공기압 시스템 공급하여 사용하면 공기압 기기의 고장요인이 된다. 압축공기에 포함된 오염물질은 1차적으로는 흡입필터 및 1차 냉각기에서 수분 및 기타 이물질들이 제거되고 나머지 잔류물질(먼지, 유분, 냄새)들은 필터에서 제거하며 수분은 냉동식 건조기를 사용하여 다시 제거한다.

공기압 시스템에 사용하는 압축공기는 먼지나 수분을 내포하고 있기 때문에 먼지나 수분을 함유한 압축공기를 그대로 사용하면 액추에이터의 작동이 나빠지거나 공기압기기 내면에 녹이 발생하여 기기고장의 발생요인이 된다. 압축공기 중에는 먼지, 유분, 탄소 및 수분 등의 이물질들이 포함되어 있으며 이러한 오염물질은 다음과 같이 공기압기기에 영향을 준다.

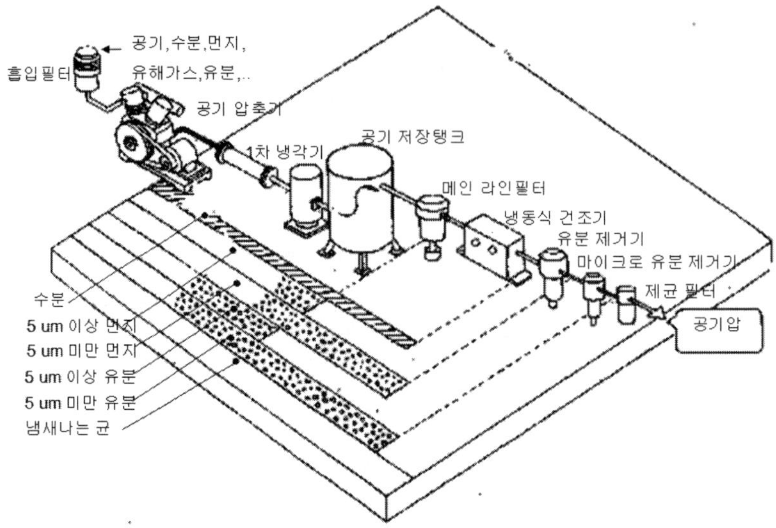

그림 2.29 공기 압축기와 그 주변장치

(1) 먼지

공기 압축기를 사용하여 7[kgf/cm^2]까지 공기를 압축하면 먼지의 농도가 8배까지 증가한다. 먼지는 제어밸브의 스풀이나 슬리브 사이의 막힘 또는 코일을 손상시키는 원인이 된다.

(2) 유분 및 탄소

고온의 압축공기에 의하여 기름이 분무화되고 다시 탄화 또는 증기화되면서 탄화된 기름은 흑연 형태의 미세한 탄소입자가 되어 타르(tar) 상태의 탄소물질로 된다. 이러한 요소들은 피스톤 및 제어밸브의 고착, 마모, 실(Seal) 불량 및 고무계의 부풀어 오름으로 인하여 기기의 수명을 단축시킨다.

(3) 수분

공기 압축기를 사용하여 7[kgf/cm^2]로 공기를 압축하면 체적은 1/8로 줄어들고 과포화상태의 수분이 응축수가 되어 코일의 절연 불량 및 녹 등이 생기게 되며, 밸브의 고착이나 고무계통이 부풀어 오르는 현상 등이 생겨서 공기압기기의 수명을 짧게 한다. 코일의 절연 불량과 녹을 유발하여 밸브 몸체에 스풀의 고착 및 수명단축을 가져오고 동결의 원인이 된다.

(4) 녹

제어밸브의 몸체에 고착, 실링 불량, 기기의 수명단축, 오염 및 미소유로의 단면적 변화 등을 유발시킨다.

2.2.4 공기필터

공기필터는 공기압 배관의 도중에 설치해서 먼지나 수분을 제거하고 청정한 압축공기를 공기압 시스템에 공급한다. 공기필터는 압축공기를 사용하기 직전에 배치해서 먼지나 수분이 레귤레이터나 제어밸브에 혼입해서 발생하는 작동불량이나 공기압 부품의 이상마모와 같은 트러블을 방지한다.

그림 2.30은 일반적인 원심 분리식 공기필터의 구조이다. 공기필터를 통과하는 압축공기를 디플렉터에 의해 케이스 내에서 선회운동을 시켜 원심력으로 중량이 큰 것을 분리하고 공기에 비해 무거운 물방울은 튀겨서 케이스의 내벽에 부착하여 벽을 타고 밑에 고이게 된다. 미세한 고형물은 필터 엘리먼트라고 불리는 여과기를 통과하면서 제거하는 구조로 되어 있으며, 물방울은 원심분리방식으로 제거하지만 수분 분리율은 30 ~ 90 [%] 정도밖에 안 되고 실제로는 필터 엘리먼트에서 대부분 제거된다.

그림 2.31은 공기필터를 나타내는 표시기호이다. (a)는 공기필터를 나타내며, 가운데의 점선은 엘리먼트를 뜻하는 기호를 나타내고 공기필터에는 드레인 배출기가 부착되어 있다. (b)는 수동배출, (c)는 자동배출기 부착 공기필터를 나타낸다.

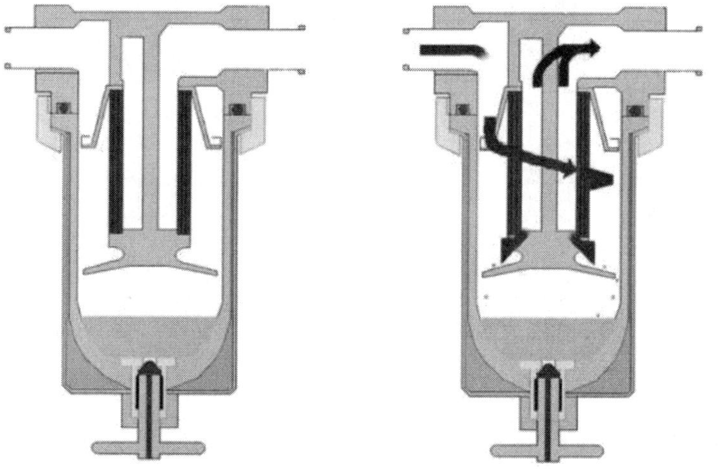

(a) 공기필터 작동 전 (b) 공기필터 작동중

그림 2.30 공기필터의 작동 전과 작동 중의 상태

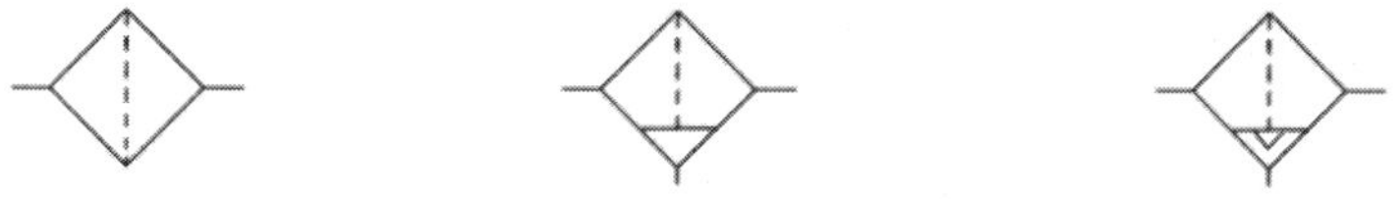

(a) 공기필터 (b) 수동 배출기 부착 필터 (c) 자동 배출기 부착 필터

그림 2.31 공기압 필터의 표시기호

그림 2.32는 미세필터로서 유분을 제거하기 위한 오일 미스트 세퍼레이터의 구조를 나타내고, 그림 2.33은 오일 미스트 세퍼레이터의 표시기호로, 드레인의 수동배출과 자동배출로 구분한다. 압축공기의 기름입자는 99 [%]가 에어로졸 상태의 초미립자이므로 보통의 필터 엘리먼트로는 포집이 곤란하기 때문에 0.01 ~ 0.8 [μm]의 초미립자인 기름입자를 제거하기 위해서는 특수필터를 사용한 오일 미스트 세퍼레이터 또는 마이크로 오일 미스트 세퍼레이터가 사용된다. 0.3 [μm] 이상의 기름입자를 제거하는 프리필터는 0.3 [μm] 이상의 고형물을 제거하고 메인필터 엘리먼트의 글라스 파이버 층에서 미세한 기름입자를 응집하여 굵은 기름방울로 만들어서 분리 엘리먼트로 분리시켜 케이스 밑바닥에 고이게 한다. 가열 때문에 증기화된 약 0.01 ~ 0.03 [μm] 이상의 기름입자는 활성탄으로 흡착시켜 제거한다.

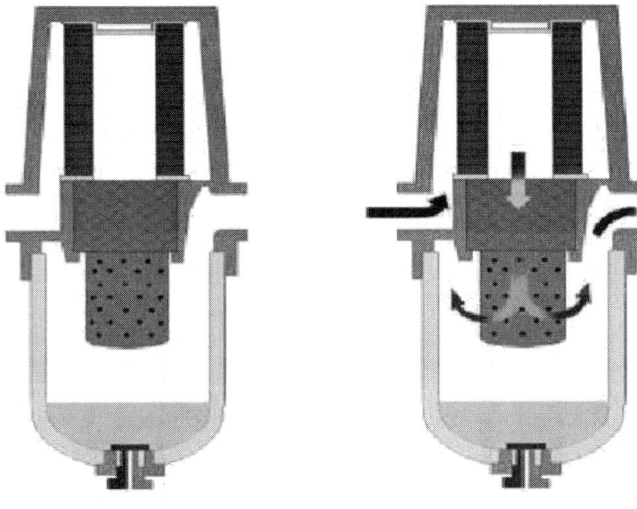

(a) 작동전 (b) 작동중

그림 2.32 오일미스트 세퍼레이터의 동작상태

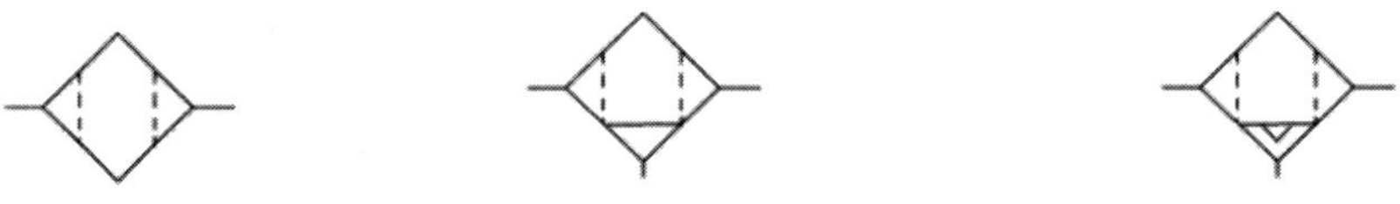

(a) 기본 기호 (b) 수동 배출기 부착형 (c) 자동 배출기 부착형

그림 2.33 오일 미스트 세퍼레이터

2.2.5 압력 조절기

공기 압축기로부터 생성된 압축공기는 대부분의 경우 어느 정도의 맥동을 갖고 있다. 압력조절기는 공기압원에서 보내진 압축공기의 압력을 감압해서 2차측 압력을 정해진 설정압력으로 조정함과 동시에 1차측 압력이 변화하거나 2차측의 공기유량의 변동에 대해서도 설정압력의 변동을 최저로 억제하여 안정된 공기압력을 공급하는 역할을 한다. 일정한 공기압력을

공기압 시스템에 공급하기 위해서는 공기필터 다음에 압력조절기를 설치하여 압력의 맥동현상을 줄이며 경제적으로 압축공기를 사용하기 위해서 공급하는 공기압력이 6 [bar]이면 구동제어부분에 공급되는 공기압력은 4 [bar]가 되도록 압력을 조절하여 사용한다.

그림 2.34는 직동형 감압밸브의 구조를 나타내며 조정 스프링으로 직접 밸브를 개폐시키는 것이다. 조정 스프링에 연결된 핸들을 돌려서 조정 스프링을 압축하면 그 힘에 의하여 스템이 눌려 밸브가 열리고 1차측의 압축공기가 2차측으로 유입되어 조정 스프링에 대항하는 압력이 다이아프램에 작용하여 2차 압력과 조정 스프링이 평형을 유지하도록 밸브의 통로면적을 제어한다. 2차 압력이 설정압력보다 낮으면 조정 스프링보다 강해져서 1차 측의 압축공기가 계속 유입되지만, 균형 상태로 되면 다이아프램이 밀려 올라가고 밸브는 닫히고 압축공기의 유입은 차단된다. 2차측의 압력이 설정압력보다 높아지면 감압밸브는 다이아프램이 균형 상태로부터 밀려 올라오며 스템 끝의 릴리프 구멍이 열리고 2차측의 압력이 대기 속으로 방출된다.

그림 2.35는 감압밸브의 표시기호를 나타낸다. (a)는 릴리프가 없는 직동형 감압밸브의 표시기호, (b)는 릴리프밸브가 없는 감압밸브로서 외부 파일럿형 감압밸브를 나타낸다. (c)는 직동형 감압밸브로서 릴리프밸브 부착형이고 2차 압력이 설정압력에 도달했을 때는 파일럿압력에 밀리고 2차 압력이 설정압력을 넘었을 때는 압력이 대기 속으로 배기된다. (d)는 릴리프밸브가 부착된 외부 파일럿형 감압밸브의 표시기호이다.

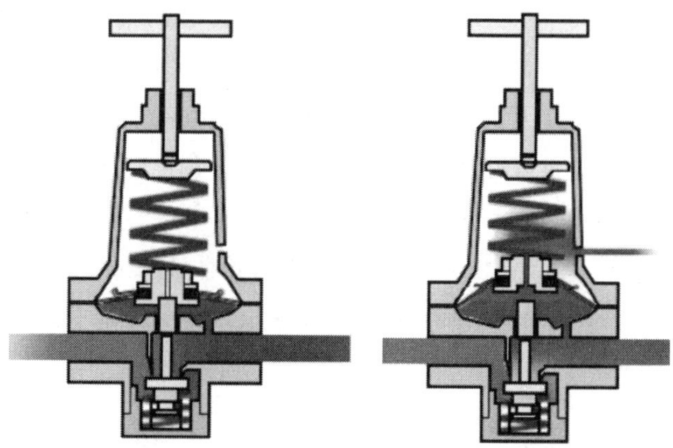

(a) 동작전 (b) 압력상승 (c) 릴리프배기

그림 2.34 직동형 감압밸브의 동작상태

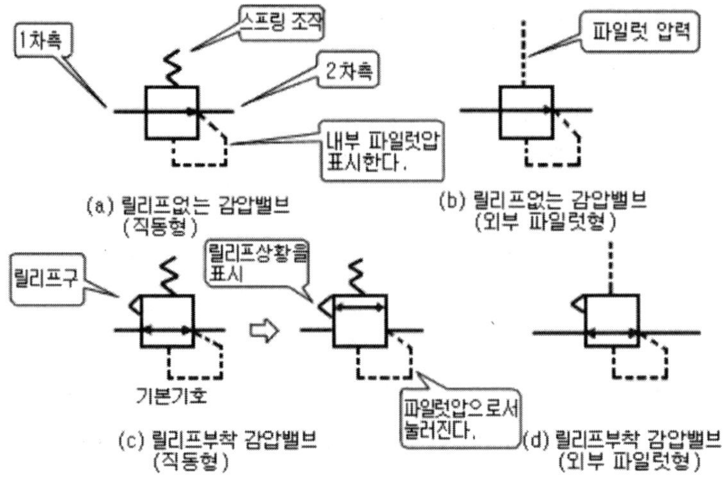

그림 2.35 감압밸브의 표시기호

2.2.6 윤활기

공기압 실린더 및 공기압 모터 등의 구동부나 제어밸브의 스풀 등과 같은 가동부에 윤활유를 공급하여 원활한 작동이 이루어지도록 하는 공기압기기를 윤활기라고 한다. 압축공기는 윤활 기능을 포함하고 있지 않으므로 윤활기기를 사용해서 압축공기 중에 급유를 하며 공기압기기의 상호간에 운동하는 고체 사이에 유막을 형성하여 마모를 방지하고 내구성을 향상시킨다.

그림 2.36은 가변 오리피스형 윤활기의 동작상태를 나타내며 케이스 내부로 윤활유를 공급할 때는 급유 코크를 열지만 체크밸브에 의해 1차 측의 압력이 차단되므로 1차 측의 공기를 멈추지 않은 상태로 급유할 수 있는 구조로 되어있다. 윤활유를 적하시키기 위한 차압을 발생시키는 기구에 의해 고정 오리피스형과 가변 오리피스형이 있으며, 유입된 압축공기는 오리피스부에서 차압을 발생시켜 케이스 내부의 윤활유를 도유관을 경유하여 적하관으로부터 공기의 흐름 속으로 적하되며 공기의 흐름을 타고 확산되어 공기압 기기로 보내진다.

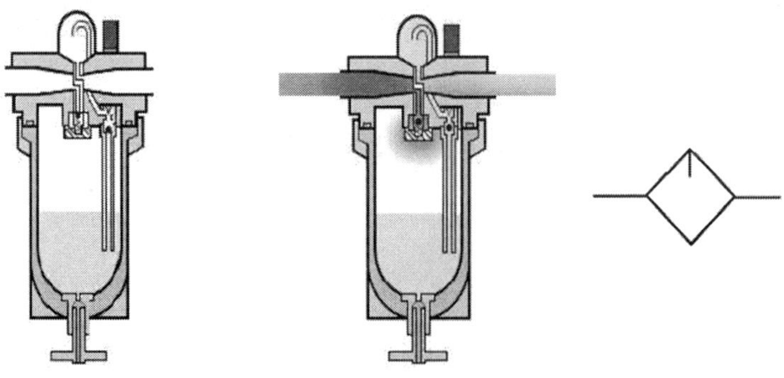

(a) 동작전 (b) 동작중 (c) 표시기호

그림 2.36 가변 오리피스형 윤활기의 동작상태

2.2.7 서비스 유닛

그림 2.37은 공기필터, 감압밸브 및 윤활기가 조합된 서비스 유닛이며, 일체형 구조로 만든 것도 있으나 일반적으로는 연결관 등으로 접속해서 사용한다. 서비스 유닛은 공기압원에서 보내지는 압축공기를 정화하여 깨끗한 압축공기와 적정한 압력을 설정한다. 그리고 압축공기 중에 윤활유를 공급하는 역할을 하기 위하여 공기압 기기를 사용하고 있는 기계 시스템의 압축공기 투입구 측에 설치하여 최종적으로 압축공기에 포함되어 있는 이물질과 수분을 제거하여 청정한 압축공기를 기계시스템에 공급한다.

그림 2.37 서비스 유닛

그림 2.38은 서비스 유닛을 나타내는 표시기호이다. (a)는 공기필터, 감압밸브 및 윤활기의 그림 기호를 나타내며 1점 쇄선으로 둘러싸는 상세 표시기호이고, (b)는 공기압 회로에서 많이 사용되는 간략 표시기호이다.

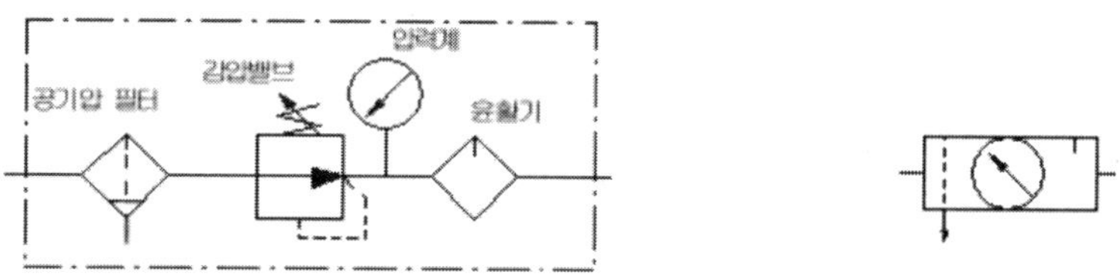

(a) 상세 표시기호　　(b) 간략 표시기호

그림 2.38 서비스 유닛의 표시기호

그림 2.39는 압력소스와 수동밸브 사이에 서비스 유닛을 설치한 시뮬레이션을 나타낸다. 서비스 유닛의 설정 압력은 5 bar이다. 실린더에 공급되는 압력 변화를 살펴보면 전진 시에는 5 bar, 후진 시에는 0 bar를 나타낸다.

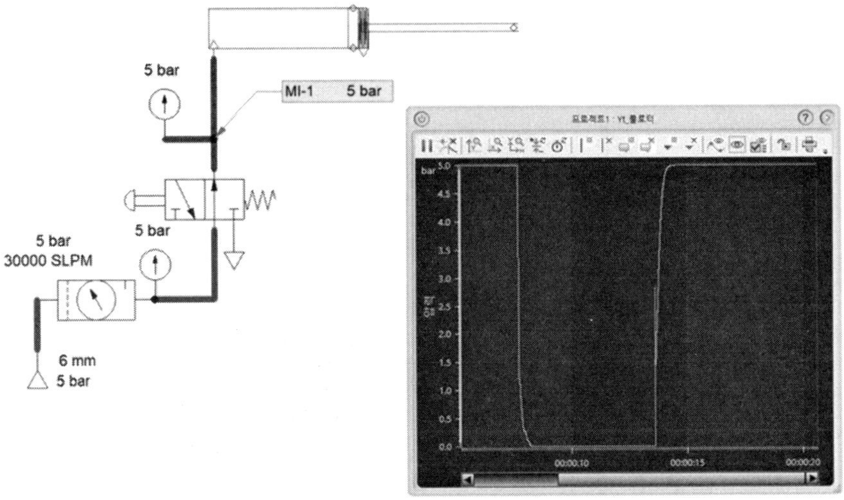

(a) 시뮬레이션 (b) 압력변화측정

그림 2.39 서비스 유닛 시뮬레이션

그림 2.40은 서비스 유닛의 파라미터를 설정한 상태를 나타낸다. 레귤레이터를 사용하여 설정한 압력은 5 bar이고 최대공급유량은 30000 SLPM(l /min)이다.

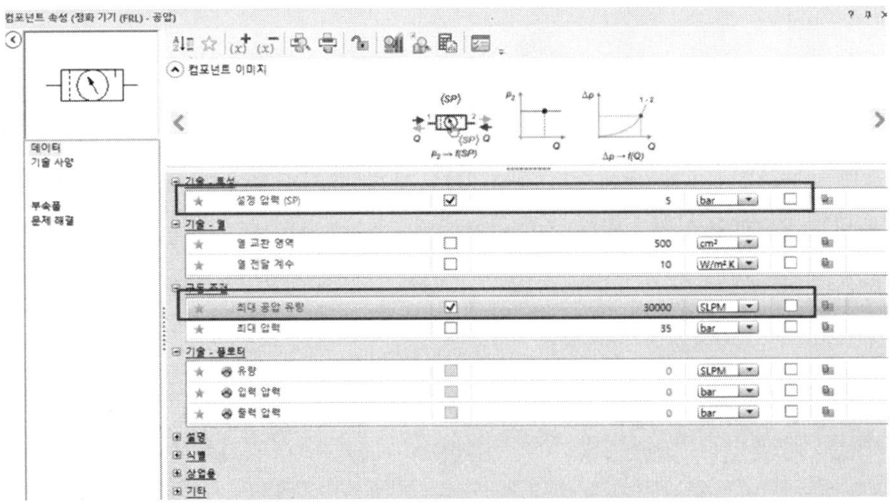

그림 2.40 서비스 유닛 파라미터 설정

2.3 배관과 시공

2.3.1 배관

그림 2.41은 공기압 시스템을 사용하기 위한 배관의 구성을 나타낸다. 압축된 공기압의 이송관로는 공기압원에서 공기압기기 및 장치까지 이송하는 관로이고 공장 내부에 부설된 메인관로와 각 공기압기기를 접속하는 분기관로로 구분하기도 한다. 제어관로는 방향제어밸브나 공기압 액추에이터의 조작 및 제어기기를 접속하는 관로이며 압축공기의 급기 및 배기의 통로가 되고 제어관로는 직접 공기압기기의 작동에 영향을 준다.

2.3.2 배관의 시공계획

공기압 배관을 적절하게 시공하지 않으면 압력강하 및 유량부족, 공기압 장치의 작동불량 원인이 되어 신뢰성이 떨어진다. 공기압기기를 사용하여 자동화시스템을 구축할 경우에는 공기압 배관이 필수적이며 공기압 배관 시에는 다음과 같이 구체적인 계획을 세워서 배관을 시공한다.

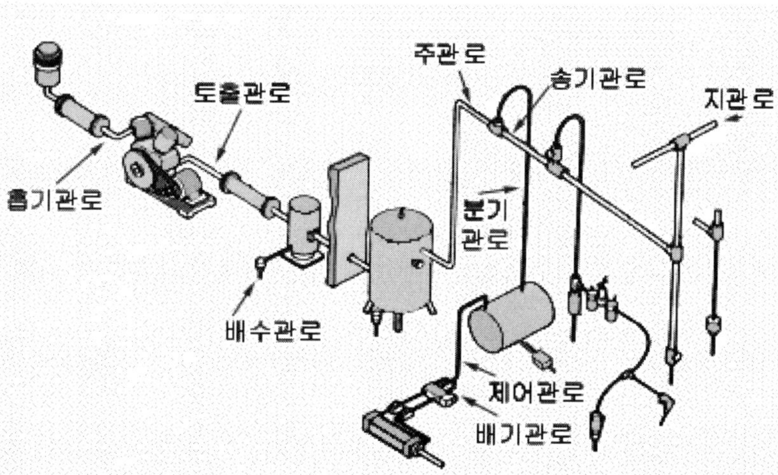

그림 2.41 공기압 시스템의 배관

(1) 공기 소비량 계산

공기 소비량의 산출은 배관의 크기 및 압력강하를 결정하는 중요한 요소이므로 정확히 구한다. 공기압 실린더의 공기 소비량 계산은 실린더의 행정용적에 대기압으로 환산한 공기압력을 곱하여 1사이클의 공기 소비량을 구하고 여기에 분당 작동횟수를 곱하여 평균 공기소비량을 구한다.

$$Q=\frac{n[(P+1.003)(V_1+V_2)+(P+1.003)(A_1+A_2)l]}{1.003}\times\frac{273}{T+273}2 \quad (2.7)$$

여기서 $Q[\mathrm{m^3/min}]$는 평균 공기소비량(대기압 환산), $P[\mathrm{kgf/cm^2}]$는 공급 공기압력, $V_1[\mathrm{m^3}]$은 피스톤 헤드 측의 관로용적, $V_2[\mathrm{m^3}]$는 피스톤 로드 측의 관로용적, $A_1[\mathrm{m^2}]$는 피스톤 헤드 측의 단면적, $A_2[\mathrm{m^2}]$는 피스톤 로드 측의 단면적, n은 분당 작동횟수, $l[\mathrm{m}]$은 공기압 실린더의 행정거리, $T[^\circ \mathrm{C}]$는 사용온도를 나타낸다. 단, 피스톤의 관로용적 V_1과 V_2를 구할 때는 실린더뿐만 아니라 실린더에서 방향제어밸브까지 배관용적도 계산에 포함해야 한다.

(2) 공기압원의 공기압력 결정

공기압원의 공기압력은 사용 공기압기기의 최고 작동압력에 배관계통과 공기필터 등의 압력 손실을 더한 값을 취한다. 최고 사용압력이 10 [kgf/cm²]을 초과하면 고압가스 관리법의 대상이므로 공기압 시스템의 사용 시에는 공급압력을 10 [kgf/cm²] 미만으로 한다. 만일 공급압력이 10 [kgf/cm²]을 초과하는 공기압력이 필요할 때는 필요 부분만 별도의 공기압 라인을 설치하는 것이 경제적이다.

(3) 압력손실 계산

공기압기기의 공기 소비량, 작동 공기압력 및 공기압원의 압력이 결정되면 어느 정도의 압력손실로 할 것인가를 결정한다. 단면이 일정한 원형관 내를 흐르는 관의 유체마찰에 의한 압력강하를 관의 길이 l에 관하여 δP라 하면, δP는 다음의 Weisbach-Aarcy의 식으로 나타낼 수 있다.

$$\delta P=\frac{\lambda l}{\alpha}\times\frac{\gamma v^2}{2g} \quad (2.8)$$

단, $\delta P[\mathrm{kgf/m^2}]$은 관로의 길이 사이의 압력손실, λ[무차원수]는 관로의 마찰계수, $l[\mathrm{mm}]$는 관로의 길이, $\alpha[\mathrm{mm}]$는 관로의 직경, $\gamma[\mathrm{kgf/m^3}]$은 공기의 비중량, $g[9.8\mathrm{m/s^2}]$은 중력가속도, $v[\mathrm{m/sec}]$는 관로 내의 평균유속을 나타낸다.

(4) 배관계획 시의 주의사항

(a) 메인관로에서 분기관로를 연결할 때는 반드시 관의 위쪽에서 역 U자로 인출하여 드레인이

유출되지 않도록 한다.

(b) 메인관로에는 1/100 정도의 기울기를 주고 가장 낮은 곳에 드레인 배출구를 설치한다.

(c) 메인관로의 입구나 분기관로와 공기압기기 사이에는 공기필터를 설치하여 드레인, 녹 및 카본의 유입을 방지한다.

(d) 긴 직선배관은 온도변화에 의한 팽창 및 수축의 여유를 두고 시공한다.

(e) 메인관로부터 분기관로를 설치하는 경우에는 반드시 차단밸브를 설치하고 부분적으로 배관을 점검할 수 있도록 차단밸브를 설치한다.

(f) 관이음 부분은 합리적으로 배치해서 최소 수량이 되도록 한다. 또 분해할 필요가 있는 배관 부분은 플랜지 커플링이나 유니온 커플링을 사용하여 분해조립이 가능하도록 여유 공간을 둔다.

(g) 공기압축기의 접속배관은 진동이 메인관로에 전달되지 않도록 신축배관을 사용하여 충분한 신축성 및 탄성을 부여한다.

2.3.3 배관 파이프

(1) 메인배관 파이프

메인배관 파이프에 사용되는 재료는 구리(copper), 황동(brass), 강관(black), 전기 도금 강관, 플라스틱 등으로 구성된 관을 사용하며 다음과 같은 사항에 주의한다.

(a) 파이프라인의 재료는 설치하기가 쉬워야 하고 내식성이 있고 가격이 저렴해야 한다.

(b) 장기간 사용할 파이프라인은 용접이나 납땜으로 설치하는 것이 좋다.

(c) 용접식은 누설이 발생하지 않고 값도 저렴하나, 용접 산화물의 찌꺼기가 생기므로 반드시 제거해야 하며 또 용접부위에 녹이 생기기 쉬우므로 서비스 유닛(air service unit)을 따로 부착시킨다.

(d) 전기도금을 한 강관을 나사식으로 결합하는 것은 공기의 누설을 완전히 방지하지 못하며 내식성 또한 black tubing보다 좋지 못하다. 기계가공 부분(나사)도 녹이 발생하기 쉬우므로 서비스 유닛을 사용하여야 한다.

(2) 설비라인

고무호스는 유연성을 요구하거나 높은 기계적 응력 때문에 플라스틱을 사용하지 못할 경우에만 사용하며 플라스틱보다 값도 비싸고 다루기도 힘들다. 폴리에틸렌과 폴리아미드로 만든 플라스틱 파이프의 사용이 점차 증가하고 있는데, 급속 연결기(quick connector)에 의해 쉽고 값싸게 설치할 수 있기 때문이다. 내식성 및 내열성이 요구되는 곳에는 동관이나 황동관을 사용하며 강성을 제거한 동관은 신축성이 양호하며 가공하기 쉽다. 스테인리스 파이프도 이용되지만 가공이 어려워서 대구경관이나 직관부에만 사용하고 소경의 배관이나 구부리는 부분에는 수지튜브를 사용한다. 수지튜브는 내진성, 내부식성, 내유성, 내약품성이 우수하며 나이프로 절단할 수 있어서 작업성, 보수성이 좋고 색채별 배관이 가능하고 나일론, 폴리우레탄 수지튜브가 일반적이나 사용온도와 압력범위에 유의한다.

2.3.4 배관방법

그림 2.42는 공기압 시스템에 사용되는 환상배관으로 설치하는 방법을 나타낸다. 환상배관(ring circuit)은 메인라인에 주로 설치하며 압축공기는 두 방향으로 흐르므로 공기의 소요량이 많은 경우에도 균일한 압축공기를 공급하며 지선은 메인라인으로부터 분기하도록 설치한다. 많은 공기압기기를 사용하는 공장의 공기압 배관은 환상배관을 사용해야 한다. 동일한 공기 소비량의 공기압 구동장치를 2개 사용할 때 지상(Branch type)배관에서는 공기압 구동장치 1개를 사용할 때에 비해 2개를 사용할 경우에는 4배의 압력강하가 발생하며 환상배관에서는 지상배관에 비해 압력강하가 1/4밖에 되지 않는다.

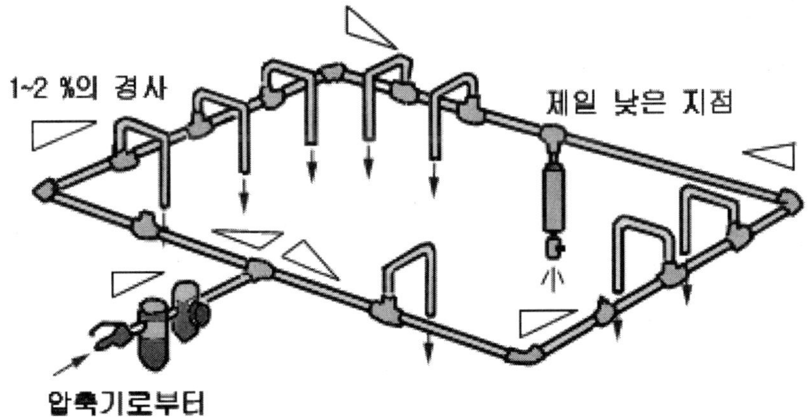

그림 2.42 환상배관

그림 2.43은 공기압 배관작업을 수행함에 있어서 메인관로 및 분기관로 등에서 사용하는 플렉시블 배관방법을 나타내며, 배관 파이프를 무리하게 굽혀서 사용하는 것은 피하고 L자 엘보와 같은 배관부품을 사용한다. 플렉시블한 배관재료는 사용 중에 관 이음부가 빠지면 공기분사의 반동으로 불규칙하게 움직여 위험하기 때문에 필요에 따라 보호구나 커버를 설치한다. 배관이 완료된 후에는 이음부에 중성세제를 사용하여 누설여부를 검사한다.

그림 2.44는 공기압회로에 사용되는 공기압기기 상호간을 접속하는 방법의 표시기호를 나타낸다. 공기압기기 사이의 관로는 (a)와 같이 실선으로 표시하고, 관로의 분기는 (b)와 같이 분기점에 점으로 표시하여 관로가 접속된 것을 나타낸다. 관로를 접속하지 않고 단순히 교차할 경우에는 (c)와 같이 나타내고 배관 시에 휘어지거나 늘어진 관로는 (d)처럼 표시한다.

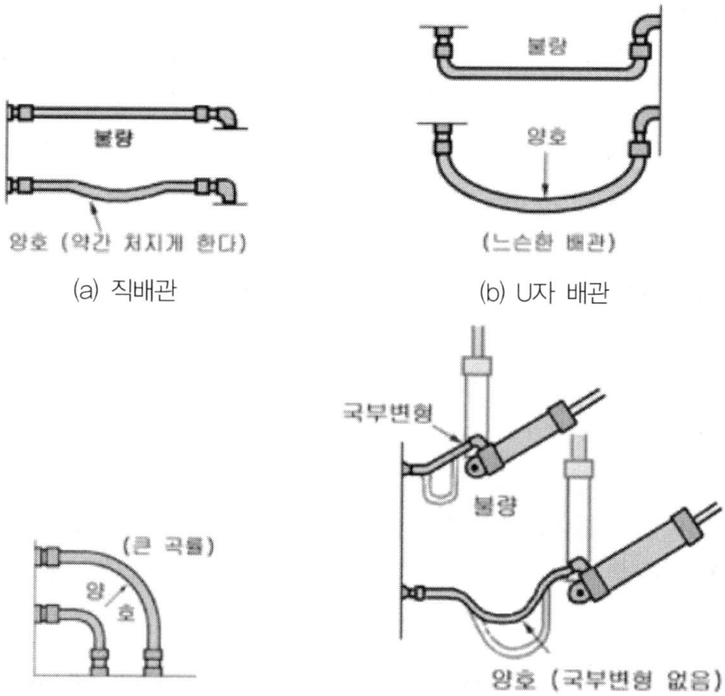

(a) 직배관 (b) U자 배관

(c) 90도 배관 (d) 가동배관

그림 2.43 플렉시블 배관방법

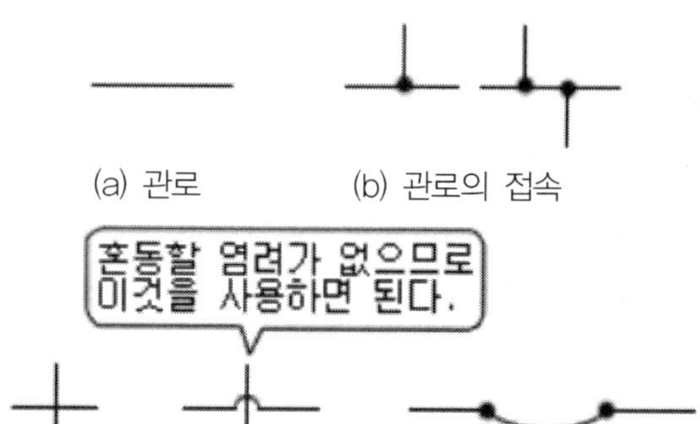

(a) 관로 (b) 관로의 접속

(c) 관로의 교차 (d) 휘어진 관로의 접속

그림 2.44 관로의 접속표시기호

2.3.5 배관 연결구

공기압기기와 관로, 관로와 관로 사이의 결합에는 유체통로가 있고 착탈 가능한 접속 이음쇠가 필요하며 이음쇠를 배관 연결구라고 한다. 배관 연결구에는 나사식 연결구, 플랜지 연결구, 플레어 연결구, 플레어리스 연결구 및 급속 연결구가 있다.

(a) 나사식 연결구

나사식 연결구는 관의 끝부분에 나사를 내고 상대 쪽에 암나사를 만들어 나사접속으로 배관하는 연결구이다. 일반적으로 나사부분에는 관용 테이퍼나사가 사용되고 나사 부분에 실(seal) 테이프나 누설방지용 접착제를 병용한다.

(b) 플랜지 연결구

플랜지 연결구는 공기 압축기의 주변이나 대구경 배관에 사용되고 플랜지면은 O링이나 개스킷으로 실링(sealing)한다.

(c) 플레어 연결구

그림 2.45는 공기압 배관에 사용되는 플레어 연결구의 접속전과 배관이 접속되어 있는 상태를 나타낸다. 별도의 작업공구를 사용해서 관의 끝부분을 원추형(플레어)으로 넓혀서 플레어 부분을 너트로 죄여서 접속하는 것으로서 동관의 배관에 많이 사용되는 접속방법이다.

(a) 체결 전　　(b) 체결 중

그림 2.45 플레어 연결구

(d) 플레어리스 연결구

그림 2.46은 플레어리스 연결구의 접속전과 배관접속을 완료한 상태를 나타낸다. 공기압에서 사용되는 나일론 튜브용의 플레어리스 연결구를 나타낸 것이며 관의 끝부분을 넓히지 않고 관의 슬리브를 관 속으로 물려서 마찰에 의해 관을 연결하는 연결구이다.

(a) 체결 전　　(b) 체결 중

그림 2.46 플레어리스 연결구

(e) 바브(barb) 연결구

그림 2.47은 플레어리스 연결구와 바브 연결구를 나타낸다. 공기압용 고무호스나 나일론 등의 수지튜브의 연결구에는 바브 연결구를 사용하며 고무호스를 밀어 넣고 고정밴드로 고정시켜서 공기의 누설을 방지한다. 고압일 경우에는 전용 적장식이 부착된 고무호스가 사용된다. 나일론 등의 수지 튜브용은 단순히 삽입하거나 클립 등으로 고정시킨다.

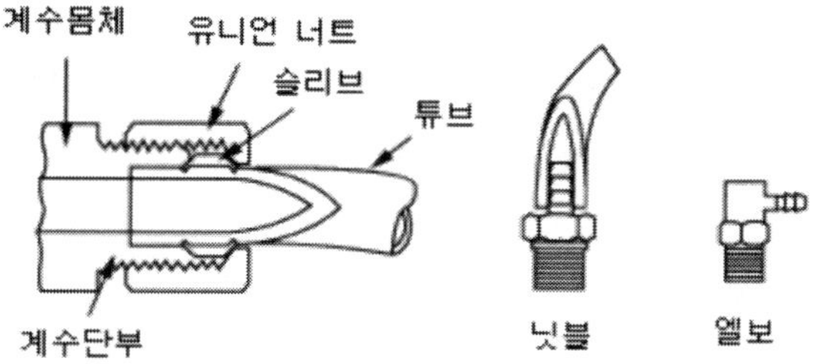

플레어리스계수(나일론 튜브용) 바브 계수

그림 2.47 플레어리스와 바브 연결구

그림 2.48은 공기압 배관작업에서 밸브 및 액추에이터, 공기압 부품의 체결 시에 사용하는 연결구에 실 테이프를 감는 방법과 접착제를 도포하는 방법을 나타낸다. 실 테이프를 사용할 경우에는 접속나사 부분에서 나사산 1 ~ 2산 정도 안쪽으로 들어와서 실 테이프를 감는다. 실 테이프를 나사의 끝부분부터 감으면 실 테이프가 끊겨서 배관을 타고 공기압기기에 들어가서 제어밸브 등의 오리피스 부분을 막는 현상이 발생할 수 있으므로 주의한다. 나사부분에 접착제를 칠할 경우에도 나사의 끝부분에서 약간 들어온 상태에서 접착제를 칠하도록 한다.

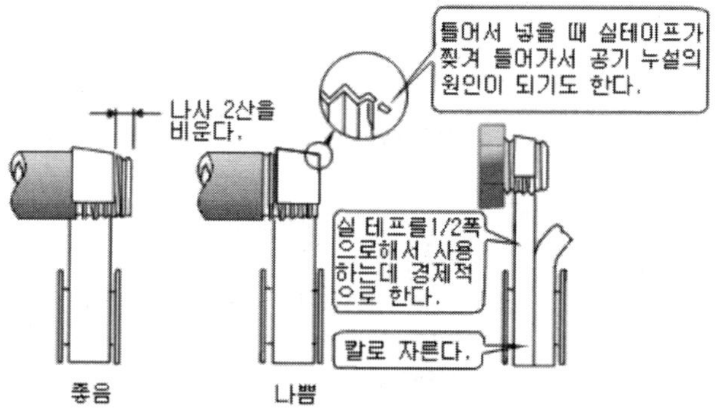

(a) 실테이프 감기

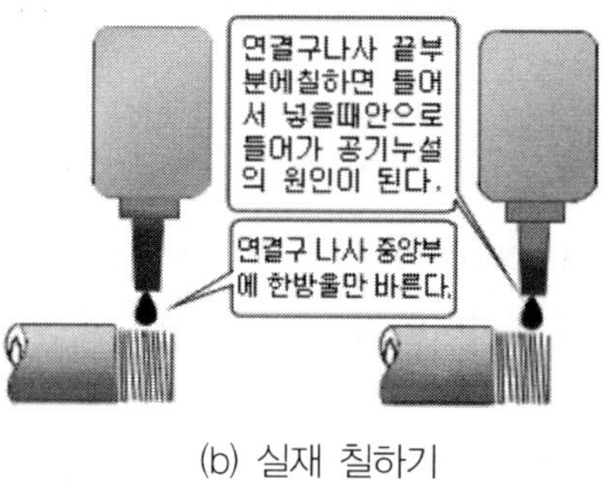

(b) 실재 칠하기

그림 2.48 실 테이프 감기와 실재 칠하기

(f) 급속 연결구

그림 2.49는 배관을 작업공구의 사용 없이 원터치로 설치하고 제거할 수 있는 급속 연결구를 나타내며, 압력이 걸리면 그립 부분이 수지튜브에 물려서 빠지지 않는다. 수지튜브를 제거할 때는 돌기를 눌러서 그립을 해제하고 빼낸다. 급속 연결구에는 가압방향이 1방향인 것과 가압방향과 관계없는 양로 개폐식이 있다.

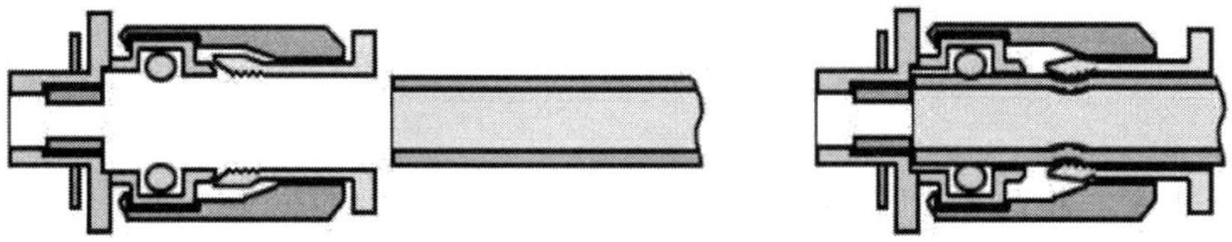

(a) 체결 전 (b) 체결 중

그림 2.49 급속 연결구의 사용상태

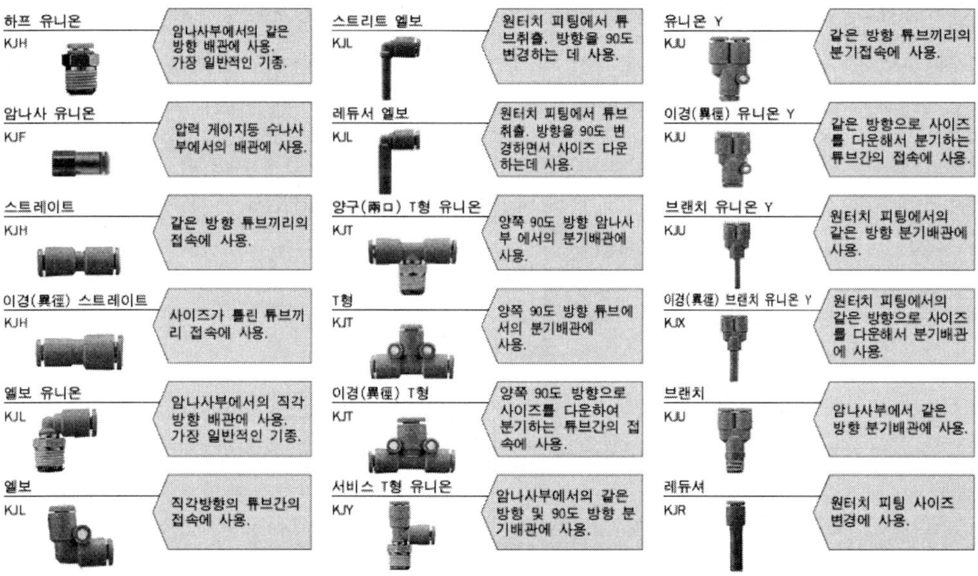

그림 2.50 급속 연결구(원터치 피팅)의 종류

그림 2.50은 공기압 배관에 사용되고 있는 원터치 피팅의 종류를 나타낸다. 공기압 배관은 각종 밸브와의 접속, 공기압 액추에이터와의 접속, 배관에서 분기 및 이경 접속 등에 따라서 필요에 맞은 배관부품을 선정한다.

그림 2.51은 원터치 피팅을 사용하여 구성한 공기압 회로도를 나타낸다. 실제 공기압 회로를 구성할 경우에는 그림 2.50에서 표시한 것과 같은 다양한 원터치 피팅을 사용하여 배관한다. ㅡ자형과 ㄴ자형의 엘보를 사용하여 공기압 배관을 실시한 공기압 회로도이다.

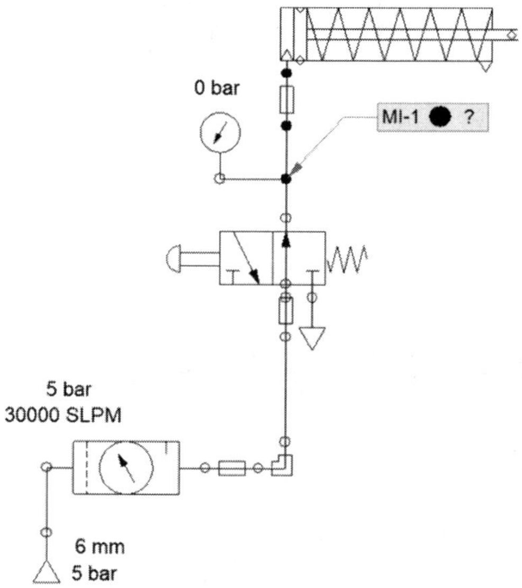

그림 2.51 원터치 피팅 배관

그림 2.52는 공기압기기의 배관 및 접속관로에서 압축공기를 대기로 방출하는 배기구를 표시한다. (a)는 연속적인 공기방출, (b)는 임의의 시기에 압축공기를 방출하고 그 이후에는 닫아두는 경우이고 (c)는 필요에 따라서 체크밸브를 조작해서 압축공기를 방출하는 것을 나타낸다.

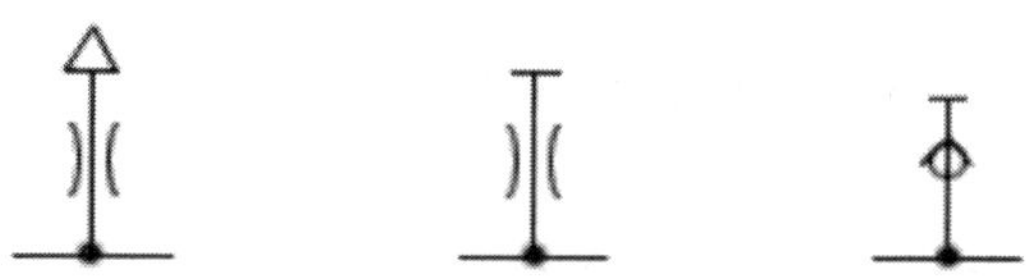

(a) 연속배기 (b) 비연속배기 (c) 체크밸브 조작배기

그림 2.52 공기배출구의 표시기호

그림 2.53은 공기압장치 및 공기압기기에 설치되는 배기구에 관한 것으로서 배기구가 있는 경우를 나타내는 표시기호이다. (a)는 접속구가 없는 것이고, (b)는 접속구가 있는 것이며, 사각형은 방향제어밸브 등의 배기구 표시이고 동그라미는 공기압 모터 등의 배기구를 표시한다.

(a) 접속구가 없는 것 (b) 접속구가 있는 것

그림 2.53 배기구

3.1 제어밸브의 통과 공기유량

3.1.1 오리피스를 통과하는 흐름

공기압 액추에이터를 사용하여 기구물을 동작시키기 위해서는 공기압 액추에이터에 공급되는 압축공기의 압력, 유량 및 공급방향을 제어할 필요가 있다. 압축공기를 제어하기 위해서 사용되는 공기압 제어밸브는 오리피스를 통과하며 오리피스는 밸브 내의 통로에서 가장 좁고 길이가 단면치수에 비하여 비교적 짧은 교축부분을 의미하고 지름으로 오리피스의 크기를 나타낸다.

그림 3.1은 압축공기가 오리피스를 통과하고 있는 상태를 나타내며 날카로운 둘레를 가진 오리피스에서는 오리피스의 최소 단면적 A_1보다 하류 측의 흐름 단면적 A_2가 최소로 되며 이때의 유속은 최대가 된다. 오리피스의 단면적은 하류 측의 단면적 A_2를 유효 단면적이라고 하며 유동능력을 나타내는 가상적인 단면적이다. 구멍부의 최소 단면적 A_1과 축류부의 최소 단면적 A_2의 비율 A_2/A_1을 축류율이라고 한다.

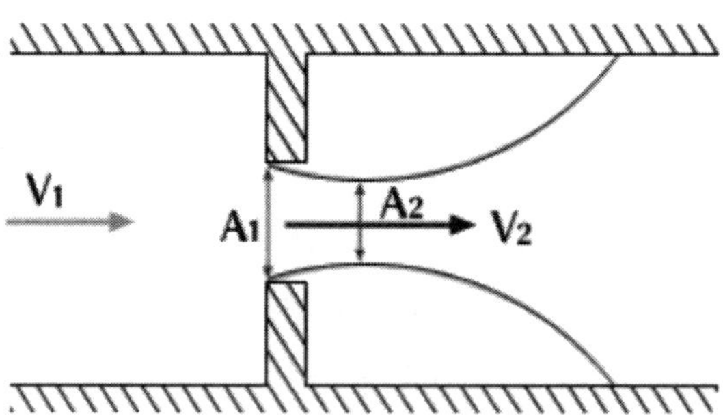

그림 3.1 오리피스를 통과하는 흐름

그림 3.2는 오리피스를 통과하는 압축공기의 실제적인 단면적과 유효 단면적의 상태를 나타낸다. 공기압 기기의 내부 흐름은 관로를 통과할 때의 유체 마찰이나 소용돌이에 의한 압력손실 또는 오리피스의 축류 등이 혼합된 복잡한 흐름으로 되어 있다. 일반 산업현장에서 사용되는

공기압에서는 일정 조건하에서 공기압 기기의 흐름은 오리피스를 흐르는 것으로 생각해도 큰 오차가 없으므로 오리피스로서 공기의 흐름을 계산한다.

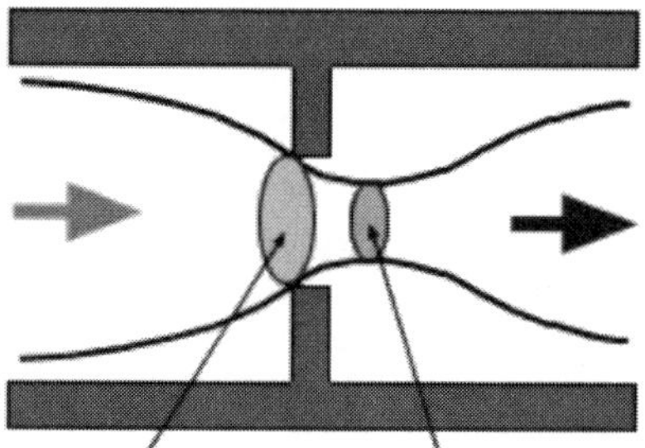

그림 3.2 유효단면적

(1) 오리피스의 유량특성

전자밸브(solenoid valve)의 유량특성은 국제표준규격 ISO 6358 : 1989(Pneumatic fluid power-Components using compressible fluids-Determination of flow-rate characteristics)와 JIS B 8390 : 2000(공기압-압축성 유체용기기-유량특성의 시험방법)에 따라서 특성을 시험하여 전자밸브의 사양을 표시한다.

전자밸브의 사양에 필요한 유량특성은 음속 컨덕턴스 C와 임계 압력비 b를 사용하여 표현한다. 유량표현에 사용하는 용어는 음속 컨덕턴스 $C[\mathrm{dm^3/(s \cdot bar)}]$, 임계 압력비 $b[-]$, 하류압력 $P_2\,[\mathrm{MPa}]$, 상류압력 $P_1\,[\mathrm{MPa}]$, 온도 $t[\,^\circ\mathrm{C}\,]$, 초크 흐름, 아음속 흐름 및 표준상태가 있다.

상류압력 $P_1\,[\mathrm{MPa}]$은 오리피스에 공급되는 압력, 하류압력 $P_2\,[\mathrm{MPa}]$은 오리피스를 통과한 후의 압력이고 임계 압력비 $b[-]$는 상류압력과 하류압력의 비를 크게 하면 유속과 유량이 증가하고 압력비가 일정한 값에 이르면 유속은 음속이 되고 이때부터는 압력비를 크게 하여도 유량은 변하지 않는 압력상태를 말한다.

초크 흐름은 상류압력이 하류압력에 비해 높고 공기압기기의 어떤 부분에서 압축공기의 유속이 음속에 도달한 흐름으로서, 기체의 질량유량은 상류압력에 비례하고 하류압력에는 의존하지 않는 상태를 말한다.

아음속 흐름은 임계 압력비 이상에서의 압축공기의 흐름을 나타내고 표준상태는 온도 $20[\,^\circ\mathrm{C}\,]$, 절대압력 $0.1\,[\mathrm{MPa}]$, 상대습도 65 [%]의 공기상태를 말하며 공기량의 단위 다음에 ANR을 붙여서 표시한다. 음속 컨덕턴스 $C[\mathrm{dm^3/(s \cdot bar)}]$는 초크 흐름 상태로 공기압기기를 통과하는 질량유량을 상류 절대압력과 표준상태의 밀도 값으로 나눈 값을 의미한다.

(2) 국제 표준규격에 의한 유량 계산식

오리피스를 통과하는 압축공기의 유량 $Q[\mathrm{dm}^3/\mathrm{min}(ANR)]$은 초크 흐름 상태와 아음속 흐름 상태로 구분하여 계산한다.

■ 초크 흐름 : $\dfrac{P_2+0.1}{P_1+0.1} \leq b$의 경우

$$Q = 600 \times C(P_1+0.1)\sqrt{\frac{293}{273+t}} \tag{3.1}$$

■ 아음속 흐름 : $\dfrac{P_2+0.1}{P_1+0.1} > b$의 경우

$$Q = 600 \times C(P_1+0.1)\sqrt{1-\left(\frac{\frac{P_2+0.1}{P_1+0.1}-b}{1-b}\right)^2} \cdot \sqrt{\frac{293}{273+t}} \tag{3.2}$$

b는 임계 압력비를 의미하고, 유량단위 입방 데시미터는 $1[\mathrm{dm}^3] = 10^{-3}[\mathrm{m}^3] = 1[\mathrm{l}]$의 관계를 가진다.

예제 3.1

음속 컨덕턴스 $C = 2[\mathrm{dm}^3/(\mathrm{s}\cdot\mathrm{bar})]$, 임계 압력비 $b = 0.3$의 상태에서 압축공기가 솔레노이드밸브를 통과하며 그때의 상류압력 $P_1 = 0.4[\mathrm{MPa}]$, 하류압력 $P_2 = 0.3[\mathrm{MPa}]$, 온도 $t = 20[^\circ\mathrm{C}]$이다. 솔레노이드밸브를 통과하는 공기유량은 얼마인가?

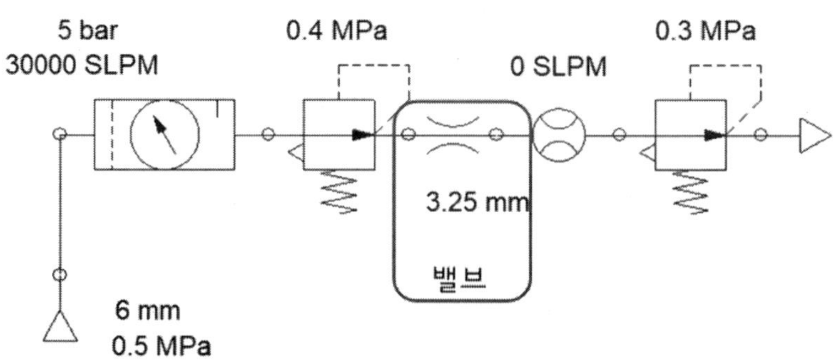

그림 3.3 유량측정회로

풀이

공기유량을 계산하기 위해서는 오리피스를 통과하는 압축공기의 흐름상태를 파악하여야 하므로 압력비를 구한다.

$$\frac{P_2+0.1}{P_1+0.1}=\frac{0.3+0.1}{0.4+0.1}=0.8>b=0.3$$

◇ 오리피스를 통과하는 압축공기의 흐름 상태는 아음속 흐름 상태이므로 식 (3.2)를 사용하여 공기유량을 구한다.

$$Q=600\times2(0.4+0.1)\sqrt{1-\left(\frac{\frac{0.3+0.1}{0.4+0.1}-0.3}{1-0.3}\right)^2}\cdot\sqrt{\frac{293}{273+20}}$$
$$=1200\times0.5\sqrt{1-0.5102}\times1$$
$$=420\,[\mathrm{dm}^3/\mathrm{min}(ANR)]$$

◇ 오토메이션 스튜디오를 사용하여 유량측정회로를 구축하고 하류압력을 0.3 MPa, 0.1 MPa으로 변경하여 유량을 측정한다. 압력비를 계산해보면 0.8과 0.4가 나오므로 하류압력을 변화에도 불구하고 오리피스를 통과하는 압축공기는 아음속흐름을 나타낸다. 유량측정단위 SLPM은 l/min을 의미한다.

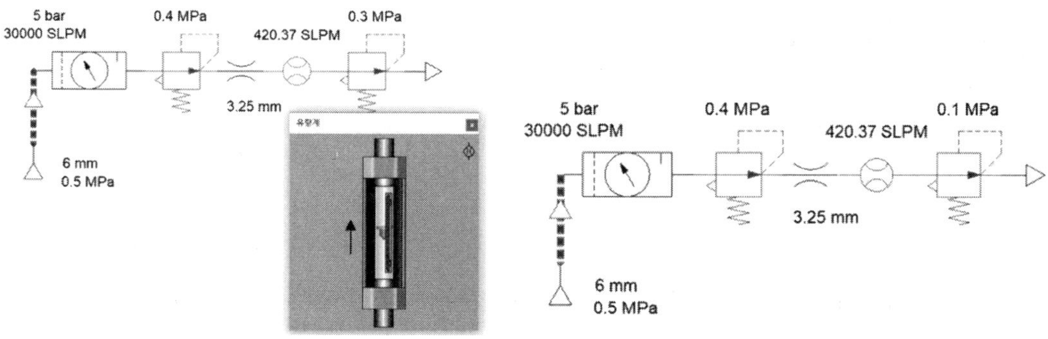

(a) 하류압력 0.3 MPa (b) 하류압력 0.1 MPa

그림 3.4 하류압력 변화에 따른 유량측정

◇ 또 다른 방법은 식 (3.1)을 사용하여 최대유량을 구하고 유량비와 압력비의 특성을 나타내는 그림 3.5의 도표를 활용하여 유량을 구한다. 압력비가 0.8이고 임계 압력비가 $b=0.3$인 곡선

을 사용하여 유량비를 읽으면 유량비 q는 0.7이고 오리피스를 통과하는 압축공기가 아음속 흐름인 상태에서의 공기유량은 최대유량에 유량비를 곱하여 구할 수 있으므로 식 (3.1)을 사용하여 최대유량을 구한다.

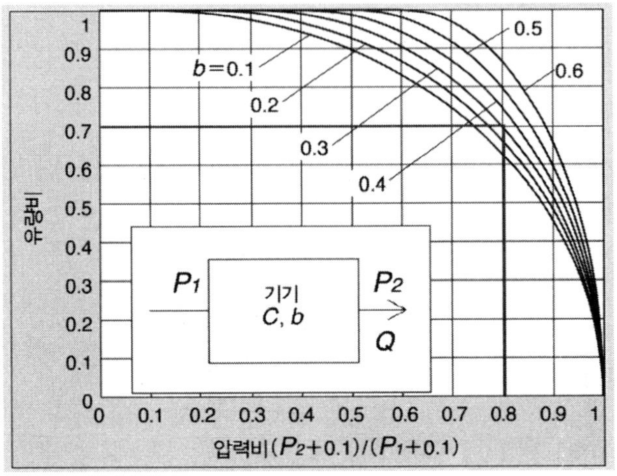

그림 3.5 유량특성곡선

$$Q_{max} = 600 \times C(P_1 + 0.1)\sqrt{\frac{293}{273+t}}$$

$$= 600 \times 2 \times 0.5 \times 1$$

$$= 600\,[\mathrm{dm}^3/\mathrm{min}(ANR)]$$

따라서 오리피스를 통과하는 유량은 다음과 같다.

$$Q = Q_{max} \times q = 600 \times 0.7 = 420\,[\mathrm{dm}^3/\mathrm{min}(ANR)]$$

오리피스를 통과하는 압축공기의 유속을 아음속흐름으로 구한 공기유량과 최대유량을 구하고 유량비를 사용하여 간단하게 계산하는 방법에 의한 공기유량의 값은 동일하다는 것을 알 수가 있다.

(3) 유효단면적에 의한 유량계산

오리피스를 통과하는 압축공기는 그림 3.2에서 나타낸 것처럼 오리피스의 단면적보다 약간 작은 단면적을 나타내는데 이를 유효단면적이라고 한다. 유효 단면적 $S[\mathrm{mm}^2]$은 공기탱크에 조립된 기기에서 초크 흐름의 상태로 압축공기를 방출하였을 경우에 공기탱크 내부의 압력변화에서 계산해 낸 마찰과 축류가 이상적인 교축의 단면적을 의미하고 음속컨덕턴스 C와 같은 압축공기가 흐르기 쉬움을 대표하는 개념이다.

■ 초크 흐름 : $\dfrac{P_2+0.1}{P_1+0.1} \leqq 0.5$의 경우

$$Q = 120 \times S(P_1+0.1)\sqrt{\frac{293}{273+t}} \tag{3.3}$$

■ 아음속 흐름 : $\dfrac{P_2+0.1}{P_1+0.1} > 0.5$의 경우

$$Q = 240 \times S\sqrt{(P_2+0.1)(P_1-P_2)} \cdot \sqrt{\frac{293}{273+t}} \tag{3.4}$$

■ 유효 단면적과 음속 컨덕턴스의 관계

$$S = 5.0 \times C \tag{3.5}$$

아음속 흐름의 관계를 나타내는 식 (3.4)는 임계 압력비가 명확하지 않은 기기에만 적용된다.

예제 3.2

오리피스의 직경 $d=2\,[\mathrm{mm}]$인 속도제어밸브의 상류압력 $P_1=0.4\,[\mathrm{MPa}]$, 하류압력 $P_2=0.3\,[\mathrm{MPa}]$, 온도 $t=20\,[^\circ\mathrm{C}]$이다. 속도제어밸브를 통과하는 공기유량은 얼마인가?

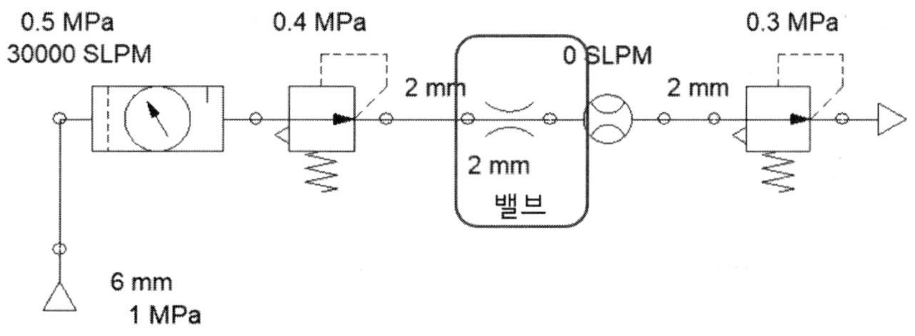

그림 3.6 유량측정회로

풀이

공기유량을 계산하기 위해서는 오리피스의 유효 단면적을 계산한다.

$$S = \frac{\pi d^2}{4} = \frac{3.14 \times 2^2}{4} = 3.14\,[\mathrm{mm}^2]$$

오리피스를 통과하는 압축공기의 압력비를 계산하여 압축공기의 흐름 상태를 구분한다. 압력비 $\frac{P_2 + 0.1}{P_1 + 0.1} = \frac{0.3 + 0.1}{0.4 + 0.1} = 0.8$는 0.5보다 크므로 아음속 흐름 상태를 나타낸다. 식 (3.4)를 사용하여 속도제어밸브를 통과하는 공기유량을 구한다.

$$Q = 240 \times S\sqrt{(P_2 + 0.1)(P_1 - P_2)} \cdot \sqrt{\frac{293}{273 + t}}$$

$$= 240 \times 3.14\sqrt{0.4 \times 0.1} \times \sqrt{\frac{293}{273 + 20}}$$

$$= 150.72\,[\mathrm{dm}^3/\mathrm{min}]$$

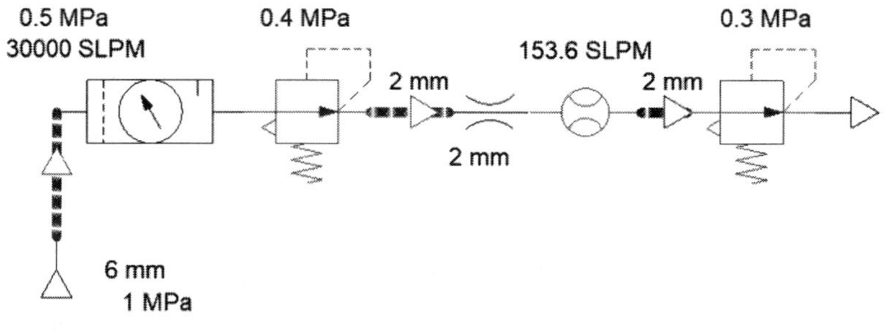

(a) 배관지름 2mm

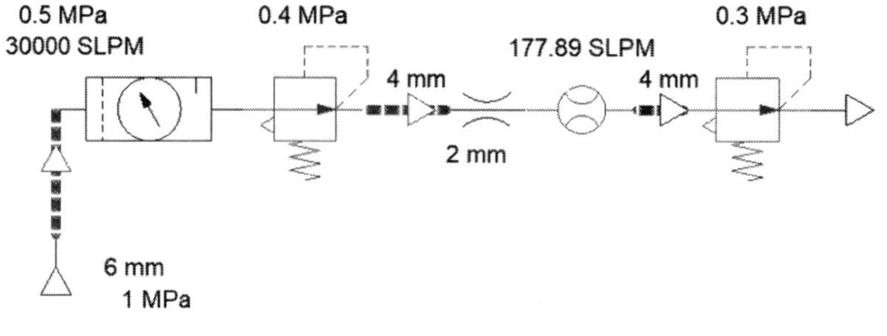

(b) 배관지름 4mm

그림 3.7 유효 단면적에 따른 유량측정

(4) 유효 단면적의 계산

여러 개의 공기압기기를 접속할 경우에는 전체의 합성 유효단면적을 구할 필요가 있으며 단면적의 접속에는 그림 3.8과 같은 직렬접속과 그림 3.9와 같은 병렬접속으로 구분한다.

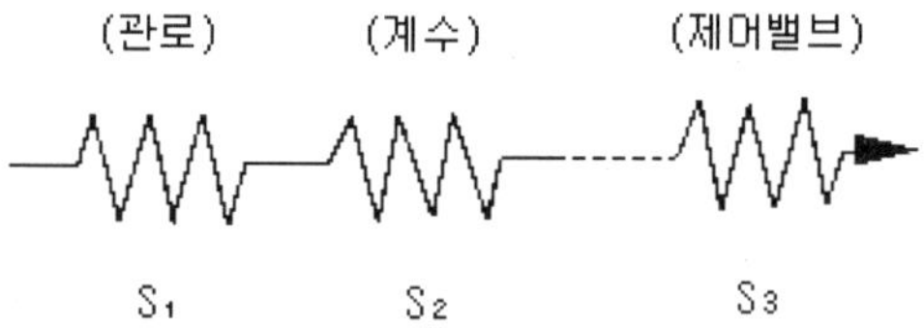

그림 3.8 직렬접속의 합성 단면적

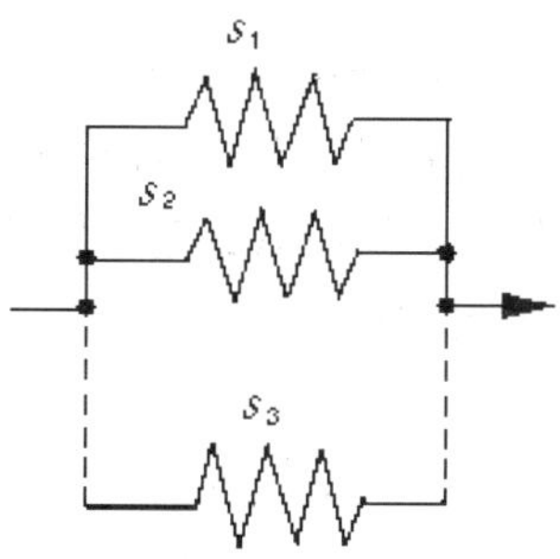

그림 3.9 병렬접속의 합성 단면적

여기서, 공기압 기기의 합성 유효 단면적 $S[\mathrm{mm}^2]$은 각 공기압기기의 유효 단면적 $S_1, S_2, ..., S_n$의 직렬 또는 병렬접속을 나타낸다.

■ 직렬접속의 합성 유효 단면적

$$\frac{1}{S^2} \fallingdotseq \frac{1}{S_1^2} + \frac{1}{S_2^2} + ... + \frac{1}{S_n^2} \tag{3.6}$$

■ 병렬접속의 합성 유효 단면적

$$S = S_1 + S_2 + ... + S_n \tag{3.7}$$

공기압 기기를 연결하는 배관을 오리피스로 가정하면 관로의 유효 단면적은 배관의 마찰계수 λ를 사용하여 구한다.

$$S = \frac{\pi d^2}{4} \cdot \frac{1}{\sqrt{\lambda \frac{l}{d} + 1}} \tag{3.8}$$

여기서, d[mm]는 배관의 직경, l[mm]은 배관의 길이, λ는 배관의 마찰계수이고 나일론 튜브는 0.013, 배관용 탄소강 강관은 0.02 ~ 0.03이다.

예제 4.3

그림 3.10은 에어건을 사용하기 위한 공기압 시스템의 구조를 나타낸다. 공기저장 탱크 내부의 압력 $P = 4\,[\mathrm{kgf/cm^2}]$를 사용하여 직경 $d_1 = 1\,[\mathrm{mm}]$의 에어건으로 압축공기를 뿜어내어 청소작업을 하고자 한다. 이때 소요되는 공기소비량을 구하라. 단, 에어건의 유량계수를 0.9, 배관은 직경 $d_2 = 4\,[\mathrm{mm}]$의 나일론 튜브를 사용하며 에어건과 압력원의 거리를 4 [m], 주위의 온도를 30 [℃]로 한다.

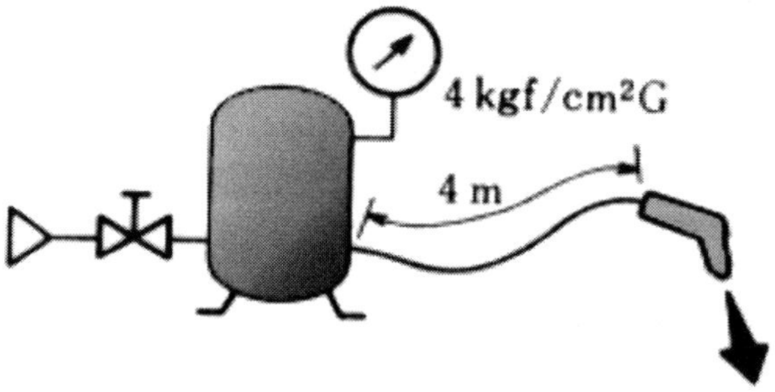

그림 3.10 공기압 시스템의 구조

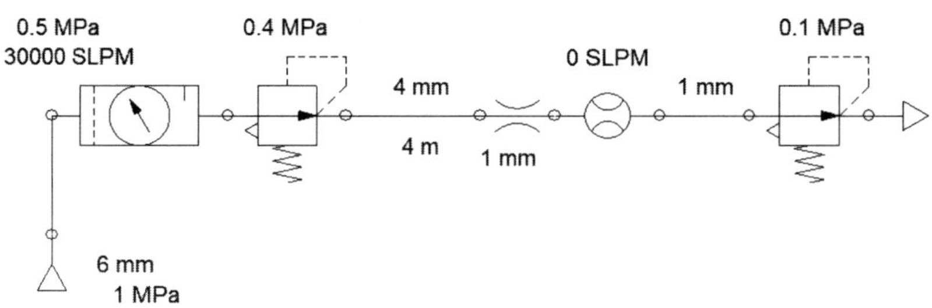

그림 3.11 에어건의 유량측정회로

풀이

에어건의 유효 단면적 S_1은 실제 단면적의 90 [%]로 구한다.

$$S_1 = 0.9\frac{\pi d^2{}_1}{4} = 0.9 \times \frac{\pi \times 1^2}{4} = 0.71\,[\text{mm}^2]$$

다음은 식 (3.8)을 사용하여 나일론 튜브의 유효단면적 S_2을 구한다. 나일론 튜브의 직경 $d_2 = 4\,[\text{mm}]$, 나일론 튜브의 배관 마찰계수는 $\lambda = 0.013$, 배관의 길이 $l = 4{,}000\,[\text{mm}]$이다.

$$S_2 = \frac{\pi {d_2}^2}{4} \cdot \frac{1}{\sqrt{\lambda \frac{l}{d_2} + 1}} = \frac{3.14 \times 4^2}{4} \frac{1}{\sqrt{0.013\frac{4000}{4} + 1}}$$

$$= 3.36\,[\text{mm}^2]$$

나일론 튜브의 배관과 에어건은 직렬접속하고 있으므로 식 (3.6)을 사용하여 합성 유효 단면적을 구하면 다음과 같다.

$$\frac{1}{S^2} = \frac{1}{{S_1}^2} + \frac{1}{{S_2}^2} = \frac{1}{0.71^2} + \frac{1}{3.36^2} = 2.07\,[1/\text{mm}^2]$$

따라서 합성 유효 단면적은 $S = 0.69\,[\text{mm}^2]$이 된다.

에어건에 공급되는 상류압력 $P_1 = 0.4\,[\text{MPa}]$이고, 에어건에서 방출되는 하류압력 $P_2 = 0.1\,[\text{MPa}]$이며 온도 $T = 30\,[^\circ\text{C}]$이다.

에어건에서 발생하는 압력비는 $\frac{P_2 + 0.1}{P_1 + 0.1} = \frac{0.1 + 0.1}{0.4 + 0.1} = 0.4$이므로 초크 흐름을 나타내므로 식 (3.3)을 사용하여 공기유량을 구한다.

$$Q = 120 \times S(P_1 + 0.1)\sqrt{\frac{293}{273 + t}}$$

$$= 120 \times 0.69\,(0.4 + 0.1)\sqrt{\frac{293}{273 + 30}} = 40.8\,[\text{dm}^3/\text{min}]$$

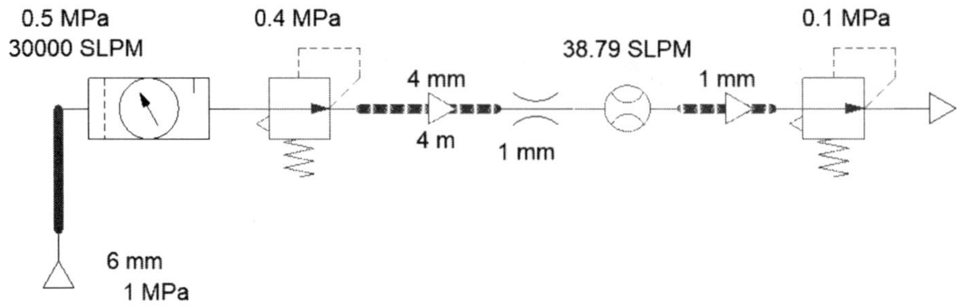

그림 3.12 에어건의 유량측정

3.1.2 제어밸브의 개요 및 표시법

공기압 시스템에 사용되고 있는 공기압 기기는 신호감지요소(signal components), 제어요소(control components) 및 작업요소(working parts) 등으로 구성되어 있다. 신호감지요소와 제어요소는 작업요소들의 작동순서에 영향을 미치며 이들을 공기압 제어밸브라고 부른다. 공기압 장치에서는 압축공기의 압력제어, 유량제어, 방향제어 및 흐름의 단속 등을 위해 각종 밸브를 사용하며, 적절한 밸브의 선택은 공기압 장치의 기능과 성능향상에 매우 중요한 역할을 한다. 실제로 밸브를 선정할 때는 밸브의 형식, 크기, 구동장치 및 제어능력 등을 면밀하게 검토해야 한다. 슬라이드 밸브(slide valve), 볼 밸브(ball valve), 디스크 밸브(disc valve), 콕(cocks) 등은 국제적으로 통용되는 명칭으로서 모든 설계에 일반적으로 적용되며, DIN 24300규격에서도 이 방법을 따르고 있다. 각종 제어밸브를 기능에 따라 다음의 5개의 그룹으로 구분된다.

① 방향제어밸브(directional valves, way valve)
② 논-리턴 밸브(non - return valves)
③ 압력제어밸브(pressure control valves)
④ 유량제어밸브(flow control valves)
⑤ 셧 오프밸브(shut-off valves)

3.2 방향제어밸브

3.2.1 밸브의 기능별 분류 및 표시법

방향제어밸브는 공기압 액추에이터에 공급되는 압축공기의 흐름방향을 제어하는 것으로서, 공기압 액추에이터의 운동방향 제어용으로 사용된다. 그 분류는 그림 3.13에 나타낸다.

그림 3.13 방향제어밸브의 분류

방향변환밸브는 KS에 따르면 2개 이상의 흐름 모양을 가지며 2개 이상의 포트를 갖는 방향제어밸브로 정의된다. 방향변환밸브는 공기흐름의 방향을 변환시켜 공기압 액추에이터의 운동방향을 제어하는 것으로서 방향제어밸브라고 부른다. 체크밸브나 셔틀밸브 등과 같이 방향제어에 관련되는 모든 밸브를 총칭하여 방향제어밸브라 하고, 단순히 공기흐름을 변환시키는 밸브를 방향변환밸브로 분류한다.

방향제어밸브는 공기압 회로에 사용되는 밸브 중에서 가장 많이 사용되고 있으므로 방향제어밸브를 이해하면 공기압 회로에 사용되는 대부분의 밸브를 이해할 수 있을 것이다. 방향변환밸브는 밸브를 변환시키는 조작방법과 밸브의 주된 기능인 포트와 제어위치의 수, 밸브의 구조에 따라 나누어지며 이들을 상호 조합함으로써 대단히 많은 밸브로 만들어진다.

3.2.2 밸브의 표시법

공기압 회로도면에 표시되는 밸브의 상징은 밸브의 기능만 나타내며 회로설계의 원리나 구조는 나타내지 않는다. 스프링에 의하여 원위치로 되돌아올 수 있는 밸브에서 정상위치는 밸브가 연결되지 않았을 때의 위치가 된다. 초기위치는 밸브를 시스템 내에 설치하고 압축공기나 전기와 같은 작동매체를 공급하고 작업을 시작하는 초기위치를 의미한다.

표 3.1은 공기압 회로에서 사용되고 있는 방향제어밸브를 나타내는 기호의 의미를 설명하고

것이다. 사각형의 수는 밸브의 제어위치 수를 나타내고 사각형 내부에 있는 화살표는 공기의 흐름방향을 나타낸다. 사각형의 바깥에 있는 직선의 수는 배관을 접속할 수 있는 포트의 수를 나타내고 제어위치는 사각형을 옆으로 움직임으로서 표현이 가능하다.

밸브의 위치는 소문자(a, b, c)로 나타내며 3위치의 경우에는 중간위치는 중립을 나타낸다. 배관라인의 연결이 없고 밸브에 삼각형 표시가 있으면 직접 배기하는 것을 나타내며 배관라인의 표시가 있으면 배관을 통하여 배기공기를 모아서 배출하는 것을 의미한다.

표 3.1 밸브의 표시법

기호	설명
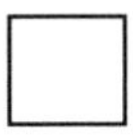	사각형은 밸브의 스위치 전환위치
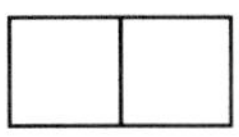	사각형의 갯수는 밸브 전환위치의 갯수를 표시
밸브의 기능과 작동원리는 4각형 안에 표시	
	직선은 관로, 화살표는 공기의 흐름방향
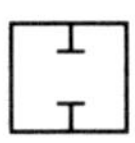	차단(shut off)위치는 사각형 안에 T자형으로 표시
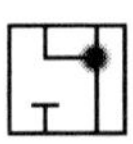	점은 관로의 접점을 나타냄
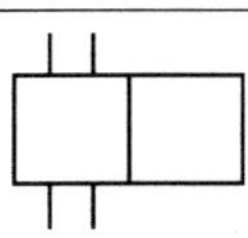	출구와 입구의 연결구는 사각형 밖에 직선으로 표시하며, 포트 수에 해당
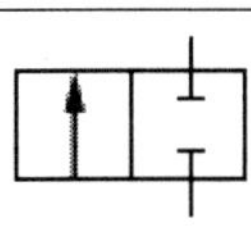	밸브의 다른 제어위치는 사각형을 옆으로 움직이면 얻을 수 있음
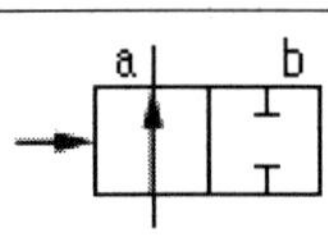	밸브의 스위치는 a, b, c 등의 소문자로 표시
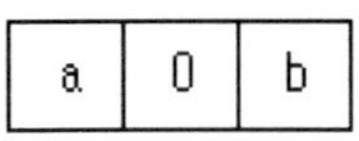	3개의 전환위치를 가지는 밸브에서 중간위치는 중립위치를 나타냄
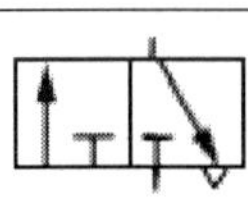	파이프라인의 연결 없이 직접 밸브에서 배기되는 배기구는 기호에 직접 붙는 삼각형으로 표시
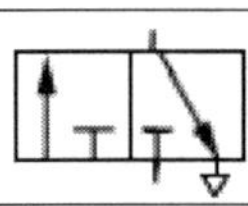	파이프라인이 있는 배기구는 밸브에 직접 붙지 않는 삼각형으로 표시

표 3.2는 방향제어밸브의 종류와 밸브의 정상위치를 나타내며 2포트 2위치 방향제어밸브, 3포트 2위치 방향제어밸브, 3포트 3위치 방향제어밸브, 4포트 2위치 방향제어밸브, 4포트 3위치 방향제어밸브, 5포트 2위치 방향제어밸브, 5포트 3위치 방향제어밸브가 있다. 정상위치는 밸브의 초기위치이며 배기구가 연결된 위치이다.

표 3.2 방향제어밸브의 종류와 정상위치

기호	명칭	정상 위치
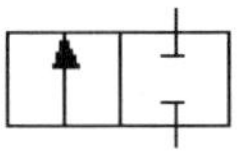	2/2-way 밸브	닫힘(NC)
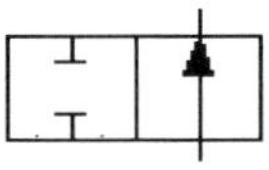	2/2-way 밸브	열림(NO)
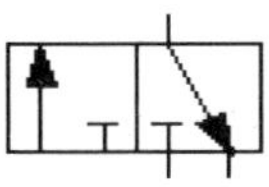	3/2-way 밸브	닫힘(NC)
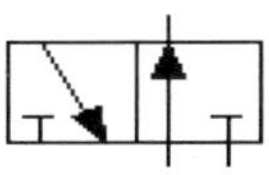	3/2-way 밸브	열림(NO)
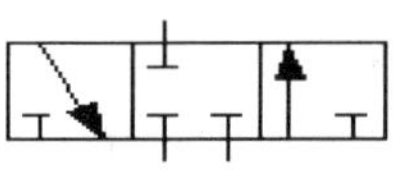	3/3-way 밸브	중립위치 닫힘
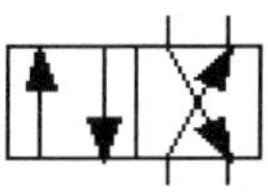	4/2-way 밸브	공급 배기라인 각1개
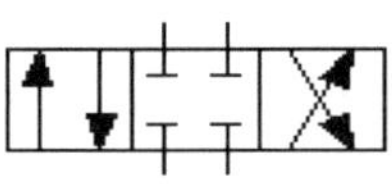	4/3-way 밸브	중립위치 닫힘
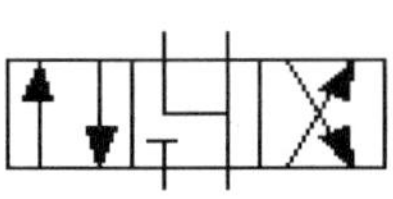	4/3-way 밸브	A,B라인 중립위치 배기
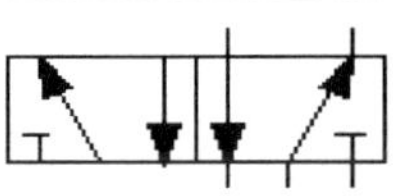	5/2-way 밸브	두 개의 배출구

그림 3.14는 방향제어밸브의 동작상태를 나타내는 표시법이다. (a)는 방향제어밸브의 초기상태이며 공기압 액추에이터와 접속되어 있는 A포트와 대기로 압축공기를 배출하기 위한 배기포트 R과 접속된 상태이다. (b)는 방향제어밸브가 항상 열려있는 상태를 나타내는 것으로,

압축공기의 공급원인 입기포트 P와 공기압 액추에이터에 압축공기를 공급하기 위한 A포트와 접속되어 있어서 압축공기가 공기압 액추에이터에 공급되어 있는 상태이다.

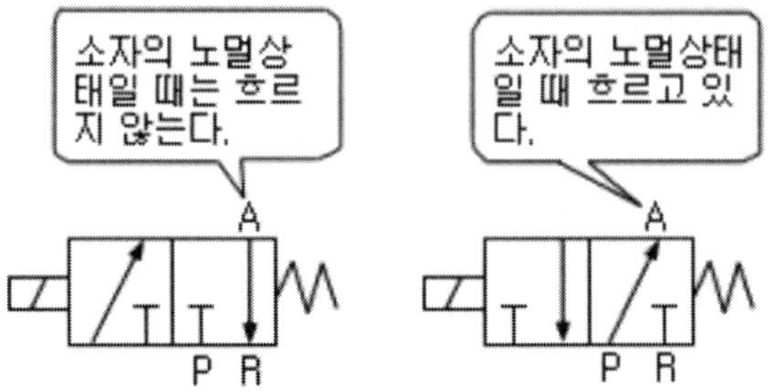

(a) 항상 닫힘형 (노멀 클로즈) (b) 항상 열림형 (노멀 오픈)

그림 3.14 방향제어밸브의 동작표시

그림 3.15는 방향제어밸브를 표시하는 그림에 여러 가지 기능을 나타내는 기호를 표시하는 방법을 나타낸다. (a)는 방향제어밸브의 주기호로서 사각형은 위치를 나타내고 사각형 외부에 있는 직선은 압축공기를 공급하고 배출하기 위한 배관포트를 나타낸다. (b)는 방향제어밸브의 기능을 나타내는 기호로서 화살표는 압축공기의 흐름방향을 표시하고 접속점은 배관이 연결되어 있음을 나타내며, 오리피스의 표시는 단면적의 변화를 나타낸다.

솔레노이드 밸브의 정상상태는 솔레노이드에 전원이 공급되기 전의 상태로서 스프링에 의하여 복귀된 상태를 나타낸다. 솔레노이드에 전원이 공급되면 사각형이 밀려서 배관이 연결되어 있는 위치로 사각형이 이동하여 압축공기의 흐름방향이 변화되고 스프링은 압축된 상태가 된다. 솔레노이드에 공급되는 전원이 차단되면 사각형은 스프링의 복원력에 의하여 다시 원위치로 복귀한다.

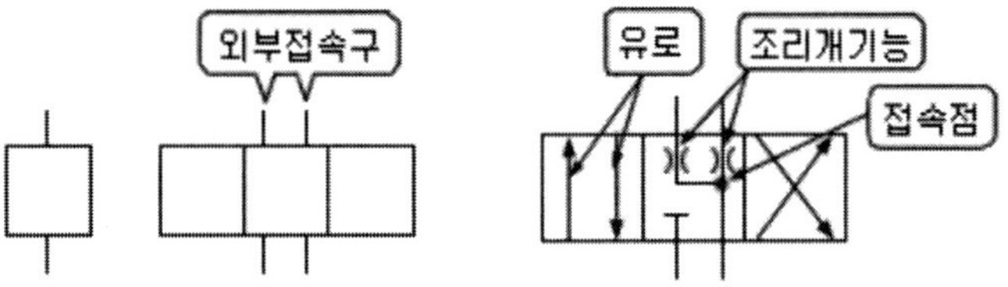

(a) 전환밸브의 주기호 (b) 기능기호의 기입

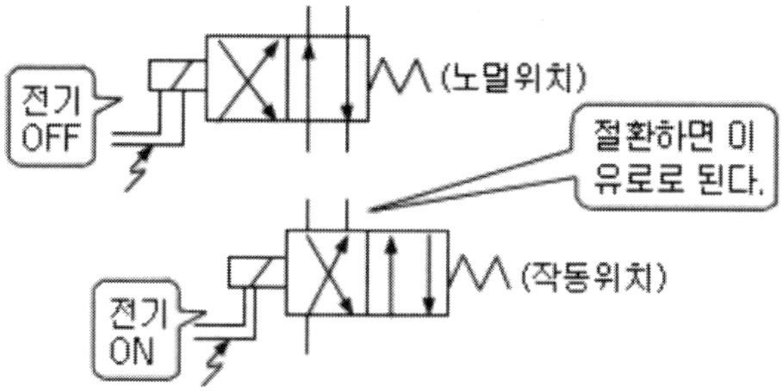

그림 3.15 방향제어밸브의 기호 기입법

표 3.3은 표준적인 방향변환밸브의 포트수와 제어위치를 나타내며 밸브의 기본표시와 기능을 나타낸다. 4포트와 5포트 밸브는 1개의 밸브에서 2개의 출구(A, B)를 가진 밸브로서 복동 실린더의 방향제어가 가능하다. 4포트와 5포트의 차이점은 4포트밸브는 배기포트가 1개인 반면에 5포트는 출구에 대한 전용의 배기포트가 정해져 있어 액추에이터의 속도제어를 배기 교축밸브로 제어할 수 있다.

표 3.3 방향변환밸브의 포트와 제어위치의 개수

포트 수	제어위치	밸브의 기본표시와 기능	포트 수	제어위치	밸브의 기본표시와 기능
2	2	P (공급구) A (출구)	3	3	A PR 중립위치 클로우즈센터형
3	2	A P R(배기구)	4	3	AB PR 중립위치 클로우즈센터형
4	2	A B(출구) PR	4	3	AB PR 중립위치 엑조스트센터형
5	2	A B R_1PR$_2$	4	3	AB PR 중립위치 프레셔센터형

■ 제어위치의 수

제어위치란 공기흐름의 상태를 결정하는 밸브 본체의 변환상태가 가능한 위치의 수를 말한다. 방향변환밸브는 공기흐름을 변환시키는 것을 목적으로 하기 때문에 최소한 2가지 이상의 기능이 있어야 하고 각기 다른 기능을 발휘할 수 있는 위치를 제어위치라고 한다. 제어위치가 2개인 것을 2위치, 3개인 것을 3위치라며 그것을 표현하기 위해서 그 밸브가 가지고 있는 제어위치의 수만큼 정사각형을 연결하여 표시한다. 밸브의 기능은 제어위치를 나타내는 직사각형 안에 각종 기호로 표시한다. 공기압에서 사용되는 밸브의 제어위치는 2위치와 3위치가 대부분이며 특수한 것은 4위치 밸브도 있다.

■ 중립위치에서의 흐름형식

공기압 실린더의 중간정지 및 조정 작업을 위해 3위치나 4위치밸브를 사용하는 경우가 있다. 제어위치 중에서 중앙을 중립위치라고 하는데, 중립위치에서의 흐름형식에 따라 클로우즈 센터, ABR접속(엑조스트 센터), PAB접속(프레셔 센터)형 등으로 나뉜다. 클로우즈 센터형은 중앙위치에서 모든 포트가 닫혀 있는 상태이며, ABR 접속형은 중앙위치에서 A, B포트가 R에 접속되어 모두 배기됨을 의미한다. 또한 PAB접속형은 중앙위치에서 A, B포트에 압력을 가하고 있는 형식으로 프레셔 센터형이라고도 부른다.

3.2.3 밸브의 조작방법

방향제어밸브의 제어위치를 변환시키는 것을 변환조작이라고 하며 다음과 같이 4가지의 기본방식이 있다. 이 방식들은 단독으로 사용되기도 하고 두 가지 이상이 복합적으로 조합되어 사용되기도 한다.

① 인력 조작방식 : 사람의 힘으로 변환 조작하는 방식
② 기계력 조작방식 : 기계력으로 변환 조작하는 방식
③ 파일럿 조작방식 : 공기압 신호로 변환 조작하는 방식
④ 전자 조작방식 : 전자력으로 변환 조작하는 방식

방향제어밸브의 상세분류는 이 조작방식을 기준으로 고유 명칭이 결정된다. 일반적으로 통용되고 있는 전자밸브(솔레노이드밸브), 페달 작동밸브 등의 고유 명칭은 조작방식을 기준으로 한 것이다.

■ 인력 조작방식

사람의 손 또는 발을 사용하여 조작하는 것으로 레버, 누름버튼 및 페달 등이 밸브에 장착되어 있다. 수동용 밸브는 핸드 밸브 또는 수동 변환밸브라 하고, 발로 조작하는 밸브를 페달 작동밸브라 부른다.

그림 3.16은 인력 조작방식을 나타내는 방향제어밸브의 조작방식을 나타낸다. 수동 조작방식의 표현은 누름버튼에 의한 조작방식, 레버에 의한 조작방식 및 페달에 의한 조작방식을 나타낸다.

그림 3.16 인력조작방식

■ 기계력 조작방식

기계력이란 공기압 실린더의 피스톤 로드에 취부되어 있는 접촉 도그나 기계적으로 움직이는 캠 등에 의한 접촉이나 누름을 의미하는 것이다.

그림 3.17은 방향제어밸브를 조작하는 방법으로서 기계적인 조작방식을 나타내며 밸브에는 플런저나 롤러 등이 취부되어 있다. 이러한 조작방식에 의해 제어되는 밸브는 메카니컬밸브, 기계 작동밸브, 기계 조작밸브 등 여러 가지로 부르고 있다. 기계 작동밸브는 기계동작의 상태를 검출하여 신호를 발신하는 밸브로서 전기제어에서 리미트 스위치의 역할을 담당하는 공기압 검출밸브로 리미트 밸브라 부르는 경우도 있다.

그림 3.18은 한방향 작동 로울러 방식의 방향전환밸브의 동작상태를 나타내며 접촉물이 왕복 작동하여도 한쪽 방향에서만 밸브가 작동하는 형식이다. 원리는 플런저를 로울러 레버에 의해 간접 작동시키는 형식으로 우측에서 좌측으로 진행하면서 외력이 가해지면 로울러 레버에 의해 플런저가 작동하나 좌측에서 우측으로 진행하면서 외력이 가해지면 로울러가 꺾여 작동되지 않는다.

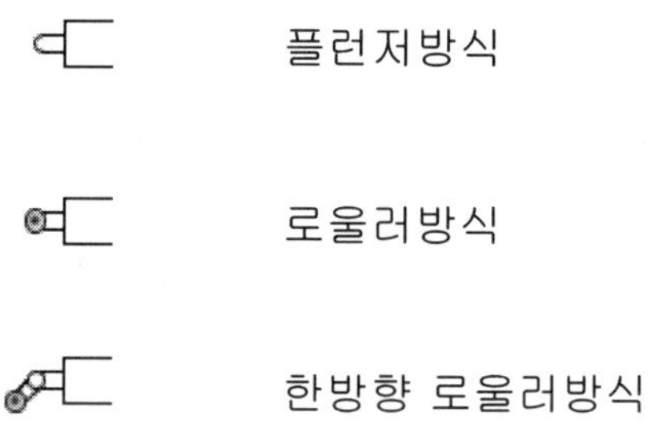

그림 3.17 기계적 조작방식

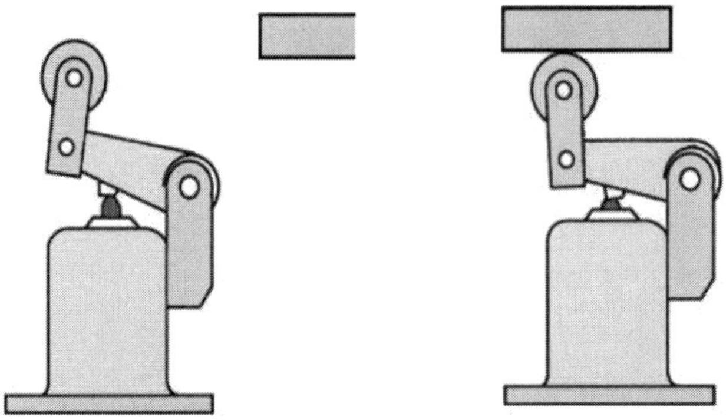

(a) 동작전 (b) 동작중

그림 3.18 한방향 로울러 방식의 동작상태

■ 파일럿 조작방식

그림 3.19는 파일럿 조작방식의 작동상태를 나타내며 공기압의 신호(파일럿)를 사용하여 메인밸브를 동작시키는 것이다. 메인밸브의 제어신호인 공기압을 공기압 신호, 파일럿공기 또는 파일럿신호라 하고 이러한 방식을 파일럿방식이라 한다. 공기압 작동방식이라고 부르는 경우도 있다.

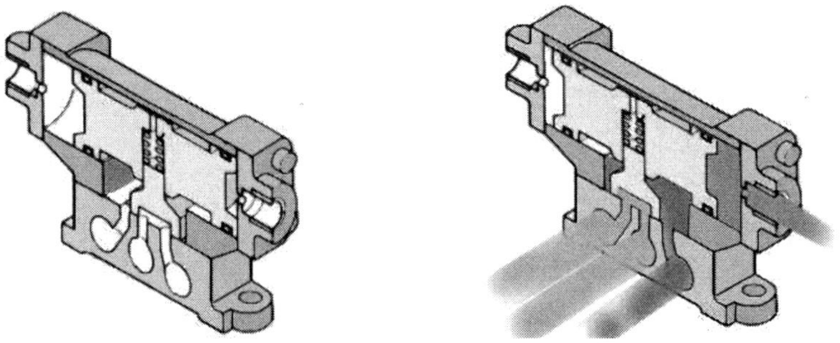

(a) 동작전 (b) 동작중

그림 3.19 파일럿 조작밸브의 동작상태

표 3.4는 파일럿 조작방식의 표시기호를 나타내는 그림 기호로서 방향제어밸브의 간접 작동형은 주로 전자밸브와 병용하여 간접적으로 변환시키는 경우의 기호이다. 회로도를 작성할 때 압력을 작용시키는 직접 작동의 기호 중 삼각형을 생략하는 경우도 있으므로 주의하여야 한다. 이 밖에 공기압 작동방식에서는 양측 파일럿 방식의 밸브도 있다.

표 3.4 파일럿 조작방식의 KS표시기호

직접 작동형	압력을 가함	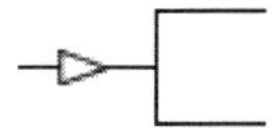
	압력 제거	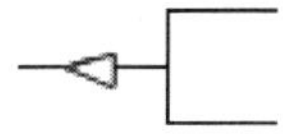
간접 작동형	내장된 파일럿을 통해 주 밸브에 압력을 가함	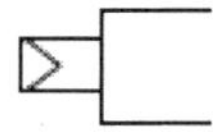
	내장된 파일럿을 통해 주 밸브에서 압력을 제거	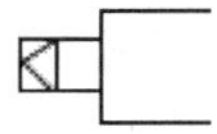
복합 작동형	파일럿이 내장된 솔레노이드 작동	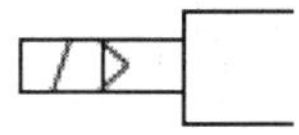
	솔레노이드 또는 파일럿으로 작동	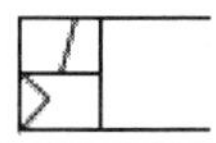

■ 전자력 조작방식

전자력 조작방식은 방향변환밸브와 전자석을 일체화시켜 전자석에 전류를 보내 솔레노이드를 여자시키거나 또는 전류를 끊어 소자시키는 동작에 의해 공기흐름을 변환시키는 밸브로서 전자밸브라 부른다.

그림 3.20은 방향제어밸브의 기능을 나타내는 것으로서 (a)는 2방향의 조작방식을 나타내고, (b)는 복동 솔레노이드의 편 솔레노이드와 양 솔레노이드를 나타낸다. (c)는 1방향의 조작기호로서 솔레노이드와 스프링복귀형을 나타내고 (d)는 3위치 솔레노이드로서 양쪽에 있는 스프링이 작용하면 중앙 위치로 이동하는 것을 나타낸다.

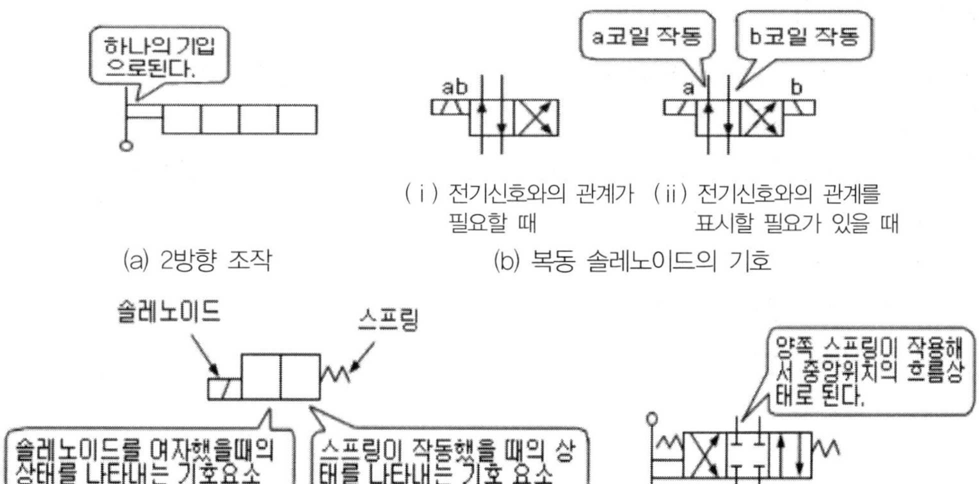

(c) 1방향 조작의 조작기호　　(d) 3위치 밸브의 중앙위치 조작기호

그림 3.20 방향제어밸브의 기능표시기호

그림 3.21은 밸브의 조작기호를 나타내는 것으로서 (a)는 선택 조작기호이며 솔레노이드와 버튼 조작을 나타낸다. (b)는 간접 파일럿, 외부 파일럿 및 스프링복귀를 나타낸다. (c)는 솔레노이드를 조작하여 파일럿압을 발생시키는 것과 디텐트의 조작을 나타낸다. 디텐트는 조작을 하면 그 위치에 멈추는 기능을 가지고 있다.

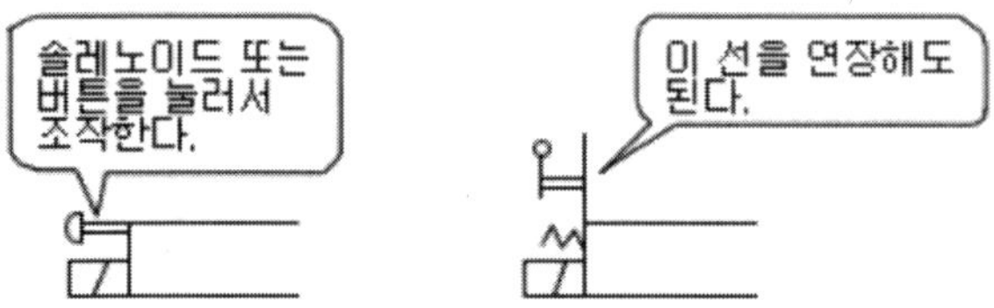

(a) 선택조작기호

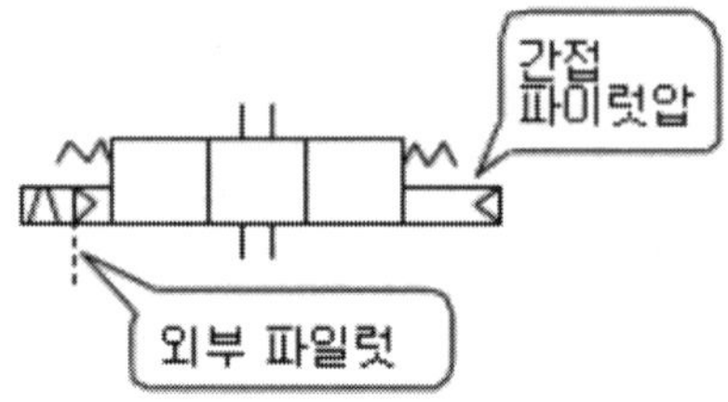

(b) 간접 파일럿과 외부 파일럿 표시

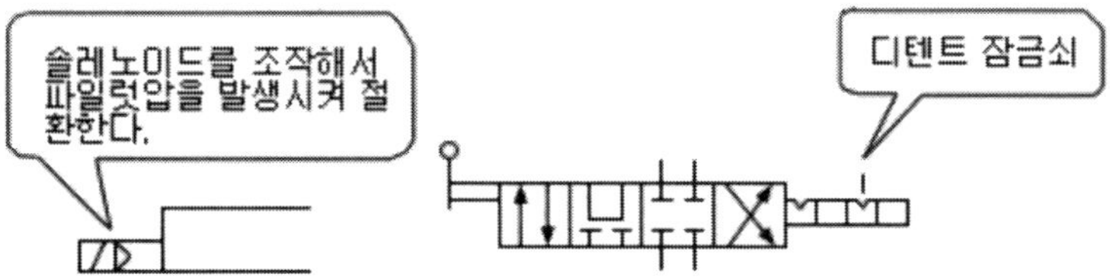

(c) 디텐트 조작기호

그림 3.21 방향제어밸브의 조작기구 표시기호

3.3 솔레노이드 밸브의 역할

3.3.1 솔레노이드 밸브의 역할

솔레노이드 밸브는 전자석(솔레노이드)으로 조작되는 밸브의 총칭이며 전자절환밸브라고도 한다. 전기신호를 사용하여 전자석을 조작하고 그 힘을 이용하여 전자밸브의 밸브몸체를 이동시켜서 공기의 흐름방향을 제어한다. 전기적인 신호를 작동시켜서 시퀀스제어를 가능하게 하므로 산업기계의 자동화에 많이 사용된다.

그림 3.22는 솔레노이드 밸브의 표시기호를 나타낸다. 솔레노이드 밸브는 1개의 코일이 작동하는 것과 같은 방향으로 2개의 코일이 작동하는 것, 서로 반대방향으로 작용하는 코일이 있는 솔레노이드로 구분한다.

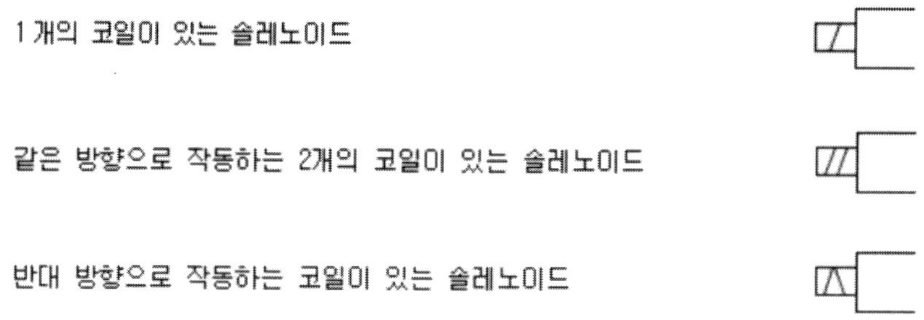

그림 3.22 솔레노이드 밸브의 표시기호

그림 3.23은 2포트 2위치 솔레노이드 밸브의 동작원리를 나타내며, 평판으로 된 가동철심을 사용하고 소형 포핏형의 직동형 전자밸브, 파일럿밸브로 사용된다. (a)는 솔레노이드의 동작전인 초기상태이며 스프링에 의해 평판형 가동철심이 눌러진 상태가 되어 압축공기의 공급포트 P와 실린더에 압축공기를 공급하는 A포트는 차단된다. (b)는 솔레노이드의 동작으로 압축공기는 P포트에서 A포트로 흐르게 되어 A포트에 접속되어 있는 공기압 액추에이터를 동작시킨다.

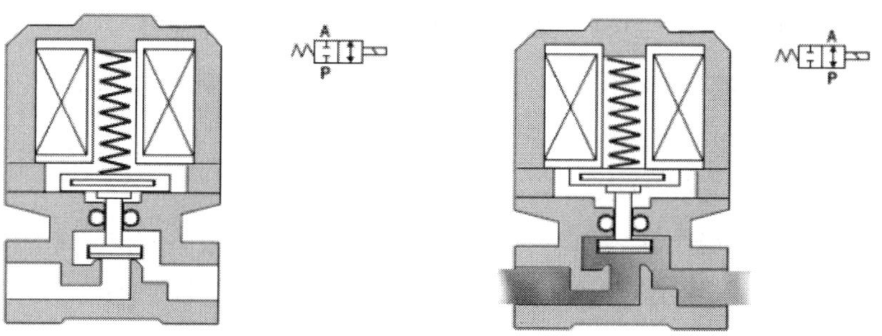

(a) 동작전 (b) 동작중

그림 3.23 2포트 2위치 솔레노이드 밸브의 동작원리

그림 3.24는 3포트 2위치 솔레노이드 밸브의 동작원리를 나타내며 전자밸브는 밸브몸체를 움직이게 하는 전자 조작부(전자석)와 밸브의 몸체로 구성된다. 전자석에 통전을 하면 가동철심이 흡인되고 밸브몸체를 움직이게 해서 유로를 이동시킨다. (a)는 솔레노이드의 동작전인 초기상태를 나타내며 실린더에 압축공기를 공급하는 A포트와 배기를 위한 배기포트 R과 접속되어 실린더에 있는 압축공기를 대기로 배출하고 공급포트 P는 차단된 상태이다. (b)는 솔레노이드의 동작으로 스풀이 움직여 밸브몸체를 이동시켜서 공급포트 P와 실린더에 압축공기를 공급하는 A포트와 접속되어 압축공기는 실린더에 공급되어 공기압 실린더가 동작한다.

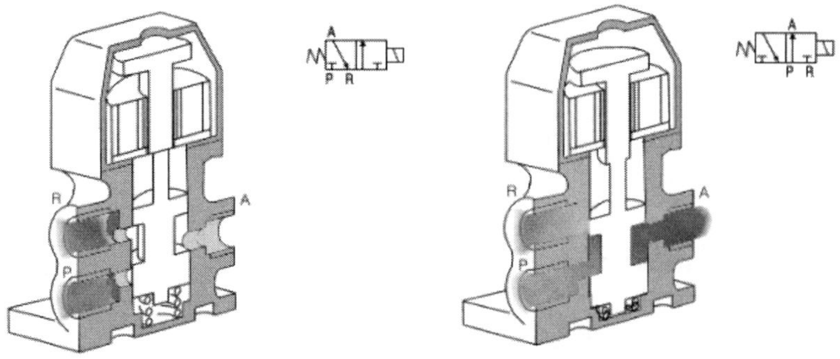

(a) 동작전 (b) 동작중

그림 3.24 3포트 2위치 솔레노이드밸브의 동작원리

■ 교류전원을 사용한 솔레노이드

교류의 여자전류는 스트로크에 의해 크게 변화되며, 플런저가 흡착되었을 때의 유지전류는 작지만 플런저가 떨어졌을 때의 시동전류는 크다. 어떤 원인으로 플런저의 움직임이 늦거나 흡착이 안 될 때는 대용량의 시동전류가 흘러서 코일이 타게 된다. 플런저가 떨어지면 전류가 커지기 때문에 흡인력은 직류만큼 약하게 되지 않으므로 스트로크를 크게 할 수 있으며 반 사이클마다 자속이 변화하기 때문에 가동철심의 작동속도가 빠르고 응답성이 좋다.

■ 직류전원을 사용한 솔레노이드

직류전원은 교류와 같은 히스테리시스나 과전류에 의한 손상이 적기 때문에 온도상승이 적다. 여자전류는 코일저항으로 결정되며 전 스트로크를 통해서 일정하므로 교류처럼 과전류에 의한 코일손상은 없으며 흡인력에는 맥동이 없고 울리는 소리가 없다. 여자전류가 일정한 까닭에 기전력이 일정하므로 플런저가 흡착면에서 떨어지면 흡인력이 약해져서 스트로크를 크게 잡을 수 없고 응답성은 교류보다 나쁘다. 시동 때에 자기유도 기전력 때문에 정격전류에 도달하는 데 시간이 걸리고 플런저가 떨어져 있어서 흡인력이 약하게 된다는 특징이 있다.

3.3.2 솔레노이드 밸브의 특성과 선정

■ 유량특성

전자밸브의 유량특성은 어떤 조건하에서 어느 정도의 공기유량을 보낼 수 있는가의 기준을 말하며, KS에서는 유효 단면적으로 표시하고 있다. 공기압기기나 배관도 일종의 오리피스로서 취급하고 오리피스의 유효 단면적을 S로 하여 공기유량을 계산한다.

그림 3.25는 솔레노이드 밸브의 출구압력과 공기유량의 관계와 솔레노이드 밸브의 응답시간을 나타낸다. 유량특성은 입구압력을 파라미터로 해서 출구압력과 공기유량의 관계를 나타내고 있다. 응답시간은 전자밸브에 정격전압을 가해서(또는 끊어서) 밸브몸체가 이동하고 공기가

흐르기 시작할 때까지의 시간을 말한다. 일반적으로는 직동형 쪽이 파일럿형보다 응답시간이 빠르지만 큰 차이는 없고 밸브기구에 좌우되는 일이 많다. 직류와 교류를 비교하면 교류쪽이 빠르고 교류에서는 1/8 ~ 1/4 [Hz]의 변동이 생긴다.

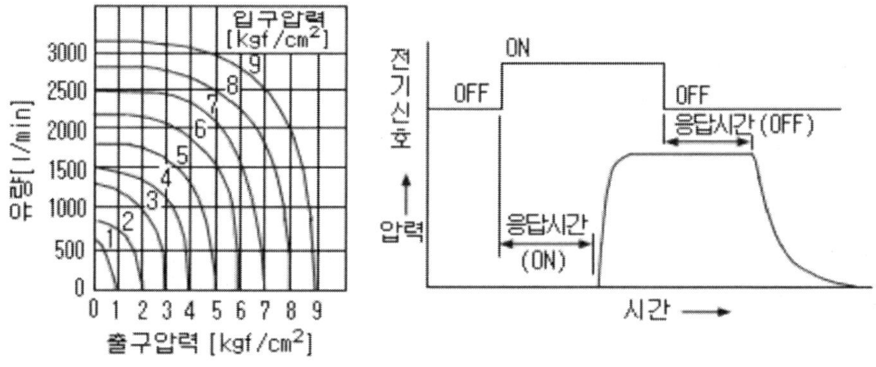

그림 3.25 솔레노이드 밸브의 응답시간

■ 사용 공기압력(최저 작동압력)

솔레노이드 밸브의 사용 공기압력은 직동형의 경우 0 ~ 7 [kgf /cm^2], 파일럿 형에서는 2 ~ 7 [kgf/cm^2] 으로 규정하고 있다. 직동식은 공기압 없이도 절환되지만, 파일럿 형은 공급되는 공기압력의 일부를 사용하여 메인 밸브를 조작하기 때문에 최소한의 필요한 공기압력이 필요하다. 보통은 최저 작동압력이 1.5 ~ 2 [kgf/cm^2]인 것이 대부분이며 밸브의 구조에 따라서 상이하므로 주의해야 한다.

■ 내구성과 신뢰성

솔레노이드 밸브의 내구성은 솔레노이드 밸브가 정상적으로 몇 회를 작동할 수 있는가를 말하는 것으로, 공기압력 5 [kgf/cm^2]를 가해 정격전압으로서 1 [회/s] 이상의 비율로 반복해서 작동시켰을 때의 작동횟수로 규정하고 있다. 내구 횟수는 공기압력, 온도, 압축공기 속의 먼지, 드레인의 유무, 윤활의 정도, 절환빈도에 좌우되므로 주의해야 한다. 신뢰성은 사용조건에 따라서 다르며 고빈도용으로 사용되는 것, 일정한 응답성이 요구되는 것(압착 안전밸브), 비상용으로 드물게 사용되는 것 등으로 그 사용 목적에 따라 설계방식이 다르다.

■ 솔레노이드 밸브의 사용상 주의점

공기압 시스템에 사용되는 공기압 기기는 필요로 하는 공기량을 처리할 수 있는 유효 단면적의 크기를 가진 솔레노이드 밸브를 사용하며 솔레노이드 밸브의 사용상 주의할 점은 다음과 같다.

- 메탈 실(seal) 방식은 먼지크기를 10 [μm] 이하가 되도록 압축공기를 청정화하고 무급유 전자밸브는 드레인 대책을 한다.
- 파일럿형은 최저 작동압력을 확인하고 라인의 압력강하를 방지하기 위해서 관로의 저항을 작게 하고 공기탱크를 병용한다.
- 배기구를 좁힐 때는 솔레노이드 밸브가 배압의 영향을 받지 않는 구조의 것인가를 확인한다.
- 직동형의 더블 솔레노이드 3위치 밸브일 때 양 코일에 동시 통전을 하면 솔레노이드가 손상되므로 따로 통전을 한다.
- 클로즈 센터형의 솔레노이드 밸브로 공기압 실린더를 장시간 중간위치에 정지시키면 누설이 생겨 공기압 실린더가 이동하게 되므로 누설이 적은 것을 사용한다.
- 직류용의 소형 전자밸브는 개폐시의 코일 서지(surge) 전압으로 제어회로 내의 소자가 파손될 수 있으므로 보호대책을 한다.

■ 솔레노이드 밸브의 선정

표 3.5는 솔레노이드 밸브의 기본 사양을 나타내는 사례이다. 우선적으로 검토할 사양은 최고 사용압력과 최저 사용압력이고 다음으로 코일의 정격전압을 확인하여 원하는 기종 모델을 선정하고 수동조작 방식도 고려한다.

표 3.5 방향제어밸브의 기본사양 사례

<table>
<tr><td rowspan="11">밸브 사양</td><td colspan="2">밸브구조</td><td>메탈Seal</td><td>탄성체Seal</td></tr>
<tr><td colspan="2">사용유체</td><td colspan="2">공기 · 불활성가스</td></tr>
<tr><td colspan="2">최고사용 압력</td><td colspan="2">1.0MPa</td></tr>
<tr><td rowspan="3">최저사용 압력</td><td>싱글</td><td>0.15MPa</td><td>0.20MPa</td></tr>
<tr><td>더블</td><td>0.15MPa</td><td>0.15MPa</td></tr>
<tr><td>3위치</td><td>0.15MPa</td><td>0.20MPa</td></tr>
<tr><td colspan="2">주위온도 및 사용유체 온도</td><td>−10 ~ 60℃ 주1)</td><td>−5 ~ 60℃ 주1)</td></tr>
<tr><td colspan="2">급유</td><td colspan="2">불필요</td></tr>
<tr><td colspan="2">수동조작</td><td colspan="2">Push식 (공구필요형)</td></tr>
<tr><td colspan="2">내충격 / 내진동</td><td colspan="2">150/30 m/s^2 주2)</td></tr>
<tr><td colspan="2">보호구조</td><td colspan="2">IP65 (방적 · 방분류)</td></tr>
<tr><td rowspan="5">전기 사양</td><td colspan="2">코일정격전압</td><td colspan="2">DC12V, 24V, AC100V, 110V, 200V, 220V (50 / 60Hz)</td></tr>
<tr><td colspan="2">허용전압변동</td><td colspan="2">정격전압의 ±10%</td></tr>
<tr><td colspan="2">코일전열의 종류</td><td colspan="2">B종상당</td></tr>
<tr><td rowspan="2">소비전력 (전류치)</td><td>DC24V</td><td colspan="2">DC1W (42mA)</td></tr>
<tr><td>DC12V</td><td colspan="2">DC1W (83mA)</td></tr>
</table>

		AC100V	기동 1.2VA (12mA), 여자 1.2VA (12mA)
		AC110V	기동 1.3VA (11.7mA), 여자 1.3VA (11.7mA)
		AC200V	기동 2.4VA (12mA), 여자 2.4VA (12mA)
		AC220V	기동 2.6VA (11.7mA), 여자 2.6VA (11.7mA)

주1) 저온의 경우는 드라이 에어를 사용하여 결로하지 않을 것

주2) 내충격 : 낙하식 충격시험기로 메인밸브 · 가동철심의 축방향 및 직각방향,
통전 및 비통전의 각 조건으로 각각 1회 시험했을 때 오작동 없음(초기값)

내진동 : 45~2,000Hz 1소인(가변), 메인밸브 · 가동철심의 축방향 및 직각방향,
통전 및 비통전의 각 조건으로 시험했을 때 오작동 없음(초기값)

표 3.6은 선정한 솔레노이드 밸브의 기종에서 각 모델별 유량특성을 나타낸다. 공기압 회로의 설계 시에는 공기압 실린더를 작동시키는 데 필요한 압력과 식 (3.3)과 식 (3.4)을 사용하여 요구특성에 맞는 공기유량을 구한 후에 충분한 공기유량을 통과시키는 솔레노이드 밸브의 모델을 선정한다.

표 3.6 솔레노이드 밸브의 유량특성 사례

시리즈	위치수		형식		관접속구경	유량 특성						주1) 응답시간 ms	주2) 질량 kg
						1→4/2 (P→A/B)			4/2→5/3 (A/B→EA/EB)				
						C [dm³/(s·bar)]	b	Cv	C [dm³/(s·bar)]	b	Cv		
VQ7−6	2위치	싱글	메탈 Seal	**VQ7-6-FG-S-□**	1/4	4.1	0.10	0.9	5.2	0.10	1.1	20 이하	0.40
			탄성체 Seal	**VQ7-6-FG-S-□R**		5.0	0.13	1.1	6.0	0.11	1.4	25 이하	
		더블	메탈 Seal	**VQ7-6-FG-D-□**		4.1	0.10	0.9	5.2	0.10	1.1	12 이하	0.45
			탄성체 Seal	**VQ7-6-FG-D-□R**		5.0	0.13	1.1	6.0	0.11	1.4	15 이하	
	3위치	Closed center	메탈 Seal	**VQ7-6-FHG-D-□**		4.1	0.10	0.9	5.2	0.10	1.1	40 이하	0.48
			탄성체 Seal	**VQ7-6-FHG-D-□R**		5.0	0.13	1.1	5.6	0.20	1.3	45 이하	
		Exhaust center	메탈 Seal	**VQ7-6-FJG-D-□**		4.1	0.10	0.9	5.2	0.10	1.1	40 이하	0.48
			탄성체 Seal	**VQ7-6-FJG-D-□R**		4.8	0.16	1.1	6.0	0.17	1.4	45 이하	
		퍼펙트 타입	메탈 Seal	**VQ7-6-FPG-D-□**		1.4	—	—	3.1	—	—	50 이하	0.84
			탄성체 Seal	**VQ7-6-FPG-D-□R**		1.4	—	—	3.1	—	—	50 이하	
		Exhaust center	메탈 Seal	**VQ7-6-FIG-D-□**		4.1	0.10	0.9	5.2	0.08	1.1	40 이하	0.48
			탄성체 Seal	**VQ7-6-FIG-D-□R**		5.6	0.15	1.2	5.9	0.08	1.3	45 이하	

주1) JIS B 8375−1981에 의한(공급압력 0.5MPa 램프 · 서지전압보호회로부착 크린에어 사용시의 값) 압력 및 공기질에 따라 응답시간의 수치는 변한다. 더블타입은 ON시의 값.

주2) 서브플레이트가 없는 질량(서브플레이트 : 0.27kg)

3.3.3 솔레노이드 밸브의 구조에 따른 분류

■ 포핏 밸브(poppet valves)

밸브의 몸체가 밸브시트의 직각 방향으로 이동하면서 압축공기의 흐름을 전환하는 밸브이다. 포핏 밸브는 실링(Sealing) 효과가 좋고 밸브의 이동 거리가 짧기 때문에 밸브의 개폐시간이 빠르고 먼지 등의 이물질이 혼입되더라도 고장이 적으며 대부분의 것은 급유를 필요로 하지 않는다는 장점이 있다. 그러나 공기압력이 높아지면 밸브를 개폐하는 조작력이 크게 되고 배관구가 많아지면 형상이 복잡하게 되어 자유도가 적어진다는 단점이 있다.

■ **볼 시트 밸브(ball seat valve)**

그림 3.26은 볼 시트를 가진 2포트 2위치 포핏 밸브를 나타낸다. 내장된 스프링은 볼을 시트(seat)로 밀어붙여 공기가 공급포트 P로부터 작업포트 A로 흐르는 것을 막아주고 밸브의 플런저를 작동시키면 볼은 시트로부터 떨어지게 된다. 플런저에 작용하는 힘은 스프링의 반력과 압축공기가 볼을 밀어 올리는 힘을 이길 수 있어야 한다. 이러한 밸브는 수동이나 기계적으로 작동되며, 구조가 간단하고 가격이 싸며 크기가 작은 특징을 가진다.

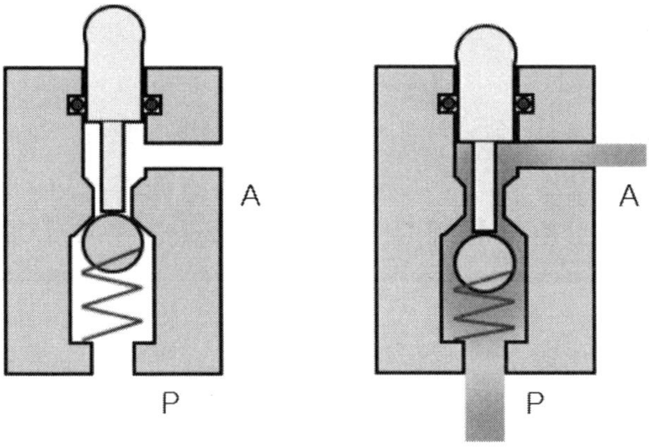

(a) 동작전 (b) 동작중

그림 3.26 2포트 2위치 방향제어밸브(볼 시트)

그림 3.27은 2포트 2위치 방향제어밸브를 사용하여 단동 실린더를 제어하는 공기압 회로를 나타낸다. 실린더의 전진과 후진을 위해서는 두 개의 2포트 2위치 밸브를 사용하여 압축공기의 흐름방향을 제어해야 한다.

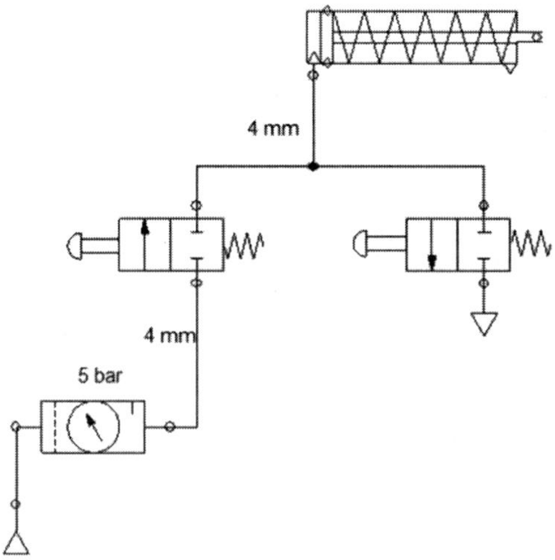

그림 3.27 2포트 2위치 밸브 공기압 회로

그림 3.28은 2포트 2위치 방향제어밸브를 가진 공기압 회로의 시뮬레이션을 나타낸다. 배기와 연결된 수동밸브를 OFF한 상태에서 압력소스와 연결된 수동밸브를 ON시키면 실린더가 전진을 하고 이 밸브를 OFF하면 전진 중에 정지를 할 수 있다. 압력소스와 연결된 수동밸브를 OFF한 상태에서 배기와 연결된 수동밸브를 ON시키면 실린더가 후진한다.

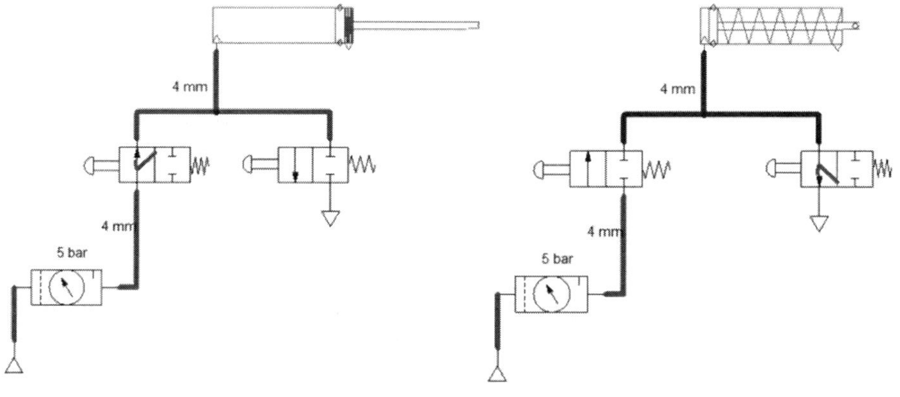

(a) 실린더 전진 (b) 실린더 후진

그림 3.28 2포트 2위치 밸브 시뮬레이션

■ **디스크 시트 밸브**(Disc seat valve)

그림 3.29는 디스크 시트 밸브를 사용한 3포트 2위치 방향제어밸브를 나타낸다. (a)는 밸브의 동작전인 초기상태를 나타내고 (b)는 밸브의 동작 상태를 표시한다. 이러한 구조를 가진 밸브는 플런저가 작동하게 될 때 P, A 및 R포트의 3점이 잠시 동안 서로 연결되기 때문에 운동속도가 아주 작은 경우에는 실제적인 작업이 없이 많은 압축공기가 대기로 방출되는 단점을 가진다. 그러나 밀봉성이 우수하며 구조가 간단하고 작은 거리만 움직여도 공기가 통하기에 충분한 단면적을 얻을 수 있으므로 반응시간이 짧고 볼 시트 밸브와 같이 먼지에 민감하지 않기 때문에 내구성이 좋다.

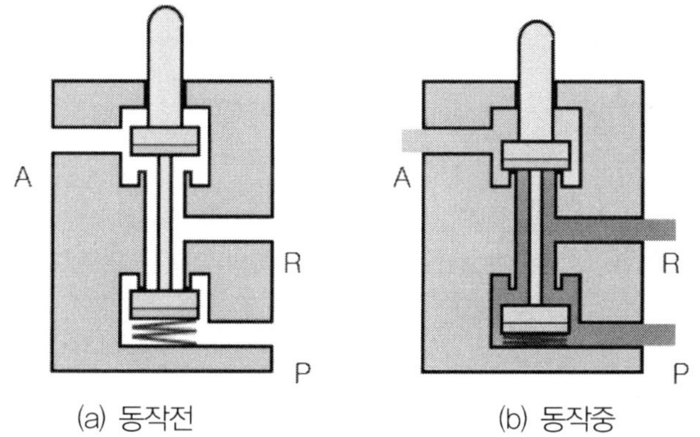

(a) 동작전 (b) 동작중

그림 3.29 3포트 2위치 방향제어밸브(디스크 시트)

그림 3.30은 3포트 2위치 방향제어밸브를 사용하여 단동 실린더를 제어하는 공기압 회로를 나타낸다. NC형 3포트 2위치 밸브를 가지고 있으므로 실린더는 후진상태가 초기위치가 된다.

그림 3.31은 3포트 2위치 밸브의 시뮬레이션을 나타낸다. 시뮬레이션을 시작하면 실린더는 후진상태에서 대기를 하고 수동밸브를 ON시키면 실린더는 전진하며 스프링을 압축한다. 수동밸브를 OFF시키면 스프링의 복원력으로 피스톤 헤드를 밀어내어 피스톤 헤드측의 압축공기를 대기로 배출한다.

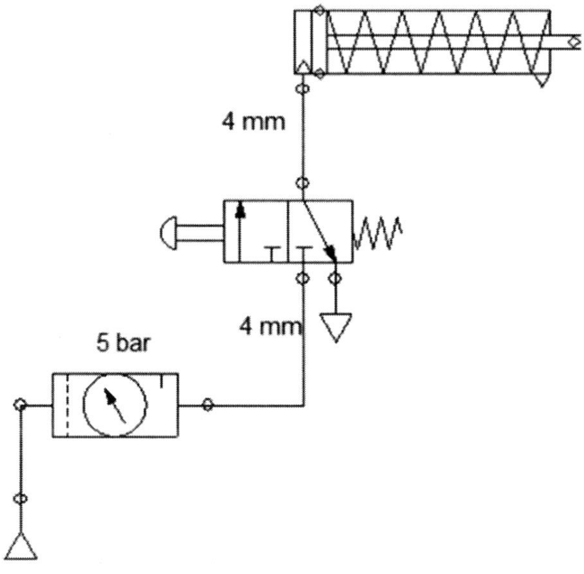

그림 3.30 3포트 2위치 밸브 공기압 회로

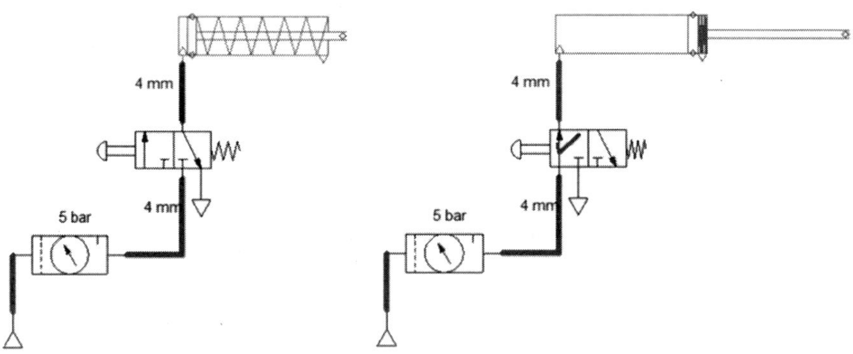

(a) 실린더 후진 (b) 실린더 전진

그림 3.31 3포트 2위치 밸브의 시뮬레이션

그림 3.32는 디스크 시트 형식을 가진 4포트 2위치 방향제어밸브의 작동상태를 나타내며 두 개의 3포트 2위치 방향제어밸브 조합이다. (a)의 동작전인 상태에서는 P포트에서 B포트,

A포트에서 R포트의 통로가 열려 있으며, (b)에서 나타낸 것처럼 두 개의 플런저가 동시에 작동하면 P포트에서 A포트, B포트에서 R포트의 통로가 열리게 된다. 이러한 구조를 가진 밸브는 배출 오버랩이 일어나지 않으며 내장된 스프링에 의하여 원위치로 되돌아오게 되며 주로 복동 실린더의 제어에 사용된다.

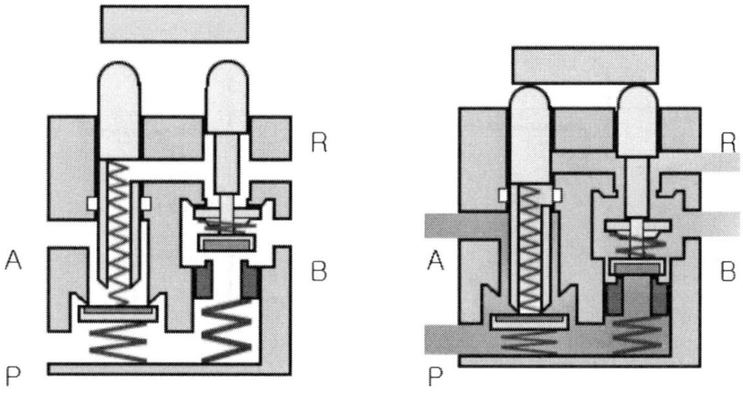

(a) 동작전 (b) 동작중

그림 3.32 4포트 2위치 방향제어밸브

그림 2.33은 4포트 2위치 밸브를 사용하여 복동 실린더를 제어하는 공기압 회로를 나타낸다. NC형 4포트 2위치 방향제어밸브를 사용하고 있으므로 실린더의 초기위치는 후진상태가 된다. 수동밸브를 ON시키면 전진하고 OFF시키면 후진한다.

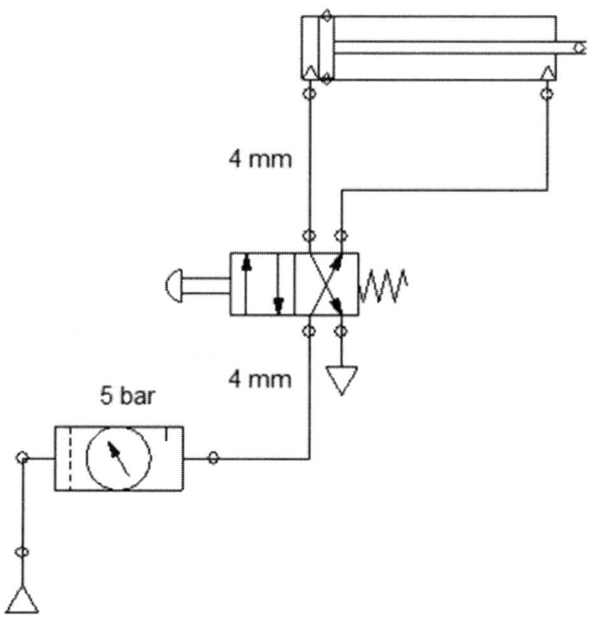

그림 3.33 4포트 2위치 밸브를 가진 공기압 회로

그림 2.34는 4포트 2위치 수동밸브를 사용하여 복동 실린더를 제어하는 공기압 회로 시뮬레이션을 나타낸다. 수동밸브가 OFF된 상태에서는 로드측에 압축공기가 공급되고 헤드측 압축공기는 대기로 배출되어 실린더가 후진하고 초기위치가 된다. 수동밸브가 ON이 되는 상태에서는 헤드측에 압축공기가 공급되고 로드측의 압축공기는 대기로 배출되어 실린더가 전진한다.

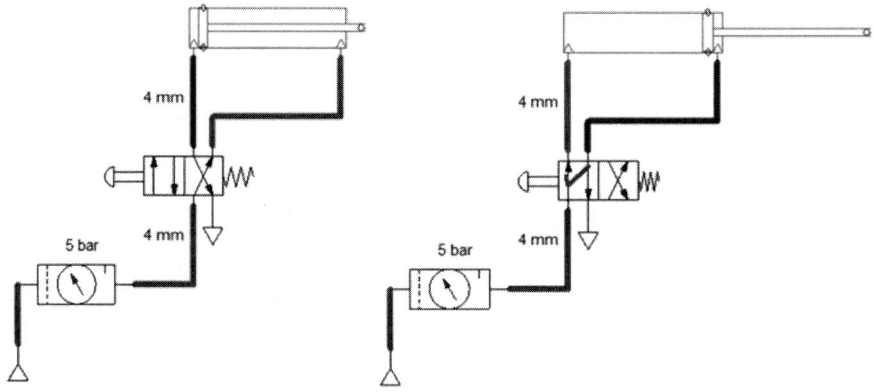

(a) 실린더 후진 (b) 실린더 전진

그림 3.34 4포트 2위치 밸브 시뮬레이션

그림 3.35는 디스크 시트 밸브의 원리에 의하여 작동되는 5포트 2위치 방향제어밸브의 구조를 나타낸다. 제어신호 연결구 Z포트로부터 들어오는 압축공기는 격판(Diaphragm)에 압력을 가하고 격판에 연결된 파일럿 스풀이 움직여서 여러 포트의 연결점을 열거나 닫는다. 사용공기의 압력이 6 [bar]인 경우 Z포트의 작동압력은 1.2 [bar](120 [kpa]) 정도이며 사용압력의 범위는 1.2 ~ 8 [bar](120 ~ 800 [kPa])이다. (a)는 동작전인 상태를 나타내며 Z1포트에 제어신호 압력이 입력되면 P포트와 A포트, R2포트와 B포트가 접속된다. (b)는 동작중인 상태를 나타내며 Z2포트에 제어신호 압력이 입력되면 P포트와 B포트, R1포트와 A포트가 접속된다.

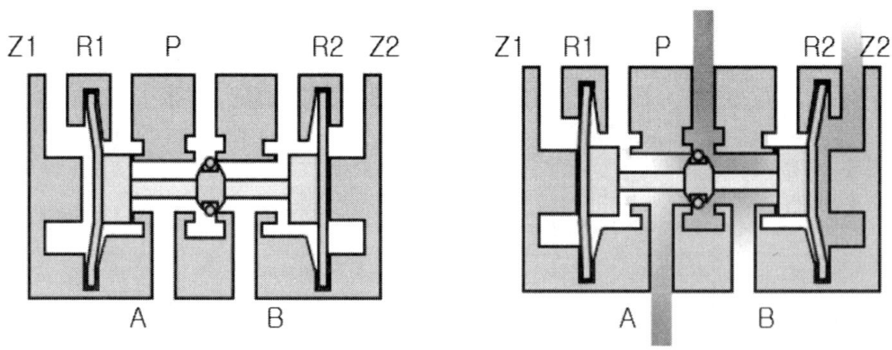

(a) 동작전 (b) 동작중

그림 3.35 5포트 2위치 방향제어밸브

그림 2.36은 5포트 3위치 밸브를 사용하여 복동 실린더를 제어하는 공기압 회로를 나타낸다. NC형 5포트 3위치 방향제어밸브를 사용하고 있으므로 복동 실린더의 초기위치는 중립위치가 된다.

그림 2.37은 5포트 3위치 수동밸브를 사용하여 복동 실린더를 제어하는 공기압 회로 시뮬레이션을 나타낸다. 시뮬레이션을 시작하는 5포트 3위치 밸브는 스프링에 의하여 중립위치로 복귀하여 압축공기의 흐름을 차단하고 실린더의 움직임을 멈춘다. 수동밸브를 밀게 되면 피스톤 헤드측에 압축공기가 공급되고 로드측의 압축공기는 대기로 배출되어 실린더가 전진하고 OFF시키면 압축된 스프링에 의하여 중립위치로 복귀한다. 수동밸브를 당겨서 ON시키면 압축공기는 로드측에 공급되고 헤드측의 압축공기는 대기로 배출되어 실린더는 후진하고 OFF시키면 스프링의 인장력에 의해 중립위치로 복귀한다.

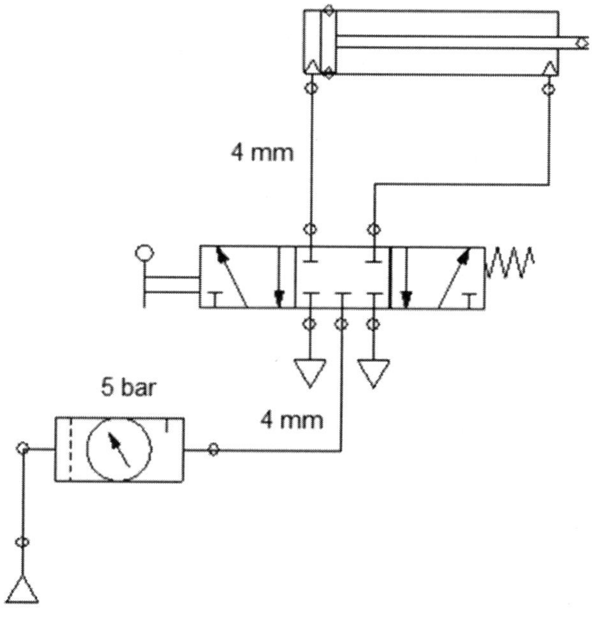

그림 2.36 5포트 3위치 밸브 공기압 회로

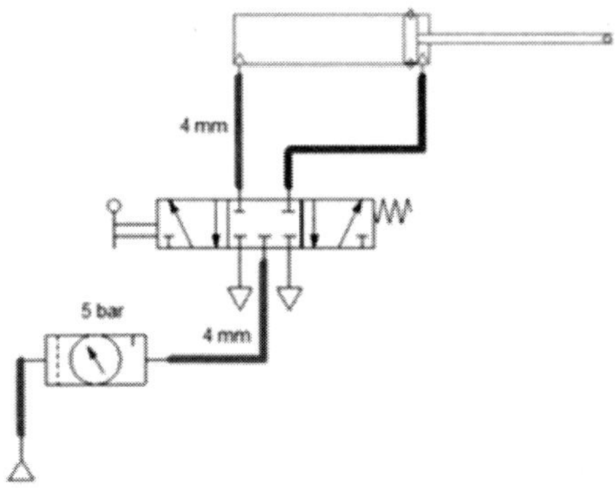

(a) 실린더 중립위치

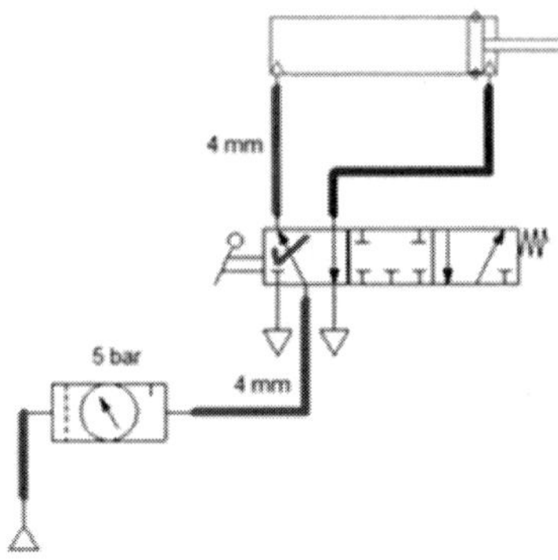

(b) 실린더 전진

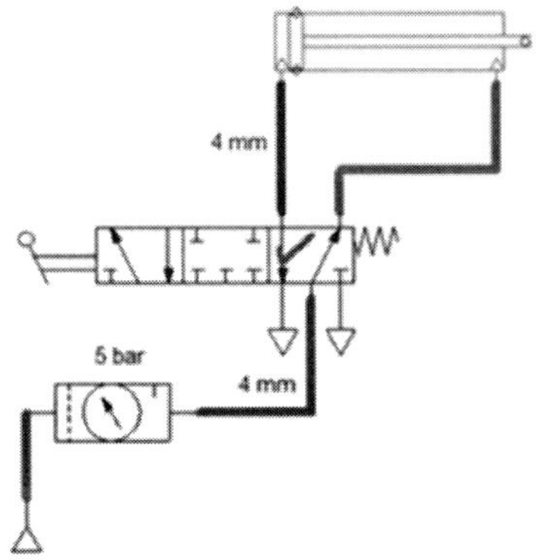

(c) 실린더 후진

그림 2.37 5포트 3위치 밸브 시뮬레이션

■ 슬라이드 밸브(slide valves)

슬라이드 밸브는 각각의 연결구(connections)들이 스풀 슬라이드(spool slide), 평 스풀 슬라이드(spool flat slide) 또는 나비 밸브에 의하여 연결되거나 닫힌다.

▪ 세로 슬라이드 밸브

그림 3.38은 파일럿형 5포트 2위치 세로 슬라이드 밸브의 작동원리를 나타낸다. 제어신호 압력 Z포트에 의해 스풀이 세로로 움직이면서 해당하는 각 포트를 연결시키거나 분리시켜 주는 파일럿 스풀을 제어요소로 사용하고 있다. 작동에 요구되는 힘은 포핏 밸브에서와 같은 스프링이나 압축공기에 의한 반력이 없으므로 작으며 수동, 기계적, 전기적 및 공기압 등과 같은 모든 형태의 작동방법을 택할 수 있다. 그러나 작동에 요구되는 작동거리는 포핏 밸브보다는 상당히 크며 슬라이드 밸브에는 밀봉장치에 문제가 있다. 공기압 밸브에서 슬라이드와 틀의 내경이 0.002 ~ 0.004 [mm]를 초과하면 공기의 누설손실이 크게 되므로 주의하여야 한다. 밀봉을 정확하게 하려면 제조단가가 비싸지므로 이를 절약하기 위하여 스풀에 O링이나 양컵 패킹(double-cup packing)을 하거나 틀의 내경을 O링으로 밀봉한다.

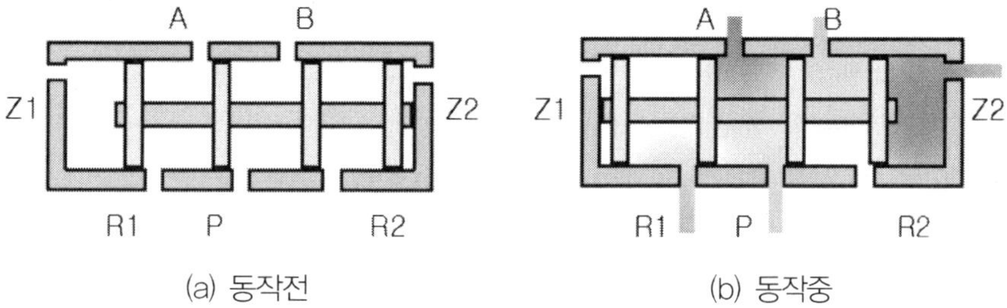

그림 3.38 파일럿형 5포트 2위치 슬라이드 밸브의 작동원리

■ **세로 평 슬라이드 밸브(Longitudinal flat slide valve)**

그림 3.39는 세로형 평 슬라이드 밸브를 채용한 4포트 2위치 방향제어밸브의 작동원리로서 밸브를 전환하기 위한 파일럿 스풀을 갖고 있다. (a)는 동작전인 상태를 나타내며 압축공기의 제어포트(control port) Z1에 의하여 스풀이 작용하면 P포트는 A포트와 연결되어 액추에이터에 압축공기를 공급하고 B포트는 R포트와 연결되어 액추에이터 내부의 압축공기를 대기로 배출한다. 제어포트 Z2에 압축공기가 공급되면 P포트와 B포트가 연결되고 A포트와 R포트가 연결되어 압축공기를 공급하고 배출한다.

제어선의 압축공기가 공급되지 않아도 스풀은 다른 제어선으로부터 압력신호를 받을 때까지 위치를 변경하지 않는다. 그러나 각 제어선들은 별도의 평 슬라이드에 의하여 연결되거나 분리되며 평 슬라이드가 압축공기와 내장된 스프링에 의하여 자기조절이 되기 때문에 마모가 일어나도 밀봉은 유효하게 된다. 그리고 파일럿 스풀 자체는 O링에 의하여 밀봉된다.

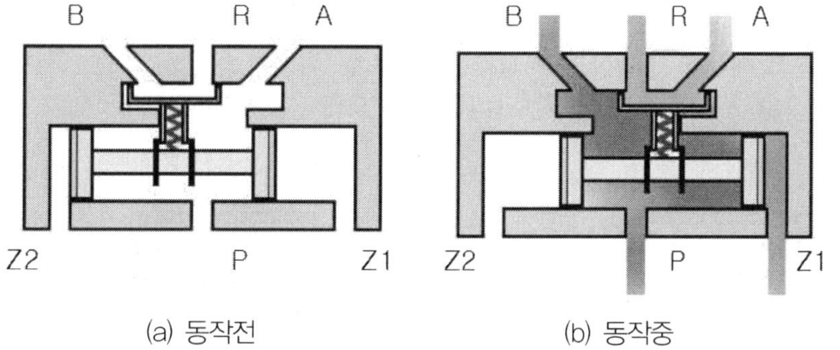

그림 3.39 4포트 2위치밸브의 작동원리(세로 평 슬라이드)

■ **판 슬라이드 밸브(나비 밸브)**

그림 3.40은 판 슬라이드 밸브를 채용한 4포트 3위치 방향제어밸브의 작동원리를 나타낸다. 판 슬라이드 밸브(plate slide valve)는 일반적으로 손이나 발로만 작동시킬 수 있게 만들어져 있다. 다른 작동방법을 선택하기가 힘들며 주로 3포트 3위치 방향제어밸브 또는 4포트 3위치 방향제어밸브로 만들어지고 두 개의 디스크를 돌림으로써 각 제어선들이 서로 연결되거나

분리된다. 피스톤 로드가 행정거리 범위 내의 임의의 위치에서 멈추는 것을 가능하게 하나 공기의 압축성 때문에 정확한 위치제어는 힘들다. 디스크의 통로를 길게 하면 다른 형태의 중간위치를 얻을 수도 있고 중간위치를 채택하면 외력에 의하여 피스톤을 원하는 위치에 정지시킬 수가 있으며 이와 같은 것을 'floating position'이라 한다.

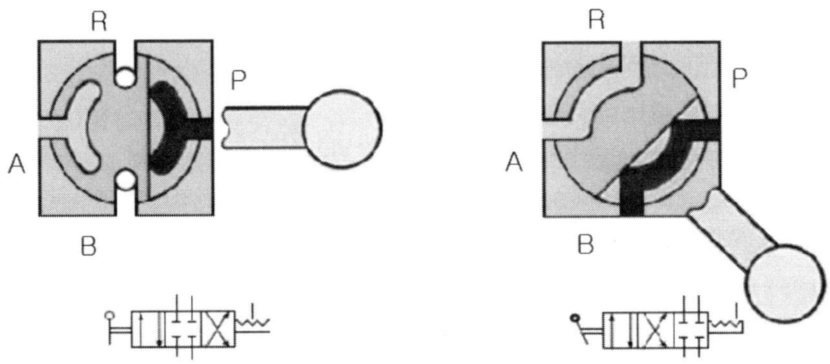

(a) 동작전 (b) 동작중

그림 3.40 4포트 3위치 밸브(판 슬라이드 밸브)

■ **스풀형 밸브(spool valves)**

그림 3.41은 스풀밸브의 구조와 동작원리를 나타내며 원통의 중공축(중간에 공간이 있는 축)에 스풀 형태의 축을 삽입하고 이것을 공기압이나 전자력 또는 스프링력 등으로 스풀을 축 방향으로 이동시켜 공기의 통로를 변환시키는 것이다. 이 형식의 밸브는 포핏식보다 이동거리가 크다는 결점이 있으나 스풀에 작용하는 힘은 평형이므로 작동에 큰 힘이 필요하지 않다. 또 자유도가 크기 때문에 동일한 크기의 각종 밸브의 제작이 가능하고 구조적으로도 대량생산에 적합한 장점이 있어 현재 널리 이용되고 있다.

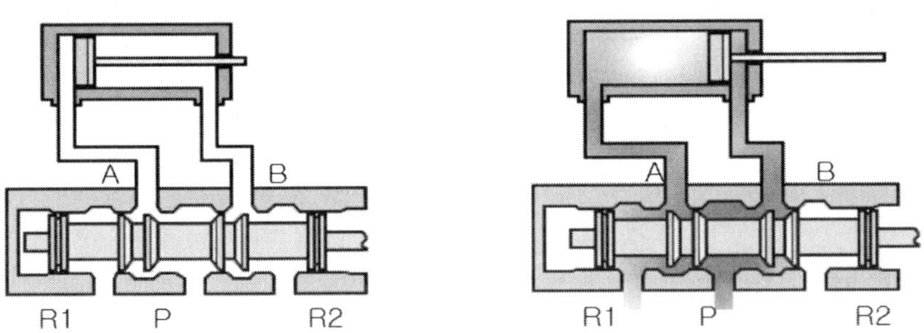

(a) 동작전 (b) 동작중

그림 3.41 스풀밸브의 구조와 동작원리

3.4 압력제어밸브

압력제어밸브는 압력에 큰 영향을 미치거나 압력의 크기에 의해 제어되는 요소이고 적정한 압력을 사용하여 압축공기의 낭비를 방지하며 공기압기기의 내구성과 신뢰성을 확보한다. 압력제어밸브는 압력조절(감압)밸브(pressure regulating valve), 릴리프밸브(relief valve), 안전밸브(pressure limiting valve) 및 시퀀스밸브(sequence valve)로 구분되며, 그 역할은 다음과 같다.

- 감압밸브 : 공기압 라인의 말단에서 압축공기의 사용량 변동에 따라 변화하는 압축공기의 압력을 일정한 압력으로 제어해서 안정된 공기압력을 공기압 시스템에 공급한다.
- 안전밸브, 릴리프 밸브 : 공기압시스템이 정해진 이상의 압력으로 되었을 때 공기를 방출해서 안전을 확보한다.

3.4.1 압력조절(감압)밸브

감압밸브의 목적은 압력을 일정하게 유지하는 것이며 공급압력이 변동되더라도 실린더나 모터 등의 작업요소에 공급되는 압력은 일정해야만 작업의 항상성을 유지할 수 있다. 감압밸브에는 배기공이 있는 감압밸브와 배기공이 없는 압력조절밸브 두 가지가 있다. 유압에서는 이러한 기능에 대응되는 밸브를 감압밸브라고 칭하며, 매체의 특성상 복귀라인이 없는 감압밸브는 사용될 수 없으나 공기압에서는 두 가지 밸브가 모두 큰 구분 없이 사용되고 있다.

그림 3.42는 배기공이 있는 압력조절밸브(감압밸브)의 구조를 나타낸다. 감압기의 목적은 공급압력(1차 압력)이나 공기의 소비과다에 관계없이 작동압력(2차 압력)을 일정하게 유지시키며 입력압력은 출력압력보다 항상 커야 한다. 공기의 압력은 격판(diaphragm)에 의해서 조절되고 출구 측의 압력이 격판에 작용하고 다른 쪽에는 스프링(2)이 작용하여 스프링은 조절나사(3)로 조절될 수 있다.

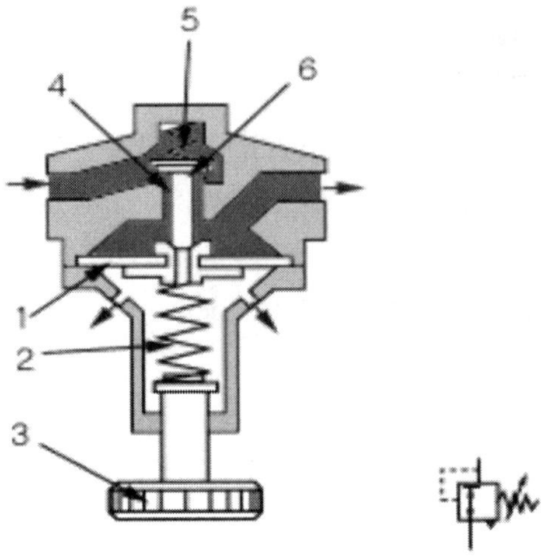

그림 3.42 배기공이 있는 감압밸브

출구 측의 압력이 높아지면 격판이 스프링을 눌러 밸브시트(6)의 바깥 단면적을 감소시키거나 완전히 닫아서 압력은 유동체적에 의하여 조절된다. 공기량이 줄어들면 2차 압력이 떨어지고 스프링 힘에 의해 밸브가 열리게 된다. 진동을 방지하기 위하여 밸브 디스크 위에 스프링(5)이 장치되어 있으며 2차 압력은 압력계에 나타나게 된다. 2차 측의 압력이 현저히 증가되면 격판의 중간부분이 열려 압축공기는 배기공을 통하여 공기 중으로 방출된다.

3.4.2 릴리프밸브 및 안전밸브

릴리프밸브와 안전밸브는 주로 안전용으로 사용되며 시스템 내의 압력이 최대 허용압력을 초과하는 것을 방지해 준다. 밸브입구의 압력이 설정된 최대 허용압력에 도달하게 되면 밸브의 출구가 열려서 공기는 대기 중으로 배출된다. 유압에서는 압력 릴리프 밸브가 중요한 기능을 하고 안전을 위해 많이 사용되지만, 공기압 제어 시스템에서는 거의 사용되지 않고 압축공기의 생산플랜트에서 압축공기의 압력을 제한하는 데 사용되고 있다.

그림 3.43은 공기압 시스템에서 사용하는 압력제한밸브(안전밸브)의 작동 원리를 나타낸다. 공기압 시스템에서 설정압력 이상이 되면 스프링으로 누르고 있는 포핏이 열려서 시스템 내부의 압축공기는 대기로 방출되고 압력이 저하된다. 시스템 내부의 압력이 설정압력 이하가 되면 포핏이 닫혀서 압축공기의 대기방출은 중지된다. 안전밸브는 릴리프밸브와 동일한 원리이지만 단숨에 배기를 해서 밸브가 닫히는 압력이 상당히 낮도록 설계되어 있다. 포핏식 안전밸브는 분출하기 시작할 때의 압력은 포핏 밸브의 시트 면에 작용하는 압력이 스프링을 넘어섰을 때이고, 닫힐 때의 압력은 포핏 밸브의 전면적에 작용하는 압력과 스프링력이 균형을 이루고 있을 때이다. 이 면적의 차가 분출 시작 때의 압력과 닫힐 때의 압력 차가 된다.

그림 3.44는 직동형 릴리프밸브의 작동원리를 나타낸다. 직동형 릴리프밸브는 릴리프압을

조정스프링으로 설정하고 공기압력이 다이아프램에 작용하면 조정스프링과 균형을 이루는 릴리프압으로 밸브가 열려 배기구를 통해 대기 속으로 배출된다. 파일럿형 릴리프밸브는 조정 스프링 대신에 외부로부터의 파일럿압으로 릴리프압을 설정하게 되어 있다. 파일럿압보다 릴리프 설정압이 커지면 배기하게 된다.

그림 3.45는 릴리프 밸브의 표시기호를 나타낸다. 직동형 릴리프 밸브는 높은 압력측과 릴리프 출구 외에 스프링을 표시하고 외부 파일럿 릴리프밸브는 스프링 대신에 점선으로 파일럿을 표시한다.

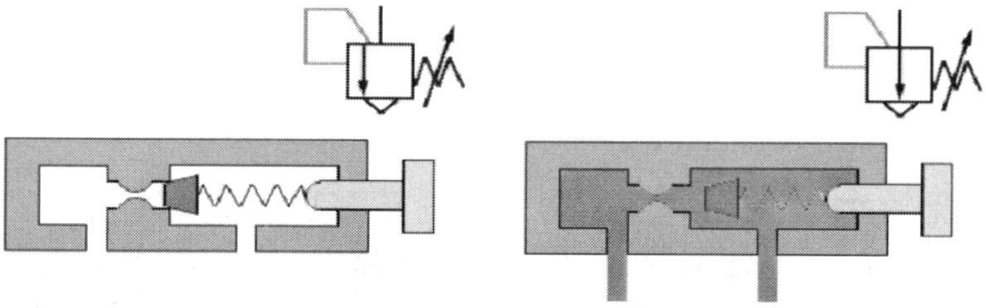

(a) 작동전 (b) 작동중

그림 3.43 압력제한밸브(안전밸브)의 작동 원리

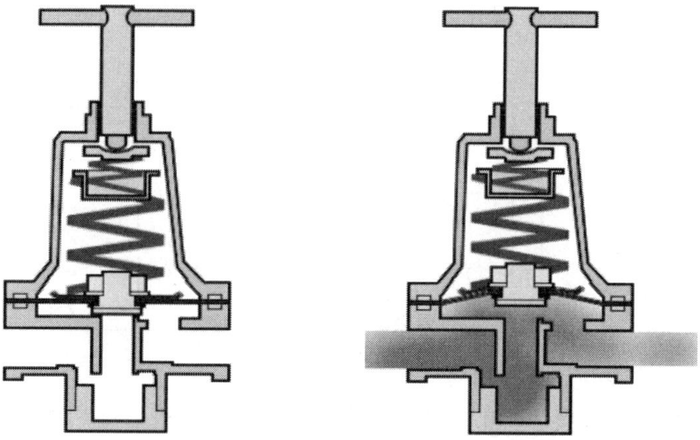

(a) 작동전 (b) 작동중

그림 3.44 직동형 릴리프밸브의 작동원리

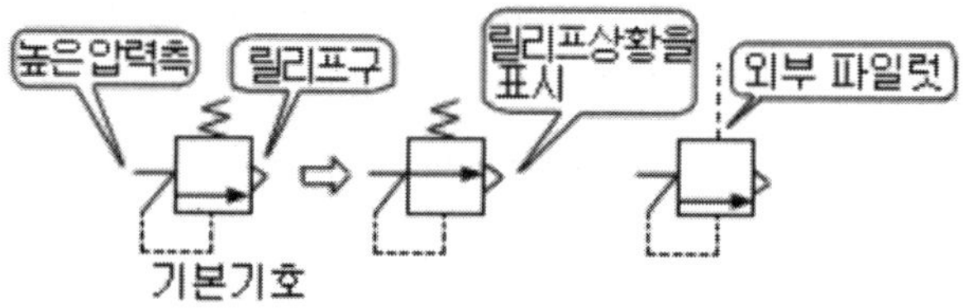

(a) 직동형 (b) 외부 파일럿형

그림 3.45 릴리프밸브의 표시기호

3.4.3 시퀀스밸브(sequence valve)

그림 3.46은 시퀀스밸브의 작동원리를 나타내며 시퀀스밸브의 작동원리는 릴리프밸브의 작동원리와 같다. 사용압력이 스프링에 설정된 압력을 초과하게 되면 밸브가 열리게 되어 압축공기는 P포트에서 A포트로 흐르게 된다. 파일럿 라인의 Z포트에 미리 설정된 압력에 도달하게 되면 파일럿 스풀이 움직여서 P포트에서 A포트로 통하는 통로를 열게 된다.

그림 3.47은 시퀀스밸브의 표시기호를 나타낸다. (a)는 내부 파일럿형이며 체크밸브와 직동형 릴리프밸브를 조합하고 (b)는 내부 파일럿의 릴리프 상황을 나타내며 역지밸브(체크밸브)가 생략된 상태이다. (c)는 외부 파일럿형의 시퀀스밸브를 나타낸다.

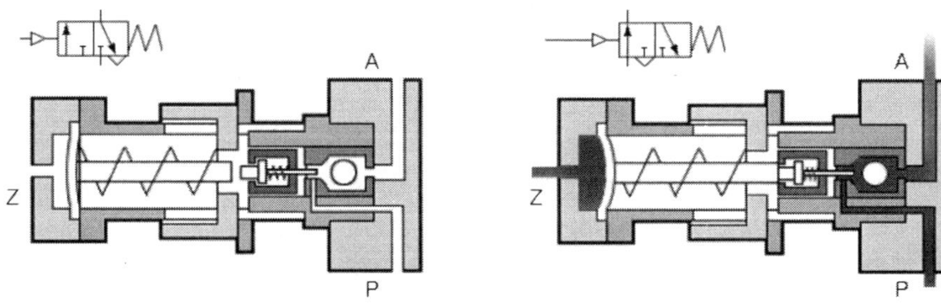

(a) 작동전 (b) 작동중

그림 3.46 시퀀스밸브의 작동원리

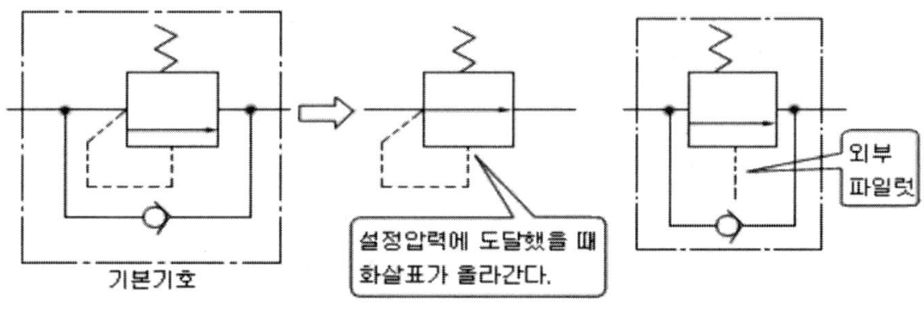

(a) 내부 파일럿형 (b) 내부 파일럿형의 릴리프 상황 (역지밸브 생략) (c) 외부 파일럿형

그림 3.47 시퀀스밸브의 표시기호

그림 3.48은 시퀀스밸브를 사용하는 공기압 회로를 나타낸다. 시퀀스밸브는 설정한 크래킹 압력에서 작동하며, 크래킹 압력은 체크 밸브나 릴리프밸브 등에서 압력이 상승하고 밸브가 열리기 시작하여 어느 일정한 유량이 확인될 때의 압력을 말한다.

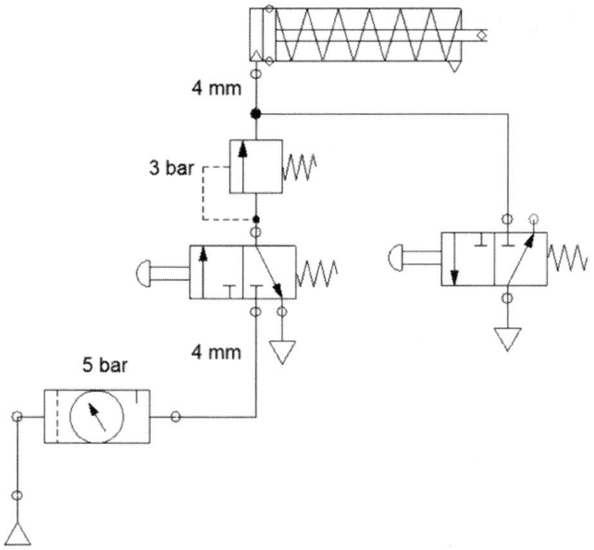

그림 3.48 시퀀스밸브 공기압 회로

그림 3.49는 시퀀스밸브의 동작을 시뮬레이션한 것을 나타낸다. 수동밸브를 ON시키면 설정한 크래킹 압력 3 bar에서 시퀀스밸브가 작동하기 시작하여 실린더가 전진한다. 후진을 위해서는 우측의 수동밸브를 ON시키면 된다.

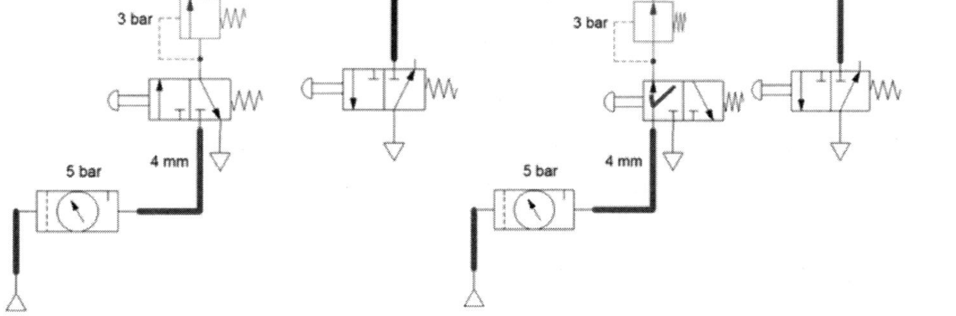

(a) 실린더 후진　　(b) 실린더 전진

그림 3.49 시퀀스밸브 시뮬레이션

3.5 유량제어밸브

공기압 회로에서 유량을 제어하기 위해서는 유량제어밸브를 사용하며 그 종류와 역할은 다음과 같다.

- 교축밸브는 공기압 회로의 흐름을 일정하게 유지한다.
- 속도제어밸브는 공기압 실린더의 속도제어를 한다.
- 유량제어밸브는 교축밸브, 배기교축밸브, 속도제어밸브, 급속배기밸브로 구분한다.

3.5.1 교축밸브

공기압 회로 중의 흐름에 저항을 설치한 교축기를 고정 교축기라고 하고, 그 조임을 가변 조정형으로 한 것을 교축밸브라고 한다. 교축밸브는 공기압 회로 중 관내를 흐르는 공기의 유속이나 유량을 조정하기 위해 사용된다.

그림 3.50은 교축밸브의 구조와 표시기호를 나타내며 바늘 모양의 밸브를 밸브시트에 대해 상하로 이동하는 구조가 많다. 교축밸브는 조정나사로 밸브가 열리는 정도를 조절하여 유효저항을 변화시켜 유량을 제어한다.

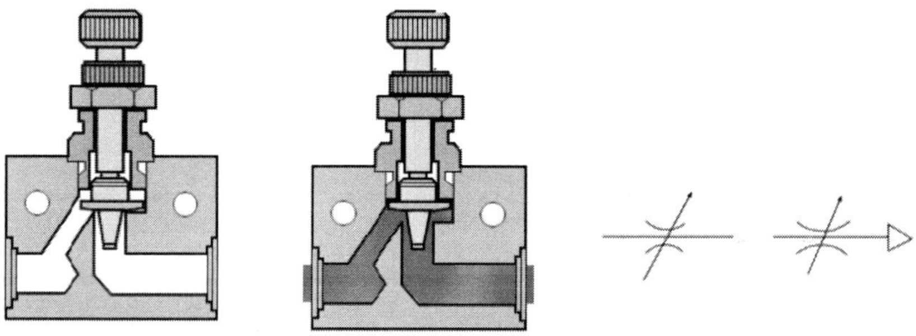

(a) 작동전　　(b) 작동중　　(c) 표시기호

그림 3.50 교축밸브의 구조와 표시기호

3.5.2 속도제어밸브

■ 체크밸브(check valve)

그림 3.51은 체크밸브의 동작상태를 나타낸다. 체크밸브는 한쪽 방향으로는 공기의 흐름을 완전히 차단시키며 반대방향으로는 작은 압력손실로 흐르게 하며 압축공기의 흐름을 차단시키는 판(plate) 또는 격판(diaphragm)이 사용된다. 체크밸브에는 스프링 내장형과 스프링이 없는 것이 있는데 스프링이 없는 체크밸브는 제한요소에 작용하는 힘에 의해서 차단되는 기능을 갖고 있으며 스프링 내장형 체크밸브는 출구의 압력이 입구의 압력보다 크거나 같을 때에

스프링과 같은 대응되는 압력으로 차단시키는 기능이 있고 거의 완벽하게 공기의 흐름을 차단시킬 수 있다. 체크밸브는 단독으로 사용되기도 하지만 유량제어밸브와 같이 묶여서 반대측의 운동을 보장하는 바이패스(by-pass) 기능으로 많이 사용된다.

(a) 동작전　　(b) 동작중

그림 3.51 체크밸브의 동작원리

■ 논-리턴(Non-Return) 밸브

논-리턴 밸브란 압축공기가 흘러가는 방향에 따른 제어를 수행하는 밸브를 뜻한다. 논-리턴 밸브는 한쪽 방향으로만 공기를 공급해 주는 체크밸브, 유량을 조절하는 교축부가 있다.

그림 3.52는 속도제어밸브의 표시기호를 나타낸다. 압축공기가 순방향으로 흐를 때는 체크밸브가 열리고 교축밸브와 체크밸브 쌍방에서 압축공기가 흐르며 이때의 흐름을 자유흐름이라고 한다. 압축공기가 역방향에서 흐를 때는 체크밸브가 닫히고 교축밸브로 조정된 공기량이 흐르는데, 이때의 흐름을 제어흐름이라고 하며, 액추에이터에서 공기를 공급할 때 교축효과를 주어 액추에이터의 운동속도를 제어한다.

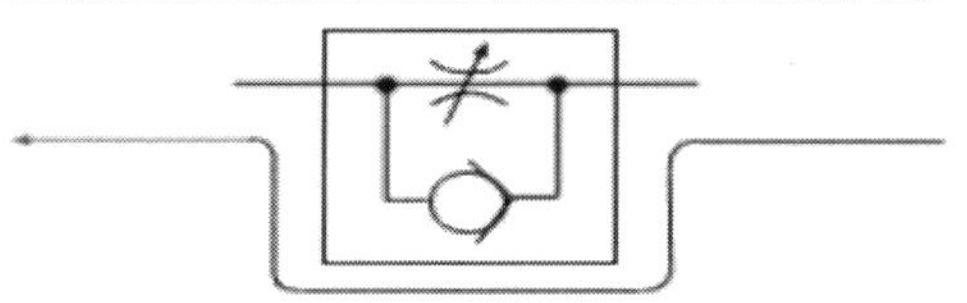

그림 4.52 속도제어밸브의 표시기호

그림 4.53은 속도제어밸브를 사용하여 실린더의 운동속도를 제어하는 미터아웃 방식의 공기압 회로를 나타낸다. 미터아웃 방식은 배기로 배출되는 압축공기의 유량을 제어하여 실린더의 운동속도를 제어하는 것이고, 미터인 방식은 실린더에 공급되는 유량을 제어하여 운동속도를 제어하는 방식이다.

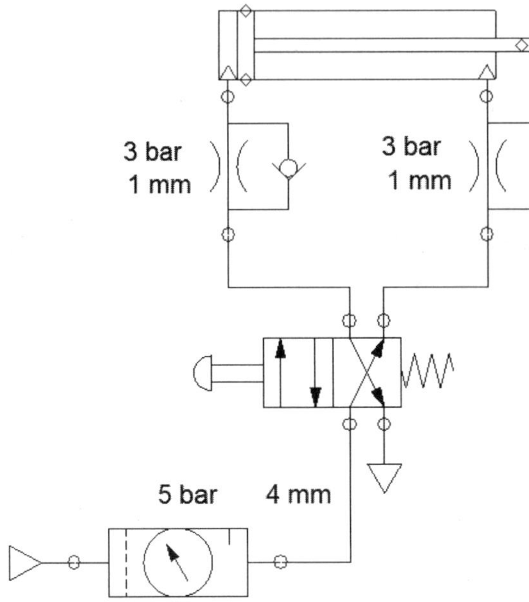

그림 4.53 속도제어밸브 공기압 회로

그림 4.54는 공기압 실린더의 운동속도를 제어하기 위하여 유량제어밸브를 사용한 공기압 회로 시뮬레이션을 나타낸다. 수동밸브를 ON시키면 피스톤 헤드에는 압축공기가 공급되고 피스톤 로드의 압축공기는 유량제어밸브에 의해 조절된 유량을 대기로 배출시켜서 실린더의 전진속도를 제어한다. 수동밸브를 OFF시키면 압축공기는 로드에 공급되고 헤드의 압축공기는 유량제어밸브에 의하여 조절된 압축공기를 대기로 방출하여 실린더의 후진속도를 제어한다.

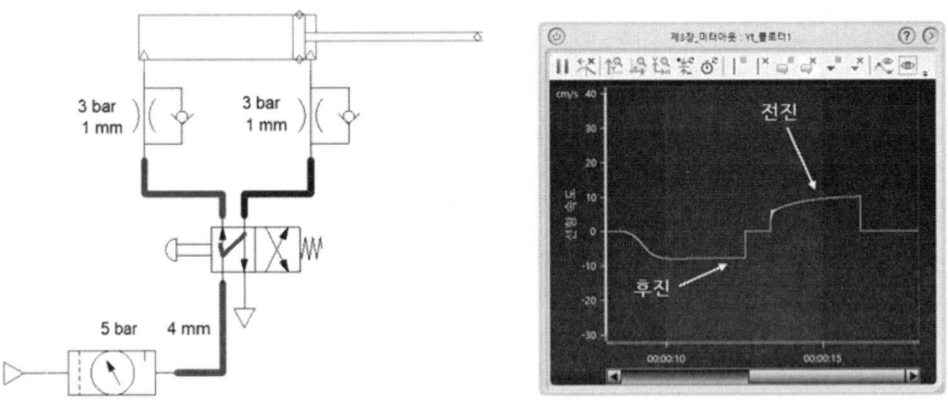

(a) 동작 시뮬레이션 (b) 운동속도

그림 4.54 속도제어밸브 시뮬레이션

3.5.3 급속배기밸브(Quick-exhaust valve)

급속배기밸브는 입구, 출구 및 배기구에 3개의 포트가 있는 밸브이며 입구유량에 대해 배기유량이 특별히 큰 밸브이다. 급속배기밸브는 배기의 유량을 증가시켜서 액추에이터의 속도를 높이고 공기탱크 내부의 압축공기를 급속히 대기 속으로 배출한다. 급속배기밸브를 사용하면 배관이나 공기압 기기가 작아도 커다란 배기유량을 얻을 수 있고 경제적인 회로를 구성할 수 있다.

그림 3.55는 급속배기밸브의 구조이며 밸브몸체에 다이아프램을 사용한 것이 많다. 입구에서 들어온 압축공기는 다이아프램을 밀어 올리면서 출구로부터 액추에이터로 흘러간다. 방향제어밸브가 작동해서 배기상태가 되면 입구 측의 압력이 없어지게 되므로 출구로부터의 압력이 밸브몸체를 밀어 올려서 배기구가 열리고, 액추에이터의 배기는 일시에 대기 속으로 배출된다. 급속배기밸브는 공기압 액추에이터와 방향제어밸브 사이에 설치하고 공기압 액추에이터의 가까이에 설치한다. 복동 실린더는 피스톤에 작용하는 공급압력이 부족하기 때문에 급속배기밸브를 큰 것으로 설치하더라도 부착하기 이전보다 약 1.4배 정도밖에 가속할 수 없으므로 주의해야 한다.

그림 3.56은 급속배기밸브의 표시기호를 나타내며 방향제어밸브와 접속하는 포트, 실린더와 접속하는 포트 및 배기포트를 가진다. 내부에는 체크밸브를 사용하여 공기의 흐름방향을 제어한다.

(a) 작동전 (b) 작동중

그림 3.55 급속배기밸브의 구조

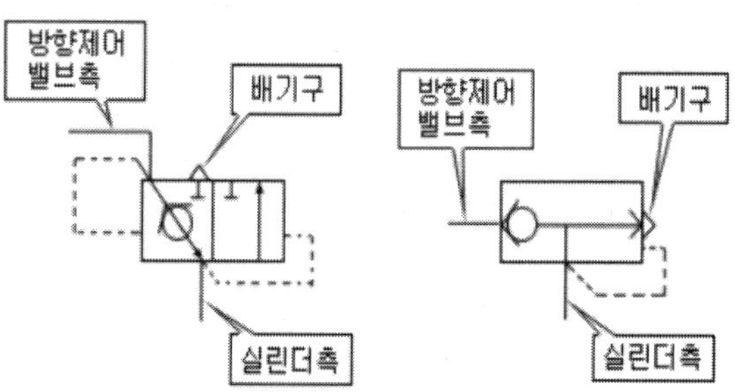

그림 3.56 급속배기밸브의 표시기호

Chapter 4 공기압 액추에이터

4.1 공기압 실린더

4.1.1 공기압 실린더의 분류

공기압 실린더는 실린더 튜브와 피스톤 헤드에 의해 구성되는 2개의 챔버 사이에 압축된 공기를 주입하여 양 챔버의 압력 차이에 의해 동력을 얻는 공기압 구동기기로서, 피스톤 헤드면에 공기압력을 작용시켜서 발생한 구동력을 사용하여 직선운동을 하는 액추에이터이다. 공기압 실린더는 작업 대상물의 분리, 공급, 반송, 취출, 나사 조임, 구멍 뚫기 및 클램프 등의 작업에 많이 사용된다.

그림 4.1은 공기압 실린더의 구조를 나타낸다. 피스톤 헤드는 공기의 압력을 받는 요소로서 수압면적에 따라 힘의 크기를 결정하고 실린더 튜브와 미끄럼운동을 하며 헤드 커버와 충돌운동을 한다. 피스톤 로드는 압축하중, 인장하중, 굽힘하중 및 진동과 같은 부하에 견디도록 설계되며 충격력 및 굽힘 모멘트에 의한 손상을 우려하여 응력의 집중을 피하도록 설계한다. 실린더 튜브는 피스톤의 미끄럼운동 및 내압이 작용하므로 이들에 대한 부하에 견딜 수 있는 충분한 강도를 유지해야한다.

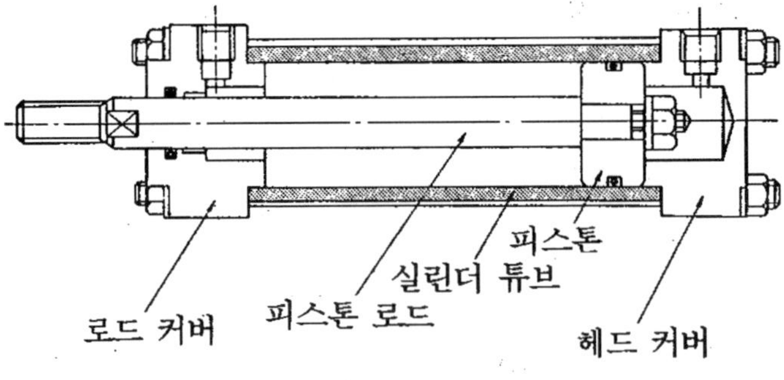

그림 4.1 공기압 실린더의 구조

표 4.1은 공기압 실린더의 구조에 의한 분류를 나타내고, 표 4.2는 공기압 실린더의 설치형식에 의한 분류를 나타낸다.

표 4.1 공기압 실린더의 구조에 따른 분류

분 류		도면 표시기호	기 능
피스톤의 형식	피스톤형	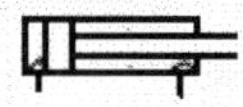	가장 일반적으로 많이 사용되는 실린더로서 단동, 복동, 차동형으로 구분됨
	램형	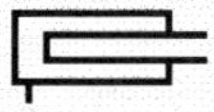	피스톤의 지름과 로드의 지름 차이가 없는 수압가동부분이 있는 실린더
	비피스톤형 –다이아프램형 –벨로우즈형		수압가동부분에 피스톤이 없는 실린더
		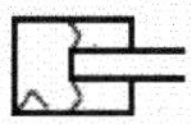	수압가동부분에 다이아프램을 사용한 실린더
		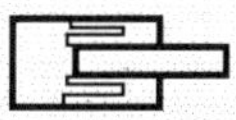	수압가동부분에 벨로우즈를 사용한 실린더
작동 형식	단동형		공기압을 피스톤의 한쪽에만 공급할 수 있는 실린더
	복동형	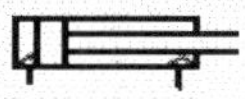	공기압을 피스톤의 양쪽에 공급할 수 있는 실린더
	차동형	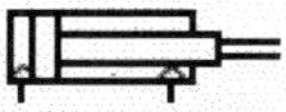	피스톤과 피스톤 로드의 환상면적이 회로의 기능상 중요한 실린더
피스톤 로드의 형식	편로드	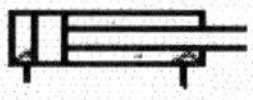	피스톤의 한쪽만 피스톤 로드가 있는 실린더
	양로드	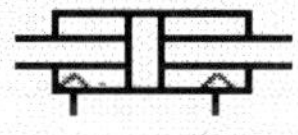	피스톤의 양쪽에 피스톤 로드가 있는 실린더
	로드리스	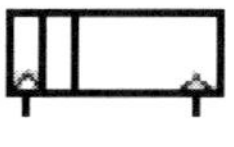	피스톤 로드가 없는 실린더

<table>
<tr><td rowspan="3">쿠션의 유무</td><td>쿠션리스</td><td>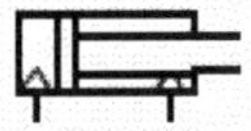</td><td>쿠션장치가 없는 실린더</td></tr>
<tr><td>편 쿠션</td><td>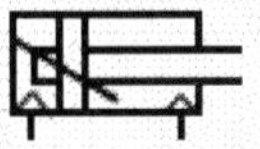</td><td>한쪽에만 쿠션장치가 있는 실린더</td></tr>
<tr><td>양 쿠션</td><td>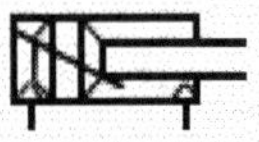</td><td>양쪽에 쿠션장치가 있는 실린더</td></tr>
<tr><td rowspan="3">복수 실린더</td><td>텔레스코프형</td><td>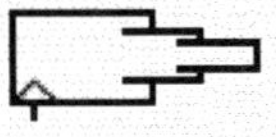</td><td>긴 행정거리를 지탱할 수 있는
다단 피스톤형 로드를 갖춘 실린더</td></tr>
<tr><td>탠덤형</td><td>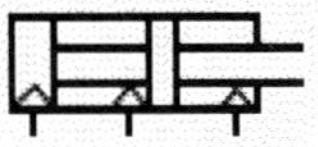</td><td>연결된 복수의 피스톤을 갖춘 실린더</td></tr>
<tr><td>다위치형</td><td>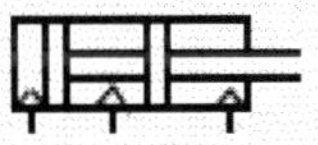</td><td>복수의 실린더를 직결하여
여러 위치를 선정하는 실린더</td></tr>
<tr><td rowspan="4">위치결정 형식</td><td>2위치형</td><td>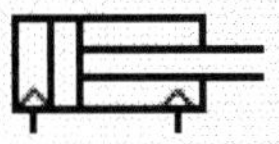</td><td>전진과 후진이 가능한 2개의 위치를 가진 실린더</td></tr>
<tr><td>다위치형</td><td>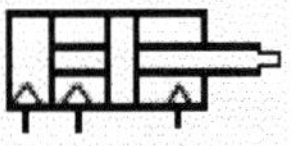</td><td>복수의 실린더를 직결하여
여러 위치를 선정하는 실린더</td></tr>
<tr><td>브레이크 붙이형</td><td>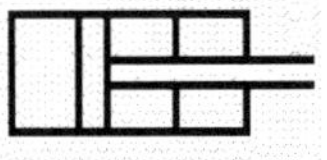</td><td>브레이크를 사용하여
임의의 위치에 정지시킬 수 있는 실린더</td></tr>
<tr><td>포지셔너</td><td>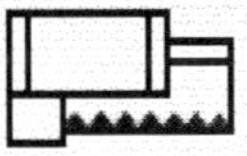</td><td>임의의 입력신호에 대해
일정한 위치를 결정할 수 있는 실린더</td></tr>
</table>

표 4.2 공기압 실린더의 설치 형식에 의한 분류

<table>
<tr><th colspan="2">부하의
운동방향</th><th colspan="2">설치 형식</th><th>구조 사례</th><th>비 고</th></tr>
<tr><td rowspan="4">고 정</td><td rowspan="4">직선
운동</td><td rowspan="2">풋 형</td><td>축방향 풋형
(외향)</td><td>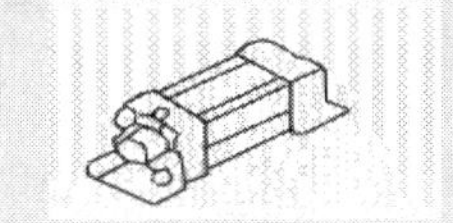</td><td rowspan="2">- 가장 일반적이고
간단한 설치방법
- 가벼운 부하용</td></tr>
<tr><td>축방향 풋형
(내향)</td><td>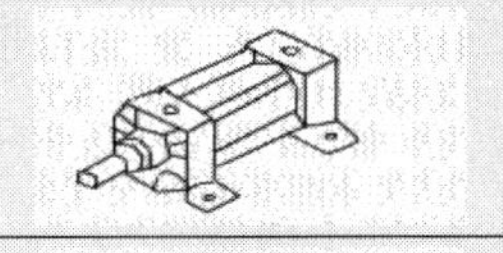</td></tr>
<tr><td rowspan="2">플랜지형</td><td>로드쪽
플랜지형</td><td>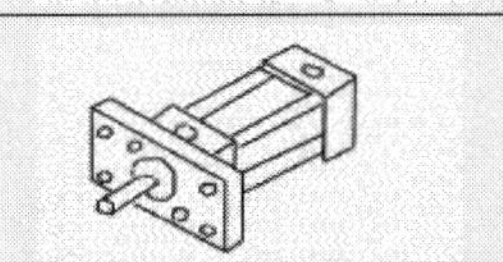</td><td rowspan="2">- 가장 강력한 설치
- 부하의 운동 방향과
로드의 중심 일치</td></tr>
<tr><td>헤드쪽
플랜지형</td><td>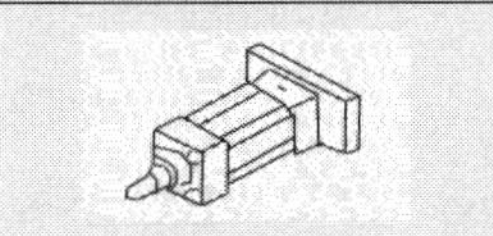</td></tr>
<tr><td rowspan="5">요 동</td><td rowspan="5">평면
이동,

요동
운동,

직선
운동</td><td rowspan="2">피벗형</td><td>분리식
아이형</td><td>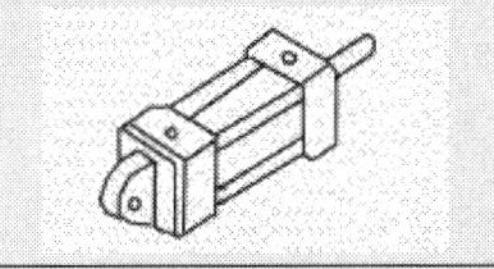</td><td rowspan="5">- 부하 요동방향과
실린더 요동방향 일치
- 피스톤 로드에
가로 하중은 싣지 않음
- 요동운동
- 실린더와 다른 물체의
접촉에 주의</td></tr>
<tr><td>분리식
크레비스형</td><td>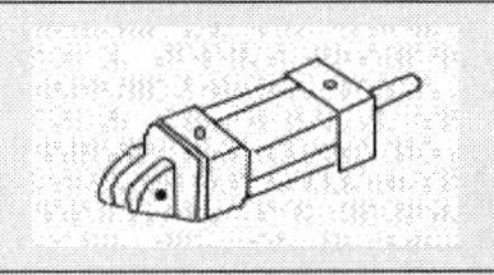</td></tr>
<tr><td rowspan="3">트러니언
형</td><td>로드쪽
트러니언형</td><td>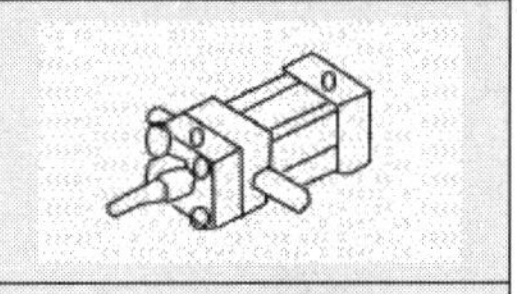</td></tr>
<tr><td>중간
트러니언형</td><td>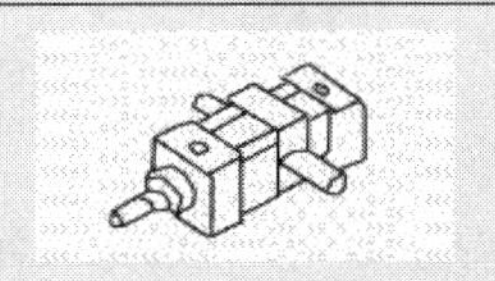</td></tr>
<tr><td>헤드쪽
트러니언형</td><td>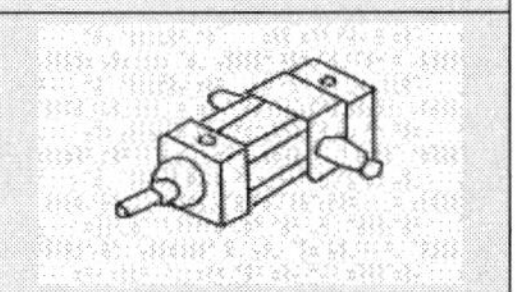</td></tr>
<tr><td>회 전</td><td>회전
운동</td><td>회전
실린더</td><td></td><td>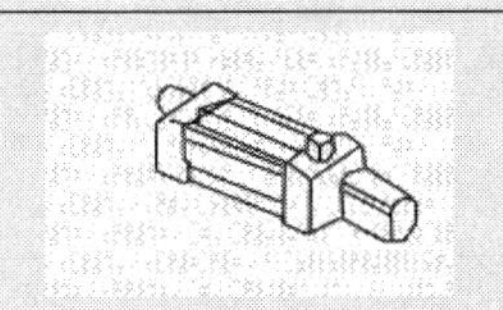</td><td>회전 롤의 기능</td></tr>
</table>

4.1.2 단동과 복동 실린더

■ 단동 실린더

단동 실린더는 포트가 1개이며 압축공기를 피스톤 헤드의 한쪽으로만 공급해서 작동시키고 복귀운동은 단동 실린더 내부에 있는 스프링이나 외력으로 작동하는 액추에이터이며 피스톤 로드가 전진할 경우에만 작업을 수행한다. 실린더에 내장된 스프링의 스프링력은 피스톤이 충분한 속도로 복귀할 수 있도록 설계되며, 스프링이 압축될 경우에 가지는 스프링의 길이에 의하여 행정거리가 제한된다. 단동 실린더는 최대 행정거리가 100 [mm] 정도이고 클램핑(clamping), 이젝팅(ejecting), 프레싱(pressing), 리프팅(lifting), 이송(feeding) 등에 사용된다.

▪ 단동 실린더의 구조

그림 4.2는 단동 실린더의 동작 상태를 나타낸다. 압축공기가 단동 실린더의 포트에 공급되지 않을 경우에는 피스톤 헤드는 스프링의 반발력에 의하여 입력포트가 있는 위치까지 밀려있고 압축공기가 주입되면 피스톤 헤드가 전진한다. 입력포트에서 압축공기의 공급을 중단하면 피스톤 헤드 측에 공급된 압축공기의 압력과 피스톤 헤드의 단면적에 의하여 발생한 추진력과 스프링의 반발력이 평행을 이루는 위치에 피스톤 헤드가 정지하며, 압축공기를 배출하면 압력 저하로 인해 원래의 위치방향으로 후진한다.

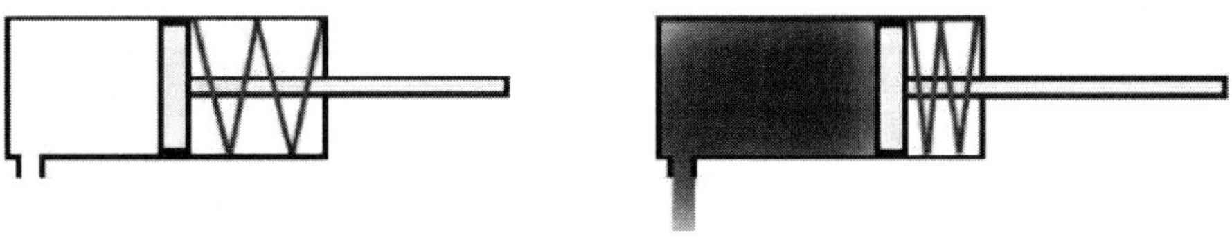

(a) 초기상태 (b) 동작상태

그림 4.2 단동 실린더의 동작상태

그림 4.3은 단동 실린더의 구조와 표시기호를 나타낸다. 피스톤 로드에 감겨져있는 스프링은 피스톤 헤드의 복귀 시에 작용한다. 피스톤 헤드 측에는 입력포트가 있으면 실린더 튜브와 피스톤 헤드에 의하여 형성된 챔버에 압축공기를 주입하고 대기로 배출할 수 있는 개구부이다. 피스톤 헤드 외부는 유연한 물질로 덮여 있어서 실린더 튜브의 내부 벽과 밀봉역할을 하고 피스톤이 동작할 때 밀봉 끝은 실린더의 베어링 표면 위를 미끄러져간다.

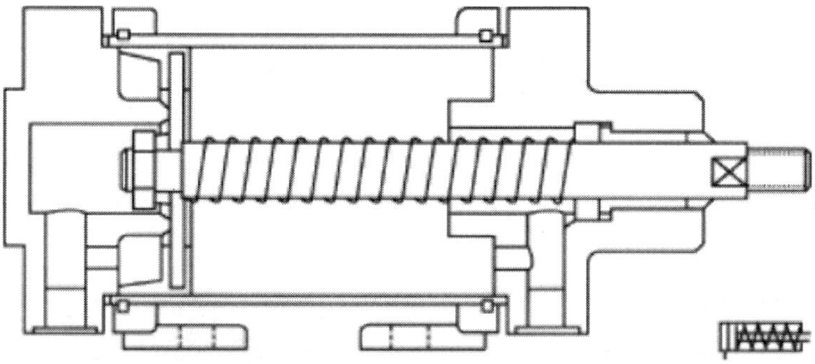

그림 4.3 단동 실린더의 구조와 표시기호

▪ 단동 실린더의 특징

단동 실린더는 입력포트의 한쪽에만 공기압을 사용하기 때문에 공기 소비량이 적으며 압축공기의 주입과 배출을 위해 3포트 2위치의 방향제어밸브를 사용하는 것이 기본이다. 복동 실린더의 제어에 사용되는 4포트 및 5포트 방향제어밸브와 비교하면 가격이 저렴하므로 경제적이다. 공기압의 배관은 한쪽에만 설치하므로 출력이나 속도제한 등에 제약이 있다.

단동 실린더는 항상 피스톤 헤드가 후퇴하는 형식과 스프링의 힘으로 전진하는 형식의 2종류가 있다. 단동 실린더에는 쿠션이 내장되어 있는 것은 드물기 때문에 사용 최고속도에 유의한다. 윤활기로부터의 윤활유를 포함시킨 공기는 한쪽에만 공급되므로 스프링 쪽의 윤활유는 부족한 상태가 되기 때문에 스프링 쪽에 방청이나 윤활에 주의가 필요하다.

▪ 단동 실린더의 표시기호

그림 4.4는 공기압 회로에 사용하는 단동 실린더의 표시기호를 나타낸다. 단동 실린더에는 복귀 스프링이 없는 것과 복귀 스프링을 내장하고 있는 것으로 분류한다.

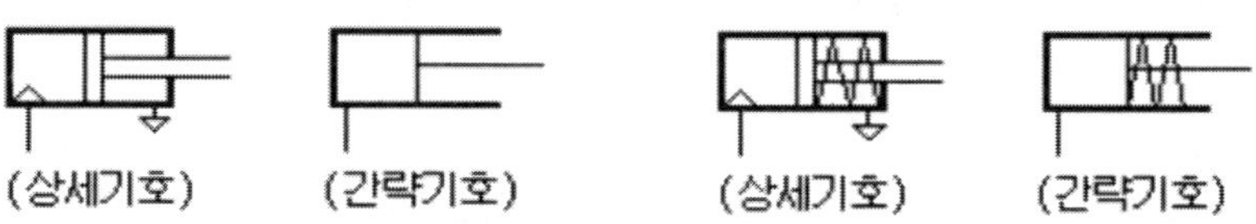

(a) 스프링 없음 (b) 스프링부착형

그림 4.4 단동 실린더의 표시기호

■ 복동 실린더

복동 실린더는 압축공기에 의한 힘으로 피스톤을 전진운동 또는 후진운동을 시키는 것이고 전진운동과 후진운동에서도 작업을 수행하는 곳에 사용하며, 피스톤 로드의 구부러짐(buckling)과 휨(bending)을 고려하여 실린더의 행정거리를 결정한다.

그림 4.5는 복동 실린더의 동작원리를 나타내는 것으로, 2개의 압축공기 입/출력포트를

가지고 있다. 실린더 튜브와 피스톤 헤드에 의하여 2개의 챔버가 형성되며 피스톤 헤드 측의 챔버에 압축공기를 공급하면 피스톤 로드 측의 챔버에 있는 압축공기는 대기로 배출하여 양 챔버의 압력 차이를 발생시켜서 피스톤 로드를 전진시킨다. 피스톤 로드의 후진운동 경우에는 반대로 피스톤 로드 측에 압축공기를 공급하고 피스톤 헤드 측의 챔버에 있는 압축공기는 대기로 배출하여 피스톤 로드가 후진하도록 압력 차이를 발생시킨다.

(a) 초기상태 (b) 동작상태

그림 4.5 복동 실린더의 동작원리

그림 4.6은 복동 실린더의 내부구조와 동작 상태를 나타낸다. 피스톤 헤드 측의 챔버에 압축공기를 공급하고 피스톤 로드 측의 챔버에 있는 압축공기를 대기로 방출하기 위해서는 4포트 또는 5포트 방향제어밸브 1개를 사용하는 것이 기본이다. 3포트 방향제어밸브를 사용할 경우에는 2개의 밸브를 사용하는 공기압 회로를 구성하여야 한다.

그림 4.7은 복동 실린더를 나타내는 표시기호이다. 직사각형으로 실린더 튜브를 나타내고 직사각형을 2개로 나누는 가운데 직선으로 피스톤 헤드를 표시하며 가운데 선에 연결된 직선으로 피스톤 로드를 나타낸다. 직사각형의 외부에 있는 2개의 직선은 압축공기의 입출력을 위한 공급포트를 나타낸다.

표 4.3은 자유 설치형 복동 실린더의 사양을 나타낸다. 최저 사용압력과 최고 사용압력을 선택하며, 작업부하에 필요한 힘을 계산하여 튜브의 내경을 선택하고 작업거리를 고려해서 스트로크를 선택한다. 오토 스위치 부착형을 선택하면 스트로크의 조절 및 PLC를 사용한 자동제어 프로그램의 작성에 유리하다.

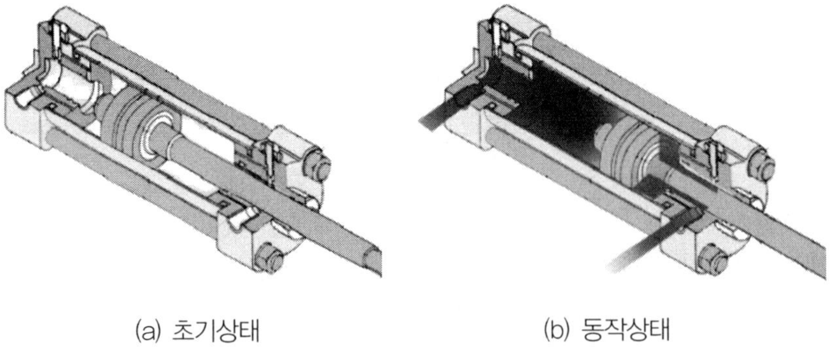

(a) 초기상태 (b) 동작상태

그림 4.6 복동 실린더의 내부구조와 동작상태

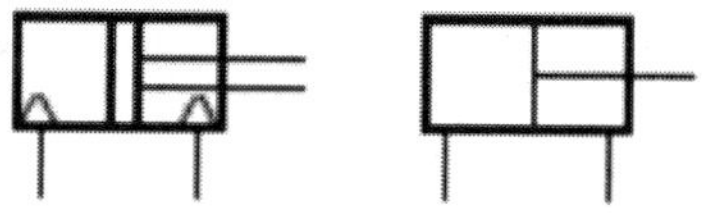

그림 4.7 표시기호

표 4.3 복동 실린더의 사양 사례

표시기호
복동/편로드형

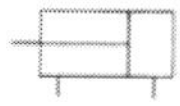

튜브내경 (mm)	6	10	16	20	25	32
사용유체	공기					
보증내압력	1.05MPa					
최고사용압력	0.7MPa					
최저사용압력	0.12MPa	0.06MPa		0.05MPa		
주위온도 및 사용유체온도	오토스위치 없음 : −10 ~ 70°C (단, 동결 없을것) 오토스위치 부착 : −10 ~ 60°C (단, 동결 없을것)					
급유	무급유					
사용피스톤 속도	50 ~ 500mm/s					
쿠션	러버쿠션					
로드선단나사	수나사					
나사공차	JIS 2급					
스트로크 길이의 허용차	$^{+1.0}_{0}$ mm					

표준스트로크표 (mm)

튜브내경 (mm)	표준 스트로크 (mm)
6, 10, 16	5, 10, 15, 20, 25, 30
20, 25, 32	5, 10, 15, 20, 25, 30, 40, 50

롱 스트로크에 대해서는 P.36을 참조하십시오.

오토스위치 부착가능 최소스트로크 (mm)

오토스위치 부착수	적용 오토스위치 형식		
	D-A9□, D-A9□V	D-M9□, D-M9□V	D-F9□W, D-F9□WV
1개 부착	5	5	5
2개 부착	10	5	10

■ 쿠션장치

▪ 쿠션이 있는 실린더(Cylinder with end position cushioning)

공기압 실린더를 사용하여 무거운 물체를 움직이면 물체의 관성으로 피스톤 헤드가 피스톤 헤드커버 또는 피스톤 로드커버와 충돌하여 그 충격으로 커버에 손상을 입힐 수 있다. 이를 방지하기 위하여 피스톤 헤드의 끝부분과 커버의 한쪽 부분에 쿠션장치를 사용한다.

그림 4.8은 피스톤 헤드의 끝부분과 피스톤 헤드 또는 로드커버 부분에 설치한 쿠션장치의 동작 상태를 나타낸다. 끝부분이 충돌하기 전에 쿠션 피스톤 헤드가 공기의 대면적 배출통로를 차단하고 작은 통로를 통하여 빠져나가도록 구성함으로써 반발압력이 형성되어 실린더의 속도가 감소하게 된다. 작은 배출통로는 체크밸브가 있는 유량조절밸브와 같은 기능을 나타내어 쿠션을 조절한다.

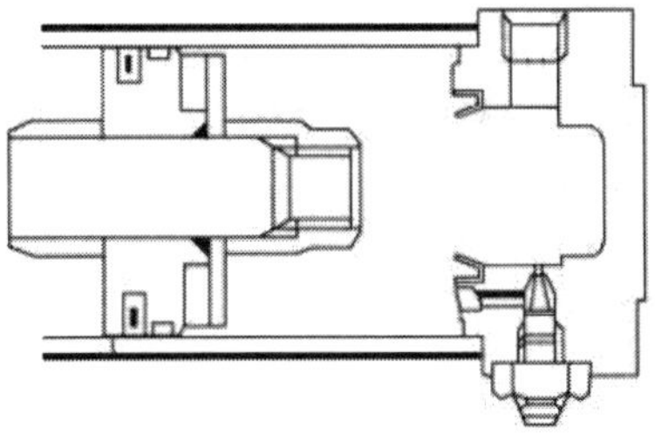

(a) 초기상태

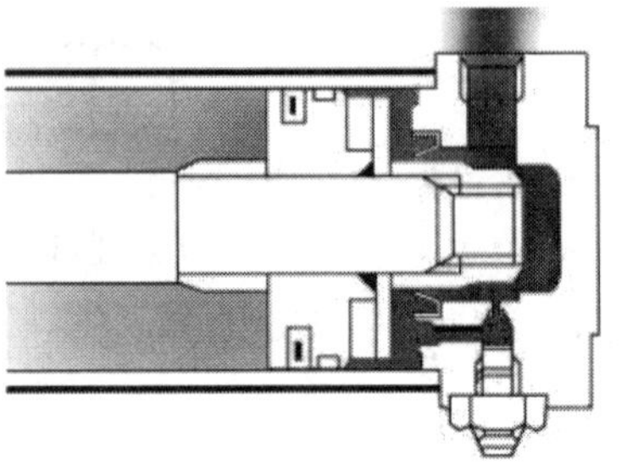

(b) 동작상태

그림 4.8 공기압 실린더의 쿠션장치

그림 4.9는 쿠션장치가 부착되어 있는 공기압 실린더의 표시기호를 나타낸다. (a)는 피스톤 헤드의 양쪽에 쿠션장치가 있는 것이고 (b)는 피스톤 로드 쪽에 쿠션장치를 설치한 것이며 (c)는 피스톤 로드 쪽에 가변 쿠션장치를 설치한 공기압 실린더의 표시기호이다.

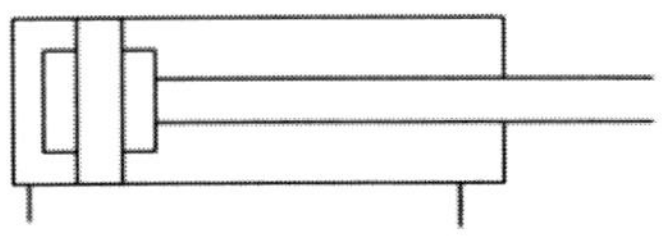

(a) 양쪽 쿠션장치

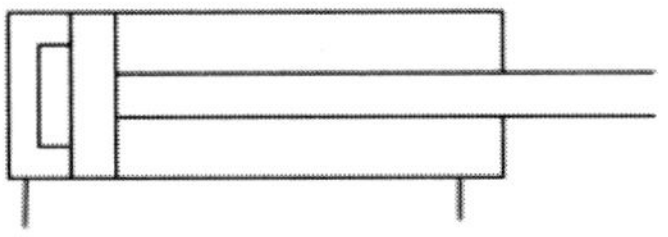

(b) 한쪽 쿠션장치

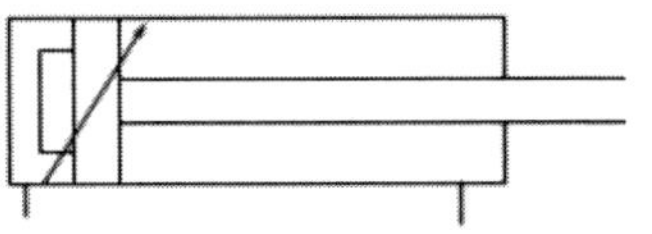

(c) 가변 쿠션장치

그림 4.9 공기압 실린더의 쿠션장치 부착형의 표시기호

- **쿠션장치 부착형 공기압 실린더의 특징**

공기압 실린더의 쿠션상태를 조절하기 위해서는 쿠션의 조절나사를 완전히 열어놓은 상태에서 조금씩 잠그면서 최적의 설정상태를 만든다. 조절나사를 너무 많이 잠그면 행정 끝부분에 도달되는 시간이 길어져 작업 사이클 타임이 길어지므로 주의한다. 공기압 실린더의 행정이 시작될 때에도 교축을 통과해서 공기가 공급되므로 실린더의 운동시작 시간도 길어지게 된다. 쿠션 내장형 공기압 실린더를 사용할 때 주의할 점은 전진운동과 후진운동의 완료위치 부근에서 피스톤 속도가 작아지게 되므로 빠른 속도에너지를 이용하는 리베팅, 펀칭 등의 작업에는 부적합하다.

4.1.3 특수형 실린더

■ 다이아프램형 실린더(Diaphragm Cylinder)

그림 4.10은 특수한 형태의 구조를 가진 다이아프램형 공기압 실린더의 동작 상태를 나타내며 압축공기를 받아서 추진력을 발생시키는 피스톤 헤드 대신에 다이아프램을 사용한 것이다. 다이아프램의 양쪽에서 압축공기를 주입하여 압력 차이에 의하여 동작하는 복동형과, 한쪽의 챔버에 압축공기를 주입하고 반대 측에는 스프링으로 복귀시키는 단동형이 있으며, 주로 단동

형이 많이 사용된다. 다이아프램형 공기압 실린더의 특징은 공기누설이 없고 섭동마모의 발생 원인이 없어 무윤활로 사용할 수 있다는 점이다. 그러나 지름이 큰 데 비해 스트로크가 짧아서 사용처는 제한적이며, 화학플랜트 등의 컨트롤밸브 개폐 조작부에서 많이 사용된다.

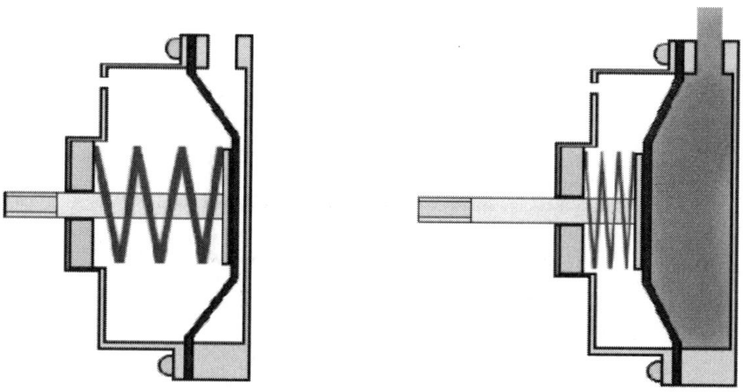

(a) 초기상태 (b) 동작상태

그림 4.10 다이아프램형 공기압 실린더

■ 롤링 다이아프램형 실린더(Rolling Diaphragm Cylinder)

롤링 다이아프램형 공기압 실린더는 다이아프램형 실린더의 장점만을 살리고 단점을 개선한 것으로 스트로크를 크게 취할 수 있게 하였다. 롤링 다이아프램은 끊임없이 피스톤과 실린더의 틈새에 고무막을 롤링시키는 것에서 유래되었다. 압축공기가 들어오면 격판이 실린더의 내벽을 따라 부풀어서 피스톤 로드를 바깥쪽으로 밀게 된다.

■ 양로드형 실린더(Double Rod Cylinder)

그림 4.11은 양로드형 공기압 실린더의 동작 상태를 나타내며 피스톤 로드가 양쪽에 있다. 피스톤 로드를 지지하는 베어링이 양쪽에 있어 축방향의 힘도 어느 정도 받아줄 수 있으며 왕복운동이 원활하다. 리밋스위치 등의 감지용 기구를 작업하지 않는 쪽에 붙일 수 있고 피스톤의 압력 작용면의 크기가 동일하기 때문에 전진운동과 후진운동 때 발생하는 힘이 같다.

그림 4.12는 양로드형 공기압 실린더의 표시기호를 나타낸다. 직사각형은 실린더 튜브를 나타내고 직사각형의 중앙에 있는 직선은 피스톤 헤드를 의미하며 이 직선의 양쪽에 있는 직선은 피스톤 로드를 나타낸다. 직사각형의 외부에 있는 직선은 압축공기의 주입을 나타내는 배관표시이다.

(a) 초기상태　　　　　　　　　　(b) 동작상태

그림 4.11 양로드형 공기압 실린더

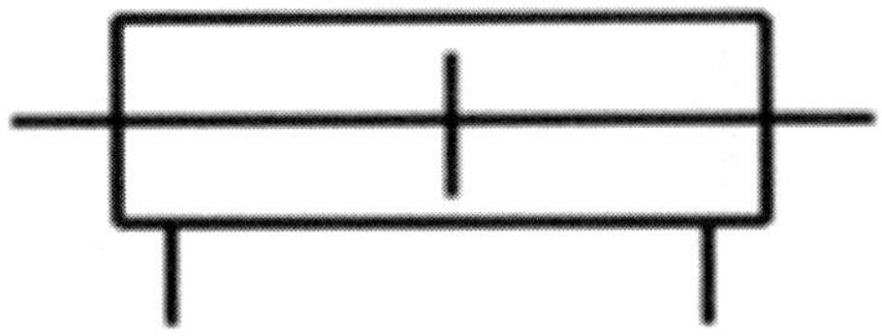

그림 4.12 양로드형 실린더의 표시기호

표 4.4는 자유 설치형 양로드 실린더의 사양을 나타내며, 사용압력을 고려하며 요구하는 출력을 얻을 수 있는 실린더 튜브의 내경을 선택하고 작업거리를 고려하여 스트로크를 선택한다. 피스톤의 사용속도를 고려하여 실린더의 양 챔버에 압축공기를 공급하는 포트의 접속구경을 결정한다.

그림 4.13은 양로드형 공기압 실린더를 사용하여 구성한 링크형 왕복운동 시스템의 사례를 나타낸다. 작업환경의 특성 때문에 리밋스위치를 설치할 수 없으면서 작업테이블을 이동시키고자 할 때 프린팅작업 등과 같이 정확한 수평운동이 필요한 경우에는 링크 시스템과 결합되어 사용될 수 있으며 케이블을 이용한 수평운동 등도 가능하다.

표 4.4 양로드 실린더의 사양 사례

튜브내경 (mm)	6	10	16	20	25	32
사용유체	공기					
보증내압력	1.05MPa					
최고사용압력	0.7MPa					
최저사용압력	0.15MPa	0.10MPa		0.08MPa		
주위온도 및 사용유체온도	오토스위치 없음 : −10 ~ 70°C (단, 동결 없을것) 오토스위치 부착 : −10 ~ 60°C (단, 동결 없을것)					
급유	무급유					
사용 피스톤 속도	50 ~ 500mm/s					
쿠션	러버쿠션					
로드선단 나사	수나사					
나사공차	JIS 2급					
스트로크 길이의 허용차	$^{+1.0}_{0}$ mm					

표준 스트로크표 (mm)

튜브내경 (mm)	표준 스트로크 (mm)
6, 10, 16	5, 10, 15, 20, 25, 30, 40, 50, 60
20, 25, 32	5, 10, 15, 20, 25, 30, 40, 50, 60, 70, 80, 90, 100

오토스위치 부착가능 최소 스트로크 (mm)

오토스위치 부착수	적용 오토스위치 형식		
	D-A9□, D-A9□V	D-M9□, D-M9□V	D-F9□W, D-F9□WV
1개 부착	5	5	5
2개 부착	10	5	10

표시기호
복동/양로드형

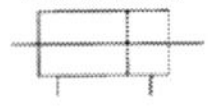

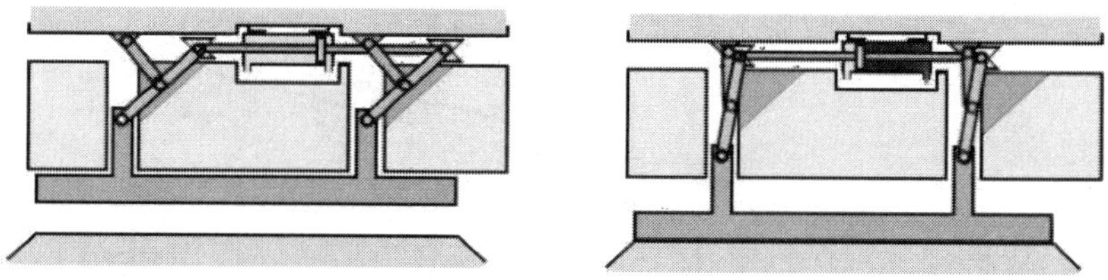

(a) 초기상태 (b) 동작상태

그림 4.13 양로드형 공기압 실린더의 응용사례

■ 로드리스 실린더(Rodless cylinder)

일반적인 공기압 실린더의 구조에서는 스트로크의 약 2배의 점유공간이 필요하므로 스트로크가 짧을 경우에는 문제가 없다. 그러나 1 [m] 이상의 스트로크가 되면 점유공간에 제약을 받아서 자동화장치가 필요 이상으로 커지거나 작동 시에 피스톤 로드가 자동화장치 밖으로 돌출되어 위험한 경우가 발생한다.

로드리스 실린더는 피스톤 로드가 필요 없기 때문에 종래의 공기압 실린더와 비교하면 약 1/2의 공간이 필요하다. 로드리스 공기압 실린더를 사용하면 복동 실린더를 사용하는 것보다 공간상 설치장소를 대폭 감소시킬 수 있고 행정거리도 크게 늘릴 수 있어 4.5 [m] 이상도 가능하며 중간 위치에서 쉽게 정지시킬 수 있다. 복동 실린더를 중간 위치에 정지시키기 위해서는 특수한 밸브가 사용되어야 하지만, 로드리스 실린더는 실린더 튜브 안의 캐리지 양쪽 면적이 같으므로 양쪽에 같은 압력을 가해 줌으로써 쉽게 원하는 위치에 정밀하게 정지시킬 수 있다.

▪ 슬릿식 로드리스 실린더

실린더 튜브에 슬릿을 만들어서 피스톤에 기계적으로 직결된 마운트 철물이 튜브 위를 직선 왕복운동을 한다. 종래의 실린더와 같은 감각으로 사용할 수 있지만 공기의 누설이 다소 있다는 결점이 있다.

그림 4.14는 슬릿식 로드리스 실린더를 나타낸다. 실린더의 양 챔버에 압축공기를 가하여 차압이 발생하면 압력이 낮은 쪽으로 피스톤이 이동하며 더스트 실 밴드와 에어 실 밴드 사이에 있는 피스톤 요크에 설치되어 있는 베어링의 구름운동으로 피스톤이 이동한다. 실린더 헤드의 양 측에는 쿠션장치를 설치하여 충격력을 최소화하며 멈출 수 있도록 설계되어 있다.

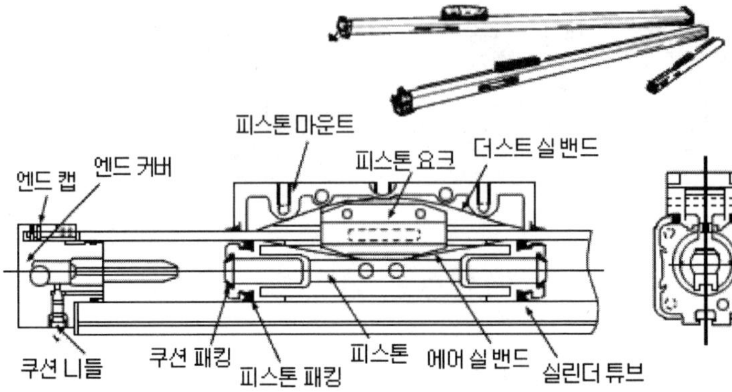

그림 4.14 슬릿식 로드리스 실린더

■ **마그넷식 로드리스 실린더**

실린더 배럴 내에 자석이 설치되어 있고 실린더 외부에도 환형의 자석이 설치되어 자석 커플링으로 결속된 환형의 몸체가 실린더 배럴을 따라 이송할 수 있는 실린더이다. 슬릿식에 비하여 공기의 누설은 없지만 실린더의 속도 등에 제한이 있고 부하에 견디는 힘도 작은 편이다. 자석 커플링은 전기장의 영향을 전혀 받지 않는다.

그림 4.15는 메커니컬 조인트식 로드리스 실린더의 종류를 나타내는 사례이다. 하중 및 정밀도 등을 고려하여 적당한 모델의 로드리스 실린더를 선택하여야 한다. 예를 들어서 워크를 직접 취부하여 반송용으로 사용할 경우에는 미끄럼 베어링형을 선택하고 편하중이 작용하는 응용분야에는 캠 플로어형을 선택한다.

그림 4.16은 미끄럼형 로드리스 실린더를 선정하여 구매를 위한 형식 결정 방법이며 표 4.5의 로드리스 사양을 참고하여 결정한다. 하중을 고려하여 실린더 튜브의 내경을 결정하고 스트로크, 오토 스위치 부착 여부를 선택한다. 운동속도를 고려하여 실린더에 압축공기를 공급하는 접속관경을 결정한다.

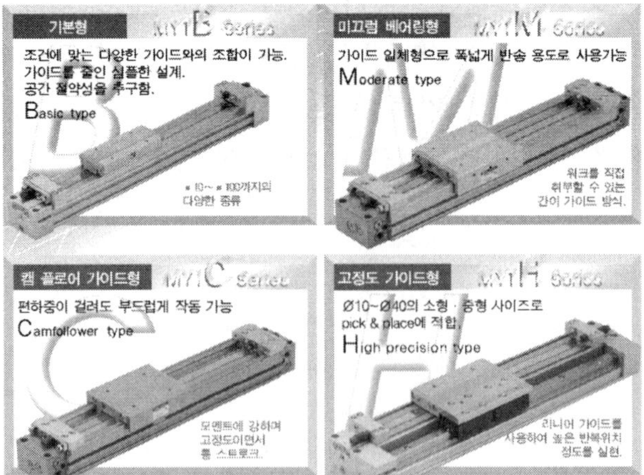

그림 4.15 로드리스 실린더의 종류 사례

미끄럼 베어링 가이드형 MY1M 25 G — 300 L S — Y7BW ▢

- 미끄럼 베어링 가이드형
- 실린더 튜브 내경

16	16mm
20	20mm
25	25mm
32	32mm
40	40mm
50	50mm
63	63mm

- 배관형식

무기호	표준형
G	집중 배관형

- 스트로크

표준 스트로크표 (P.939)를 참조하십시오.

- 스트로크 조정 유니트

무기호	조정 유니트 없음
A	조정 볼트 부착
※L	저하중용 Shock absorber + 조정 볼트 부착
※H	고하중용 Shock absorber + 조정 볼트 부착
AL	A유니트, L유니트 각 1개 부착
AH	A유니트, H유니트 각 1개 부착
LH	L유니트, H유니트 각 1개 부착

주) MY1M16은 H유니트의 설정이 없습니다.

- 오토스위치 추가기호

무기호	2개 부착
S	1개 부착
n	n개 부착

- 오토스위치의 종류

무기호	오토스위치 없음

※ 오토스위치의 품번은 아래의 표를 참조하십시오.
※ 오토스위치는 함께 포장되어 출하됩니다.(미조립부착)

- 주)스트로크 조정 유니트 추가기호

무기호	양측
S	편측

주)S는 스트로크 조정 유니트가 A, L, H인 경우입니다.

※L,H유니트용 Shock absorber형식

유니트품번 \ 튜브 내경(mm)	16	20	25	32	40	50	63
L유니트	RB0806		RB1007	RB1412		RB2015	
H유니트	-	RB1007	RB1412	RB2015		RB2725	

적용 오토스위치의 종류/오토스위치에 대한 상세한 사항은 →P.2167를 참조하십시오.

ø16, ø20용

종류	특수기능	리드선 취출	표시등	배선(출력)	부하전압 DC		부하전압 AC	오토스위치 형식 종취출	오토스위치 형식 횡취출	*리드선 길이(m) 0.5 (무기호)	3 (L)	5 (Z)	프리와이어 콘넥터	적용부하	
유접점 오토스위치	—	그로메트	있음	3선(NPN상당)	—	5V	—	A96V	A96	●	●	-	-	IC회로	—
				2선	24V	12V	100V	A93V	A93	●	●	-	-	—	Relay PLC
무접점 오토스위치	—	그로메트	있음	3선(NPN)	24V	5V, 2V	—	F9NV	F9N	●	●	○	○	IC회로	Relay PLC
				3선(PNP)				F9PV	F9P	●	●	○	○		
				2선		12V		F9BV	F9B	●	●	○	○	—	
	진단표시(2색표시)			3선(NPN)		5V, 2V		F9NWV	F9NW	●	●	○	○	IC회로	
				3선(PNP)				F9PWV	F9PW	●	●	○	○		
				2선		12V		F9BWV	F9BW	●	●	○	○	—	

그림 4.16 미끄럼형 로드리스 실린더의 선정 방법

표 4.5 미끄럼형 로드리스 실린더의 사양 사례

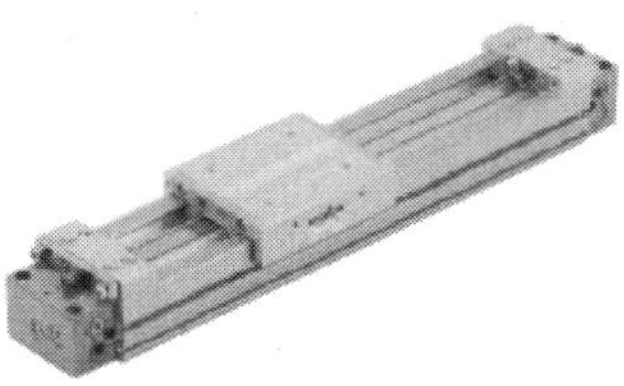

튜브 내경 (mm)		16	20	25	32	40	50	63
사용유체		공기						
작동형식		복동형						
사용압력 범위		0.15~0.8MPa						
보증내압력		1.2MPa						
주위온도 및 사용유체온도		5~60°C						
쿠션		에어 쿠션						
급유		무급유						
스트로크 길이 허용차		1000이하 $^{+1.8}_{0}$ 1001~3000 $^{+2.8}_{0}$	2700이하 $^{+1.8}_{0}$, 2701 ~ 5000 $^{+2.8}_{0}$					
배관 접속구경	정면, 측면 포트	M5×0.8		Rc1/8		Rc1/4	Rc3/8	
	밑면 포트	ø4		ø5	ø6	ø8	ø10	ø11

표시 기호

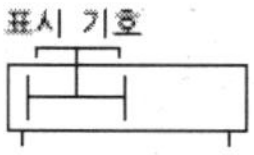

스트로크 조정 유니트 사양

튜브 내경 (mm)	16		20			25			32			40			50			63		
유니트 기호	A	L	A	L	H	A	L	H	A	L	H	A	L	H	A	L	H	A	L	H
구성내용 Shock absorber 형식	조정 볼트 부착	RB 0806 + 조정볼트 부착	조정 볼트 부착	RB 0806 + 조정볼트 부착	RB 1007 + 조정볼트 부착	조정 볼트 부착	RB 1007 + 조정볼트 부착	RB 1412 + 조정볼트 부착	조정 볼트 부착	RB 1412 + 조정볼트 부착	RB 2015 + 조정볼트 부착	조정 볼트 부착	RB 1412 + 조정볼트 부착	RB 2015 + 조정볼트 부착	조정 볼트 부착	RB 2015 + 조정볼트 부착	RB 2725 + 조정볼트 부착	조정 볼트 부착	RB 2015 + 조정볼트 부착	RB 2725 + 조정볼트 부착
스트로크 미세 조정범위(mm)	0~-5.6		0~-6			0~-11.5			0~-12			0~-16			0~-20			0~-25		
스트로크 조정범위	스트로크 미세조정범위를 초과하는 경우 : 주문제작사양 「-X416」, 「-X417」를 장착하십시오.																			

그림 4.17은 로드리스 공기압 실린더의 응용사례이다. 로드리스 공기압 실린더의 테이블에 상하이동이 가능한 공기압 실린더를 장착하고 그 끝단부에 진공패드를 여러 개 설치하여 얇은

박판을 흡착한 상태에서 얇은 판이 격납되어 있는 카세트에서 반송을 위한 이재장치 쪽으로 반송하는 시스템이다.

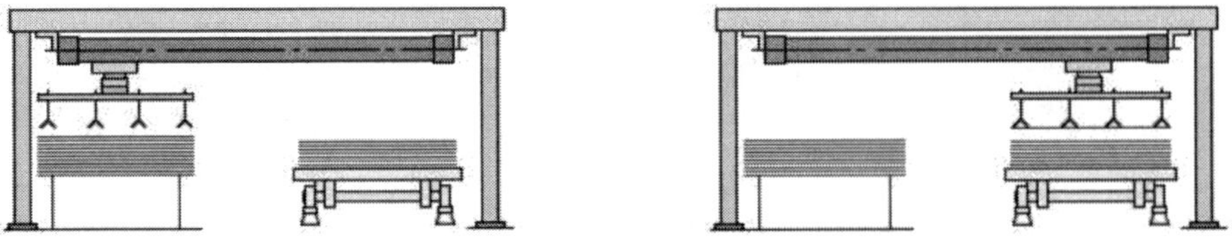

(a) 초기상태 (b) 동작상태

그림 4.17 로드리스 공기압 실린더의 응용사례

■ 탠덤 실린더(Tandem cylinder)

탠덤 공기압 실린더는 두 개의 복동 실린더가 1개의 실린더 형태로 조립되어 있으며 두 개의 피스톤에 압축공기가 공급되기 때문에 피스톤 로드가 낼 수 있는 힘은 거의 2배가 된다. 일반적으로 더 큰 힘을 얻고 싶을 때 생산 현장의 공기압이 일정하다고 하면 피스톤 직경을 크게 해야 하는데, 피스톤 직경이 커지다 보면 다른 설치물과의 간섭이 일어나므로 이러한 곳에 탠덤 실린더를 사용할 수 있다.

■ 다위치 제어 실린더(Multi-position cylinder)

그림 4.18은 두 개 또는 여러 개의 복동 실린더로 구성되어 있는 다위치 제어 실린더를 나타내며, 별도의 공기 공급장치에 의하여 각각의 실린더가 움직인다. 행정거리가 다른 두 개의 실린더로 4개의 위치를 제어할 수 있다.

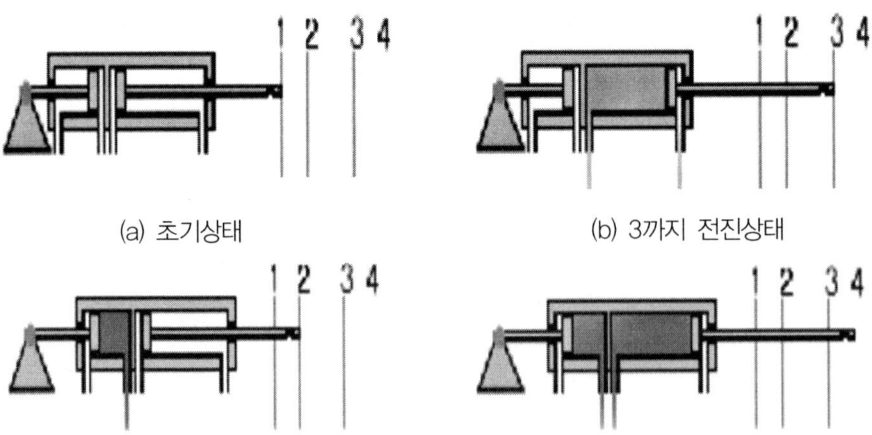

(a) 초기상태 (b) 3까지 전진상태

(c) 4까지 전진상태 (d) 4까지 전진상태

그림 4.18 다위치 제어 실린더의 동작상태

■ 충격 실린더(Impact cylinder)

보통 공기압 실린더를 성형작업에 사용하기에는 추력(thrust force)의 제한을 받게 된다. 큰 운동에너지(kinetic energy)를 얻도록 설계된 것은 충격 실린더이다. 큰 충격에너지를 얻는 가장 좋은 방법은 속도를 증가시키는 것이다. 충격 실린더로는 속도를 7.5 ~ 10 [m/sec](보통의 경우 1 ~ 2 [m/sec])까지 얻을 수 있으며 이 속도를 얻기 위하여 특별한 구조로 되어 있다. 규격이 작은 실린더로도 상당히 높은 충격에너지를 얻을 수 있으며 실린더 직경에 따라 25 ~ 500 [N · m]의 충격 에너지를 얻을 수 있다. 충격 실린더는 프레싱 작업, 플랜징 작업, 리베팅, 펀칭(punching) 등에 이용되고 행정거리가 커지면 속도나 충격 에너지가 급속히 저하되므로 성형 길이가 큰 작업에는 적당치 못하다.

■ 케이블 실린더(Cable cylinder)

그림 4.19는 양쪽의 피스톤에 케이블(또는 로프)이 부착되어 있는 복동 실린더의 일종인 케이블 실린더의 동작 상태를 나타내며 케이블에 장력을 발생시키고 문을 여닫는 데 작은 크기로 큰 행정거리를 요할 때 사용된다.

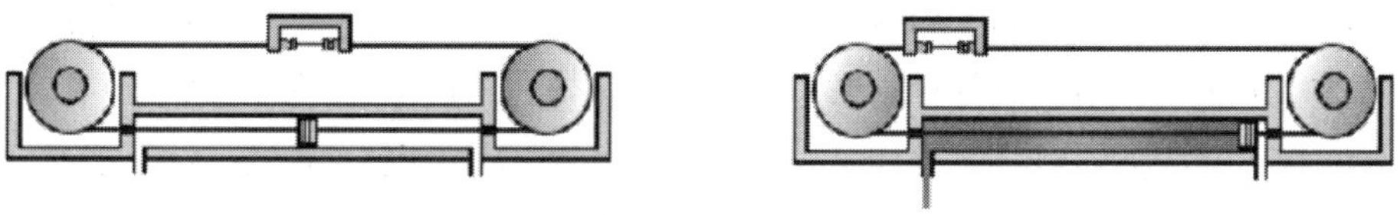

(a) 초기상태 (b) 동작상태

그림 4.19 케이블실린더의 동작상태

4.1.4 공기압 실린더의 특성

(1) 공기압 실린더의 출력

공기압 시스템에서 실린더의 추진력은 피스톤의 면적과 작용하는 압력의 곱이 된다. 공기압 실린더를 선택하기 위해서는 실린더의 내경을 구해야 한다. 실린더의 내경은 작업부하를 가동시키기에 충분한 힘을 발생시킬 수 있는 동력이 필요하며 피스톤의 힘은 피스톤 면적에 공기압 시스템에 작용하는 압력을 곱한 것에서 피스톤실의 마찰력을 뺀 것이다. 실린더의 크기와 구조에 따라 다르겠지만 보통 마찰력은 힘의 10 [%] 정도로 간주한다.

표 4.6은 실제 복동 실린더의 튜브 내경에 따른 피스톤 로드의 직경과 압력변화에 따라 발생하는 피스톤 힘의 크기를 나타낸다. 복동 실린더의 편 로드 경우에는 로드 직경의 영향으로 피스톤 헤드에서 발생하는 힘과 피스톤 로드 측에서 발생하는 힘의 크기가 다르기 때문에 작업방향을 고려하여 실린더를 선정해야 한다.

표 4.6 복동 실린더의 이론 출력표

단위: N

튜브 내경 (mm)	로드 지름 (mm)	작동 방향	수압면적 (mm²)	사용압력 MPa								
				0.2	0.3	0.4	0.5	0.6	0.7	0.8	0.9	1.0
20	8	OUT	314	62.8	94.2	126	157	188	220	251	283	314
		IN	264	52.8	79.2	106	132	158	185	211	238	264
25	10	OUT	491	98.2	147	196	246	295	344	393	442	491
		IN	412	82.4	124	165	206	247	288	330	371	412
32	12	OUT	804	161	241	322	402	482	563	643	724	804
		IN	691	138	207	276	346	415	484	553	622	691
40	16	OUT	1260	252	378	504	630	756	882	1010	1130	1260
		IN	1060	212	318	424	530	636	742	848	954	1060
50	20	OUT	1960	392	588	784	980	1180	1370	1570	1760	1960
		IN	1650	330	495	660	825	990	1160	1320	1490	1650
63	20	OUT	3120	624	936	1250	1560	1870	2180	2500	2810	3120
		IN	2800	560	840	1120	1400	1680	1960	2240	2520	2800
80	25	OUT	5030	1010	1510	2010	2520	3020	3520	4020	4530	5030
		IN	4540	908	1360	1820	2270	2720	3180	3630	4090	4540
100	30	OUT	7850	1570	2360	3140	3930	4710	5500	6280	7070	7850
		IN	7150	1430	2150	2860	3580	4290	5010	5720	6440	7150

주) 이론출력(N)=압력(MPa)×수압면적(mm²)이 됩니다.

피스톤 힘을 계산할 때는 안전율을 30 ~ 50 [%] 정도로 계산하는데, 이는 실제 필요한 추진력을 정확히 결정할 수 없기 때문이다. 피스톤 추진력이 50 [%] 증가하게 되면 실린더 크기와 구조에 따라 다르겠지만 실린더에 드는 비용이 5 ~ 15 [%] 정도 증가하게 된다.

그림 4.20은 공기압 실린더의 출력을 계산하기 위하여 나타내는 편로드 복동 실린더를 나타낸다. 공기압 실린더가 전진할 경우와 후진할 경우에는 피스톤 헤드에서 받는 압력의 수압면적이 다르기 때문에 실린더가 발생하는 힘의 크기는 다르다.

■ **공기압 실린더의 전진 시에 발생하는 힘의 크기**

$$F = AP = \frac{\pi D^2}{4} \times P \tag{4.1}$$

■ **공기압 실린더의 후진 시에 발생하는 힘의 크기**

$$F_b = A_b P = \frac{\pi (D^2 - d^2)}{4} \times P \tag{4.2}$$

여기서 F[kgf]는 실린더가 전진할 경우에 발생하는 힘, F_b[kgf]는 실린더가 후진할 경우에 발생하는 힘, A[cm^2]는 피스톤 헤드 측의 수압면적, A_b[cm^2]는 피스톤 로드 측의 수압면적, D[cm]는 피스톤 헤드의 직경, d[cm]는 피스톤 로드의 직경, P[kgf/cm^2]는 실린더에 작용하는 공기압력을 나타낸다.

■ **단동 실린더에서 복귀용 스프링이 내장된 경우의 실린더 출력**

$$F = AP - Kx = \frac{\pi D^2}{4} \times P - Kx \tag{4.3}$$

여기서 K[kgf /cm]는 스프링의 강성을 나타내고, x [cm]는 스프링의 압축 또는 팽창한 길이를 나타낸다.

실제의 실린더 출력은 섭동저항이나 배기저항 등에 따라 이론출력보다 작아지며 통상적으로는 출력손실을 고려하여 15 [%] 정도로 생각하면 된다. 작동압력이 2 [kgf /cm^2] 이하이거나 실린더의 내경이 작은 경우에는 출력의 손실률이 증가하므로 표 4.7에서 나타낸 것과 같이 손실을 고려한 보정계수를 곱해야 한다.

표 4.8은 복동 실린더의 이론 출력표를 나타낸 것으로, 실제출력의 값 F은 이 값에 표 4.7의 보정계수를 곱한 값이며 다음의 식으로 나타낸다.

$$F = F_{th} \times \eta \tag{4.4}$$

여기서, F_{th}는 이론출력의 값, η는 출력의 보정계수이다.

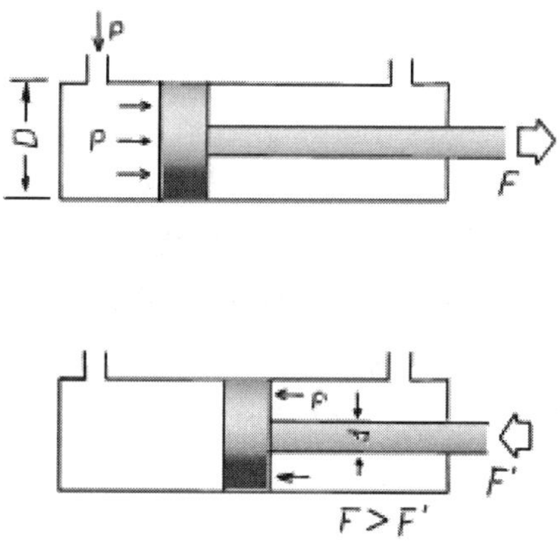

그림 4.20 공기압 실린더의 추력

표 4.7 공기압 실린더의 효율 보정 계수표

실린더 내경[mm]	보정계수(η)
Φ30 ~ Φ50	0.8
Φ50 ~ Φ160	0.85
Φ160 이상	0.9

표 4.8 복동 실린더의 이론 출력표

작동 방향	실린더 내경 [mm]	피스톤 로드직경 [mm]	수압 면적 [cm²]	사용 압력 [kgf/cm²]					
				2	3	4	5	6	7
G-50	40	16	12.56	25	37	50	62	74	87
	50	20	19.63	39	58	78	98	116	136
	63	20	31.17	62	93	125	155	186	218
	80	25	50.25	100	150	200	250	300	350
	100	30	78.56	155	235	314	390	470	550
	125	35	12.27	245	368	490	612	735	858
	140	35	15.39	307	461	615	769	923	1078
	160	40	21.00	402	603	804	1005	1206	1407
G-50	40	16	10.55	20	30	41	52	62	72
	50	20	16.49	33	49	66	82	98	115
	63	20	28.03	56	84	112	140	168	196
	80	25	42.65	90	135	180	225	270	315
	100	30	70.60	141	212	282	254	424	495
	125	35	11.31	226	339	453	565	679	792
	140	35	14.43	288	433	577	722	865	1010
	160	40	18.85	376	565	753	941	1130	1319
	180	45	23.85	477	715	955	1191	1432	1670

■ 공기압 실린더의 속도조절

공기압 실린더에 있어서 속도영역은 0.02 ~ 1 [m/sec] 정도이다. 피스톤의 속도가 0.02 [m/sec] 이하가 되면 피스톤 헤드와 실린더 튜브 사이에서 발생하는 마찰력의 영향으로 스틱슬립(stick-slip) 현상이 발생되어 피스톤 운동이 고르지 못하게 된다. 피스톤의 운동속도가 감소하면 할수록 이러한 현상은 증가하며, 폐쇄회로를 가진 유압 실린더와 결합되어 사용되면 0.005 [m/s]의 속도까지 정속운전이 가능하다. 피스톤 속도가 1 [m/s] 이상이 되면 피스톤 실(seal)에서의 마찰손실과 포트에서의 압력손실이 너무 커서 비경제적이고 피스톤 속도는 실린더 크기와 제어밸브의 배열, 배관 및 피스톤 운동에 반대되는 하중의 크기에 따라 영향을 받는다.

공기압 실린더를 사용할 경우, 평균속도는 대략의 값으로 충분하므로 스톱워치와 자만 있으면 간단하게 측정할 수 있다. 스톱워치는 피스톤이 움직이기 시작해서 정지할 때까지 걸리는 시간을 측정하는 데 사용하며 평균 속도 v[mm/sec]는 다음 공식으로 계산한다.

$$v = \frac{S}{t} \tag{4.5}$$

여기서 S[mm]는 피스톤의 행정거리, t[sec]는 한 행정에 걸리는 시간을 나타낸다.

그림 4.21은 공기압 시스템에서 사용하는 피스톤의 운동속도를 무단으로 조절하기 위한 공기압 회로도를 나타낸다. 피스톤 속도는 실린더의 공기공급 측이나 배기 측에 유량제어밸브를 설치하여 압축공기의 배기량을 조절하여 피스톤의 운동속도를 제어한다.

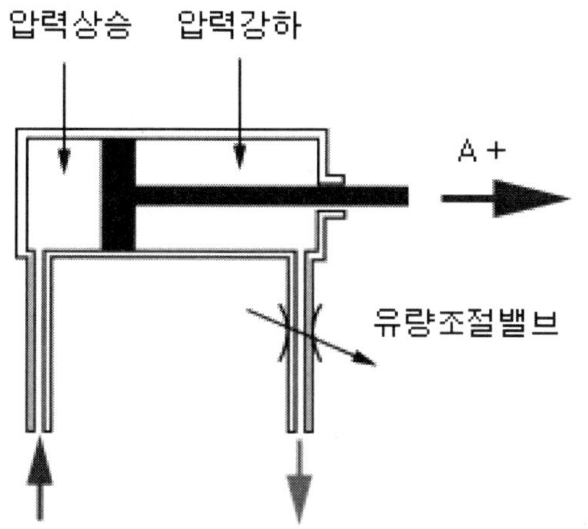

그림 4.21 배기조절방식

매우 작은 공기압 실린더의 경우에는 실린더 챔버의 체적이 배기 측의 유량을 제어할 만큼 충분히 크지 않기 때문에 공급공기 측에 유량제어요소를 설치하여 입력되는 유량을 제어하여 피스톤의 운동속도를 조절한다. 공기가 압축성임에도 불구하고 유량제어요소를 최대한 실린더에 가깝게 설치하고 부하가 일정하다면 속도조절을 매우 정확히 할 수 있으나 피스톤의 운동속도는 1 [cm/sec] 이상이 되어야 한다.

■ 공기압 실린더의 공기 소모량

압축기의 크기, 저장탱크. 메인배관, 중간탱크 등을 결정하기 위해서는 실린더의 평균 공기 소모량을 계산하여야 하며 한 행정당 공기 소모량은 공기 소모량의 도표를 보고 쉽게 찾아낼 수 있다. 실제로 실행된 행정의 수를 곱하면 분당 또는 시간당 소모되는 공기의 양을 계산할 수 있다. 공기압력과 피스톤의 직경, 행정거리를 알면 단동 실린더와 복동 실린더의 공기소모량 $V[l/\text{min}]$은 다음의 식으로 구한다.

▪ 단동 실린더

$$V = nSA_1\beta \tag{4.6}$$

■ **복동 실린더**

$$V = nSA_m\beta \tag{4.7}$$

여기서 S[mm]는 피스톤의 행정거리, n은 분당 행정수, β는 압축비를 나타내며 압축비는 다음과 같다.

$$\beta = \frac{101.3[kPa] + 작동압력[kPa]}{101.3[kPa]} \tag{4.8}$$

단동 실린더의 단면적은 $A_1 = \dfrac{\pi D^2}{4}$이고 복동 실린더의 왕복 시 평균단면적은 다음과 같다.

$$A_m = A_1 + A_2 = \frac{\pi D^2}{4} + \frac{\pi(D^2 - d^2)}{4} \tag{4.9}$$

여기서 D[mm]는 실린더 튜브의 내경, d[mm]는 피스톤 로드의 직경을 나타낸다.

예제 4.1

실린더 튜브의 직경 50 [mm], 행정거리 100 [mm]인 복동 실린더(로드 직경 12 [mm])의 공기소모량은 얼마인가? 분당 행정수는 10이며 작동압력은 $P = 600$ [kPa]이다.

풀이

식 (4.8)을 이용하여 압축비를 구한다.

$$\beta = \frac{101.3 + P}{101.3} = \frac{101.3 + 600}{101.3} = 6.9$$

식 (4.7)을 사용하여 복동 실린더의 평균 공기소모량을 구한다.

$$V = nSA_m \beta = nS\left\{\frac{\pi D^2}{4} + \frac{\pi(D^2 - d^2)}{4}\right\}\beta$$

$$= 10 \times 10 \times \left\{\frac{\pi \times 5^2}{4} + \frac{\pi(5^2 - 1.2^2)}{4}\right\} \times 6.9$$

$$= 26302.8\,[\mathrm{cm^3/min}] = 26.3\,[l/\mathrm{min}]$$

4.2 공기압 모터

공기의 압축 에너지를 기계적인 회전운동으로 바꾸는 장치를 총칭하여 공기압 모터라고 하며, 회전각도 제한이 있는 작업에 사용하는 액추에이터를 요동형 액추에이터로 부르기도 한다. 공기압 모터는 전기를 사용하는 전동기에 해당하는 작용을 하며, 방향전환밸브를 사용하여 시동, 정지, 정회전 및 역회전 등을 제어한다.

공기압 모터는 공기압기기 중에서도 오랜 역사가 있으며 광산, 화학공장, 선박 등의 폭발성 가스나 분진이 있는 환경에서 전동기 대용으로 사용하며 공기압 공구의 액추에이터 및 컨베이어, 호이스트, 지그 반전기, 교반기, 매니퓰레이터 등에도 이용되고 있다. 공기압 모터는 압축공기로 작동되는 작업요소 중 가장 많이 사용되는 공기압기기 중의 하나이며 설계방식에 따라 피스톤 모터, 기어 모터, 베인 모터, 터보 모터로 분류된다.

4.2.1 공기압 모터의 종류

■ 피스톤 모터

피스톤 모터는 반경류(radial) 피스톤 모터와 축류(axial) 피스톤 모터로 구분되며, 모터의 크랭크축은 왕복운동을 하는 피스톤과 커넥팅 로드에 의해 구동된다. 운전을 원활하게 하기 위하여 여러 개의 피스톤이 필요하며 출력은 공기의 압력과 피스톤 개수, 피스톤의 면적, 행정거리와 속도에 좌우된다.

그림 4.22은 5개의 축 방향으로 나열된 피스톤에서 나오는 힘을 회전사판(swash plate)에 의해 회전운동으로 바뀌는 피스톤형 공기압 모터를 나타낸다. 축류 피스톤 모터의 작동원리는 반경류 피스톤 모터의 작동원리와 비슷하고, 압축공기는 두 개의 피스톤에 동시에 공급되며 토크의 균형에 의하여 조용한 운전을 하게 된다. 이러한 공기압 모터는 시계 방향이나 반시계 방향의 회전이 가능하고, 최고 회전속도는 5,000 [rpm] 정도이며 출력은 1.5 ~ 19 [kw](2 ~ 25 [마력]) 정도이다.

■ 기어 모터

기어형 공기압 모터는 2개의 기어 사이에 공기압력을 작용시켜서 회전력을 얻으며, 한 개의 기어는 모터의 축에 고정되고 공기압 모터로는 가장 높은 출력(60 [마력])을 얻을 수 있다. 역회전도 가능하고 사용한 기어의 형식에 따라 외접형 기어 모터와 내접형 기어 모터로 나누고 소형의 것으로 400 ~ 20,000 [rpm]의 고속회전이 가능하며 광산 등에서 사용한다.

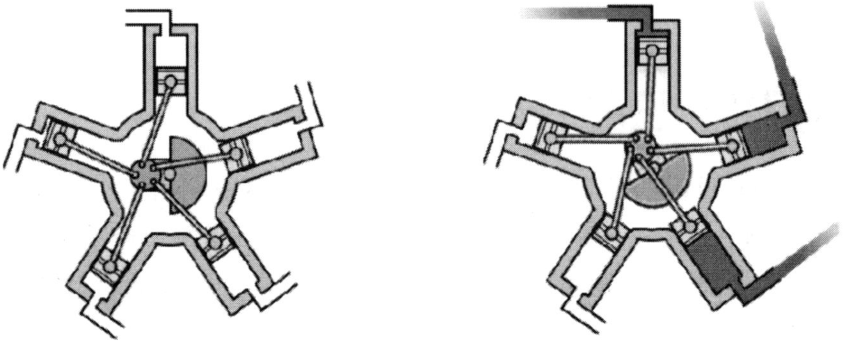

(a) 초기상태 (b) 동작상태

그림 4.22 피스톤형 공기압 모터

■ 베인 모터

그림 4.23은 베인형 공기압 모터의 구조를 나타낸다. 작동원리는 미끄럼 날개 압축기의 반대이며, 구조가 간단하고 무게가 가벼우므로 대부분의 공기압 모터는 이 방식으로 만들어진다. 실린더형의 그릇의 안쪽에 베어링이 있고 그 안에 편심 로터가 있는데, 로터에는 가늘고 긴 홈이 있어서 날개(vane)를 안내하는 역할을 한다. 날개는 회전하게 되면 원심력에 의하여 실린더의 내벽 쪽으로 힘을 내게 되어 각각의 방을 밀폐시키게 된다. 베인형 모터는 3 ~ 10개의 날개를 갖고 있으며 로터의 회전속도는 3000 ~ 8,500 [rpm] 정도이며 역회전이 가능하고 출력은 0.1 ~ 17 [kw](0.1 ~ 24 [마력]) 정도이다.

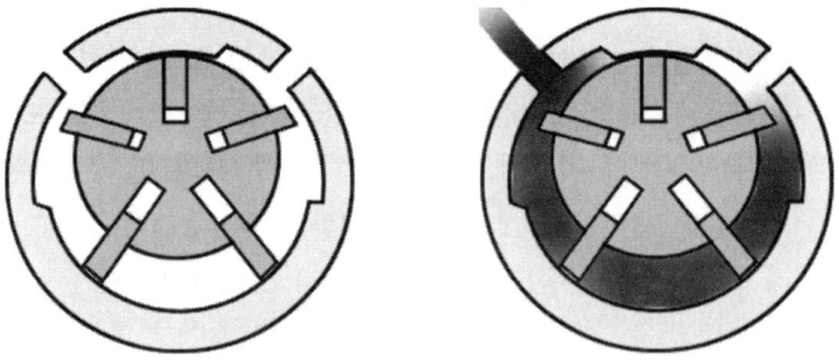

(a) 초기상태 (b) 동작상태

그림 4.23 베인형 공기압 모터

■ 터보 모터

터보 모터는 낮은 출력이 요구되는 곳에서만 사용되며 대단히 높은 속도를 얻을 수 있다. 최근에 개발된 모터에는 800,000 [rpm]에 이르는 아주 빠른 회전 속도를 낼 수 있는 것도 있으며 일반적으로 치과의사들이 사용하는 공기압 모터의 회전속도는 250,000 [rpm] 정도이다.

4.2.2 공기압 모터의 특징 및 선정 시 주의사항

■ 공기압 모터의 특징

▪ 공기압 모터의 장점

- 속도와 출력을 무단으로 조절할 수 있다.
- 과부하에 절대적으로 안전하다.
- 오물, 열, 습기, 냉기 등의 주변 환경에 민감하지 않다.
- 정지 시에 에너지의 소비 없이 토크를 유지할 수 있다.
- 회전방향을 쉽게 바꿀 수 있다.

▪ 공기압 모터의 단점

- 하중이 변하에 따라 회전속도의 변화가 심하다.
- 저속에서 회전속도가 아주 불안정하다.
- 회전속도가 빨라지면 에너지의 소비량이 급증한다.
- 에너지 소모량이 많아 운전비 고가의 운전비용이 소요된다.

그림 4.24는 공기압 모터의 특성을 나타낸다. 공기소비량(1)은 회전속도가 빠를수록 많아지며 토크(2)는 저속에서 크고 출력 가능한 힘(3)은 중간 정도에서 가장 크다. 이 곡선은 부하의 토크가 변화해도 공기압 모터의 급기 측과 배기 측의 압력차가 일정할 때이며 실제에 있어서도 거의 이것에 가깝다. 공기압 모터는 여러 가지 장점이 있지만, 공기 소비량이 많아 운전비용이 많이 소요되므로 가급적 이용하지 않는 것이 바람직하다.

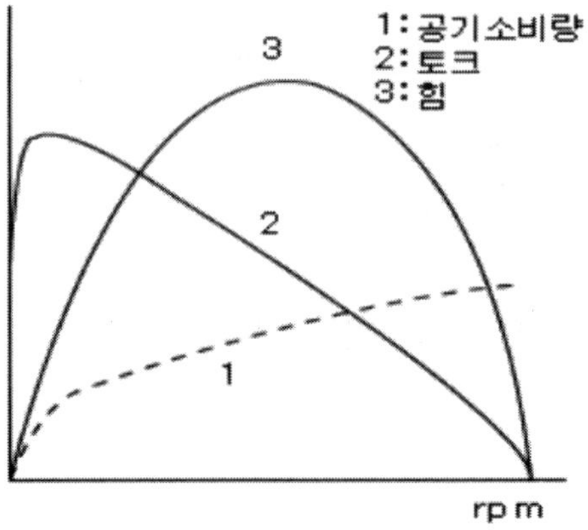

그림 4.24 공기압 모터의 특성곡선

■ 공기압 모터의 선정과 주의점

공기압 모터를 선정할 때는 실제로 사용하는 공기압력의 70 ~ 80 [%]의 출력곡선으로 선정한다. 최대출력의 70 ~ 80 [%]가 가장 효율이 좋은 곳에서 사용하고 저속에서는 스틱슬립 현상으로 최소 사용 회전수가 제한되므로 주의해야 한다. 공기압 모터의 성능을 충분히 살리기 위해 공기압기기, 배관, 소음기는 유효단면적이 큰 것을 사용해서 배압이 생기지 않도록 하고, 윤활유가 부족하면 토크저하, 열에 의한 융착, 내구성이 저하되므로 충분한 윤활유를 공급한다. 5 [℃] 이하에서 사용할 때는 단열팽창으로 공기 속의 수분이 동결하기 때문에 에어 드라이어를 사용한 건조된 공기를 사용한다.

■ 공기압 모터의 표시기호

그림 4.25는 공기압 모터의 표시기호를 나타내며, (a)는 일반적인 공기압 모터의 표시기호, (b)는 정회전 · 역회전이 가능한 2방향의 흐름, 2방향 회전형의 공기압 모터를 나타낸다. 화살표는 공기압 모터의 회전방향을 표시한다.

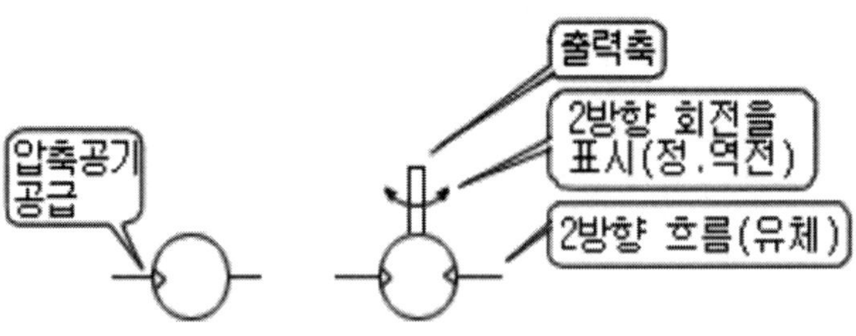

(a) 일반기호　　　　(b) 2방향 회전형(정, 역회전)의 기호

그림 4.25 공기압 모터의 표시기호

4.2.3 요동형 액추에이터의 종류

공기압 모터가 연속적인 회전운동용으로 사용되며 요동형 액추에이터는 한정된 각도 사이를 회전운동을 한다. 요동형 액추에이터는 로봇의 선회(몸체와 손목), 밸브의 개폐용으로 폭넓게 사용되며 종류로는 베인을 이용하는 베인형과 공기압 실린더의 피스톤을 사용해서 직선운동을 기계적인 기어나 나사를 이용하여 회전운동으로 변환하는 피니언-래크형과 나사형이 있다.

■ **피니언-래크형**

그림 4.26은 래크와 피니언 기구를 이용하여 실린더의 직선운동을 회전운동으로 바꾸는 장치이고 기어의 형상을 하고 있는 피스톤 로드가 기어를 구동시켜서 직선운동을 회전운동으로 바꾸는 것이다. 회전각도의 범위는 45 [°], 90 [°], 180 [°], 360 [°], 720 [°] 등이 있고 부착된 조절나사를 이용하여 피스톤의 행정거리를 조절하여 회전각도를 조절한다. 토크는 압력, 피스톤의 단면적, 기어비로 구하며 공작물의 회전튜브의 밴딩, 슬라이딩 밴딩, 플랩 밸브(flap valve)의 작동 등에 이용된다.

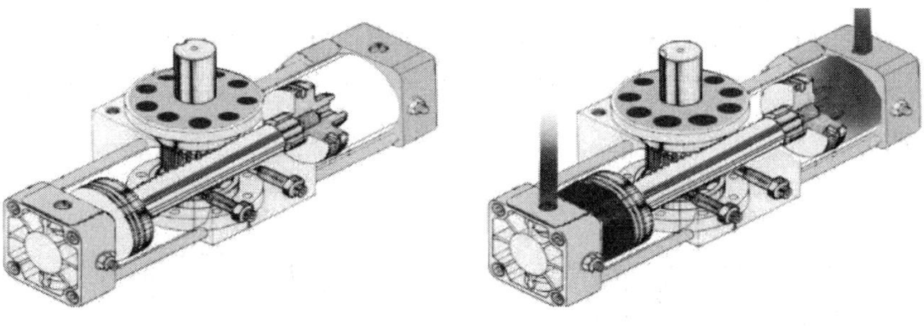

(a) 초기상태 (b) 동작상태

그림 4.26 피니언-래크형 액추에이터

■ **나사형 요동형 실린더**

그림 4.27은 나사형의 요동형 액추에이터를 나타내며 공기압 실린더의 피스톤 움직임을 나사를 이용하여 회전운동으로 전환시킨다. 스트로크를 크게 하면 360 [°] 이상의 회전을 얻을 수 있다는 특징이 있다.

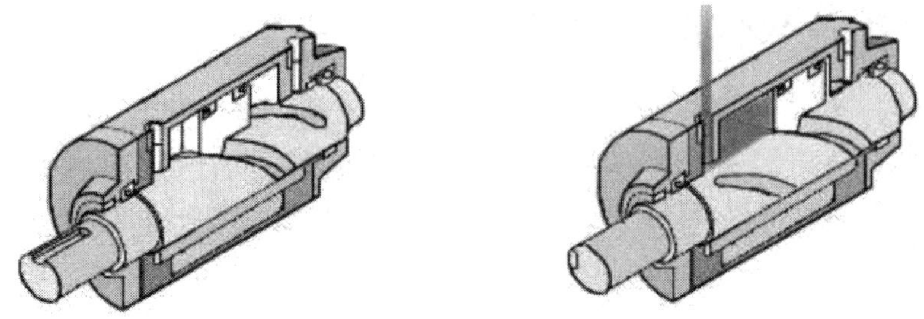

(a) 초기상태　　　　　　　　　　(b) 동작상태

그림 4.27 나사형 요동형 액추에이터

■ 베인형 요동형 액추에이터

그림 4.28은 베인형 요동형 액추에이터를 나타내며 회전 실린더와 같이 한정된 회전각도를 갖고 있다. 도그(dog) 형태의 마운팅 장치를 이용하여 회전각을 제한하며 리밋 스위치와 연동하여 시퀀스 작업도 가능하다. 회전운동의 끝 부분에는 쿠션이 내장되어 있고 베인 타입의 회전 실린더는 최대 3 [Hz]까지 동작이 가능하다.

그림 4.29는 베인형 요동 액추에이터의 구조를 나타내며, 원통 케이스 내부에 고정벽을 설치해서 그 사이를 출력축에 장치한 베인에 공기압력을 작용시켜서 회전력을 얻는다. 베인이 1개, 2개, 3개인 것이 있으며, 많아질수록 토크가 커지고 회전 각도는 제약되며 구조가 작아서 많이 사용된다.

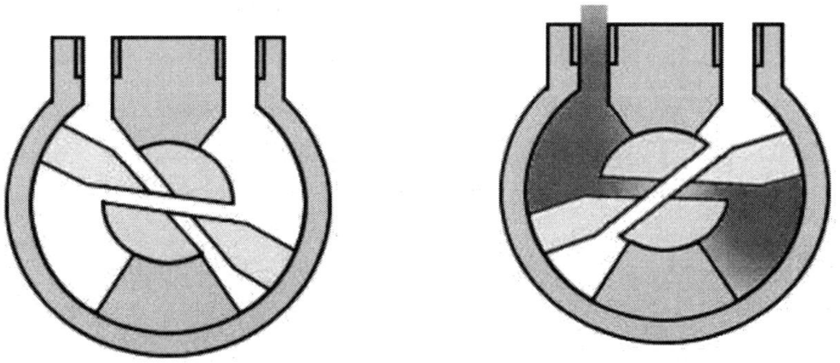

(a) 초기상태　　　　　　　　　　(b) 동작상태

그림 4.28 베인형 요동형 액추에이터

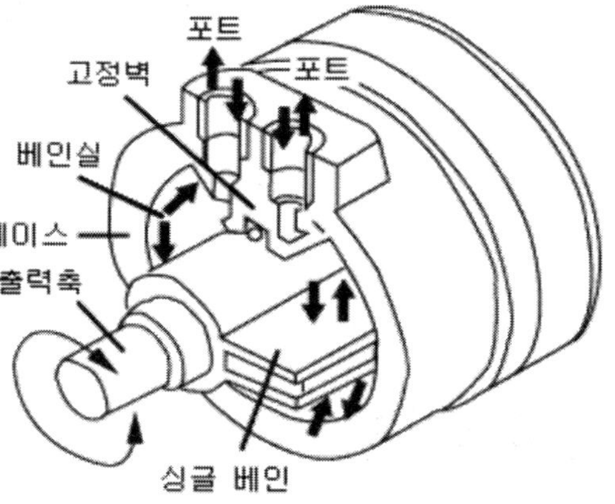

그림 4.29 베인형 요동 액추에이터의 구조

■ 요동형 액추에이터의 사용상 주의점

부하의 형상과 중량으로 필요한 정적토크를 계산한다. 필요하면 요동각도와 요동시간 및 관성모멘트에서 동적토크를 계산하여 정적토크에 더하고 이것을 만족시키는 출력토크를 갖춘 요동형 액추에이터를 선택한다. 회전체의 운동에너지가 요동형 액추에이터의 허용에너지를 초과하면 외부에 유압식 완충장치를 설치한다. 부하가 크게 변동할 때는 속도제어가 곤란하므로 부하율(부하 / 출력)은 50 [%] 이하로 한다. 축에 무리한 힘이 걸리지 않도록 장착시키고 필요에 따라서는 플렉시블 캡링을 사용한다.

그림 4.30은 요동형 액추에이터의 표시기호를 나타낸다. 반원은 회전각도가 제한되는 펌프나 액추에이터를 표시한다.

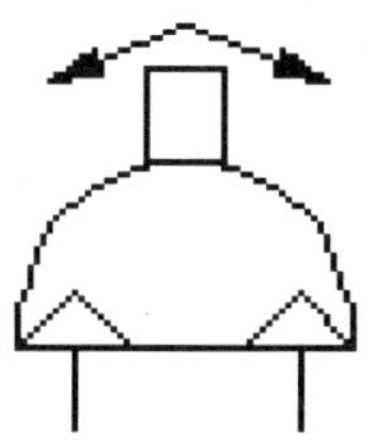

그림 4.30 기호

Chapter 5 순수 공기압 제어회로

5.1 기본 공기압 회로

그림 5.1은 공기압 회로도의 기본 구성을 나타낸다. 공기압 회로에서는 동작 개시 직전의 초기상태로 기기의 기호를 나타내며, 대부분의 공기압 실린더는 전진운동 중에 작업을 수행하고 후진상태는 초기위치를 나타낸다. 후진상태는 피스톤 로드에 압축공기가 공급되고 피스톤 헤드에 있는 압축공기는 대기로 배출되는 상태로 밸브를 표시한다. 실린더의 전진상태는 압축공기가 피스톤 헤드에 공급되고 피스톤 로드의 압축공기는 대기로 배출되며 압축공기의 압력과 피스톤 헤드의 단면적을 사용하여 실린더가 미는 힘을 계산할 수 있다.

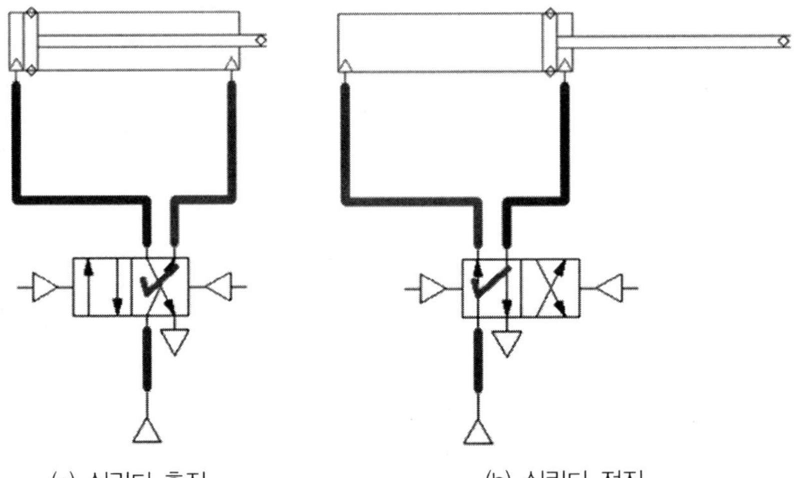

(a) 실린더 후진 (b) 실린더 전진

그림 5.1 공기압 회로도의 기본 구성

5.1.1 단동 실린더 제어

그림 5.2는 수동밸브를 사용하여 단동 실린더의 운동을 제어하는 공기압 회로도를 나타낸다. 실린더의 운동속도를 제어하기 위해서는 실린더에 공급되는 압축공기의 유량을 제어한다. 실린더에 공급되는 유량을 제어하면 미터인 방식이라고 하고, 실린더에서 대기로 배출되는 유량을 제어하면 미터아웃 방식이라고 한다. 압축공기의 유량제어는 체크밸브가 포함되어

있는 유량제어밸브를 사용하며 스피드 컨트롤러라고도 하며, 조절이 가능한 오리피스를 사용하여 압축공기가 통과하는 단면적을 조절한다. 유량제어밸브의 오리피스 지름은 1 mm으로 설정하고 하나의 수동밸브를 사용하여 두 개의 단동 실린더를 동시에 동작시키도록 공기압 회로를 구성하여 미터인 방식과 미터아웃 방식의 차이점을 살펴본다.

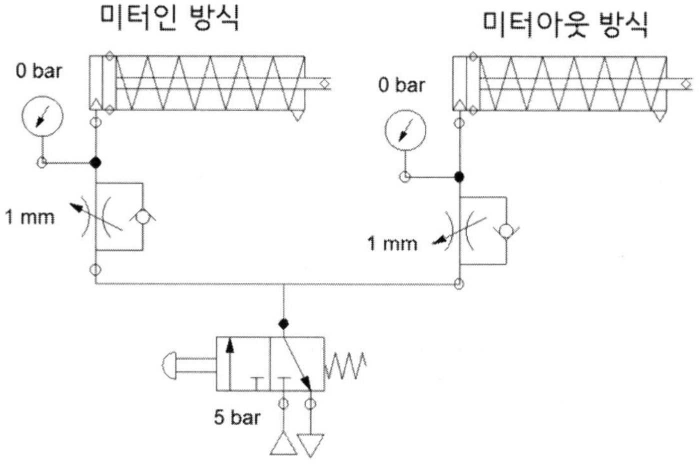

그림 5.2 수동밸브에 의한 단동실린더 제어

그림 5.3은 수동밸브를 사용하여 단동 실린더를 제어하는 공기압 회로의 동작을 시뮬레이션한 상태를 나타낸다. 수동밸브를 ON시켜서 실린더를 전진시키면 미터인 방식은 오리피스의 지름이 1 mm으로 설정된 유량제어밸브에 의해 제어되는 압축공기가 피스톤 헤드에 공급되어 압력이 1.17 bar를 나타내고 있으나 미터아웃 방식은 피스톤 헤드에 많은 압축공기가 공급되어 압력이 4.55 bar에 도달하고 있으므로 실린더가 빨리 움직인다.

수동밸브를 OFF시키면 미터인 방식에서는 피스톤 헤드의 압축공기를 빨리 대기로 배출시켜 압력이 0.01 bar에 도달하여 후진속도가 빠르며, 미터아웃 방식에서는 오리피스 지름 1 mm으로 조정되어 있는 유량제어밸브를 통하여 대기로 배출되는 압축공기를 제어하여 압력이 0.81 bar에 도달하며 느리게 실린더가 후진한다.

그림 5.4는 수동밸브와 파일럿밸브를 사용하여 단동 실린더를 제어하는 공기압 회로도를 나타낸다. 수동밸브의 출력신호를 파일럿밸브의 입력신호로 전달하여 파일럿밸브를 동작시키면 압축공기는 실린더에 공급되어 실린더가 전진한다. 수동밸브를 OFF시키면 실린더의 압축공기는 파일럿밸브를 통하여 대기로 배출되어 실린더가 후진한다.

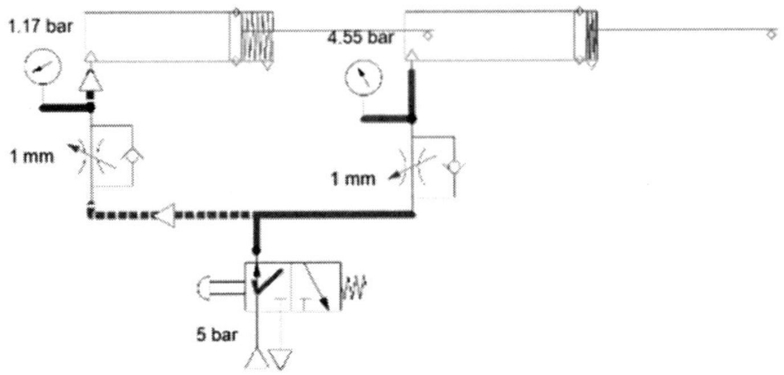

(a) 실린더 전진

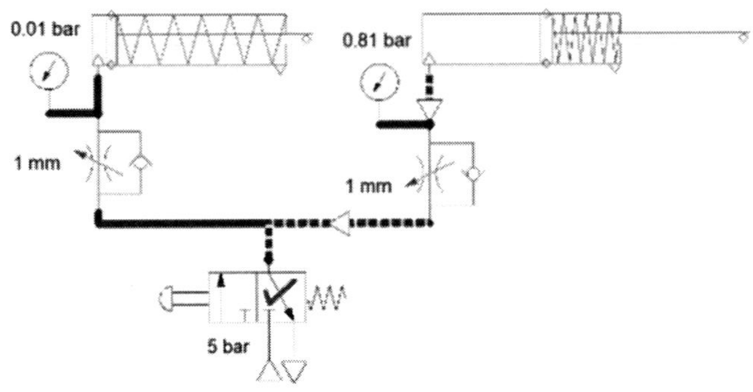

(b) 실린더 후진

그림 5.3 동작 시뮬레이션 : 수동밸브

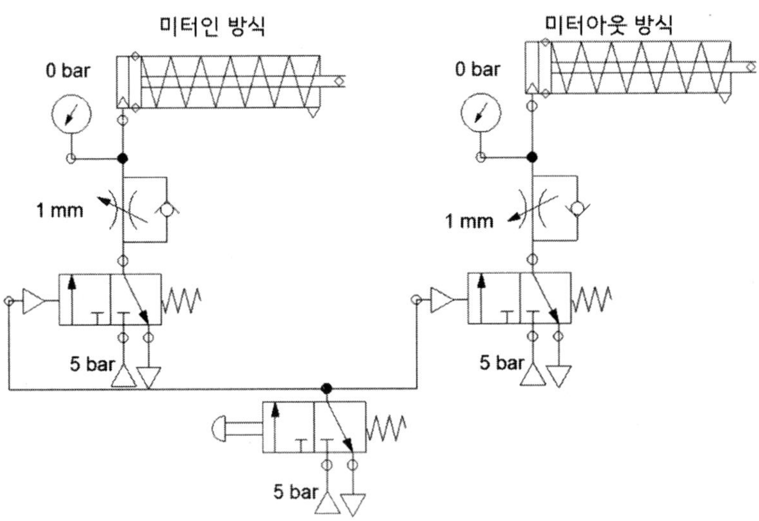

그림 5.4 파일럿밸브를 이용한 공기압 회로도

그림 5.5는 수동밸브를 마스터로 사용하고 파일럿밸브를 슬레이브로 동작시켜서 실린더를 제어하는 동작 시뮬레이션을 나타낸다. 수동밸브를 ON시키면 파일럿밸브에 압축공기가 공급되어 밸브가 작동하여 실린더가 전진하며 미터인 방식에서는 들어가는 유량을 제어하고 있으므로 서서히 전진하고 미터아웃 방식에서는 많은 압축공기를 공급하고 있으므로 빠른 시간에 풀 스트로크에 도달한다. 수동밸브를 OFF시키면 반대의 현상으로 미터인 방식이 빨리 복귀하고 미터아웃 방식은 서서히 복귀하는 것을 확인할 수 있으며, 이는 피스톤 헤드를 밀고 당기는 힘은 수압면적이 일정한 상태에서 피스톤 헤드의 압력변화에 기인한 것으로 확인 가능하다.

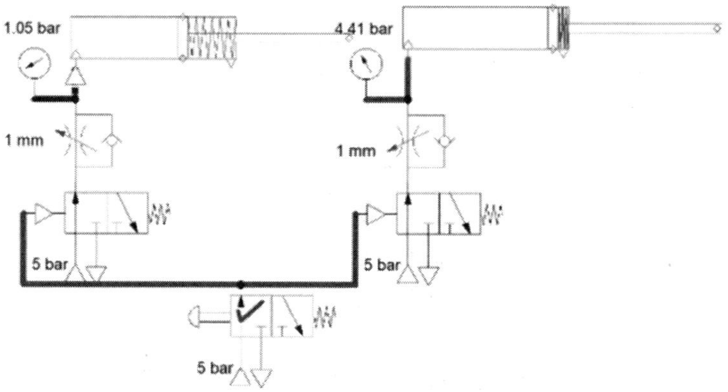

(a) 실린더 전진

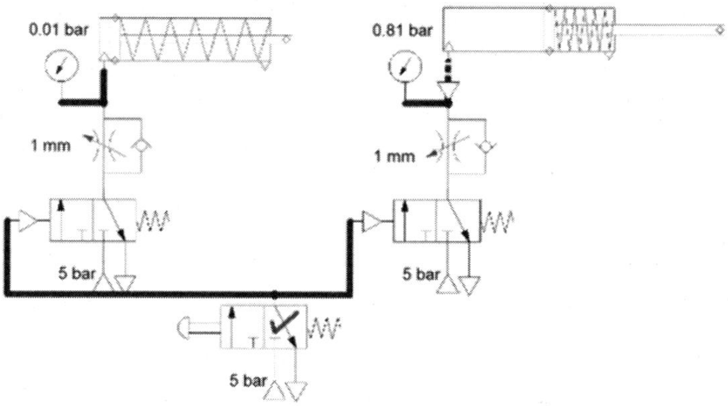

(b) 실린더 후진

그림 5.5 동작 시뮬레이션 : 파일럿밸브

5.1.2 복동 실린더 제어

그림 5.6은 복동 실린더를 제어하기 위하여 4포트 2위치 수동밸브를 사용하는 공기압 회로도를 나타낸다. 실린더의 전진과 후진의 속도를 제어하기 위하여 실린더에 들어가는 유량을 제어하는 미터인 방식과 실린더에서 대기로 배출되는 유량을 제어하는 미터아웃 방식으로

구분한다. 4포트 2위치 수동밸브를 ON시키면 실린더는 피스톤 헤드에 압축공기가 공급되고 피스톤 로드의 압축공기는 대기로 배출되어 실린더가 전진한다. 수동밸브를 OFF시키면 스프링 힘으로 밸브가 초기위치에 복귀하면서 피스톤 로드에 압축공기를 공급하고 피스톤 헤드의 압축공기를 대기로 배출하여 실린더는 후진한다.

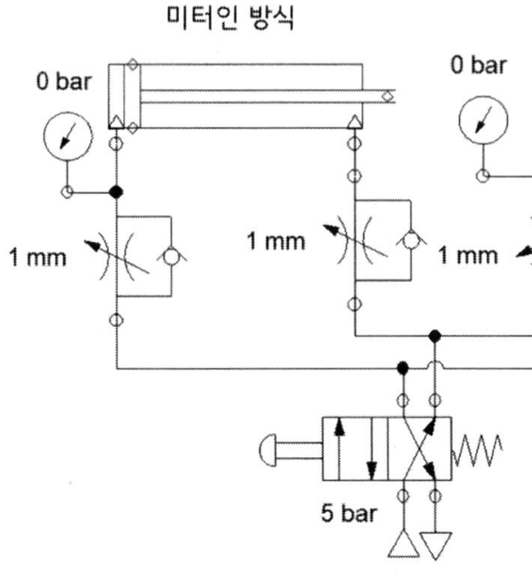

그림 5.6 복동 실린더를 제어하는 공기압 회로도

그림 5.7은 복동 실린더를 동작을 시뮬레이션하는 상태를 나타낸다. 4포트 2위치 수동밸브를 ON시키면 미터인 방식으로 동작하는 실린더의 피스톤 헤드에 유량이 조절된 압축공기가 공급되고 피스톤 로드의 압축공기는 빠르게 대기로 배출되어 실린더가 빠르게 전진하며 피스톤 헤드의 압력은 1.35 bar을 나타낸다. 미터아웃 방식으로 구동하는 실린더는 피스톤 헤드에 많은 압축공기가 공급되고 피스톤 로드의 압축공기는 유량제어밸브에 의해 조절되는 유량이 대기로 배출되어 서서히 움직이므로 피스톤 헤드의 압력은 3.61 bar를 나타낸다.

수동밸브를 OFF시키면 실린더는 후진하면서 피스톤 헤드의 압축공기를 대기로 배출하며 미터인 방식으로 구동하는 실린더의 압력은 1.05 bar, 미터아웃 방식으로 구동하는 실린더의 압력은 2.79 bar을 나타낸다. 복동 실린더를 구동하는 미터인 방식에서는 대기로 많은 유량을 배출하므로 빠르게 실린더가 움직이고 미터아웃 방식은 대기로 배출되는 유량을 제어하고 있으므로 피스톤 헤드를 미는 힘은 일정하나 오리피스를 통과하는 유량에 따라서 대기압과의 압력차이가 발생하므로 피스톤 헤드를 당기는 힘 차이가 발생하여 실린더의 구동속도가 다르게 나타난다.

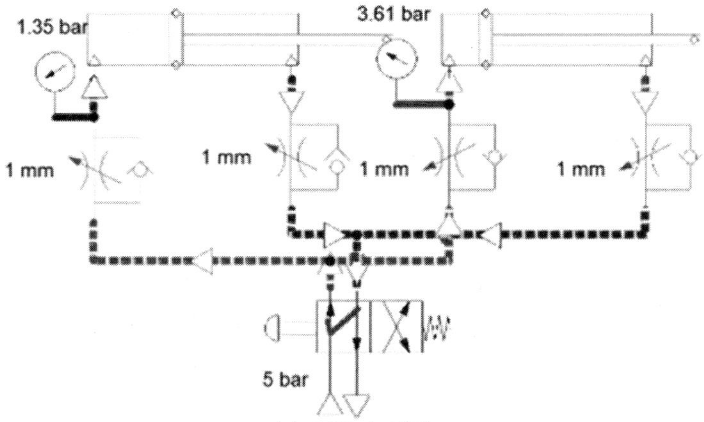

(a) 실린더 전진

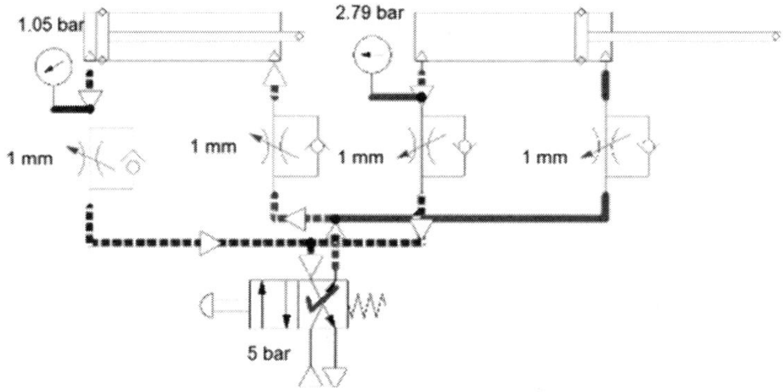

(b) 실린더 후진

그림 5.7 동작 시뮬레이션 : 복동 실린더

그림 5.8은 수동밸브를 마스터로 사용하고 파일럿밸브를 슬레이브로 사용하여 복동 실린더를 제어하는 공기압 회로도를 나타낸다. 파일럿밸브로서는 4포트 2위치밸브를 사용할 수도 있으나 여기서는 5포트 2위치 밸브를 사용하여 실린더의 운동속도를 제어하는 미터인 방식과 미터아웃 방식을 사용하여 공기압 회로를 구성한다.

그림 5.9는 복동 실린더의 동작을 제어하기 위하여 수동밸브와 5포트 2위치 파일럿밸브를 사용하는 공기압 회로의 시뮬레이션을 나타낸다. 4포트 2위치 수동밸브를 ON시키면 5포트 2위치 파일럿밸브에 압축공기가 공급되어 파일럿밸브를 ON시켜서 압력소스의 압축공기를 미터인 방식과 미터아웃 방식으로 구동되는 피스톤 헤드에 공급된다. 그리고 피스톤 로드의 압축공기는 대기로 배출되어 양 챔버의 압력 차이에 의해 실린더가 전진한다. 미터아웃 방식은 대기로 배출되는 유량을 제어하고 있으므로 대기압과의 압력차이가 발생하므로 피스톤 로드에 잔류압력이 남아있어서 양 챔버 사이의 압력차이가 낮아 전진속도가 늦게 나타난다. 수동밸브를 OFF시키면 실린더가 후진하게 되는데 이때도 미터인 방식보다 미터아웃 방식의 공기압 회로에서 실린더의 후진속도가 늦게 나타난다.

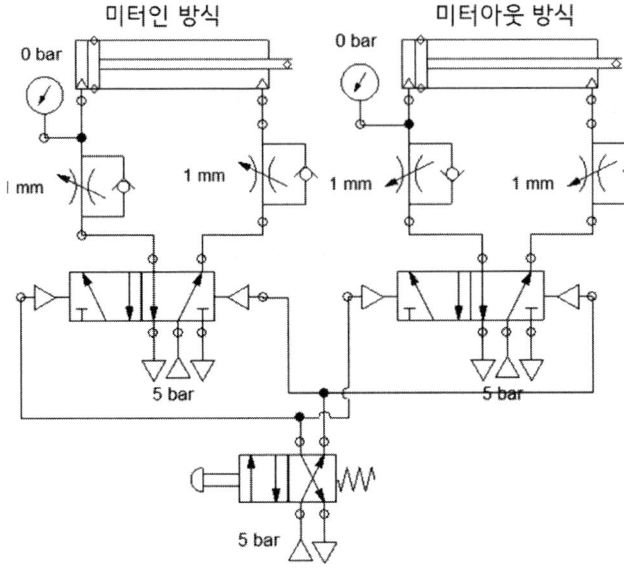

그림 5.8 파일럿밸브에 의한 복동 실린더

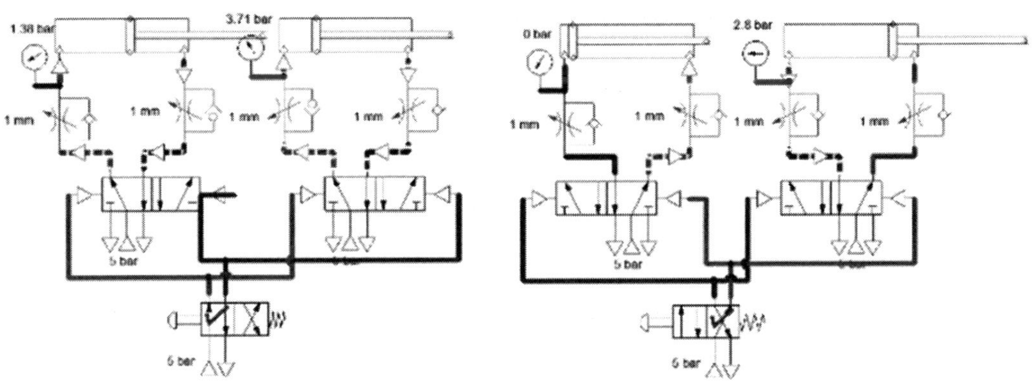

(a) 실린더 전진 (b) 실린더 후진

그림 5.9 복동 실린더 : 파일럿밸브

5.2 공기압 논리회로

■ 논-리턴 밸브(Non-Return)

논-리턴 밸브는 한쪽 방향으로만 공기를 공급해 주는 체크밸브를 포함하는 밸브로서, AND 논리기능을 만족시켜 주는 2압 밸브, OR 논리기능을 만족시켜 주는 셔틀밸브, 실린더의 속도를 제어하는 속도제어밸브 및 급속배기밸브가 있다.

5.2.1 AND 논리회로

■ 2압 밸브(Two-pressure valve, AND valve)

그림 5.10은 2압 밸브(AND밸브)의 작동원리를 나타내며 두 개의 입구 X포트와 Y포트가 있고 하나의 출구 A포트가 있다. 압축공기가 두 개의 입구 X포트와 Y포트에 모두 작용할 때만 출구 A포트에 압축공기가 흐르므로 AND 요소로도 알려져 있으며 연동제어(interlocking control), 안전제어, 검사기능 또는 논리작동(logic operation)에 사용된다.

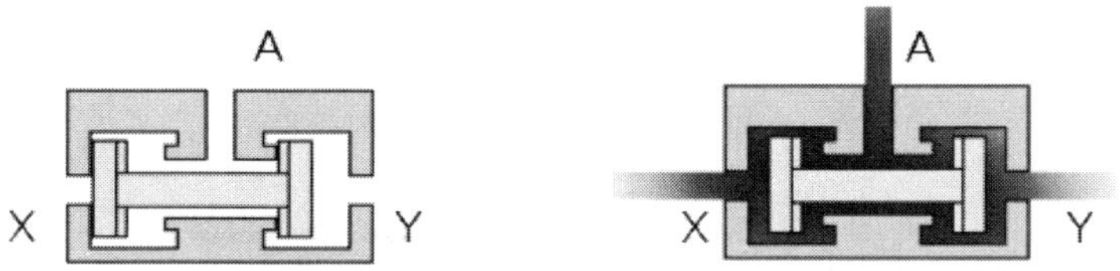

(a) 1개 입력상태 (b) 2개 입력상태

그림 5.10 2압 밸브(AND밸브)

그림 5.11은 3포트 2위치 수동밸브 2개를 AND 논리회로를 사용하여 공기압 회로를 구성한 진리표와 공기압 회로도를 나타낸다. 실린더의 운동속도는 미터아웃 방식을 사용하며, 3포트 2위치 수동밸브는 직렬로 연결하여 AND조합을 구현하였다. AND조합에서는 두 개의 수동밸브가 ON일 경우에만 4포트 2위치 파일럿밸브를 ON시켜서 실린더가 전진하고 그 외의 경우에는 4포트 2위치 파일럿밸브가 OFF된 상태이므로 실린더는 후진한 상태가 된다.

그림 5.12는 AND 논리회로를 사용하여 실린더를 제어하는 공기압 회로를 시뮬레이션하는 상태를 나타낸다. 실린더가 전진하기 위해서는 3포트 2위치 수동밸브 A와 B가 ON일 경우에 4포트 2위치 파일럿밸브 C가 ON되어서 압축공기를 피스톤 헤드에 공급하고 피스톤 로드의 압축공기는 대기로 배출한다. 실린더가 후진하기 위해서는 3포트 2위치 수동밸브 A와 B가 모두 OFF이거나 두 개 중에 하나가 ON일 경우에 4포트 2위치 파일럿밸브 C는 OFF가 되고 피스톤 로드에 압축공기를 공급하고 피스톤 헤드의 압축공기는 대기로 배출한다.

A	B	C
0	0	0
1	0	0
0	1	0
1	1	1

(a) AND회로 진리표

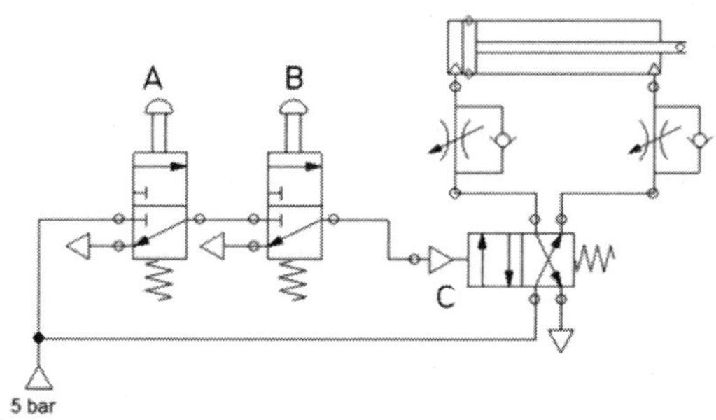

(b) AND회로 공기압 회로도

그림 5.11 AND 논리회로 진리표와 공기압 회로도

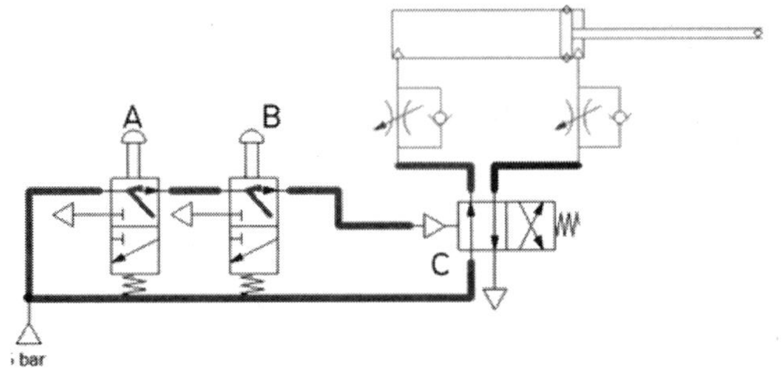

(a) 실린더 전진 : A ON, B ON

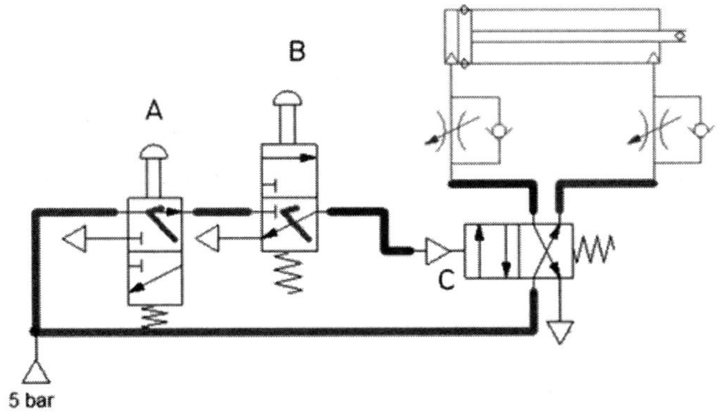

(b) 실린더 후진 : A ON, B OFF

그림 5.12 AND 논리회로 시뮬레이션

5.2.2 OR 논리회로

■ **셔틀밸브(shuttle valve, OR valve)**

그림 5.13은 두 개의 입구 X포트와 Y포트, 1개의 출구 A포트를 가지고 있는 셔틀밸브의 동작원리를 나타내며 압축공기가 X포트에 작용하면 볼은 입구 Y포트를 차단시켜 공기는 X포트에서 A포트로 흐르게 되며 압축공기가 Y포트에 작용하게 되면 공기는 Y포트에서 A포트로 흐르게 된다. 서로 다른 위치에 있는 신호밸브(signal valve)로부터 나오는 신호를 분류하고 제 2의 신호밸브로 공기가 빠져나가는 것을 방지해주기 때문에 OR요소라고도 불린다. 만약 실린더나 밸브가 두 개 이상의 위치로부터 작동되어야만 할 때에는 셔틀밸브(OR 밸브)를 꼭 사용하여야 한다.

그림 5.14는 3포트 2위치 수동밸브를 병렬로 연결한 OR 논리회로의 진리표와 공기압 회로도를 나타낸다. 두 개의 수동밸브 A와 B의 출력신호는 셔틀밸브를 거쳐서 4포트 2위치 파일럿밸브 C에 입력신호로 전달된다. OR 논리회로는 두 개의 입력신호 A와 B가 OFF일 경우에만 4포트 2위치 파일럿밸브 C에 압축공기의 공급을 차단하여 실린더를 후진시키고 그 외의 경우에는 피스톤 헤드에 압축공기를 공급하고 피스톤 로드의 압축공기는 대기로 배출시켜서 실린더를 전진시킨다.

(a) 1개 입력 (b) 2개 입력

그림 5.13 셔틀밸브(OR밸브)

A	B	C
0	0	0
1	0	1
0	1	1
1	1	1

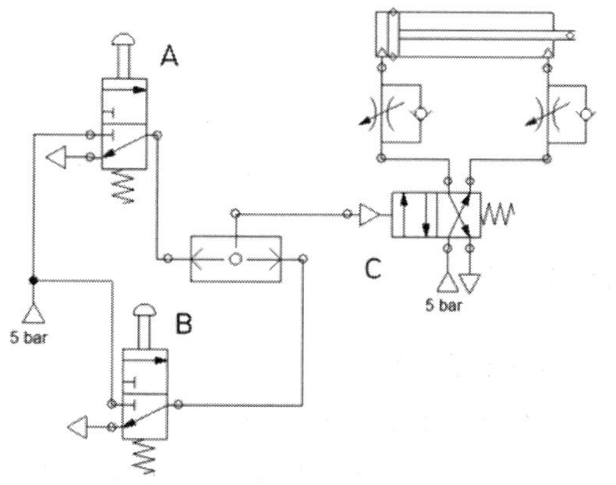

(a) OR 논리회로 진리표 (b) OR 논리회로 공기압 회로도

그림 5.14 OR 논리회로 진리표와 공기압 회로도

그림 5.15는 OR 논리회로를 사용하기 위하여 3포트 2위치 수동밸브와 셔틀밸브, 4포트 2위치 파일럿밸브로 구성한 공기압 회로의 시뮬레이션을 나타낸다. 실린더의 전진을 위하여서는 수동밸브 A와 B 어느 한쪽이 ON이 되거나 모두 ON이 되는 경우이다. 3포트 2위치 수동밸브의 압축공기는 셔틀밸브에서 취합되어 4포트 2위치 파일럿밸브를 ON시키므로 셔틀밸브에 압축공기가 공급되지 않는 경우, 즉 수동밸브 A와 B가 OFF되는 경우만 실린더는 후진한다.

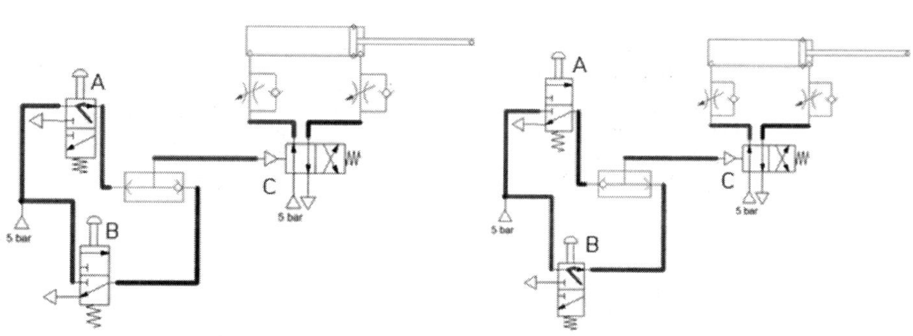

(a) 실린더 전진 : A ON, B OFF (b) 실린더 전진 : A OFF, B ON

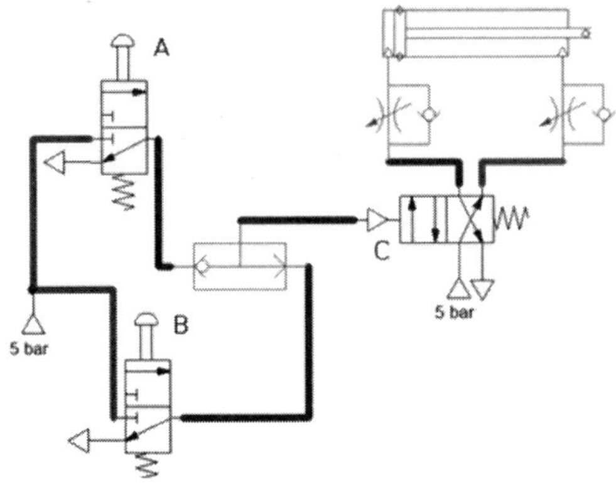

A	B	C
0	0	0
1	0	1
0	1	1
1	1	1

(c) 실린더 후진 : A OFF, B OFF

그림 5.15 OR 논리회로 시뮬레이션

5.2.3 NOT 논리회로

■ 3포트 2위치 리미트밸브

그림 5.16은 롤러레버에 의해 밸브가 작동하는 간접 작동형 3포트 2위치 리미트밸브이며, (a)는 정상상태를 나타내고 (b)는 작동상태를 나타낸다. 압력의 공급선 P포트와 파일럿밸브는 작은 구멍으로 연결되어 있고 롤러레버가 작동되면 파일럿밸브가 열려서 압축공기는 메인밸브의 격판으로 흐르게 되고 밸브 디스크는 아래로 움직이게 된다. A포트와 R포트의 통로가 닫히고 P포트와 A포트는 연결된다. 롤러 레버가 이완되면 격판의 압력선이 차단되고 공기는 배출되며 스프링에 의하여 밸브는 원래의 위치로 되돌아오게 된다.

그림 5.17은 NOT 논리회로 진리표와 공기압 회로도 3포트 2위치 수동밸브, 리미트밸브와 파일럿밸브를 사용하여 4포트 2위치 파일럿밸브를 동작시키는 NOT 논리회로의 진리표와 공기압 회로도를 나타낸다. NOT 논리회로는 리미트밸브 A가 ON이면 3포트 2위치 파일럿밸브 B가 OFF가 되고 리미트밸브 A가 OFF이면 3포트 2위치 파일럿밸브 B가 ON이 되는 공기압 회로이다.

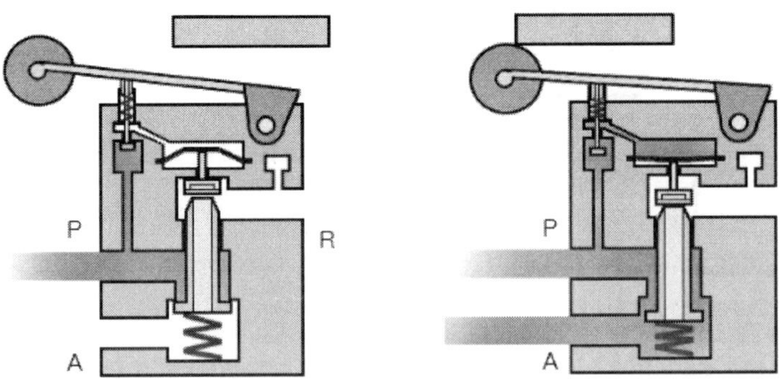

(a) 동작전　　　　　(b) 동작중

그림 5.16 롤러레버에 의한 방향제어밸브

A	B
0	1
1	0

(a) NOT 논리회로 진리표

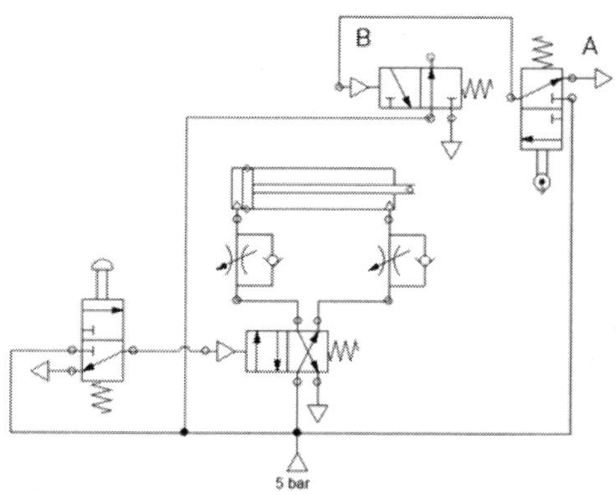

(b) NOT 조합 공기압 회로도

그림 5.17 NOT 논리회로 진리표와 공기압 회로도

그림 5.18은 3포트 2위치 수동밸브를 입력신호로 4포트 2위치 파일럿밸브를 동작시켜서 NOT 논리회로의 구현을 확인하는 시뮬레이션이다. 초기상태는 수동밸브가 OFF된 상태이므로 실린더는 후진하여 리미트밸브 A는 ON이 되고 3포트 2위치 파일럿밸브는 OFF가 된다. 수동밸브가 ON되면 4포트 2위치 파일럿밸브가 ON되어 실린더가 전진하여 리미트밸브 A를 OFF시키면 공기압력이 3포트 2위치 파일럿밸브에 공급되어 파일럿밸브가 ON이 되고 수동밸브를 OFF시켜서 실린더가 후진하면 리미트밸브는 ON이 되고 3포트 2위치 파일럿밸브 B의 파일럿 압력이 리미트밸브 A를 통하여 대기로 배출되면서 파일럿밸브 B는 OFF가 된다.

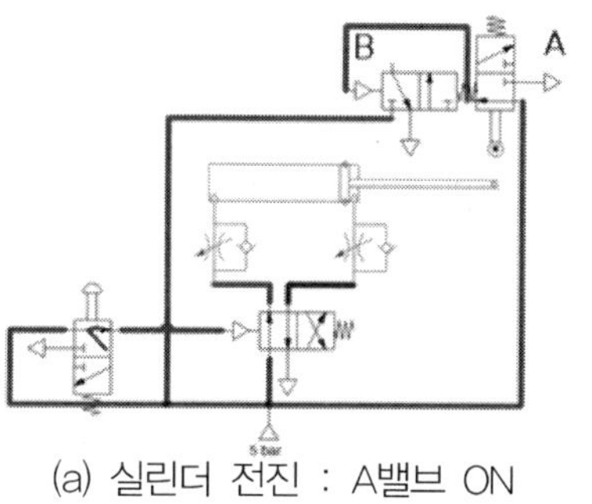

(a) 실린더 전진 : A밸브 ON

A	B
0	1
1	0

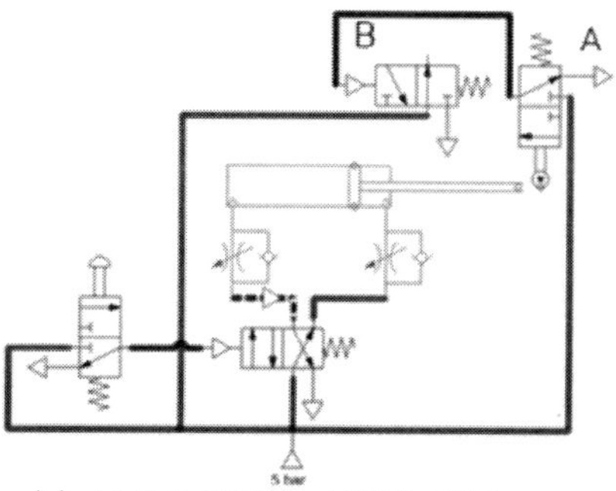

(b) 실린더 후진 : A밸브 OFF

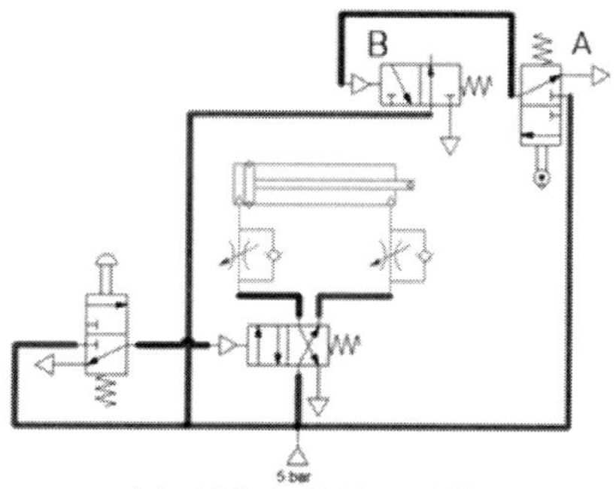

(c) 실린더 후진 : A밸브 OFF

그림 5.18 NOT 논리회로 시뮬레이션

5.3 공기압 응용회로

5.3.1 중간정지회로

그림 5.19는 3포트 2위치 수동밸브 2개와 2포트 2위치 파일럿밸브 2개를 사용하여 중간정지를 가능하게 하는 공기압 회로도를 나타낸다. 3포트 2위치 수동밸브와 2포트 2위치 파일럿밸브를 직렬로 연결하고 2포트 2위치 파일럿 밸브는 OFF된 상태인 차단위치에 실린더와 배관을 연결하고 압축공기 공급을 연결한다. 수동밸브 A는 실린더 전진, 수동밸브 B는 실린더 후진을 위한 밸브이다.

그림 5.20은 단동 실린더가 전진 또는 후진하는 도중에 정지를 가능하게 하는 공기압 회로의 시뮬레이션을 나타낸다. 수동밸브 B가 OFF된 상태에서 수동밸브 A를 ON시키면 실린더가 전진하고 전진 도중에 수동밸브 A를 OFF시키면 실린더는 정지한다. 수동밸브 A가 OFF된 상태에서 수동밸브 B를 ON시키면 실린더는 후진하고, 후진하는 도중에 수동밸브 B를 OFF시키면 실린더는 정지한다.

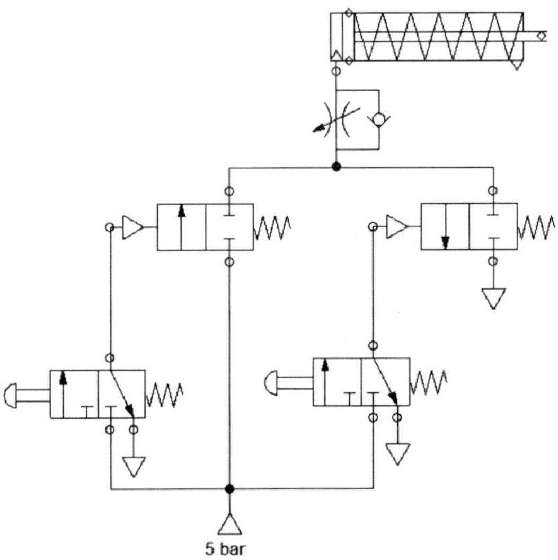

그림 5.19 중간정지 공기압 회로도

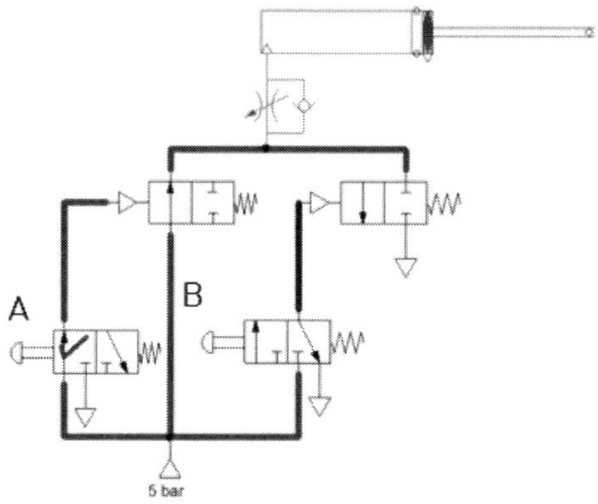

(a) 실린더 전진 : A밸브 ON

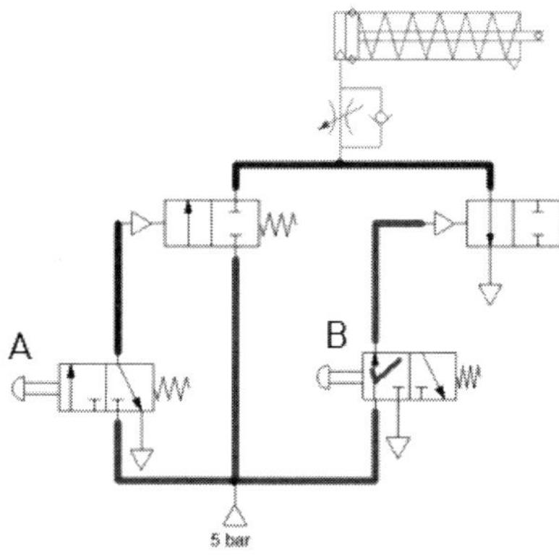

(b) 실린더 후진 : B밸브 ON

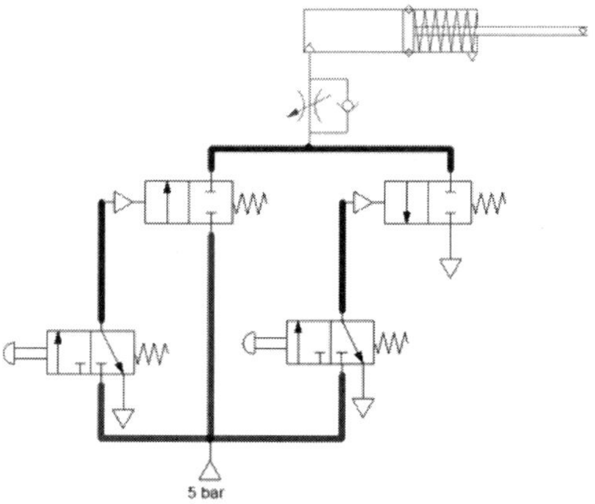

(c) 실린더 정지 : A, B밸브 OFF

그림 5.20 중간정지 시뮬레이션

5.3.2 가변속도 제어회로

그림 5.21은 2포트 2위치 파일럿밸브를 사용하여 실린더의 후진속도를 가변할 수 있는 공기압 회로도를 나타낸다. 4포트 2위치 수동밸브로 실린더의 전진과 후진을 제어하고 실린더의 운동속도는 미터아웃방식을 구현하는 유량제어밸브를 사용하여 조절한다. 실린더의 후진속도 가변은 3포트 2위치 수동밸브와 2포트 2위치 파일럿밸브를 사용한다.

그림 5.22는 실린더의 후진속도를 가변할 수 있는 공기압 회로도를 시뮬레이션한 것을 나타낸다. 4포트 2위치 수동밸브 A를 ON시키면 실린더는 전진 OFF시키면 후진을 시작한다. 실린더의 후진 도중에 후진속도를 빠르게 할 필요가 있을 경우에는 3포트 2위치 수동밸브 C를 ON시키면 압축공기가 파일럿밸브 B에 입력되어 피스톤 헤드의 압축공기를 2포트 2위치 파일럿밸브를 통하여 대기로 배출시켜 빠르게 후진한다.

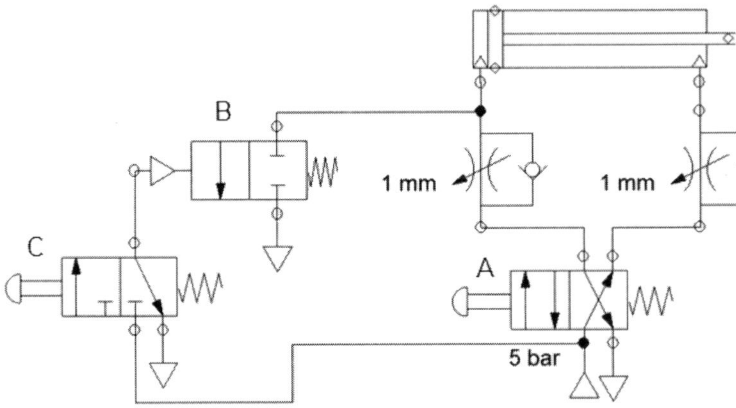

그림 5.21 가변속도 제어회로

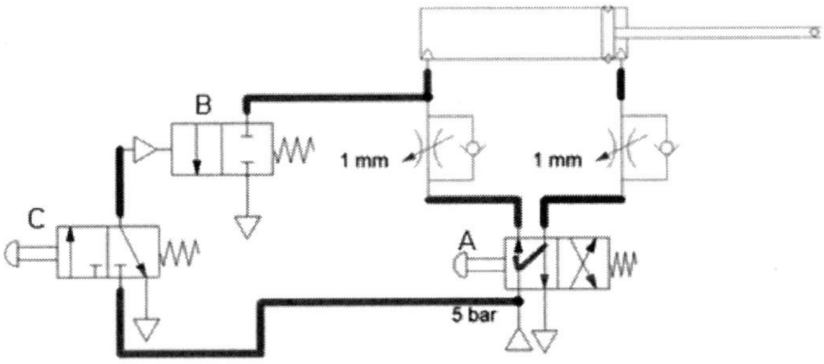

(a) 실린더 전진 : A밸브 ON

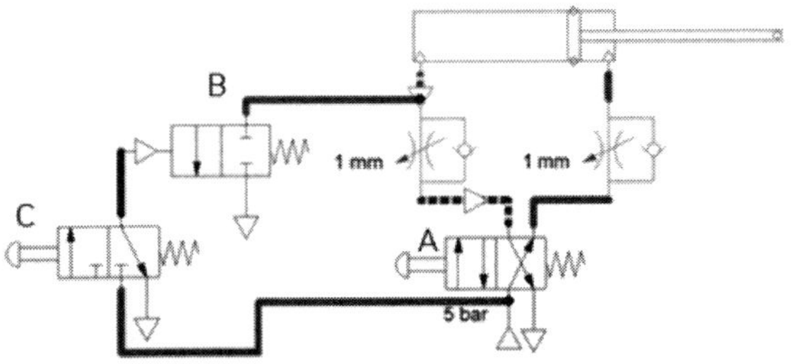

(b) 실린더 후진 : B밸브 OFF(후진 느림)

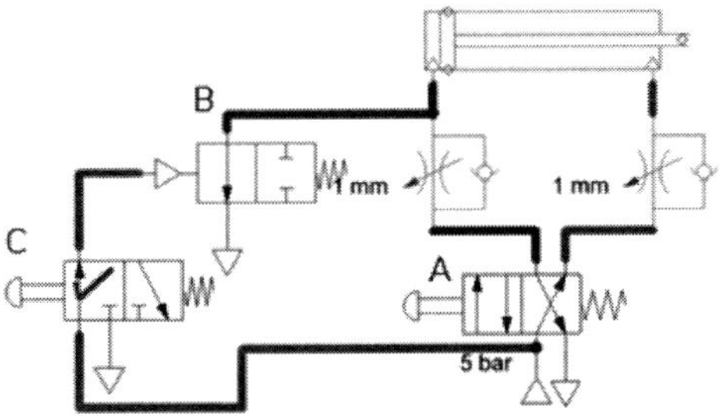

(c) 실린더 후진 : B밸브 ON(후진 빠름)

그림 5.22 동작 시뮬레이션 : 가변속도

5.3.3 자동왕복 제어회로

그림 5.23은 리미트밸브를 사용하여 실린더를 1회 자동왕복 운동하는 공기압 회로도를 나타낸다. 3포트 2위치 수동밸브에 의하여 실린더의 전진을 명령하면 후진은 3포트 2위치 리미트밸브의 신호에 의하여 실행된다. 4포트 2위치 양 파일럿밸브는 수동밸브와 리미트밸브의 출력신호를 입력신호로 받아들여서 실린더의 전진과 후진운동을 가능하게 한다.

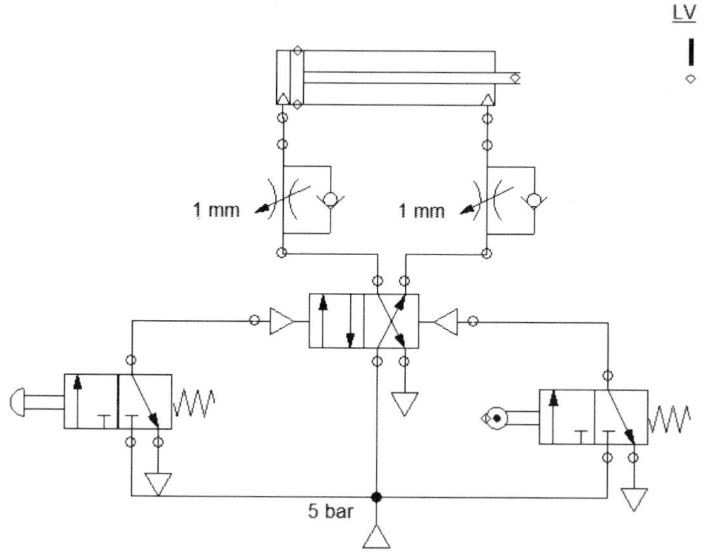

그림 5.23 자동왕복 공기압 회로도 : 1회

그림 5.24는 실린더의 1회 자동왕복 운동하는 공기압 회로 시뮬레이션을 나타낸다. 3포트 2위치 수동밸브를 ON시키면 압축공기가 4포트 2위치 양 파일럿밸브를 ON시켜서 압축공기는 피스톤 헤드에 공급되어 실린더가 전진한다. 실린더가 전진하여 피스톤 로드가 3포트 2위치 리미트밸브를 ON시키면 리미트밸브를 통하여 압축공기가 4포트 2위치 양 파일럿밸브를 OFF 시켜서 실린더를 후진시킨다. 수동밸브를 ON시키면 실린더는 1회 전진과 후진하고 초기상태에서 대기한다.

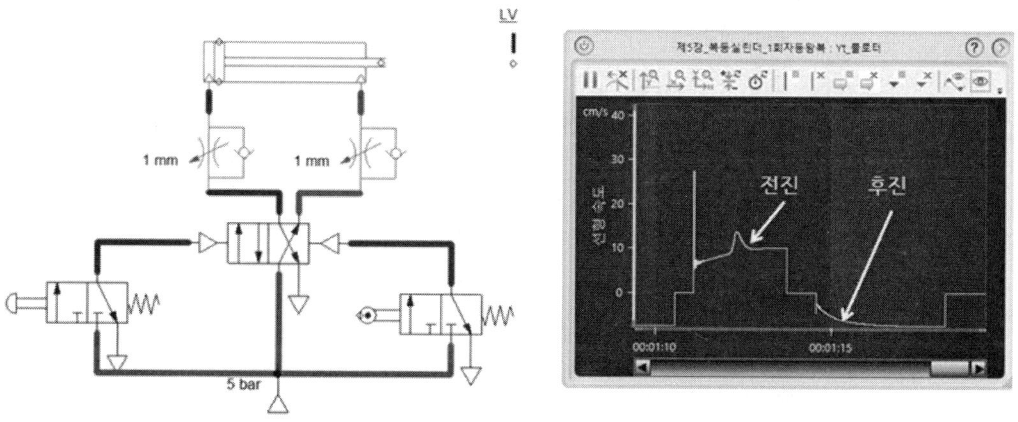

(a) 1회 왕복 시뮬레이션 (b) 실린더의 전진과 후진 속도

그림 5.24 자동왕복 시뮬레이션 : 1회

그림 5.25는 리미트밸브 2개를 사용하여 실린더를 자동왕복 운동하는 공기압 회로도를 나타낸다. 3포트 2위치 수동밸브와 리미트밸브 LS1은 직렬로 연결하고 실린더가 스트로크 중간에 위치하고 있을 경우에 수동밸브를 동작시키면 실린더는 전진하고 리미트밸브 LV에 의하여 후진하도록 공기압 회로를 구성한 것이다. 수동밸브를 한번 ON시키면 실린더는 전진과 후진 1회를 하게 되고 지속하여 ON상태를 유지하면 전진과 후진을 반복한다. 수동밸브와 리미트밸브 LS1을 병렬로 연결하면 지속해서 반복운전을 할 수 있으나 정지할 수 있도록 별도의 공기압 회로가 필요하다.

그림 5.26은 실린더의 자동운전 공기압 회로의 시뮬레이션을 나타낸다. 3포트 2위치 수동밸브를 ON시킨 상태를 유지시키면 실린더가 스트로크 중간 위치에 있더라도 전진하여 리미트밸브 LV를 ON시켜서 실린더가 후진한다. 실린더가 후진하여 리미트밸브 LS1을 ON시키면 실린더는 전진을 한다. 실린더를 정지시킬 경우에는 수동밸브를 OFF시키면 전진 중일 경우에는 리미트밸브 LV를 받아서 후진하고 리미트밸브 LS1 신호로 정지한다.

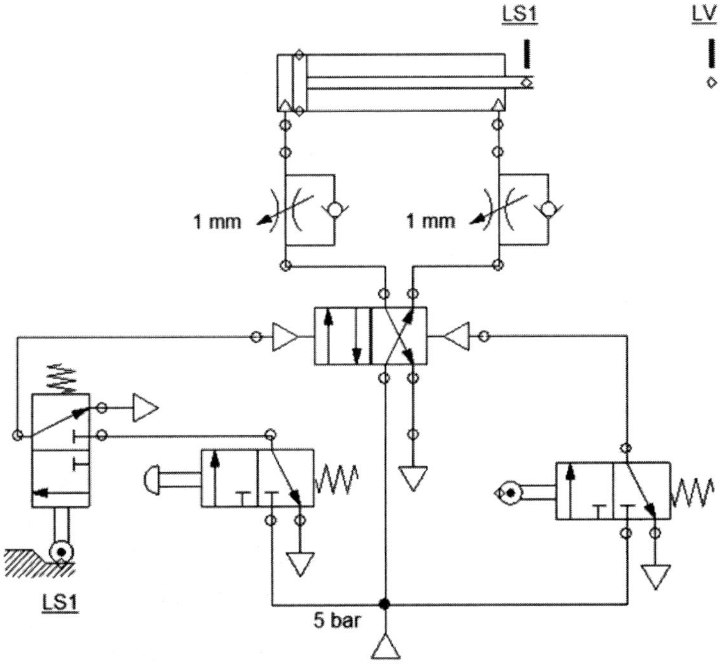

그림 5.25 자동왕복 공기압 회로도

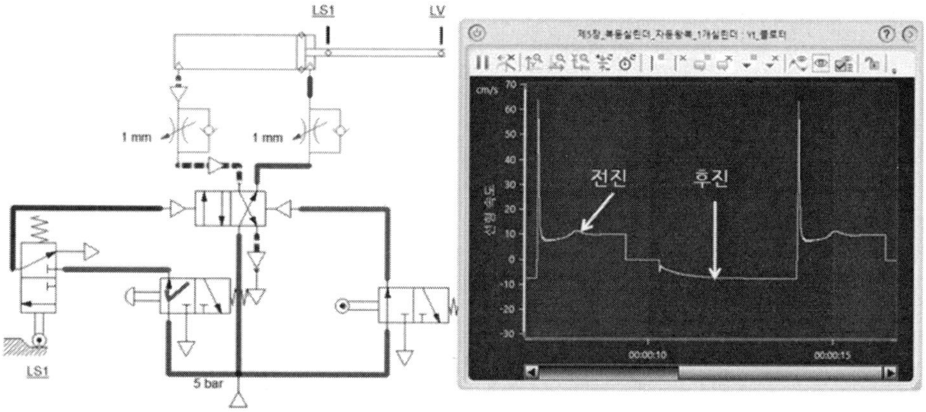

(a) 자동왕복 운전 (b) 전진과 후진 속도

그림 5.26 자동왕복 시뮬레이션

5.4 작동선도와 공기압 회로

5.4.1 작동선도와 제어선도

표 5.1은 실린더의 직선운동과 공기압 모터의 회전운동을 표시하는 작동선도 표시기호 및 작도법을 나타낸다. 액추에이터의 동작은 스텝번호 선에서 전진(정회전), 후진(역회전) 및 정지로 변화시키며, 두 개 이상의 액추에이터가 동시에 작동하고 종료시점이 서로 다른 경우에는 종료 점에 각각 다른 스텝번호를 기입한다.

표 5.1 작동선도 표시법

운동 구분	동작상태	표시 기호	작도법	범례
직선 운동	전진		대각선	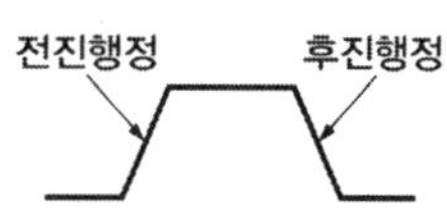
	후진		대각선	
	정지		수평	
회전 운동	정회전		위로 볼록하게	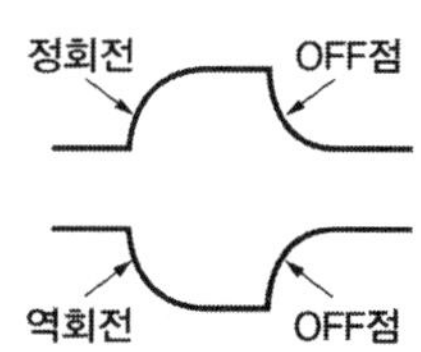
	역회전		아래로 오목하게	
	정지		수평	

그림 5.27은 실린더의 작동선도와 제어선도를 표시한 상태를 나타낸다. 실린더의 작동선도에서 전진은 1, 후진은 0으로 표시하고 제어선도에서 외부파일럿 및 수동밸브의 ON은 1, OFF는 0으로 표시한다. 1단계는 실린더 전진을 나타내고 이때 밸브상태는 ON이 된다. 2단계에서는 실린더가 전진한 상태를 유지하고 있으므로 밸브상태는 지속하여 ON을 유지한다. 3단계는 실린더는 후진하고 있으므로 밸브는 OFF상태가 된다. 4단계는 실린더가 후진을 유지하므로 밸브상태는 OFF를 유지한다. 5단계는 실린더가 전진이므로 밸브상태는 ON이 된다.

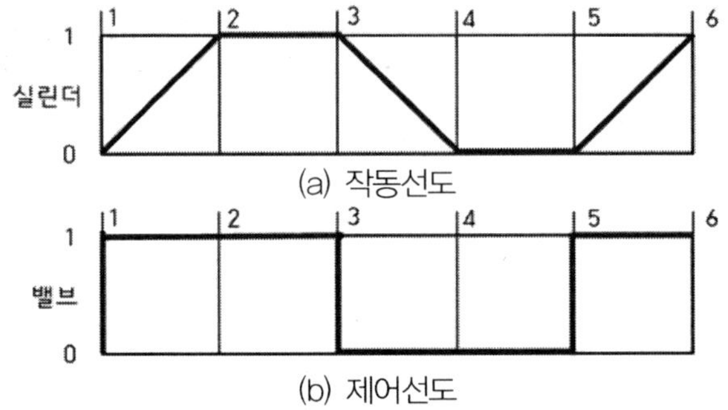

그림 5.27 작동선도와 제어선도

5.4.2 실린더 자동왕복회로

그림 5.28은 1개의 복동실린더를 수동밸브와 2개의 리미트밸브, 5포트 2위치 파일럿밸브를 사용하여 자동운전을 하는 작동선도와 제어선도를 나타내며, 수동밸브가 ON되었을 경우에는 자동운전을 하고 수동밸브가 OFF되면 실린더는 후진하여 정지하도록 제어선도를 설계한다. 작동선도는 각 단계별로 실린더의 전진과 후진을 반복하는 것을 나타내고 제어선도는 실린더의 전진과 후진을 위한 방향제어밸브 V1, V2와 리미트밸브 LV1, LV2 및 실린더의 전진명령 신호를 부여하는 수동밸브의 상태를 나타낸다. 수동밸브와 리미트밸브는 ON/OFF 제어를 위한 3포트 2위치 밸브를 선택하고 실린더의 운동방향제어에는 4포트 2위치 또는 5포트 2위치 밸브를 사용한다.

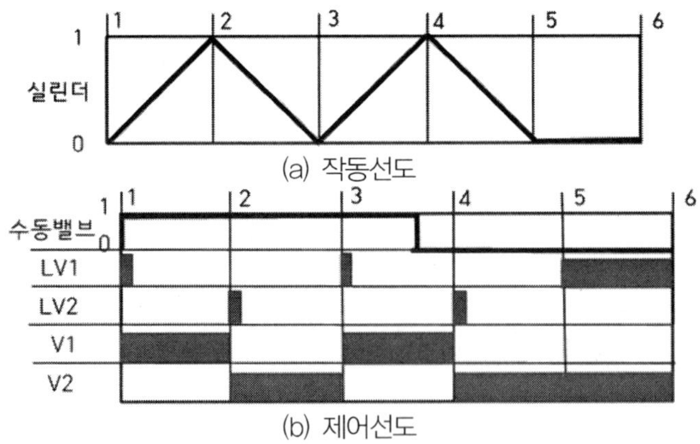

그림 5.28 작동선도와 제어선도

그림 5.29는 5포트 2위치 양 파일럿밸브를 사용하여 복동 실린더의 전진과 후진을 자동으로 운전하는 공기압 회로도를 나타낸다. 수동밸브와 리미트밸브 LV1은 직렬 연결하여 실린더의 전진신호로 사용하고, 리미트밸브 LV2는 실린더의 후진신호로 사용한다. 실린더의 운동속도는 유량제어밸브를 사용하여 미터아웃 방식을 채용하고 5포트 2위치 양 솔레노이드 V1은 전진, V2는 후진을 제어한다.

그림 5.30은 복동 실린더의 전진과 후진을 제어하는 시뮬레이션을 나타낸다. 시뮬레이션을 시작하면 5포트 2위치 밸브 V2에 실린더는 후진상태로 리미트밸브 LV1이 ON 상태가 된다. 리미트 밸브 LV1이 ON인 상태에서 수동밸브를 ON시키면 실린더는 전진하고 피스톤 로드가 풀 스트로크에 도달하면 리미트밸브 LV2를 ON시킨다. 리미트밸브 LV2가 ON되면 5포트 2위치 파일럿밸브 V2가 ON되면서 피스톤 로드에 압축공기를 공급하고 피스톤 헤드의 압축공기는 유량제어밸브를 거쳐서 대기로 방출되어 실린더는 조절된 속도로 후진한다.

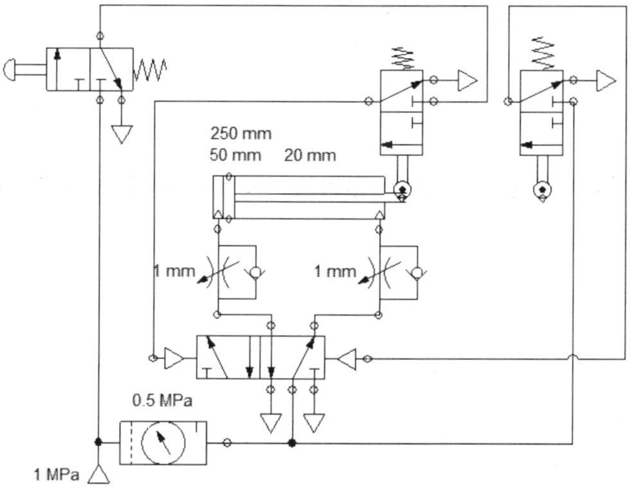

그림 5.29 복동 실린더의 자동운전 공기압 회로도

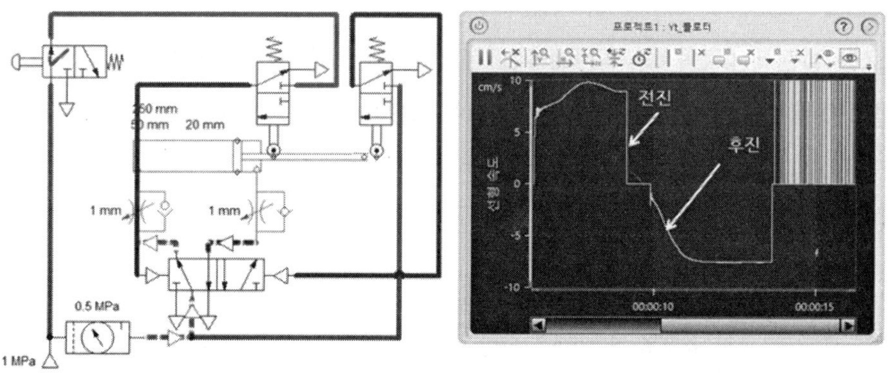

(a) 자동왕복 운전 (b) 전진과 후진 속도

그림 5.30 복동 실린더 시뮬레이션 : 자동운전

예제 5.1

복동 실린더는 실린더 내경 $D = 50\,\text{mm}$, 피스톤 로드 직경 $d = 20\,\text{mm}$, 실린더 행정 $S = 250\,\text{mm}$의 사양을 가지고 공급 압력은 $P = 0.5\,[\text{MPa}] \fallingdotseq 5\,[\text{kgf/cm}^2]$이다. 실린더가 미는 $F[\text{kgf}]$와 당기는 힘 $f\,[\text{kgf}]$를 구해보자.

풀이

힘은 압력이 작용하는 단면적과 압력의 곱셈으로 구할 수 있다.

$$F = A \times P = \frac{3.14 \times 5^2 \times 5}{4} = 99\,[\text{kgf}],\ f = A \times P = \frac{3.14 \times (5^2 - 2^2) \times 5}{4} = 82\,[\text{kgf}]$$

여기서, $A\,[\text{cm}^2]$은 단면적을 나타낸다.

예제 5.2

그림 5.30에서 실린더의 전진과 후진에 걸리는 시간을 구하고 그때에 필요한 압축공기의 소모량을 구해보자.

풀이

실린더의 행정거리 $S = 250\ \text{mm}$이고 전진 3초, 후진 4초 정도 소요되고 있으므로 전진속도 $V_f[\text{cm/sec}]$와 후진속도 $V_b[\text{cm/sec}]$는 다음과 같다.

$$V_f = \frac{S}{t} = \frac{25}{3} = 8.3\,[\text{cm/sec}],\ V_b = \frac{S}{t} = \frac{25}{4} = 6.25\,[\text{cm/sec}]$$

다음으로는 실린더의 전진과 후진에 필요한 유량을 구해보도록 한다. $Q_f[\text{cm}^3/\text{min}]$은 전진에 필요한 유량, $Q_b[\text{cm}^3/\text{min}]$은 후진에 필요한 유량이며 다음과 같이 구한다.

$$Q_f = A_f \times V_f = \frac{3.14 \times 5^2 \times 8.3 \times 60}{4} = 9{,}773\,[\text{cm}^3/\text{min}] = 9.7\,[L/\text{min}]$$

$$Q_b = A_b \times V_b = \frac{3.14 \times (5^2 - 2^2) \times 6.25 \times 60}{4} = 6{,}181\,[\text{cm}^3/\text{min}] = 6.2\,[L/\text{min}]$$

5.4.3 1단계씩 이동하는 공기압회로

그림 5.31은 1개의 실린더를 수동밸브의 입력에 따라서 1단계씩 이동하는 공기압회로를 설계하기 위한 작동선도와 제어선도를 나타낸다. 수동밸브를 한번 누를 때마다 1단계씩 실린더는 전진과 후진을 반복한다. 1단계의 실린더 전진조건은 리미트밸브 LV1과 수동밸브에 의해 결정되고 이에 따라서 5포트 2위치 파일럿 밸브 V21과 V11이 작동한다. 2단계의 실린더 후진조건은 리미트밸브 LV2와 수동밸브에 의해 결정되고 5포트 2위치 파일럿밸브 V22와 V12를 동작시켜 실린더가 후진한다.

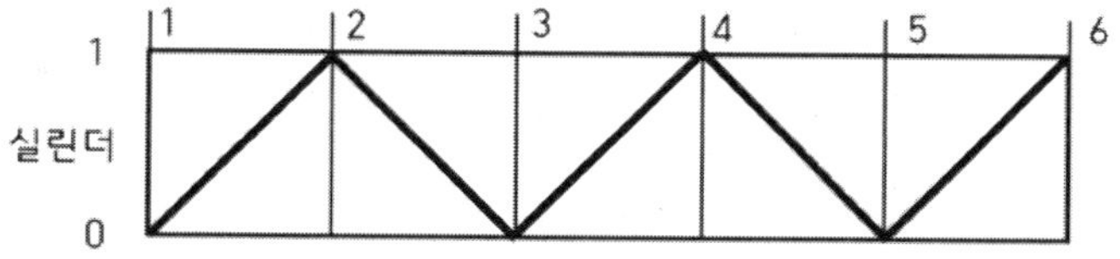

(a) 작동선도

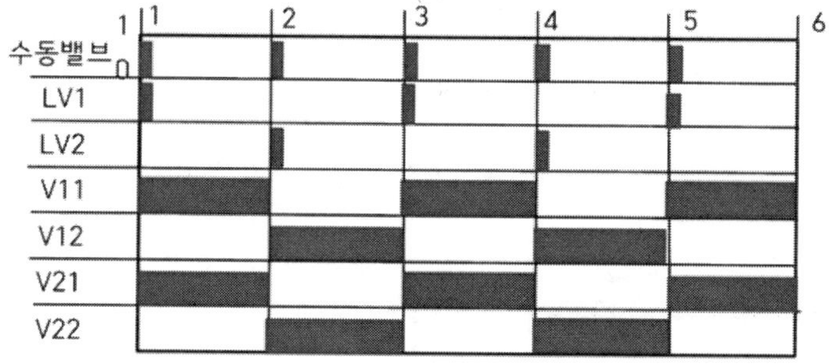

(b) 제어선도

그림 5.31 1단계씩 이동하는 작동선도와 제어선도

그림 5.32는 작동선도와 제어선도를 사용하여 설계한 1단계씩 이동하는 공기압 회로를 나타낸다. 복동 실린더는 오리피스 지름을 1 mm으로 설정한 유량제어밸브를 사용하고 미터아웃 방식으로 운동속도를 제어한다. 리미트밸브 LV1과 5포트 2위치 파일럿밸브 V21, 리미트밸브 LV2와 5포트 2위치 파일럿밸브 V22는 직렬로 연결하고 수동밸브는 5포트 2위치 파일럿밸브 V2와 연결한다. 5포트 2위치 파일럿 밸브 V21과 V11은 실린더가 전진, V22와 V12는 실린더가 후진하도록 공기압 회로를 구성한다. 이때 사용하는 압축공기의 압력은 0.5 MPa이다.

그림 5.33은 복동 실린더가 1단계식 전진과 후진을 반복하는 시뮬레이션을 나타낸다. 리미트 밸브 LV1이 ON인 상태에서 수동밸브를 누르면 5포트 2위치 파일럿 밸브 V21이 ON되면서 실린더의 운동방향을 제어하는 5포트 2위치 파일럿밸브 V11을 동작시켜서 실린더가 전진한다. 실린더가 전진하여 리미트밸브 LV2가 ON되어 있는 상태에서 수동밸브를 누르면 5포트 2위치 파일럿밸브 V12가 ON되면서 5포트 2위치 파일럿밸브 V22를 동작시켜 실린더가 후진한다.

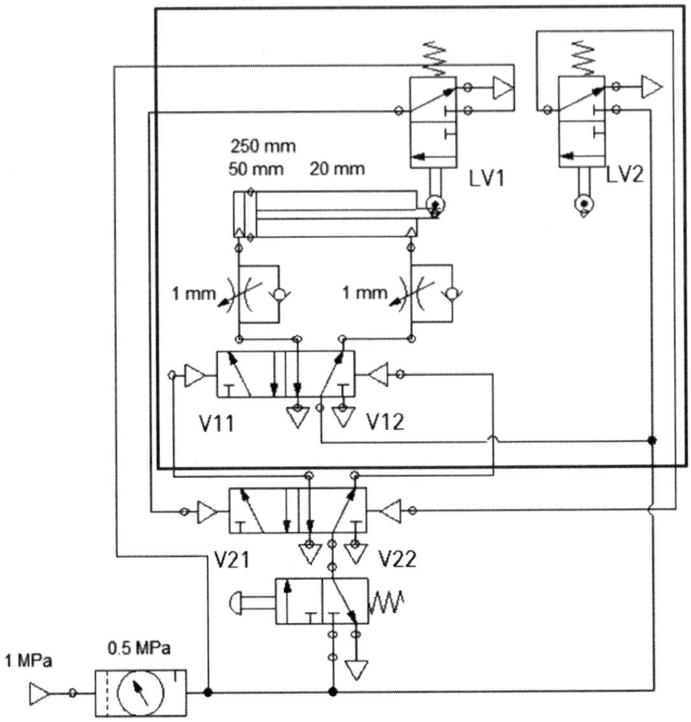

그림 5.32 1단계씩 이동하는 공기압 회로도

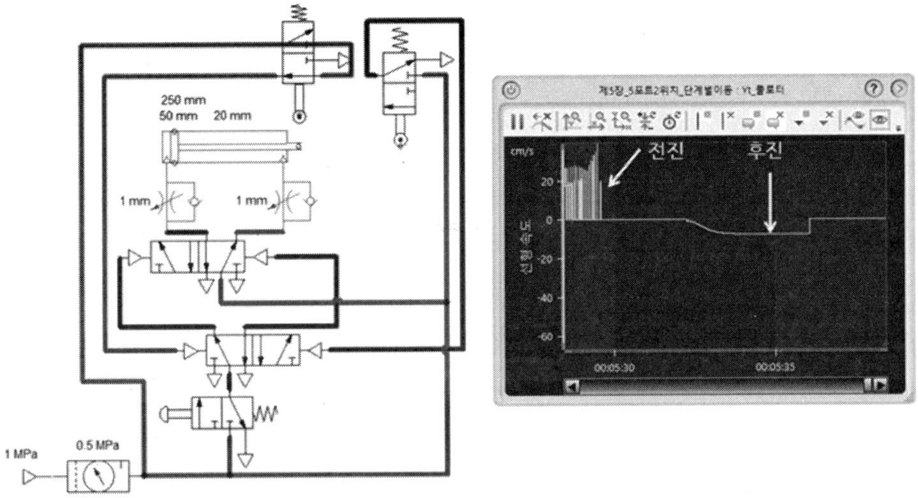

(a) 자동왕복 운전 (b) 전진과 후진 속도

그림 5.33 복동 실린더 시뮬레이션 : 1단계씩 이동

5.4.4 중간정지 공기압회로

그림 5.34는 실린더가 전진과 후진운동을 반복하는 도중에 중간정지를 할 수 있는 공기압회로를 설계하는 작동선도와 제어선도를 나타낸다. 실린더의 전진조건으로서는 수동밸브와 리미트밸브 LV1이며 이 조건에 따라서 5포트 2위치 파일럿밸브 V11이 동작한다. 실린더의 후진조건은 수동밸브와 리미트밸브 LV2이며 이 조건에 따라서 5포트 2위치 파일럿밸브 V12가 동작한다. 실린더의 중간정지 조건은 정지밸브가 ON이 되는 것이며, 전진 중에는 5포트 2위치 밸브 V11이 ON되고 2포트 2위치 파일럿밸브 V21과 V22가 동시에 ON되는 것이다. 후진 중에는 5포트 2위치 밸브 V12가 ON되고 2포트 2위치 파일럿밸브 V21과 V22가 동시에 ON이 되어서 실린더가 정지하고 정지밸브를 해제하면 전진과 후진상태를 이어서 동작한다.

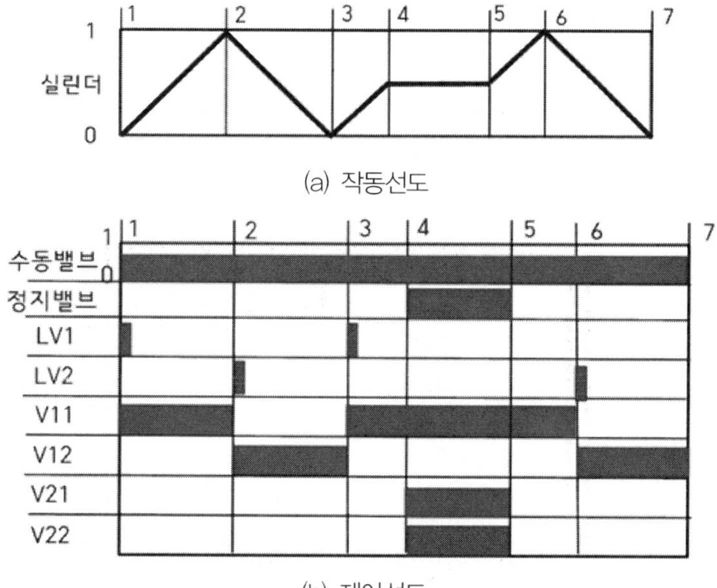

(b) 제어선도

그림 5.34 중간정지회로의 작동선도와 제어선도

그림 5.35는 실린더의 전진과 후진운동 중에 정지할 수 있는 공기압 회로도를 나타낸다. 리미트밸브 LV1과 수동밸브를 직렬로 연결하여 실린더의 전진조건을 만들고 5포트 2위치 파일럿밸브 V11을 동작시킨다. 리미트밸브 LV2는 후진신호를 만들고 5포트 2위치 파일럿밸브 V12를 동작시킨다. 정지밸브와 2포트 2위치 파일럿밸브 V21과 V22를 직렬로 연결하여 동시에 작동하도록 공기압 회로를 구성하여 실린더의 동작을 정지시킨다.

그림 5.36은 복동 실린더가 동작하는 도중에 정지하는 시뮬레이션 시작상태를 나타낸다. 압축공기는 5포트 2위치 파일럿밸브 V12에 의하여 압축공기는 피스톤 로드에 공급되고 피스톤 헤드의 압축공기는 대기로 배출되어 실린더는 후진상태가 되고 리미트밸브 LV1은 ON이 된다.

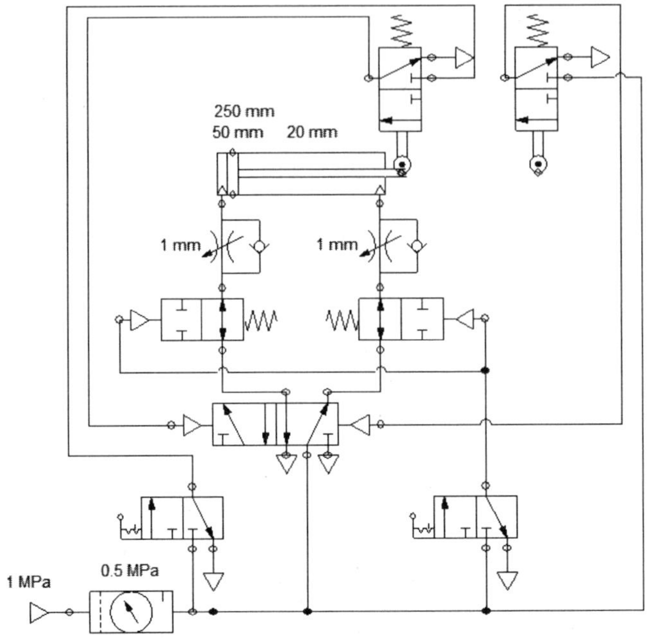

그림 5.35 중간정지 공기압 회로도

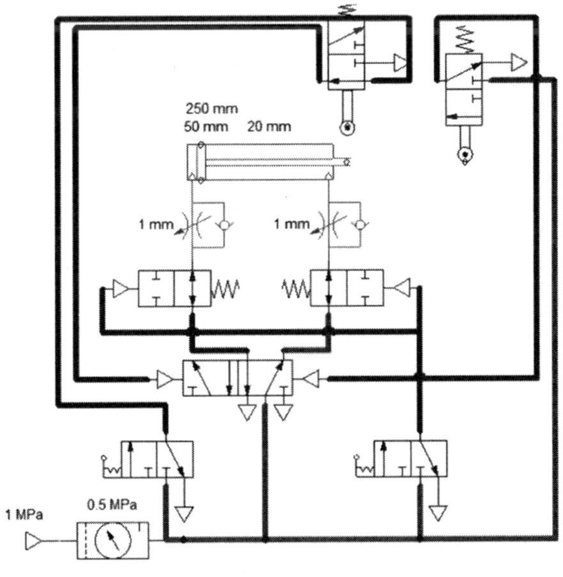

그림 5.36 중간정지 시뮬레이션

그림 5.37은 실린더의 전진과 후진운동을 자동으로 반복하는 시뮬레이션을 나타낸다. 리미트 밸브 LV1이 ON인 상태에서 수동밸브를 ON시키면 실린더가 전진하여 리미트밸브 LV2를 ON시키고 실린더는 후진하는 동작이 반복한다. 이때 수동밸브는 지속하여 ON인 상태가 유지되어야 연속으로 반복하고 수동밸브를 한 번만 누르면 1회 왕복운동을 한다.

그림 5.38은 실린더가 운전하는 도중에 정지하는 시뮬레이션을 나타낸다. 실린더가 전진을 하고 있는 상태에서 정비밸브를 ON시키면 2포트 2위치 파일럿밸브 V21와 V22는 동시에 ON이 되면서 실린더에 공급되고 배출되는 압축공기를 차단하여 실린더의 운동을 멈춘다. 정지밸브를 해제하면 2포트 2위치 파일럿밸브에 의해 차단된 압축공기는 실린더에 공급되고 대기로 배출하여 다시 움직이기 시작한다.

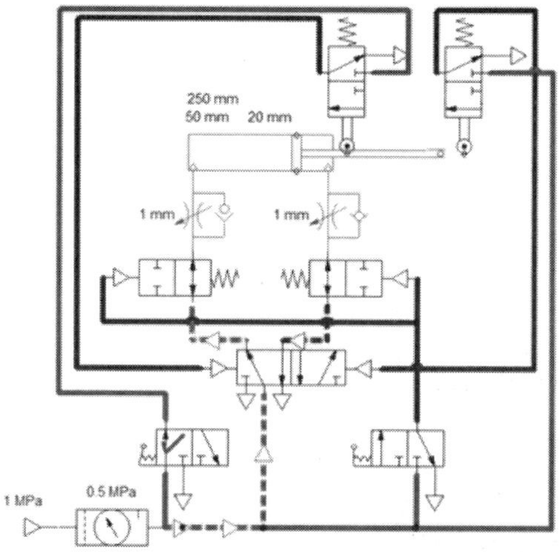

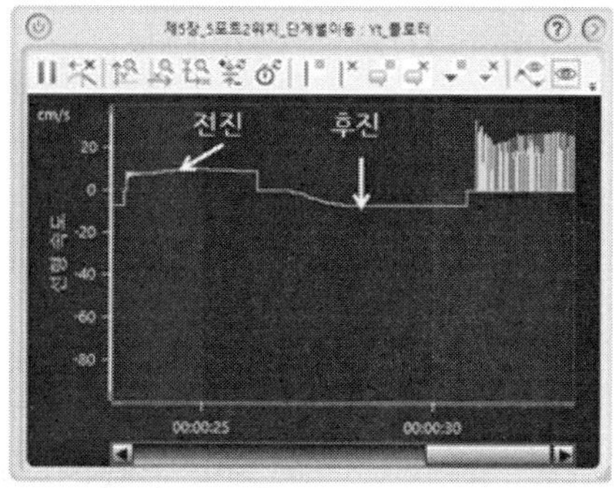

(a) 자동왕복 운전 (b) 전진과 후진 속도

그림 5.37 중간정지 시뮬레이션 : 자동운전

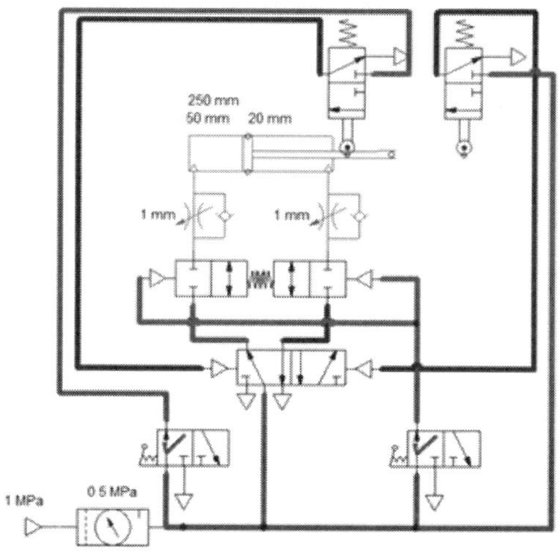

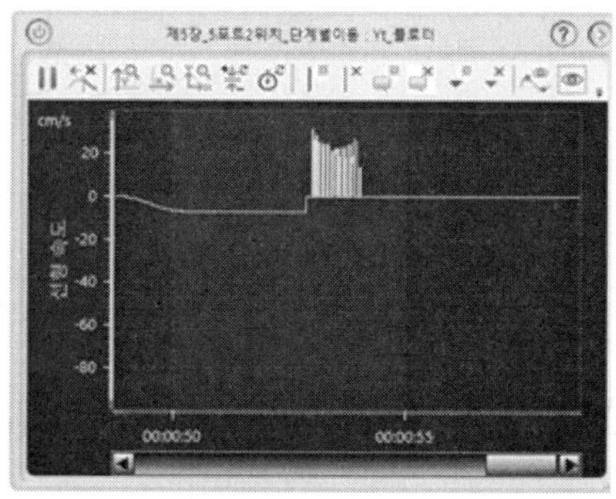

(a) 전진 중에 중간정지 (b) 전진과 후진 속도

그림 5.38 중간정지 시뮬레이션 : 중간정지

5.5 복동 실린더 2개 제어 공기압 회로

5.5.1 실린더 두 개 작업조건

그림 5.39는 상자를 컨베이어 A에서 B로 이송시키는 일을 수행하기 위하여 두 개의 실린더를 사용하는 사례를 나타낸다. 상자는 컨베이어 A에 투입되어 실린더 A 위치에 도달하면 실린더 A가 동작하여 실린더 B 위치로 밀어 올린다. 상자가 실린더 B 위치에 도달하면 실린더 B가 전진하여 상자를 컨베이어 B에 이송시키고 실린더 A는 후진한다. 실린더 A가 후진하면 실린더 B가 후진하고 다시 상자가 컨베이어 A에 투입되는 작업이 반복되는 작업조건을 나타낸다. 실린더의 전진은 +, 후진은 -으로 실린더의 작동상태를 표시하기로 한다.

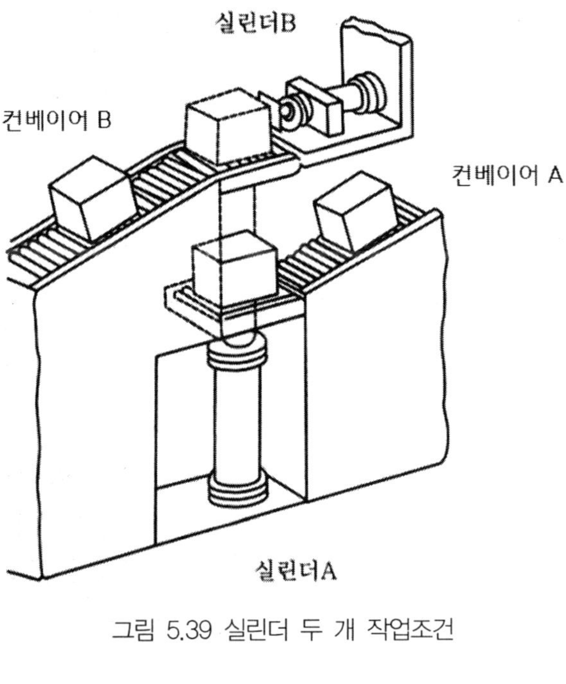

그림 5.39 실린더 두 개 작업조건

5.5.2 실린더 작동조건 : A+B+(AB)-

A+B+(AB)-는 실린더 A 전진, 실린더 B 전진, 실린더 A와 B는 동시 후진하는 실린더 작동상태를 나타내며 각 실린더는 리미트밸브를 사용하여 전진과 후진의 신호로 사용한다. 실린더의 운전시작은 시동밸브를 사용하도록 한다. 제어선도는 수동밸브와 리미트밸브의 신호를 받아서 방향제어밸브를 동작하는 상태를 나타낸다.

그림 5.40은 상자를 컨베이어 A에서 B로 이송시키는 일을 수행하기 위하여 작동선도와 제어선도를 나타낸다. 실린더의 작동선도에서 1단계는 실린더 A 전진, 실린더 B 후진상태 유지하고, 2단계는 실린더 A 전진상태 유지, 실린더 B 전진한다. 3단계는 실린더 A와 B 동시에

후진하고, 4단계는 두 개 실린더 모두 후진상태에서 대기한다. 5단계부터는 다시 실린더 A 전진을 시작하여 작업을 반복한다.

제어선도에서 1단계는 두 개의 실린더 모두 후진상태이므로 리미트밸브 LV_A1와 LV_B1이 ON되어 있는 상태에서 시동밸브 SW가 ON되면 방향밸브 VA1이 ON되면서 실린더 A가 전진한다. 2단계는 실린더 A가 전진하여 리미트밸브 LV_A2가 ON되면 스위칭밸브 VA22가 ON, 방향밸브 VB1이 ON되면서 실린더 B가 전진한다. 3단계는 실린더 B가 전진하여 리미트밸브 LV_B2가 ON되면 스위칭밸브 VA11, 방향밸브 VA2와 VB2가 ON되면서 두 개의 실린더는 후진하여 4단계에서는 후진상태로 대기한다. 5단계는 시동밸브 SW가 ON되면 다시 실린더 A가 전진하여 리미트밸브 LV_A2가 ON되는 6단계는 2단계와 동일한 상태가 되면서 작업을 반복한다.

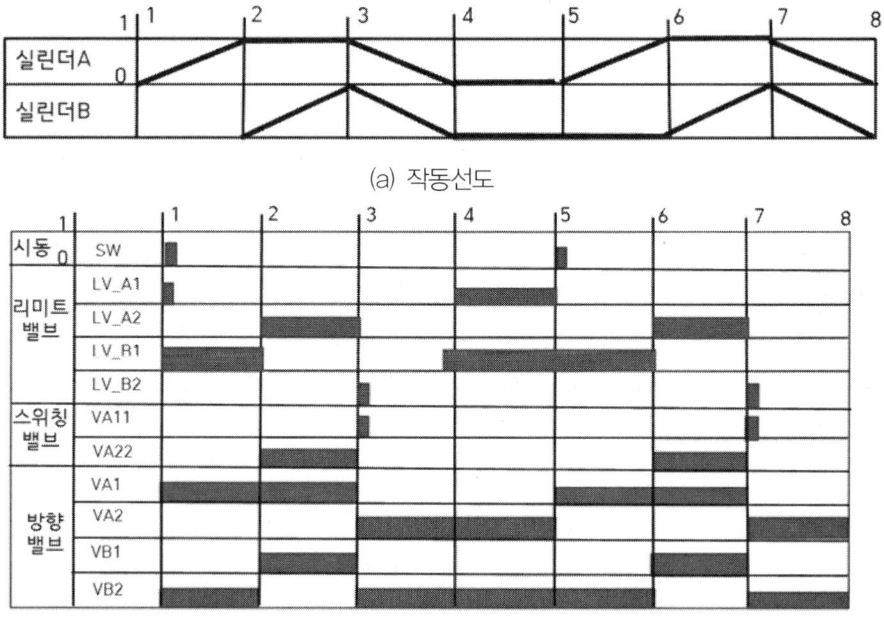

(b) 제어선도

그림 5.40 작동선도와 제어선도

그림 5.41은 두 개 실린더를 제어하는 공기압 회로도를 나타낸다. 시동밸브 SW, 리미트밸브 및 스위칭밸브는 3포트 2위치 밸브를 사용하고 실린더의 운동방향을 전환시키는 방향밸브는 5포트 2위치 밸브를 사용한다. 시동밸브 SW와 리미트밸브 LV_A1은 직렬로 연결하고 그 출력은 방향밸브 VA1에 입력된다. 리미트밸브 LV_A2는 스위칭밸브 VA11와 직렬로 연결하여 그 출력을 방향밸브 VA2에 입력하여 실린더 A의 후진에 관여하고 스위칭밸브 VB1의 입력신호로 사용되어 방향밸브 VB1을 ON시켜 실린더 B를 전진시킨다. 리미트밸브 LV_B1은 스위칭밸브 VB22와 직렬로 연결하여 실린더 B의 전진에 관여하고 리미트밸브 LV_B2는 방향밸브 VB2를

ON시켜 실린더 B를 후진시키면서 스위칭밸브 VA11을 ON이 되도록 압축공기를 보내어서 VA2가 ON되면 실린더 A는 후진한다.

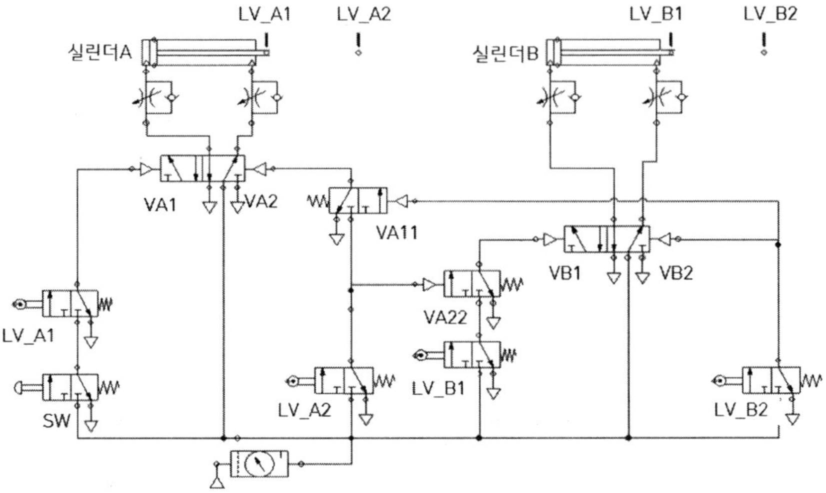

그림 5.41 두 개 실린더를 제어하는 공기압 회로도

그림 5.42는 두 개의 공기압 실린더를 동작시키는 시뮬레이션의 초기상태와 실린더 A가 전진하는 상태를 나타낸다. 시뮬레이션을 시작하면 방향밸브 VA2와 VB2가 ON되면서 두 개의 실린더는 후진상태가 되고 리미트밸브 LV_A1과 LV_B1는 ON된 상태로 대기한다. 실린더 A가 전진하기 위해서는 리미트밸브 LV_A1이 ON된 상태에서 시동밸브 SW를 ON시키면 방향밸브 VA1이 ON되면서 실린더 A는 전진한다.

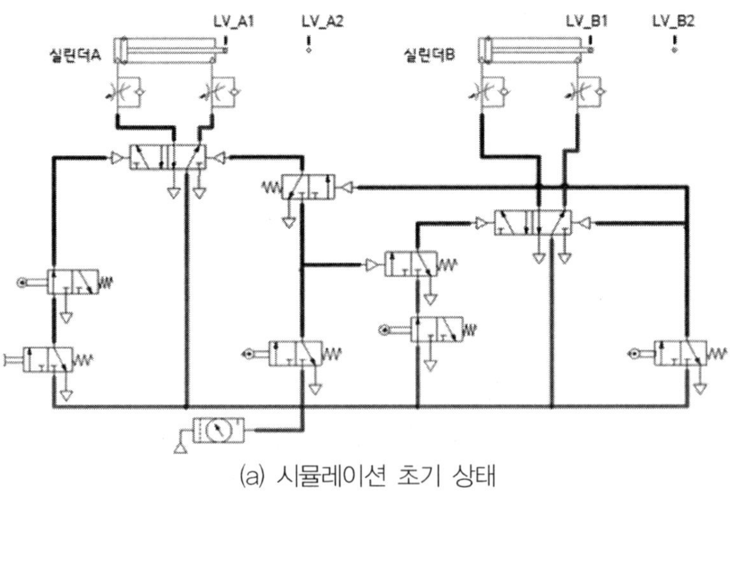

(a) 시뮬레이션 초기 상태

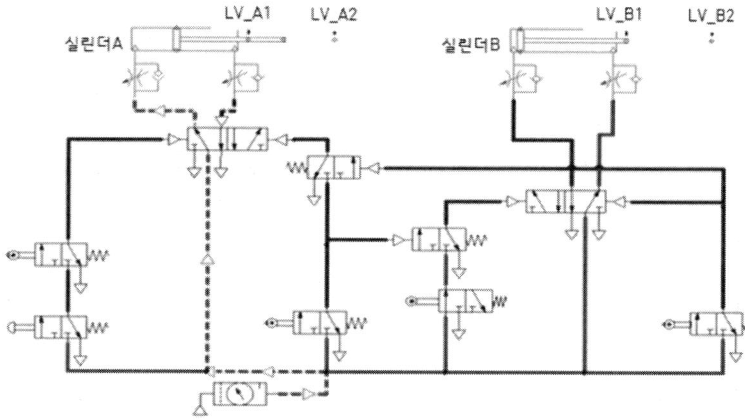

(b) 실린더 A 전진
그림 5.42 시뮬레이션 초기상태와 실린더 A전진

그림 5.43은 실린더 B가 전진하고 두 개의 실린더 A와 B가 동시에 후진하는 시뮬레이션 상태를 나타낸다. 실린더 A가 전진하여 리미트밸브 LV_A2를 ON시키면 방향밸브 VB1을 ON시켜서 실린더 B가 전진한다. 실린더 B가 전진하여 리미트 밸브 LV_B2를 ON시키면 방향밸브 VA2와 VB2를 동시에 ON시켜서 실린더 A와 B를 동시에 후진시킨다. 두 개의 실린더가 후진하고 나면 후진상태에서 시동밸브 SW의 신호가 들어올 때까지 후진상태에서 대기한다.

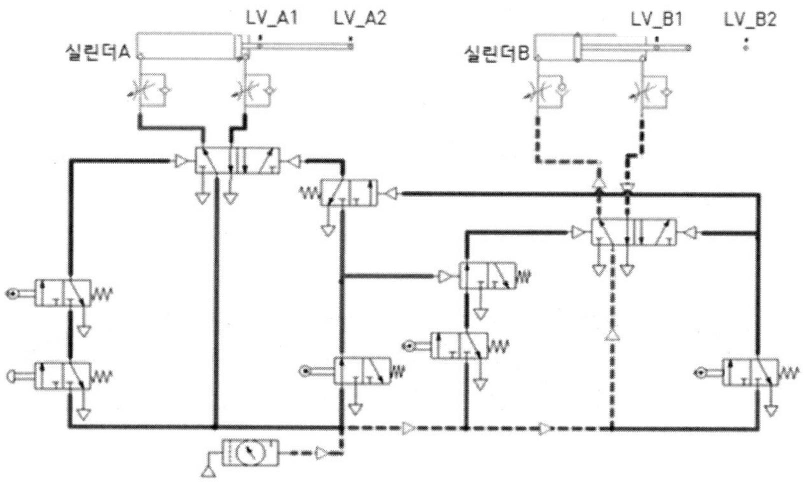

(a) 실린더 B 전진

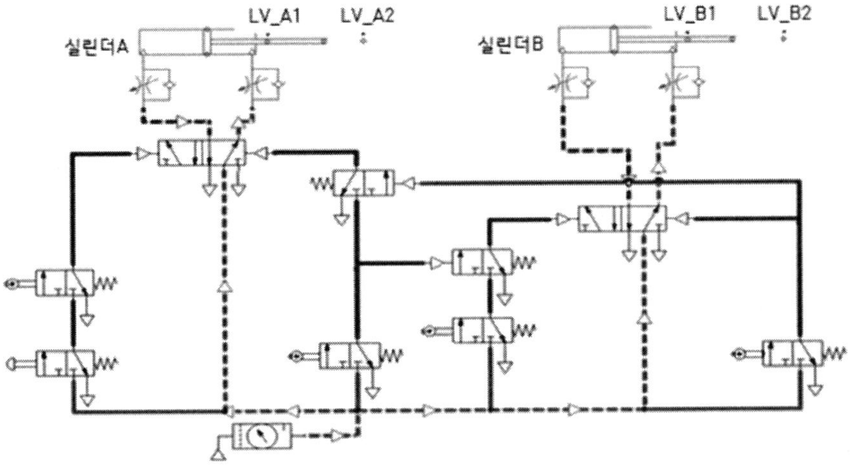

(b) 실린더 A, B 후진

그림 5.43 실린더 B 전진, 실린더 A와 B 후진

5.5.3 실린더 작동조건 : A+B+A-B-

그림 5.39에서 나타내는 두 개의 컨베이어에 상자를 옮기는 작업을 두 개의 실린더를 사용한다. 실린더의 구동 조건은 실린더 A가 전진하여 상자를 컨베이어 B의 위치에 밀어 올리고 실린더 B를 사용하여 상자를 컨베이어 B에 옮긴다. 실린더 A는 컨베이어 A위치로 하강하고 실린더 B는 후진한다.

그림 5.45는 실린더의 동작이 A+B+A-B-로 동작하는 공기압 회로를 구성한 것이다. 시동밸브 SW와 리미트밸브는 3포트 2위치 밸브를 사용하고 실린더의 운동방향을 전환시키는 방향밸브는 5포트 2위치 밸브를 사용한다. 시동밸브 SW와 리미트밸브 LV_B1은 직렬로 연결하고 실린더 A의 전진에 관여하고 리미트밸브 LV_A2는 실린더 B를 전진시킨다. 리미트밸브 LV_B2는 실린더 A를 후진시키고 리미트밸브 LV_A1은 실린더 B를 후진시킨다.

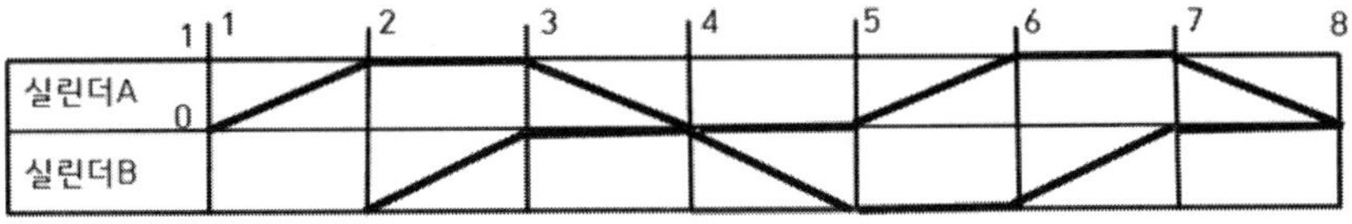

(a) 작동선도

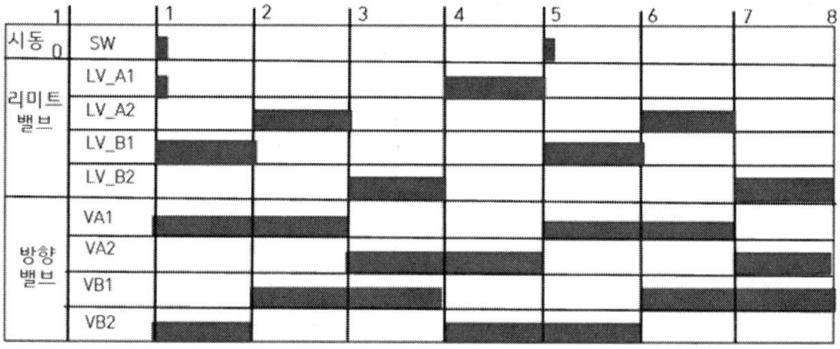

(b) 제어선도

그림 5.44 A+B+A−B−의 작동선도와 제어선도

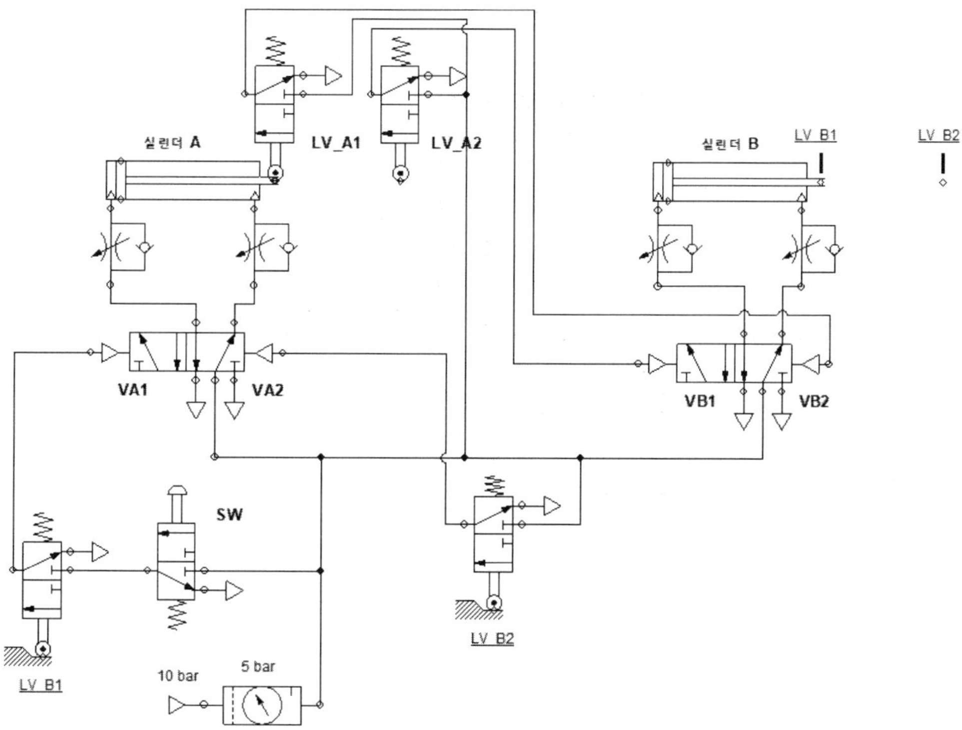

그림 5.45 A+B+A−B− 공기압 회로도

그림 5.46은 실린더의 동작 A+B+A-B-를 확인하는 시뮬레이션을 나타낸다. 실린더 A는 리미트밸브 LV_A1이 ON되어 있는 상태에서 시동밸브 SW를 누르면 방향밸브 VA1을 ON시켜서 전진하고 실린더 B는 리미트밸브 LV_B1이 ON된 상태에서 리미트밸브 LV_A2가 ON이 되면 방향밸브 VB1을 ON시켜서 전진한다. 리미트밸브 LV_A2가 ON상태에서 리미트밸브 LV_B2가 ON되면 방향밸브 VA2를 ON시켜서 실린더 A를 후진시킨다. 리미트밸브 LV_B2가 ON이고 LV_A1이 ON되면 방향밸브 VB2를 ON시켜서 실린더 B를 후진시킨다.

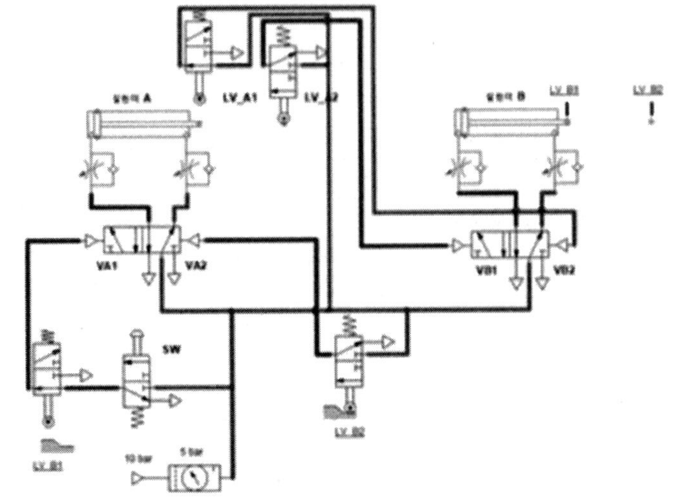

(a) 시뮬레이션 초기상태

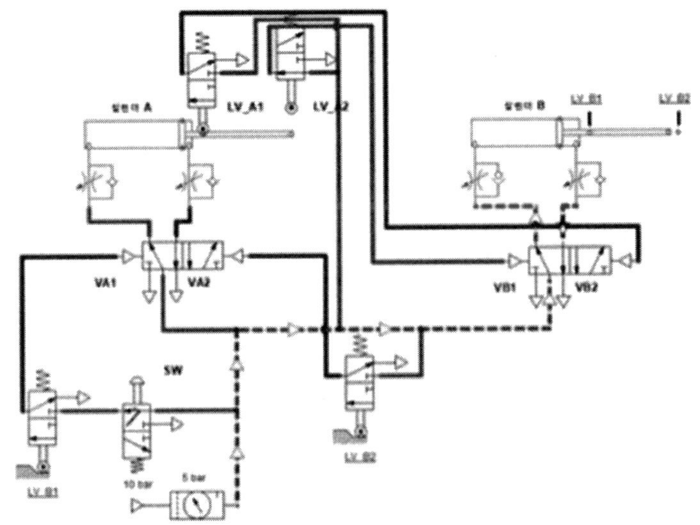

(b) 자동운동상태

그림 5.46 A+B+A-B- 시뮬레이션

5.6 기타 부품과 공기압센서

5.6.1 시간지연밸브

시간지연밸브는 압축공기로 작동되는 3포트 2위치 밸브, 교축 릴리프밸브 및 탱크로 구성되어 있다. 시간지연밸브는 제어신호가 입력된 후 일정한 시간이 경과된 다음에 작동되는 한시작동 시간지연밸브(delay-On Time delay valve)와 제어신호가 없어진 후 일정한 시간이 경과한 후 복귀되는 한시복귀 시간지연 밸브(delay-Off Time delay valve)의 두 종류가 있다.

■ 한시 작동(Delay On) 시간지연밸브

한시작동 시간지연밸브에는 정상상태 닫힘형의 시간지연밸브와 정상상태 열림형의 시간지연밸브의 두 가지가 있다.

▪ 정상상태 닫힘형

그림 5.47은 정상상태 닫힘형의 시간지연밸브의 구조를 나타내고 있는데 밸브가 작동되지 않는 상태에서는 P포트에 공급되는 압축공기는 차단된 상태로 있다. 지연시간을 제어하기 위한 제어용 압축공기가 제어공 Z포트로 입력되면 교축 릴리프밸브를 통하여 탱크로 들어가게 되고 탱크 내의 압력이 적정한 제어압력에 도달하게 되면 3포트 2위치 밸브가 작동되므로 A포트로 압축공기가 유출된다. 제어신호가 제어공 Z포트에 도달한 때부터 탱크에 적정한 압력이 형성되는 시간이 밸브의 제어 지연시간이 되며 대체로 30초 이내이다.

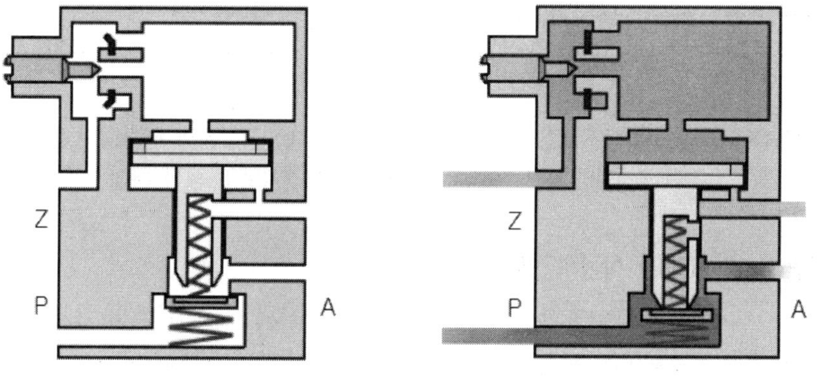

(a) 작동전 (b) 작동중

그림 5.47 정상상태 닫힘형의 시간지연밸브

▪ 정상상태 열림형

정상상태 열림형 시간지연밸브는 3포트 2위치 밸브, 교축 릴리프밸브, 공기탱크로 구성되어 있고 3포트 2위치 밸브가 정상상태에서 열려 있는 점이 정상상태의 닫힘형과 다르다. 제어공기는 Z포트로 공급되며 공기탱크 안의 압력이 적정한 압력에 도달하면 3포트 2위치 밸브가 작동되어 P포트에서 A포트로의 통로는 차단되고 A포트의 공기는 R포트를 통하여 배기가 일어나게 된다. 지연시간은 공기탱크가 적정압력에 도달하는 시간이 되고 제어선의 공기가 배출되면 3포트 2위치 밸브는 원위치로 되돌아온다. 적정한 지연시간은 두 가지 형태의 밸브에서 모두 0~30 [초] 정도이며 보조탱크를 덧붙여 사용하면 시간을 더욱 연장할 수 있다. 정확한 지연시간을 얻기 위해서는 깨끗하고 압력이 일정한 공기를 사용하여야 한다.

그림 5.48은 한시 작동(Delay On) 시간지연밸브의 동작특성을 그래프로 표시한 것이며 (a)는 정상상태 닫힘형의 시간지연밸브의 동작특성을 나타낸다. 입력신호 e가 입력되고 일정한 시간(Δt)이 경과되면 출력신호 a를 얻을 수 있다. 시간지연 Δt는 유량제어밸브를 조절하여 임의로 조절할 수 있다.

그림 5.48(b)는 정상상태 열림형 시간지연밸브의 동작특성을 나타내는 그래프로서 입력신호 e가 입력된 후 일정한 시간(Δt)이 경과되면 출력신호 a가 없어진다. 지연시간 Δt는 유량제어밸브를 이용하여 임의로 조절할 수 있다. 입력신호 e가 배기되면 3포트 2위치 밸브가 원위치에 복귀하기 때문에 다시 출력신호가 존재한다.

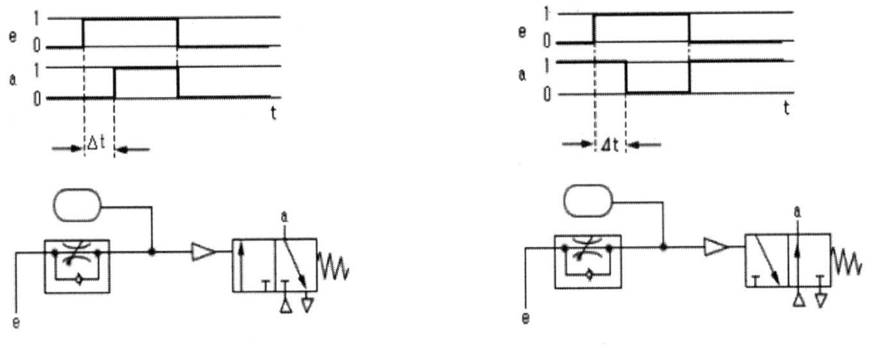

(a) 정상상태 닫힘형의 동작특성 (b) 정상상태 열림형의 동작특성

그림 5.48 한시 작동(Delay On) 시간지연밸브의 동작 특성

■ 한시 복귀(Delay OFF) 시간지연밸브

한시 복귀형 시간지연밸브는 한시 작동형과 마찬가지로 공기압 작동 3포트 2위치 밸브, 유량을 제어해 주는 교축 릴리프밸브 및 공기탱크의 3가지로 구성되어 있다. 한시 작동형과 한시 복귀형의 차이점은 유량을 제어해 주는 교축 릴리프밸브의 체크방향이 반대라는 것이다. 한시 복귀형은 제어 신호가 입력되면 시간지연밸브가 즉시 작동된다.

그림 5.49는 한시 복귀(Delay OFF)형 시간지연밸브의 동작특성을 나타낸다. 정상상태 닫힘형의 시간지연밸브는 제어신호가 입력되자마자 출력신호가 존재하고 정상상태 열림형에서는 즉시 출력신호가 없어지게 된다. 한시 복귀형 시간지연밸브는 공기압 제어에서는 많이 사용되지 않는다. 짧게 지속되는 입력신호를 길게 지속시킬 필요가 있는 경우, 펄스확장 제어회로에 제한적으로 이용되고 있다.

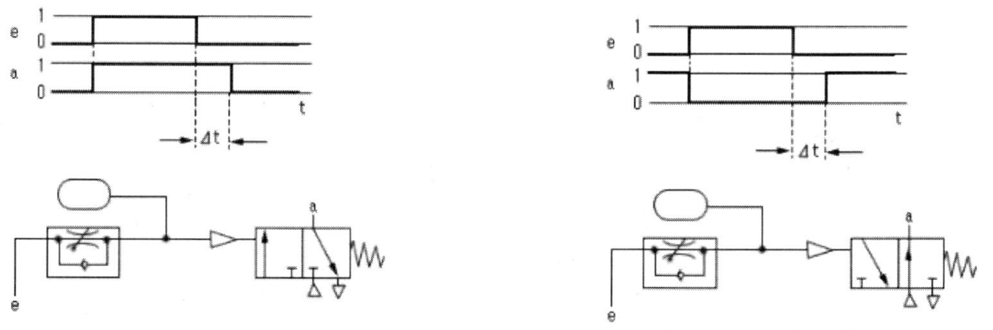

(a) 정상상태 닫힘형의 동작특성

(b) 정상상태 열림형의 동작특성

그림 5.49 한시 복귀(Delay OFF)형 시간지연 밸브의 동작 특성

그림 5.50은 OFF지연 공기 타이머를 사용하여 복동 실린더를 제어하는 공기압 회로를 나타낸다. OFF지연 공기타이머는 3초로 설정하면 3초 후에 4포트 2위치 파일럿밸브에 OFF신호를 전달하여 실린더를 후진시킨다. 3포트 2위치 수동밸브는 OFF지연 공기 타이머의 시작 스위치로 작동하며 수동밸브를 ON시키면 실린더는 전진하고 3초 후에 후진한다.

그림 5.51은 OFF지연 공기 타이머를 사용하여 구성한 공기압 회로의 시뮬레이션을 나타낸다. 수동밸브를 ON시키면 실린더를 전진하고 OFF지연 공기타이머가 작동한다. 공기 타이머는 지연시간을 3초로 설정하였으므로 3초 후에는 실린더가 후진한다.

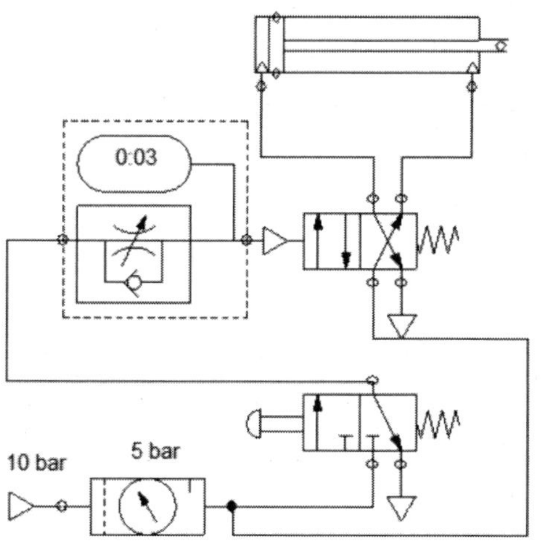

그림 5.50 OFF지연 공기 타이머

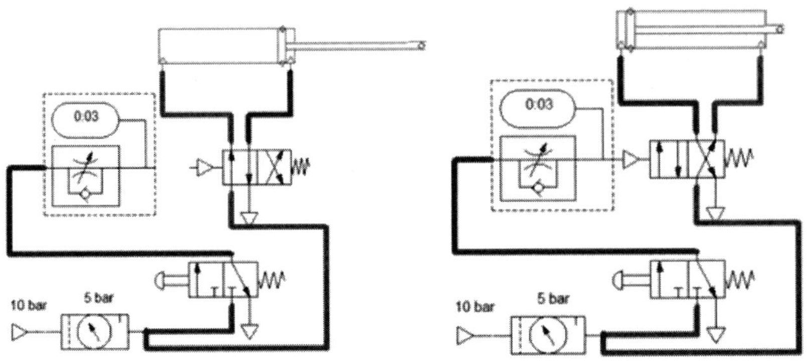

(a) 수동밸브 ON 상태　　　(b) 3초 후 후진 상태

그림 5.51 OFF지연 공기 타이머 시뮬레이션

5.6.2 공기 타이머를 이용한 두 개 실린더 : A+B+B-A-

공기 타이머를 사용하여 시간을 지연시키면서 두 개의 실린더를 자동 왕복하는 공기압 회로를 구성한다. 작업조건으로서는 그림 5.39에서 나타낸 두 개의 컨베이어와 실린더를 사용하여 상자를 옮기는 작업이다. 실린더 A가 올라가서 상자를 컨베이어 B에 옮기는 것으로서 실린더 A 전진 후 2초에 실린더 B가 전진한다. 실린더 A가 전진을 완료하고 2초 후에 실린더 B는 후진하도록 공기 타이머를 사용하여 공기압 회로를 구성한다.

그림 5.52는 공기 타이머를 사용하여 두 개의 실린더를 운전하기 위한 작동선도와 제어선도를 나타낸다. 실린더 A는 리미트밸브 LV_A1, LV_B1이 ON되어 있는 상태에서 시동밸브 SW에 의해 전진하고 공기 타이머 TON1이 작동한다. 공기 타이머가 2초 지나면 실린더 B가 전진하고 리미트밸브 LV_B2가 ON되면 실린더 B는 후진하고 공기 타이머 TON2가 작동한다. 공기 타이머 작동 2초 후에는 실린더 A가 후진한다.

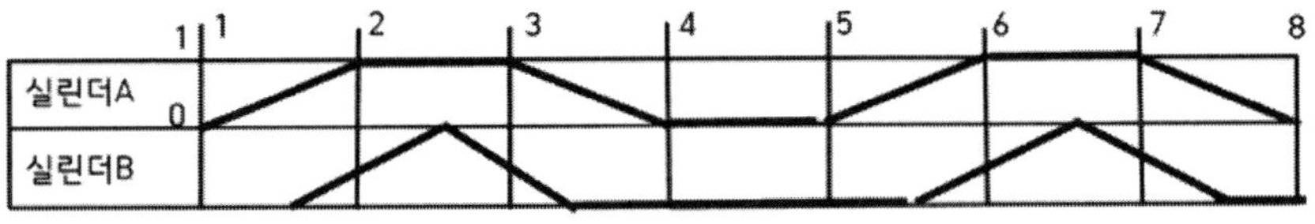

(a) 작동선도

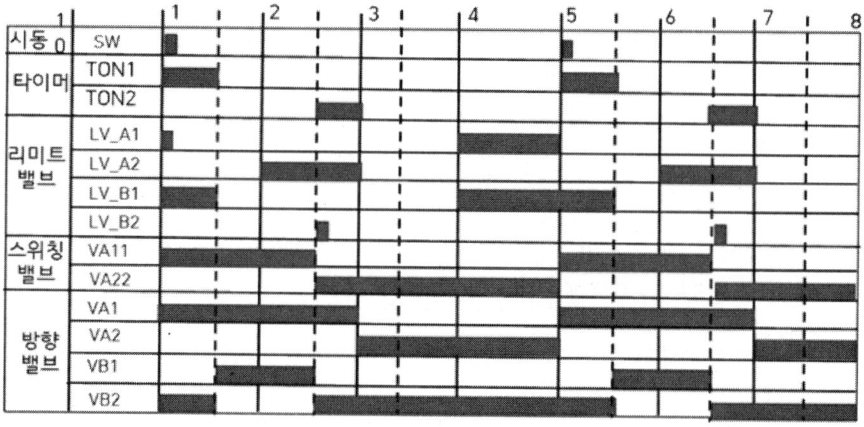

(b) 제어선도

그림 5.52 공기 타이머를 사용하는 작동선도와 제어선도

그림 5.53은 두 개의 실린더를 제어하기 위해 공기 타이머 2개를 사용하는 공기압 회로도를 나타낸다. 시동밸브 SW와 리미트밸브는 3포트 2위치밸브를 사용하고 스위칭밸브는 4포트 2위치, 실린더의 운동방향은 5포트 2위치 밸브를 사용하고 공기 타이머는 ON지연을 사용한다. 시동밸브 SW와 리미트밸브 LV_A1은 직렬로 연결하여 실린더 A의 전진 신호로 사용하고 리미트밸브 LV_B1은 공기타이머 TON2 를 작동시키며 실린더 B의 전진 신호로 사용한다. 리미트밸브 LV_B2는 실린더 B의 후진신호이고 리미트밸브 LV_A2는 실린더 A의 후진신호로 사용한다.

그림 5.54는 공기 타이머를 사용하여 두 개의 실린더를 왕복제어하는 공기압 회로의 시뮬레이션을 나타낸다. 시동밸브 SW와 리미트밸브 LV_A1은 직렬로 연결하여 실린더 A를 전진시키고 리미트밸브 LV_A2는 공기 타이머 TON1을 동작시킨다. 리미트밸브 LV_B1은 공기 타이머 TON2를 작동시키고 2초 동안 ON시켜 실린더 B를 전진시킨다. 리미트밸브 LV_B2 신호에 의해 실린더 B는 후진하고 TON1 신호로 실린더 A가 후진한다.

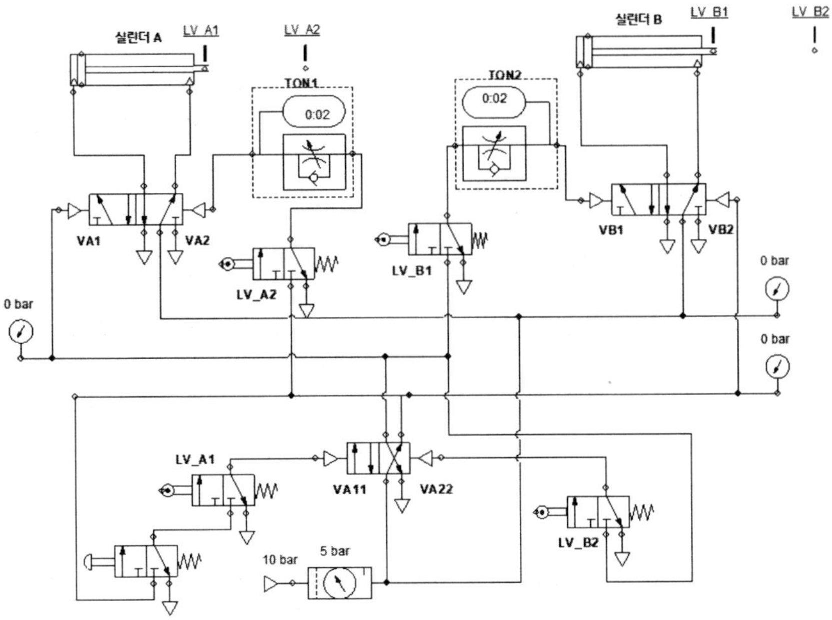

그림 5.53 공기 타이머를 사용하는 공기압 회로도

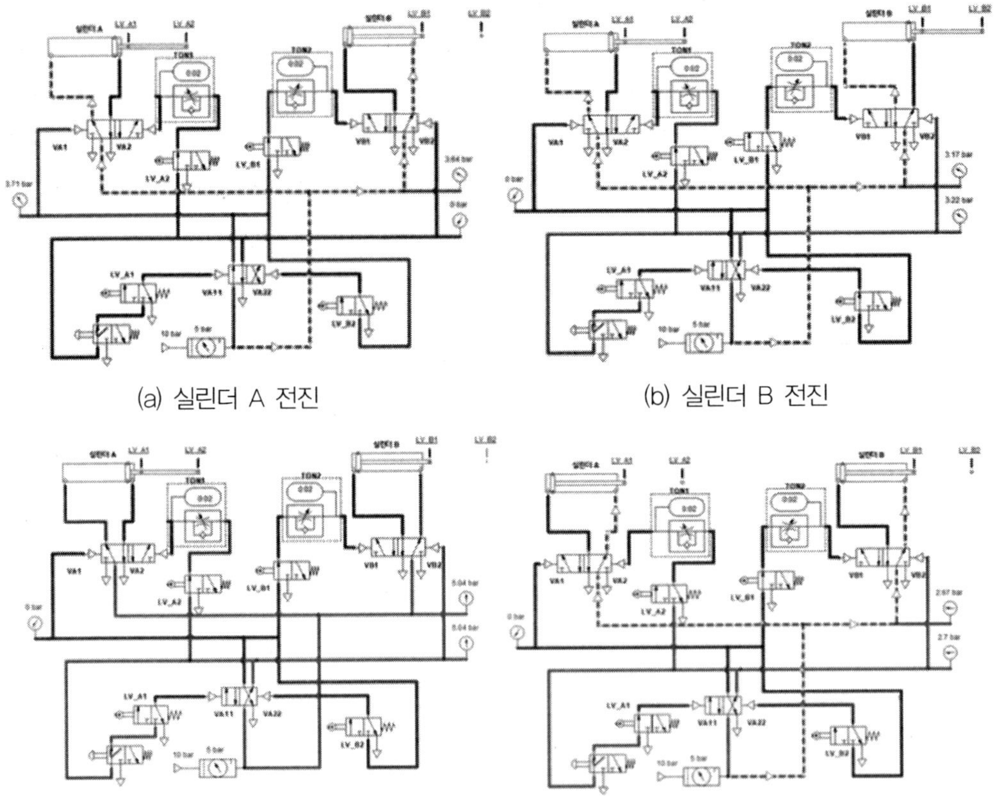

(a) 실린더 A 전진

(b) 실린더 B 전진

(c) 실린더 B 전진

(d) 실린더 A 후진

그림 5.54 공기 타이머를 사용하는 공기압 회로 시뮬레이션

5.6.3 진공밸브

그림 5.55는 흡입패드와 흡입노즐을 가진 진공펌프의 구조와 동작원리는 나타낸다. 흡입노즐은 벤츄리(venturi) 원리를 이용한 것으로서 흡입패드(suction pad)를 사용하여 여러 종류의 물체를 진공으로 흡착하여 운반하는 데에 이용된다. 출구 P포트로 공급된 압축공기는 R포트 쪽으로 가면서 통로가 좁아지기 때문에 속도가 증가하게 되어 U포트와 접속된 흡입패드 쪽에 진공이 생기게 된다. 표면이 깨끗하면 더욱 좋은 효과를 얻을 수 있다. P포트에 압축공기를 공급하면 U포트에 진공이 형성되고 P포트에 공급되는 압축공기를 중단시키면 진공이 없어지고 물체는 흡착패드로부터 분리된다. 경우에 따라서 얇은 판이나 표면이 약간 끈적한 물체들은 진공이 없어진다 하더라도 흡착패드로부터 쉽게 분리되지 않는다. 이러한 경우에는 작은 공기탱크와 급속 배기밸브가 내장된 진공밸브를 이용하며 P포트에 공급되는 압축공기를 중단시키면 작은 탱크에 차 있던 공기가 급속 배기밸브를 통하여 U포트로 배출되므로 흡착된 물체를 강제로 떨어뜨려 주게 된다.

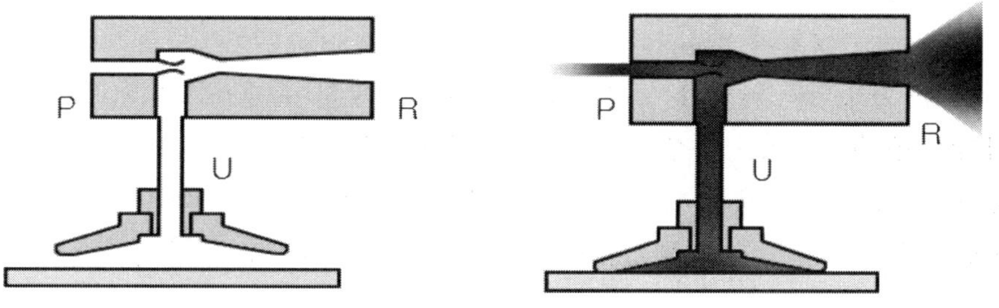

(a) 작동전 (b) 작동중

그림 5.55 진공펌프의 원리

5.6.4 공기압을 이용한 센서

■ 센서의 의미와 특징

넓은 의미의 센서(sensor)란 임의의 물리량을 다른 물리량으로 변환시켜 주는 장치를 의미한다. 센서는 물리적인 자극이 있을 때 그에 해당하는 일정한 반응을 일으키는 장치를 의미하므로 종류가 다양하고 계속적으로 새로운 센서가 탄생되고 있다. 센서는 크게 작업 대상물에 직접 접촉하여 물체의 유무를 감지하는 접촉식 센서와 작업 대상물 부근에서 직접 접촉하지 않고 물체의 유무를 감지하는 비접촉식 센서가 있다.

접촉식 센서의 대표적인 사례가 리밋 스위치이며 비접촉식의 센서를 좁은 의미의 센서라 칭한다. 일반적으로 사용되는 비접촉식 센서는 대부분 전기적 센서로서, 유도형 센서, 정전용량형 센서, 광전센서 등이 있다. 그러나 순수한 공기압을 이용한 시스템이나 폭발 위험성이 있는 곳, 전기적인 노이즈나 스파크 등이 문제되는 장소에서는 공기압 센서가 사용된다.

공기압 센서는 공기압 리밋 스위치가 사용될 수 없는 아주 낮은 작동 힘이 요구되는 곳, 스위칭 정밀도가 높게 요구되는 곳, 먼지, 습기, 증기 등으로 인하여 기계적으로 작동되는 리밋 밸브가 설치될 수 없는 극한 환경상태에서 많이 사용된다. 많은 먼지가 있는 환경에서도 신뢰성 있게 동작되고 폭발에 대한 안정성이 요구되는 곳에 적합하며 자기장의 영향에 둔감하다.

■ 공기 배리어(Air Barrier)

그림 5.56은 공기 배리어의 작동원리를 나타내며 분사노즐과 수신노즐로 구성되어 있다. 두 개의 노즐에는 모두 P포트에 10 ~ 20 [kpa](0.1 ~ 0.2 [bar])의 압축공기가 공급되며, 물과 기름을 함유하지 않아야 한다. 압축공기의 소모량은 V = 0.5 ~ 0.8 [m^3/hr] 정도이며 분사노즐과 수신노즐의 거리는 100 [mm]를 초과해서는 안 된다. 압축공기가 물과 기름을 함유하지 않도록 저압 조절기가 부착된 미세필터를 사용하여야 한다. 압축공기는 분사노즐과 수신노즐에서 모두 분사되고 노즐이 오염되는 것을 방지해 주며 밸브의 전환에 필요한 신호를 확실하게 해주기 위한 것이다. 분사노즐(emitter nozzle)에서 분사된 공기는 수신노즐(receiver nozzle)에서 분사된 압축공기가 자유로 방출되는 것을 방해하여 수신노즐의 출구 A포트에 약 0.5 [kpa](0.005 [bar]) 정도의 배압이 형성되도록 한다.

신호압력은 요구되는 압력까지 증폭기(amplifier)를 통하여 증가하게 되며, 어떤 물체가 두 노즐 사이에 존재하게 되면 수신노즐의 출구 A포트의 압력은 0으로 떨어지게 된다. 공기 배리어는 공기의 흐름에 민감하기 때문에 가능한 한 외부로부터 보호되어야만 하며 생산이나 조립 공정에서의 계수(counting), 어떤 물체의 유무에 대한 검사 등에 응용된다.

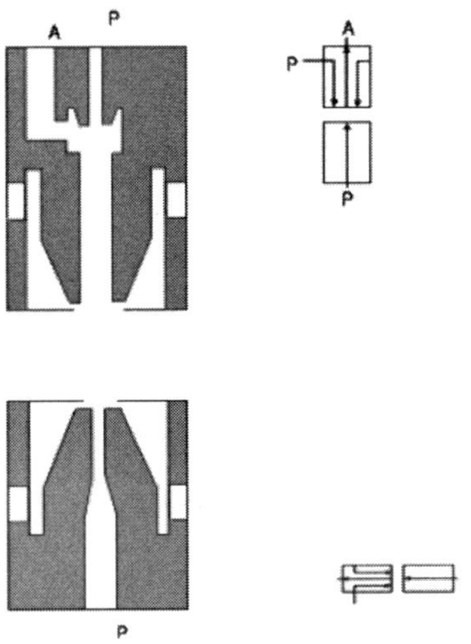

(a) 작동전

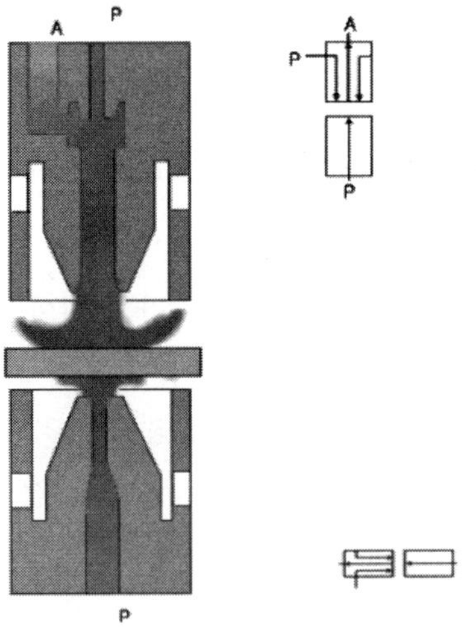

(b) 작동중

그림 5.56 공기 배리어의 작동원리

■ 중간 단속 분사 감지기

그림 5.57은 물체의 유무감지에 사용이 가능한 중간 단속 분사 감지기를 나타내며 공기 배리어와 마찬가지로 P포트에 압축공기가 공급된다. 중간에 아무런 물체도 없을 때는 X포트에 신호압력이 존재하나, 중간에 물체가 존재하게 되면 X포트의 신호압력은 제거된다. P포트에 공급되는 공기의 압력은 10 ~ 800 [kPa](0.1 ~ 8 [bar]) 정도까지 사용되며 높은 압력을 사용하는 경우에는 공기 소모량을 감소시키기 위하여 교축밸브를 P포트 쪽에 설치하는 것이 바람직하다. 공기압 센서는 대상물체의 두께가 약 5 [mm] 이내일 때 물체의 존재 유무를 검사하거나 숫자를 세는 데 사용된다.

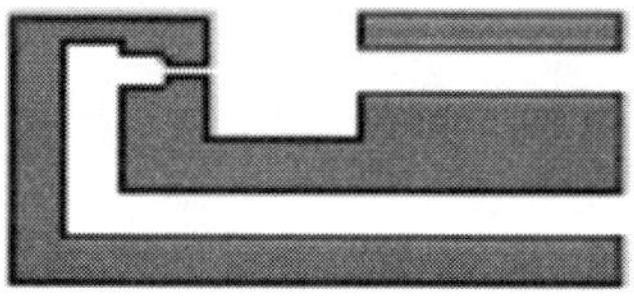

(a) 작동전

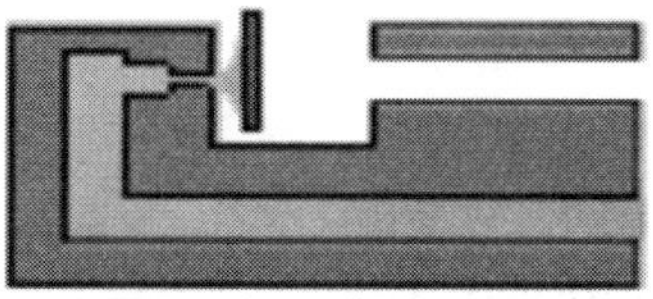

(b) 작동중

그림 5.57 중간 단속 분사 감지기

■ 반향 감지기(Reflex sensor)

그림 5.58은 배압원리(back-pressure principle)에 의해 작동되는 반향 감지기의 작동원리이다. 구조가 간단하고 외부의 방해에 대한 영향을 작게 받으며 분사노즐과 수신노즐이 합쳐져 있다. P포트에 10 ~ 20 [kpa](0.1 ~ 0.2 [bar]) 정도의 압축공기를 공급하면 압축공기는 환상의 통로를 통하여 빠져나가게 되며 속의 노즐부는 대기압보다 낮은 상태가 된다. 만약 외부의 물체에 의하여 환상의 통로(annular channel)로 분사되는 압축공기가 방해를 받으면 속의 수신노즐에 배압이 형성된다. X포트에 신호압력이 형성되게 되며 이를 증폭기를 통하여 밸브를 제어하게 된다. 감지할 수 있는 노즐과 물체 사이의 거리는 1 ~ 6 [mm] 정도이며 특수한 것은 20 [mm] 정도까지 감지할 수 있다. 반향 감지기는 먼지, 충격파, 어두움, 투명함 또는 내자성 물체의 영향을 받지 않기 때문에 모든 산업체에 이용될 수 있다. 프레스나 펀칭작업에서의 검사장치, 섬유기계, 포장기계에서의 검사나 계수, 목공산업에서의 나무판의 감지, 매거진(magazine)의 검사 등에 이용된다.

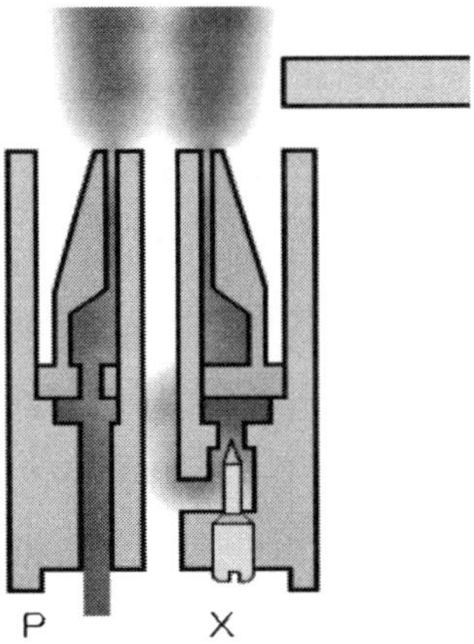

(a) 작동전

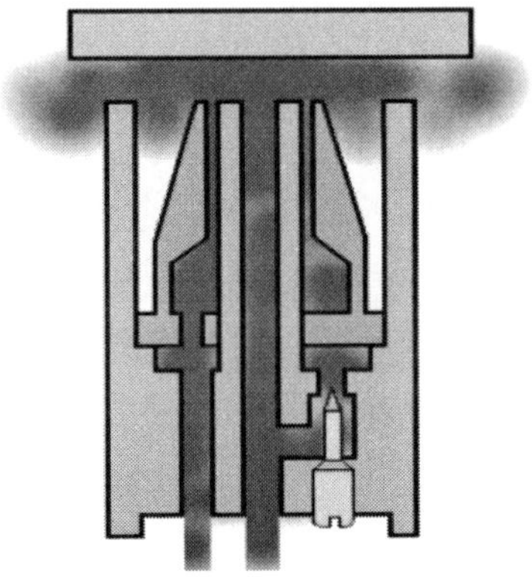

(b) 작동중

그림 5.58 반향 감지기의 작동원리

■ 배압 감지기(Back Pressure Sensor)

그림 5.59는 배압 감지기의 작동원리를 나타낸다. 구조적으로 간단하고 감지거리는 0 ~ 0.5 [mm] 정도이며, 마지막 위치감지와 위치제어에 응용된다. P포트에서 공급되는 공기는 출구로 계속 흘러나가며 출구가 물체에 의하여 막히면 A포트 쪽으로 신호압력이 형성되게 된다. 출구가 완전히 막히면 A포트의 압력은 P포트의 압력과 같아지기 때문에 압력증폭기가 필요 없다. 사용 공기압력은 10 ~ 800 [kpa](0.1 ~ 8 [bar]) 정도이고 공기의 손실을 줄이기 위하여 신호발생 가능성이 있을 때 압축공기를 공급한다.

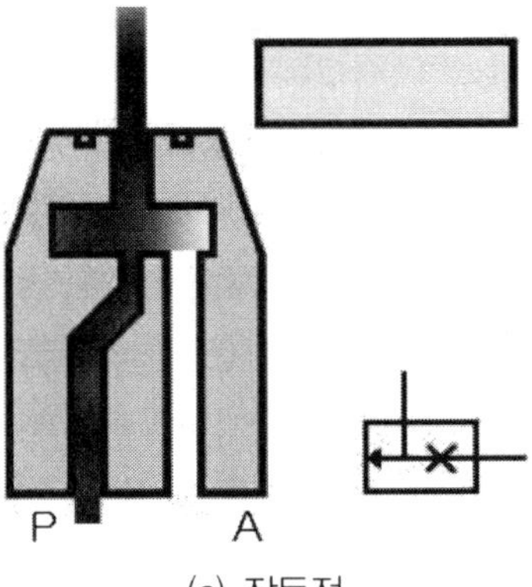

(a) 작동전

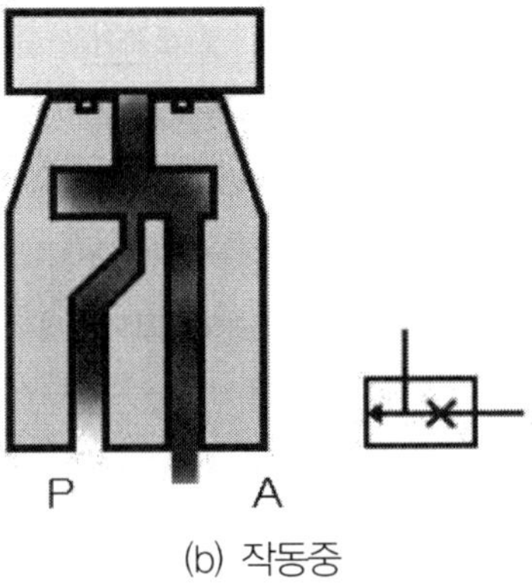

(b) 작동중

그림 5.59 배압 감지기의 작동원리

Chapter 6 전기 공기압 제어

공기압 제어기술은 공기압 액추에이터를 작동시키는 기술로서, 제어방법에 따라 순수 공기압 제어방식과 전기 공기압 제어방식으로 나누어진다. 순수 공기압 제어방식은 마스터 밸브, 기계 작동밸브, 릴레이밸브, 수동조작밸브 등과 같은 공기압 제어요소를 사용하여 공기압 제어회로를 구축하여 공기압 액추에이터를 제어하는 방식이고, 전기 공기압 제어방식은 전자(솔레노이드) 밸브와 리미트 스위치와 같은 전기소자를 사용하여 공기압 액추에이터를 작동시키는 방법으로 액추에이터와 전자밸브를 제외하고는 모두 전기부품에 의존하는 방법으로 전기공학의 한 분야이다.

전기 공기압 제어방식은 시스템의 응답이 빠르고 소형이면서 확실한 동작이 이루어진다는 점이 순수 공기압 제어방식보다 장점이며, 가는 전선으로 멀리 떨어진 위치에서도 원격조작이 간단하다는 이점이 있다. 전기의 스파크에 의한 인화나 폭발의 위험성이 있는 장소를 제외하고는 전자밸브를 사용한 전기 공기압 제어방식을 사용한다. 전자밸브의 제어는 내장되어 있는 솔레노이드의 여자(ON) 또는 소자(OFF)에 따라 이루어지는 것으로 전기회로가 필요하다.

6.1 전기 기본부품

6.1.1 a접점과 b 접점

공기압 액추에이터의 구동을 위하여 압축공기를 공급하고 배기하기 위해서는 전자밸브의 솔레노이드를 ON시키거나 OFF시켜서 방향을 제어한다. 공기압 액추에이터의 방향을 제어하기 위해서는 솔레노이드를 구성하고 있는 전기회로에 전류를 통전시키거나 차단시킬 필요가 있으며 그 역할을 하는 것을 접점이라고 하고 전기회로에 있는 접점을 어떻게 하면 목적에 맞게 순서대로 ON-OFF시키는 방법이 제어기술이다. 전기회로에 사용되고 있는 접점에는 a접점과 b접점밖에 없으며 전기제어의 실체는 a접점과 b접점을 적절히 사용하는 기술이다.

그림 6.1은 a접점 b접점을 구분하는 전기회로의 표시를 나타낸다. a접점은 초기 상태에서 항상 열려있고 외부로부터 임의의 힘이 가해지면 닫히는 접점으로 NO접점(Normally Open)이라 부르며, 누름버튼 스위치를 동작시키면 접점이 닫혀서 전류가 흘러 전구를 동작시키고 누름버튼 스위치를 OFF하면 전구는 꺼진다. b접점은 초기 상태에서 항상 닫혀있고 외부로부터

힘이 가해질 때 열리는 접점으로서 NC접점(Normally Closed)이라 부른다. 누름버튼 스위치를 동작시키지 않은 상태에서 전구가 켜지고 누름버튼 스위치를 동작시키면 전류가 차단되어 전구가 소등된다.

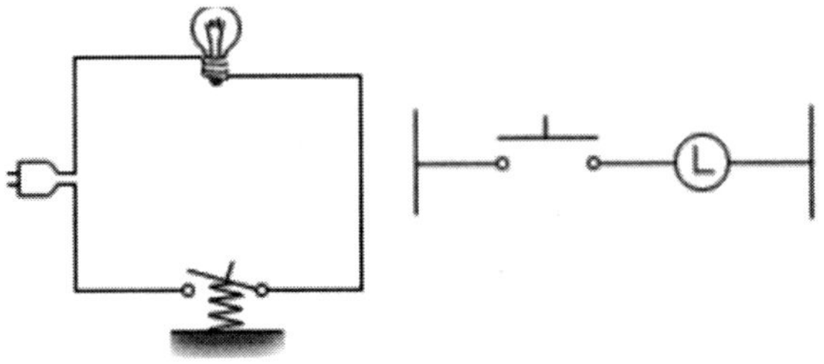

(a) a접점, NO접점(Normally Open)

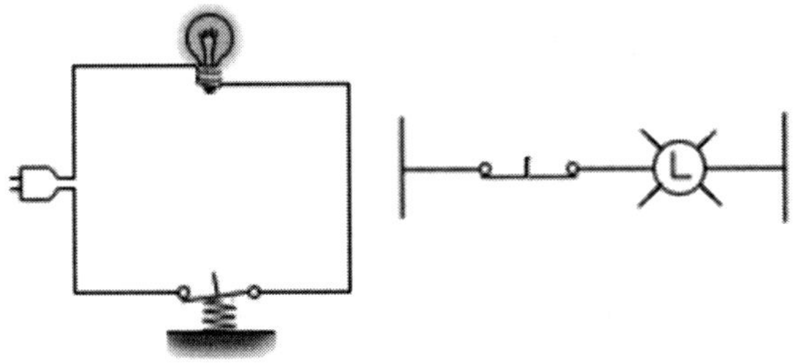

(b) b접점, NC접점(Normally Closed)

그림 6.1 전기회로의 접점표시

접점에 전류가 통하는 상태를 통전 또는 ON이라고 하고, 전류가 끊어진 것을 정전 또는 OFF라 표현한다. 솔레노이드에 전류를 공급하여 동작하는 상태를 나타내는 용어는 다음과 같다.

- 여자 : 계전기 코일에 전류를 흘려서 ON시키는 것.
- 소자 : 계전기 코일에 전류를 차단하여 자화성질을 잃는 것.
- 자기유지 : 계전기가 여자되고 소자된 후에도 계속 기능을 유지하는 것.
- 조깅 : 기기의 미소 시간 동작을 위해 조작 동작되는 것.
- 인터록 : 두 계전기의 동작을 관련시키는 것으로 한 계전기가 동작할 때는 다른 계전기는 동작하지 않도록 하는 것.

6.1.2 조작용 스위치

스위치는 전기회로의 개폐 또는 접속을 변경시키며 명령용 및 검출용 접점기구를 가리킨다. 명령용 스위치는 작업명령을 내리거나 명령처리의 방법을 변경하거나 수동/자동 변환용 스위치를 말한다. 검출용 스위치란 제어대상의 상태를 검출하기 위한 스위치로서 예정된 동작

조건에 이르렀을 때 동작하는 제어용 스위치를 말한다.

그림 6.2는 텀블러 스위치(Tumbler Switch)의 구조와 그 표시기호를 나타낸다. 텀블러 스위치는 손가락 끝으로 파동형 핸들의 끝부분을 누르면 스프링 기구를 갖는 접점기구에 의하여 전기회로의 개폐 및 변환 동작을 하는 명령용 스위치를 말한다.

그림 6.3은 누름버튼 스위치의 구조를 나타낸다. 누름버튼 스위치란 버튼을 누르는 것에 의하여 개폐되는 스위치를 말하는 것으로 직접 손가락에 의하여 조작되는 누름버튼 기구와 이것으로부터 받은 힘에 의하여 전기회로를 개폐하는 접점기구로 구성되어 있다.

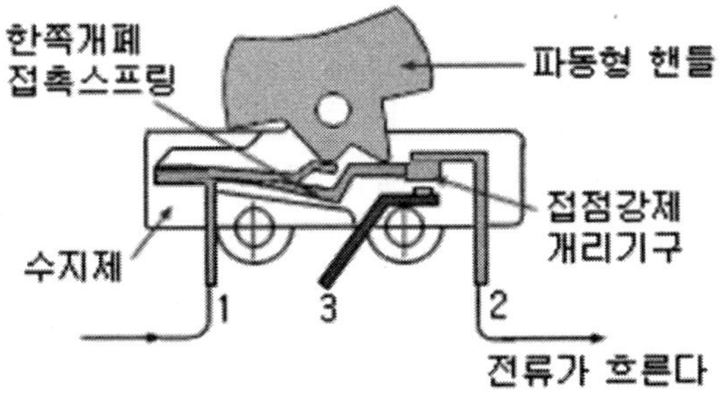

(a) 텀블러 스위치(Tumbler Switch)

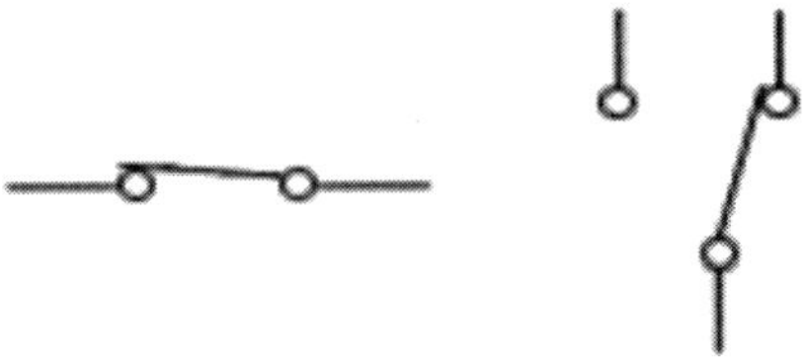

(b) 텀블러 스위치 표시기호

그림 6.2 텀블러 스위치

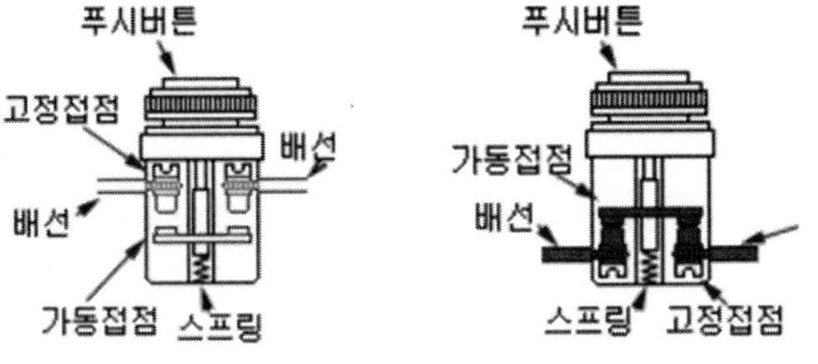

(a) a접점 (b) b접점

그림 6.3 누름버튼 스위치

6.1.3 제어용 릴레이

릴레이는 코일부와 접점부 및 가동부로 구성되어 코일에 인가되는 전류의 ON/OFF에 따라 가동접점이 a접점 또는 b접점으로 회로를 변화시키는 제어기기이다. 릴레이는 전자석의 여자와 소자에 의해 분리된 회로에 전류를 통전/차단시키는 것으로서 증폭기능, 신호전달기능, 다회로 동시 조작기능, 기억기능 및 변환기능 등 풍부한 기능을 가지고 있기 때문에 시퀀스제어용은 물론 통신기기에서 가정용 전기기기까지 폭넓게 이용되며 대표적 기능은 다음과 같다.

- 신호전달 기능 : 회로의 접속 및 차단의 전기적 신호를 전달.
- 증폭 기능 : 릴레이 코일의 소비전력을 입력, 접점의 개폐능력을 출력이라 하면 출력은 입력에 대해 상당히 큰 값으로 증폭 가능.
- 기억 기능 : 릴레이 자신의 접점에 의해 입력상태를 기억 유지.
- 변환 기능 : 교류를 직류로 변환, Analog신호를 Digital신호로 변환, +극성을 -극성으로 변환 및 주파수 변환.

그림 6.4는 릴레이를 구조적으로 분류한 힌지형과 플런저형을 나타낸다. 힌지형은 접점이 원호운동 상태로 작동하고 플런저형은 전자석의 NS축과 평행으로 작동된다. 힌지형 릴레이는 일반 제어회로의 신호전달용으로 가장 많이 사용되고 AC 250 [V] 이하에서 정격전류 1 [A]에서 1 [A] 정도로 개폐성능은 비교적 낮고 응답시간은 5 ~ 15 [ms] 정도로 빠른 편이다.

플런저형은 용량이 큰 릴레이 또는 회로수가 많은 곳에 사용된다. 외관은 주로 합성수지 몰드를 사용한 대형의 케이스에 접점부를 구동하는 E형 마그네트 전자석을 많이 사용하고 절연내력을 양호하게 하여 600 [V] 이상에 대응하는 절연거리를 확보하는 것과 정격전류도 6 [A]에서 30 [A]까지 개폐 가능한 고성능이다.

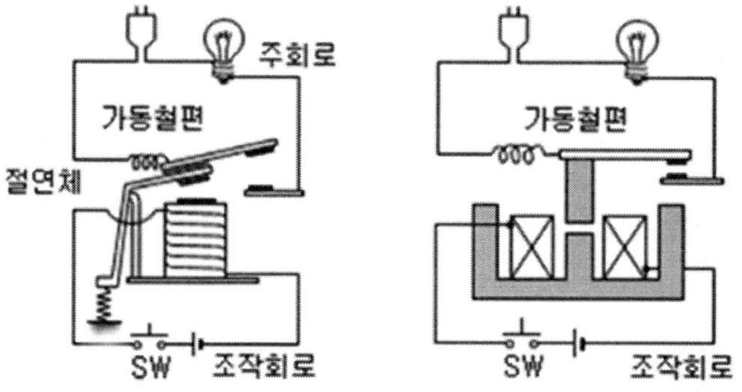

(a) 힌지형 릴레이 (b) 플런저형 릴레이

그림 6.4 힌지형과 플런저형 릴레이

6.2 전기 공기압 기본회로

6.2.1 단동 실린더 기본 제어회로

■ 직접제어 : 스위치

그림 6.5는 누름버튼 스위치를 사용하여 단동 실린더를 제어하는 전기와 공기압 회로를 나타낸다. 누름버튼 스위치를 누르면 단동실린더가 전진하고, 누름버튼을 놓으면 실린더가 후진한다.

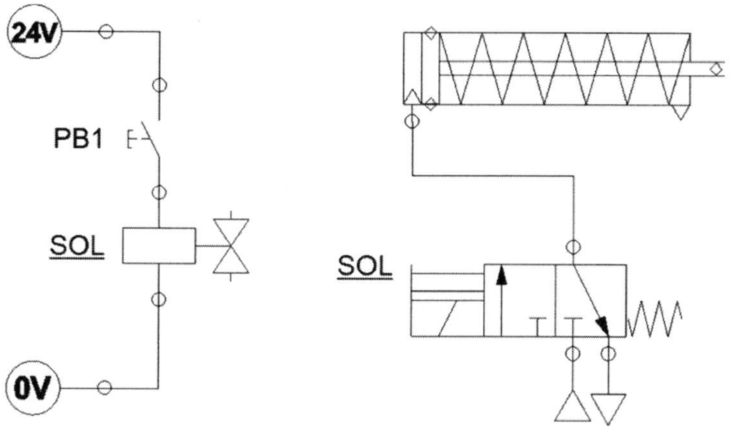

그림 6.5 기본 전기 공기압 회로

그림 6.6은 누름버튼 스위치 PB1을 조작하여 실린더의 운동을 제어하는 상태를 나타낸다. 초기상태는 솔레노이드 밸브가 OFF된 상태이므로 실린더는 후진한 상태로 대기하고 누름버튼 스위치 PB1을 누르면 솔레노이드밸브 SOL이 여자되어 밸브의 제어위치가 전환되면서 실린더 헤드 측에 압축공기를 공급하여 실린더는 전진한다. 누름버튼 스위치 PB1을 놓으면 솔레노이드밸브 SOL이 소자되고 스프링의 복원력으로 제어위치는 초기위치로 전환되어 실린더 헤드 측의 압축공기는 대기로 배출되고 실린더에 내장되어 있는 스프링의 복원력에 의해 실린더는 후진한다.

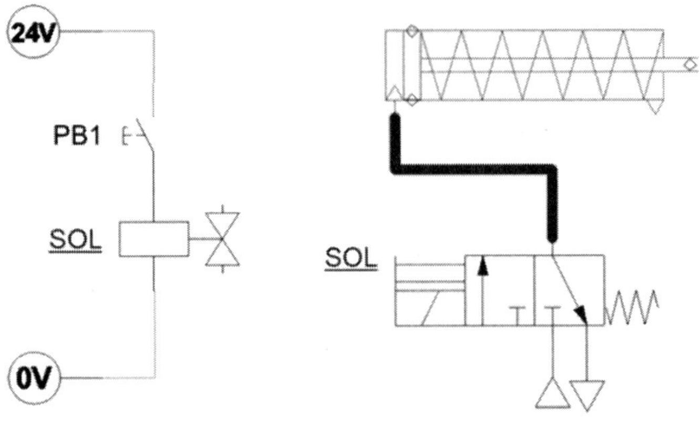

(a) 초기상태

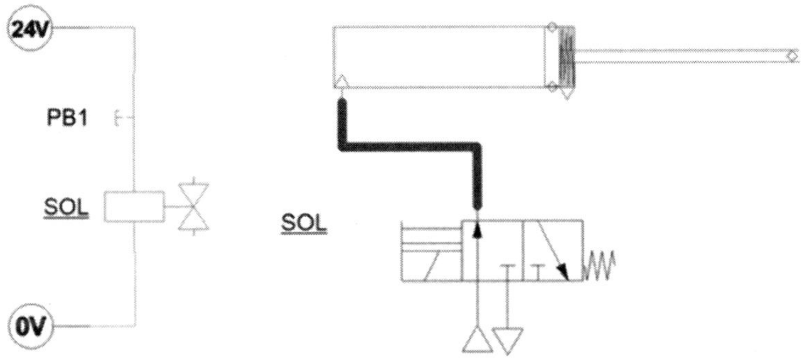

(b) 푸시버튼 스위치 PB1 ON 상태

그림 6.6 PB1 조작에 의한 실린더 동작

■ 간접제어 : 릴레이

그림 6.7은 누름버튼 스위치와 릴레이를 사용하여 단동 실린더를 제어하는 공기압 회로도와 전기 회로도를 나타낸다. 누름버튼 스위치를 누르면 릴레이가 작동하고 릴레이를 통하여 솔레노이드에 전류를 흘려서 단동 실린더를 제어한다.

그림 6.8은 누름버튼 스위치와 릴레이에 의해 단동 실린더가 제어되고 있는 상태를 나타낸다. 누름버튼 스위치 PB1을 누르면 릴레이 R1이 여자되고 a접점 R1이 ON되어 솔레노이드밸브 SOL이 여자되어 밸브는 제어위치로 전환하게 되고 피스톤 헤드 측에 압축공기를 공급함으로써 실린더는 전진한다. 누름버튼 스위치 PB1을 놓으면 릴레이 R1은 소자되고 a접점 R1이 OFF되므로 솔레노이드밸브 SOL도 소자된다. 밸브에 내장되어 있는 스프링의 힘에 의해 초기위치로 전환되고 피스톤 헤드 측의 압축공기를 대기로 배출하며, 실린더에 내장되어 있는 스프링의 복원력으로 실린더는 후진한다.

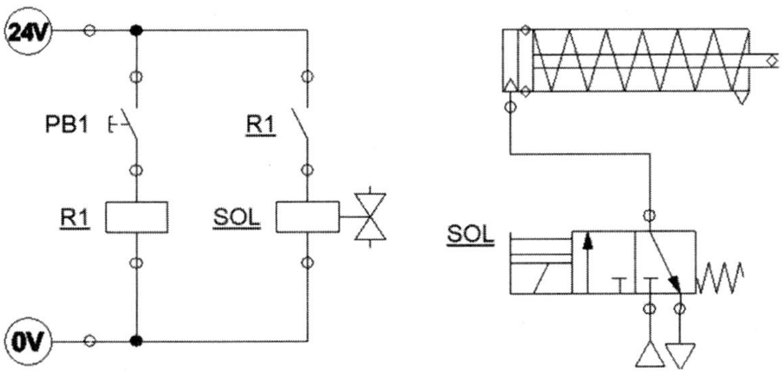

그림 6.7 릴레이를 사용한 단동 실린더제어

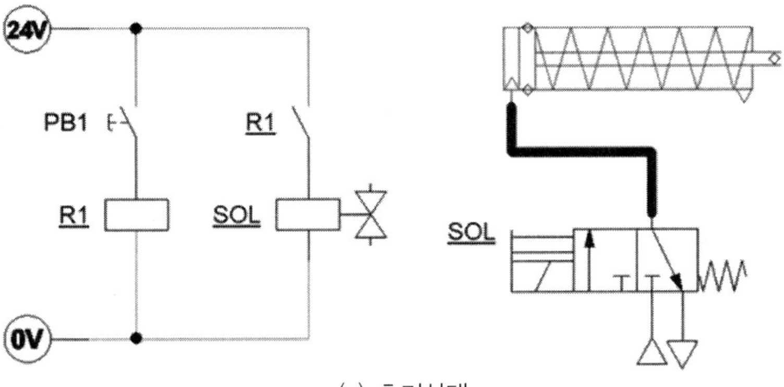

(a) 초기상태

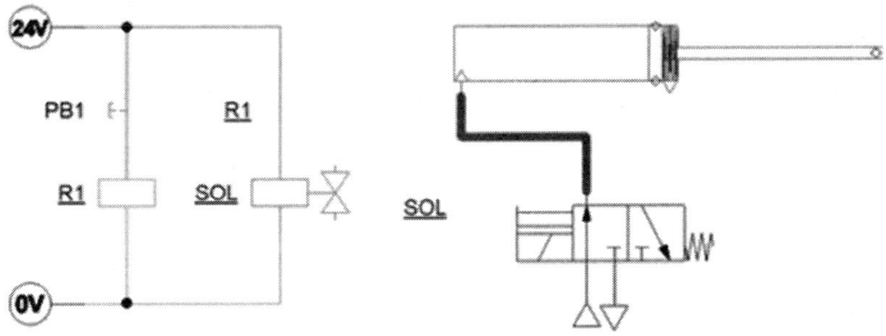

(b) 푸시버튼 스위치 PB1 ON 상태

그림 6.8 릴레이에 의한 실린더제어 상태

릴레이를 사용하여 전기회로를 구축하면 다음과 같은 장점을 가지므로 수동제어에서는 릴레이를 사용한다.

- 스위치의 개폐용량이 솔레노이드밸브를 여자하기에 충분하지 않거나 다른 전압을 필요로 할 때 사용이 가능하다.
- 개폐기의 조합이나 인터록이 가능하며 회로상의 오동작검출이 가능하다.
- 자기유지회로를 구축할 수 있다.

6.2.2 복동 실린더 기본 제어회로

■ 직접제어 : 스위치

그림 6.9는 누름버튼 스위치 PB1를 사용하여 복동 실린더를 제어하는 공기압 회로도와 전기 회로도를 나타낸다. 누름버튼 스위치를 누르면 복동 실린더가 전진하고 누름버튼 스위치를 놓으면 후진하며, 복동 실린더의 제어에는 통상적으로 4포트 2위치 또는 5포트 2위치 방향제어밸브를 사용한다.

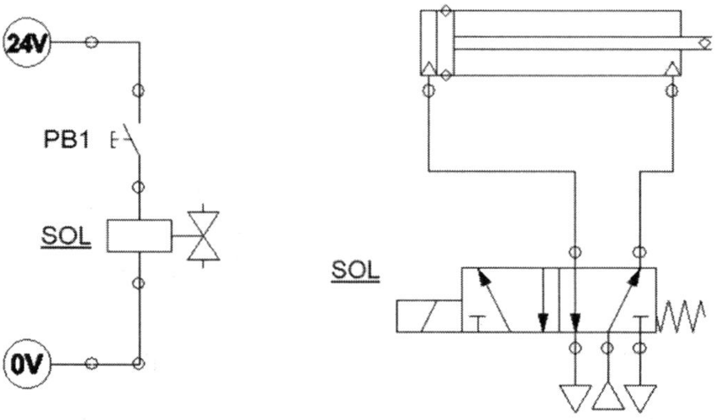

그림 6.9 복동 실린더 제어회로

그림 6.10은 누름버튼 스위치를 사용하여 복동 실린더를 제어하는 상태를 나타낸다. 초기상태에서는 솔레노이드 밸브가 OFF된 상태이므로 압축공기는 피스톤 로드 측에 공급하고 피스톤 헤드 측의 압축공기는 대기로 배출하여 피스톤 로드가 후진한 상태로 대기한다. 전기 회로도에서 누름버튼 PB1을 누르면 솔레노이드밸브 SOL이 여자되고 밸브의 제어위치가 전환되어 압축공기는 피스톤 헤드 측으로 공급되고 피스톤 로드 측의 압축공기는 대기로 배출되어 실린더는 전진한다. 누름버튼 스위치 PB1을 놓으면 솔레노이드밸브 SOL이 소자되므로 스프링의 복원력에 의해 밸브의 제어위치가 초기 위치로 전환되어 실린더는 후진한다.

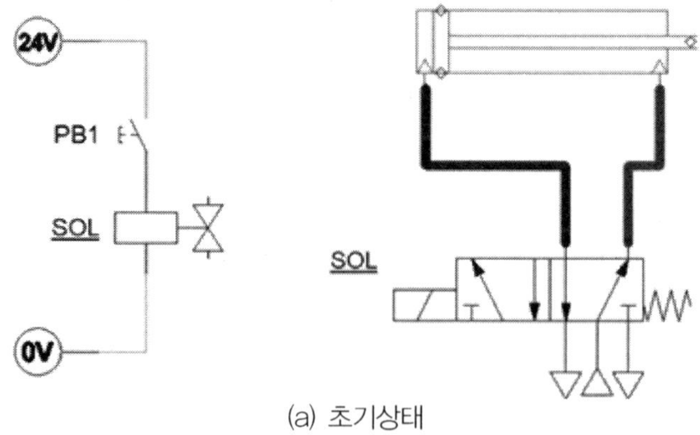

(a) 초기상태

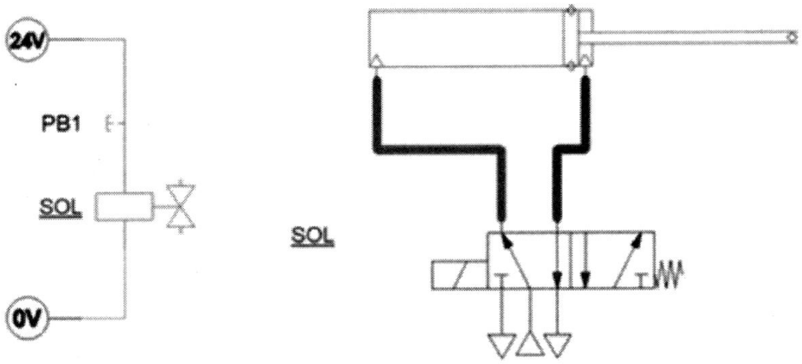

(b) 푸시버튼 스위치 PB1 ON 상태

그림 6.10 복동 실린더 동작상태

■ 간접제어 : 릴레이

그림 6.11은 릴레이와 누름버튼 스위치를 사용하여 복동 실린더를 제어하는 공기압 회로도와 전기 회로도를 나타낸다. 누름버튼 스위치를 누르면 릴레이를 작동시키고 릴레이에 의해 솔레노이드가 구동되는 방식이다.

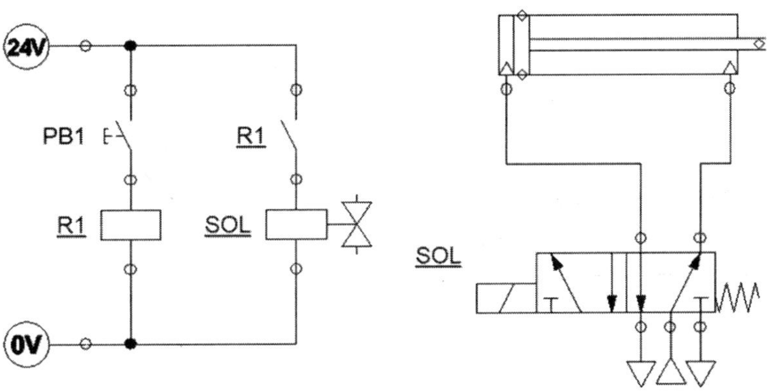

그림 6.11 릴레이를 사용한 복동 실린더제어

그림 6.12는 복동 실린더가 작동되고 있는 상태를 나타낸다. 누름버튼 스위치 PB1을 누르면 릴레이 R1이 여자되고 a접점 R1이 ON되어 솔레노이드밸브 SOL이 여자되어 밸브의 위치가 전환되고 압축공기를 피스톤 헤드 측에 공급하고 피스톤 로드 측의 압축공기는 대기로 배출하여 실린더는 전진한다. 누름버튼 스위치 PB1을 놓으면 릴레이 R1은 소자되고 a접점 R1이 OFF되므로 솔레노이드밸브 SOL도 소자된다. 밸브의 제어위치는 초기상태로 변환되어 피스톤 로드 측에 압축공기를 공급하고 피스톤 헤드 측의 공기를 배출하여 밀고 당기는 힘으로 실린더를 후진시킨다.

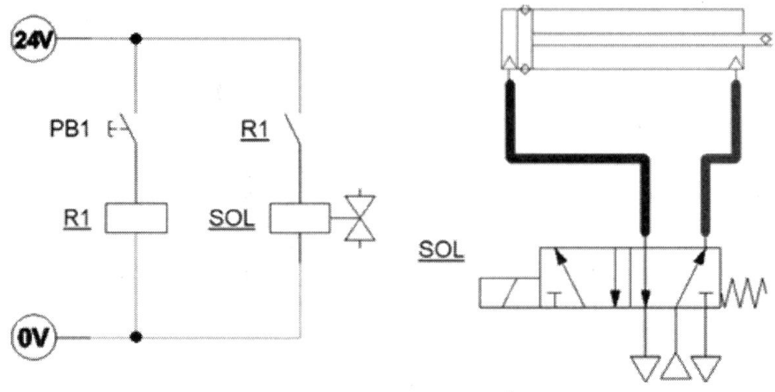

(a) 초기상태

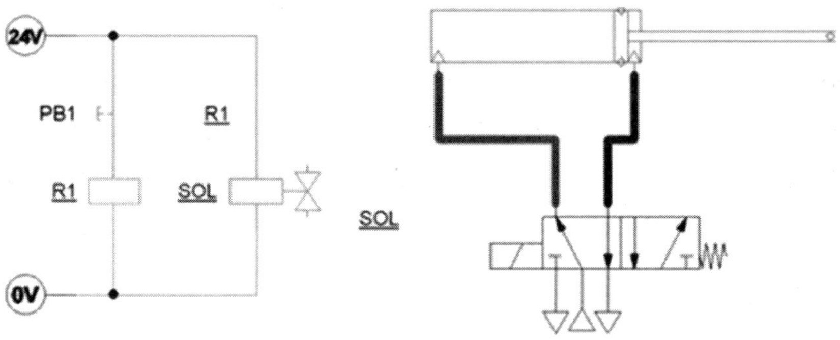

(b) 푸시버튼 스위치 PB1 ON 상태

그림 6.12 복동 실린더 동작상태

■ 직접제어 : 스위치 2개 사용

그림 6.13은 2개의 누름버튼을 사용하여 복동 실린더를 전진과 후진을 하는 공기압 회로도와 전기 회로도를 나타내며 공기압 제어밸브는 5포트 2위치 양 솔레노이드 밸브를 사용한다. 누름버튼 스위치 PB1은 실린더의 전진, PB2는 실린더의 후진을 제어한다.

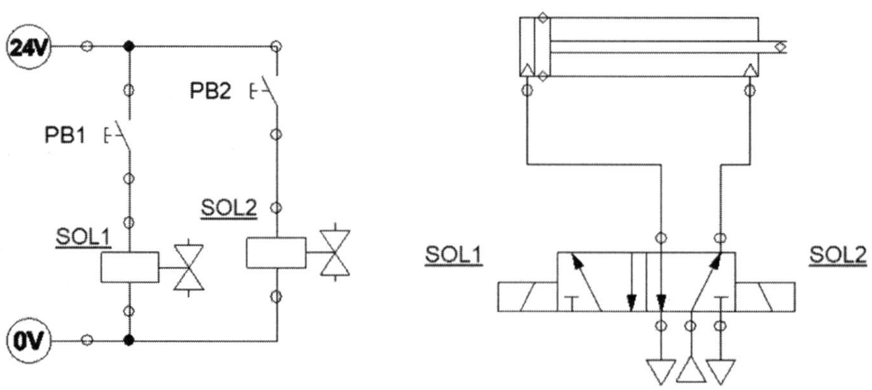

그림 6.13 2개 스위치를 사용하는 복동 실린더

그림 6.14는 5포트 2위치 양 솔레노이드 밸브를 사용하여 복동 실린더를 제어하는 상태를 나타낸다. 전진용 누름버튼 PB1을 누르면 솔레노이드밸브 SOL1이 여자되고, 밸브의 제어위치가 전환되어 실린더는 전진하고 누름버튼 PB1을 놓아도 솔레노이드밸브 SOL1은 소자되지만 밸브가 원위치로 복귀하지 않으므로 실린더는 전진 상태를 유지한다. 누름버튼 PB2를 누르면 솔레노이드밸브 SOL2를 여자시켜 밸브를 초기위치로 복귀시켜 피스톤 로드는 후진하여 그 상태를 유지한다.

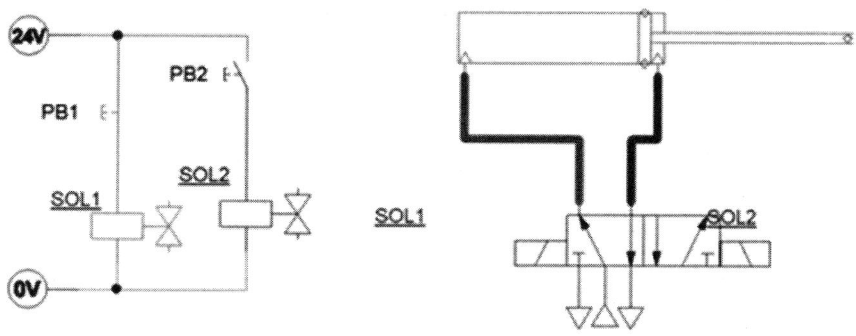

(a) 초기상태

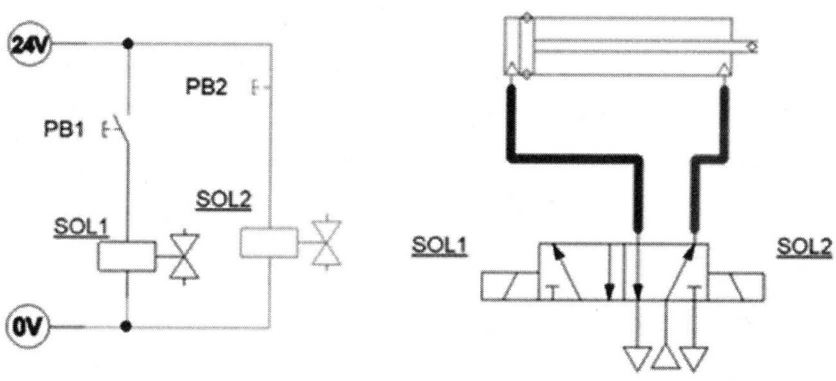

(b) 푸시버튼 스위치 PB1 ON 상태

그림 6.14 복동 실린더 동작상태

누름버튼의 조작시간은 최소한 솔레노이드를 여자시켜 밸브가 완전히 방향을 전환할 만한 시간이 필요하고 그렇지 않은 경우에는 오동작의 원인이 되므로 확실한 동작을 원할 때에는 자기유지회로를 이용하여야 한다. 누름버튼 PB1과 PB2를 동시에 누르면 밸브 솔레노이드가 과부하로 파손될 수 있으므로 어느 누름버튼 스위치가 먼저 동작하고 나중 것은 동작하지 않도록 구성하는 우선회로의 구축이 필요하다.

6.2.3 논리회로

■ AND회로

그림 6.15는 2개의 누름버튼을 눌러야만 실린더가 전진하고, 2개 중 어느 하나라도 조작하지 않으면 실린더는 후진상태를 유지하는 AND회로의 구성을 나타낸다. 누름버튼 스위치는 직렬로 연결하고 출력부분에 솔레노이드밸브를 연결한다.

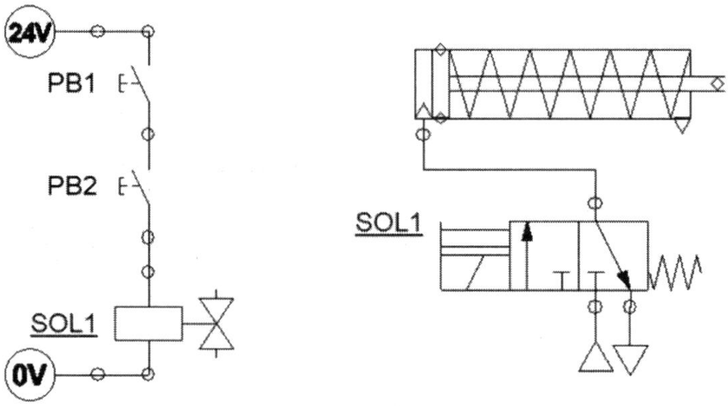

그림 6.15 AND회로

그림 6.16은 AND회로로 구성한 전기회로에 따른 실린더의 동작상태를 나타낸다. 누름버튼 PB1과 PB2를 동시에 누르면 솔레노이드밸브 SOL1이 여자되고 밸브는 방향을 전환하게 되어 실린더는 전진한다. 누름버튼 PB1이나 PB2를 놓으면 솔레노이드밸브 SOL1이 소자되므로 밸브는 원위치가 되어 실린더는 후진한다.

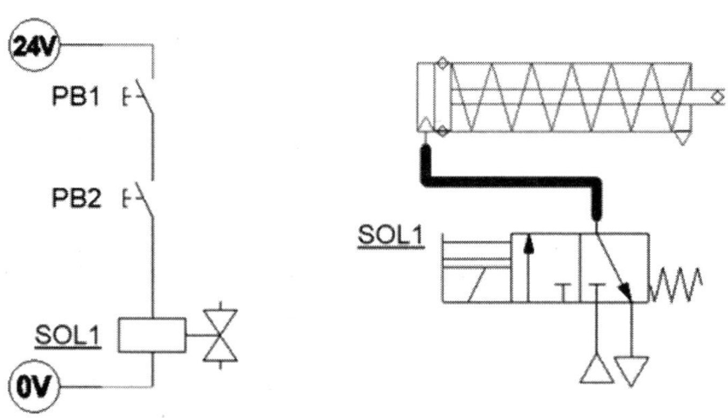

(a) PB1 = OFF, PB2 = OFF 상태

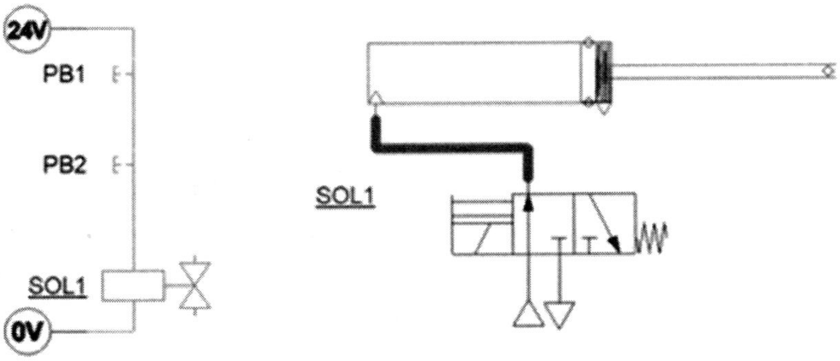

(b) PB1 = ON, PB2 = ON 상태
그림 6.16 AND회로 동작상태

■ OR회로

그림 6.17은 두 개의 스위치를 OR회로로 구성하여 단동 실린더를 제어하는 공기압 회로도와 전기 회로도를 나타낸다. 2개의 누름버튼을 병렬로 연결하고 둘 중 어느 하나만 누르면 실린더가 전진하고, 누름버튼을 놓으면 실린더가 후진한다.

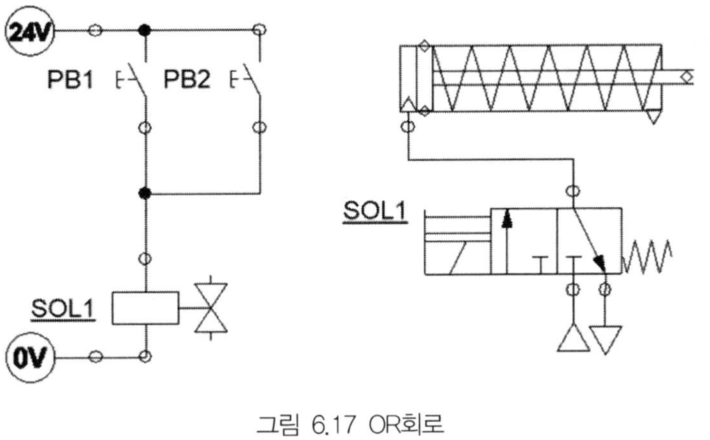

그림 6.17 OR회로

그림 6.18은 OR회로에 의해 실린더가 동작하는 상태를 나타낸다. 누름버튼 PB1이나 PB2중 어느 하나를 누르면 솔레노이드밸브 SOL1이 여자되어 실린더는 전진하고 누름버튼을 놓으면 솔레노이드밸브 SOL1이 소자되므로 밸브는 스프링에 의해 초기위치로 복귀하여 실린더는 후진한다.

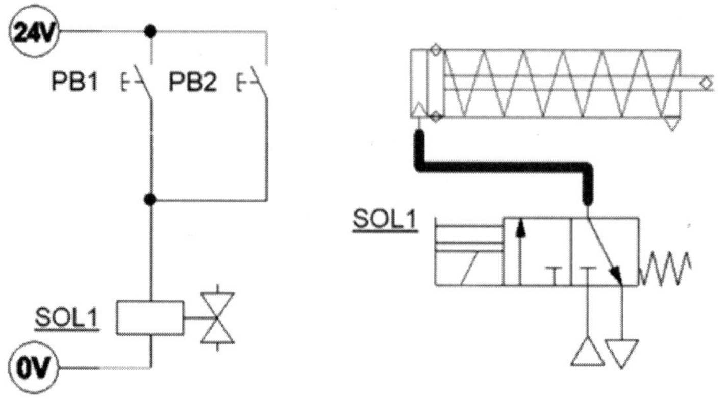

(a) PB1 = OFF, PB2 = OFF 상태

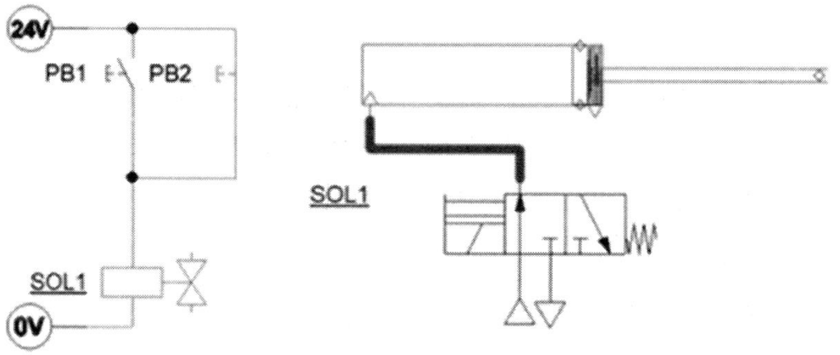

(b) PB1 = ON, PB2 = ON 상태

그림 6.18 OR회로 동작상태

■ NOT회로

그림 6.19는 누름버튼을 조작하지 않아도 실린더가 전진하고 누름버튼을 누르면 실린더가 후진하는 NOT회로를 나타낸다. 누름버튼 스위치는 b접점을 사용하여 솔레노이드밸브와 직접 연결한다.

그림 6.20은 NOT회로에 의해 동작하는 실린더의 상태를 나타낸다. 실린더가 후진되어 있는 초기상태에서 공기압회로를 연결하고 전원을 투입하면 누름버튼을 누르지 않아도 솔레노이드 밸브 SOL1이 여자되어 실린더는 전진한다. b접점으로 구축되어 있는 누름버튼 스위치를 누르면 솔레노이드밸브 SOL1이 소자되므로 밸브의 제어위치는 스프링에 의해 초기위치로 복귀되어 실린더는 후진한다.

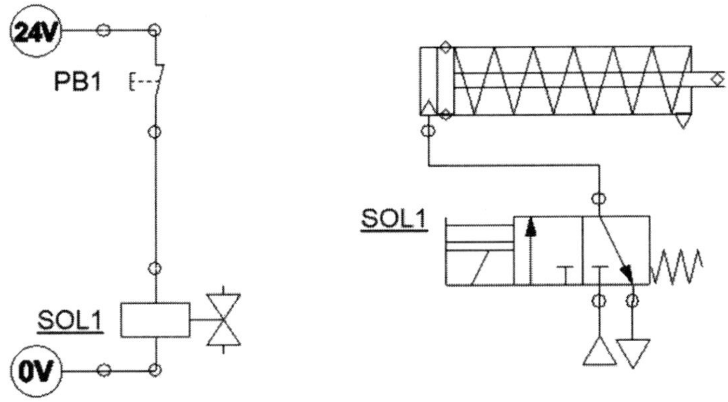

그림 6.19 NOT회로

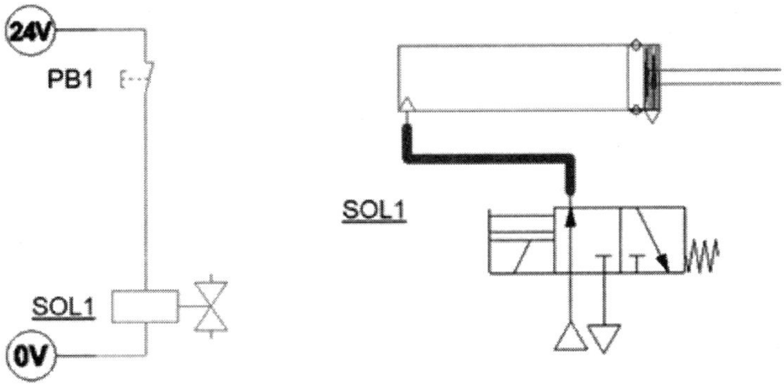

(a) PB1 = OFF 상대

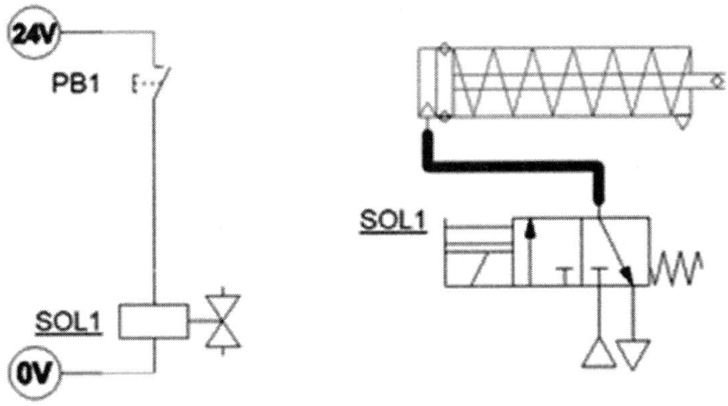

(b) PB1 = ON 상태

그림 6.20 NOT회로 동작상태

■ NAND회로

그림 6.21은 2개의 누름버튼 스위치를 누르지 않았을 때 실린더가 전진하고 그 외의 경우에는 실린더가 후진하는 NAND회로를 가진 공기압 회로도와 전기 회로도를 나타낸다. b접접의 스위치 두 개는 직렬로 연결하고 출력은 솔레노이드밸브와 연결한다.

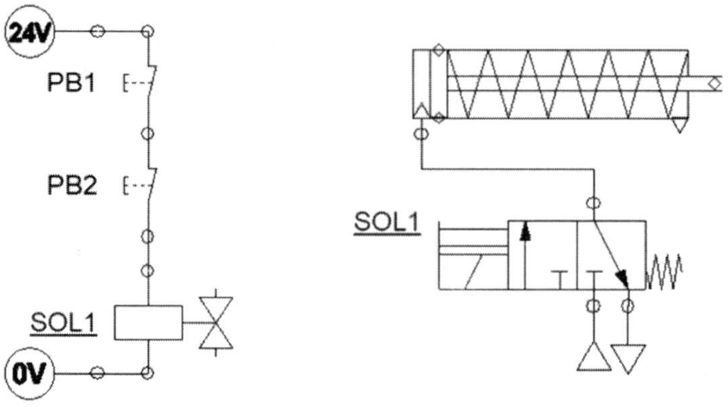

그림 6.21 NAND회로

그림 6.22는 NAND회로에 의해 동작하는 실린더의 상태를 나타낸다. 공기압회로를 연결하고 전원을 투입하면 b접점으로 구축되어 있는 2개의 누름버튼 스위치에 의해 솔레노이드밸브 SOL1이 여자되어 실린더는 전진한다. 이 상태에서 누름버튼 PB1이나 PB2 중 어느 하나 또는 2개 모두를 누르면 솔레노이드밸브 SOL1이 소자되어 실린더는 후진한다. 2개의 누름버튼 스위치를 모두 놓으면 솔레노이드밸브 SOL1이 여자되므로 실린더는 전진한다.

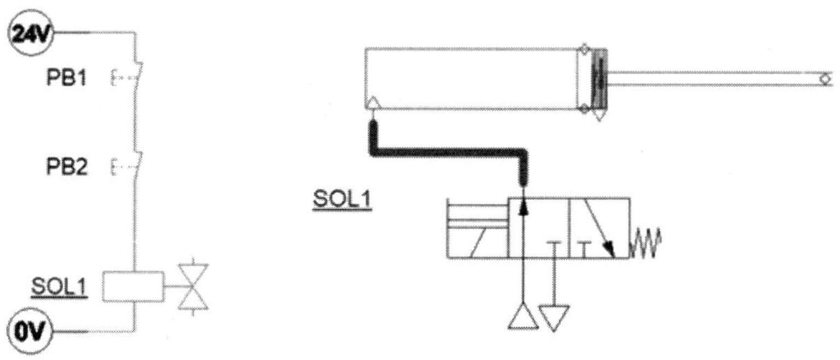

(a) PB1 = OFF, PB2 = OFF 상태

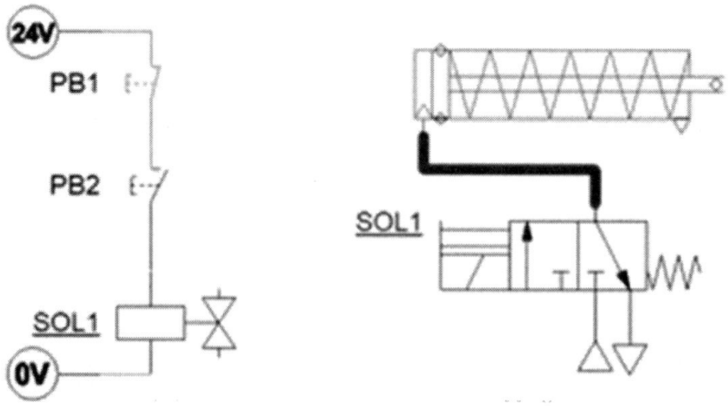

(b) PB1 = OFF, PB2 = ON 상태

그림 6.22 NAND회로 동작상태

6.2.4 자기유지와 우선회로

■ 자기유지회로

그림 6.23은 2개의 누름버튼 스위치를 사용하여 단동 실린더를 제어하는 작동선도와 제어선도를 나타낸다. 실린더의 작동선도는 각 단계별로 전진과 후진을 표시한다. 제어선도에서는 누름버튼 스위치 PB1과 PB2의 누름 상태를 나타내고 스위치의 입력신호에 따라서 릴레이의 동작을 나타낸다. 실린더는 릴레이에 의하여 전진과 후진운동을 한다.

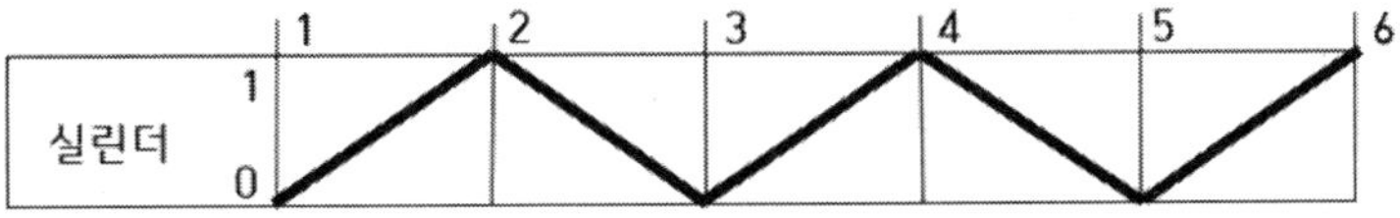

(a) 작동선도

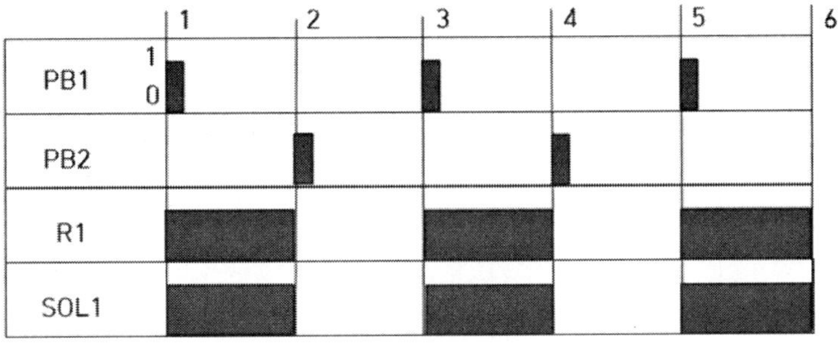

(b) 제어선도

그림 6.23 자기유지 작동선도와 제어선도

그림 6.24는 2개의 누름버튼을 사용하여 자기유지와 해제하여 실린더의 전진과 후진을 제어하는 공기압 회로도와 전기 회로도를 나타낸다. 각각의 스위치는 전진과 후진용으로 사용되며 전진용은 자기유지, 후진용은 자기유지 해제의 기능을 가진다. 전진용 누름버튼을 누르면 실린더가 전진하고 누름버튼을 놓아도 실린더가 전진상태를 유지하고, 자기유지 해제 누름버튼 스위치를 누르면 자기유지가 해제되면서 실린더는 후진한다.

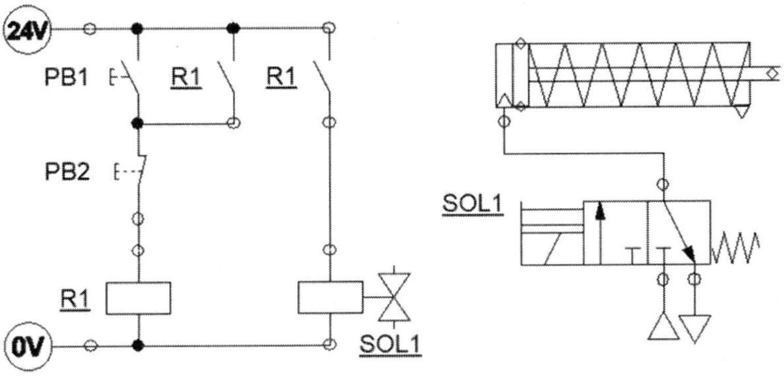

그림 6.24 자기유지회로

그림 6.25는 자기유지회로를 구성하고 있는 전기회로를 사용하여 실린더를 제어하는 상태를 나타낸다. 초기상태의 공기압 회로도는 밸브의 제어위치가 OFF된 상태이므로 피스톤 헤드 측의 압축공기를 배출하여 피스톤 로드가 후진한 상태가 된다. 전진용 누름버튼 PB1을 누르면 솔레노이드밸브 SOL1이 여자되고 릴레이 R1과 a접점 R1에 의해 입력신호가 유지된다. 솔레노이드밸브 SOL1의 여자로 밸브의 제어위치는 방향을 전환하고 실린더는 전진한다. 누름버튼 PB1을 놓아도 입력신호가 유지되어 있으므로 실린더는 전진상태를 유지한다. 후진용 누름버튼 PB2를 누르면 릴레이 R1과 솔레노이드밸브 SOL1이 소자되어 밸브에 내장된 스프링으로 원위치에 복귀하여 피스톤 헤드 측의 압축공기를 배출하고 실린더에 있는 스프링 복원력으로 피스톤 로드는 후진한다.

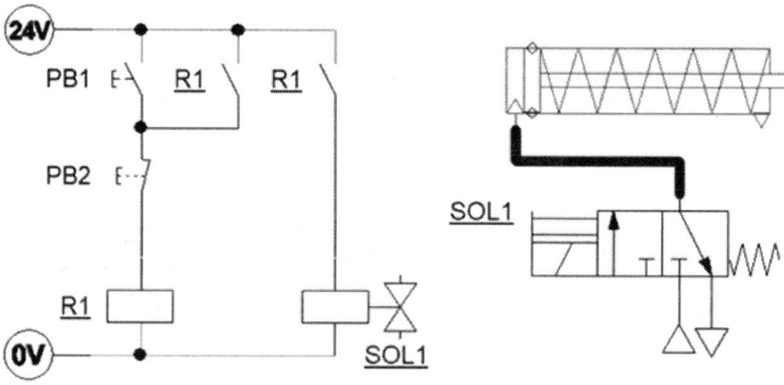

(a) PB1 = OFF, PB2 = ON 상태

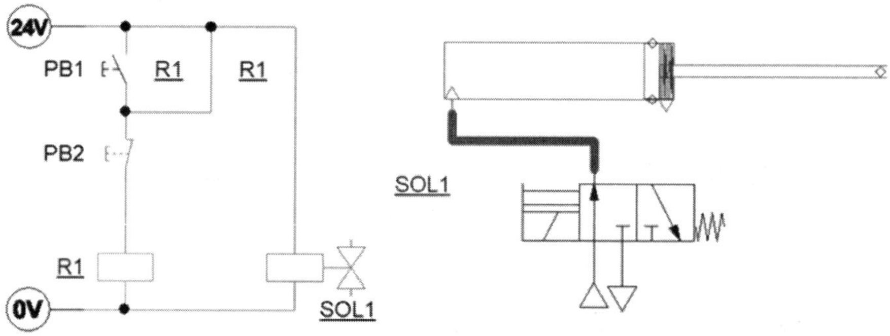

(b) PB1 = ON, PB2 = OFF 상태

그림 6.25 자기유지회로에 의한 실린더 동작상태

■ 우선회로

우선회로는 상호 상반된 동작이 주어진 신호가 있는 경우에 먼저 입력된 신호를 우선적으로 동작시키고 뒤에 입력된 신호는 절대로 동작되지 않도록 하는 회로를 말하는 것으로, 선행동작 우선회로라고도 한다.

그림 6.26은 누름버튼 스위치 2개를 사용하여 우선회로를 구축하기 위한 작동선도와 제어선도를 나타낸다. 우선회로는 두 개의 입력스위치가 동시에 누르면 두 개의 솔레노이드밸브가 작동하여 과열을 발생시킬 수 있으므로 이를 방지하기 위해 어느 한쪽이 조금이라도 빨리 눌러진 스위치가 작동하여 솔레노이드밸브를 동작시킨다. 작동선도는 각 단계별로 실린더가 전진과 후진을 하도록 표시한다. 제어선도는 실린더의 동작을 구현할 수 있도록 입력과 출력신호의 상태를 작성한다. 리미트 스위치 LS1이 ON되어 있는 상태에서 스위치 PB1을 누르면 릴레이 R1이 작동하여 자기유지를 실행하고 실린더가 전진한다. 리미트 스위치 LS2가 ON된 상태에서 스위치 PB2를 누르면 릴레이 R2가 ON되어서 자기유지를 하고 실린더가 후진한다.

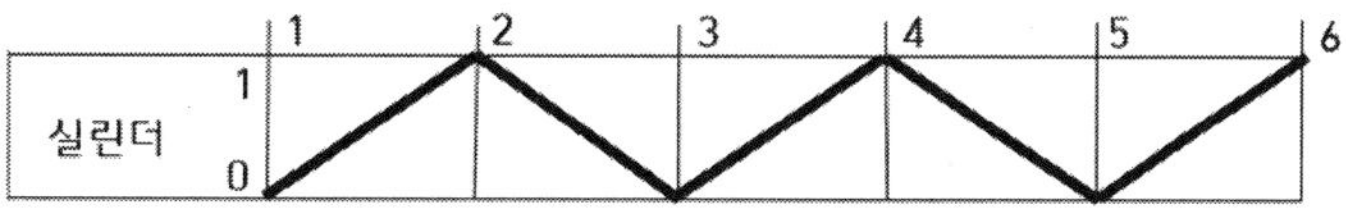

(a) 작동선도

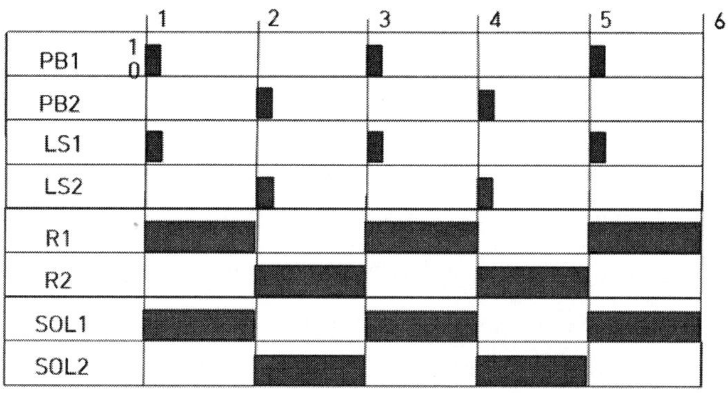

(b) 제어선도

그림 6.26 우선회로 작동선도와 제어선도

그림 6.27은 누름버튼 스위치 2개를 사용하여 우선회로를 구축하고 리미트 스위치의 신호와 병용하여 실린더를 동작시키는 공기압 회로도와 전기 회로도를 나타낸다. 공기압 회로도에서는 밸브와 실린더의 중간에 체크밸브가 부착된 유량제어밸브를 사용하여 실린더의 운동속도를 제어한다.

초기상태는 솔레노이드밸브의 제어위치가 중립이므로 압축공기의 유동을 차단하여 임의의 위치에 정지하는 상태가 된다. 솔레노이드밸브 Sol1이 ON되고 Sol2가 OFF되면 압축공기는 피스톤 로드 측에 있는 유량제어밸브에 의하여 유량이 조절된 것이 대기로 배출되고 피스톤 헤드 측의 압축공기는 유량제어가 되지 않은 상태로 빠르게 공급하여 실린더를 전진시킨다. 이러한 공기압 회로를 구축하는 것을 Meter-Out 방식이라고 한다. Meter-Out 방식은 실린더 내의 압축공기를 대기로 배출하는 유량을 제어하고 있고, 들어가는 유량을 제어하는 Meter-In 방식에 비하여 안정된 속도를 얻을 수 있으므로 공기압 회로에서는 이 방식을 선호한다. 솔레노이드밸브 Sol1이 OFF되고 Sol2가 ON되면 피스톤 로드에 압축공기가 공급되고 피스톤 헤드의 압축공기는 대기로 배출하여 실린더를 후진시킨다. 2개의 리미트 스위치 LS1과 LS2를 피스톤 로드의 선단부와 접촉하도록 설치하여 왕복운동의 위치를 감지한다.

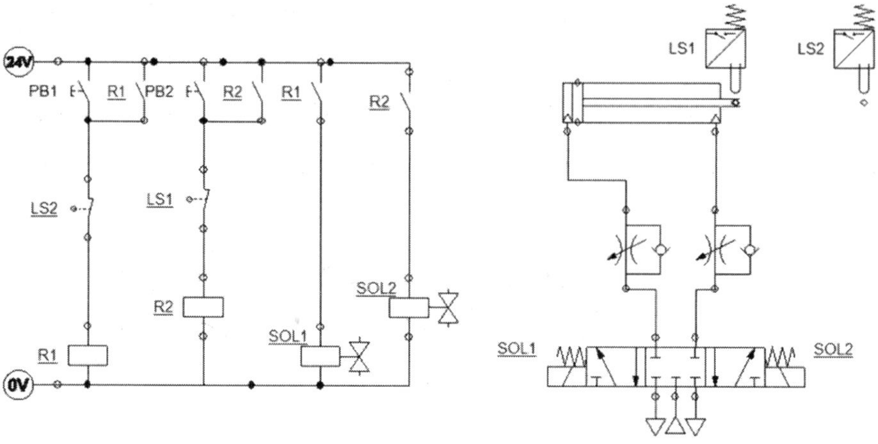

그림 6.27 우선회로

그림 6.28은 스위치 PB1과 PB2가 동시에 작동하는 것을 방지하기 위한 우선회로의 동작상태를 나타낸다. PB1을 누르면 R1의 릴레이가 ON되면서 자기유지를 하면서 솔레노이드밸브 Sol1이 여자되고 실린더는 전진을 시작한다. 전진 끝단에서 리미트 스위치 LS2에 접촉하면 R1의 자기유지가 해제되고 Sol1의 솔레노이드밸브가 소자되어 실린더는 전진 끝단에서 정지하고 솔레노이드밸브는 중립위치에 복귀한다. PB2를 누르면 R2가 ON되면서 자기유지를 하면서 솔레노이드밸브 Sol2가 여자되어 실린더는 후진하고 후진 끝단에서 LS1과 접촉하면 실린더가 정지하고 솔레노이드밸브는 중립위치로 복귀하는 회로이다. 이러한 수동조작회로의 동작만 살펴보면 문제가 없는 것처럼 보이지만, 실제로는 리미트 스위치 LS1과 LS2가 어느 하나라도 눌려있지 않은 상태에서 PB1과 PB2가 동시에 눌러진다면 릴레이 R1과 R2가 동시에 ON되면서 자기유지를 하게 된다. 이에 따라 Sol1과 Sol2는 동시에 여자되어 솔레노이드밸브가 과열되어 파손되는 문제가 예상되므로 대책이 필요하다.

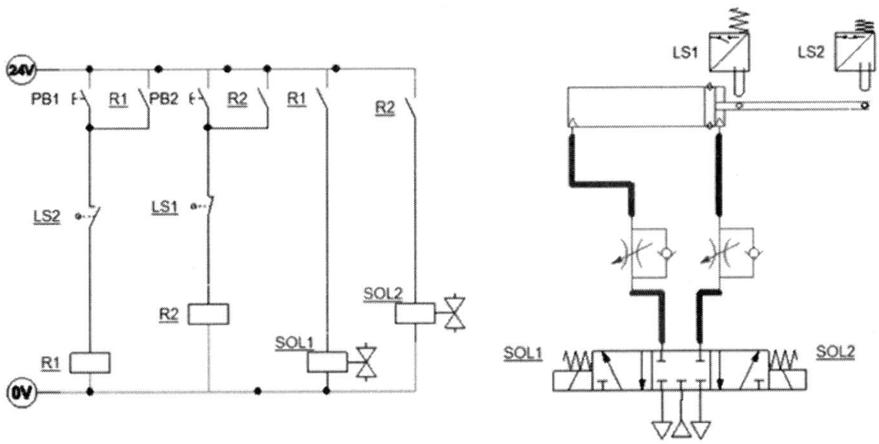

(a) 실린더 전진 상태

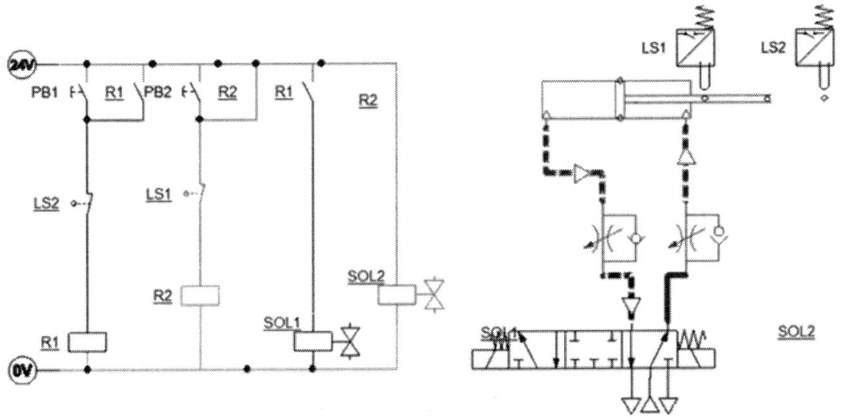

(b) 실린더 후진 중인 상태

그림 6.28 우선회로의 동작상태

그림 6.29는 우선회로에서 실린더가 리미트 스위치 신호를 받지 못하는 임의의 위치에 정지하였을 경우에 발생할 수 있는 솔레노이드밸브의 과열현상을 방지할 수 있는 인터록 기능을 부가한 전기 회로도를 나타낸다. PB1과 PB2가 동시에 눌러져 양 솔레노이드밸브가 동시에 여자되는 것을 방지하기 위하여 전기 회로도에 R1의 b접점을 3번열에 R2의 b접점을 1번열에 추가한다. 이와 같이 하면 먼저 입력된 신호는 자기유지하고 반대신호가 동작되지 않도록 b접점으로 차단하므로 뒤에 입력되는 신호는 동작할 수 없게 되어 두 개의 솔레노이드밸브가 동시에 여자되는 현상을 발생하지 않는다.

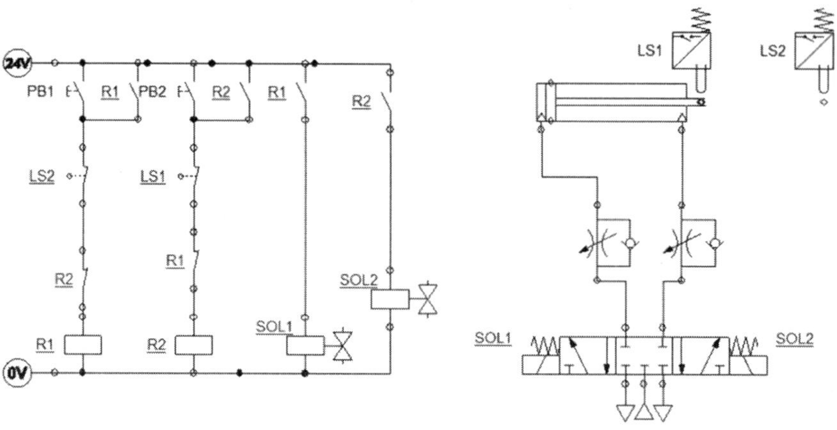

그림 6.29 인터록 기능을 부가한 우선회로

6.2.5 리미트 스위치

마이크로 스위치는 비교적 소형으로 성형품 케이스에 접점 기구를 내장하고 밀봉되지 않은 것이다. 마이크로 스위치가 계측장치나 기계의 동작 검출기용으로 사용되는 데 비해 리미트 스위치는 견고한 다이캐스트 케이스에 마이크로 스위치가 내장된 것으로 밀봉되어 있기 때문에 봉입형 마이크로 스위치라고도 하며, 내구성이 요구되는 장소나 외력으로부터 기계적 보호가 필요한 생산설비 등에 사용된다.

그림 6.30은 마이크로 스위치의 기본 형상을 나타내며 스위치 접점의 단자에는 COM, NO, NC 등의 문자가 인쇄되어 있다. 마이크로 스위치는 미소 접점 간격을 가진 소형의 검출용 스위치로서 외부에 돌출되어 있는 플런저를 누름에 따라 판스프링의 스냅액션 운동에 의해 접점이 변환되는 스위치이다. 스냅액션(Snap Action)이란 눌러진 판스프링이 어느 한계를 초월하면 순간적으로 도약 반전하는 현상을 말한다. 초기상태로의 복귀도 플런저에 가하고 있는 외력을 제거하므로 복귀된다. 검출은 플런저가 검출 대상물체에 접촉함에 따라 이루어지나 플런저의 마모 방지나 작동력을 저하시키기 위해 롤러나 레버 등과 조합하여 접촉운동을 시키는 경우가 많다. 접점은 공통 접점인 C접점, 초기상태에 열려있는 a접점과 초기상태 닫혀있는 b접점을 갖춘 형식이 가장 일반적이다.

그림 6.30 마이크로 스위치

그림 6.31은 리미트 스위치의 외형과 적용하고 있는 사례를 나타낸다. 피스톤 로드와 접촉하는 부분에는 로울러 또는 레버를 사용하여 기계적인 접촉을 가능하게 하고 있으며 피스톤 로드의 끝부분에는 접촉 시에 발생하는 충격을 흡수할 수 있는 구조를 설치한다.

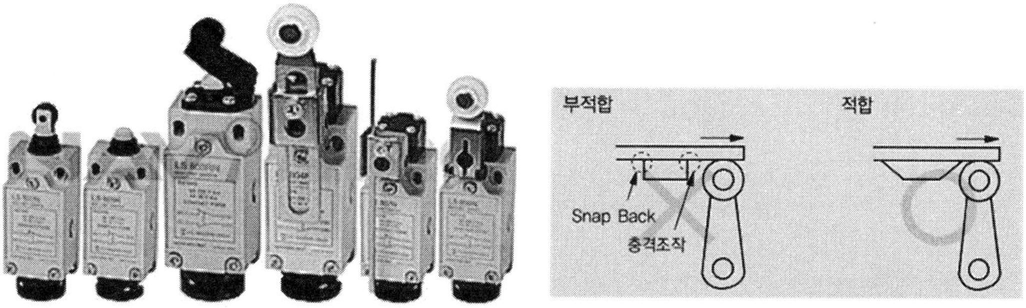

(a) 리미트 스위치 외형 (b) 리미트 스위치 적용

그림 6.31 리미트 스위치

6.2.6 카운터 회로

■ 올림 카운터(Up Counter)

입력단자로 들어오는 펄스는 카운터 숫자를 0부터 하나씩 증가시킨다. 설정된 값에 이르면 출력단자에 전압이 출력되고 리셋신호가 입력될 때까지 지속되며 리셋신호가 입력되면 출력은 0이 되고 카운터 숫자는 0이 된다.

그림 6.32는 올림 카운터를 사용한 전기 회로도를 나타낸다. INPUT 버튼을 누르면 카운터 숫자가 증가되어 설정 값 5에 이르면 출력단자에 전압이 출력되어 L1과 L2를 점등시킨다. RESET 버튼을 누르면 출력은 0이 되고 카운터 값은 0으로 초기화된다.

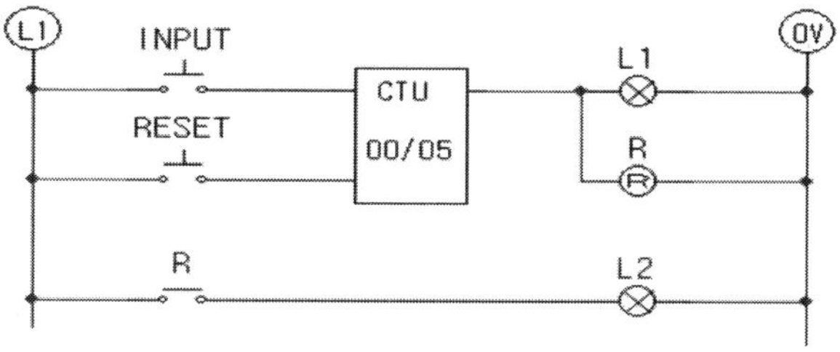

그림 6.32 올림 카운터 회로

■ 내림 카운터(Down Counter)

입력단자로 들어오는 펄스는 카운터 숫자를 설정 값부터 하나씩 감소시키고 숫자가 0이 되면 출력단자에 전압이 출력된다. 리셋신호가 입력되면 출력은 0이 되고 카운터 숫자는 설정 값이 된다.

그림 6.33은 내림 카운터를 사용한 전기 회로도를 나타낸다. INPUT 버튼을 누르면 카운터 숫자가 감소되어 설정 값이 0이 되면 출력단에 전압이 출력되어 L1과 L2가 점등한다.

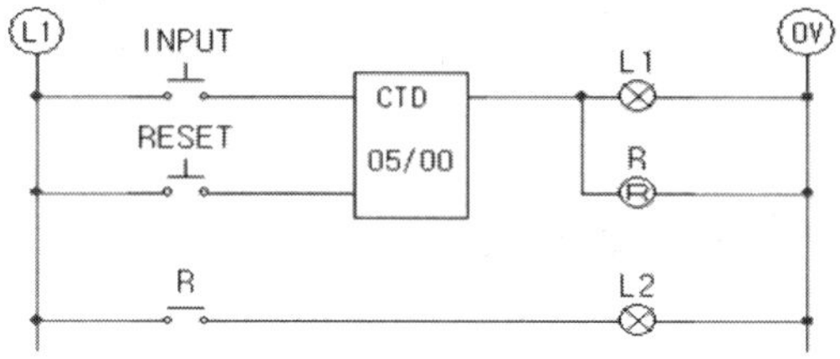

그림 6.33 내림 카운터 회로

그림 6.34는 실린더의 전진과 후진을 반복하는 전기 회로에 실린더의 전진 횟수를 헤아려서 올림하는 카운터 회로와 공기압 회로를 나타낸다. 누름버튼 스위치 2개, 리미트 스위치 2개, 솔레노이드밸브와 올림 카운터를 사용하여 전기회로를 구축한다. 공기압 회로는 복동 실린더의 운동속도는 유량제어밸브, 운동방향은 4포트 2위치 솔레노이드밸브를 사용한다.

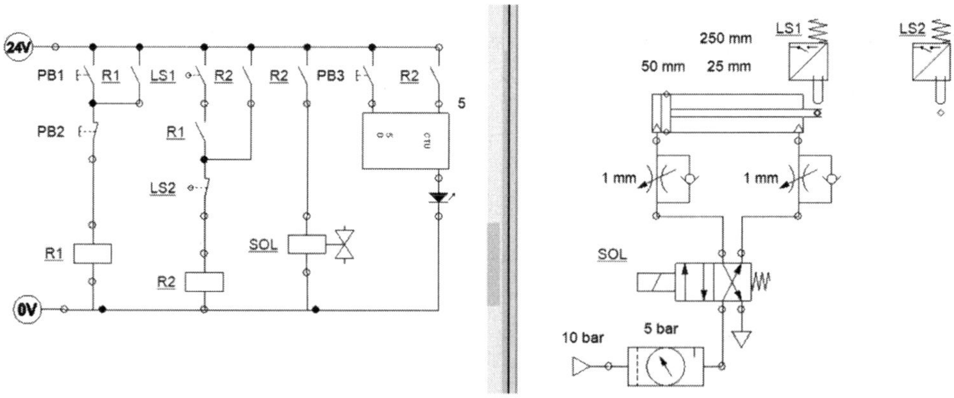

그림 6.34 실린더의 올림 카운터 회로

그림 6.35는 실린더의 전진 횟수를 헤아리는 올림 카운터 회로의 동작 상태를 나타낸다. 누름버튼 스위치 PB1을 누르면 릴레이 R1이 동작하면서 자기유지가 되고 릴레이 R1과 리미트 스위치 LS1이 AND조합으로 연결되어 있으므로 PB1과 LS1이 동시에 ON이 되면 릴레이 R2가 ON되면서 솔레노이드밸브 SOL이 ON되어서 실린더가 전진한다. 리미트 스위치 LS2가 ON이 되면 릴레이 R2를 OFF시켜서 자기유지를 해제하고 실린더는 후진한다. 올림 카운터는 5로

설정하고 릴레이 R2가 ON되면 올림 카운터는 1을 출력하고 전진할 때마다 1씩 증가시킨다. 올림 카운터가 설정된 5에 도달하면 출력에 1을 출력하면서 LED를 점등시킨다.

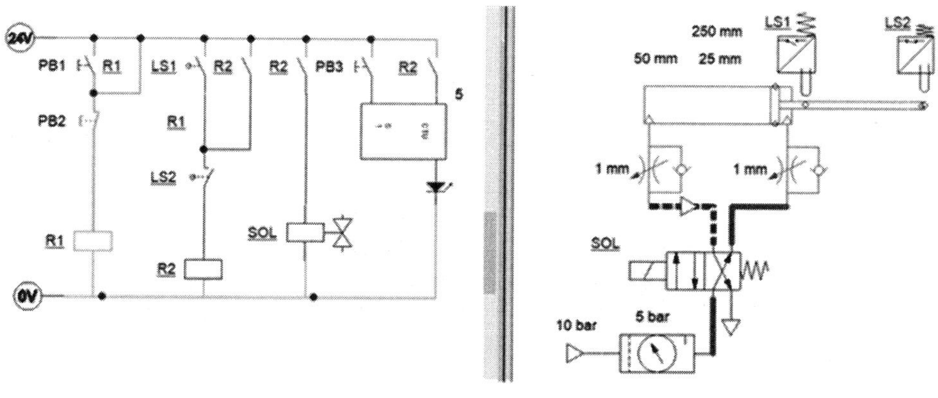

(a) 카운터 시작

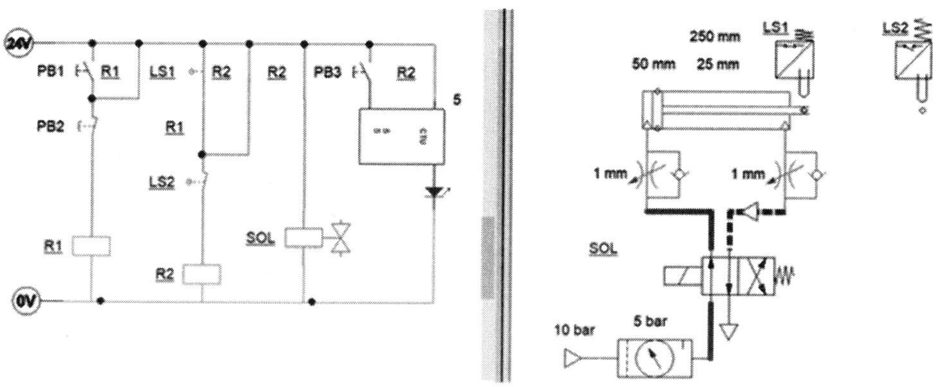

(b) 설정 카운터 도달상태

그림 6.35 실린더의 올림 카운터 회로 동작상태

6.3 실린더의 왕복제어회로

6.3.1 복동 실린더의 왕복제어 : 4포트 2위치밸브

■ 1회 왕복운동

그림 6.36은 리미트 스위치를 사용하여 실린더가 1회 왕복하는 작동선도와 제어선도를 나타낸다. 실린더는 각 단계별로 전진과 후진을 하도록 표시하고 스위치 PB1과 리미트 스위치는 실린더의 조작에 필요한 입력신호가 된다. 스위치 PB1에 의해 릴레이가 ON되어서 자기유지를 하여 실린더를 전진시키고 리미트 스위치 LS신호로 후진한다.

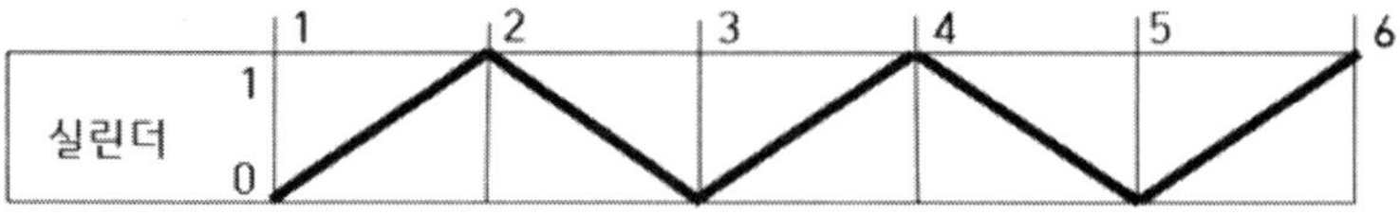

(a) 작동선도

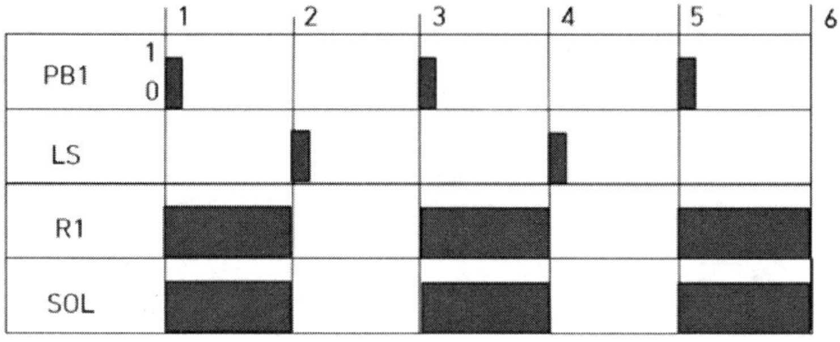

(b) 제어선도

그림 6.36 1회 왕복하는 작동선도와 제어선도

그림 6.37은 누름버튼 스위치와 리미트 스위치를 사용하여 1회 왕복 운동하는 전기 공기압 회로도를 나타낸다. 누름버튼 스위치 1개, 리미트 스위치 1개와 4포트 2위치 솔레노이드밸브를 사용하여 복동 실린더를 제어하는 전기 공기압 회로를 구축하며 운동속도는 유량제어밸브를 사용하여 미터아웃 방식으로 제어한다.

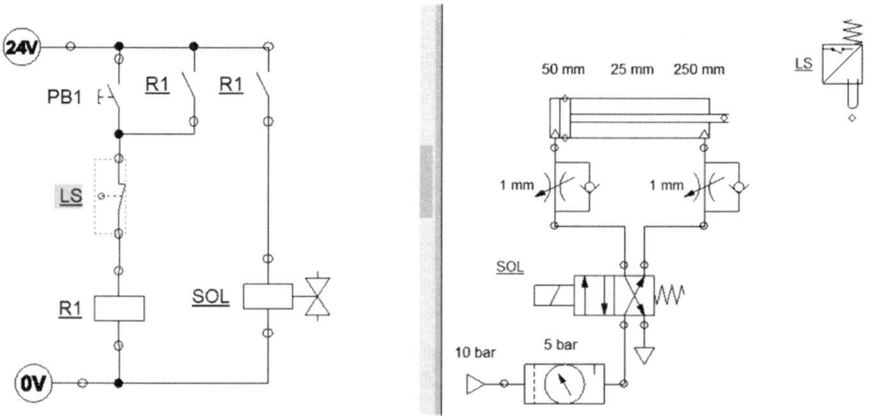

그림 6.37 1회 왕복하는 전기 공기압 회로도

그림 6.38은 복동 실린더가 1회 왕복 운동하는 전기 공기압 회로의 동작 상태를 나타낸다. 누름버튼 스위치 PB1을 누르면 릴레이 R1이 ON되면서 자기유지가 되고 솔레노이드밸브 SOL을 ON시켜서 실린더가 전진한다. 실린더가 전진하여 전진 끝단에 설치된 리미트 스위치 LS가 눌러지면 릴레이 R1이 소자되고 자기유지가 해제되면서 실린더는 후진한다.

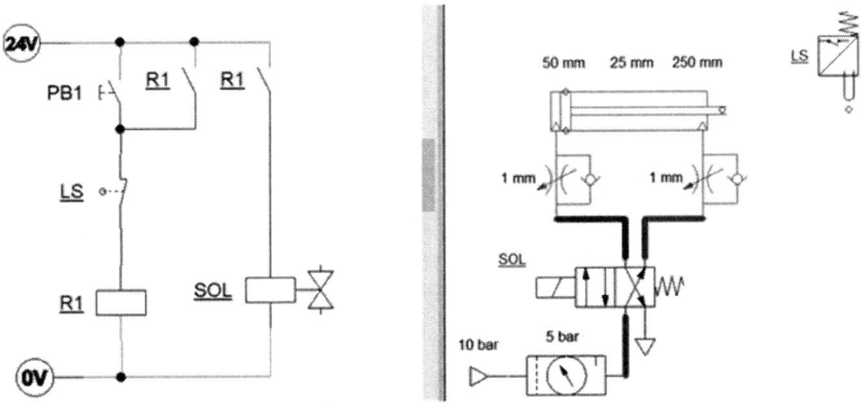

(a) 초기 상태

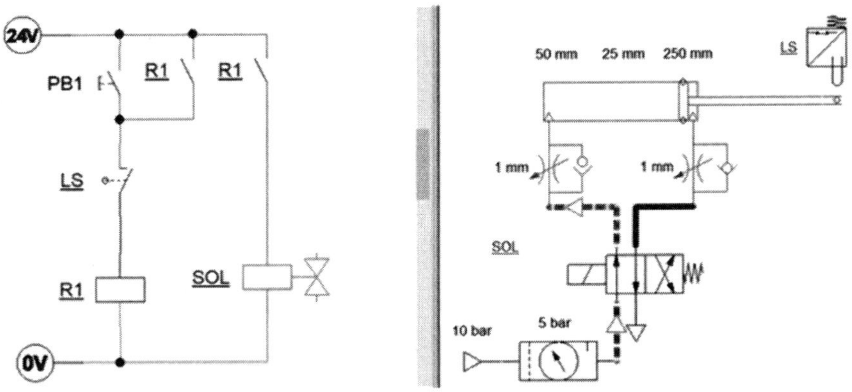

(b) 푸시버튼 스위치 PB1＝ON 상태

그림 6.38 1회 왕복하는 전기 공기압 회로 동작상태

■ 연속 왕복운동

그림 6.39는 복동 실린더를 연속적으로 왕복하는 작동선도와 제어선도를 나타낸다. 스위치 PB1은 시동스위치로 사용되고 PB2는 정지신호로 사용된다. 리미트 스위치 LS1이 ON되어 있는 상태에서 PB1을 누르면 실린더가 전진하고 리미트 스위치 LS2 신호로 후진 LS1으로 전진을 반복한다. 스위치 PB2를 누르면 실린더는 후진하여 정지한 상태를 유지한다. 다시 구동을 위해서는 LS1이 ON되어 있으므로 PB1을 누르면 전진한다.

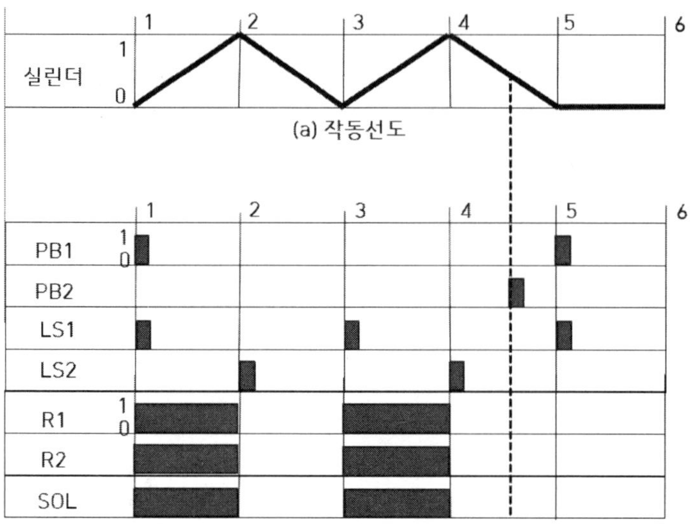

(a) 작동선도

(b) 제어선도

그림 6.39 연속 왕복하는 작동선도와 제어선도

그림 6.40은 누름버튼 스위치와 리미트 스위치를 사용하여 복동 실린더를 연속적으로 운동하도록 구성한 공기압 회로도와 전기 회로도이다. 4포트 2위치 솔레노이드밸브는 복동 실린더의 방향전환에 사용되고 운동속도는 유량제어밸브를 사용하여 미터아웃 방식으로 제어한다. 실린더의 전진은 누름버튼 스위치 PB1과 리미트 스위치 LS1을 사용하고 후진은 리미트 스위치 LS2의 신호를 이용한다. 실린더의 정지에는 누름버튼 스위치 PB2가 사용된다.

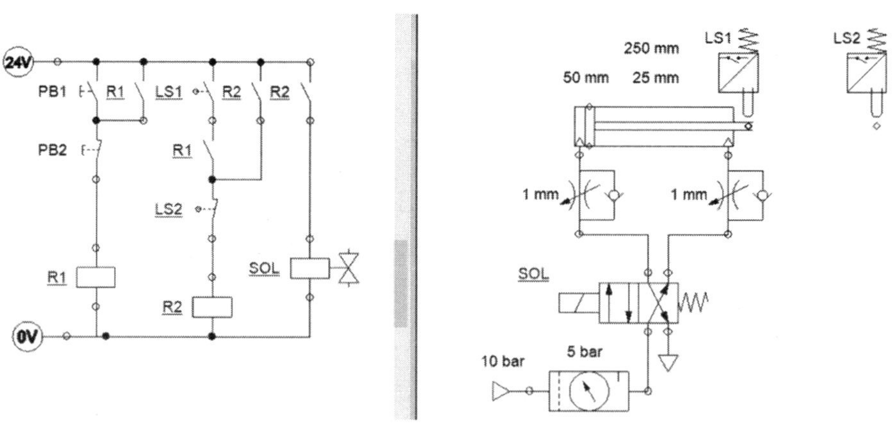

그림 6.40 연속 왕복운동 회로 : 4포트 2위치

그림 6.41은 연속적으로 왕복 운동하는 복동 실린더의 동작 상태를 나타낸다. 누름버튼 스위치 PB1와 리미트 스위치 LS1은 실린더의 전진신호로 사용되며 PB1을 누르면 릴레이 R1이 ON되면서 자기유지를 하고 리미트 스위치 LS1이 ON되어 있는 상태이면 릴레이 R2가 ON되어서 솔레노

이드밸브 SOL이 ON되어 실린더가 전진한다. 전진 끝단에서 리미트 스위치 LS2가 눌러지면 릴레이 R2가 소자되어서 자기유지를 해제하고 솔레노이드밸브 SOL을 OFF시켜서 실린더는 후진한다. 릴레이 R1이 ON상태를 유지하고 있는 상태이므로 리미트 스위치 LS1과 LS2에 의해 실린더는 연속적으로 전진과 후진을 반복한다. 실린더를 정지시키기 위해서는 누름버튼 스위치 PB2를 누르면 릴레이 R1이 OFF되면서 자기유지가 해제되고 실린더는 후진하여 정지한다.

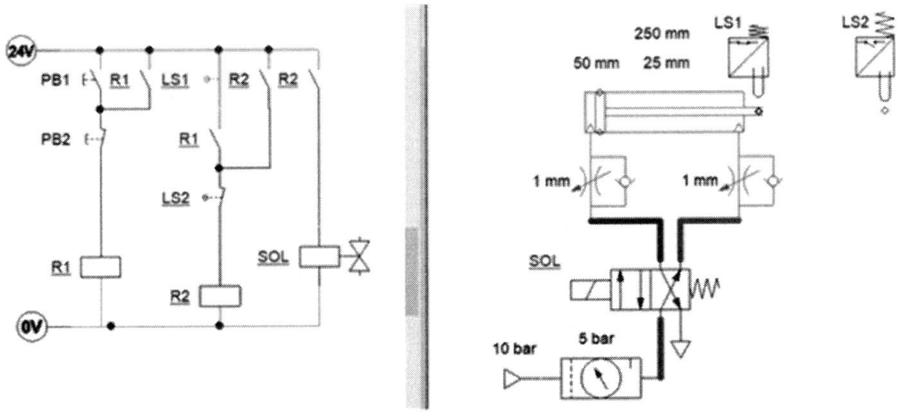

(a) 초기 상태

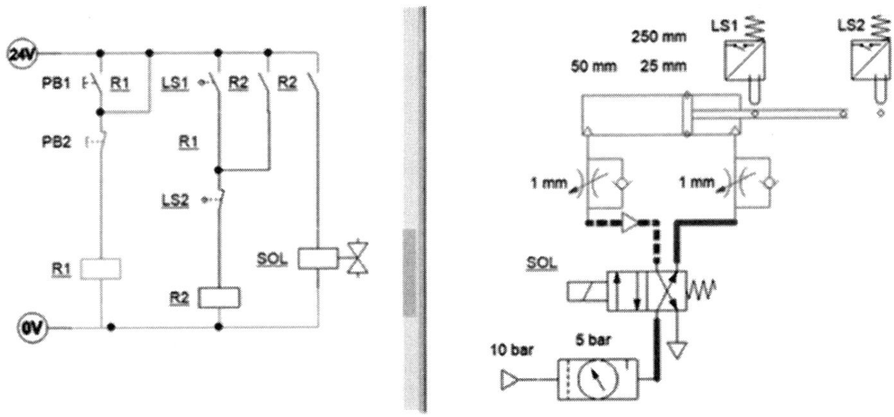

(b) 자동 왕복운전 상태

그림 6.41 연속 왕복운동(4포트 2위치)의 동작상태

6.3.2 복동 실린더의 왕복제어 : 5포트 2위치밸브

■ 편 솔레노이드밸브

그림 6.42는 5포트 2위치 솔레노이드밸브와 리미트 스위치를 사용하여 복동 실린더를 연속적으로 왕복하는 공기압 회로도와 전기 회로도를 나타낸다. 공기압 회로의 구성은 그림 6.40의 회로도에서 4포트 2위치 솔레노이드밸브 위치에 5포트 2위치 솔레노이드밸브를 바꾸어 놓은 것이고 전기 회로도에서는 리미트 스위치의 위치를 약간 수정한 상태이다.

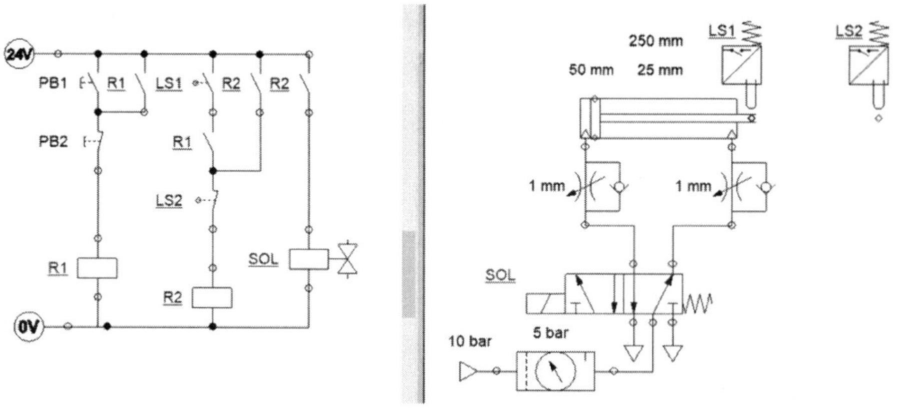

그림 6.42 연속 왕복운동 회로 : 5포트 2위치

그림 6.43은 5포트 2위치 솔레노이드밸브를 사용하는 복동 실린더 제어회로에서 연속적으로 왕복 운동하는 상태를 나타낸다. 누름버튼 스위치 PB1은 누르면 릴레이 R1이 ON되면서 자기유지를 하고 PB2를 누르면 자기유지를 해제한다. 릴레이 R1이 ON되면 릴레이 R2를 ON시켜서 자기유지를 하고 솔레노이드밸브 SOL이 ON되면서 실린더는 전진한다. 실린더가 전진하여 리미트 스위치 LS2가 눌러지면 릴레이 R2가 OFF되면서 자기유지를 해제하여 실린더가 후진하고, 리미트 스위치 LS1이 눌러지면 릴레이 R2가 ON되면서 자기유지를 하고 실린더는 전진한다. PB1를 누르면 R1이 OFF되면서 자기유지를 해제하여 실린더는 후진하여 대기한다.

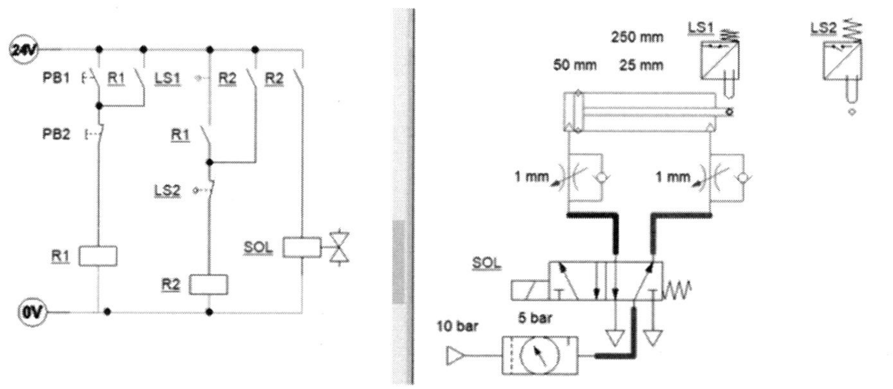

(a) 초기 상태

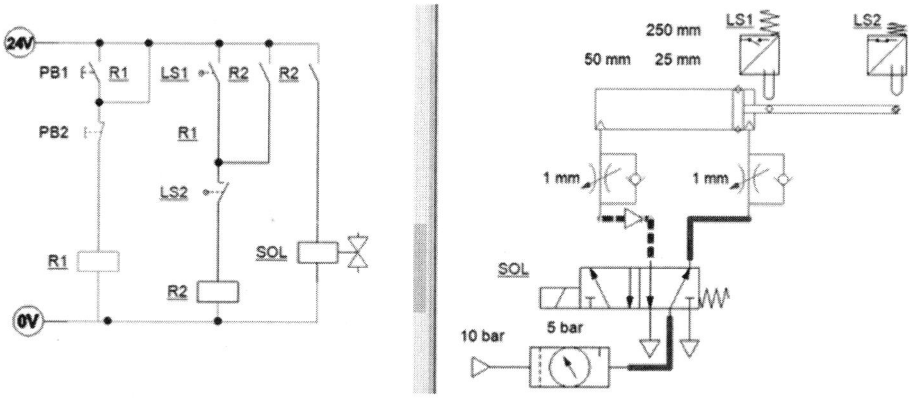

(b) 자동 왕복운전 상태

그림 6.43 연속 왕복운동(5포트 2위치)의 동작상태

■ 양 솔레노이드밸브

그림 6.44는 5포트 2위치 양 솔레노이드밸브를 사용하는 복동 실린더를 자동으로 운전하는 공기압 회로도와 전기 회로도를 나타낸다. 그림 6.42의 회로도에서 솔레노이드밸브를 하나 추가하고 릴레이 R2의 b접점으로 구동하도록 설정한다.

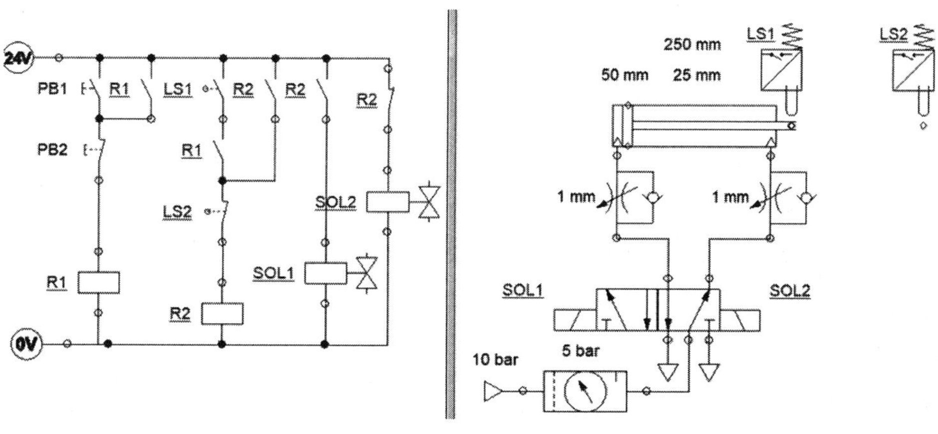

그림 6.44 연속 왕복운동 회로 : 5포트 2위치 양 솔레노이드

그림 6.45는 5포트 2위치 양 솔레노이드밸브를 사용하여 복동 실린더가 연속적으로 왕복하는 동작 상태를 나타낸다. 리미트 스위치 LS1이 ON되어 있는 상태에서 누름버튼 PB1을 누르면 릴레이 R1이 ON되고 릴레이 R2도 ON되면서 자기유지를 하면서 솔레노이드밸브 SOL1을 여자시켜 실린더가 전진한다. 리미트 스위치 LS2의 신호를 받으면 릴레이 R2를 소자시켜 자기유지를 해제하고 솔레노이드밸브 SOL2는 릴레이 R2의 b접점으로 여자되어 실린더는 후진한다. PB2를 누르면 실린더는 후진하여 초기상태에서 대기하고 리미트 스위치 LS1이 ON된다.

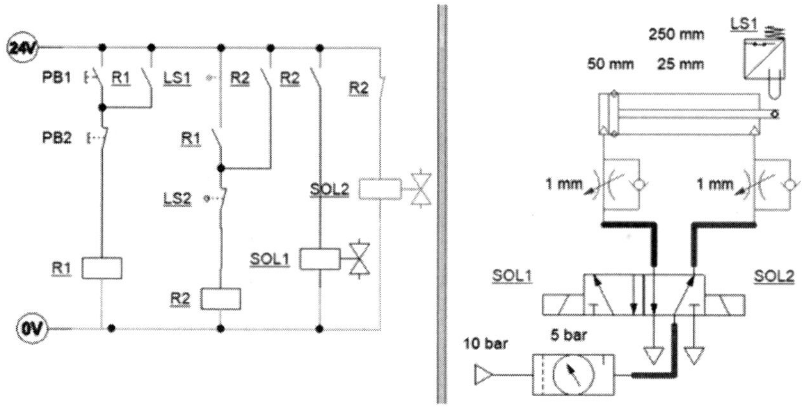

(a) 초기 상태

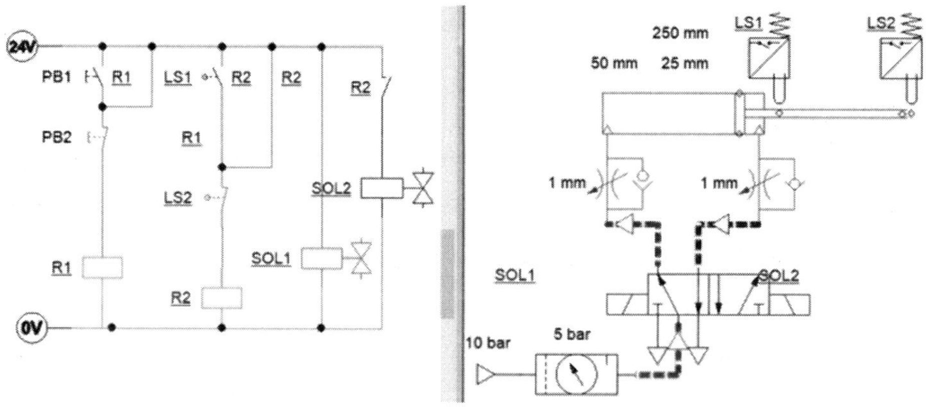

(b) 자동 왕복운전 상태

그림 6.45 5포트 2위치 양 솔레노이드밸브의 동작상태

6.3.3 복동 실린더의 왕복제어 : 5포트 3위치밸브

■ 자동왕복회로

그림 6.46은 5포트 3위치 양 솔레노이드밸브를 사용하여 복동 실린더를 자동 왕복제어하는 작동선도와 제어선도를 나타낸다. 스위치 PB1은 전진을 나타내는 시동스위치이고 PB2는 정지 스위치가 된다. 리미트 스위치 LS1이 ON되어 있는 상태에서 PB1을 누르면 실린더는 전진, LS2 신호에 의하여 실린더는 후진하고 PB2를 누르면 실린더는 후진하여 대기한다.

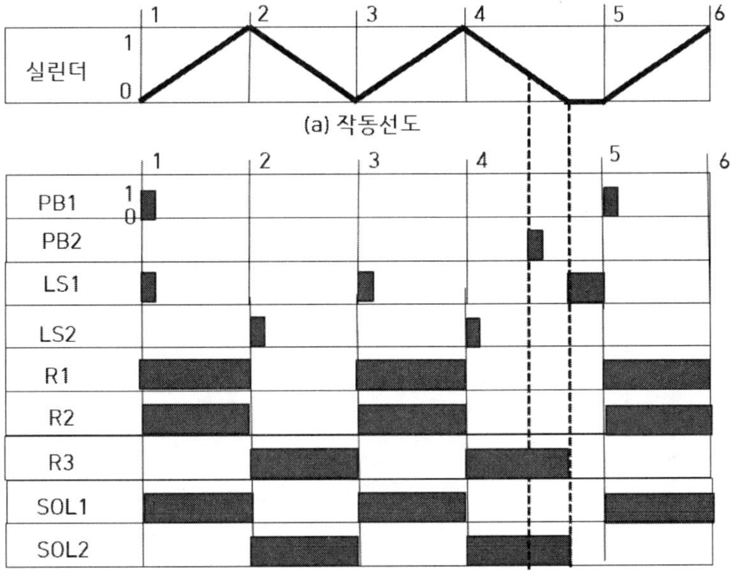

(a) 작동선도

(b) 제어선도

그림 6.46 5포트 3위치밸브 작동선도와 제어선도

그림 6.47은 복동 실린더를 연속적으로 왕복하는 공기압 회로도와 전기 회로도를 나타낸다. 5포트 3위치 양 솔레노이드밸브를 사용하여 실린더의 운동방향을 제어하고 스위치 PB1으로 운동을 시작하고 PB2를 사용하여 정지시킨다. 리미트 스위치 LS1과 LS2는 실린더가 자동으로 왕복하는 입력신호로 사용한다.

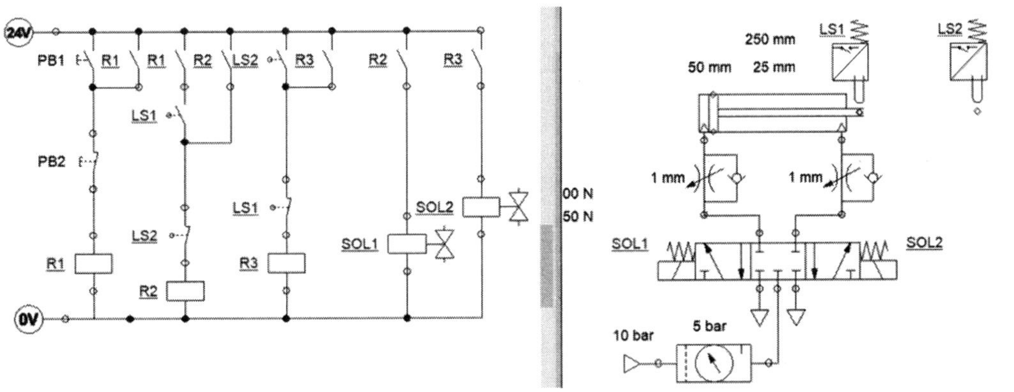

그림 6.47 연속 왕복운동 회로 : 5포트 3위치

그림 6.48은 복동 실린더가 5포트 3위치 솔레노이드밸브에 의해 연속적으로 전진과 후진을 반복하는 상태를 나타낸다. PB1은 릴레이 R1을 동작시켜서 자기유지하고 리미트 스위치 LS1과 조합하여 실린더가 전진한다. 리미트 스위치 LS2는 릴레이 R3를 ON시켜서 자기유지를 하고 실린더를 후진시킨다. 스위치 PB2를 누르면 릴레이 R1을 OFF시켜서 자기유지를 해제하여 실린더가 후진한 상태에서 대기를 한다. 실린더가 후진한 상태는 LS1이 ON되어 있는 상태이므로 PB1을 누르면 다시 전진을 시작한다.

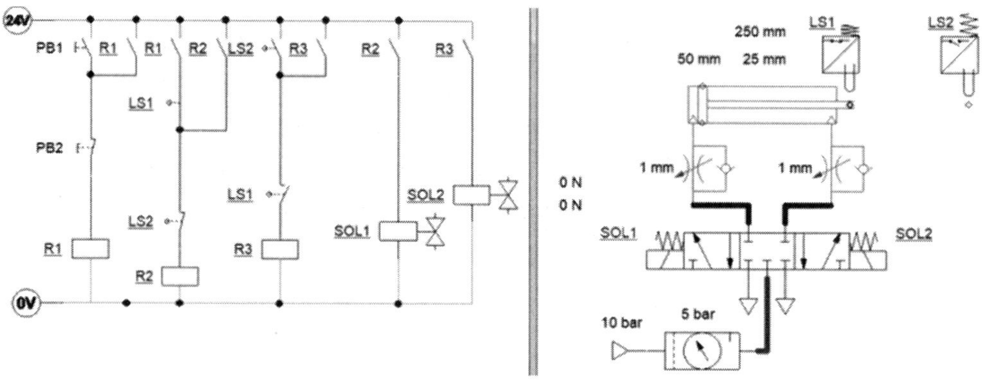

(a) 초기 상태

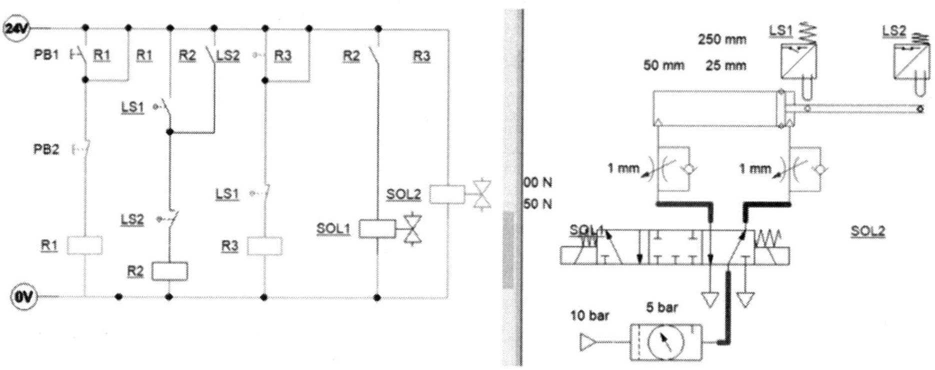

(b) 자동 왕복운전 상태

그림 6.48 연속 왕복운동 회로(5포트 3위치)의 동작상태

■ 자동왕복 중간정지회로

그림 6.49는 복동 실린더를 제어하기 위하여 5포트 3위치 양 솔레노이드밸브를 사용하여 비상상황이 발생하면 그 자리에 정지할 수 있는 중간정지 회로의 작동선도와 제어선도를 나타낸다. 비상정지 PB3를 누르면 솔레노이드밸브는 OFF가 되어 중립위치로 복귀하고 실린더는 정지한다. 실린더가 정지한 상태에서 비상상황 조치를 완료하고 PB3를 해제하면 정지 이전의 작업을 계속 수행한다.

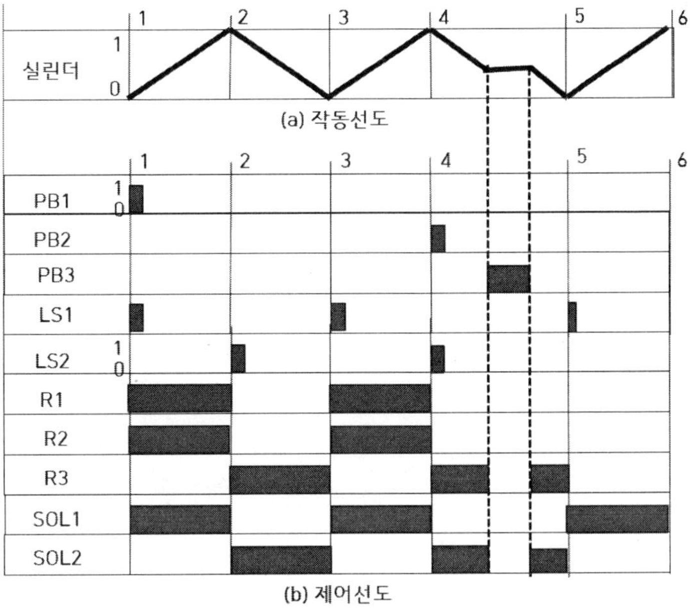

그림 6.49 중간정지회로의 작동선도와 제어선도

그림 6.50은 실린더가 운동하고 있는 도중에 정지할 필요가 있을 경우에 사용하는 공기압 회로도와 전기 회로도를 나타낸다. 운전 중에 정지를 위해서는 전진, 정지, 후진의 3개 전환위치가 필요하므로 4포트 3위치 또는 5포트 3위치 밸브를 사용할 필요가 있다. 여기서는 5포트 3위치 솔레노이드밸브와 리미트 스위치 및 유량제어밸브를 사용하여 공기압 회로를 구성한다. 전기회로에서는 솔레노이드밸브에 공급되는 전원을 차단할 수 있는 위치에 정지 스위치 PB3를 위치시킨다.

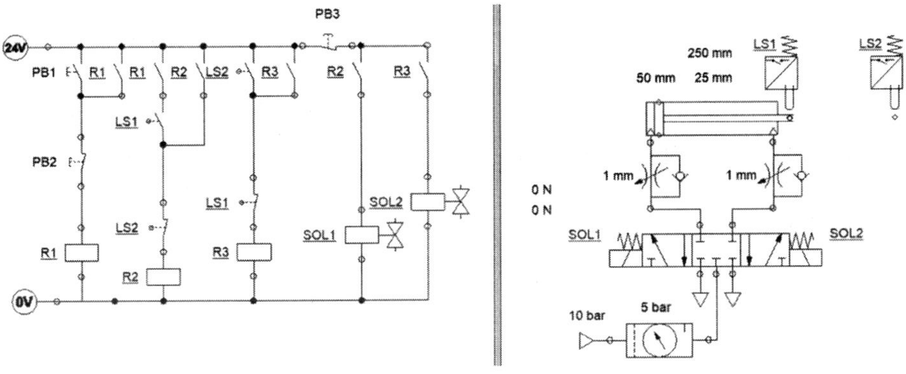

그림 6.50 연속 왕복운동 중간정지회로 : 5포트 3위치

그림 6.51은 연속적으로 왕복 운동하는 복동 실린더를 도중에 정지를 시키기 위하여 5포트 3위치 양 솔레노이드밸브를 사용하여 구성한 중간정지 회로의 동작 상태를 나타낸다. 리미트

스위치 LS1이 ON되어 있는 상태에서 누름버튼 스위치 PB1을 누르면 실린더가 전진하고 리미트 스위치 LS2가 ON되면 실린더는 후진한다. 실린더의 전진 또는 후진 중에 비상상황이 발생하면 누름버튼 스위치 PB3를 누르면 실린더는 그 상태에서 정지한다. 비상정지 스위치 PB3를 해제하면 실린더는 정지하기 이전 작업을 이어서 수행한다.

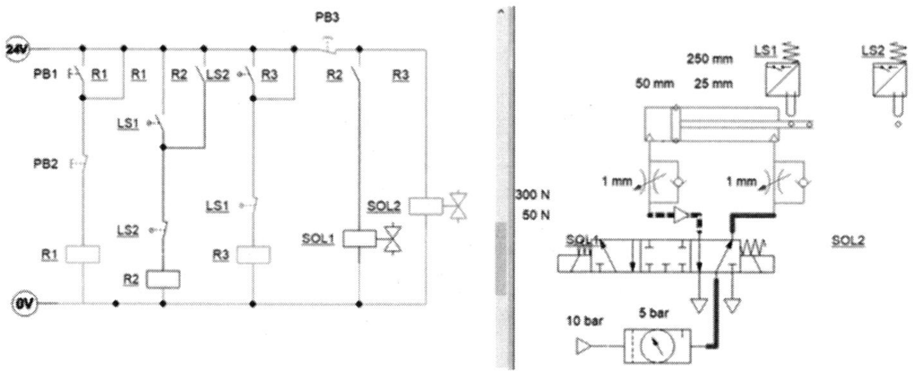

(a) 자동 왕복운전 상태

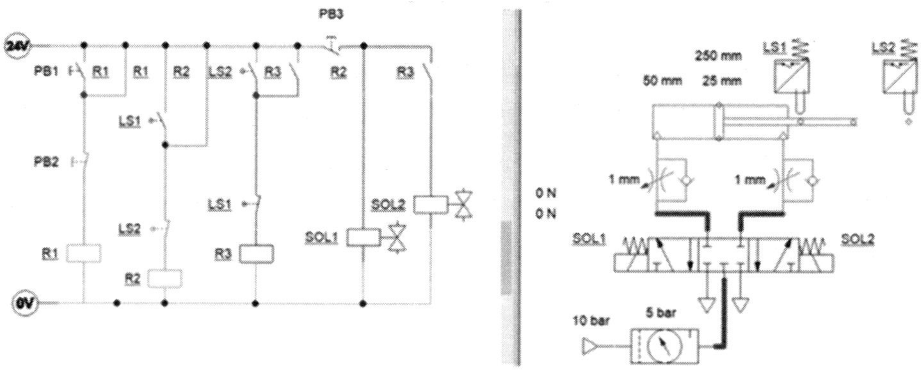

(b) pb3에 의해 중간정지 상태

그림 6.51 연속 왕복운동 중간정지회로의 동작상태

6.3.4 2개 복동 실린더 제어

■ 컨베이어 이동장치

그림 6.52는 컨베이어 A에 있는 상자를 실린더 A와 B를 사용하여 컨베이어 B로 이송시키는 장치의 개념을 나타낸다. 컨베이어 A 에 있는 상자가 자중으로 실린더 A 위치에 투입되면 실린더 A가 전진하여 상자를 실린더 B 위치까지 밀어 올린다. 실린더 B는 전진하여 상자를 밀어서 컨베이어 B에 이동시킨다. 실린더 B가 전진 완료하면 실린더 A가 후진하고 실린더 B가 후진한다.

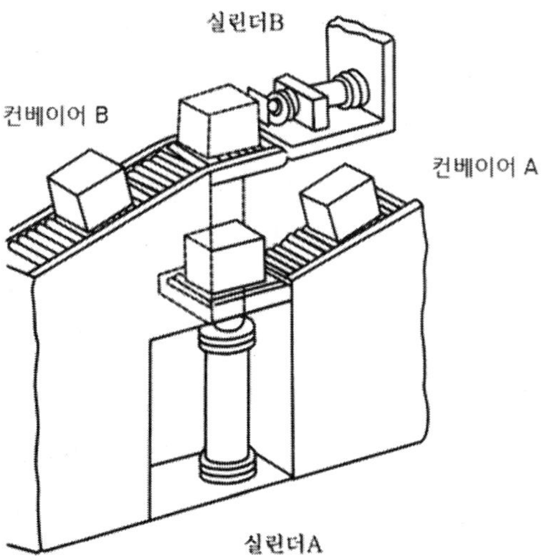

그림 6.52 컨베이어 이동장치

■ 실린더 두 개 순차제어 A+B+A-B-

그림 6.53은 두 개의 복동 실린더가 A+B+A-B-의 운동을 하도록 작성하는 작동선도와 제어선도를 나타낸다. 실린더의 운동방향제어는 4포트 2위치 스프링 복귀형 솔레노이드 밸브를 사용하는 전제조건으로 제어선도를 작성한다. 비상 스위치를 누르면 실린더는 후진하여 대기하고 해제하면 실린더는 전진하는 조건을 사용한다. 시동 스위치를 누르면 실린더 A가 전진하고 정지 스위치를 누르면 실린더는 후진해서 대기한다. 실린더의 왕복운동은 리미트 스위치의 신호를 입력으로 받아들여서 전진과 후진을 한다.

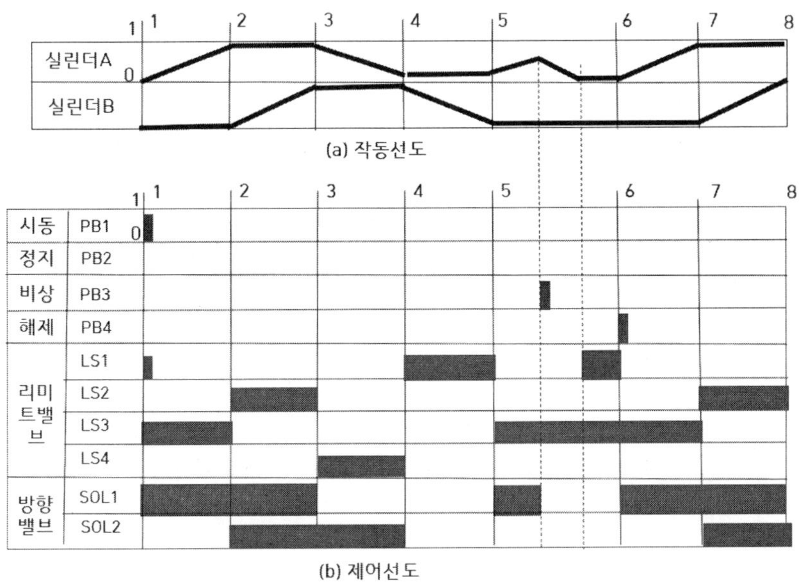

그림 6.53 실린더 A+B+A-B- 작동선도와 제어선도

그림 6.54는 두 개의 실린더 A+B+A-B- 운동을 가능하게 하는 전기 회로도와 공기압 회로도를 나타낸다. 공기압 회로도에서는 4포트 2위치 스프링 복귀형 솔레노이드밸브 2개를 사용하고 리미트 스위치 4개를 사용하여 실린더의 왕복운동을 하는 공기압 회로를 구축한다. 실린더의 운동속도는 4개의 논-리턴 유량제어밸브를 사용하여 미터아웃 방식으로 유량을 제어한다. 전기 회로에서는 시동 스위치 PB1을 사용하여 실린더 전진을 제어하고 정지 스위치 PB2에 의하여 자기유지를 해제하여 실린더를 후진시킨다. 비상 스위치 PB3는 비상상황이 발생하여 스위치를 누르면 즉시 후진하여 대기한다. 다시 전진하기 위해서는 해제 스위치 PB4를 사용한다.

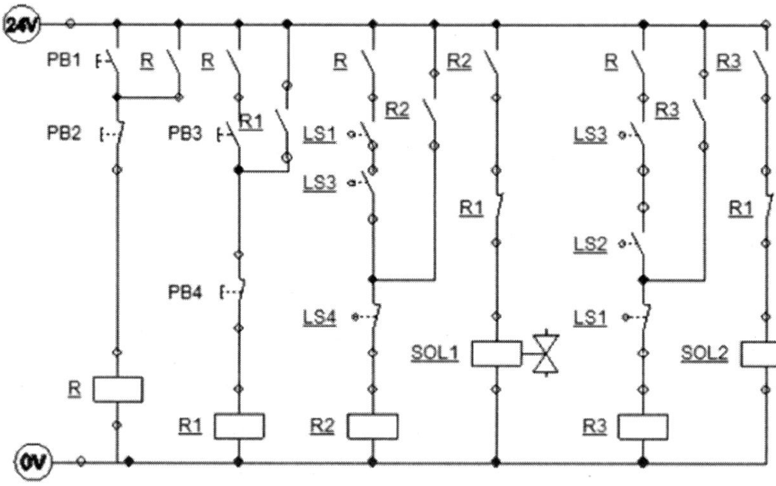

(a) 전기 회로도

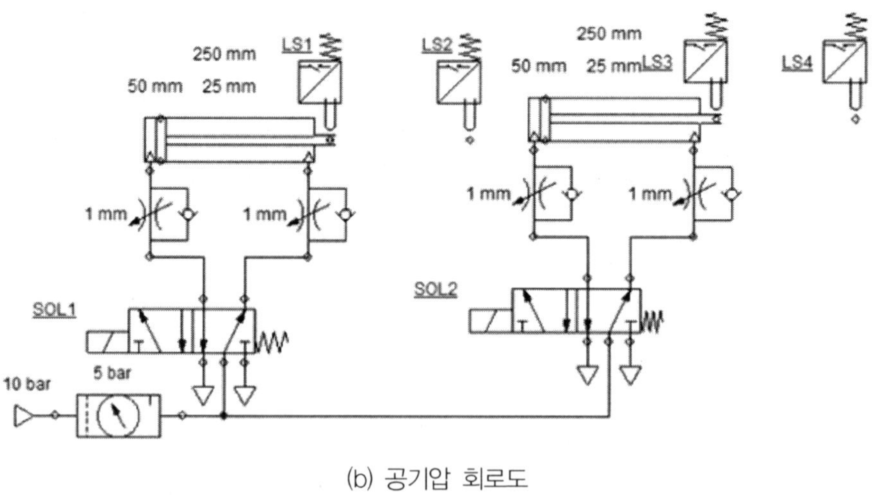

(b) 공기압 회로도

그림 6.54 실린더 A+B+A–B– 전기 공기압 회로도

그림 6.55는 두 개의 실린더가 A+B+A-B- 운동을 하는 동작 상태를 나타낸다. 리미트 스위치 LS1과 LS3가 ON되어 있는 상태에서 PB1을 누르면 릴레이 R1이 ON되어 자기유지를 하고 릴레이 R2를 ON시킨다. R2는 자기유지를 하면서 솔레노이드밸브 SOL1을 ON 시켜서 실린더 A는 전진한다. 릴레이 R1과 리미트 스위치 LS3가 ON 상태에서 실린더 A가 전진하여 리미트 스위치 LS2가 ON되면 릴레이 R3가 ON되어 자기유지를 하고 SOL2가 ON되어서 실린더 B는 전진한다. 실린더 B는 전진하여 리미트 스위치 LS4가 ON되면 릴레이 R2를 OFF 하여 자기유지를 해제하고 SOL1을 OFF하여 실린더 A가 후진한다. 실린더 A가 후진하여 LS1이 ON되면 릴레이 R3는 OFF되고 SOL2도 OFF되어 실린더 B가 후진한다.

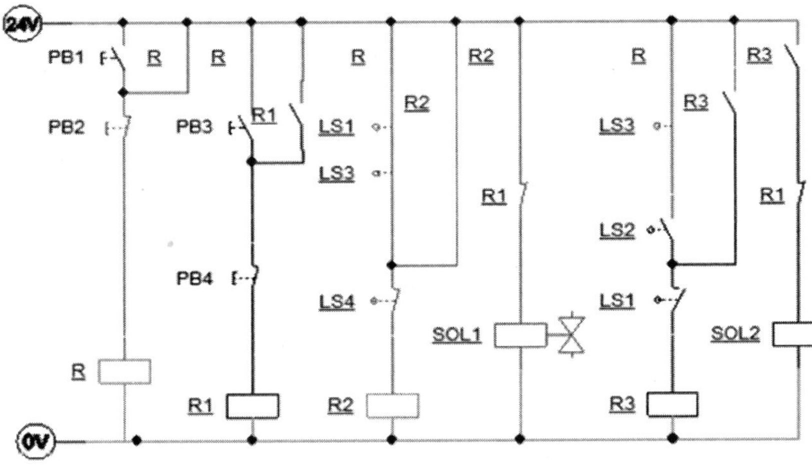

(a) 전기 회로도 : 운전상태

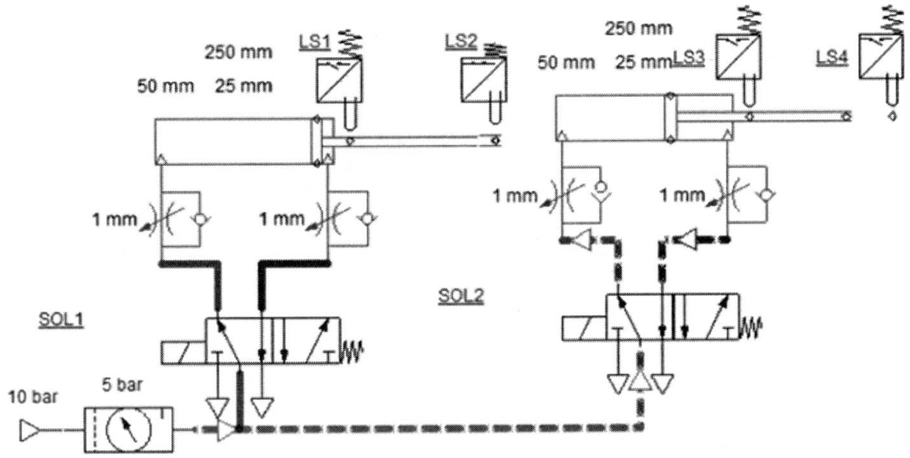

(b) 공기압 회로도 : 운전상태

그림 6.55 실린더 A+B+A–B– 동작상태

그림 6.56은 두 개의 실린더가 A+B+A-B- 운동을 하는 도중에 비상상황으로 비상 스위치를 누르는 상태를 나타낸다. 비상 스위치 PB3가 눌러지면 실린더는 전진 중일 경우에는 릴레이 R4에 의해 SOL1과 SOL2는 OFF되어 실린더는 즉시 후진한다. 실린더는 후진하여 다음 신호가 들어올 때까지 대기한다. 해제 스위치 PB4를 사용하여 자기유지를 해제하면 실린더 A부터 전진을 시작한다.

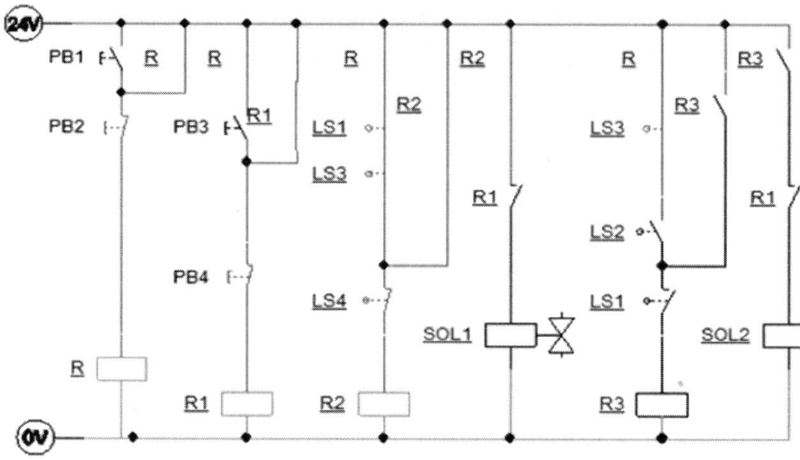

(a) 전기 회로도 : 비상정지상태

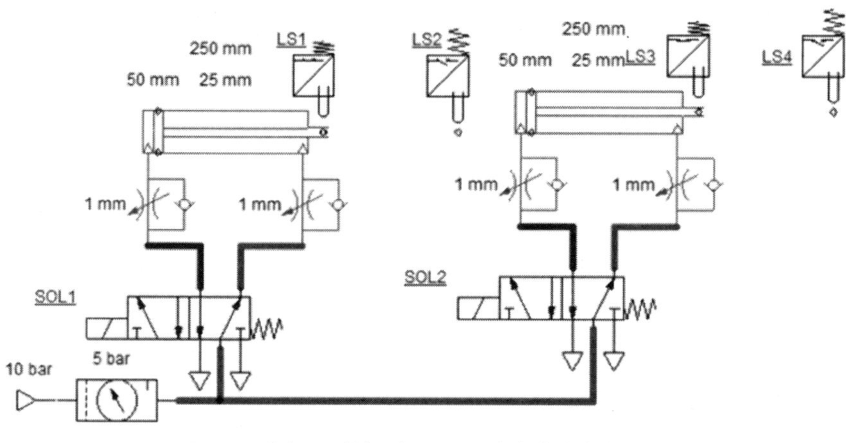

(b) 공기압 회로도 : 비상정지상태

그림 6.56 실린더 A+B+A–B– 비상정지상태

■ 실린더 두 개 순차제어 A+B+A-B- 중간멈춤

그림 6.57은 두 개의 복동 실린더가 A+B+A-B- 운동을 하는 도중에 중간멈춤을 가능하도록 작성하는 작동선도와 제어선도를 나타낸다. 중간멈춤을 위한 전제조건으로서는 5포트 3위치 양 솔레노이드밸브를 사용한다. 실린더 A의 전진조건은 LS1, LS3 및 PB1에 의해 결정되고, 실린더 B의 전진조건은 LS2, LS3 및 PB1에 의해 결정된다. 실린더 A의 후진조건은 LS2, LS4

및 PB1에 의해 결정되고, 실린더 B의 후진조건은 LS1, LS4 및 PB1에 의해 결정된다. 비상 스위치 PB3는 실린더의 동작을 멈추고, PB4는 실린더가 멈추기 직전의 운전을 재개한다.

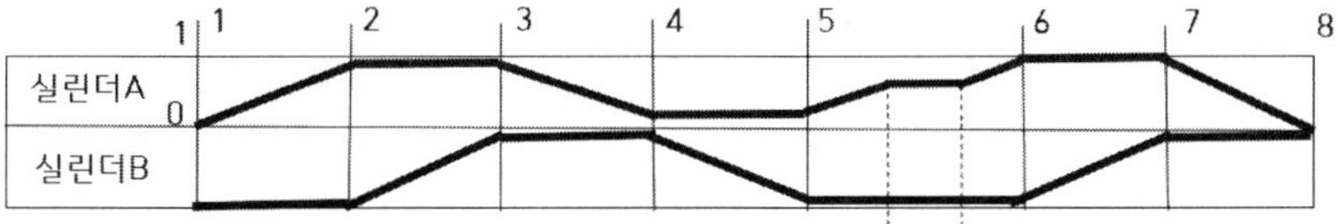

(a) 작동선도

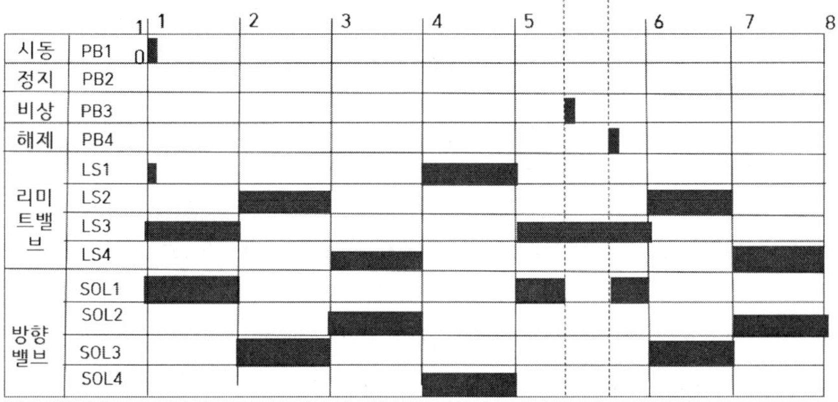

(b) 제어선도

그림 6.57 실린더 A+B+A–B– 중간멈춤 작동선도와 제어선도

그림 6.58은 두 개의 실린더 A+B+A-B- 운동을 하는 도중에 중간멈춤이 가능하도록 구성한 전기 회로도와 공기압 회로도를 나타낸다. 복동 실린더의 운동방향제어는 5포트 3위치 양 솔레노이드밸브를 사용하고 운동속도는 미터아웃 방식을 구현하는 논-리턴 유량제어밸브를 사용한다. 실린더의 전진과 후진은 리미트 스위치를 사용하고 운전시작 및 정지, 중간멈춤 및 해제는 누름버튼 스위치를 사용한다.

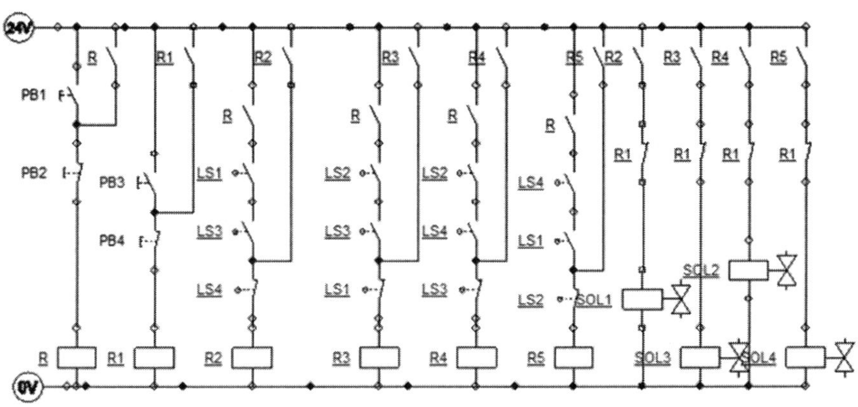

(a) 전기 회로도

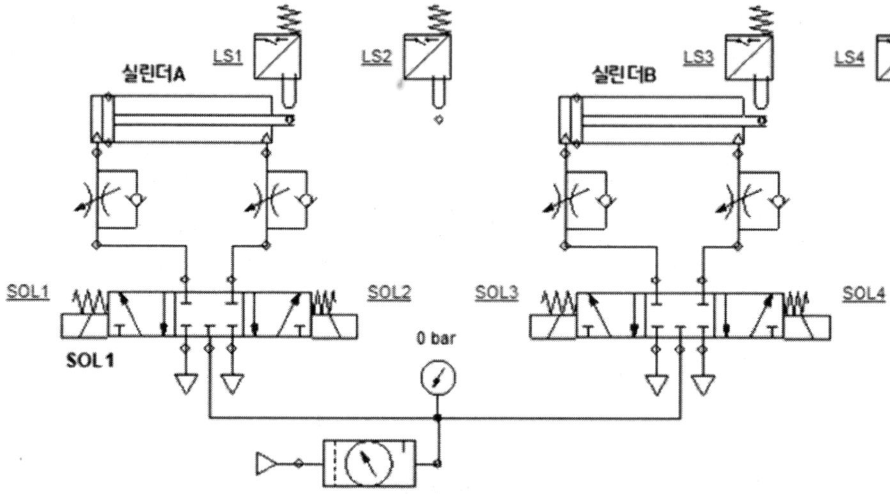

(b) 공기압 회로도

그림 6.58 실린더 A+B+A–B– 중간멈춤 전기 공기압 회로도

그림 6.59는 실린더 A+B+A-B- 중간멈춤의 연속 운전상태를 나타낸다. 공기압 회로의 초기위치는 후진상태이므로 리미트 스위치 LS1과 LS3는 ON되어 있는 상태이다. PB1 스위치를 누르면 릴레이 R이 ON되어서 자기유지를 하고 릴레이 R1이 ON되고 자기유지를 실시하면서 SOL1을 ON시켜서 실린더 A가 전진한다. 실린더 A가 전진하여 LS2가 ON되면 실린더 B가 전진한다. 실린더 B가 전진하여 LS4가 ON되면 실린더 A가 후진하고 LS1이 ON된다. LS1이 ON되면 실린더 B가 후진한다.

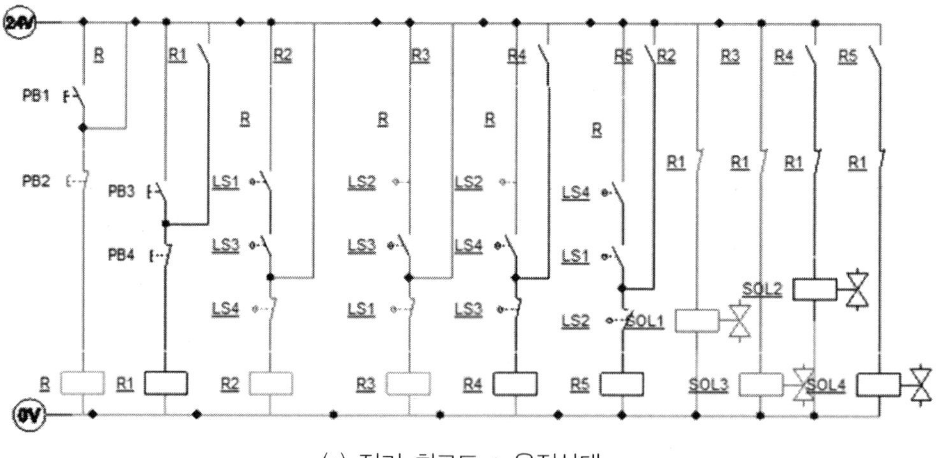

(a) 전기 회로도 : 운전상태

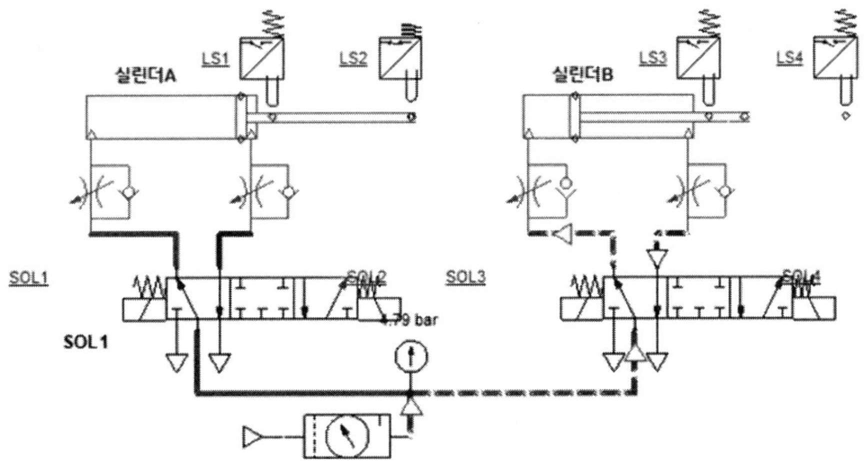

(b) 공기압 회로도 : 운전상태

그림 6.59 실린더 A+B+A–B– 중간멈춤 동작상태

그림 6.60은 두 개의 실린더가 A+B+A-B- 운동을 하는 도중에 돌발 상황으로 비상 스위치를 누르는 상태를 나타낸다. 비상 스위치 PB3가 눌러지면 모든 솔레노이드밸브가 OFF되어 중립 위치로 전환되면서 실린더는 모든 동작을 그 자리에서 멈추게 된다. 돌발 상황의 조치가 완료되고 해제 스위치 PB4를 사용하여 비상정지를 해제하면 실린더는 멈추기 직전의 운동을 이어서 재개한다.

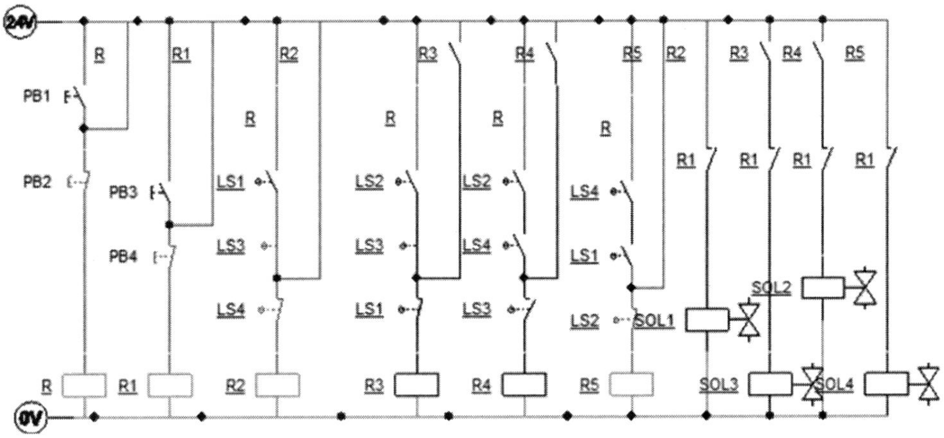

(a) 전기 회로도 : 비상정지상태

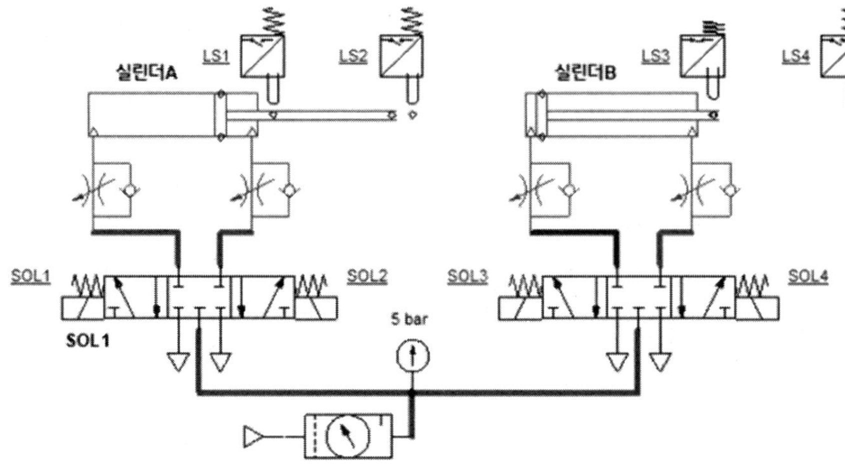

(b) 공기압 회로도 : 비상정지상태

그림 6.60 실린더 A+B+A–B– 중간멈춤 비상정지

Chapter 7 PLC 공기압 회로제어

7.1 PLC 기본회로

7.1.1 PLC와 래더 프로그램

그림 7.1은 PLC(Programmable Logic Controller)의 기본 구성을 나타낸다. PLC는 디지털 또는 아날로그 입출력 모듈을 통하여 로직, 시퀀싱, 타이밍, 카운팅, 연산과 같은 특수한 기능을 수행하기 위하여 프로그래밍이 가능한 메모리를 사용하여 디지털 동작으로 기계를 제어하는 장치로서 일체형 또는 기본 베이스에 카드모듈을 장착하는 것으로 구분한다. 기본 베이스에 카드를 장착할 수 있는 전원, CPU, 입력, 출력, 통신 및 특수모듈은 카드 형태로 구성되어 있으며, 사용자의 요구 성능에 맞는 카드를 선택하여 사용자 맞춤형 PLC를 만들 수 있다.

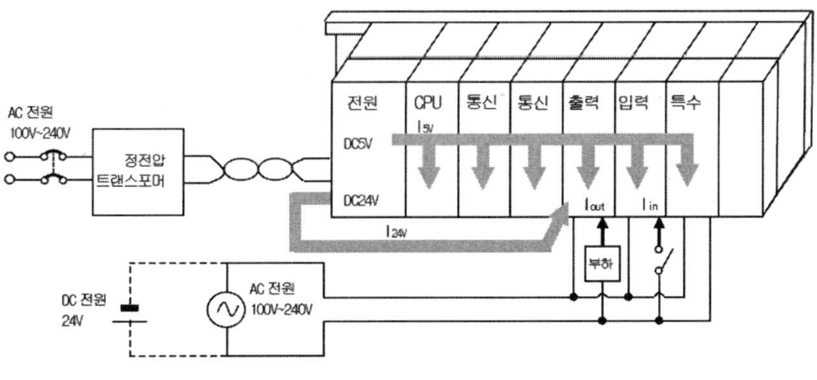

그림 7.1 PLC 기본 구성

그림 7.2는 PLC제어에 사용되는 래더 프로그램의 구성을 나타낸다. 래더 프로그램은 시퀀스 제어회로에 사용되는 전기배선과 같이 래더(Ladder) 형태로 접점과 코일 회로를 기반으로 논리적인 제어를 표현하고 있으므로 입력과 출력이 그림으로 표현되어 동작에 대한 조건을 쉽게 확인할 수 있고 직관적인 확인이 가능하다. 래더 프로그램은 왼쪽 모선에는 접점과 같은

입력신호를 사용하고 왼쪽에서 오른쪽으로 신호가 전달되도록 프로그램을 구성하며 오른쪽 모선에는 출력을 나타내는 코일을 연결한다. 접점과 코일 사이는 펑션과 펑션블록을 사용하여 요구하는 프로그램을 작성하고 가로와 세로 연결선으로 신호전달체계를 표현한다.

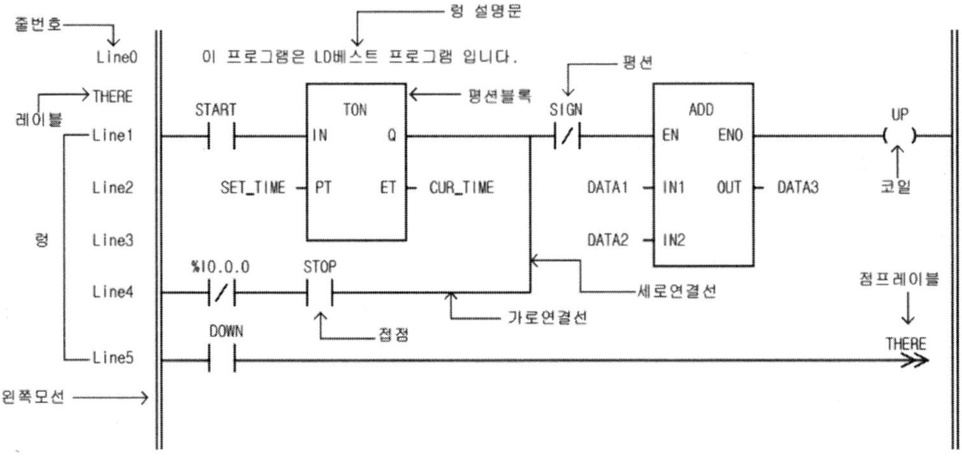

그림 7.2 래더 프로그램

7.1.2 스위치를 사용한 직접제어

그림 7.3은 4포트 2위치 편방향 솔레노이드밸브를 사용하여 복동 실린더를 제어하는 공기압 회로도를 나타낸다. 사용하는 압력은 공기압 유니트를 사용하여 5 bar로 설정하며 실린더의 운동속도는 오리피스의 지름을 1 mm로 설정한 논-리턴 유량제어밸브를 사용하여 미터아웃 방식으로 제어한다. 실린더의 운동방향은 4포트 2위치 편방향 솔레노이드밸브를 PLC 프로그램을 사용하여 ON/OFF로 제어한다.

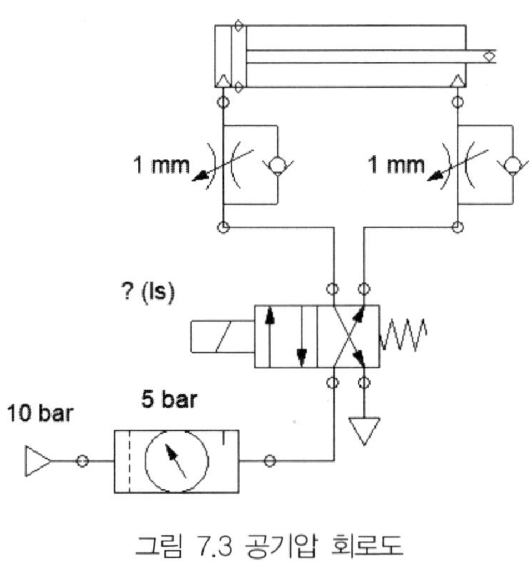

그림 7.3 공기압 회로도

그림 7.4는 복동 실린더를 제어하기 위한 래더 프로그램과 전기 회로도를 나타낸다. 전기회로에는 PLC의 입력카드에 NO접점의 스위치 PB1을 연결하고, 출력카드에는 솔레노이드밸브 SOL을 연결하고 전원 24 V와 배선한다. PLC의 입출력 카드의 COM은 전원 0 V와 배선한다.

래더 프로그램에서는 왼쪽 모선에는 NO접점 PB1을 접속하고, 오른쪽 모선에는 코일 OUT0(SOL)을 접속한다. 여기서 PB1은 PLC의 IN0번지와 접속한 것이고 OUT0(SOL)은 PLC의 OUT0번지와 접속하여 공기압 회로의 4포트 2위치 솔레노이드밸브 SOL과 연결한다.

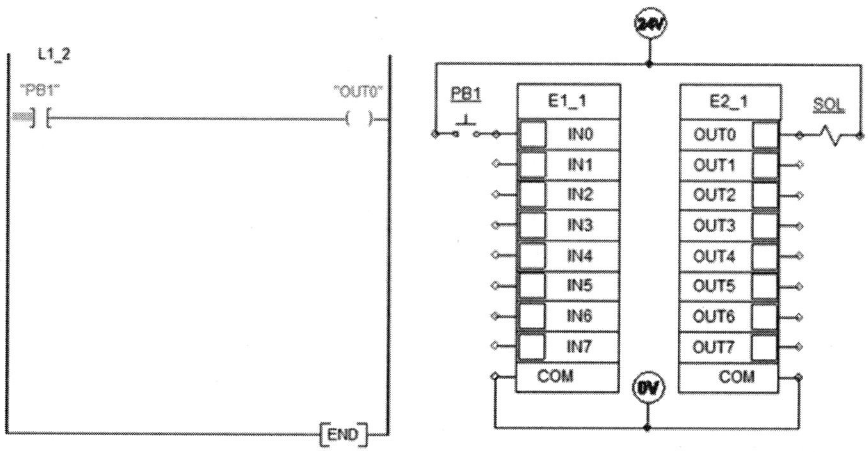

(a) PLC 프로그램 (b) 전기 회로도

그림 7.4 래더 프로그램과 전기 회로도

그림 7.5는 PLC제어장치에 전원이 투입하여 복동 실린더가 동작하기 직전의 초기위치를 나타낸다. 초기상태는 4포트 2위치 솔레노이드밸브가 OFF된 것으로 압축공기는 피스톤 로드에 공급하고 피스톤 헤드의 압축공기는 대기로 배출하여 실린더가 후진한 상태를 나타낸다.

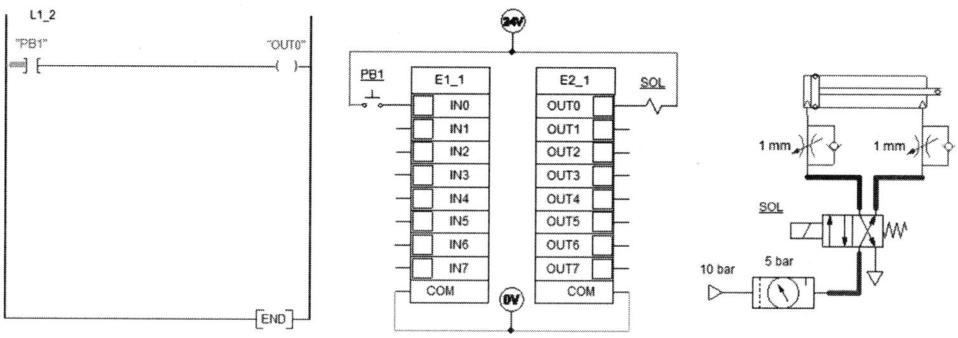

(a) PLC 프로그램 (b) 전기 회로도 (c) 공기압 회로도

그림 7.5 복동 실린더 초기상태

그림 7.6은 복동 실린더가 전진하는 상태를 나타낸다. 전기 회로도에서 누름버튼 PB1을 누르면 솔레노이드밸브 SOL이 ON되고 밸브의 제어위치가 전환되어 압축공기는 피스톤 헤드로 공급되고 피스톤 로드의 압축공기는 대기로 배출되어 실린더는 전진한다. 누름버튼 PB1을 놓으면 솔레노이드밸브 SOL이 OFF되므로 스프링의 복원력에 의해 밸브의 제어위치가 초기위치로 전환되어 실린더는 후진한다.

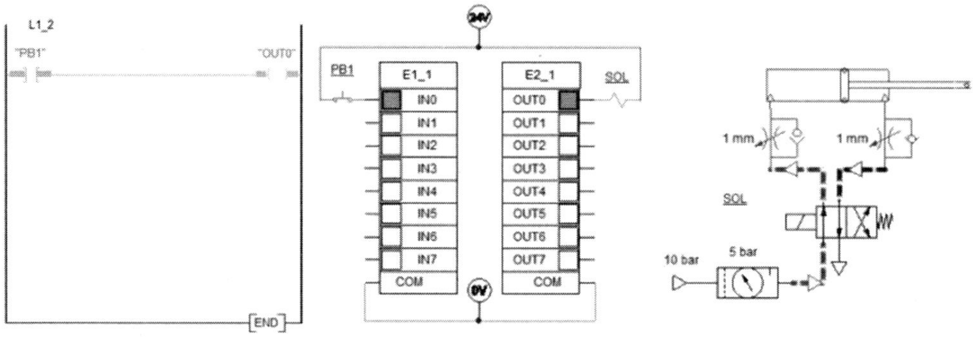

(a) PLC 프로그램 (b) 전기 회로도 (c) 공기압 회로도

그림 7.6 복동 실린더 전진

7.1.3 자기유지

그림 7.7은 자기유지 해제를 위한 누름버튼 스위치를 PLC의 입력카드에 추가하고 복동 실린더를 제어하는 자기유지 프로그램과 PLC 전기배선을 나타낸다. 스위치 PB1을 누르면 코일 R1이 동작하여 자기유지를 하고 솔레노이드밸브가 연결된 출력 코일에 ON신호를 보낸다. 스위치 PB2를 누르면 자기유지가 해제되고 솔레노이드밸브가 OFF되어 실린더는 후진한다.

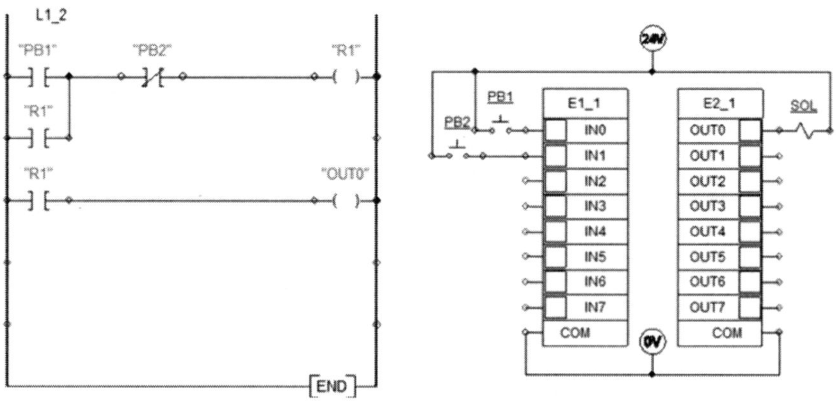

(a) PLC 프로그램 (b) 전기 회로도

그림 7.7 자기유지 프로그램

그림 7.8은 자기유지 프로그램을 사용하여 실린더를 운전하는 초기상태를 나타낸다. PLC에 전원을 투입하면 스위치 PB1은 OFF상태이므로 피스톤 로드에 압축공기가 공급되고 피스톤 헤드의 압축공기는 대기로 배출되어 실린더는 후진한 상태로 대기한다.

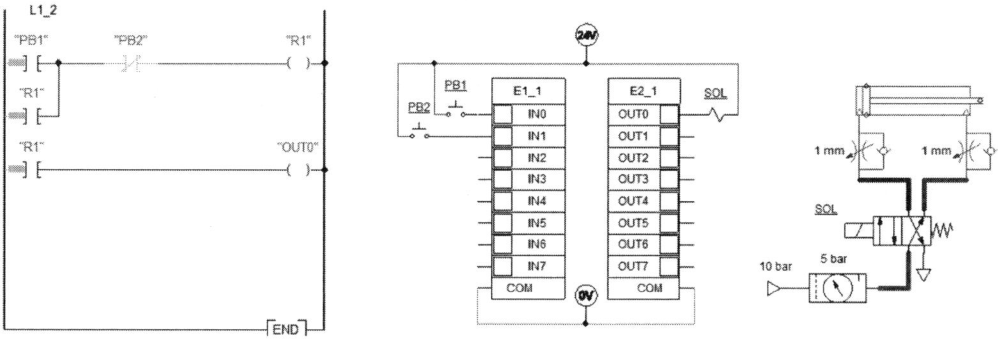

(a) PLC 프로그램 (b) 전기 회로도 (c) 공기압 회로도

그림 7.8 자기유지에 의한 실린더 제어 : 초기상태

그림 7.9는 자기유지에 의한 실린더를 제어하여 전진한 상태를 나타낸다. 전기회로에서 스위치 PB1을 누르면 PLC 프로그램에서 코일 R1이 ON되면서 자기유지를 하고 출력코일 OUT0을 ON시킨다. PLC 출력카드의 OUT0에는 4포트 2위치 솔레노이드밸브가 연결되어 있으므로 공기압 회로에서 SOL이 ON되면서 피스톤 헤드에 압축공기를 공급하고 피스톤 로드의 압축공기는 대기로 배출하여 실린더는 전진한다.

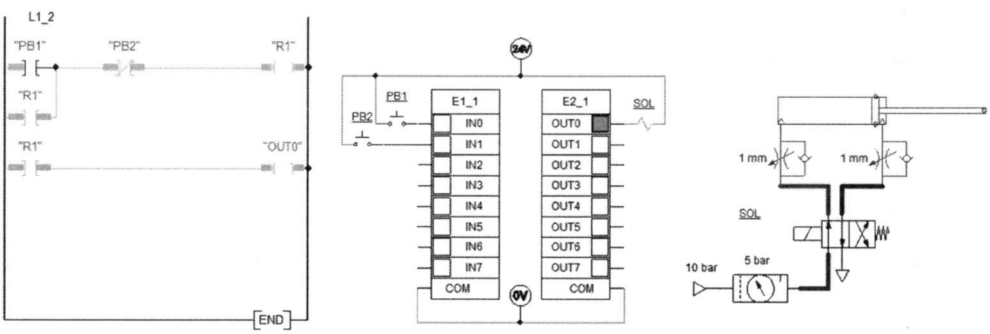

(a) PLC 프로그램 (b) 전기 회로도 (c) 공기압 회로도

그림 7.9 자기유지에 의한 실린더 제어 : 전진상태

7.2 자동운전

7.2.1 5포트 3위치 직접제어

그림 7.10은 5포트 3위치 양방향 솔레노이드밸브를 사용하여 복동 실린더를 제어하기 위한 공기압 회로를 나타낸다. 압축공기의 공급원은 10 bar이고 공기압 유니트의 레귤레이터를 사용하여 사용 압축공기의 압력은 5 bar로 설정한다. 복동 실린더의 운동방향은 5포트 3위치 양방향 솔레노이드밸브를 사용하여 제어하고 운동속도는 체크밸브가 있는 유량제어밸브를 사용하며, 오리피스 지름을 1mm로 설정하여 미터아웃 방식으로 제어한다.

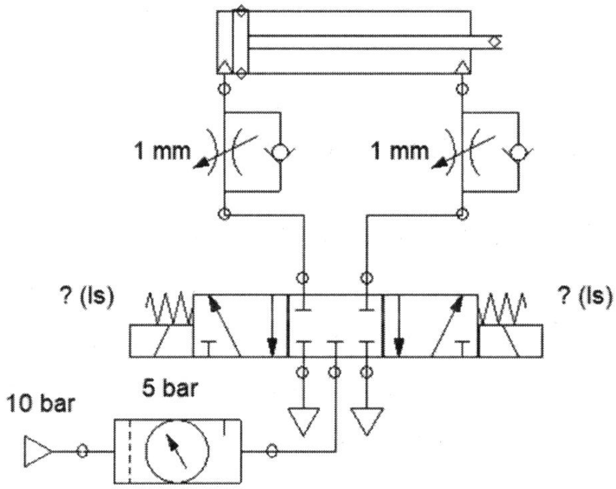

그림 7.10 5포트 3위치 솔레노이드밸브

그림 7.11은 복동 실린더를 스위치로 직접 제어하는 PLC 프로그램과 전기회로를 나타낸다. 전기회로에서 전진 스위치 PB1은 입력카드 IN0, 후진 스위치 PB2는 IN1에 연결하고 5포트 3위치 양방향 솔레노이드밸브의 전진 SOL1은 출력카드 OUT0, 후진 SOL2는 OUT1에 연결한다. PLC 프로그램에서 전진 스위치 PB1은 출력 코일 OUT0과 연결하고, 후진 스위치 PB2는 OUT1과 연결한다.

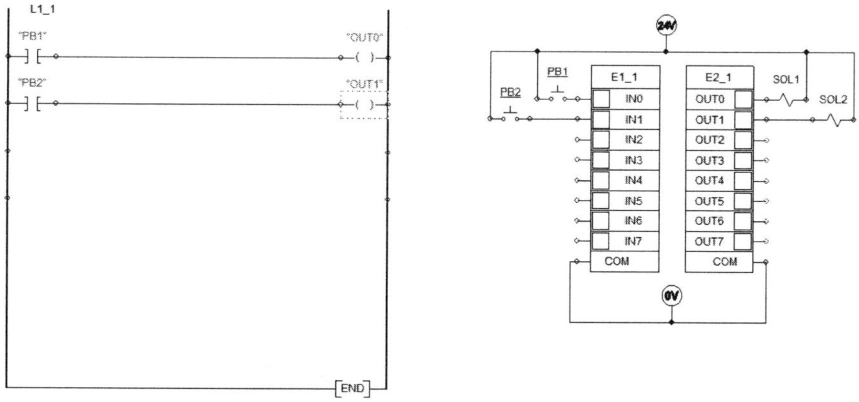

그림 7.11 PLC 프로그램과 전기회로

그림 7.12는 복동 실린더를 전진시키기 위하여 스위치 PB1을 ON시킨 상태를 나타낸다. PB1이 ON되면 PLC의 출력카드 OUT0이 ON신호를 출력하여 솔레노이드밸브 SOL1이 ON되고 실린더는 전진한다. 스위치 PB1을 놓으면 그 자리에 정지하고 누르면 다시 전진한다.

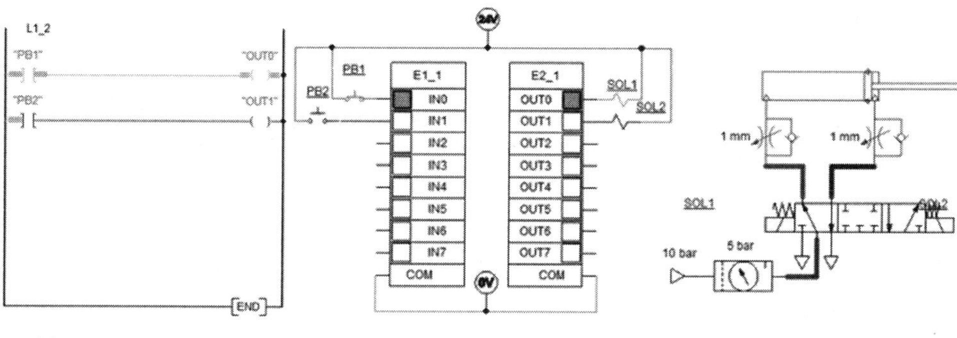

(a) PLC 프로그램 (b) 전기 회로도 (c) 공기압 회로도

그림 7.12 실린더 전진 : PB1 = ON

그림 7.13은 실린더를 후진시키기 위한 스위치 PB2가 ON이 되는 상태를 나타낸다. PB2가 ON되면 출력카드 OUT1에 ON이 출력되어 솔레노이드밸브 SOL2가 ON되어서 실린더는 후진한다. PB2를 놓으면 실린더는 그 자리에 정지하고, 다시 ON시키면 실린더는 후진한다.

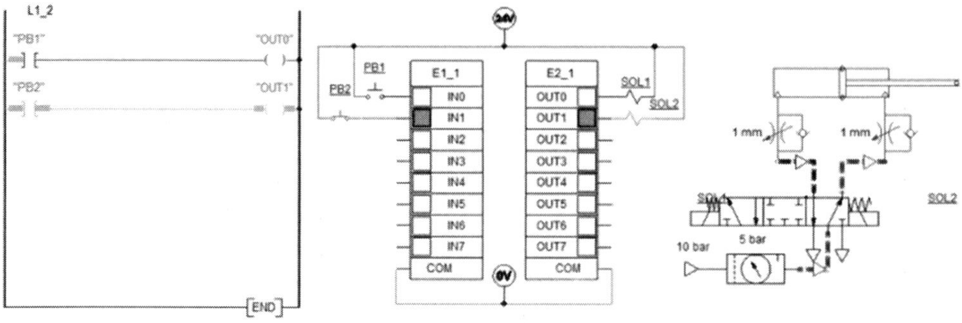

(a) PLC 프로그램　　　　(b) 전기 회로도　　　　(c) 공기압 회로도

그림 7.13 실린더 후진 : PB2 = ON

7.2.2 5포트 3위치 밸브에 의한 수동제어

그림 7.14는 자기유지 프로그램으로 5포트 3위치밸브를 제어하여 실린더를 구동시키는 작동선도와 제어선도를 나타낸다. 실린더는 각 단계별로 전진과 후진을 반복한다. 실린더의 전진은 PB1, 후진은 PB2 스위치를 사용하고 스위치의 입력신호로 코일을 구동시켜 자기유지를 하면서 솔레노이드밸브 구동을 위한 출력신호 OUT0과 OUT1을 ON시킨다.

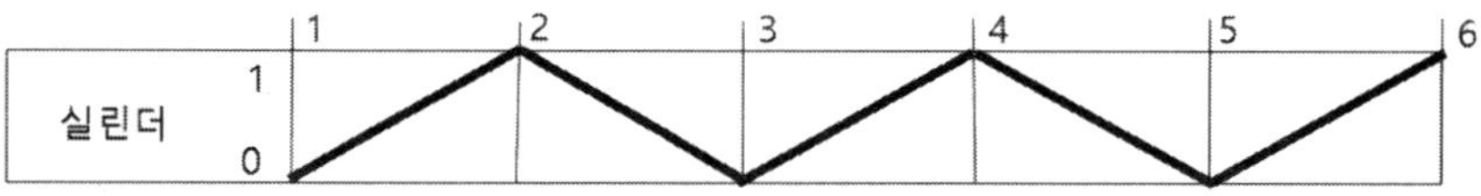

(a) 작동선도

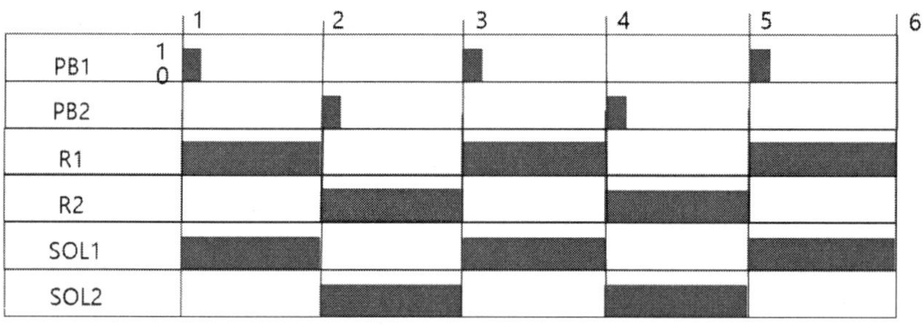

(b) 제어선도

그림 7.14 작동선도와 제어선도 : 5포트 3위치밸브

그림 7.15은 복동 실린더를 자기유지 기능으로 수동 제어하는 프로그램을 나타낸다. 그림 7.10의 공기압 회로와 그림 7.11의 전기회로를 사용하고 PLC 프로그램은 그림 7.14의 작동선도와 제어선도를 참고하여 작성한다. 실린더가 전진하기 위해서는 스위치 PB1이 눌려져야하고 후진은 스위치 PB2가 ON되어야한다. PB1이 ON되면 코일 R1이 ON되어 자기유지를 하고 코일 R2의 자기유지를 해제하면서 OUT0를 ON시켜서 실린더는 전진한다. PB2가 ON되면 코일 R2가 ON되어 자기유지를 하고 코일 R1의 자기유지를 해제하면서 OUT1을 ON시켜서 실린더는 후진한다.

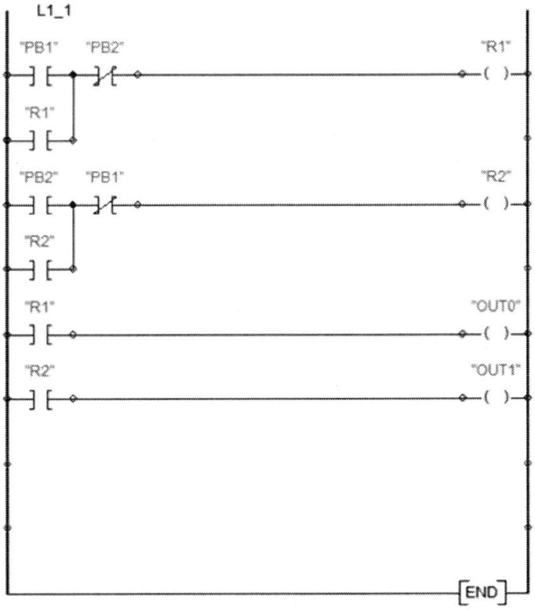

그림 7.15 수동제어 프로그램

그림 7.16은 스위치 PB1을 사용하여 자기유지기능을 활용한 실린더 전진상태를 나타낸다. 실린더가 전진하기 위해서는 스위치 PB1을 눌렀다가 놓으면 코일 R2의 자기유지를 해제하고 코일 R1이 ON되면서 자기유지를 한다. R1은 자기유지를 하면서 PLC의 출력카드 OUT0을 ON시키고 공기압 회로의 솔레노이드밸브 SOL1을 구동시켜 실린더가 전진한다.

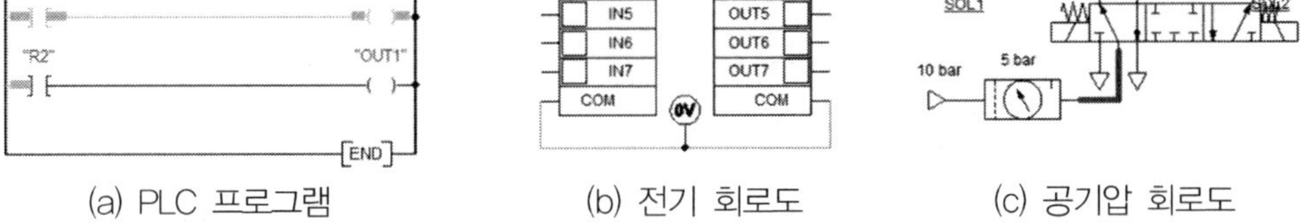

(a) PLC 프로그램 (b) 전기 회로도 (c) 공기압 회로도

그림 7.16 실린더 전진 : PB1 = ON

그림 7.17은 스위치 PB2를 사용하여 자기유지기능을 활용한 실린더 후진상태를 나타낸다. 실린더를 후진시키기 위해서는 스위치 PB2를 눌렀다가 놓으면 코일 R1의 자기유지를 해제하고 코일 R2가 ON되면서 자기유지를 하고 PLC 출력카드 OUT1을 ON시켜서 공기압 회로의 SOL2가 ON되고 실린더는 후진한다.

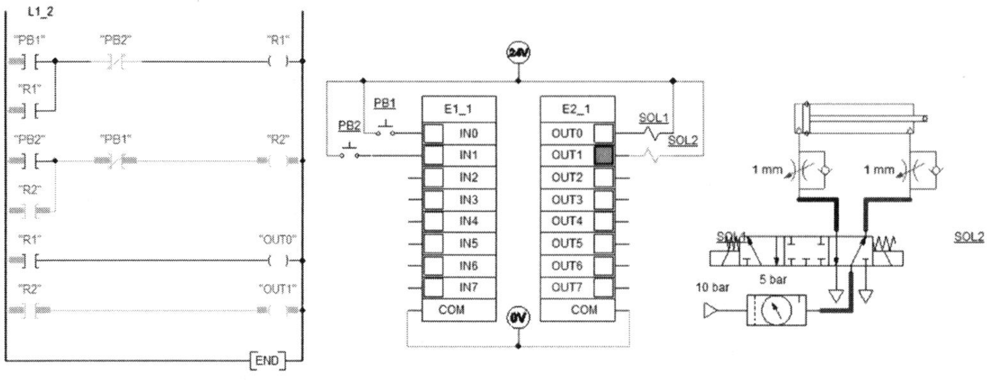

(a) PLC 프로그램 (b) 전기 회로도 (c) 공기압 회로도

그림 7.17 실린더 후진 : PB2 = ON

7.2.3 5포트 3위치 자동제어

그림 7.18은 기계 위치센서를 사용하여 실린더가 자동으로 왕복 운동하는 작동선도와 제어선도를 나타낸다. 실린더는 각 단계별로 전진과 후진을 반복한다. 실린더가 임의의 위치에 있을 경우에는 리미트 스위치 신호가 없으므로 초기위치를 찾아갈 필요가 있다. PB1은 초기위치를 찾는 신호로서 후진하는 신호이다. 실린더가 전진하기 위해서는 기계 위치센서 LS1이 ON되어 있는 상태에서 스위치 PB2를 누르면 전진을 시작하여 정지 스위치 PB3가 눌러지기 전까지는 반복하여 전진과 후진을 반복한다. 정지 스위치 PB3을 누르면 실린더의 움직임은 그 자리에서 멈춘다. PB2를 누르면 멈춘 자리에서 이어서 계속 같은 작업을 수행한다.

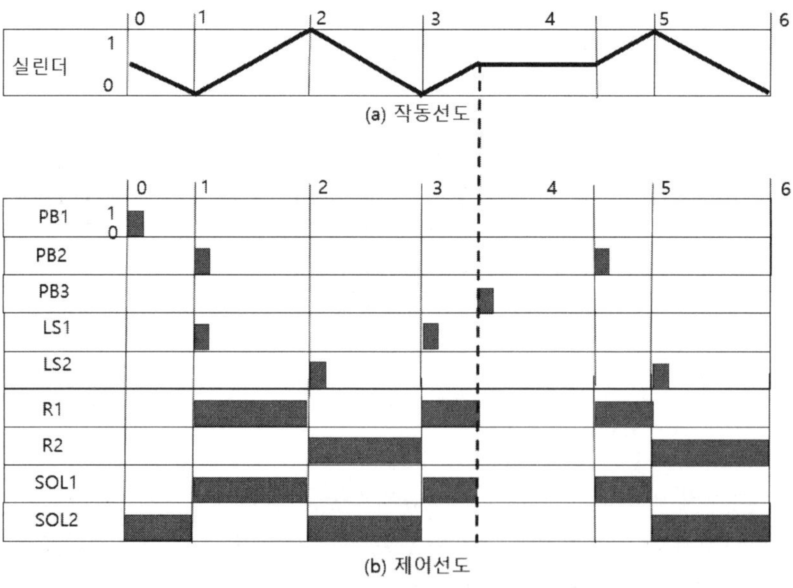

그림 7.18 자동왕복 작동선도와 제어선도

그림 7.19는 실린더의 작동선도와 제어선도를 참고하여 작성한 자동운전 전기 공기압 회로도를 나타낸다. 전기회로에서 스위치와 PLC의 입력카드는 원점 스위치 PB1 = IN0, 전진 스위치 PB2 = IN1, 정지 스위치 PB3 = IN2으로 연결하고 NO 접점의 센서 스위치 LS1 = IN3, LS2 = IN4에 연결한다. 공기압 회로는 자동으로 운전할 수 있도록 기계 위치센서 LS1과 LS2를 피스톤 로드의 기계적 접점과 일치할 수 있도록 설치한다. 실린더의 초기위치는 임의의 위치에 정지한 상태이다.

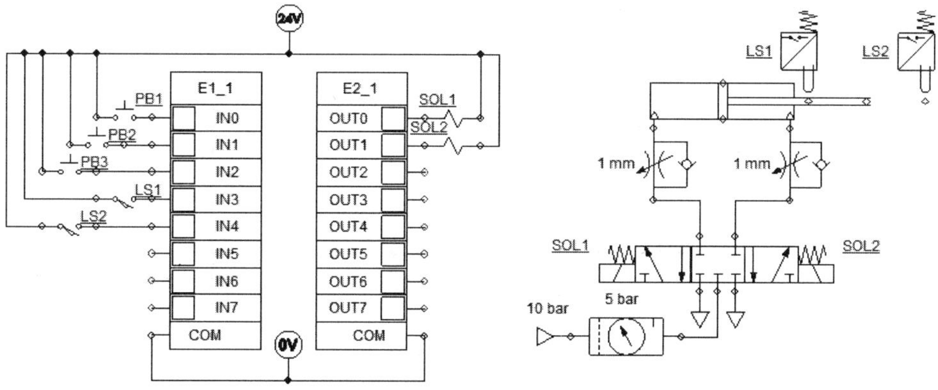

그림 7.19 자동왕복을 위한 전기 공기압 회로도

그림 7.20은 실린더를 자동으로 운전하는 PLC 프로그램을 나타낸다. 스위치 PB1은 원점을 찾기 위한 것으로 실린더는 후진한다. PB2는 실린더의 운전 시작을 위한 전진 신호이고 코일 R을 ON시켜서 자기유지를 하도록 하고 PB3는 코일 R의 자기유지를 해제하여 실린더 그 자리에 정지하는 비상정지 신호이다. 실린더가 멈춘 상태에서 PB2가 눌러지면 이어지는 동작을 수행한다. 실린더가 전진하여 LS2를 ON시키면 실린더는 후진한다.

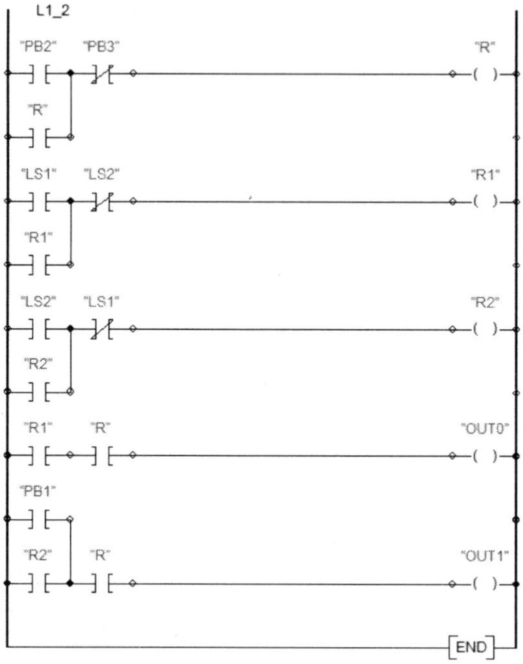

그림 7.20 자동왕복 PLC 프로그램

그림 7.21은 전원이 투입되어 실린더가 임의의 위치에 멈추고 있는 초기위치 상태를 나타낸다. SOL1과 SOL2는 OFF된 상태이므로 솔레노이드밸브는 중립위치에서 대기하고 있으므로 리미트 스위치 신호를 수신하지 못하는 상태이므로 실린더가 후진하는 원점 위치를 찾아가야 한다.

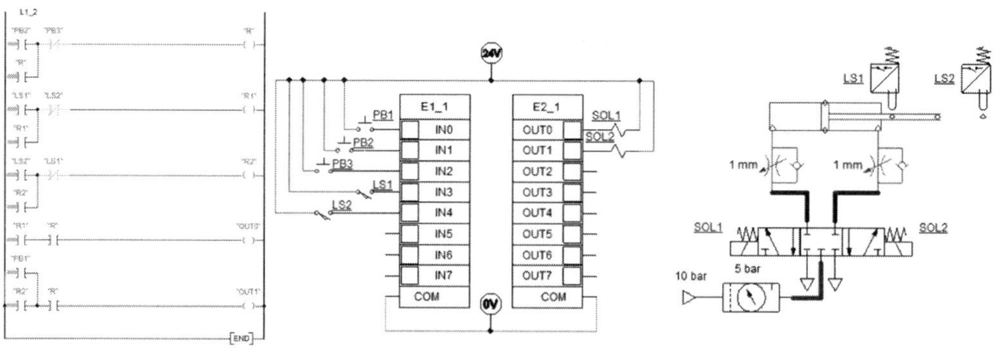

(a) PLC 프로그램 (b) 전기 회로도 (c) 공기압 회로도

그림 7.21 PLC에 전원투입 상태 : 실린더 임의의 위치

그림 7.22는 실린더의 원점 위치를 찾아가는 상태를 나타낸다. PB2를 눌려서 코일 R을 자기유지시킨 상태에서 원점 스위치 PB1을 누르고 있으면 SOL2가 ON되면서 실린더는 후진을 하고 리미트 스위치 LS1을 받으면 실린더는 전진한다.

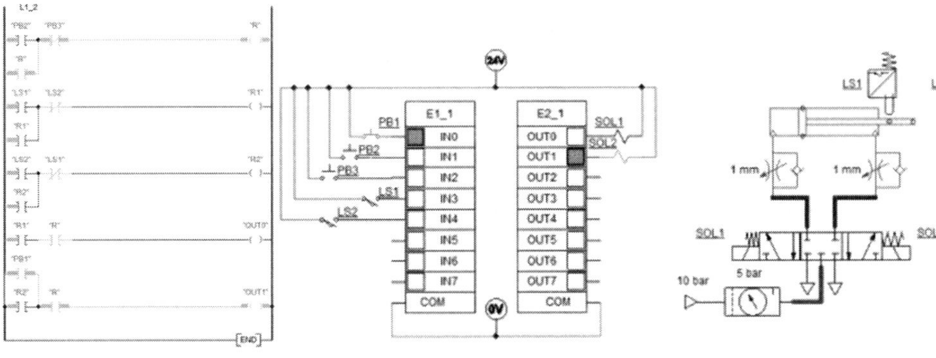

(a) PLC 프로그램　(b) 전기 회로도　(c) 공기압 회로도

그림 7.22 실린더의 초기위치 찾기 : PB1 = ON

그림 7.23은 스위치 PB2을 눌러서 코일 R을 자기유지한 상태에서 실린더를 전진시켜서 자동으로 운전하는 상태를 나타낸다. 코일 R이 ON되어 있는 상태에서 LS1이 ON되면 실린더는 전진하고 LS2가 ON되면 실린더는 후진한다.

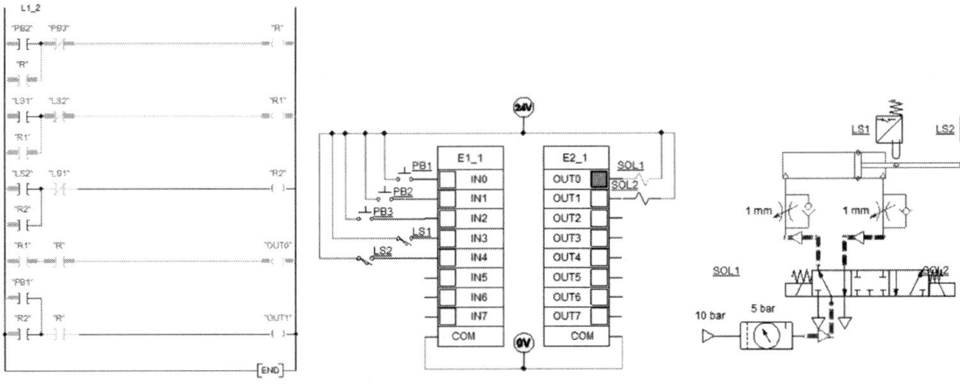

(a) PLC 프로그램　(b) 전기 회로도　(c) 공기압 회로도

그림 7.23 실린더 자동운전 : PB2 = ON

그림 7.24는 스위치 PB3를 눌러서 코일 R을 자기유지 해제하고 실린더를 그 자리에 정지하는 상태를 나타낸다. 실린더가 자동으로 전진과 후진을 반복하고 있는 상태에서 정지 스위치 PB3를 누르면 코일 R은 자기유지를 해제하고 실린더는 전진과 후진 어느 위치에 있더라도 그 자리에서 멈춘다. 스위치 PB2를 누르면 다시 이어서 동작을 진행한다.

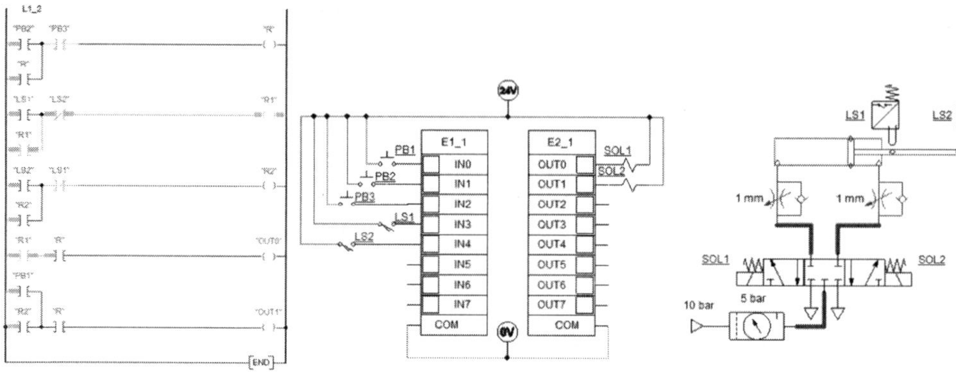

(a) PLC 프로그램　　(b) 전기 회로도　　(c) 공기압 회로도

그림 7.24 실린더 정지 : PB3 = ON

7.3 실린더 두 개 자동운전

7.3.1 컨베이어 이송장치

그림 7.25는 상자를 컨베이어 A에서 컨베이어 B로 옮기는 작업을 두 개의 실린더 A와 B를 사용하는 작업 형태를 나타낸다. 작업의 순서는 다양하게 만들 수 있으나 기본적인 상자 이송방법은 다음과 같다. 컨베이어 A 위에 있는 상자가 자중으로 실린더 A 위치까지 내려와서 대기한다. 실린더 A는 상자 유무를 확인하고 실린더를 전진시켜서 컨베이어 B위치까지 밀어 올린다. 실린더 B는 상자의 도착 유무를 확인하고 실린더를 전진시켜서 상자를 컨베이어 B에 올린다. 실린더 B가 전진 완료하면 실린더 A는 후진하여 상자가 투입되는 것을 대기한다. 실린더 A가 후진 완료하면 실린더 B가 후진하여 실린더 A가 상자를 밀어 올릴 때까지 대기한다.

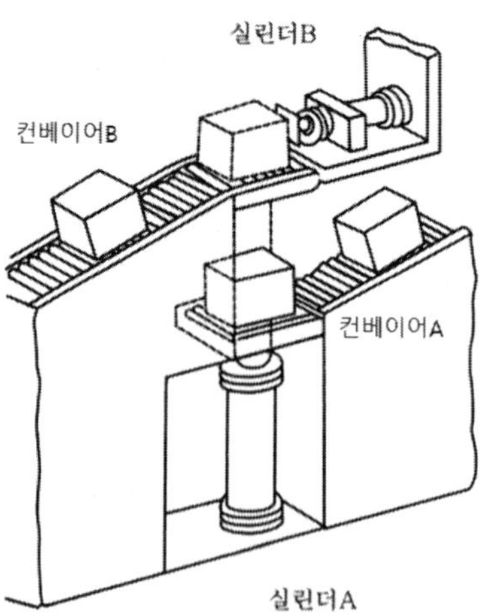

그림 7.25 컨베이어 이송장치

7.3.2 컨베이어 이송장치 : A+B+A-B-

그림 7.26은 실린더 두 개의 동작과 제어신호의 상태를 표현하는 작동선도와 제어선도를 나타낸다. 실린더 A가 전진하는 조건은 리미트 스위치 LS1과 LS2가 ON인 상태에서 PB1이 ON되면 전진을 시작하고 실린더 B가 전진하는 조건은 리미트 스위치 LS2와 LS3가 ON인 상태이다. 실린더 A가 후진하는 조건은 LS2와 LS4가 ON인 상태이고 실린더 B가 후진하는 조건은 LS1과 LS4가 ON인 상태이다. 정지 스위치 PB2를 누르면 실린더 A와 B가 전진하고 있는 경우에는 전진한 끝단에서 멈추고 PB1을 누르면 다음 단계를 시작한다. 실린더 A와 B가 후진하고 있는 경우에는 후진하여 대기하고 LS1과 LS3는 ON인 상태가 된다. 시작 스위치 PB1이 ON되면 실린더 A가 전진을 시작한다.

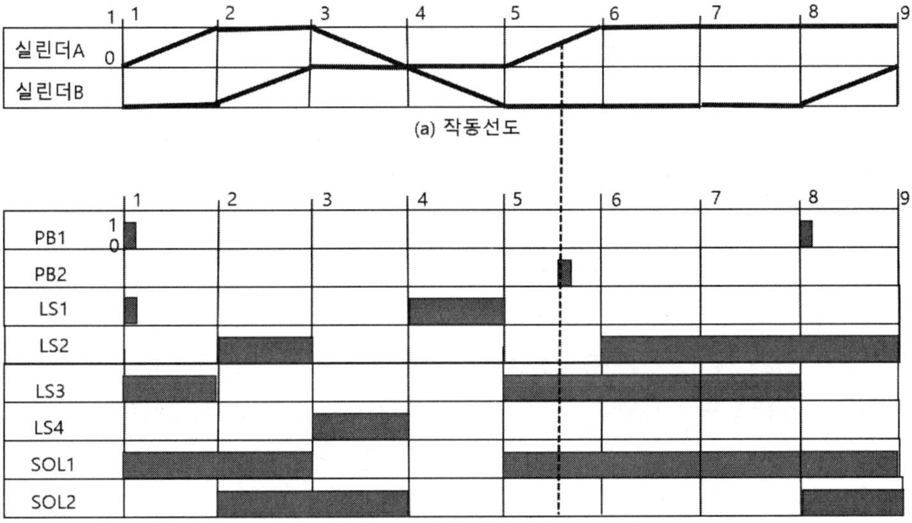

그림 7.26 실린더 두 개의 작동선도와 제어선도

그림 7.27은 두 개의 실린더를 자동으로 왕복하는 공기압 회로도를 나타낸다. 5포트 2위치 편방향 솔레노이드 밸브를 사용하여 복동 실린더의 운동방향을 제어하고 운동속도는 논-리턴 스로틀밸브가 있는 유량제어밸브를 사용하여 미터아웃 방식으로 제어한다. 실린더의 전진과 후진을 반복하기 위해서는 리미트 스위치의 신호를 사용한다. 공급하는 공기압력은 10 bar이고 공기압 유니트의 레귤레이터를 사용하여 5 bar으로 사용 공기압력을 조절한다.

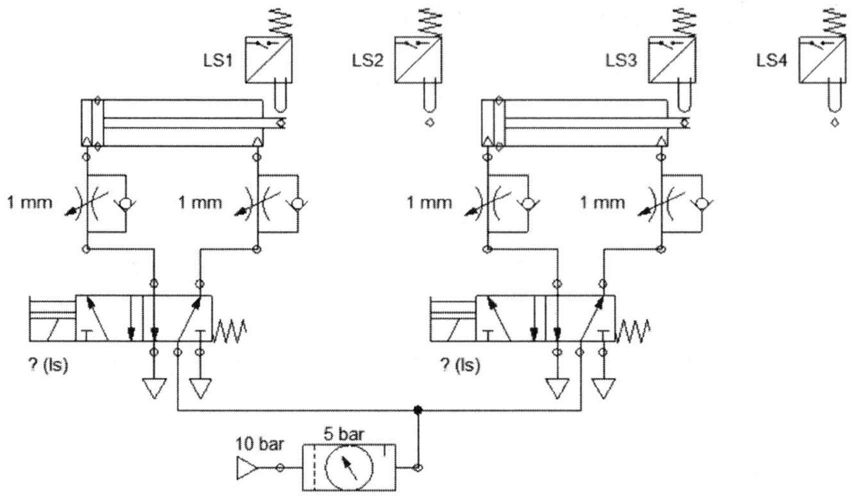

그림 7.27 두 개 실린더 공기압 회로

그림 7.28은 두 개의 실린더를 제어하기 위한 PLC 프로그램과 전기 회로도를 나타낸다. PLC의 입력카드에는 누름버튼 스위치 PB1 = IN0과 PB2 = IN1, 리미트 스위치 LS1 = IN2, LS2 = IN3, LS3 = IN4 및 LS4 = IN5를 연결한다. PLC의 출력카드에는 솔레노이드밸브 SOL1 = OUT0와 SOL2 = OUT1을 연결한다.

PLC 프로그램은 제어선도에서 실린더 A와 B의 구동조건을 참조하여 작성한다. 스위치 PB1을 누르면 코일 R은 ON되고 자기유지를 한다. 코일 R과 리미트 스위치 LS1 및 LS3는 직렬로 연결하여 AND 조합을 구성하고 이를 만족하는 경우에는 코일 R1이 ON되면서 자기유지를 하면서 코일 OUT0를 ON시킨다. PLC 출력카드 OUT0번지에 1 신호를 출력하면 공기압 회로의 솔레노이드밸브 SOL1은 ON이 되고 실린더 A가 전진한다.

리미트 스위치 LS2와 LS3를 직렬로 연결하여 AND 조합을 구성하고 이를 만족하는 경우에는 코일 R2를 ON시키면서 자기유지를 하고 코일 OUT1을 ON시킨다. PLC 출력카드 OUT1번지에 1을 출력하면 공기압 회로의 솔레노이드밸브 SOL2는 ON되고 실린더 B가 전진한다. 실린더 B가 전진하여 리미트 스위치 LS4가 ON되면 코일 R1의 자기유지를 해제하여 실린더 A를 후진시키고 LS1이 ON되면 코일 R2의 자기유지를 해제시켜 실린더 B를 후진시킨다.

정지 스위치 PB2를 누르면 코일 R의 자기유지를 해제시켜 실린더 A와 B가 전진하고 있는 경우에는 전진 끝단에서 멈추고 대기하다가 PB1의 신호로 다음 단계의 동작을 실시한다. 실린더 A와 B가 후진하고 있는 경우에는 후진하여 대기하고 PB1의 신호로 실린더 A가 전진한다.

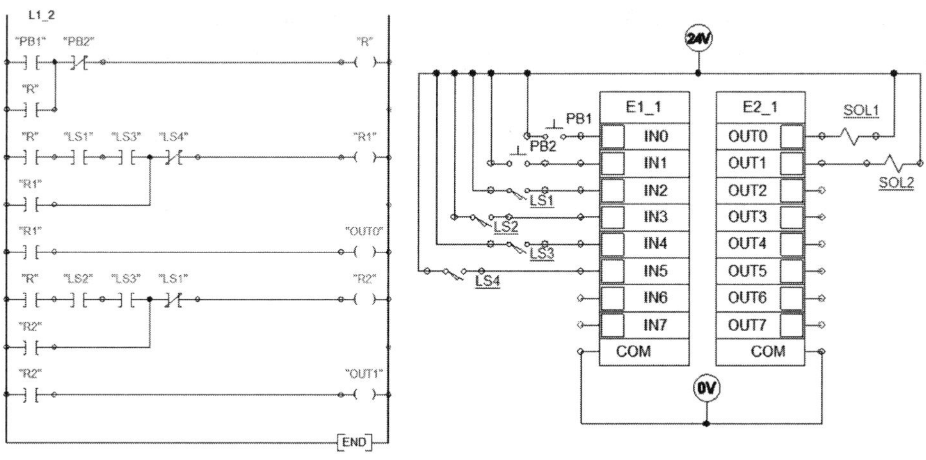

그림 7.28 PLC 프로그램과 전기 회로도

그림 7.29는 PLC 프로그램을 사용하여 두 개의 실린더를 제어하는 초기상태를 나타낸다. PLC에 전원이 투입되면 실린더 A와 B는 피스톤 로드에 압축공기가 공급되고 피스톤 헤드의 압축공기는 대기로 배출하여 실린더는 후진한 상태가 되고 리미트 스위치 LS1와 LS3는 ON인 상태가 된다.

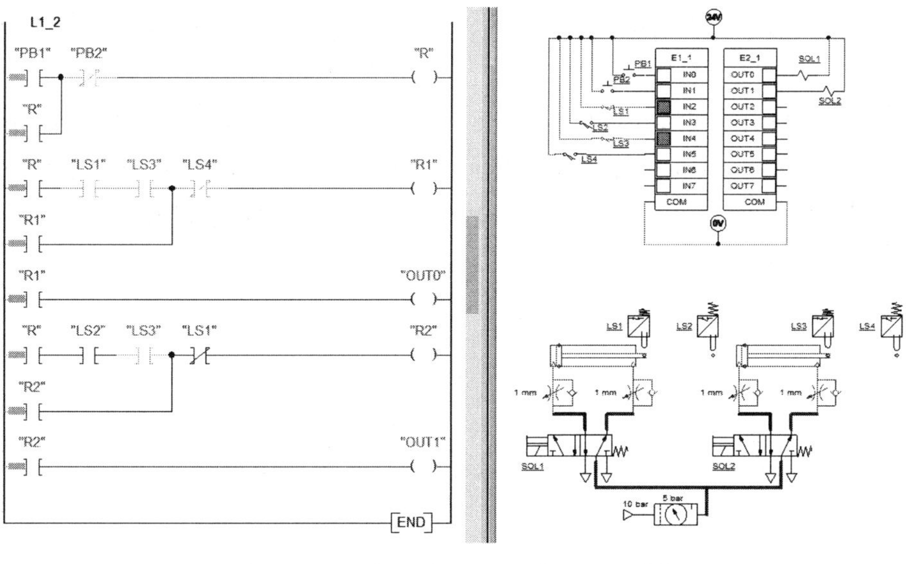

그림 7.29 PLC에 의한 실린더 제어 : 초기상태

그림 7.30은 PLC 프로그램을 사용하여 두 개의 실린더를 자동으로 전진과 후진을 반복하는 운전 상태를 나타낸다. 리미트 스위치 LS1과 LS3가 ON인 상태에서 시작 스위치 PB1을 누르면 코일 R은 ON되고 자기유지를 하면서 실린더 A를 전진시킨다. 실린더 A가 전진하여 리미트 스위치 LS2가 ON되면 실린더 B를 전진시킨다. 실린더 B가 전진하여 리미트 스위치 LS4가

ON되면 코일 R1의 자기유지를 해제하여 실린더 A를 후진시킨다. 실린더 A가 후진하여 리미트 스위치 LS1이 ON되면 코일 R2의 자기유지를 해제시켜 실린더 B를 후진시킨다.

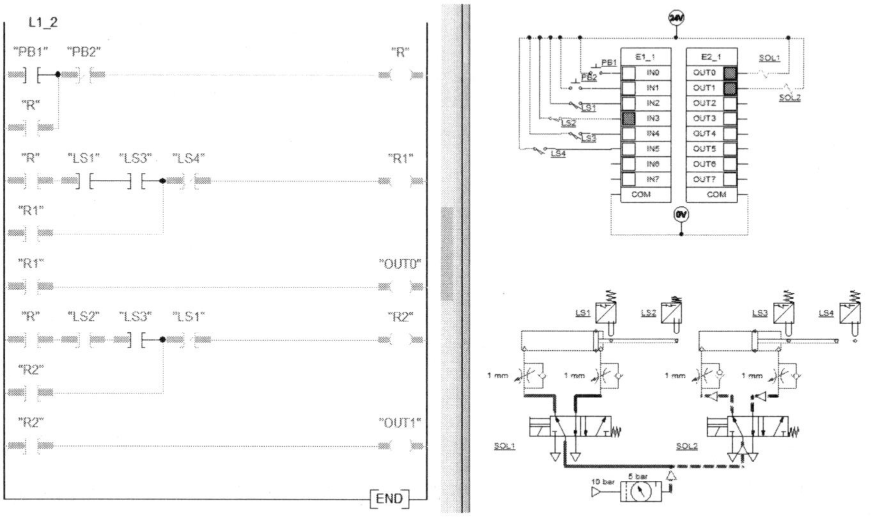

그림 7.30 PLC에 의한 실린더 제어 : 자동운전

그림 7.31은 PLC 프로그램을 사용하여 두 개의 실린더를 무한 반복하는 운전 상태에서 비상 정지하는 상태를 나타낸다. 실린더 A 또는 B가 전진하고 있는 상태에서 정지 스위치 PB2를 누르면 코일 R은 자기유지가 해제되고 실린더는 전진 끝단에서 멈추고 대기하며, PB1의 신호가 들어오면 다음 단계를 시작한다. 실린더 A와 B가 후진하고 있는 상태에서는 솔레노이드밸브 SOL1 또는 SOL2가 OFF되면서 실린더 A와 B는 후진하여 대기하고 PB1의 신호로 실린더 A가 전진한다.

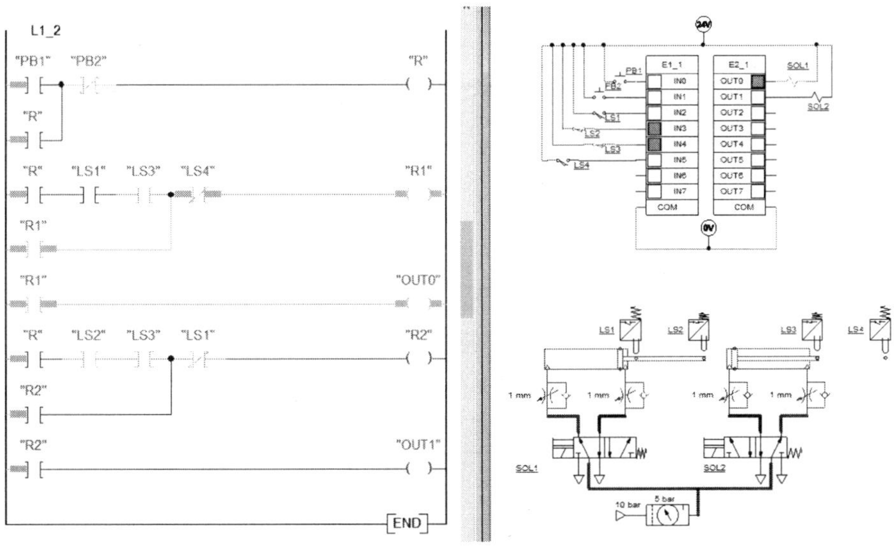

그림 7.31 PLC 프로그램에 의한 실린더 제어 : 비상정지

7.3.3 컨베이어 이송장치 중간정지 : A+B+A-B-

그림 7.32는 두 개 실린더를 자동으로 운전하면서 중간에 비상정지하는 작동선도와 제어선도를 나타낸다. 운동방향제어는 5포트 3위치 양방향 솔레노이드밸브를 사용하고 실린더 A와 B의 운전조건은 다음과 같다.

운전시작 조건 : PB1 = 1, 운전시작 해제 : PB2 = 1
비상정지 : PB3 = 1, 비상정지 해제 : PB4 = 1
실린더 A전진 : LS1 = 1, LS3 = 1
실린더 B전진 : LS2 = 1, LS3 = 1
실린더 A후진 : LS2 = 1, LS4 = 1
실린더 B후진 : LS1 = 1, LS4 = 1

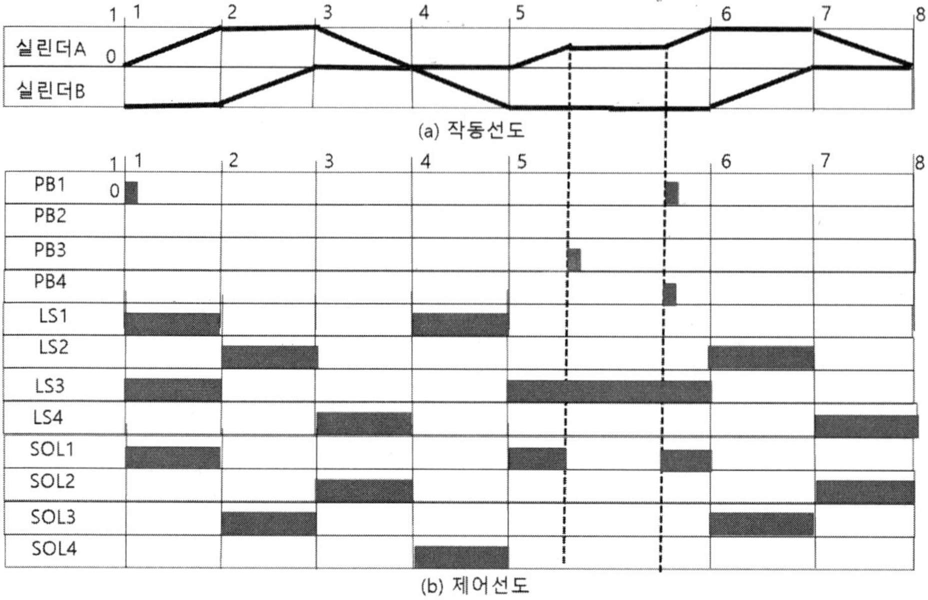

그림 7.32 두 개 실린더를 위한 작동선도와 제어선도

그림 7.33은 두 개의 실린더를 운전 도중에 임의의 위치에서 비상정지를 할 수 있도록 5포트 3위치 밸브를 사용하는 공기압 회로도를 나타낸다. 5포트 3위치 양방향 솔레노이드밸브는 전진, 정지, 후진의 위치를 가지고 있으며 스프링에 의하여 밸브가 OFF되면 중립(정지) 위치에 복귀하므로 실린더의 동작은 밸브가 OFF되는 순간 그 자리에서 멈춘다. 실린더의 전진과 후진은 리미트 스위치를 사용하고 실린더의 운동속도는 미터아웃 방식을 사용한다.

그림 7.34는 두 개의 실린더를 제어하기 위하여 PLC의 입출력 카드에 스위치 및 솔레노이드 밸브를 연결한 상태를 나타낸다. PLC의 메모리할당은 다음과 같이 실시한다.

운전시작 조건 : PB1 = IN0, 운전시작 해제 : PB2 = IN1
비상정지 : PB3 = IN2, 비상정지 해제 : PB4 = IN3
실린더 A전진 : LS1 = IN4, 후진 LS2 = IN5
실린더 B전진 : LS3 = IN6, 후진 LS4 = IN7
실린더 A전진 : SOL1 = OUT0, 후진 SOL2 = OUT1
실린더 B전진 : SOL3 = OUT2, 후진 SOL4 = OUT3

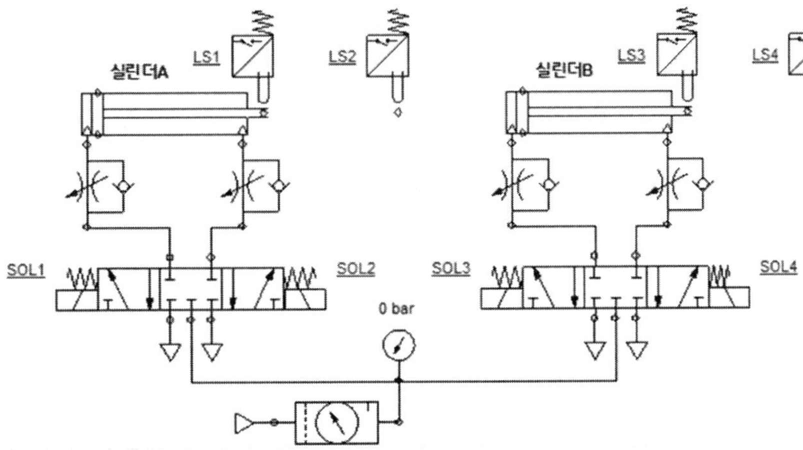

그림 7.33 5포트 3위치 밸브를 사용하는 공기압 회로도

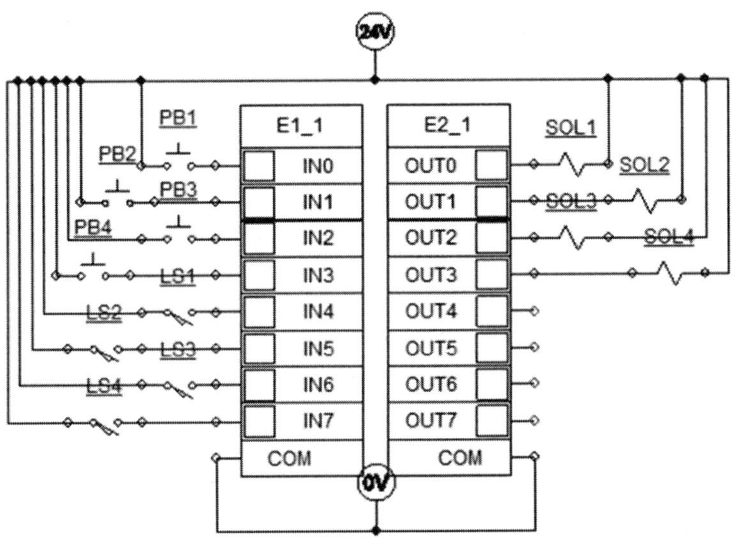

그림 7.34 PLC 전기 배선도

그림 7.35는 자동운전 도중에 비상정지를 하는 PLC 프로그램을 나타낸다. 스위치 PB1과 PB2는 자동운전을 위한 조건 설정으로 PB1을 누르면 자동운전, PB2를 누르면 자동운전 해제가 된다. 스위치 PB3와 PB4는 비상정지를 위한 것으로서 PB3를 누르면 모든 밸브는 OFF 되고 중립위치로 복귀하며 실린더는 그 자리에서 멈추고 PB4를 누르면 직전 작업을 이어서 수행한다. 실린더 A의 전진 조건은 코일 R, 리미트 스위치 LS1과 LS3가 직렬접속이므로 AND조합을 만족하면 SOL1이 ON되어 실린더는 전진하고 LS2에 의하여 OFF된다. 실린더 B의 전진은 코일 R, 리미트 스위치 LS2과 LS3가 직렬접속이므로 AND조합을 만족하면 SOL3가 ON되어 실린더는 전진하고 LS4에 의하여 OFF된다.

실린더 A의 후진 조건은 코일 R, 리미트 스위치 LS2과 LS4가 직렬접속이므로 AND조합을 만족하면 SOL3이 ON되어 실린더는 후진하고 LS1에 의하여 OFF된다. 실린더 B의 후진은 코일 R,. 리미트 스위치 LS1과 LS4가 직렬접속이므로 AND조합을 만족하면 SOL4가 ON되어 실린더는 후진하고 LS3에 의하여 OFF된다.

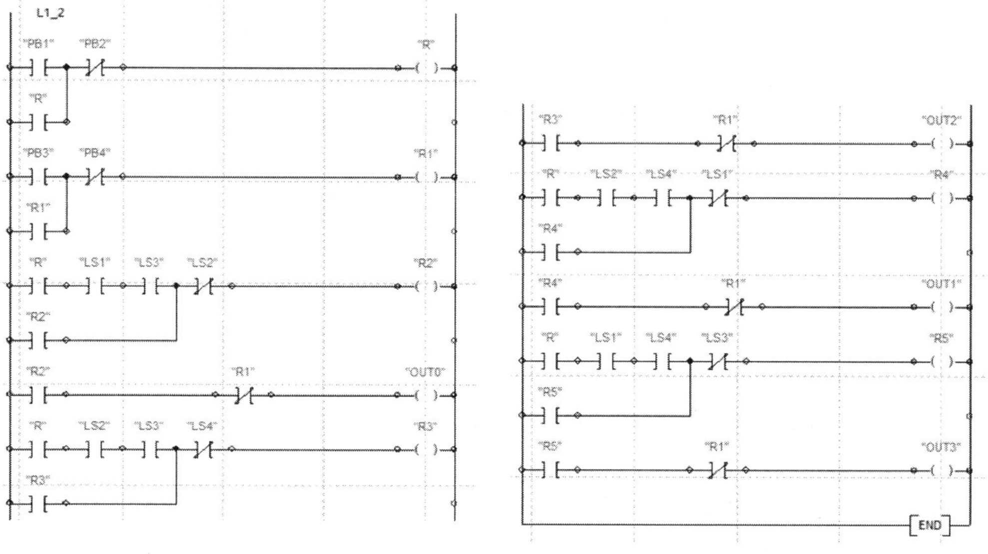

그림 7.35 중간정지를 하는 PLC 프로그램

그림 7.36은 스위치 PB1을 눌러서 코일 R을 ON시켜서 자기유지를 함으로써 자동운전을 실시하는 상태를 나타낸다. 시뮬레이션을 시작하면 실린더 A와 B는 초기 위치이므로 리미트 스위치 LS1과 LS3가 ON인 상태이고 스위치 PB1을 누르면 코일 R이 자기유지하면서 실린더 A는 전진한다. 실린더 A가 전진하여 LS2를 ON시키면 SOL1이 OFF되고 SOL3가 ON되면서 실린더 B가 전진한다. 실린더 B가 전진하여 LS4를 ON시키면 SOL3는 OFF가 되고 SOL2는 ON이 되어 실린더 A를 후진시킨다. 실린더 A가 후진하여 LS1을 ON시키면 SOL2는 OFF가 되고 SOL4를 ON시켜서 실린더 B를 후진시킨다.

그림 7.37은 스위치 PB3를 눌러서 비상정지를 하는 상태를 나타낸다. PB3가 ON되면 모든 솔레노이드밸브는 OFF되어 밸브는 중립의 위치로 복귀하여 대기하고 실린더는 그 자리에 멈춘다. 해제 스위치 PB4를 누르면 멈추기 직전의 작업을 이어서 수행한다.

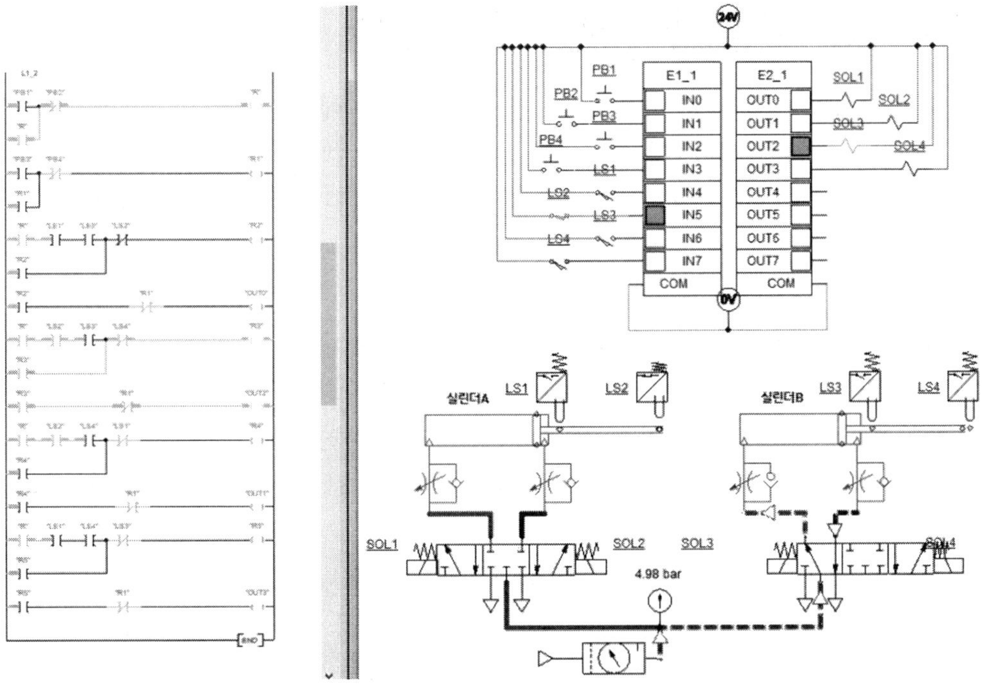

그림 7.36 자동운전 : PB1 = ON

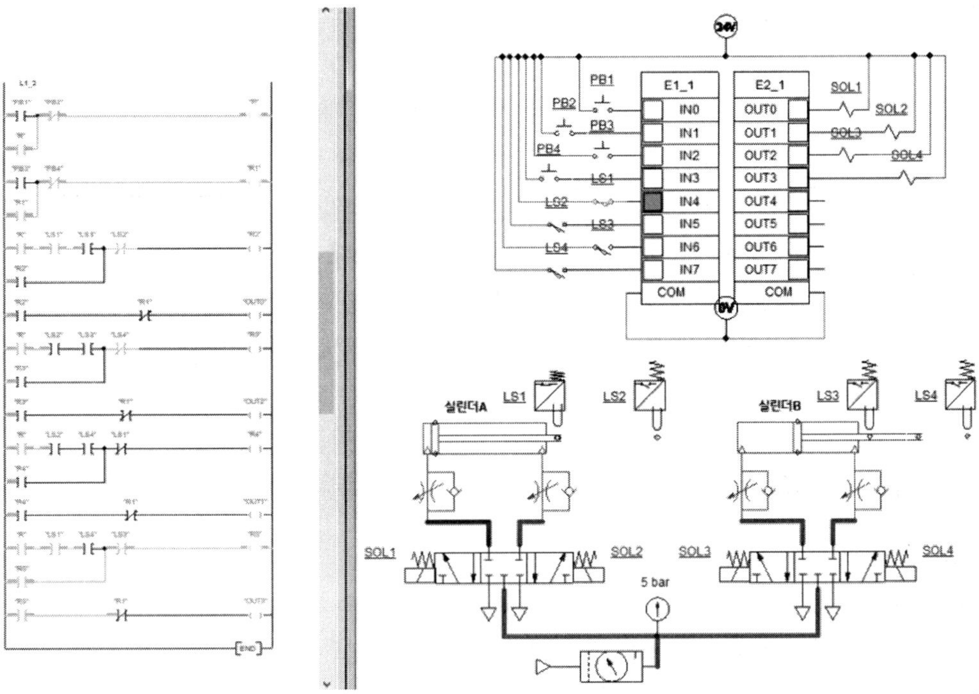

그림 7.37 비상정지 중간멈춤 : PB3 = ON

7.4 PLC 구성과 기본 프로그램

PLC(Programmable Logic Controller)는 전기 시퀀스제어에서 사용하는 릴레이, 타이머, 카운터 등의 기능을 LSI, 트랜지스터 등과 같은 반도체 소자로 대체시켜서 시퀀스제어가 가능하도록 구성한 것을 말하며 기본적인 기능으로서는 디지털 입출력, 논리연산, 수치연산의 기능을 가지며 프로그램에 의해 제어하는 장치를 말한다. PLC의 주요 특징으로서는 다음과 같다.

- 디지털 또는 아날로그 입출력 모듈, 특수모듈을 사용.
- 기계나 프로세서를 제어하는 디지털 동작의 전자장치.
- 중앙처리기능 : 논리연산, 기억, 타이머, 카운터, 사칙연산.
- 입출력 제어기능 : 디지털 입출력, 아날로그 입출력, 시스템 인터페이스, PID제어기능.

PLC는 주로 기계설비의 자동화 및 지능화에 따라 PLC의 적용범위는 점차 확대되고 있으며 특히 인건비의 증가에 따른 원가절감과 신뢰성이 강조되면서 공장 자동화의 요구가 크게 증가하여 PLC의 사용이 더욱더 요구되고 있다. 소비자의 다양한 요구특성을 만족시키기 위해서는 제품의 생산체제의 변화가 요구되며 FMS(Flexible Manufacturing System)와 같은 고기능화가 요구되는 대규모의 시스템제어가 필요하다. 이러한 측면에서 PLC가 적용되고 있는 산업분야를 살펴보면 다음과 같다.

- 자동차 산업분야 : 부품전송 라인제어, 자동조립 라인제어, 도장 라인제어 등.
- 제철/철강산업분야 : 원료 수송제어, 압연 라인제어, 하역 운반제어 등.
- 식료산업 분야 : 컨베이어 총괄제어, 생산라인 자동제어 등.
- 기계산업분야 : 산업용 로봇제어, 공작기계 가공품 취출, 부품검사, 각종 조립기계 등.
- 물류산업분야 : 자동창고제어, 하역설비제어, 반송라인제어 등.
- 반도체 산업분야 : 공정설비제어, 반송라인제어, 세정설비제어, 조립설비제어, 검사설비제어 등.
- 환경산업분야 : 소각로제어, 공해방지기제어 등.

7.4.1 PLC 구성

■ PLC 하드웨어 구조

그림 7.38은 PLC의 하드웨어적인 구조를 나타낸다. 외부의 프로그래밍 툴에서 작성한 프로그램은 RS232C 또는 USB를 사용하여 PLC의 CPU에 전송되고 중앙 처리부는 작성된 프로그램에 따라서 입력부의 신호를 처리하여 상황을 판단하고 출력부로 명령을 전달한다. PLC의 각 부분에 있어서의 기능은 다음과 같다.

○ 중앙 처리부 : 프로그램의 해독/처리, 모든 정보는 2진수 처리
○ 메모리부 : 프로그램/시스템/데이터 메모리
  ■ 프로그램 : 작성한 프로그램의 저장
  ■ 데이터 : 입출력 데이터, 타이머, 카운터의 접점상태
  ■ 시스템 : PLC회사에서 작성한 시스템 프로그램 저장
○ 입출력부 :
  ■ 입력부 : 각종 스위치, 센서의 신호입력
  ■ 출력부 : 표시장치, 구동장치의 출력신호

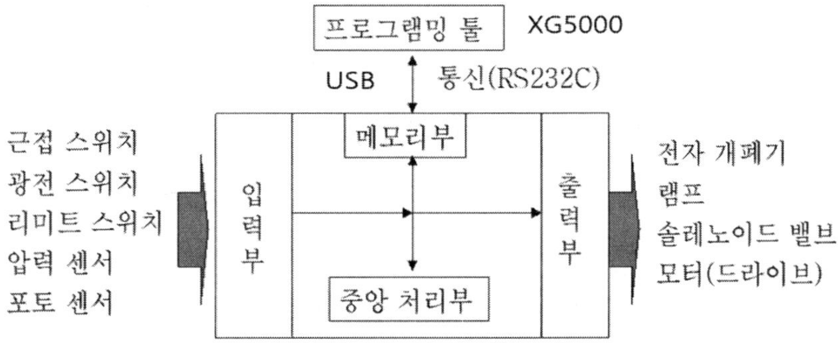

그림 7.38 PLC의 하드웨어적인 구조

그림 7.39는 PLC의 내부에서 동작하는 상태를 나타낸다. PLC의 입력모듈을 통하여 신호의 입력상태를 읽어 들여서 프로그램의 시작에서 종료까지 순차적으로 스캐닝하며 프로그램을 수행한다. 프로그램 수행 후에는 출력모듈에 데이터를 전송하고 자기진단과 통신처리를 한 후에 다시 입력상태를 읽는다. 이상의 단계를 스캔시간(scan time)이라고 한다.

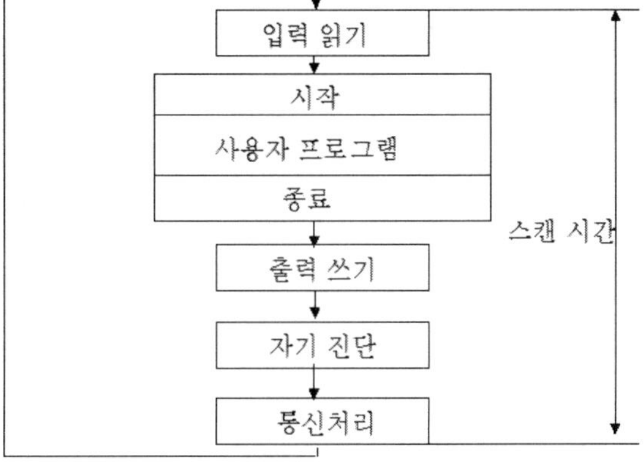

그림 7.39 PLC의 내부 동작상태

■ PLC 기본구성

그림 7.40은 본 교재에서 사용하는 PLC는 LS산전에서 출시하고 있는 XGI 시리즈의 기본구성을 나타낸다. 이전에는 LS산전에서 GLOFA와 MATER K 시리즈를 생산하였으나 최근에는 XGT 시리즈를 출시하여 GLOFA 대체용으로 XGI, MASTER K의 대체용으로 XGK를 생산하고 있다. 기본 베이스에는 Power모듈, CPU모듈, 통신모듈, 입력모듈, 출력모듈, 특수모듈 등을 장착할 수 있으며, 컴퓨터에서는 XG5000을 사용하여 프로그램을 편집하고 PLC장치와는 RS232C 또는 USB케이블을 사용하여 접속하고 프로그램을 업로드 또는 다운로드한다. 본 교재에서는 기본 베이스로 XGB-M04A를 사용하고 있으므로 4 slot을 가지고 있다.

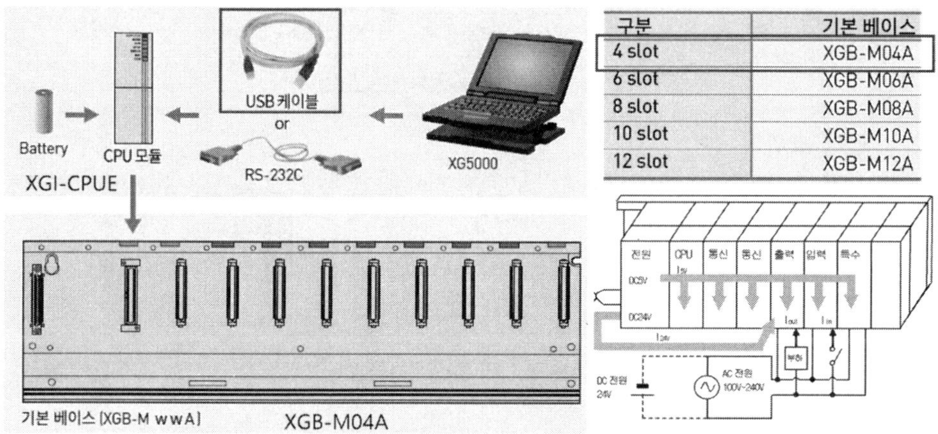

그림 7.40 LS산전의 XGI 기본구성

그림 7.41은 본 교재에서 사용하는 LS산전 XGI PLC모듈을 나타낸다. CPU모듈은 XGI-CPUE를, CPU 접속케이블은 USB 301A 케이블을 사용한다. 전원모듈은 XGP-ACF1을 채용하며, 입력모듈은 XGI-D22A를, 출력모듈은 XGQ-RY2A를 사용한다. 그동안 PLC 사용자는 PLC 메이커(maker)마다 사용 언어와 통신 네트워크가 서로 달라 많은 불편함을 겪어 왔으며, 이러한 불편함을 해소하고 사용자의 편리성을 도모하기 위해서 IEC(International Electrotechnical Commission ; 국제 전기 표준 회의)에서 PLC 국제 표준화 규격을 제정하였다. 따라서 XGI PLC는 IEC 표준 언어를 준수하고 있으며 XG5000은 윈도우환경의 프로그램을 지원한다.

그림 7.42는 XGI-CPU모듈을 여러 종류를 나타낸다. 본 교재에서는 XGI-CPUE를 사용하고 있으며 IEC 표준 프로그램 언어를 지원한다.

CPU 모듈		I/O포트
XGK	XGK-CPUH, CPUU, CPUHN, CPUUN	6,144
	XGK-CPUS, CPUA, CPUSN	3,072
	XGK-CPUE	1,536
XGI	XGI-CPUUN, CPUU/D, CPUU, CPUH	6,144
	XGI-CPUS	3,072
	XGI-CPUE	1,536

CPU 접속 케이블	
USB 301A	USB접속(다운로드)케이블
K1C-050A	RS-232C접속(다운로드)케이블

전원 모듈		
XGP-ACF1	AC110/220V	DC5V 3A, DC24V 0.6A
XGP-ACF2	AC110/220V	DC5V 6A
XGP-AC23	AC220V	DC5V 8.5A
XGP-DC42	DC24V	DC5V 6A

구분	입력 모듈		
	AC110V	AC220V	DC24V
8점	-	XGI-A21A	XGI-D21A
16점	XGI-A12A	-	XGI-D22A
	-	-	XGI-D22B
32점	-	-	XGI-D24A
	-	-	XGI-D24B
64점	-	-	XGI-D28A
	-	-	XGI-D28B

구분	출력모듈		
	Relay	Triac	Transistor
8점	XGQ-RY1A	-	-
16점	XGQ-RY2A	XGQ-SS2A	XGQ-TR2A
	XGQ-RY2B	-	XGQ-TR2B
32점	-	-	XGQ-TR4A
	-	-	XGQ-TR4B
64점	-	-	XGQ-TR8A
	-	-	XGQ-TR8B

그림 7.41 LS산전의 PLC모듈

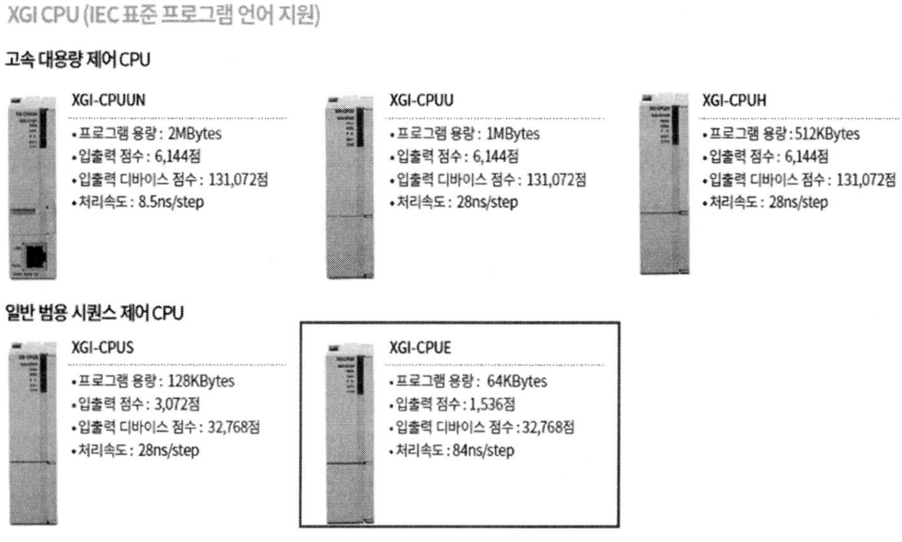

그림 7.42 CPU모듈 : XGI-CPUE

그림 7.43은 XGI-CPUE의 각부 명칭 및 용도를 나타낸다. ③번의 RUN/STOP 모드 스위치는 프로그램을 업로드와 다운로드하거나 프로그램을 실행할 경우에 사용하며 REMOTE 스위치에 우선하여 동작한다. STOP 모드일 경우에 프로그램을 업로드 및 다운로드할 수 있으며, CPU 모듈의 운전모드 설정은 다음과 같다.

- STOP → RUN : 프로그램의 연산 실행
- RUN → STOP : 프로그램의 연산 정지

⑤번은 USB케이블 커넥터이고, ⑥번 RS232C 케이블 커넥터이다.

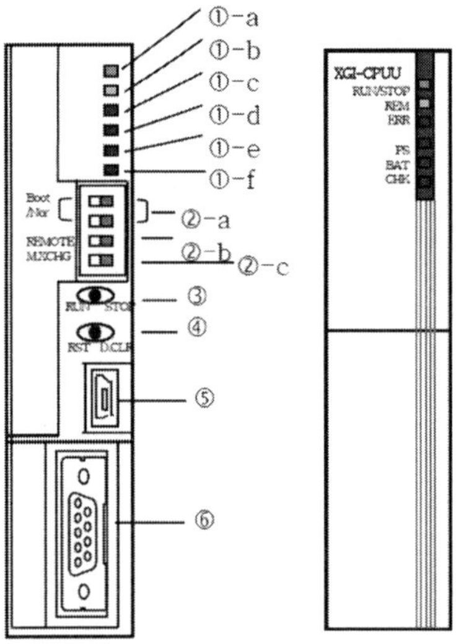

①-a : Run/STOP LED
①-b : REMOTE LED
①-c : ERROR LED
①-d : PS(프로그램상태) LED
①-e : BATTERY 상태 LED
①-f : CHECK 상태 LED

②-a : BOOT/NOR (우측 ON, 좌측 OFF)
②-b : REMOTE허용 (우측 리모트 모드, 좌측 리모트기능제한)
②-c : 모듈교체실시 (우측 교체실시, 좌측 교체완료)

③ : RUN/STOP 모드 스위치
④ : RESET/D.Clear 스위치
⑤ : USB 커넥터
⑥ : RS232C 커넥터

그림 7.43 XGI-CPUE의 각부 명칭 및 용도

그림 7.44는 PLC에 사용되는 전원모듈 XGP-ACF1를 나타낸다. 전원모듈의 전원 입력단자는 교류전원 100 ~ 240 V를 입력으로 받아들여서 DC5V와 DC24V를 출력한다. ③번의 RUN단자는 시스템의 RUN상태를 표시하며, CPU의 정지 ERROR가 발생하면 OFF되고 CPU의 모드가 STOP으로 바뀌면 OFF한다.

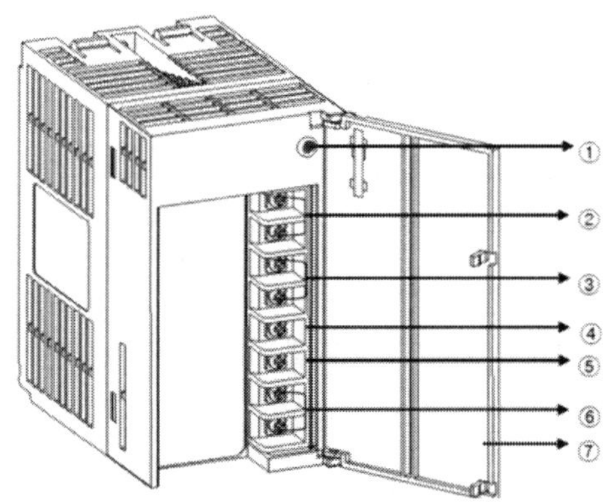

그림 7.44 전원모듈 : XGP-ACF1

No.	명칭	용도
1	전원 LED	DC5V 전원 표시용 LED
2	DC24V, 24G 단자	출력 모듈 내부에 DC24V가 필요한 모듈에 전원 공급용 ▶ XGP-ACF2, XGP-AC23는 DC24V가 출력되지 않음
3	RUN 단자	시스템의 RUN 상태를 표시 ▶ CPU의 정지 Error 발생 시 off함 ▶ CPU의 모드가 STOP으로 바뀌면 off함
4	PE 단자	감전 방지를 위한 접지 단자
5	LG 단자	전원 필터의 접지용 단자
6	전원 입력 단자	전원 입력 단자 ▶ XGP-ACF1, XGP-ACF2 : AC100~240V 접속 ▶ XGP-AC23 : AC200~240V 접속 ▶ XGP-DC42 : DC24V 접속
7	단자 커버	단자대 보호 커버

그림 7.45는 스위치를 연결할 수 있는 입력모듈 XGI-D22A의 사양을 나타낸다. 입력 접점수는 16점이고 정격입력 전압은 DC24V, 정격 입력전류는 4 mA이다.

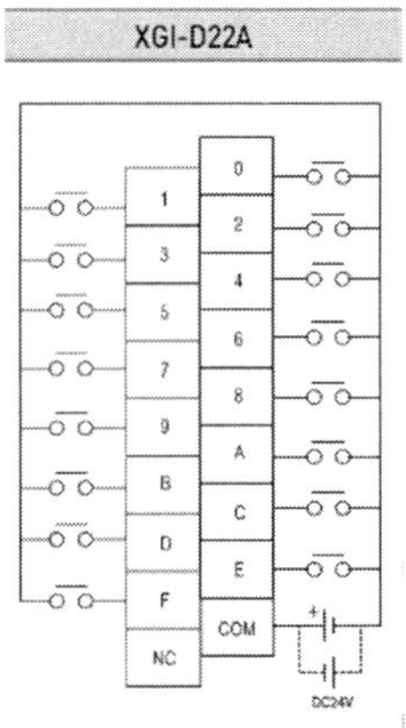

규격		DC입력						
형명		XGI-D21A	XGI-D22A	XGI-D22B	XGI-D24A	XGI-D24B	XGI-D28A	XGI-D28B
입력점수		8점	16점		32점		64점	
정격입력 전압		DC24V						
정격입력 전류		4mA						
On전압/전류		DC19V이상 / 3mA이상						
Off전압/전류		DC11V이하 / 1.7mA이하						
응답시간	Off→On	1ms/3ms/5ms/10ms/20ms/70ms/100ms(I/O 파라미터에서 설정, 초기값 :3ms)						
	On→Off	1ms/3ms/5ms/10ms/20ms/70ms/100ms(I/O 파라미터에서 설정, 초기값: 3ms)						
공통(COM)방식		8점/1COM	16점/1COM		32점/1COM			
절연방식		포토커플러						
소비전류(mA)		20	30		50		60	
중량(kg)		0.1	0.12		0.1		0.15	

그림 7.45 입력모듈 : XGI-D22A

그림 7.46은 디지털 입력모듈의 회로구성과 단자대를 나타낸다. 디지털 입력의 형식에는 전류 싱크 입력 및 전류 소스 입력으로 구분하며, DC 입력모듈의 경우는 이와 같은 입력형식에 따라 외부 입력 전원의 배선 방법이 달라지므로 입력 접속기기의 규격 등을 고려하여 선정한다. 싱크(Sink)입력은 입력신호가 ON될 때 스위치로부터 PLC 입력단자로 전류가 유입되는 방식이고 소스(Source)입력은 입력신호가 ON될 때 PLC 입력단자로부터 스위치로 전류가 유입되는 방식이다.

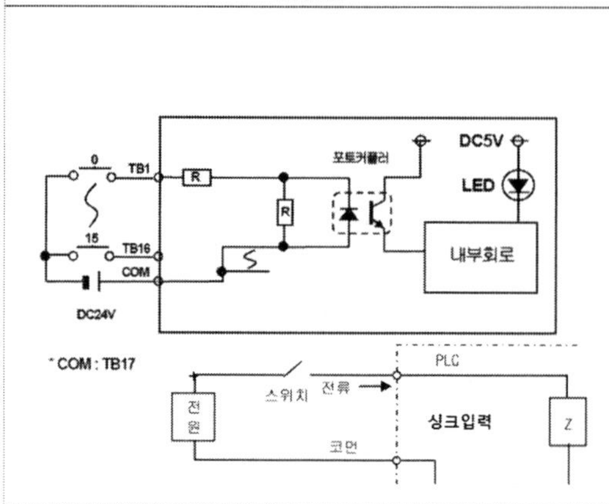

단자대	접점명
TB1	0
TB2	1
TB3	2
TB4	3
TB5	4
TB6	5
TB7	6
TB8	7
TB9	8
TB10	9
TB11	10
TB12	11
TB13	12
TB14	13
TB15	14
TB16	15
TB17	COM
TB18	NC

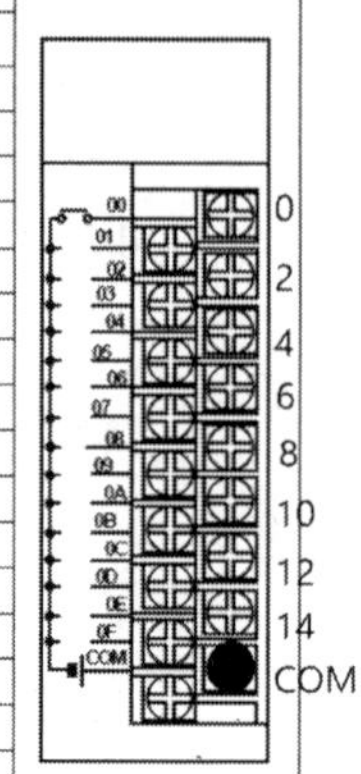

그림 7.46 입력모듈 회로구성과 단자대

그림 7.47은 PLC의 디지털 출력모듈 XGQ-RY2A를 나타낸다. 디지털 출력모듈은 릴레이를 사용하는 것과 트랜지스터를 사용하는 것으로 구분하는데, 여기서는 릴레이를 사용하는 XGQ-RY2A를 채용한다. 출력 접점수는 16점이고 정격 부하전압은 DC 12/24 V이고 정격 입력전류 1점은 2 A이고 공통은 5 A이다.

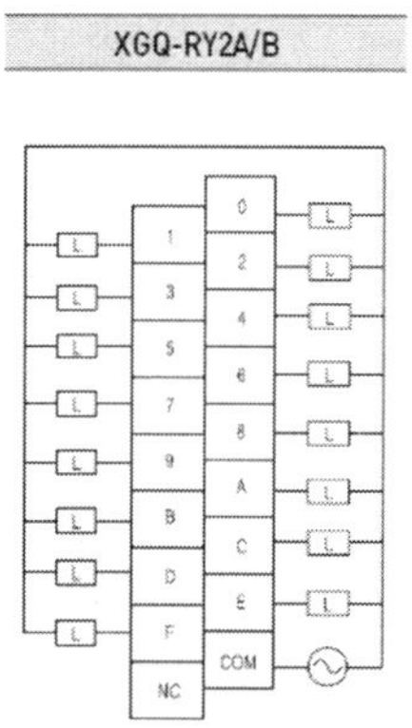

규격		릴레이			트랜지스터					
형명		XGQ-RY1A	XGQ-RY2A	XGQ-RY2B	XGQ-TR1C	XGQ-TR2A	XGQ-TR2B	XGQ-TR4A	XGQ-TR4B	XG
출력점수		8점	16점		8점	16점		32점		
정격부하전압		DC12/24V, AC110/220V			DC12/24V					
정격입력 전류	1점	2A			2A	0.5A		0.1A		
	공통	5A			0.1A	4A		2A		
응답시간	Off→On	10ms이하			3ms이하	1ms이하				
	On→Off	12ms이하			10ms이하	1ms이하				
공통(COM)방식		1점/1COM	16점/1COM		1점/1COM	32점/1COM				
절연방식		릴레이			포토커플러					
소비전류(mA)		260	500		100	70		130		
중량(kg)		0.13	0.17	0.19	0.11	0.11		0.1		
서지킬러		-		바리스터	제너다이오드					
외부공급전원		-			-	DC 12/24V				

그림 7.47 출력모듈 : XGQ-RY2A

그림 7.48은 출력모듈 회로구성과 단자대를 나타낸다. PLC의 디지털출력은 싱크출력과 소스출력으로 구분한다. 싱크(Sink) 출력은 PLC출력 접점이 ON될 때 부하에서 출력단자로 전류가 유입되는 방식이고, 소스(Source)출력은 PLC출력 접점이 ON될 때 출력단자로부터 전류가 유입되는 방식이다.

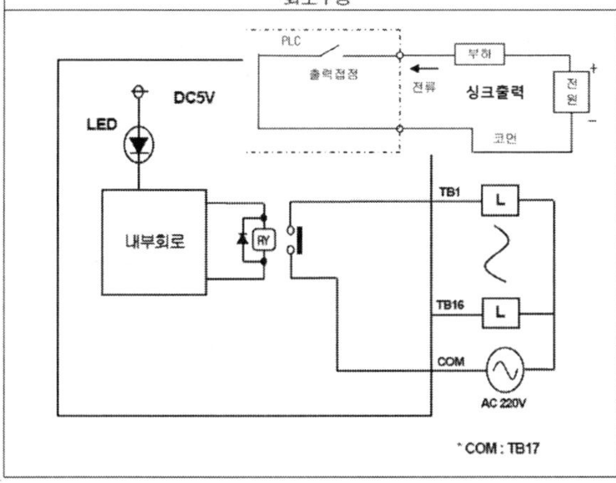

단자대	접점명
TB1	0
TB2	1
TB3	2
TB4	3
TB5	4
TB6	5
TB7	6
TB8	7
TB9	8
TB10	9
TB11	10
TB12	11
TB13	12
TB14	13
TB15	14
TB16	15
TB17	COM
TB18	NC

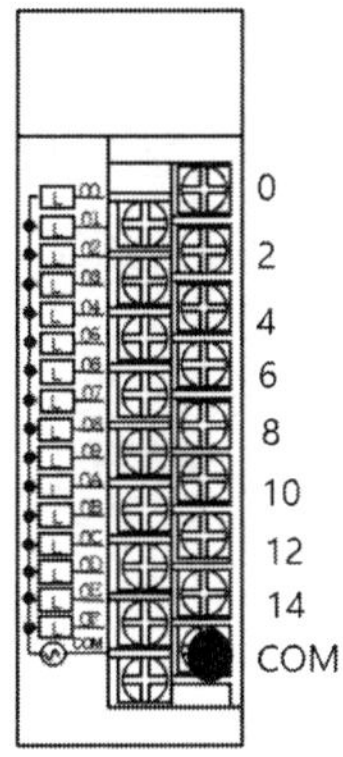

그림 7.48 출력모듈 회로구성과 단자대

■ PLC 프로그램 편집기

그림 7.49는 LS산전에서 출시하는 XGT시리즈의 PLC 프로그램을 편비하는 XG5000 편집기를 다운로드하는 방법을 나타낸다. LS산전의 PLC를 준비하기 위해서는 홈페이지를 방문하여 PLC를 검색하여 XG5000 소프트웨어를 다운받아서 설치한다.

https://www.ls-electric.com/ko/#

그림 7.49 XG5000 다운로드

그림 7.50은 PLC프로그램 편집기 XG5000을 설치하고 실행하는 대화상자를 설명하는 그림을 나타낸다. 각 기호별로 기능을 설명하면 다음과 같다.

a 메뉴 : 프로그램 작성에 필요한 기본메뉴.

b 도구모음 : 메뉴를 간편하게 실행할 수 있음.

c 프로젝트창 : 현재 열려 있는 프로젝트의 구성요소.

d 변수 모니터창 : 변수를 등록하여 모니터할 수 있음.
e 상태바 : XG5000의 상태 및 접속된 PLC 정보를 표시.
f 편집창 : 현재 LD 편집창을 나타냄.
g 메시지창 : XG5000 사용 중에 발생하는 메시지를 표시.

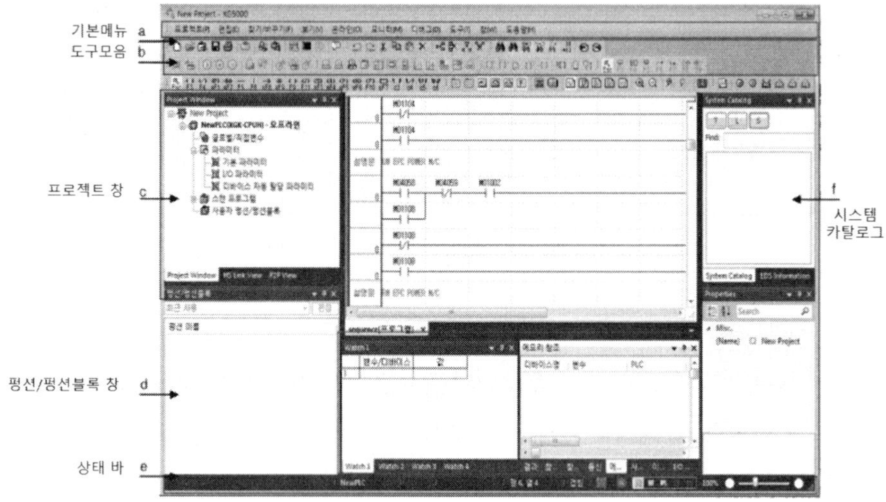

그림 7.50 XG5000 실행 대화상자 설명

그림 7.51은 XG5000을 설치하고 USB 디바이스 드라이브의 설치를 확인하는 상태를 나타낸다. 컴퓨터관리 대화상자에서 컴퓨터관리 → 시스템도구 → 장치관리자를 차례로 확장하여 범용 직렬 버스 컨트롤러 하위에 'LGIS XGSeries'라는 목록이 나타나면 정상적으로 USB 디바이스 드라이브가 설치된 것을 나타낸다.

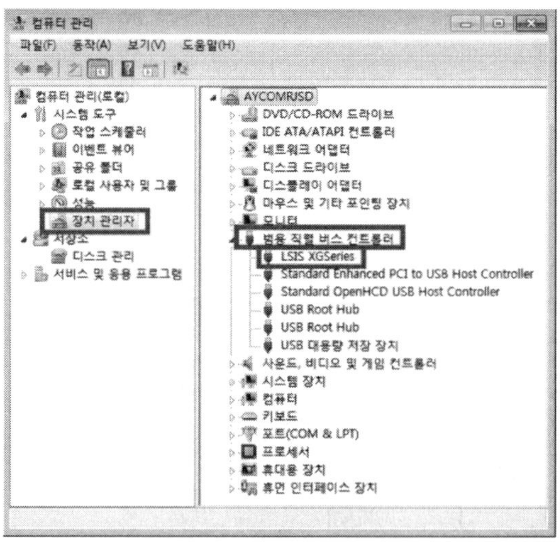

그림 7.51 USB 디바이스 드라이브설치 확인

7.4.2 PLC 기본 프로그램

■ PLC 프로그램 작성

그림 7.52는 XG5000을 실행한 상태를 나타낸다. XG5000을 설치하고 PLC제어를 위한 프로그램을 작성하기 위하여 바탕화면에 있는 XG5000 아이콘을 더블클릭하면 XG5000의 실행화면이 나타난다. 메뉴에서 프로젝트를 클릭하면 새프로젝트, 프로젝트열기, PLC로부터 열기, 등 프로그램 작성 및 편집에 필요한 사항이 나타나므로 새로운 프로그램을 작성하기 위해서는 새프로젝트를 선택한다.

그림 7.52 XG5000 실행 상태

그림 7.53은 새로운 프로젝트를 만들기 위하여 파일을 설정하는 상태를 나타낸다. 메뉴에서 프로젝트 → 새프로젝트를 선택하면 대화상자가 나타나고 프로젝트 이름에 프로젝트명을 입력하면 'pjt01.xgwx'의 파일이 만들어진다. PLC제어에 사용하고자하는 CPU는 XGI, CPU 기종은 XGI-CPUE를 선택하고 프로그램 이름에는 '실린더제어'를 입력한다. 프로그램 언어는 LD(래더다이어그램)을 선택하고 프로젝트 설명문에 프로그램 설명내용을 기입한다.

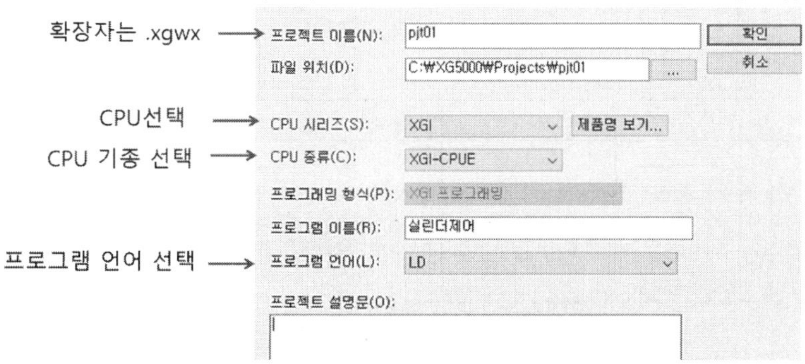

그림 7.53 새프로젝트 설정

그림 7.54는 새로운 프로그램을 편집하는 창을 나타낸다. 좌측 상단에는 프로젝트명 'pjt01-XG5000'이 나타나고 좌측의 프로젝트창에는 스캔 프로그램 하위에 '실린더제어' 프로그램명이 나타난다. 프로그램을 편집하는 문서의 좌측상단에도 '실린더제어'라는 프로그램명이 나타난다.

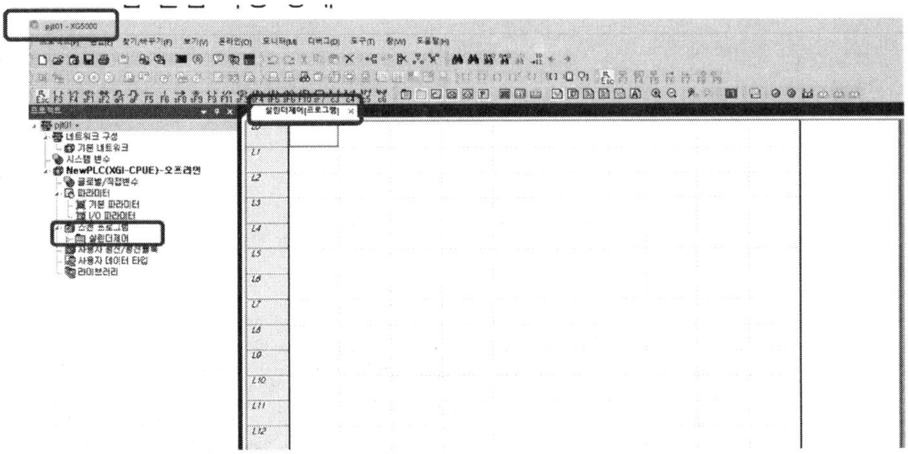

그림 7.54 프로그램 편집창

■ 펑션키와 기능

그림 7.55는 래더 프로그램에서 가장 기본인 모선과 연결선을 나타낸다. 모선은 왼쪽 모선과 오른쪽 모선으로 구분하고, 왼쪽 모선에는 입력 접점, 오른쪽 모선에는 출력 코일을 연결한다. 연결선은 가로선과 세로선으로 구분하고 접점, 블록 및 코일 등의 신호선 연결에 사용한다.

No	기호	이름	설명
1		왼쪽 모선	언제나 BOOL 1의 값을 가지고 있습니다.
2		오른쪽 모선	값은 정해지지 않습니다

No.	기호	이름	설명
1		가로연결선	왼쪽의 값을 오른쪽으로 전달
2		세로연결선	왼쪽에 있는 가로 연결선들의 논리합

그림 7.55 모선과 연결선

그림 7.56은 스위치 신호를 표현하는 입력 접점을 나타낸다. 평상시 열린 접점과 닫힌 접점으로 구분하고 열린 접점(NO접점)은 BOOL변수의 상태가 ON일 경우에는 왼쪽 연결선의 상태를 오른쪽 연결선으로 상태를 복사한다. 닫힌 접점(NC접점)은 BOOL변수의 상태가 OFF일 경우에는 왼쪽 연결선의 상태를 오른쪽 연결선으로 상태를 복사한다.

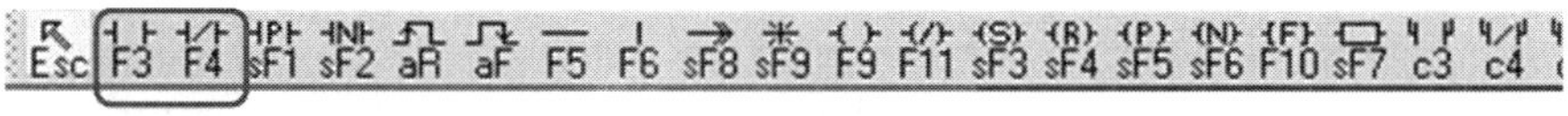

정적 접점			
No	기호	이름	설명
1	*** ─┤ ├─	평상시 열린 접점 (Normally Open Contact)	BOOL 변수("***" 로 표시된 것)의 상태가 On 일 때에는 왼쪽의 연결선 상태는 오른쪽의 연결선으로 복사됩니다. 그렇지 않을 경우에는 오른쪽의 연결선 상 태가 Off 입니다.
2	*** ─┤/├─	평상시 닫힌 접점 (Normally Closed Contact)	BOOL 변수("***" 로 표시된 것)의 상태가 Off 일 때에는 왼쪽의 연결선 상태는 오른쪽의 연결선으로 복사됩니다. 그렇지 않을 경우에는 오른쪽의 연결선 상태가 Off 입니다.

그림 7.56 입력 접점

그림 7.57은 오른쪽 모선과 연결하는 출력 기능을 가진 임시 코일을 나타낸다. 코일은 왼쪽 연결선 상태를 BOOL변수에 넣는 것이고, 역코일은 왼쪽 연결선 상태의 반대값을 관련된 BOOL 변수에 넣는다. 역코일은 왼쪽 연결선이 OFF이면 BOOL변수는 ON이 되고 ON이면 BOOL변수는 OFF가 된다.

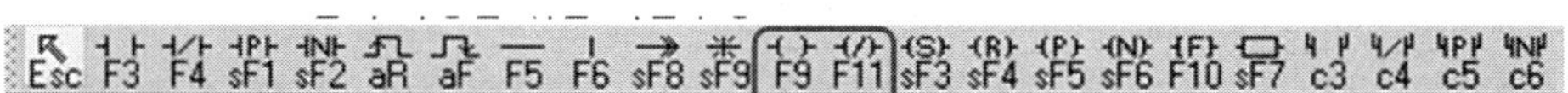

임시 코일(Momentary Coils)			
No.	기호	이름	설명
1	*** ─( )─	코일(Coil)	왼쪽에 있는 연결선의 상태를 관련된 BOOL 변수("***" 로 표시된 것)에 넣습니다.
2	*** ─(/)─	역 코일(Negated Coil)	왼쪽에 있는 연결선 상태의 역(Negated)값을 관련된 BOOL 변수("***" 로 표시된 것)에 넣습니다. 즉, 왼쪽 연결선 상태 Off 이면 관련된 변수를 On 시키고, 왼쪽 연결선 상태가 On 이면 관련된 변수를 Off 시킵니다.

그림 7.57 임시 코일

그림 7.58은 여러 가지 기능을 블록으로 만들어 놓은 라이브러리를 사용하는 펑션과 펑션블록을 나타낸다. 펑션키 F10을 클릭하고 편집문서에 위치를 지정하면 대화상자가 나타난다. 사용하고자하는 펑션을 알고 있을 경우에는 검색창에 펑션이름을 입력하여 검색하거나 분류의 창에서 상하로 스크롤하여 펑션을 선택한다.

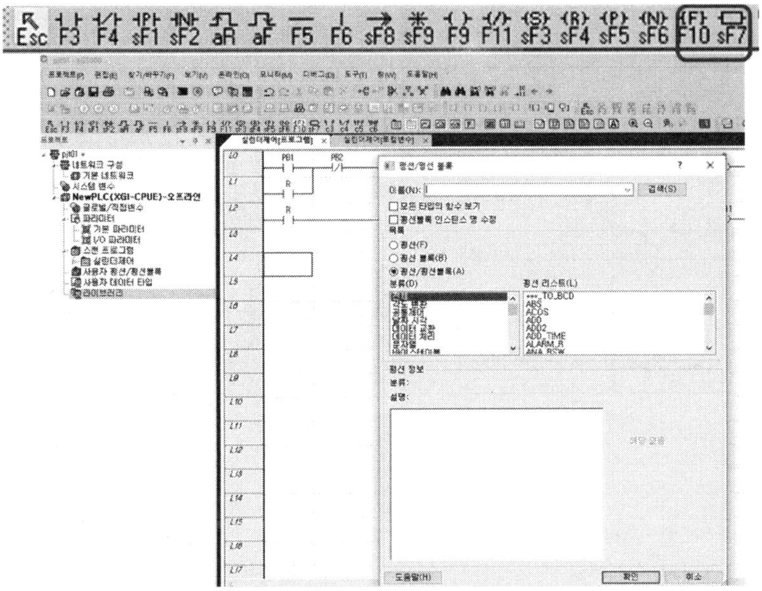

그림 7.58 펑션 블록

그림 7.59는 PLC 입출력 카드의 사용자 정의 메모리 설정방법을 나타낸다. 첫 번째의 % 표시는 직접변수를 나타내는 예약어, 두 번째의 표시는 직접변수의 위치로서 Q는 출력, I는 입력, M은 내부 메모리를 나타낸다. 세 번째의 표시는 직접변수의 크기로서 X 혹은 아무런 표시가 없는 경우는 1비트, B는 8비트, W는 16비트, D는 32비트를 나타낸다. 네 번째는 베이스의 번호, 다섯 번째는 슬롯의 번호, 여섯 번째는 슬롯에서 직접 접점의 위치를 나타낸다.

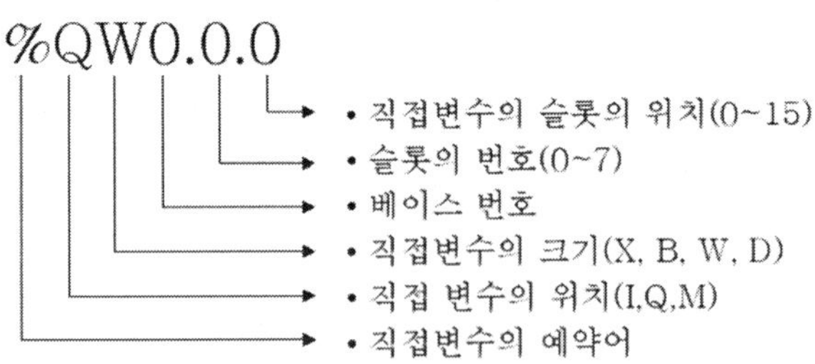

I : 입력 , Q : 출력 , M : 내부 메모리
X,none : 1비트, B : 1바이트(8비트),
W : 1워드(16비트), D : 2워드(32비트)

그림 7.59 메모리 설정방법

그림 7.60은 PLC 입출력카드를 사용하는 메모리의 표현사례를 나타낸다. %QX3.1.4는 직접변수로서 출력을 나타내며, 1비트의 크기를 가지고 있는 3번 베이스의 1번 슬롯 4번 단자의 출력을 나타낸다. %IW2.4.1은 직접변수로서 입력을 나타내며, 16비트의 크기를 가지고 있는 2번 베이스의 4 슬롯 1번 단자의 입력을 나타낸다. %MD48은 직접변수로서 내부 메모리 사용을 나타내며, 32비트 크기를 가지고 48의 위치에 있는 메모리를 지정한다.

%QX3.1.4 또는 %Q3.1.4 — 3번 베이스의 1번 슬롯의 4번 출력(1 비트)
%IW2.4.1 — 2번 베이스의 4번 슬롯의 워드 단위로 1번 입력(16 비트)
%MD48 — 48의 위치에 있는 더블 워드 단위의 메모리
%MW40.3 — 40의 위치에 있는 워드 단위의 메모리 중 3번 비트
(내부 메모리는 베이스, 슬롯 등의 개념이 없음)

접두어	의 미
I	입력 위치(Input Location)
Q	출력 위치(Output Location)
M	내부 메모리 중 M 영역 위치(Memory Location)
R	내부 메모리 중 R 영역 위치(Memory Location)
W	내부 메모리 중 W 영역 위치(Memory Location)

그림 7.60 메모리 표현사례

■ 프로그램 작성과 시뮬레이션

그림 7.61은 스위치 두 개를 사용하여 솔레노이드를 구동하는 자기유지 프로그램을 작성하기 위한 사례를 나타낸다. 스위치 PB1은 시동을 나타내고 PB2는 자기유지를 해제하는 스위치이다. PB1을 누르면 코일 R이 가동되어 자기유지를 하고 솔레노이드 SOL1을 구동한다. PB2를 누르면 자기유지를 해제하고 솔레노이드 SOL1은 OFF된다.

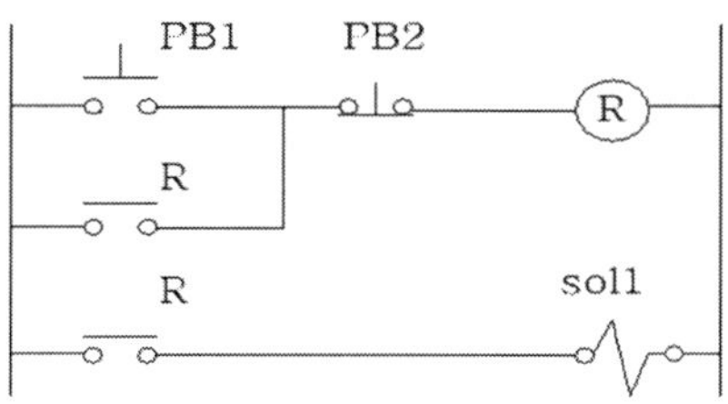

그림 7.61 자기유지 프로그램

그림 7.62는 XG5000을 사용하여 자기유지 프로그램을 작성한 사례를 나타낸다. 입력 접점 아이콘을 클릭하여 왼쪽 모선에 위치시키면 변선선택 대화상자가 나타난다. 변수를 입력하고 확인하면 스위치 PB1 = %IX0.0.0, PB2 = %IX0.0.1으로 설정하고 솔레노이드 SOL1 =

%QX0.1.0으로 설정하고 코일 R은 내부 메모리를 사용한다.

그림 7.63은 XG5000에서 작성한 래더 프로그램을 시뮬레이션하기 위한 상태를 나타낸다. 도구모음의 아이콘에서 '시뮬레이션 시작/끝'을 클릭한다. 쓰기 대화상자가 나타나면 확인을 선택하면 프로그램이 업로드되고 쓰기를 정상적으로 완료했다는 메시지가 나타나면 성공적으로 수행된 상태가 된다.

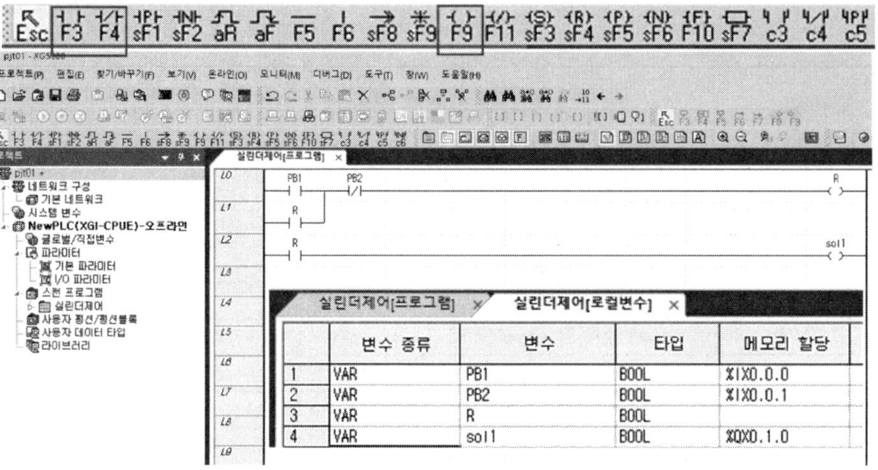

그림 7.62 XG5000을 사용한 래더 프로그램

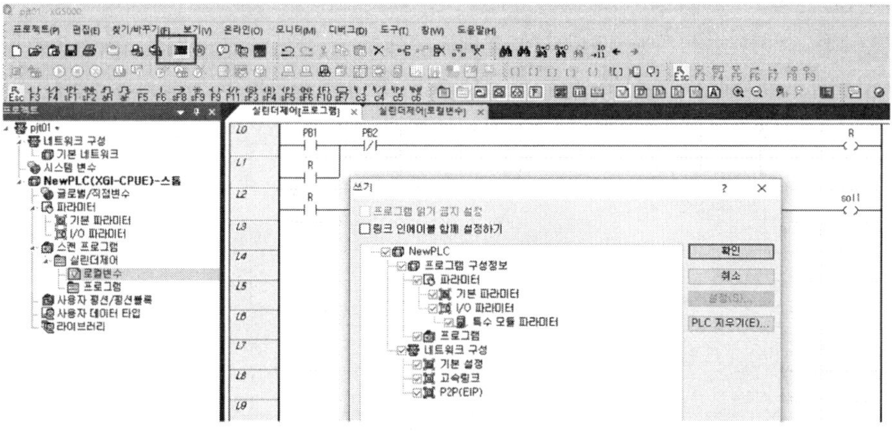

그림 7.63 시뮬레이션

그림 7.64와 그림 7.65는 시뮬레이션을 시작하여 자기유지를 하고 있는 상태를 나타낸다. PB1을 더블클릭하면 현재값 변경 대화상자가 나타나고 PB1 현재값 ON이 체크되어 있으므로 확인을 한다. PB1이 ON되면서 코일 R이 ON되어 자기유지를 하고 SOL1 또한 ON이 된다. 다시 PB1을 더블클릭하면 대화상자에는 OFF값이 체크되어 있으므로 이를 확인하면 PB1은 OFF가 되고 자기유지 상태를 유지한다.

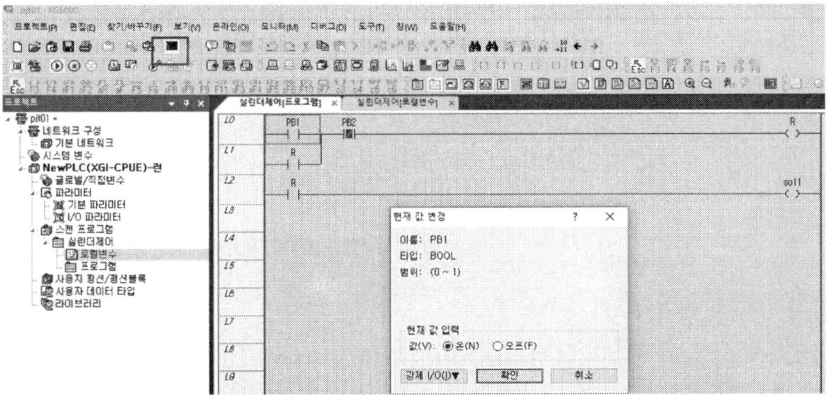

그림 7.64 시뮬레이션 시작 : PB1 더블 클릭

(a) PB1 = ON

(b) PB1 = OFF, 자기유지

그림 7.65 자기유지

그림 7.66과 그림 7.67은 자기유지를 해제하는 상태를 나타낸다. PB2를 더블클릭하면 대화상자가 나타나고 현재값 입력 ON을 확인하면 자기유지는 해제된다. 다시 PB2를 더블클릭하여 OFF를 선택하면 PB2 스위치는 초기상태가 된다.

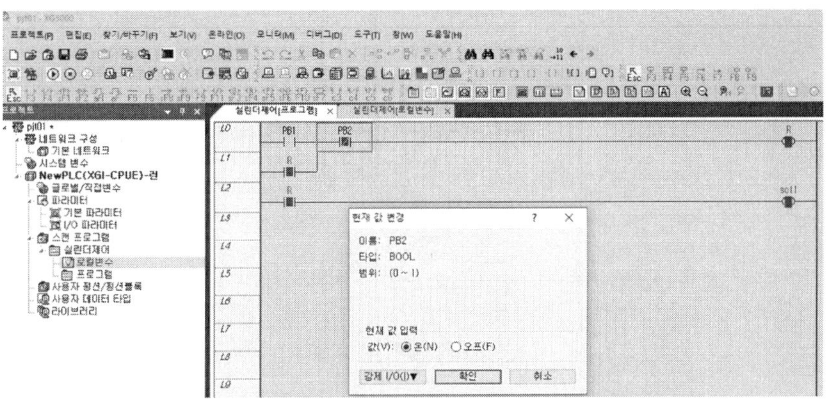

그림 7.66 자기유지 해제 : PB2 더블 클릭

(a) PB2 = ON, 자기유지 해제

(b) PB2 = OFF

그림 7.67 자기유지 해제

7.5 공기압 실린더의 기초제어

7.5.1 5포트 2위치 밸브의 수동제어

그림 7.68은 5포트 2위치 편방향 솔레노이드밸브를 사용하여 복동실린더를 제어하는 공기압 회로도를 나타낸다. 압축공기는 공기압 유니트의 레귤레이터를 사용하여 5 bar으로 설정한다. 복동 실린더를 제어하는 공기압 회로를 구축하고 PLC와 전기배선을 실시한 후에 XG5000을 사용하여 래더 프로그램을 작성한다.

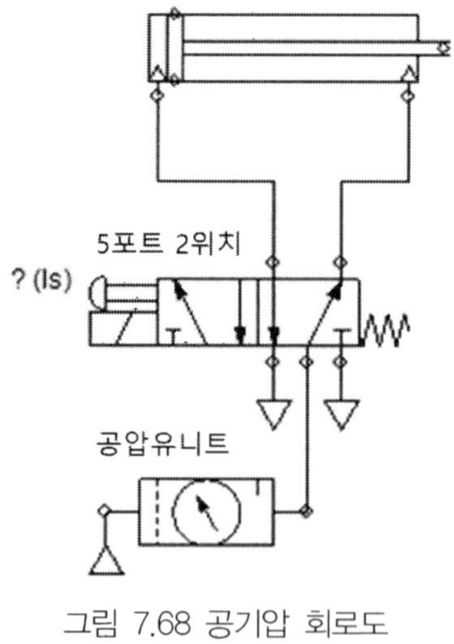

그림 7.68 공기압 회로도

그림 7.69는 5포트 2위치 솔레노이드밸브와 누름버튼 스위치 2개를 사용하여 공기압 실린더를 수동 제어하는 전기배선을 나타낸다. PLC의 기본 베이스는 XGB-M04A를 사용하며 베이스에 전원모듈, CPU모듈, 입력모듈 및 출력모듈을 슬롯에 장착한다. 전원모듈은 XGP-ACF1, CPU모듈은 XGI-CPUE, 입력모듈은 XGI-D22A, 출력모듈은 XGQ-RY2A를 사용한다. 스위치와 솔레노이드 밸브의 한쪽 단자는 전원 DC24 V의 +단자와 공통으로 연결되고, 나머지 한쪽의 단자는 스위치는 PLC의 입력모듈, 솔레노이드 밸브는 출력모듈과 연결하고 PLC COM과 전원 COM을 연결하여 전원부와 폐회로를 구축한다.

그림 7.70은 PLC를 사용하여 복동 실린더를 제어하기 위한 공기압 배관과 전기배선 관계를 나타낸다. 공기 압축기로부터 공급되는 압축공기는 공기압 유니트의 필터가 있는 쪽으로 유입되고 루브리케이터부로 토출되어서 5포트 2위치 솔레노이드밸브의 P포트에 공급된다. 공기압 유니트의 레귤레이터를 이용하여 공급압력은 5 bar으로 설정하고 공기압 배관에는 원터치 피팅을 사용한다. 솔레노이드밸브의 A포트는 피스톤 헤드가 있는 쪽으로 연결하고 B포트는 피스톤 로드가 있는 쪽으로 공기압 배관을 실시하고 배기포트 EA와 EB는 대기로 배출되도록 그냥 둔다.

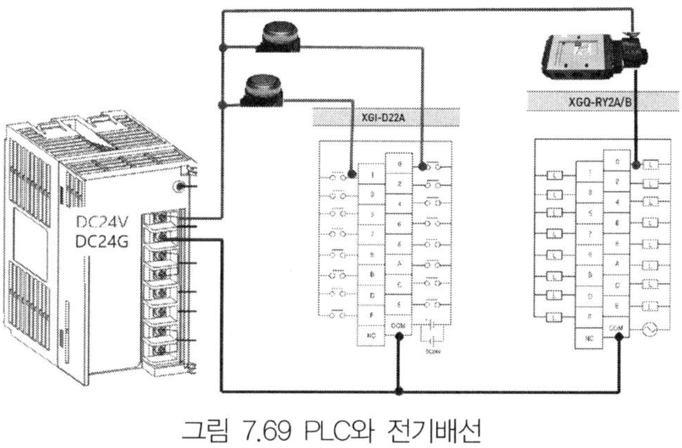

그림 7.69 PLC와 전기배선

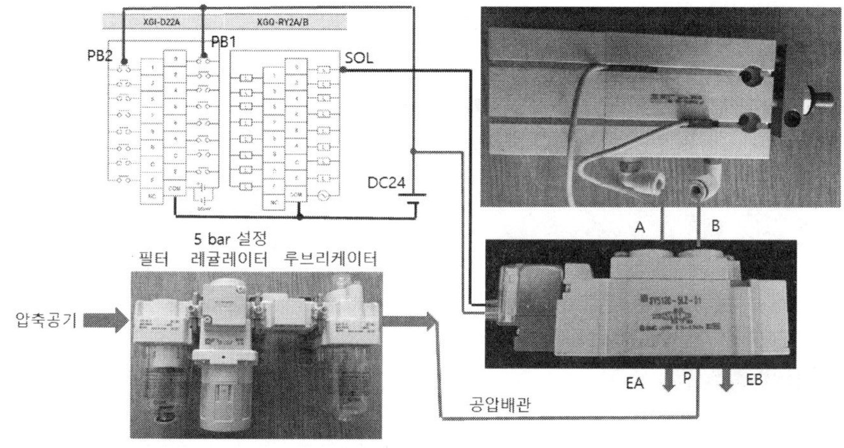

그림 7.70 공기압 배관과 전기배선

■ 스위치를 사용한 직접제어

그림 7.71은 스위치를 사용하여 복동 실린더를 직접 제어하는 래더 프로그램 작성상태를 나타낸다. 새프로젝트를 열고 편집문서에 프로그램을 작성한다. 펑션키 F3 또는 상시열림 접점 아이콘을 클릭하여 왼쪽 모선쪽에 마우스를 클릭한다. 변수선택 대화상자에서 변수명 PB1을 입력하고 메모리 할당은 %IX0.0.0으로 설정한다. 다음은 펑션키 F9 또는 코일 아이콘을 클릭하여 오른쪽 모선과 연결하고 변수선택에서 SOL을 변수명으로 입력하고 메모리 할당은 %QX0.1.0으로 설정한다. 프로그램의 종료를 나타내는 END명령은 SHIFT+F7 또는 확장펑션 아이콘을 사용하여 확장명령어 대화상자에서 검색하여 입력한다.

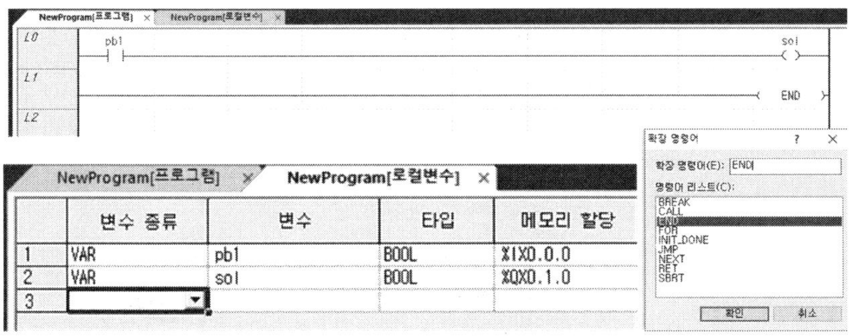

그림 7.71 직접제어 래더 프로그램

그림 7.72는 XG5000을 사용하여 작성한 프로그램을 PLC에 업로드하는 과정을 나타낸다. 컴퓨터와 PLC는 USB 케이블을 사용하여 접속하고 메뉴에서 온라인을 선택한다. 온라인 → 접속설정에서 접속 옵션설정은 USB를 선택하고 확인 또는 접속을 선택한다. 접속을 선택하면 컴퓨터와 PLC는 USB케이블로 연결되어 프로그램의 업로드 및 다운로드를 하고 실시간으로 모니터링할 수 있다.

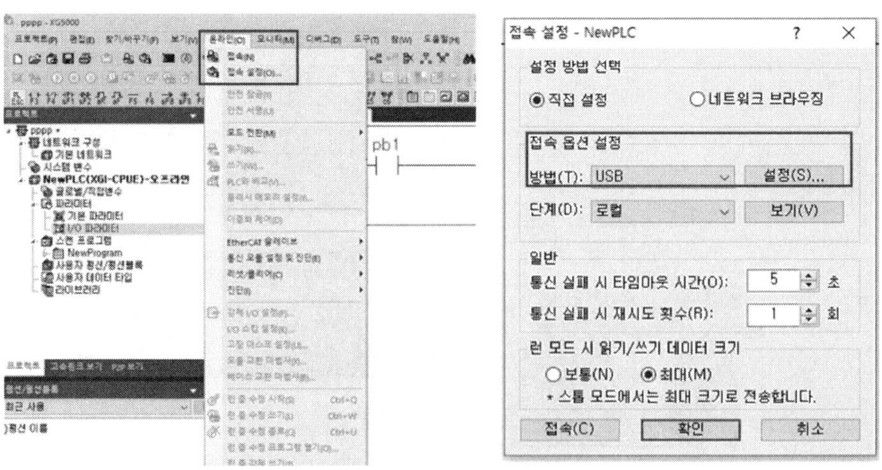

그림 7.72 컴퓨터와 PLC접속

그림 7.73은 I/O 파라미터에서 입력슬롯(XGI-D22A)을 설정하고, 그림 7.74는 출력슬롯(XGQ-RY2A)을 설정하는 상태를 나타낸다. 프로젝트 트리에서 파라미터 → I/O 파라미터를 선택하면 대화상자가 나타난다. 대화상자에는 기본 베이스와 전원모듈(XGP-ACF1), CPU모듈(XGI-CPUE)가 장착되어 있으며 입력과 출력슬롯은 비어있으므로 0 슬롯을 클릭하고 모듈에서 XGI-D22A를 선택하면 0 슬롯에는 입력모듈이 장착된다. 1 슬롯을 클릭하고 모듈에서 XGQ-RY2A를 선택하면 1 슬롯에는 출력모듈이 장착된다.

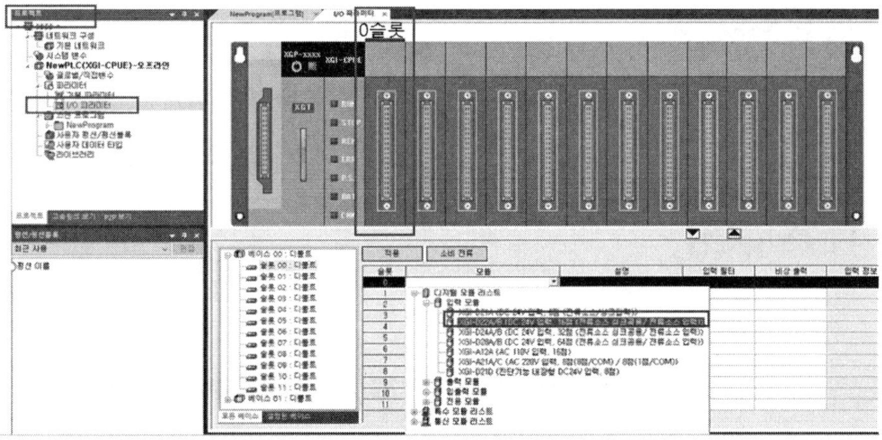

그림 7.73 I/O 파라미터 설정 : 입력슬롯(XGI–D22A)

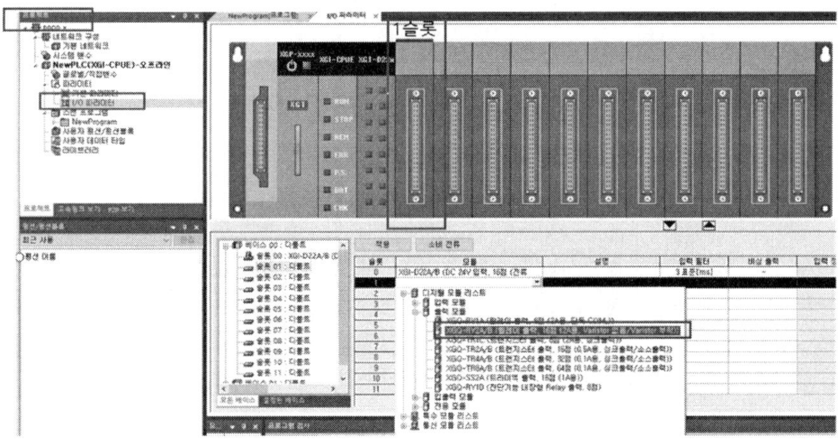

그림 7.74 I/O 파라미터 설정 : 출력슬롯(XGQ–RY2A)

그림 7.75는 I/O파라미터를 설정하고 XG5000으로 작성한 래더 프로그램을 PLC에 업로드하는 상태를 나타낸다. 메뉴에서 온라인을 선택하고 쓰기를 선택하면 대화상자가 나타나고 확인을 클릭하면 프로그램은 PLC에 업로드된다. 프로그램을 업로드할 때는 PLC모드가 STOP모드로 전환되어 있어야 정상적으로 작동한다.

그림 7.76은 프로그램을 업로드하고 스위치를 사용하여 실린더를 제어하는 상태를 나타낸다. 메뉴에서 모니터를 선택하고 모니터시작을 클릭하면 스위치와 솔레노이드밸브 동작을 확인할 수 있다.

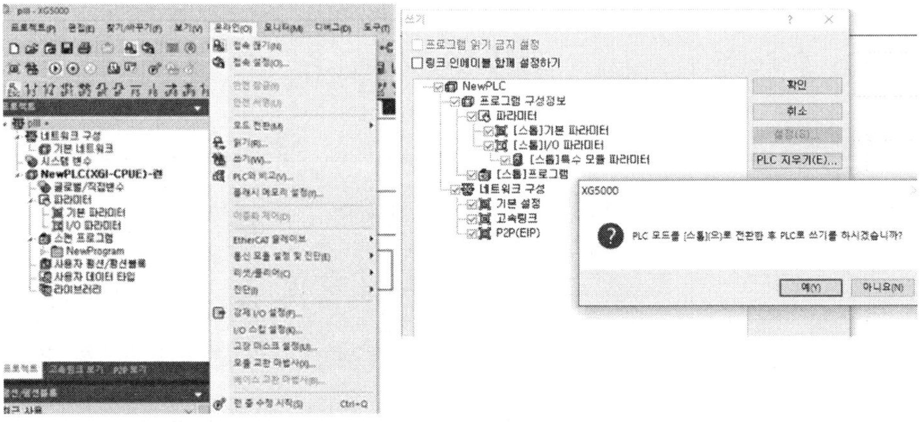

그림 7.75 프로그램 업로드

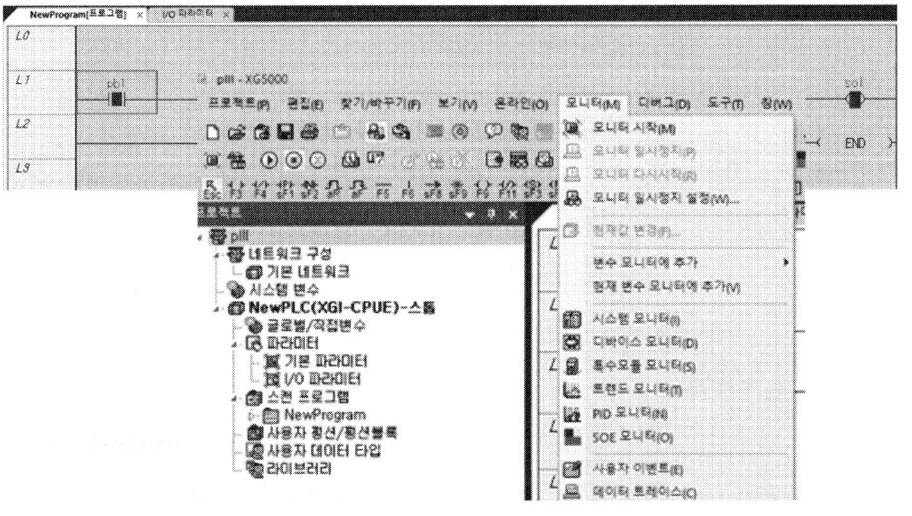

그림 7.76 스위치를 사용한 실린더 직접제어

■ **자기유지를 사용한 직접제어**

그림 7.77은 그림 7.70에서 구축한 스위치와 실린더를 사용하여 자기유지 래더 프로그램을 작성한 상태를 나타낸다. 입력 스위치의 PLC IO번지는 PB1 = %IX0.0.0, PB2 = %IX0.0.1으로 설정하고 솔레노이드밸브는 SOL = %QX0.1.0이며 RELAY는 내부 메모리를 사용한다.

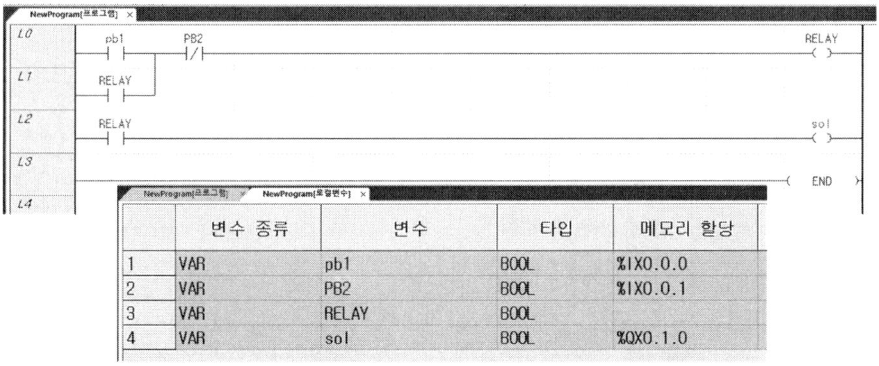

	변수 종류	변수	타입	메모리 할당
1	VAR	pb1	BOOL	%IX0.0.0
2	VAR	PB2	BOOL	%IX0.0.1
3	VAR	RELAY	BOOL	
4	VAR	sol	BOOL	%QX0.1.0

그림 7.77 자기유지 래더 프로그램

그림 7.78은 래더 프로그램을 PLC에 업로드하고 스위치를 조작하는 상태를 나타낸다. PB1 스위치를 눌렀다가 놓으면 자기유지가 되면서 실린더는 전진하고 PB2를 눌렀다가 놓으면 자기유지가 해제되면서 실린더는 후진한다.

(a) PB1 = ON, 자기유지

(b) PB2 = ON, 자기유지 해제

그림 7.78 프로그램 실행

7.5.2 5포트 3위치 밸브의 수동제어

■ 전기 공기압 회로도

그림 7.79는 5포트 3위치 양방향 솔레노이드밸브를 사용하는 전기 회로도와 공기압 회로도를 나타낸다. PLC의 입력카드에는 두 개의 스위치 PB1 = IN0, PB2 = IN1를 연결하고 출력카드에는 솔레노이드 SOL1 = OUT0, SOL2 = OUT1을 연결한다. 양방향 솔레노이드밸브는 복동 실린더와 연결하고 공급하는 압력소스의 압력은 5 bar로 설정한다.

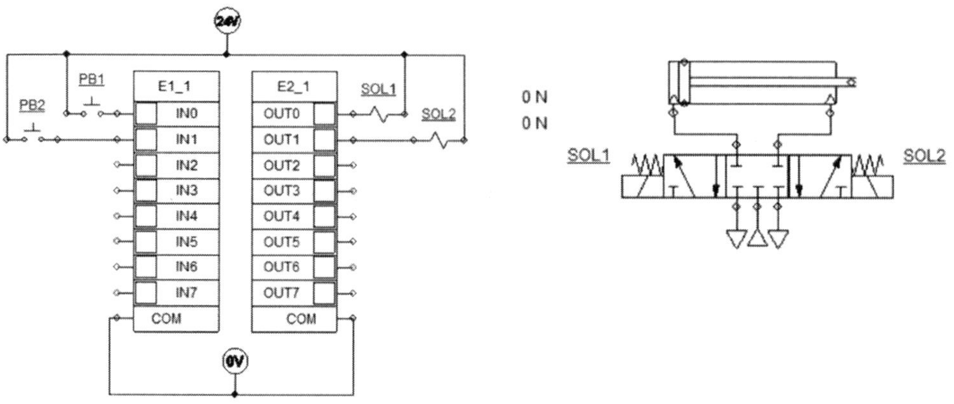

그림 7.79 5포트 3위치밸브 전기 공기압 회로도

그림 7.80은 복동 실린더를 제어하는 양방향 5포트 3위치 솔레노이드밸브와 두 개의 스위치를 PLC와 전기 배선한 상태를 나타낸다. 전원모듈의 COM은 입출력 카드의 COM과 연결하고 DC24 V전원은 스위치와 솔레노이드의 +측에 연결한다. 스위치는 입력카드의 0번과 1번의 단자에 연결하고 솔레노이드는 출력카드의 0번과 1번에 연결한다.

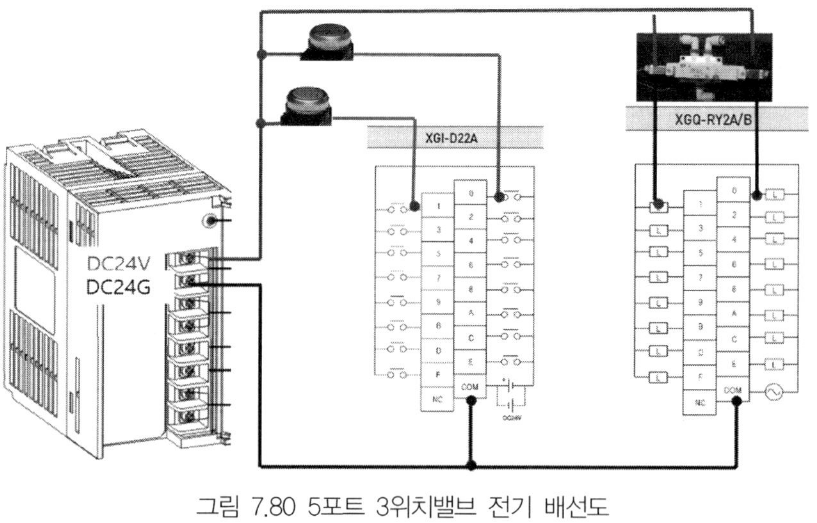

그림 7.80 5포트 3위치밸브 전기 배선도

■ 솔레노이드밸브 선정

그림 7.81은 5포트 3위치 솔레노이드밸브를 선정하는 모델을 나타낸다. 선정한 모델은 SY5340-5LZ-02이다. SY시리즈의 솔레노이드밸브에서 SY5는 SY5000 시리즈를 의미하고 3은 3위치 클로우즈센터를 나타낸다. 5LZ의 5는 DC24V를 의미하고 Z는 램프 서지전압 보호회로가 있는 것을 의미한다. 02는 관접속 구경 1/4인 서브 플레이트 부착형을 나타낸다.

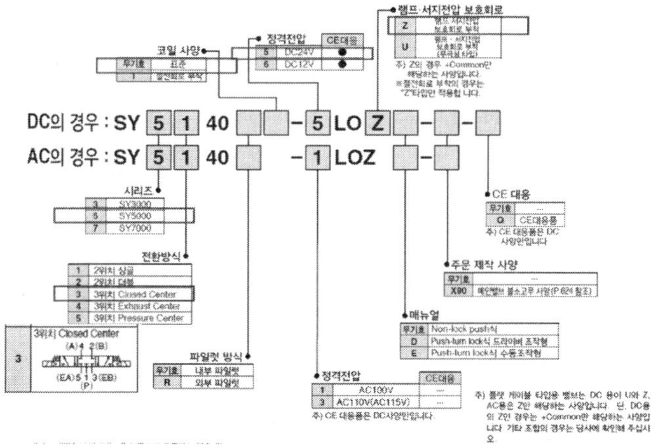

SY5340-5LZ-02

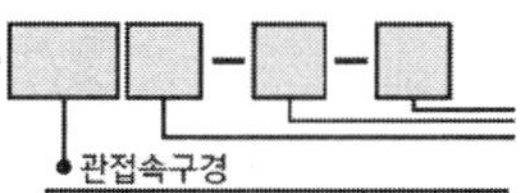

● 관접속구경

기호	관접속구경	적용 시리즈
무기호	서브 플레이트 없음	
01	1/8 서브 플레이트 부착	SY3000
02	1/4 서브 플레이트 부착	SY5000 SY7000
03	3/8 서브 플레이트 부착	SY7000 SY9000
04	1/2 서브 플레이트 부착	SY9000

그림 7.81 솔레노이드밸브의 선정

그림 7.82는 5포트 3위치 양방향 솔레노이드밸브의 사양을 나타낸다. 내부 파일럿 사용압력은 0.2 ~ 0.7 MPa이고 최대 작동빈도는 3 Hz이다.

그림 7.83은 5포트 3위치밸브의 유량특성을 나타낸다. P포트에서 A/B 포트로 공급되는 압축공기의 유량특성은 음속컨덕턴스 C = 1.8, 임계압력비 b = 0.47, 유량계수 Cv = 0.5이다. A/B포트에서 EA/EB 포트로 배기되는 압축공기의 유량특성은 음속컨덕턴스 C = 1.8, 임계압력비 b = 0.40, 유량계수 Cv = 0.47이다.

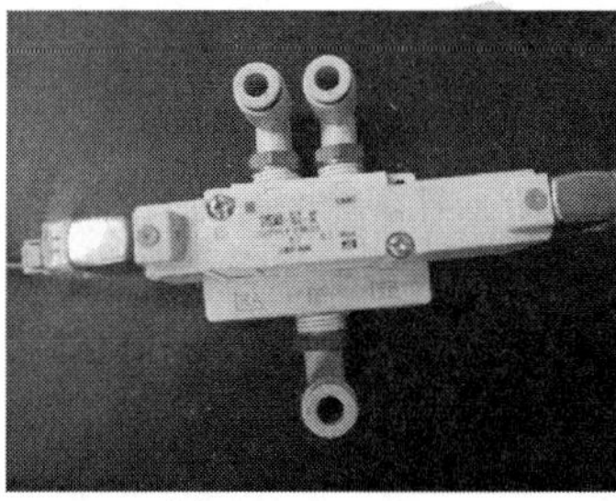

사양

시리즈			SY3000	SY5000	SY7000	SY9000
사용유체			공기			
내부 파일럿 사용압력범위 (MPa)	2위치 싱글		0.15~0.7			
	2위치 더블		0.1~0.7			
	3위치		0.2~0.7			
외부 파일럿 사용압력범위 (MPa)	사용압력범위		-100kPa~0.7			
	파일럿 압력범위	2위치 싱글	0.25~0.7			
		2위치 더블	0.25~0.7			
		3위치	0.25~0.7			
주위온도 및 사용유체온도 (°C)			-10 ~ 50 (단, 동결 없어야 함)			
최대작동빈도 (Hz)	2위치 싱글, 더블		10	5	5	5
	3위치		3	3	3	3
매뉴얼(수동조작)			Non-lock Push식 Push Turn Lock식 드라이버 조작형, Push Turn Lock식 수동 조작형			
파일럿 배기방법	내부 파일럿		메인 밸브·파일럿 밸브 집합 배기형			
	외부 파일럿		파일럿 밸브 개별 배기형			
급 유			불필요			
설치 자세			자유			
주)내충격/내진동 (m/s²)			150/30			
보호구조			방진(*DIN형 터미널, M8 커넥터는 IP65)			

*IEC60529에 준한다.

주) 내충격: 메인 밸브·가동 철심의 축방향 및 직각방향, 통전 및 비통전의 각 조건에서 각각 1회 시험했을 경우, 오작동하지 않음(초기값).
내진동: 45~2000Hz 1회 소인(掃引), 메인 밸브·가동 철심의 축방향 및 직각방향, 통전 및 비통전의 각 조건에서 시험했을 경우, 오작동하지 않음(초기값)

그림 7.82 5포트 3위치밸브 사양

형식 / SY5000 시리즈

밸브형식	전환방식		관접속구경	주1) 유량특성 1→4/2(P→A/B) C[dm³/(s·bar)]	b	Cv	4/2→5/3(A/B→EA/EB) C[dm³/(s·bar)]	b	Cv	주2) 질량 g 그로메트	L형, M형 플러그 커넥터	DIN형 터미널	W형 M8 커넥터
SY5□40-□-02	2위치	싱글	1/4	2.4	0.41	0.64	2.8	0.29	0.66	121(58)	123(61)	154(92)	127(65)
		더블								139(76)	144(81)	186(123)	152(89)
	3위치	Closed Center		1.8	0.47	0.50	1.8	0.40	0.47	144(82)	150(87)	192(129)	158(95)
		Exhaust Center		1.4	0.55	0.44	3.0 [1.2]	0.33 [0.48]	0.72 [0.37]				
		Pressure Center		3.3 [0.84]	0.36 [0.60]	0.85 [0.28]	1.8	0.40	0.48				

주1) [ ]안은 Normal 위치일 경우. 주2) ( )안은 서브 플레이트 없음의 값

그림 7.83 5포트 3위치밸브의 유량특성

■ 공급과 배기 유량계산

그림 7.83에서 나타낸 밸브의 유량특성을 사용하여 실린더로 공급되는 유양과 대기로 배출되는 유량을 계산한다. 공급하는 유량을 계산하기 위하여 상류압력은 0.5 MPa, 하류압력은 0.3 MPa, 음속 컨덕턴스 C = 1.8, 임계 압력비 b = 0.47이다. 주위온도는 20 ℃이다.

○ 압력비 계산 : P → A/B

$$\frac{P_2+0.1}{P_1+0.1}=\frac{0.3+0.1}{0.5+0.1}=0.67>b=0.47$$

압력비를 계산하면 0.67로서 임계 압력비 0.47보다 크므로 아음속 흐름을 나타낸다.

○ 아음속 흐름의 유량계산 : P → A/B

$$Q=600\times1.8(0.5+0.1)\sqrt{1-\left(\frac{\frac{0.3+0.1}{0.5+0.1}-0.47}{1-0.47}\right)^2}\cdot\sqrt{\frac{293}{273+20}}$$
$$=600\,[\mathrm{dm}^3/\mathrm{min}(ANR)]$$

대기로 배출하는 유량을 계산하기 위하여 상류압력은 0.3 MPa, 하류압력은 0.1 MPa, 음속 컨덕턴스 C = 1.8, 임계 압력비 b = 0.4이고 주위온도는 20 ℃이다.

○ 압력비 계산 : A/B → EA/EB

$$\frac{P_2+0.1}{P_1+0.1}=\frac{0.1+0.1}{0.3+0.1}=0.5>b=0.4$$

압력비를 계산하면 0.5로서 임계 압력비 0.4보다 크므로 아음속 흐름을 나타낸다.

○ 아음속 흐름의 유량계산 : A/B → EA/EB

$$Q=600\times1.8(0.3+0.1)\sqrt{1-\left(\frac{\frac{0.1+0.1}{0.3+0.1}-0.4}{1-0.4}\right)^2}\cdot\sqrt{\frac{293}{273+20}}$$
$$=426\,[\mathrm{dm}^3/\mathrm{min}(ANR)]$$

■ 실린더 제어

그림 7.84는 5포트 3위치 양방향 솔레노이드밸브를 사용하는 전기 공기압 회로를 구축한 상태를 나타낸다. 스위치 PB1과 PB2는 입력카드에 연결하고 솔레노이드밸브 SOL1과 SOL2는 출력카드와 연결한다. 공급압력은 공기압 유니트의 필터가 있는 측으로 공급하고 루브리케이터가 있는 측으로 압축공기는 배출되어 5포트 3위치 역방향 솔레노이드밸브의 P포트에 공급된다. 공급압력은 5 bar으로 설정한다. 솔레노이드밸브의 A포트는 피스톤 헤드의 포트와 연결하고 B포트는 피스톤 로드의 포트와 연결한다.

그림 7.85는 스위치를 사용하여 복동 실린더를 제어하는 수동제어 프로그램을 나타낸다. XG5000을 기동시켜서 스위치 PB1과 PB2를 사용하여 자기유지 프로그램을 작성한다. 스위치는 PB1 = %IX0.0.0, PB2 = %IX0.0.1으로 메모리를 설정하고 솔레노이드밸브는 SOL1 = %QX0.1.0, SOL2 = %QX0.1.1으로 설정하며 %RX1과 %RX2는 내부 메모리를 할당한다.

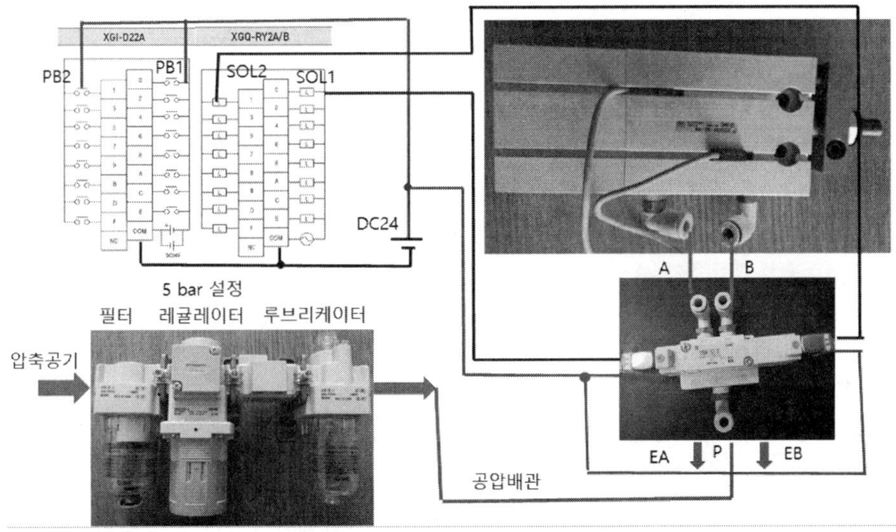

그림 7.84 전기 공기압 회로 구축

그림 7.85 수동제어 프로그램

그림 7.86은 스위치 PB1과 PB2를 사용하여 실린더의 전진과 후진을 수동으로 제어하는 프로그램 모니터링을 나타낸다. 스위치 PB1을 눌렀다가 놓으면 R1에 의해 자기유지가 되면서 솔레노이드밸브 SOL1이 ON되어서 실린더는 전진한다. 스위치 PB1은 스위치 PB2에 의한 후진의 자기유지를 해제한다. 스위치 PB2를 눌렀다가 놓으면 스위치 PB1에 의한 자기유지를 해제하고 R2를 ON시켜서 자기유지를 하고 솔레노이드밸브 SOL2가 ON되면서 실린더는 후진한다.

(a) 실린더 전진 : PB1 = ON

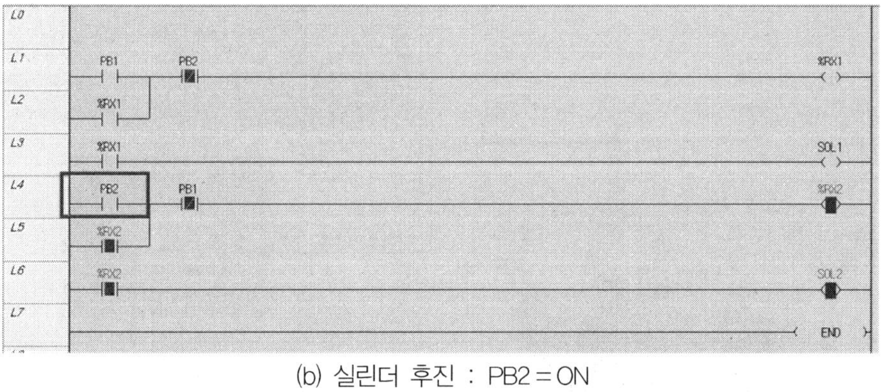

(b) 실린더 후진 : PB2 = ON

그림 7.86 스위치에 의한 수동제어

7.5.3 5포트 3위치 밸브의 자동제어

그림 7.87은 5포트 3위치 양방향 솔레노이드밸브를 사용하여 복동 실린더를 자동으로 왕복하는 작동선도와 제어선도를 나타낸다. 는 전기 회로도와 공기압 회로도를 나타낸다. 스위치 PB1을 누르면 실린더는 무조건 후진하여 초기위치를 찾아간다. 실린더는 전진과 후진을 자동으로 반복하며 스위치 PB2에 의하여 정지하고 스위치 PB1에 의해 후진하여 다시 전진을 시작한다. 실린더의 운동상태는 스위치 PB1과 PB2를 사용하여 시작과 정지를 제어하고 리미트 스위치 LS1과 LS2에 의하여 자동으로 왕복한다.

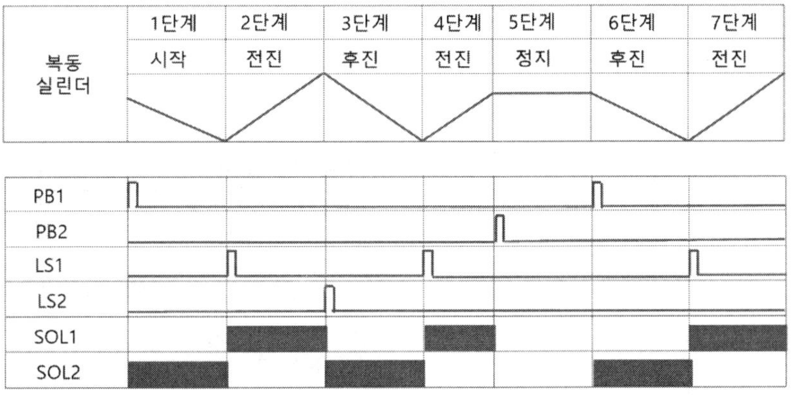

그림 7.87 작동선도와 제어선도

■ 전기 공기압 회로도

그림 7.88은 5포트 3위치 양방향 솔레노이드밸브와 리미트 스위치를 사용하는 전기 회로도와 공기압 회로도를 나타낸다. 공기압 회로도에는 리미트 스위치 두 개를 시작과 전진 끝단에 설치하고 PLC의 입력카드에 LS1 = IN2, LS2 = IN3와 연결한다.

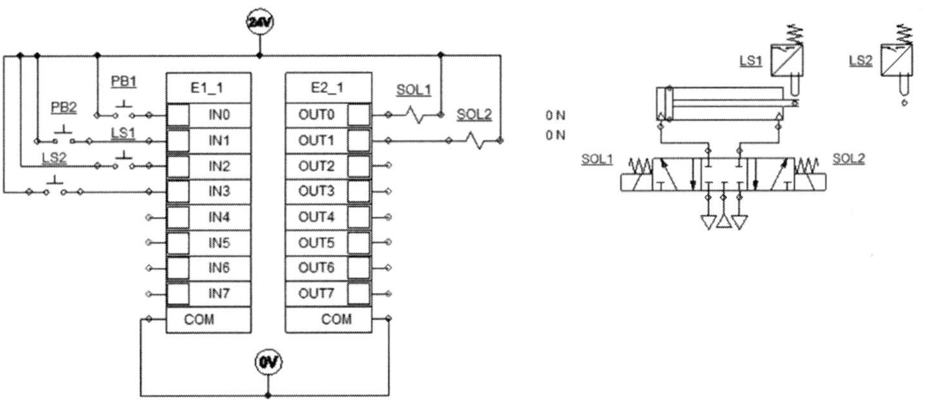

그림 7.88 전기 회로도와 공기압 회로도

그림 7.89는 전기배선과 공기압 배관을 실시한 상태를 나타낸다. 실린더에 부착되어 있는 리미트 스위치를 PLC의 입력카드 2번과 3번에 연결하고 전원을 스위치와 연결한다.

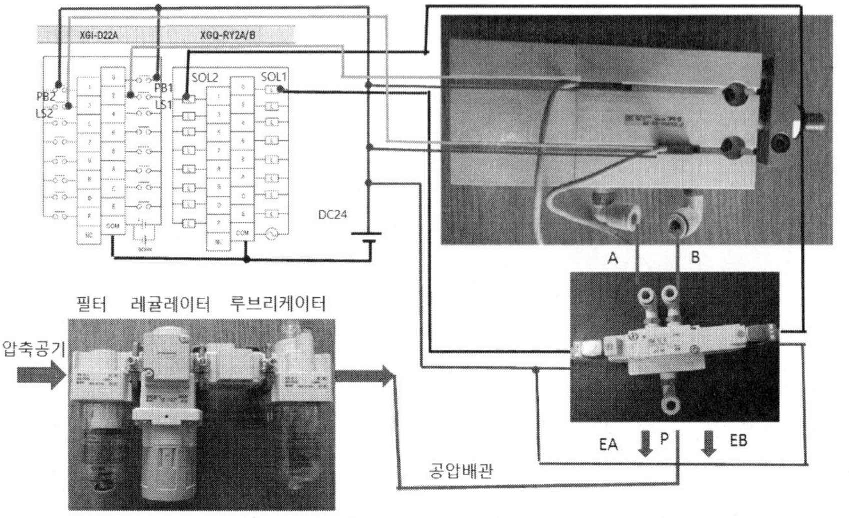

그림 7.89 전기배선과 공기압 배관

그림 7.90은 리미트 스위치를 사용하여 복동 실린더를 자동으로 운전하는 PLC 프로그램을 나타낸다. XG5000을 기동시켜서 스위치 PB1은 리미트 스위치 LS2와 병렬로 접속하여 실린더가 후진하도록 하고 PB2는 비상정지 신호로 사용하여 솔레노이드밸브는 중립위치에서 멈추기 때문에 실린더는 그 자리에 멈추고 스위치 PB1을 누르면 후진하였다가 전진한다. 리미트 스위치 LS1과 LS2는 자기유지와 해제를 하면서 실린더의 전진과 후진을 반복한다. %RX1과 %RX2는 내부 메모리를 할당하고 스위치와 솔레노이드는 다음과 같이 메모리를 할당한다.

PB1 = %IX0.0.0, PB2 = %IX0.0.1

LS1 = %IX0.0.2, LS2 = %IX0.0.3

SOL1 = %QX0.1.0, SOL2 = %QX0.1.1

그림 7.90 자동운전 PLC 프로그램

그림 7.91은 누름버튼 스위치를 사용하여 실린더의 운전 시작과 정지하는 상태를 모니터링한 것이다. 스위치 PB1은 리미트 스위치 LS2와 병렬로 접속되어 있으며, PB1을 누르면 실린더는 후진한다. 스위치 PB2를 누르면 솔레노이드밸브는 OFF되면서 중립위치로 복귀하고 실린더는 정지한다. 스위치 PB1을 누르면 실린더가 후진하여 리미트 스위치 LS1 신호를 받아서 전진하고, 전진 끝단에 있는 리미트 스위치 LS2에 의하여 후진한다.

(a) 실린더 후진 : PB1 = ON

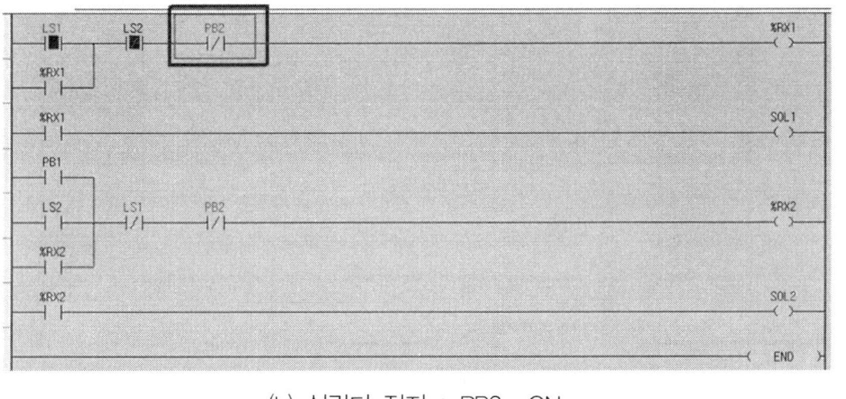

(b) 실린더 정지 : PB2 = ON

그림 7.91 실린더 자동운전 시작과 정지

부록 1 오토메이션 스튜디오

1.1 기본사용법

오토메이션 스튜디오를 실행하기 위한 방법으로서는 바탕화면에서 Automation Studio 아이콘을 더블클릭하면 그림 부록 1.1과 같은 실행화면이 나타난다.

다른 방법으로서는 윈도우 시작 → 프로그램 → AutomationStudio → AutomationStudio을 선택하면 실행화면이 나타난다.

그림 부록 1.1은 오토메이션 스튜디오를 실행한 화면을 나타낸다. 실행화면의 좌측에는 라이브러리 탐색기가 위치하고 있으며 유압, 공압, 기계, 전기제어, 디지털전자, PLC래더, I/O 인터페이스, 전기기술, 블록, HMI 및 제어판 등의 편집문서를 작성할 수 있는 라이브러리가 있다.

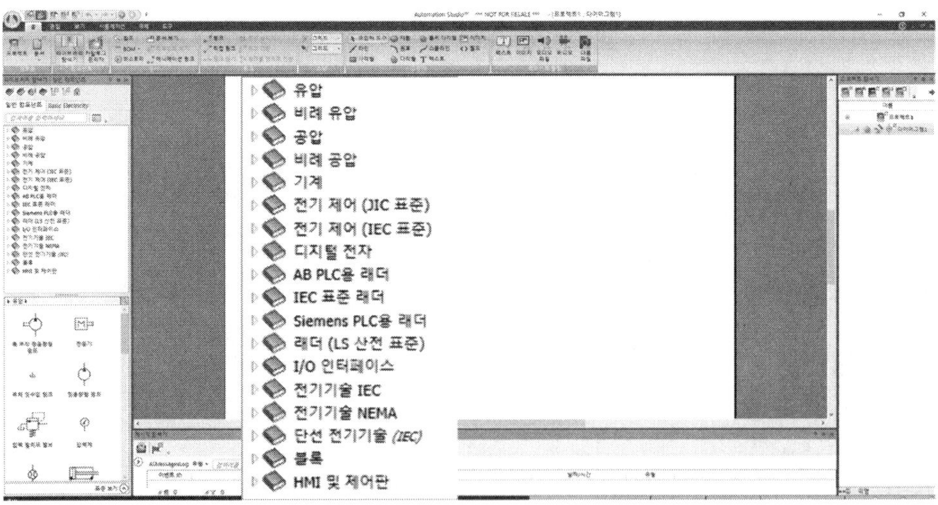

그림 부록 1.1 오토메이션 스튜디오 실행화면

그림 부록 1.2는 오토메이션 스튜디오를 실행한 화면을 설명하는 그림이다. ①은 제목 표시줄로서 현재 또는 처음 열려있는 파일명을 표시한다. ②는 사용자 지정메뉴로서 사용자가 지정한 메뉴를 표시한다. ③은 Automation Studio 메뉴로서 프로젝트 관리기능을 포함하고 있는 메뉴로 구성되어 있다. ④는 리본 메뉴로서 일반적인 메뉴와 도구모음을 아이콘으로 구성하고 있다. ⑤는 상태 표시줄로서 모든 유틸리티에 선택된 메뉴 및 명령에 대한 설명을 표시한다. ⑥은 라이브러리 탐색기로서 유압, 공압, 전기, PLC, HMI 등 모든 컴포넌트 심볼을 포함한다. ⑦은 프로젝트 탐색기로서 열린 프로젝트 및 문서관리와 관련된 모든 기능을 제어한다. ⑧은 분야별 문서로서 모든 심볼 및 기능을 불러와 도면을 작성할 수 있다.

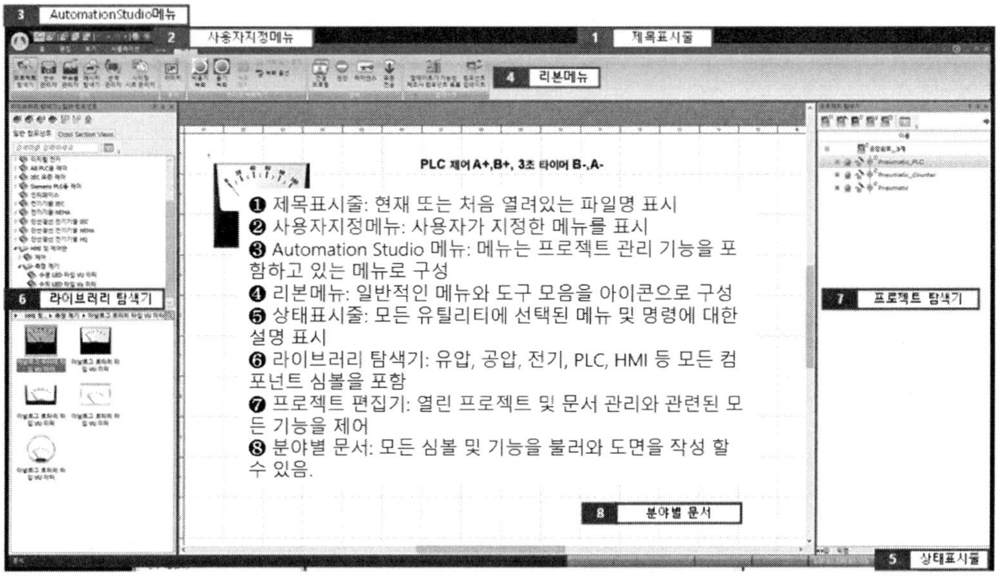

그림 부록 1.2 실행화면 설명

그림 부록 1.3은 홈, 편집 및 보기 탭 메뉴의 종류를 나타낸다. 홈 탭 메뉴에서는 프로젝트, 문서, 라이브러리를 관리할 수 있으며 그리기 기능 및 화면녹화 기능을 제어할 수 있다, 편집 탭 메뉴에서는 복사 및 붙여넣기 기능, 컴포넌트 심볼의 방향전환 및 정렬, 크기 조정, 컴포넌트 검색 등을 제어할 수 있다. 보기 탭 메뉴에서는 프로젝트와 문서 속성, 문서창 보기, 상태줄 표시 등을 제어할 수 있다.

▪ 홈 탭 메뉴

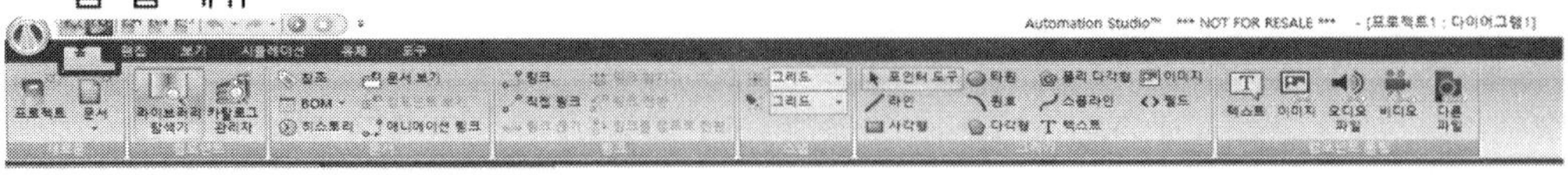

▪ 편집 탭 메뉴

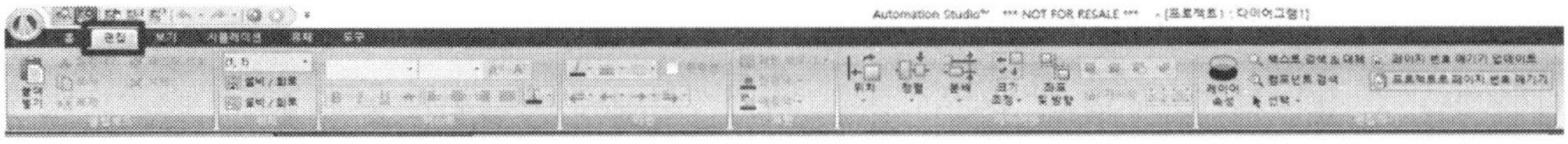

▪ 보기 탭 메뉴

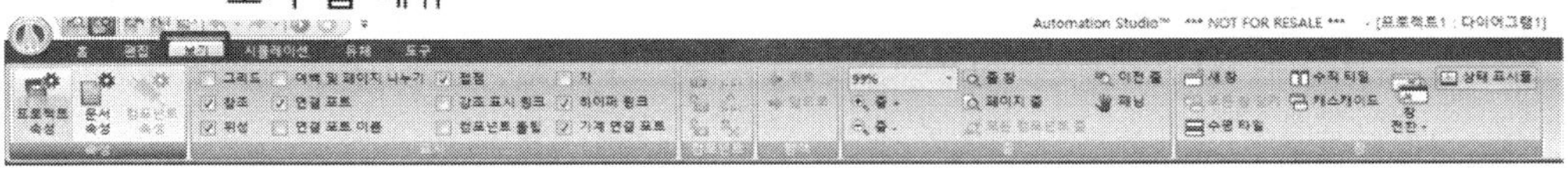

그림 부록 1.3 홈, 편집 및 보기 탭 메뉴

그림 부록 1.4는 시뮬레이션, 유체 및 도구 탭을 사용하는 메뉴를 나타낸다. 시뮬레이션 탭 메뉴에서는 시뮬레이션 실행, 시퀀스 다이어그램, 플로트 출력 및 노드지정, 오실로스코프 및 멀티미터 사용, 압력 및 온도계 사용 등을 제어할 수 있다. 유체 탭 메뉴에서는 유체 및 라인 관리자, 메커니즘 관리자, 표준 등을 제어할 수 있다. 도구 탭 메뉴에서는 프로젝트 탐색기, 변수 관리자, 부속품 관리자, 메시지 탐색기, 사이징 및 통신 관리자를 제어할 수 있다.

그림 부록 1.5는 사용자 지정메뉴를 설정하는 상태를 나타낸다. 사용자 지정메뉴를 편집하기 위해서는 ▼를 선택하여 빠른 실행도구 모음 사용자 지정 대화상자를 열고 추가 명령을 클릭한다.

▪ 시뮬레이션 탭 메뉴

▪ 유체 탭 메뉴

▪ 도구 탭 메뉴

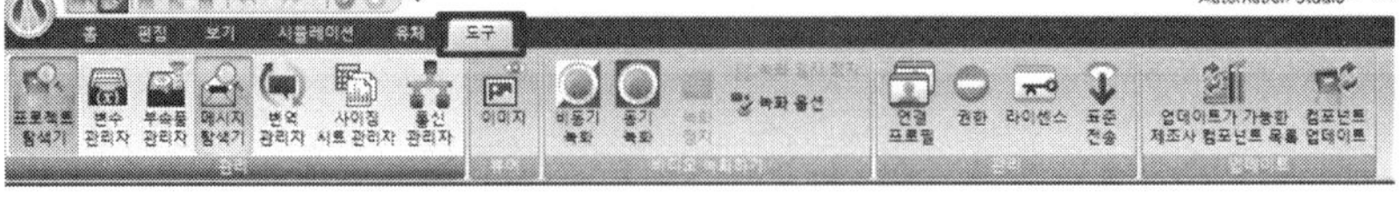

그림 부록 1.4 시뮬레이션, 유체 및 도구 탭 메뉴

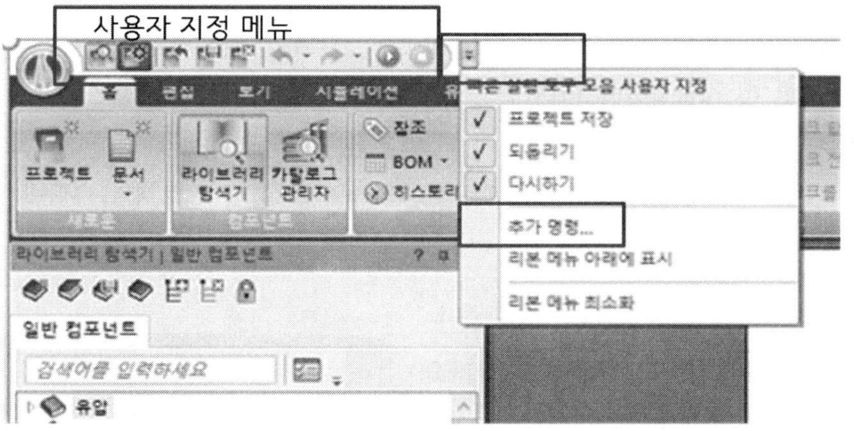

그림 부록 1.5 사용자 지정메뉴 설정 : 추가명령

그림 부록 1.6은 사용자 지정메뉴 설정의 사용자 지정 대화상자를 나타낸다. 사용자 지정 대화상자의 좌측에 있는 메뉴를 선택하여 추가를 클릭하면 우측으로 사용자 지정메뉴에 추가되고 사용자 지정메뉴에서 삭제하기를 원하는 메뉴를 선택하고 제거를 선택하면 사용자 지정메뉴에서 삭제된다.

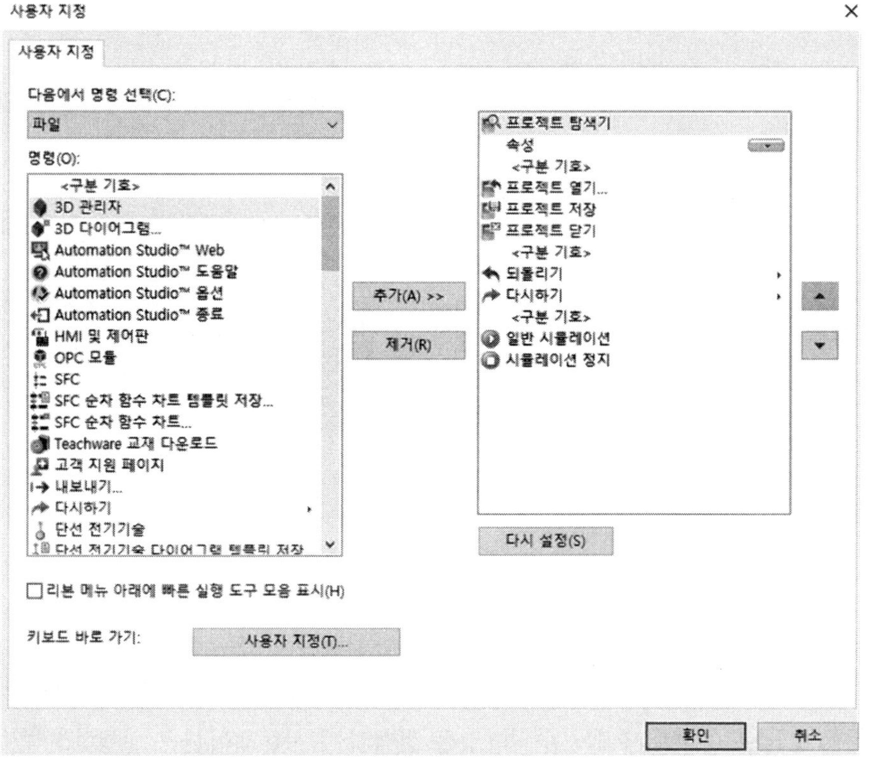

그림 부록 1.6 사용자 지정메뉴 설정 : 메뉴선택

그림 부록 1.7은 프로젝트 탐색기를 설정하기 위한 상태를 나타낸다. 현재의 프로젝트에 문서를 추가하기 위해서는 프로젝트 1을 클릭하고 대화상자가 나타나면 새로운을 선택한다. 새로운을 선택하면 대화상자가 나타나고 표준 다이어그램을 선택한다.

그림 부록 1.8은 프로젝트 탐색기 설정에서 디폴트를 선택한 상태를 나타낸다. 다이어그램 템플릿에서 디폴트를 선택하면 프로젝트 탐색기의 하단에 있는 프로젝트 1에는 다이어그램 2가 새롭게 추가되는 것을 확인할 수 있다.

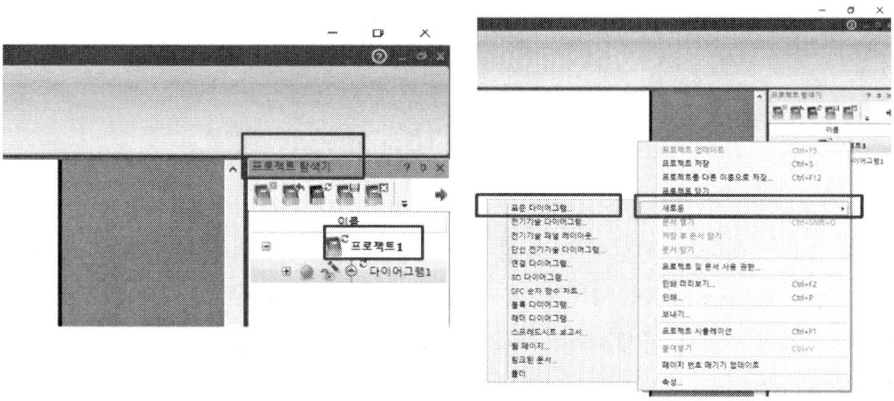

(a) 프로젝트 탐색기　　　　　　　　(b) 표준 다이어그램

그림 부록 1.7 프로젝트 탐색기 설정 : 표준 다이어그램

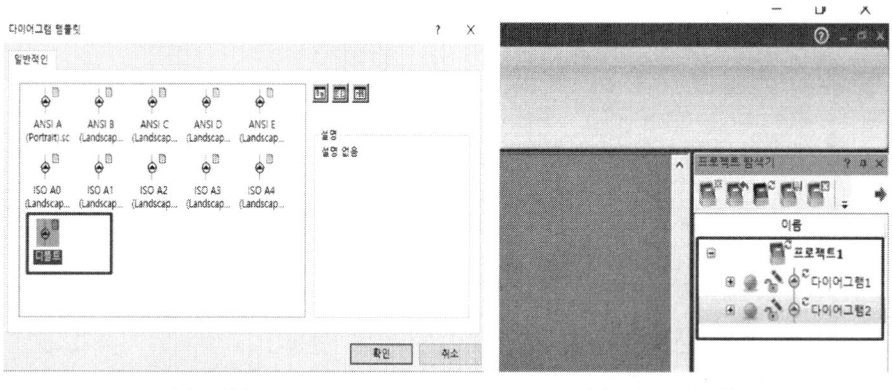

(a) 디폴트　　　　　　　　(b) 다이어그램2

그림 부록 1.8 프로젝트 탐색기 설정 : 디폴트

그림 부록 1.9는 문서보기를 설정하는 상태를 나타낸다. 보기 탭 메뉴를 클릭하고 메뉴의 우측에 있는 수직타입을 선택한다. 프로젝트 탐색기의 하단에 있는 다이어그램 1과 다이어그램 2의 문서가 열리면서 2개의 문서는 수직으로 분할되어 나타나는 것을 확인할 수 있다.

그림 부록 1.10은 문서보기에서 수직타입을 선택하여 시뮬레이션을 실행하고 있는 상태를 나타낸다. 다이어그램 1에는 전기 시퀀스회로를 구축하고, 다이어그램 2에는 솔레노이드밸브를 사용하는 공기압 회로를 구축한 상태이다. 시뮬레이션을 실행하여 다이어그램 1에 있는 PB1과 PB2 스위치를 조작하면 실린더가 전진과 후진 운동하는 것을 확인할 수 있다.

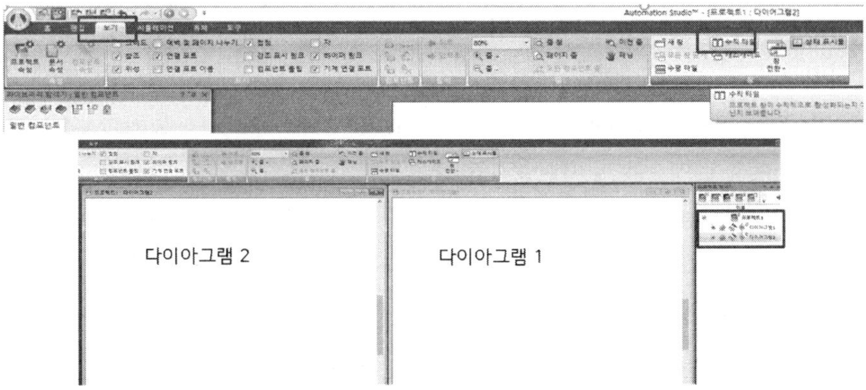

그림 부록 1.9 문서보기 설정 : 수직타입

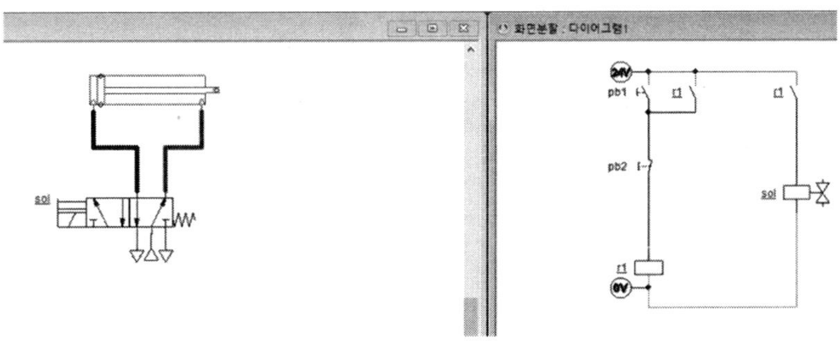

(a) 초기상태

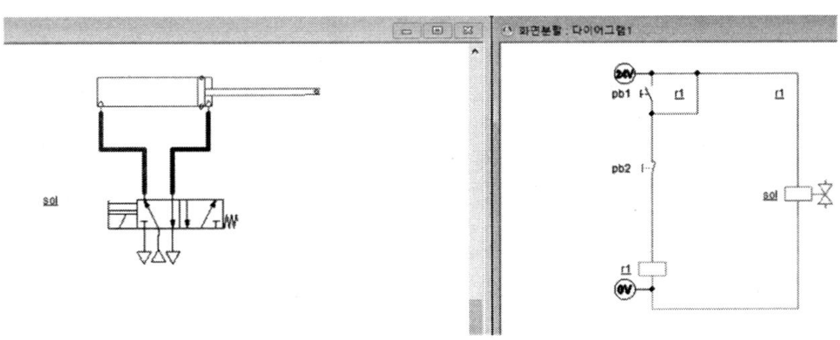

(b) 실린더 전진상태

그림 부록 1.10 수직타입 문서보기 : 시뮬레이션 실행

1.2 공압 라이브러리

그림 부록 1.11은 오토메이션 스튜디오를 실행하고 새문서의 창을 열면 문서를 편집할 수 있는 상태가 되고 좌측에는 라이브러리 탐색기가 나타나는 상태의 그림이다. 라이브러리 탐색기에서 공기압 관련된 목차는 공압과 비례공압으로 구분된다. 공기압 회로를 작성하기 위해서는 라이브러리 탐색기에서 공압을 선택하면 공기압 회로에서 많이 사용되는 컴포넌트 심볼이 라이브러리 목차의 하단에 나타난다. 공기압 부품에 관련한 컴포넌트 심볼을 마우스로 드래그하여 편집 문서창으로 옮겨서 공기압 회로를 작성한다. 공압 목차의 하부에는 컴프레서 및 파워유닛, 유량라인과 연결, 탱크 등 순수 공기압회로와 전기 공기압회로를 구성할 수 있는 공기압 부품 등이 있다.

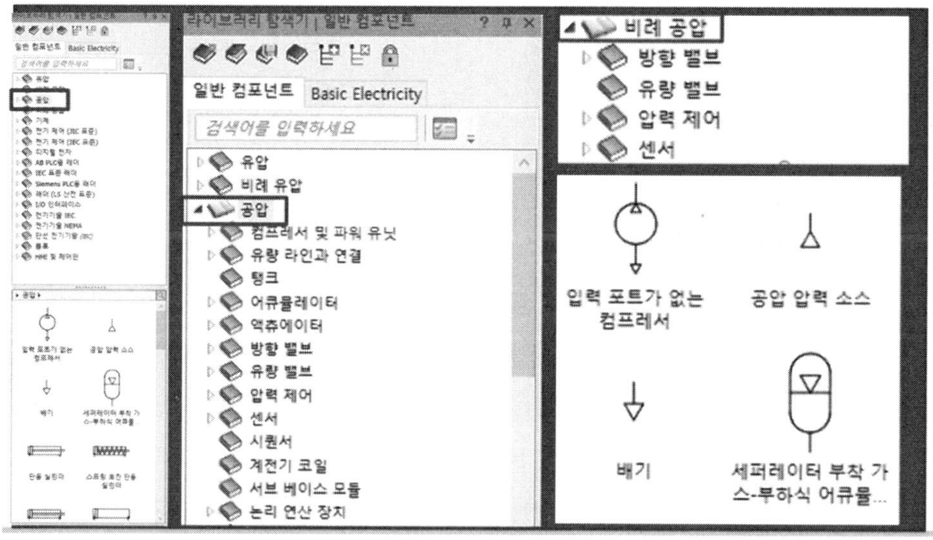

그림 부록 1.11 라이브러리 탐색기 : 공압과 비례공압

그림 부록 1.12는 라이브러리 탐색기에서 공압을 선택하고 컴프레서 및 파워유닛과 유량라인과 연결의 목차를 펼친 상태의 그림이다. 공기압 회로에서 가장 먼저 선택해야 하는 것은 압력소스 목차를 선택하여 압력소스의 컴포넌트 심볼에서 압력소스와 배기를 선택하는 것이다. 유량라인과 연결에서는 실제 공기압 회로의 배관연결에 사용되는 부품들이 있으며 이들 부품을 사용하여 공기압 회로를 작성하면 부품 리스트를 자동으로 작성할 때에 반영된다.

그림 부록 1.13은 공압 라이브러리에서 액추에이터의 목차를 선택한 그림을 나타낸다. 액추에이터에는 단동 실린더, 복동 실린더, 단방향 모터, 양방향 모터, 진공컵 등이 있다.

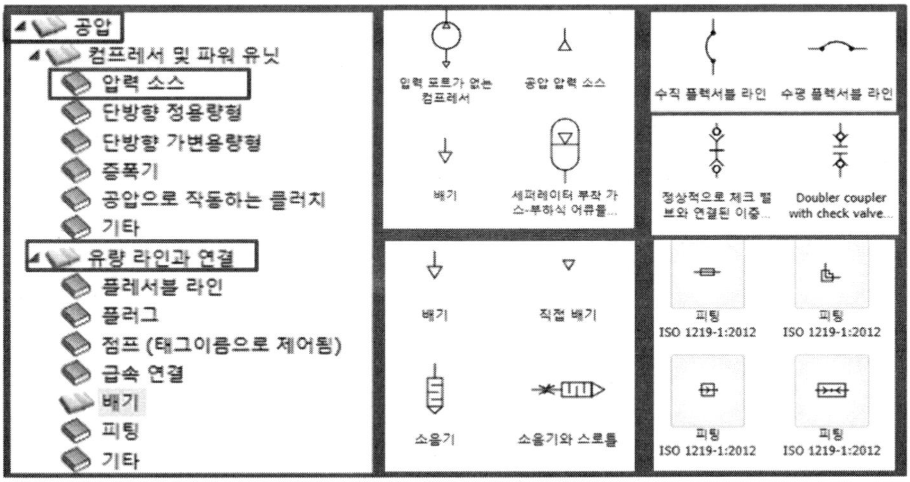

그림 부록 1.12 공압 라이브러리 : 압력소스와 유량라인

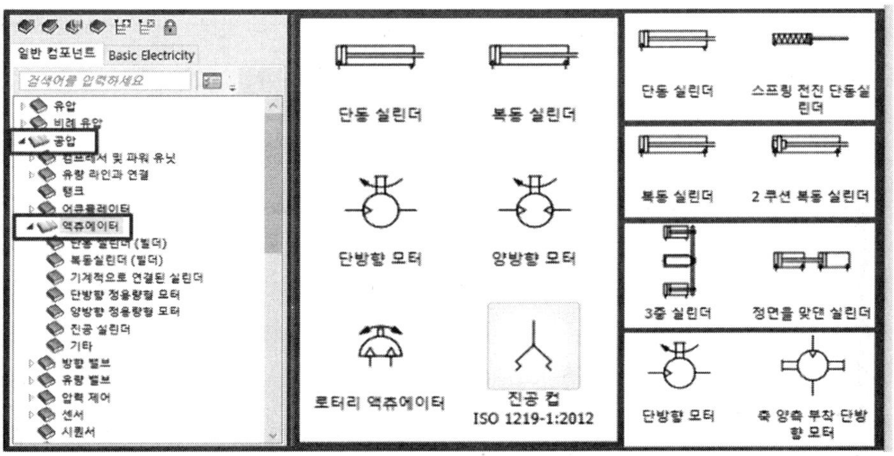

그림 부록 1.13 공압 라이브러리 : 액추에이터

그림 부록 1.14는 공압 라이브러리에서 실린더와 모터의 운동방향을 제어할 수 있는 방향제어밸브의 종류를 나타낸다. 방향제어밸브는 조작 방법으로 분류하면, 기계적 또는 사람에 의해 조작되는 수동밸브, 외부 파일럿 압력에 의하여 조작할 수 있는 시퀀스밸브 및 전기적인 신호를 사용하여 제어할 수 있는 솔레노이드밸브로 구분할 수 있다. 제어위치와 공기압을 연결하는 포트의 수로 구분하면 2포트 2위치 밸브, 3포트 2위치 밸브, 4포트 2위치 및 3위치, 5포트 2위치 및 3위치 밸브로 구분한다.

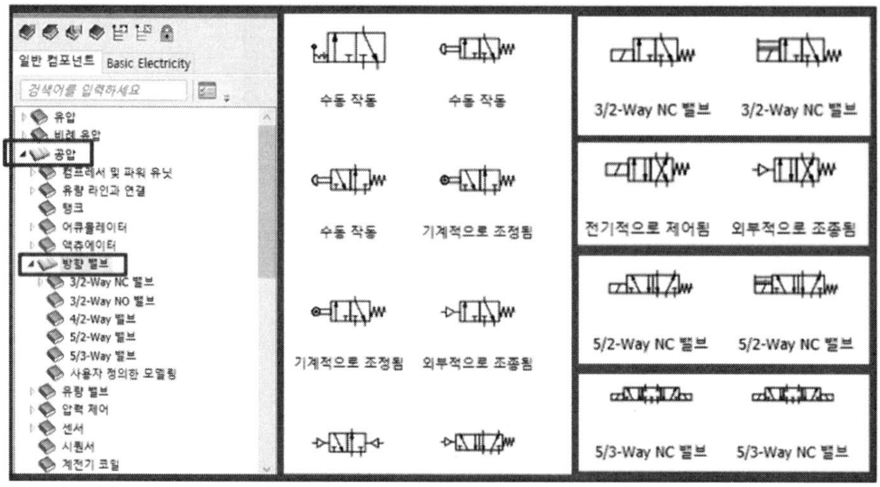

그림 부록 1.14 공압 라이브러리 : 방향제어밸브

그림 부록 1.15는 공기압 액추에이터의 운동속도를 제어할 수 있는 유량제어밸브의 종류를 나타낸다. 유량제어밸브는 유량이 통과하는 오리피스의 단면적을 조절 또는 불가능한 밸브와 체크밸브가 있는 것과 없는 것으로 구분한다.

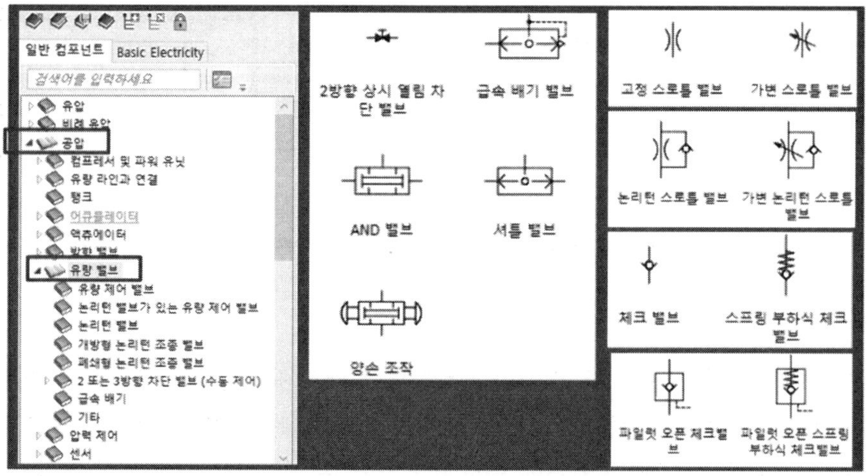

그림 부록 1.15 공압 라이브러리 : 유량제어밸브

그림 부록 1.16은 공압 라이브러리에서 압력을 조절할 수 있는 압력제어밸브의 종류를 나타낸다. 압력 릴리프밸브, 시퀀스밸브, 언로드밸브 및 감압밸브 등을 사용하여 압력을 제어하거나 일정한 압력이 되면 다음 동작을 실행하기 위한 명령을 전달할 수 있는 기능을 가지고 있다.

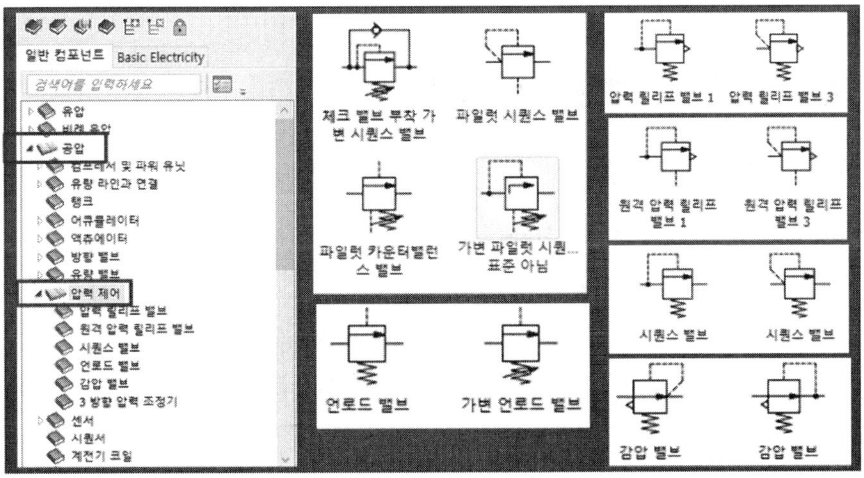

그림 부록 1.16 공압 라이브러리 : 압력제어밸브

부록 2 공기압회로 구성방법

2.1 공기압 주변장치 사용법

2.1.1 기본 공기압 회로구성

그림 부록 2.1은 3포트 2위치 수동밸브를 사용하여 단동 실린더를 제어하는 공기압 회로를 나타낸다. 라이브러리 트리에서 공압을 선택하고 컴포넌트 심볼의 압력소스, 배기, 3포트 2위치 수동밸브 및 단동 실린더를 클릭하여 편집문서로 이동시킨다. (b)의 공기압 회로가 되도록 공기압 배관을 연결하면 단동 실린더를 수동으로 제어하는 공기압 회로가 완성된다.

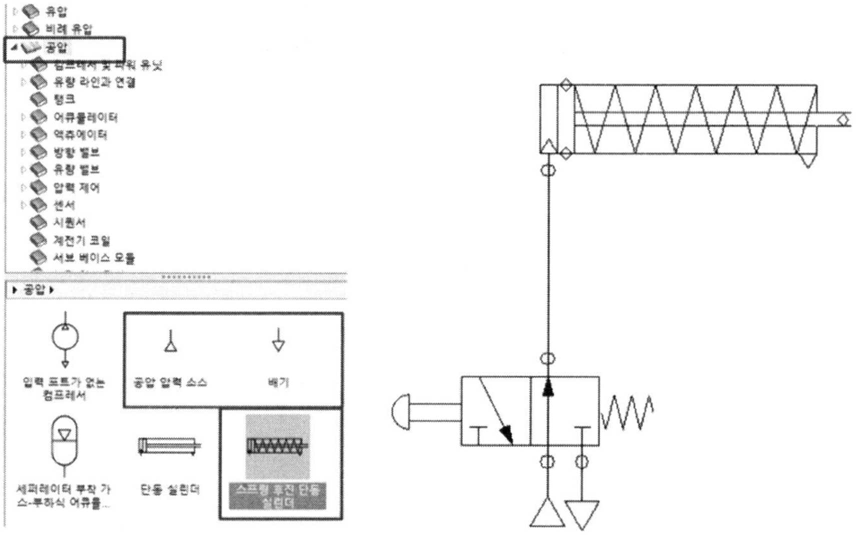

(a) 공압 라이브러리 (b) 공기압 회로

그림 부록 2.1 단동 실린더의 수동제어

그림 부록 2.2는 단동 실린더의 동작을 확인하기 위하여 시뮬레이션 탭 메뉴에서 일반 시뮬레이션을 선택할 수 있는 상태를 나타낸다. 일반 시뮬레이션을 선택하면 압력소스의 압력공기는 수동밸브를 거쳐서 단동 실린더의 피스톤 헤드에 공급되어 실린더가 전진하고 수동밸브를 조작하면 실린더는 후진한다.

그림 부록 2.2 시뮬레이션 탭 메뉴

그림 부록 2.3은 시뮬레이션 탭 메뉴에서 일반 시뮬레이션을 선택하여 단동 실린더의 전진과 후진이 실시된 상태를 나타낸다. 시뮬레이션이 시작되면 압축공기는 단동 실린더의 피스톤 헤드에 공급되고 수동밸브를 조작하면 피스톤 헤드의 압축공기는 대기로 배출되어 실린더는 스프링 복귀력에 의해 후진한다.

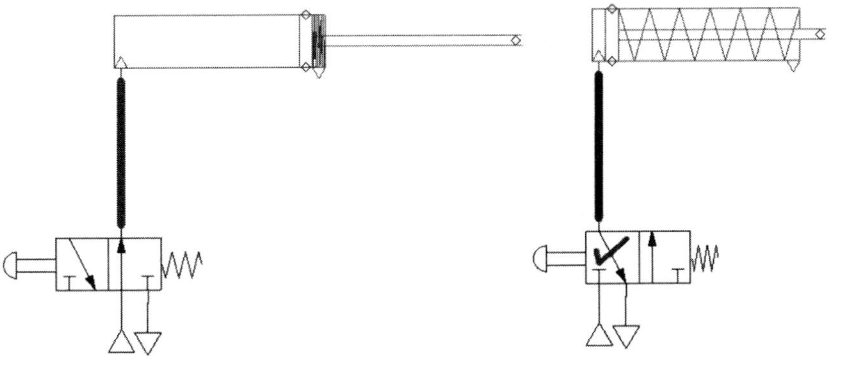

(a) 실린더 전진　　(b) 실린더 후진

그림 부록 2.3 단동 실린더 동작

2.1.2 측정계기 사용

그림 부록 2.4는 공압 라이브러리에서 측정계기를 선택하여 압력계를 공기압 회로에 추가한 상태를 나타낸다. 공압 목차에서 측정계기를 선택하고 컴포넌트 심볼의 압력계를 클릭하여 편집문서로 이동시킨다. 단동 실린더와 수동밸브 사이에 압력계를 위치시키고 공기압 배관을 연결한다.

그림 부록 2.5는 공기압 회로에서 압력소스의 파라미터를 설정할 수 있는 상태를 나타낸다.

압력소스를 더블클릭하면 컴포넌트 속성창이 나타나고 압력소스에서 압축공기를 토출하는 오리피스 지름을 6 mm, 최대압력은 5 bar로 설정하고 네모칸에 체크를 표시하면 공기압 회로에 오리피스 지름과 최대압력이 나타난다. 열교환 영역은 압력소스의 공기저장탱크 용량을 나타나고 최대공급유량 1891.8745 SLPM(Standard Liter Per Minute)은 다음과 같다.

$$1891.8745\,[SLPM] = 1891.8745\,[L/\mathrm{mim}] = 18\,918\,745\,[\mathrm{cm}^3/\mathrm{min}]$$

참고로 SCCM은 Standard Cubic Centimeter per Minute로서 $\mathrm{cm}^3/\mathrm{min}$으로 표시되고 1 bar, 0 ℃가 기준인 유량측정 단위이다.

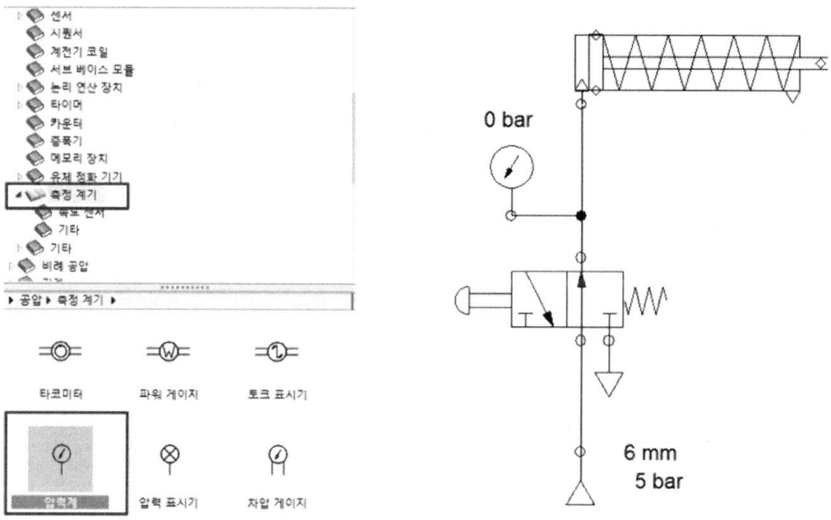

(a) 공압 라이브러리 : 측정계기 (b) 공기압 회로

그림 부록 2.4 공압 라이브러리 : 측정계기

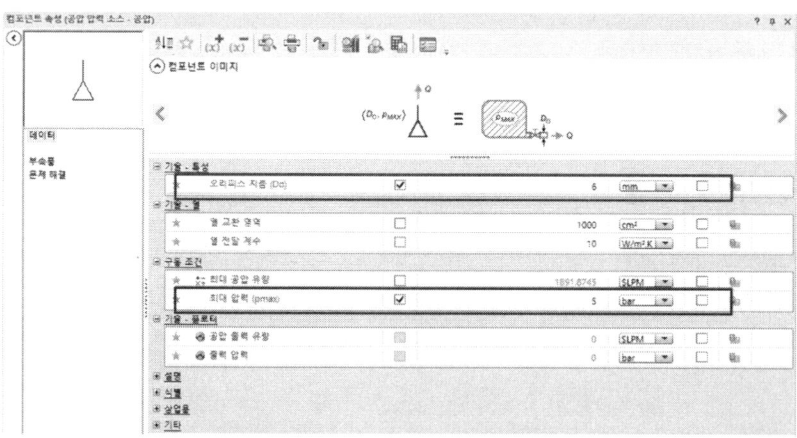

그림 부록 2.5 압력소스 파라미터 설정

그림 부록 2.6은 단동 실린더와 수동밸브 사이의 압력을 실시간으로 측정하여 기록할 수 있도록 설정하는 상태를 나타낸다. 시뮬레이션 탭 메뉴를 선택하고 ② 다이나믹 노드 측정 아이콘을 선택하여 압력계와 연결된 공기압 배관 지점을 클릭하고 압력을 표시할 위치를 클릭하여 지정하면 측정압력을 표시하는 ③이 나타나고 측정계기 속성창이 표시된다. 속성창에서 측정된 속성은 압력, 표시된 단위는 bar, 정밀도는 0.1으로 설정하고 ④기록을 체크하면 측정되는 압력은 저장되어서 그래프로 표시할 수 있다.

(a) 다이나믹 노드 측정

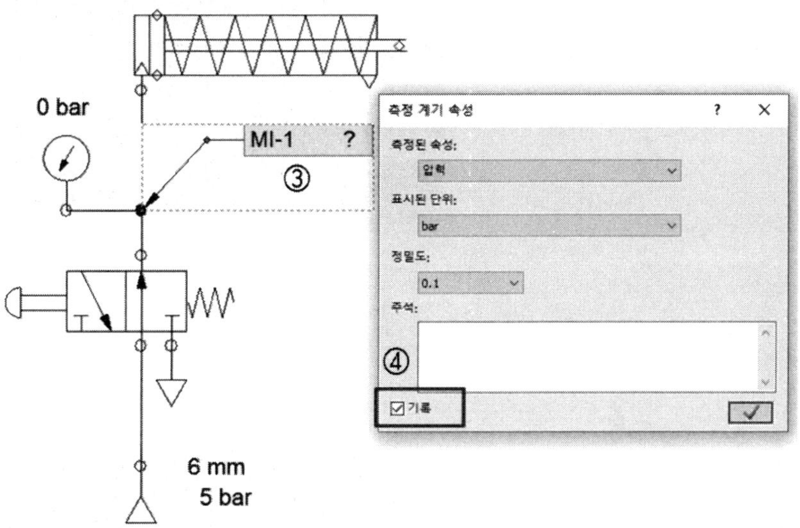

(b) 측정계기 속성

그림 부록 2.6 압력측정 설정

그림 부록 2.7은 다이나믹 노드를 사용하여 측정한 압력을 그래프로 나타내는 Y(t) 플로터를 설정하는 상태를 나타낸다. 시뮬레이션 탭 메뉴에서 Y(t) 플로터를 클릭하여 편집문서 내에 위치를 지정하면 플로터창이 나타난다. 다이나믹 노드의 압력 측정창 ②를 드래그해서 플로터 화면 ③에 위치시키면 시간은 x축, 압력은 y축에 표시된다.

그림 부록 2.8은 시뮬레이션 탭 메뉴에서 일반 시뮬레이션을 선택하여 실린더의 동작제어와 압력을 측정하여 그래프로 표시하는 시뮬레이션 상태를 나타낸다. 시뮬레이션이 시작되면 수동밸브를 거쳐서 압축공기가 피스톤 헤드에 공급되어 압력계와 다이나믹 노드에 5 bar가 나타나고 Y(t) 플로터에서는 원점에서 압력이 증가하여 5 bar에 도달한 상태를 유지하고 있으며 수동밸브를 조작하면 피스톤 헤드의 압축공기는 대기로 배출되어 압력이 0 bar로 접근하기 시작하여 실린더가 후진을 완료하면 압력은 0 bar가 된다.

(a) Y(t) 플로터 선택

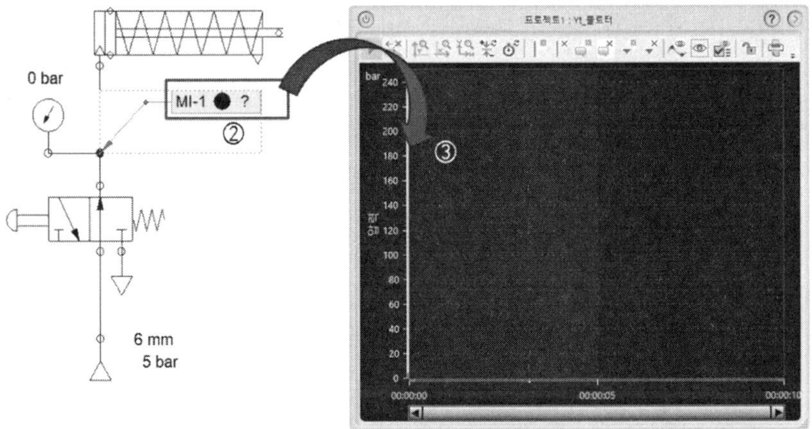

(b) y(t) 플로터로 이동

그림 부록 2.7 압력측정 플로터 설정

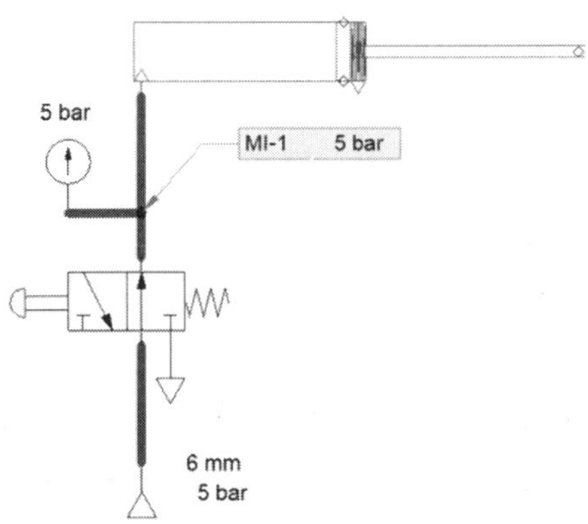

(a) 시뮬레이션

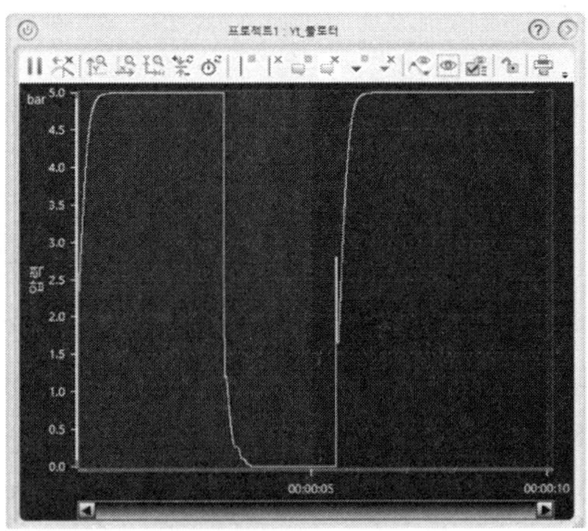

(b) 압력변화측정

그림 부록 2.8 동작과 압력측정 시뮬레이션

2.1.3 공기저장탱크

그림 부록 2.9는 단동 실린더를 수동 제어하는 공기압 회로에 공기저장탱크를 추가하는 과정을 나타낸다. 공압 라이브러리에서 탱크 목차를 선택하면 컴포넌트 심볼에 네모칸의 공기저장탱크 심볼이 나타나므로 이를 클릭하여 편집문서의 압력소스와 수동밸브 사이에 위치시킨다.

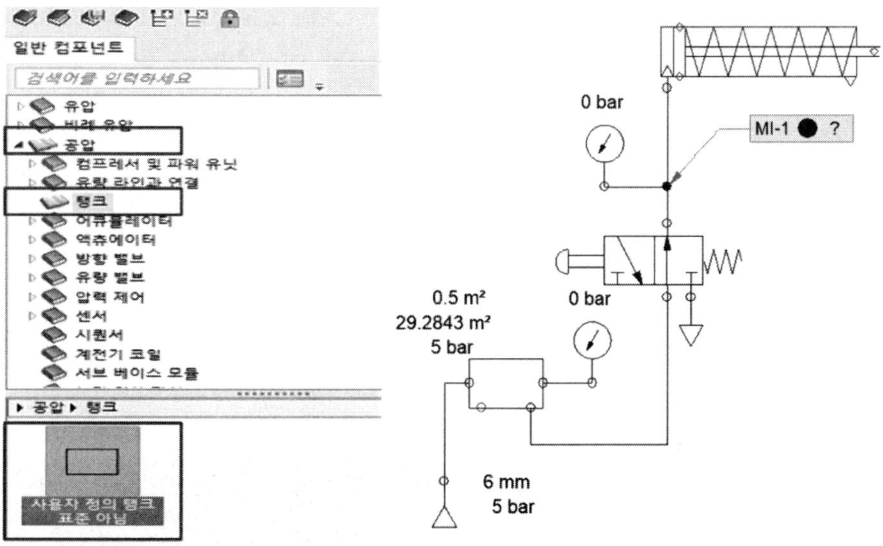

(a) 공압 라이브러리 : 탱크 (b) 공기압 회로

그림 부록 2.9 공기저장탱크

그림 부록 2.10은 공기저장탱크를 더블클릭하여 파라미터를 설정할 수 있는 데이터를 나타낸다. 내부 단면적은 0.5 m^2이고 열교환 영역은 탱크의 표면적으로서 29.2843 m^2, 최대압력은 5 bar로 설정한다. 시뮬레이션을 동작시키면 압력소스로부터 토출되는 압축공기는 탱크에 저장되는 것을 확인할 수 있다.

그림 부록 2.11은 공기압 회로를 시뮬레이션하여 실린더의 동작과 실린더에 공급되는 압력 변화를 측정하여 모니터링한 상태를 나타낸다. 시뮬레이션 탭 메뉴에서 일반 시뮬레이션을 선택하면 압력소스에서 토출되는 압축공기는 저장탱크로 유입되면서 압력이 서서히 증가하는 것을 확인할 수 있다. 또 수동밸브가 OFF된 상태에서 피스톤 헤드에 압축공기를 공급하므로 피스톤 헤드의 압력이 서서히 증가하는 것을 알 수 있다. 수동밸브를 ON시키면 저장탱크의 압력이 증가하고 피스톤 헤드의 압력은 대기로 배출되어 0 bar가 되는 것을 확인할 수 있다.

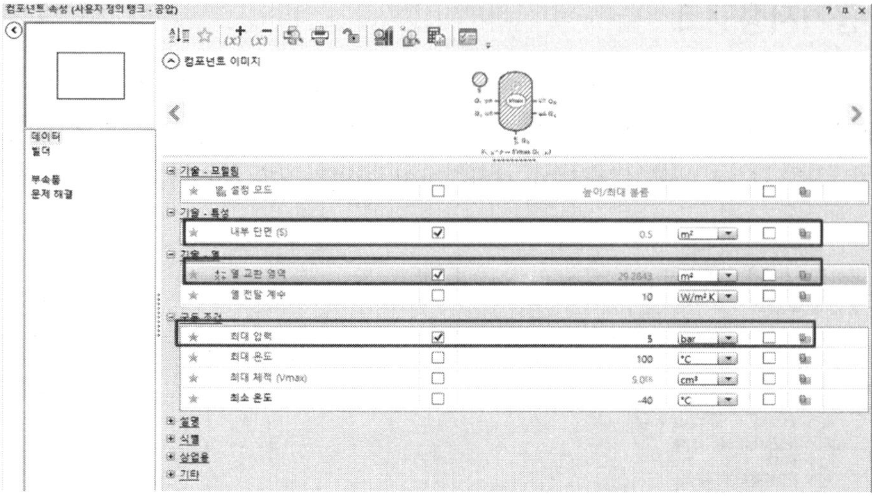

그림 부록 2.10 공기저장탱크 파라미터 설정

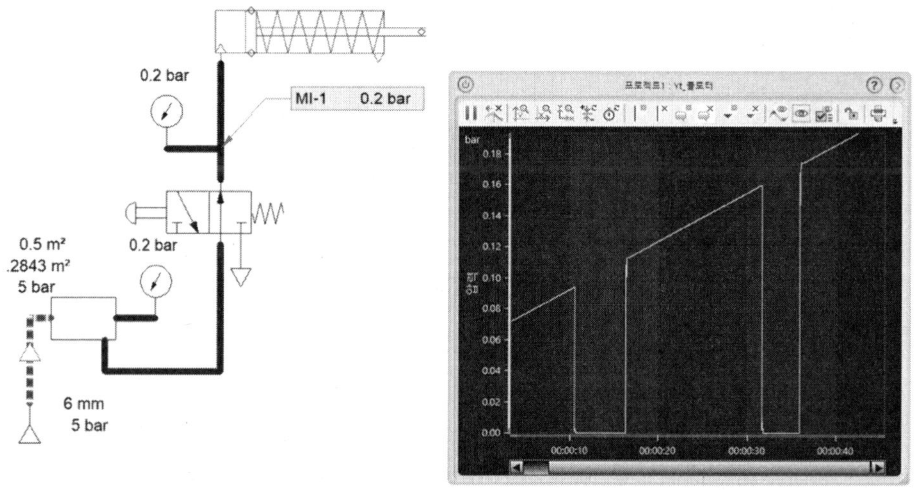

(a) 시뮬레이션 (b) 압력변화측정

그림 부록 2.11 시뮬레이션 : 동작과 압력측정

2.1.4 유체정화기기 : 냉각기

그림 부록 2.12는 공압 라이브러리에서 유체정화기기를 선택하여 냉각기 심볼을 사용하여 공기압 회로를 구축한 것을 나타낸다. 냉각기를 클릭하여서 공기압 회로의 압력소스와 공기저장탱크 사이에 냉각기를 위치시킨다.

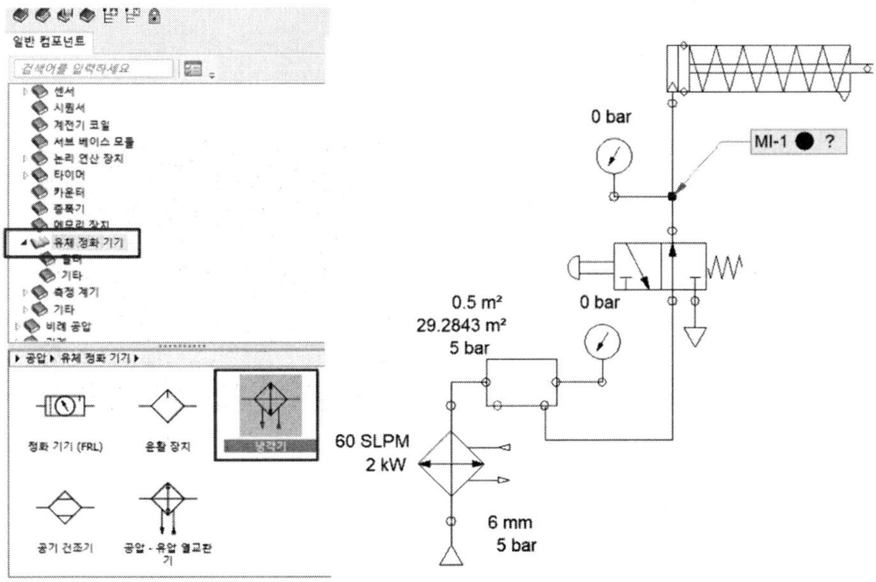

(a) 공압 라이브러리 : 유체정화기기　　　　　　(b) 공기압회로

그림 부록 2.12 공압 라이브러리 : 유체정화기기

그림 부록 2.13은 유체정화기기의 파라미터를 설정하는 데이터를 나타낸다. 공기압 회로에서 유체정화기기를 더블클릭하면 컴포넌트 속성 창이 나타나며, 공압 정격유량 60 SLPM(L/min)과 최대 소실량 2 kW를 체크하여 공기압 회로에 표시한다.

그림 부록 2.14는 시뮬레이션을 시작하여 냉각기를 통과하는 압축공기에 의한 실린더의 동작과 피스톤 헤드의 압력변화를 측정한 것을 나타낸다. 냉각기는 공기 압축기에서 발생되는 고온을 냉각시켜서 수분을 제거하기 위하여 사용되는 것으로, 압력변화는 공기저장탱크의 경우와 동일한 것을 나타낸다.

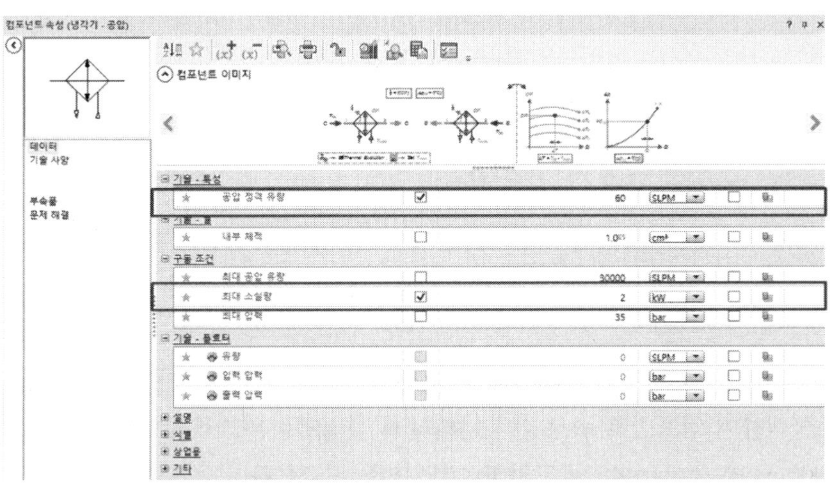

그림 부록 2.13 냉각기 파라미터 설정

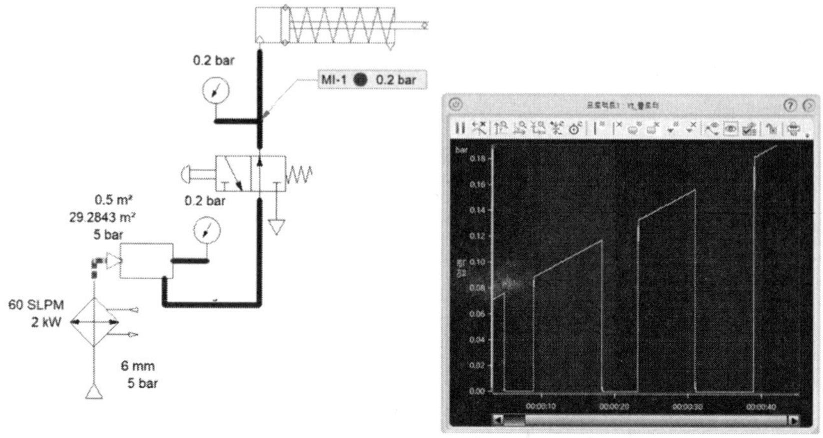

(a) 시뮬레이션 (b) 압력변화측정

그림 부록 2.14 시뮬레이션 : 냉각기 동작

2.1.5 유체정화기기 : 정화기기

그림 부록 2.15는 공압 라이브러리에서 유체정화기기 목차를 선택하고 정화기기(FPL)을 사용한 공기압 회로를 나타낸다. 정화기기는 공기압 유니트라고 불리며, 이물질 제거를 위한 공기압필터, 공기압력을 조절하는 레귤레이터, 섭동부에 윤활유를 공급하기 위한 루브리케이터가 일체화된 것이다. 압력소스와 수동밸브 사이에 정화기기를 위치시킨다.

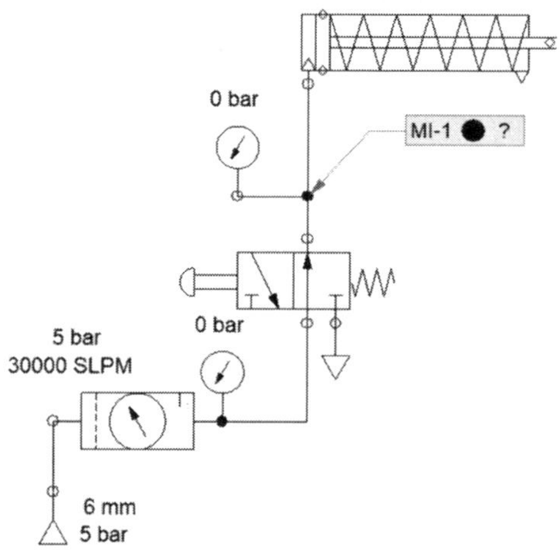

그림 부록 2.15 정화기기

그림 부록 2.16은 정화기기의 파라미터를 설정하는 상태를 나타낸다. 공기압 회로에서 정화기기를 더블클릭하여 컴포넌트 속성창이 나타나면 설정압력은 5 bar으로 변경하고 최대 공급유량은 30,000 SLPM(L/min)을 설정하고 네모칸을 체크한다.

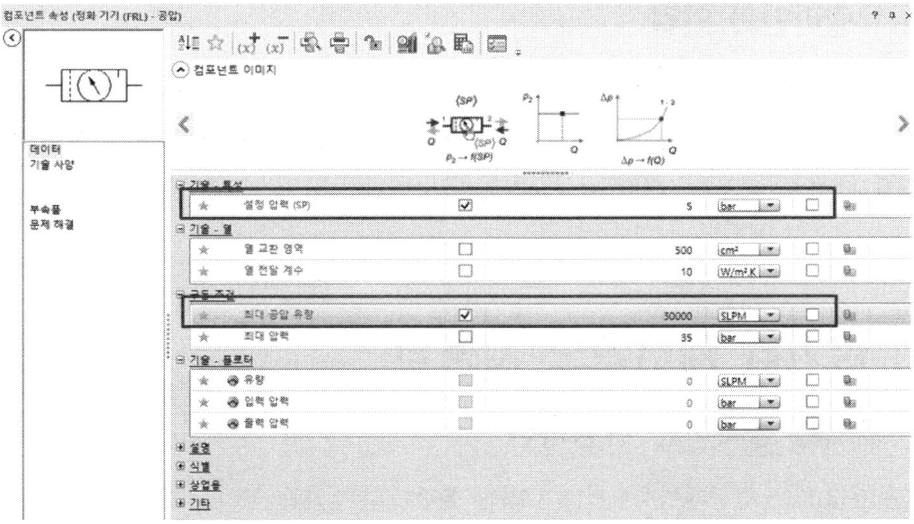

그림 부록 2.16 유체정화기기 파라미터 설정

그림 부록 2.17은 시뮬레이션을 시작하여 실린더의 동작에 따른 피스톤 헤드의 압력변화를 모니터링하는 상태를 나타낸다. 공기압 유니트에서 설정압력을 5 bar으로 설정하였으므로 실린더의 전진 시에는 5 bar 후진 시에는 0 bar의 압력변화를 나타낸다.

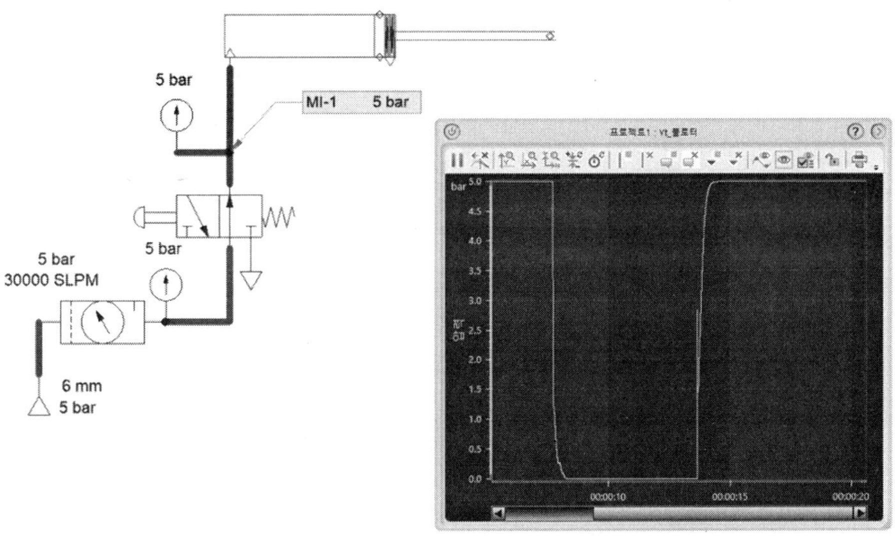

(a) 시뮬레이션　　　　　(b) 압력변화측정

그림 부록 2.17 시뮬레이션과 압력측정

2.1.6 유량라인과 연결

그림 부록 2.18은 공압 라이브러리에서 유량라인과 연결 → 피팅 목차에서 피팅을 선택하고 ㅡ자형과 ㄴ자형의 원터치 피팅 심볼을 선택하여 공기압 유니트와 수동밸브 사이에 위치시켜서 공기압 배관을 완성한 상태를 나타낸다.

2.2 공기압 제어밸브 사용법

2.2.1 밸브를 통과하는 유량측정

그림 부록 2.19는 방향제어밸브를 통과하는 유량을 측정하는 공기압 회로를 나타낸다. 오리피스의 지름은 3.25 mm으로 설정하고 상류압력은 0.4 MPa, 하류압력은 0.3 MPa인 상태에서 오리피스를 통과하는 유량을 측정해 보자.

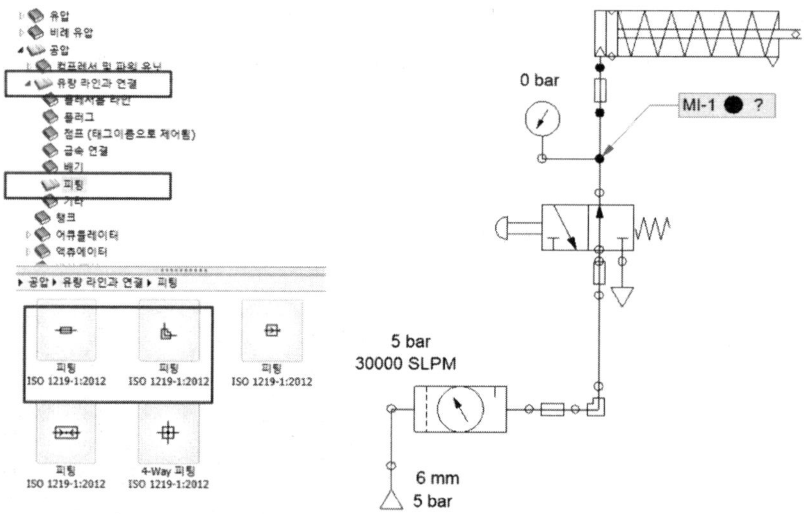

(a) 공압 라이브러리 : 유량라인과 연결 (b) 공기압회로

그림 부록 2.18 공기압 배관

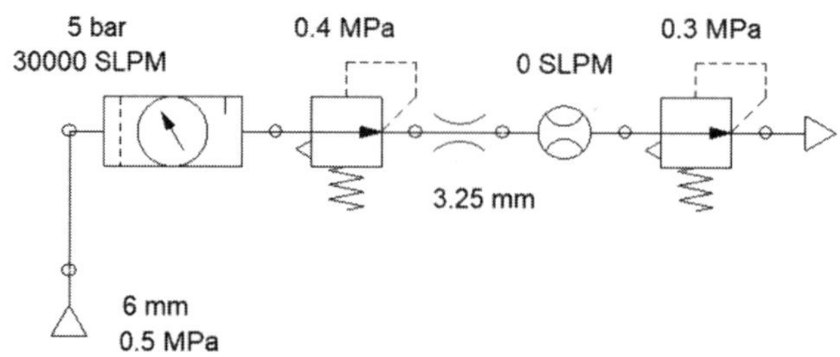

그림 부록 2.19 유량측정회로

그림 부록 2.20은 유량측정회로를 구성하기 위해서 오토메이션 스튜디오의 공압 라이브러리를 사용하는 상태를 나타낸다. 공압 라이브러리에서 압력소스와 배기를 선택하고 유체정화기기에서 정화기기, 압력제어에서 감압밸브, 유량밸브에서 스로틀밸브를 선택하고 측정계기 목차에서 유량계 컴포넌트 심볼을 클릭하여 편집문서에서 공기압 회로를 그림 부록 2.19와 같이 구성한다.

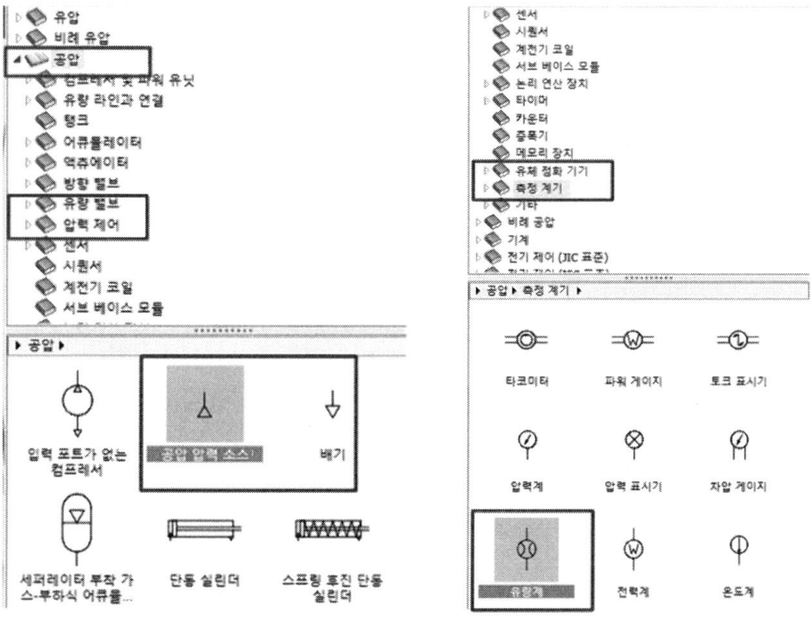

(a) 공압 라이브러리 (b) 측정계기

그림 부록 2.20 공압 라이브러리 : 유량계

그림 부록 2.21은 스로틀밸브의 지름을 설정하는 컴포넌트 속성창을 나타낸다. 유량측정 공기압 회로에서 스로틀밸브를 더블클릭하면 스로틀밸브의 데이터를 설정하는 속성창이 나타나므로 내부지름을 3.25 mm으로 설정한다.

그림 부록 2.22는 스로틀밸브를 통과하는 유량을 측정하는 시뮬레이션 결과를 나타낸다. 공기압 부품이 동작하는 상태를 애니메이션으로 확인하기 위해서는 마우스 오른쪽 버튼을 사용한다. 마우스를 유량계에 위치시키고 오른쪽 마우스 버튼을 선택하면 유량계의 애니메이션이 나타난다. 상류압력은 0.4 MPa, 하류압력을 0.3 MPa으로 설정하고 스로틀밸브 지름 3.25 mm를 통과하는 유량은 420.37 SLPM(l /min)으로 측정된다.

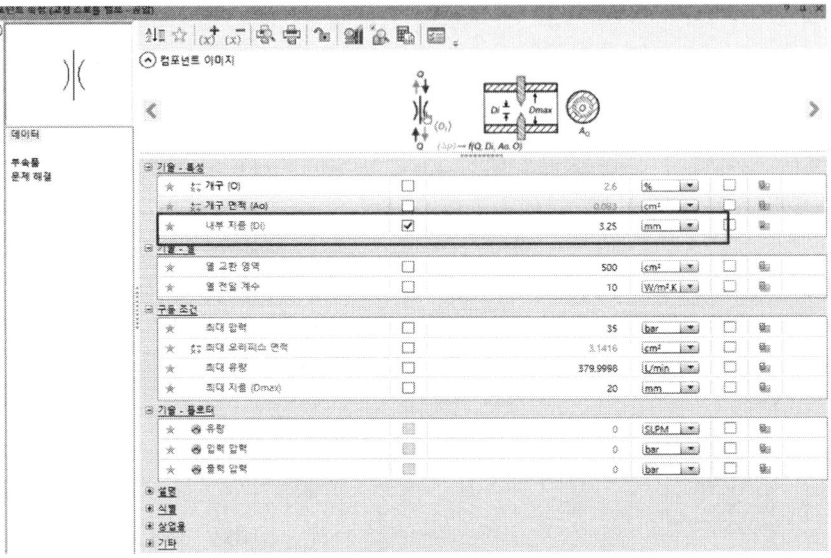

그림 부록 2.21 스로틀밸브 지름 설정

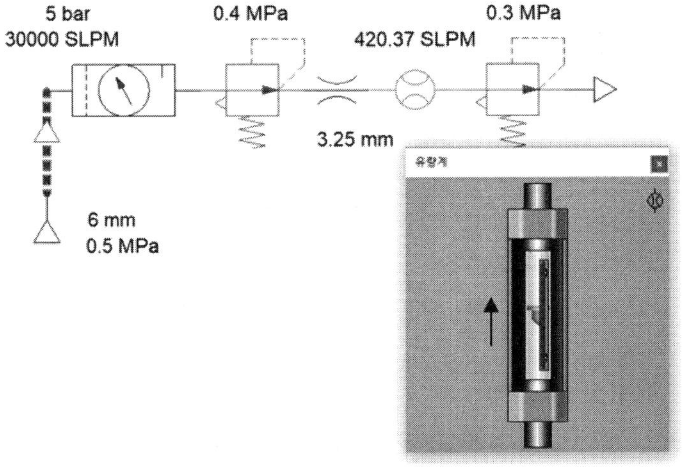

그림 부록 2.22 유량측정 : 스로틀밸브

2.2.2 배관지름을 통과하는 유량측정

그림 부록 2.23은 배관과 스로틀밸브의 지름을 통과하는 유량측정회로를 나타낸다. 상류압력 0.4 MPa, 하류압력 0.1 MPa, 배관지름 4 mm, 스로틀밸브 지름 2 mm으로 설정하고 유량계를 사용하여 유량을 측정한다.

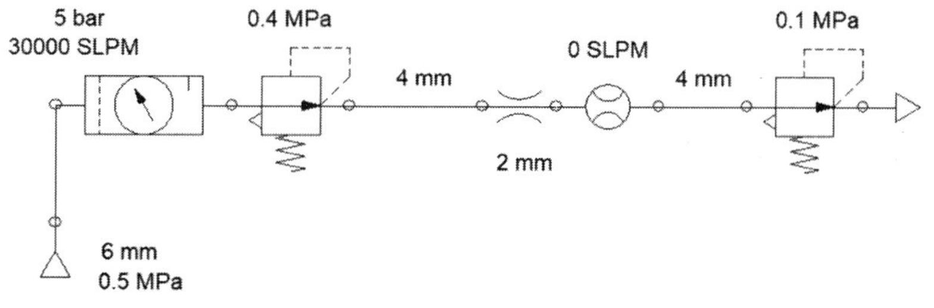

그림 부록 2.23 배관지름을 통과하는 유량측정회로

그림 부록 2.24는 공기압 부품 사이를 연결하는 배관의 파라미터를 설정하는 컴포넌트 속성을 나타낸다. 내부지름을 4 mm으로 설정하고 네모칸을 체크하여 공기압 회로에 지름을 표시한다.

그림 부록 2.24 공압배관 파라미터 설정

그림 부록 2.25는 시뮬레이션 탭 메뉴에서 일반 시뮬레이션을 선택한 유량측정 시뮬레이션을 나타낸다. 상류압력은 0.4 MPa, 하류압력이 0.1 MPa일 경우, 배관지름 4mm와 스로틀밸브 지름 2mm를 통과하는 압축공기 유량은 177.27 SLPM(l /min)이다.

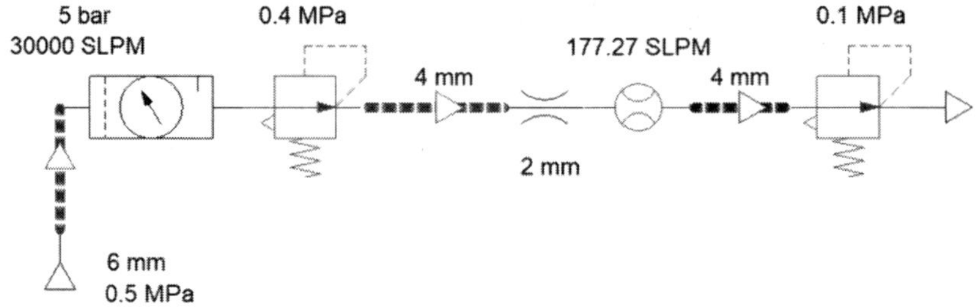

그림 부록 2.25 유량측정 시뮬레이션 : 배관지름

2.2.3 2포트 2위치 수동밸브

그림 부록 2.26은 2포트 2위치 수동밸브를 사용하여 단동 실린더를 제어하는 공기압 회로를 나타낸다. 공압 라이브러리를 선택하고 컴포넌트 심볼에서 압력소스, 배기, 3포트 2위치 수동 밸브, 단동 실린더를 편집문서로 이동시키고 유체정화기기 목차에서 정화기기 심볼을 클릭하여 편집문서에 위치시켜서 공기압 회로를 구성한다. 유체정화기기의 설정압력은 5 bar이고 배관의 지름은 4 mm으로 설정하고 3포트 2위치 밸브를 활용하여 2포트 2위치 밸브로 변경하여 공기압 회로를 완성한다.

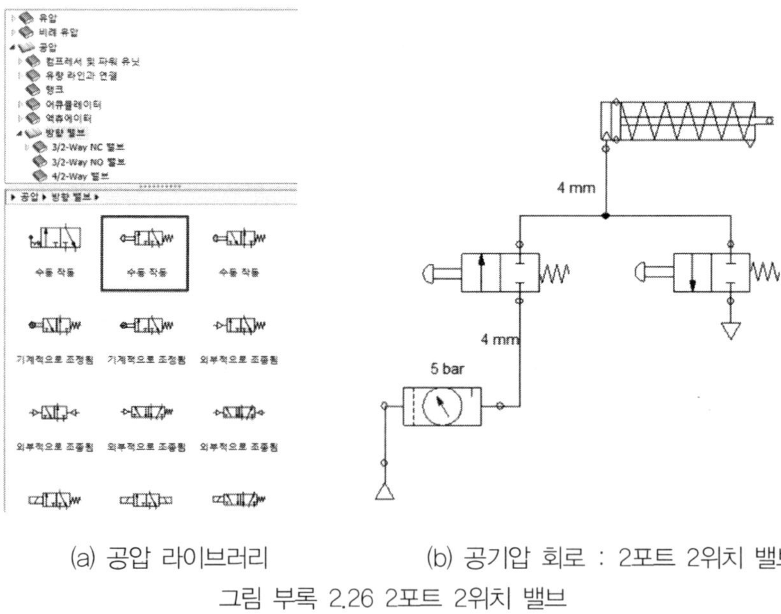

(a) 공압 라이브러리 (b) 공기압 회로 : 2포트 2위치 밸브

그림 부록 2.26 2포트 2위치 밸브

그림 부록 2.27은 3포트 2위치 밸브를 더블클릭하여 컴포넌트 속성창을 호출한 상태를 나타낸다. 컴포넌트 속성에서 빌더를 선택하면 밸브의 포트와 위치를 변경할 수 있는 상태가 되므로 포트 개수에서 3을 2로 변경한다. 포트 개수를 2로 변경하면 압축공기의 흐름방향을 나타내는

네모칸은 ?표시로 나타나며 밸브는 OFF 상태로서 스프링으로 복귀하는 위치이므로 스프링 좌측의 네모칸을 더블클릭한다.

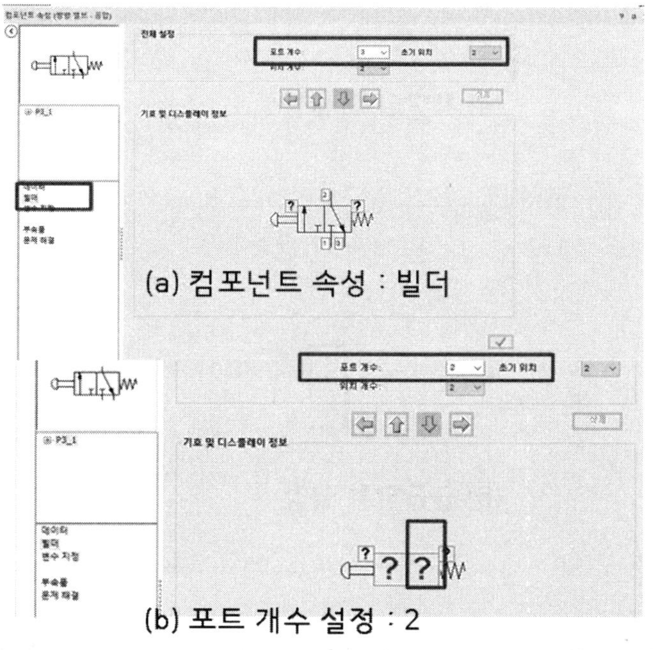

그림 부록 2.27 포트 개수 설정

그림 부록 2.28은 컴포넌트 속성에서 압축공기의 흐름방향을 설정하는 상태를 나타낸다. 수동밸브가 OFF인 상태는 압축공기의 흐름을 차단하고 수동밸브가 ON인 상태는 압축공기가 실린더에 공급이 되는 공기흐름 방향을 클릭하여 선택한다.

그림 부록 2.29는 편집 탭 메뉴에서 2포트 2위치 밸브를 수평 반전하는 상태를 나타낸다. 공기압 부품의 자세를 변경하기 위해서는 해당하는 부품을 클릭하고 편집 탭 메뉴에서 위치를 클릭한다. 위치 메뉴에서 원하는 자세를 선택하면 되는데, 2포트 2위치를 선택하고 위치에서 수평 반전을 클릭하면 2포트 2위치 밸브는 수평선을 중심으로 상하 대칭 상태로 변환한다.

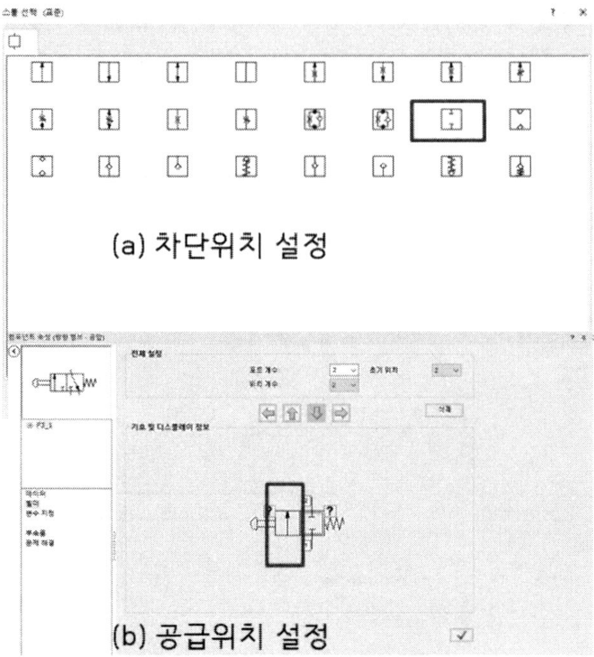

그림 부록 2.28 공급방향 설정

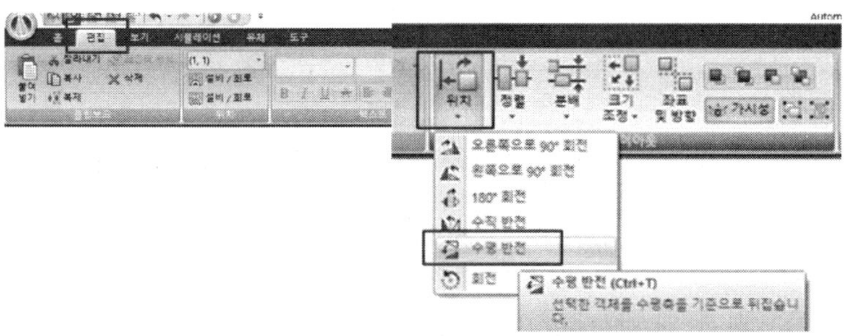

(a) 편집 탭 메뉴

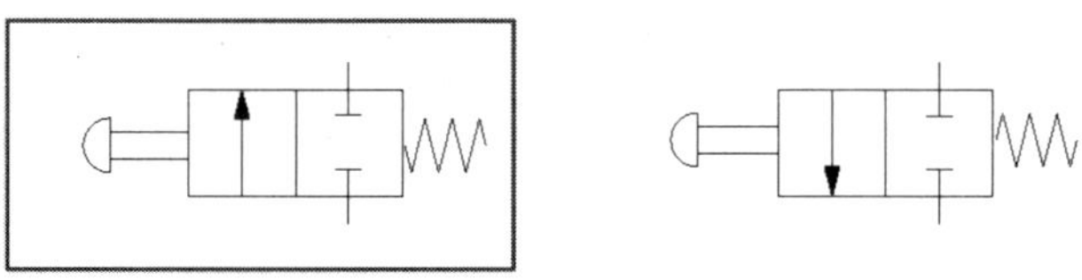

(b) 컴포넌트 심볼 수평 반전

그림 부록 2.29 편집 탭 메뉴 : 수평 반전

그림 부록 2.30은 2포트 2위치 밸브의 동작을 시뮬레이션한 것을 나타낸다. 우측 수동밸브가 OFF 상태에서 좌측 수동밸브를 ON시키면 실린더는 전진하고 좌측 수동밸브가 OFF된 상태에서 우측 수동밸브를 ON시키면 실린더는 후진한다.

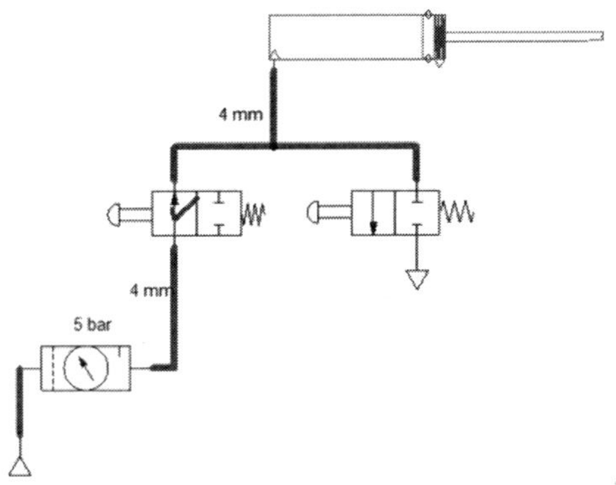

(a) 실린더 전진

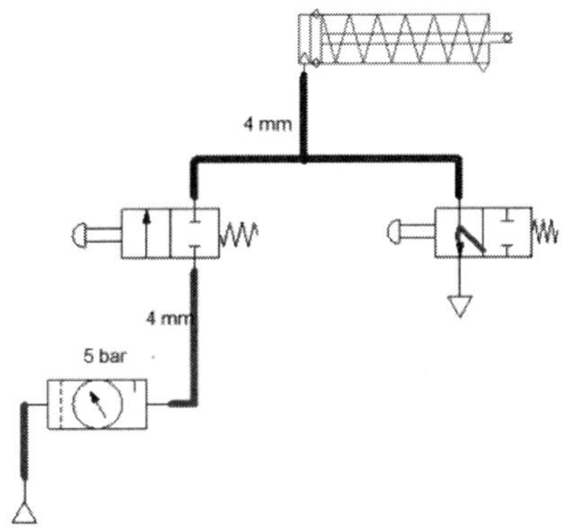

(b) 실린더 후진

그림 부록 2.30 2포트 2위치 밸브 시뮬레이션

2.2.4 3포트 2위치 수동밸브

그림 부록 2.31은 3포트 2위치 밸브를 사용하여 단동 실린더를 제어하는 공기압 회로를 나타낸다. 그림 부록 2.26에서 구성한 공기압 회로를 사용하여 수정한다. 공압 라이브러리의 방향제어밸브 목차에서 3포트 2위치 수동밸브의 컴포넌트 심볼을 클릭하여 2포트 2위치 밸브의 위치로 이동시켜서 공기압 회로를 완성한다.

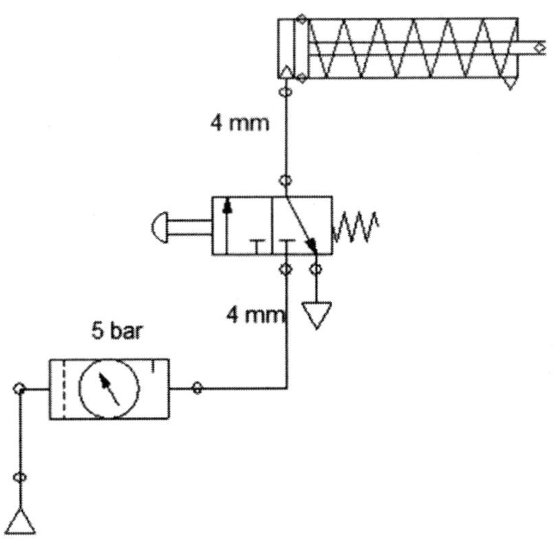

그림 부록 2.31 3포트 2위치

그림 부록 2.32는 3포트 2위치 수동밸브를 사용하여 단동 실린더를 제어하는 공기압 회로 시뮬레이션을 나타낸다. 수동밸브가 OFF된 상태에서는 실린더가 후진하고 수동밸브가 ON이 되는 상태에서는 실린더가 전진한다.

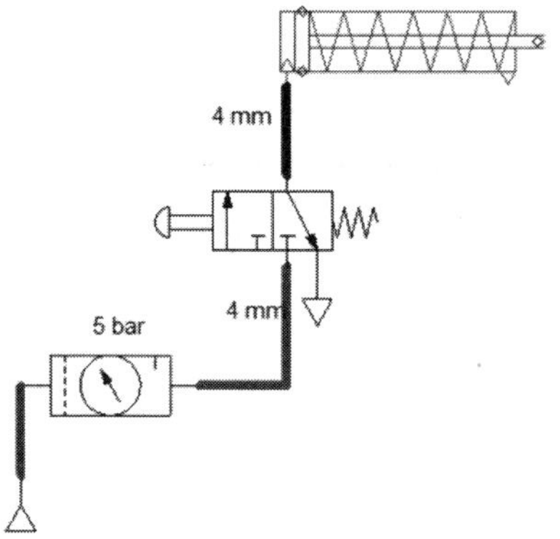

(a) 실린더 후진

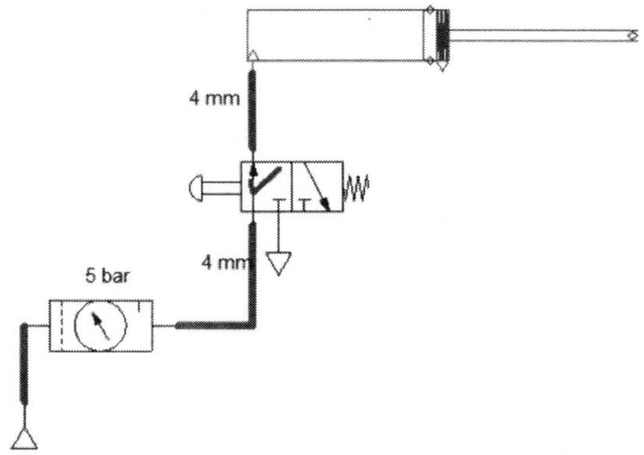

(b) 실린더 전진

그림 부록 2.32 3포트 2위치 밸브 시뮬레이션

2.2.5 4포트 2위치 수동밸브

그림 부록 2.33은 4포트 2위치 밸브를 사용하여 복동 실린더를 제어하는 공기압 회로를 나타낸다. 그림 부록 2.31에서 구성한 공기압 회로를 사용하여 수정한다. 공압 라이브러리의 방향제어밸브 목차에서 4포트 2위치 수동밸브의 컴포넌트 심볼을 클릭하여 3포트 2위치 밸브의 위치로 이동시키고 액추에이터 목차에서 복동 실린더의 컴포넌트 심볼을 클릭하여 단동 실린더 위치에 이동시켜서 공기압 회로를 완성한다.

그림 부록 2.34는 4포트 2위치 수동밸브를 사용하여 복동 실린더를 제어하는 공기압 회로 시뮬레이션을 나타낸다. 수동밸브가 OFF된 상태에서는 피스톤 로드에 압축공기가 공급되고 피스톤 헤드의 압축공기는 대기로 배출되어 실린더가 후진하고 수동밸브가 ON이 되는 상태에서는 피스톤 헤드에 압축공기가 공급되고 피스톤 로드의 압축공기는 대기로 배출되어 실린더가 전진한다.

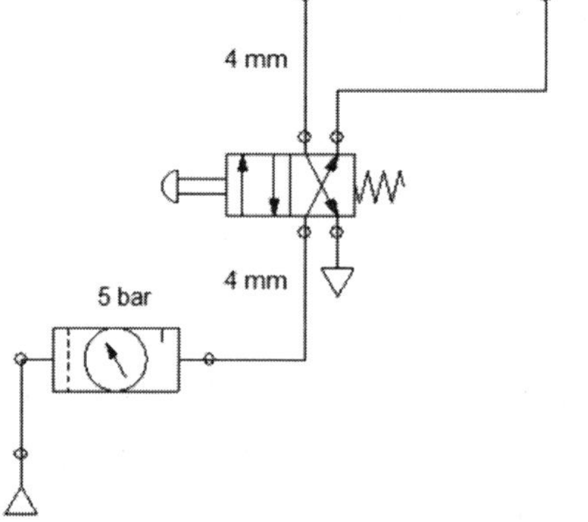

그림 부록 2.33 4포트 2위치 밸브

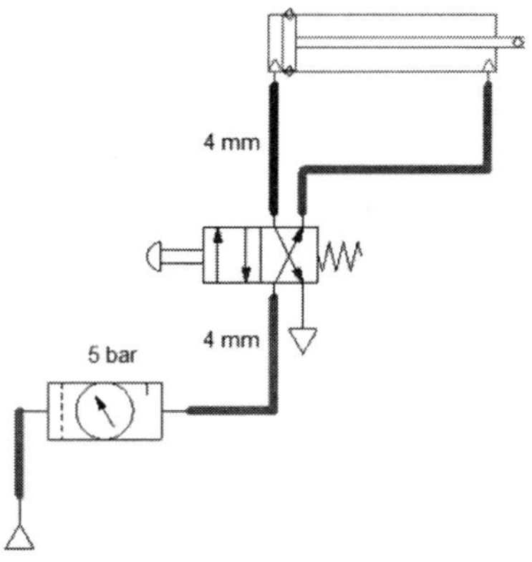

(a) 실린더 후진

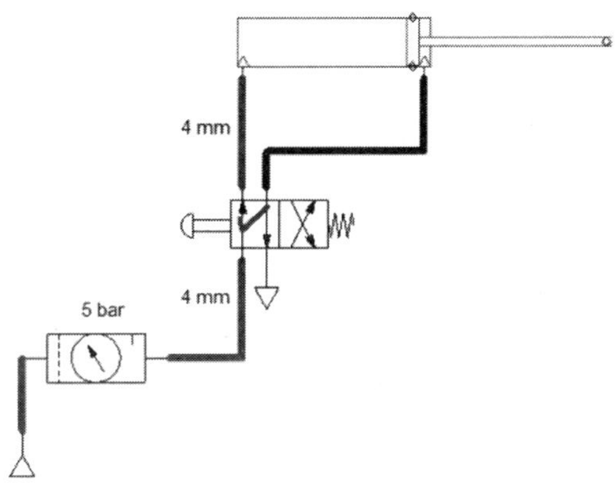

(b) 실린더 전진

그림 부록 2.34 4포트 2위치 밸브 시뮬레이션

2.2.6 5포트 3위치 수동밸브

그림 부록 2.35는 5포트 3위치 밸브를 사용하여 복동 실린더를 제어하는 공기압 회로를 나타낸다. 그림 부록 2.33에서 구성한 공기압 회로를 사용하여 수정한다. 공압 라이브러리의 방향제어밸브 목차에서 5포트 3위치 수동밸브의 컴포넌트 심볼을 4포트 2위치 밸브와 교체하여 공기압 회로를 완성한다.

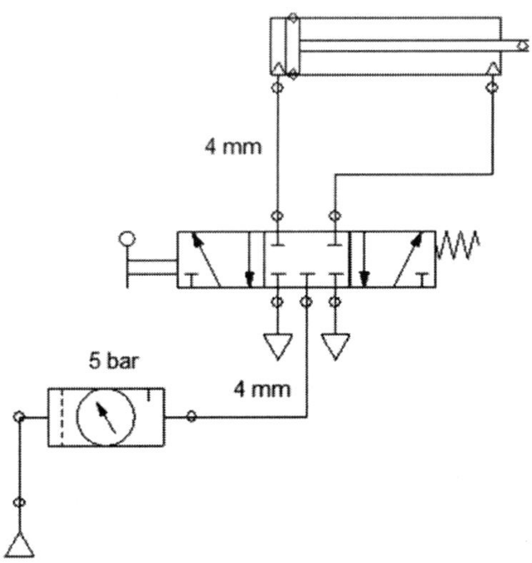

그림 부록 2.35 5포트 3위치

그림 부록 2.36은 5포트 3위치 수동밸브를 사용하여 복동 실린더를 제어하는 공기압 회로 시뮬레이션을 나타낸다. 시뮬레이션을 시작하면 5포트 3위치 밸브는 스프링에 의하여 중립위치로 복귀하여 압축공기의 흐름을 차단하고 실린더의 움직임을 멈춘다. 실린더를 전진시키기 위해서는 수동밸브를 밀어서 ON시키면 압축공기가 피스톤 헤드에 공급되고 피스톤 로드의 압축공기는 대기로 배출된다. 수동밸브를 OFF시키면 스프링의 압축력에 의해 중립위치로 복귀한다. 수동밸브를 당겨서 ON시키면 압축공기는 피스톤 로드에 공급되고 피스톤 헤드의 압축공기는 대기로 배출되어 실린더는 후진한다. 수동밸브를 OFF시키면 스프링의 인장력에 의해 중립위치로 복귀한다.

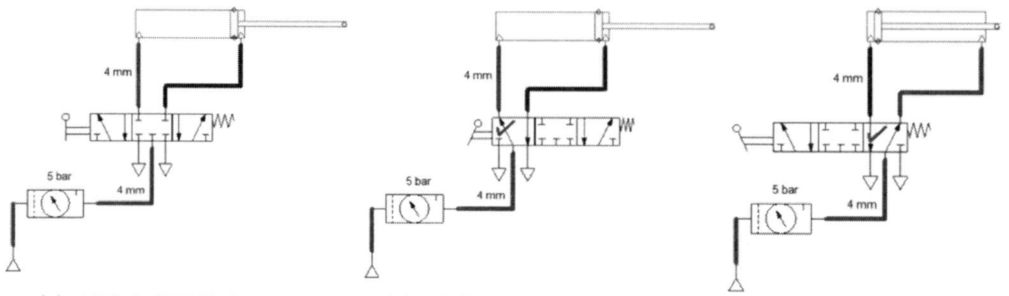

(a) 실린더 중립위치 (b) 실린더 전진 (c) 실린더 후진

그림 부록 2.36 5포트 3위치 밸브 시뮬레이션

2.2.7 시퀀스밸브

그림 부록 2.37은 시퀀스밸브를 사용하는 공기압 회로의 구성을 나타낸다. 그림 부록 2.31의 공기압 회로를 수정하여 시퀀스밸브를 사용하는 공기압 회로를 구성하기 위해서 3포트 2위치 밸브를 복사하여 사용한다. 공압 라이브러리의 압력제어 목차에서 시퀀스밸브의 컴포넌트 심볼을 수동밸브와 단동 실린더 사이에 위치시켜서 공기압 회로를 완성한다.

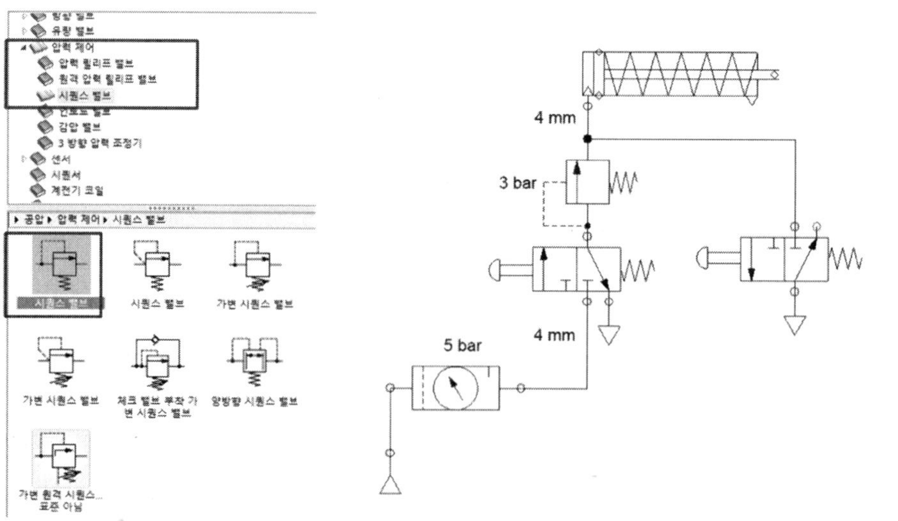

(a) 공압 라이브러리 : 시퀀스밸브 (b) 공기압 회로 : 시퀀스밸브

그림 부록 2.37 시퀀스밸브 공기압 회로

그림 부록 2.38은 시퀀스밸브의 파라미터를 설정하는 컴포넌트 속성을 나타낸다. 크래킹 압력을 3 bar으로 설정한다. 크래킹 압력은 체크밸브나 릴리프밸브 등에서 압력이 상승하고 밸브가 열리기 시작하여 어느 정도 일정한 유량이 확인될 때의 압력을 말한다.

그림 부록 2.39는 시퀀스밸브를 사용하여 단동 실린더를 제어하는 시뮬레이션을 나타낸다. 수동밸브를 ON시키면 5 bar의 압축공기가 시퀀스밸브로 유입되어 크래킹 압력 3 bar 보다 큰 압력에 의해 시퀀스밸브가 작동하여 피스톤 헤드에 압축공기를 공급하여 실린더가 전진하고 수동밸브를 OFF시키면 실린더는 움직임을 멈춘다. 실린더를 후진하기 위해서는 우측의 수동밸브를 ON시킨다.

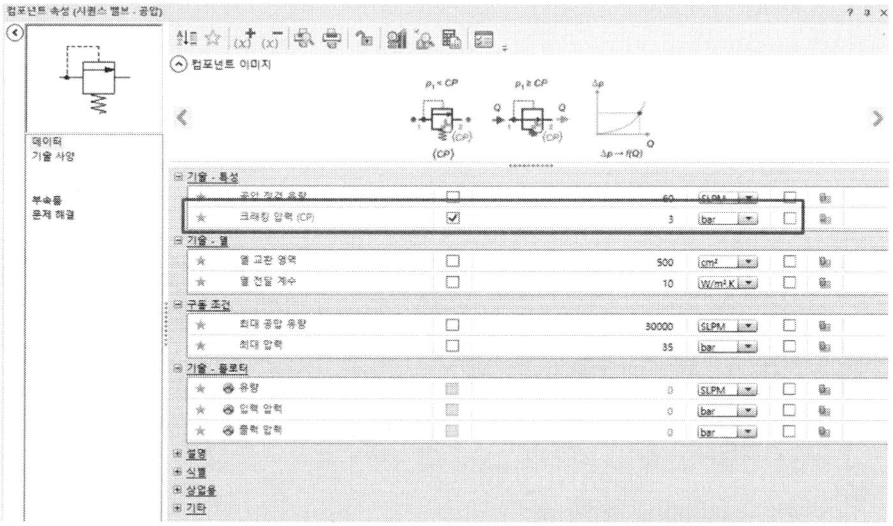

그림 부록 2.38 시퀀스밸브 파라미터 설정

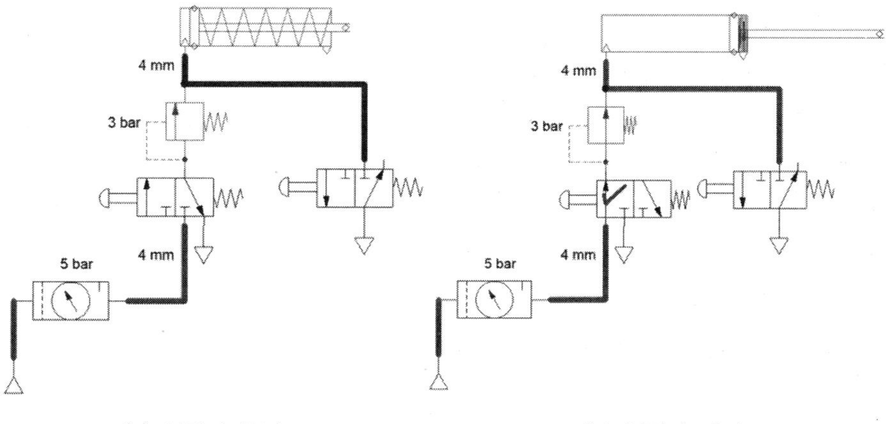

(a) 실린더 후진 (b) 실린더 전진

그림 부록 2.39 시퀀스밸브 시뮬레이션

2.2.8 유량제어밸브

그림 부록 2.40은 유량제어밸브를 사용하여 실린더의 운동속도를 제어하는 미터아웃 방식의 공기압 회로를 나타낸다. 그림 부록 2.33의 4포트 2위치 밸브를 사용하는 공기압 회로를 수정하여 실린더의 운동속도를 제어하는 공기압 회로를 구성한다. 공압 라이브러리에서 유량밸브 목차를 선택하고 논-리턴 스로틀밸브가 있는 유량제어밸브 컴포넌트 심볼을 클릭하여 수동밸브와 복동 실린더 사이에 위치시킨다. 미터아웃 방식은 대기로 배출되는 방향의 유량을 조절하여 실린더의 운동속도를 제어하는 방식이므로 유량제어밸브의 방향에 주의한다.

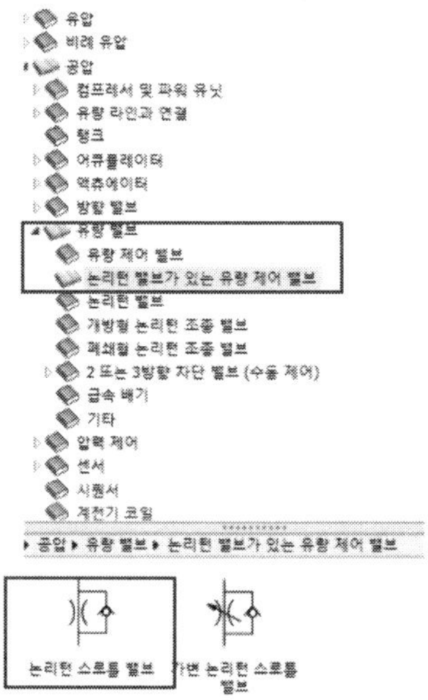

(a) 공압 라이브러리 : 유량밸브

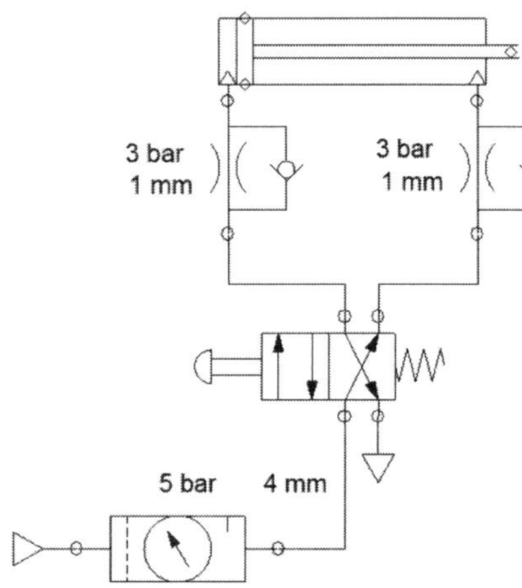

(b) 공기압 회로 : 미터아웃방식

그림 부록 2.40 유량제어밸브 공기압 회로

그림 부록 2.41은 유량제어밸브의 파라미터를 설정하는 컴포넌트 속성을 나타낸다. 논-리턴 스로틀밸브가 있는 유량제어밸브를 더블클릭하여 오리피스의 내부지름은 1 mm, 크래킹 압력을 3 bar으로 설정한다.

그림 부록 2.42는 공기압 실린더의 운동속도를 제어하기 위하여 유량제어밸브를 사용한 공기압 회로 시뮬레이션을 나타낸다. 수동밸브를 ON시키면 피스톤 헤드에는 압축공기가 공급되고 피스톤 로드의 압축공기는 유량제어밸브에 의해 조절된 유량을 대기로 배출시켜서 실린더의 전진속도를 제어한다. 수동밸브를 OFF시키면 피스톤 로드에 압축공기가 공급되고 피스톤 헤드의 압축공기는 유량제어밸브에 의하여 조절된 압축공기를 대기로 방출하여 후진속도를 제어한다.

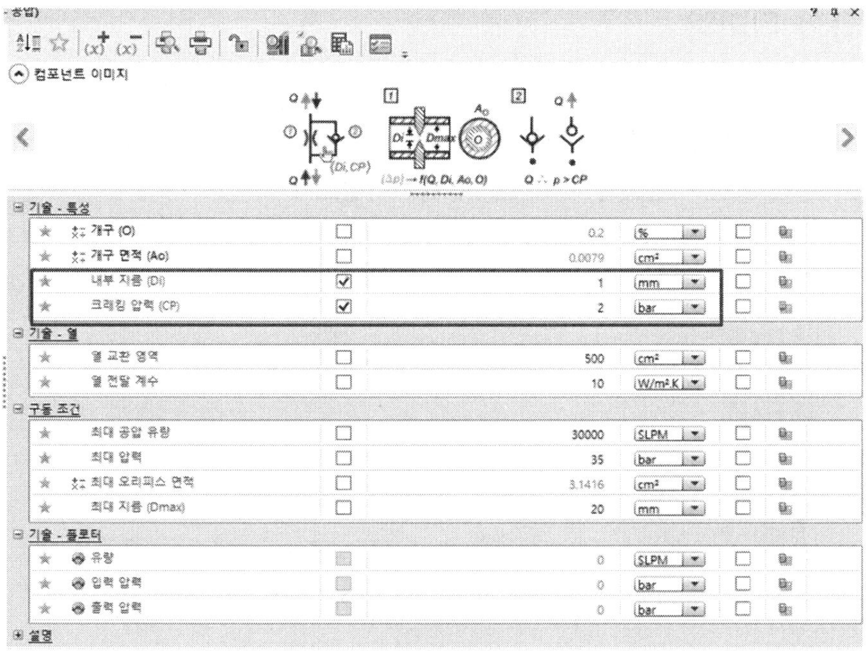

그림 부록 2.41 유량제어밸브 파라미터 설정

(a) 시뮬레이션 탭 메뉴

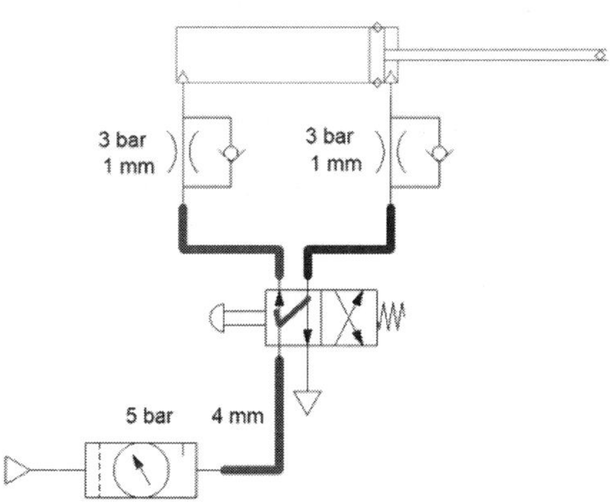

(b) 동작 시뮬레이션

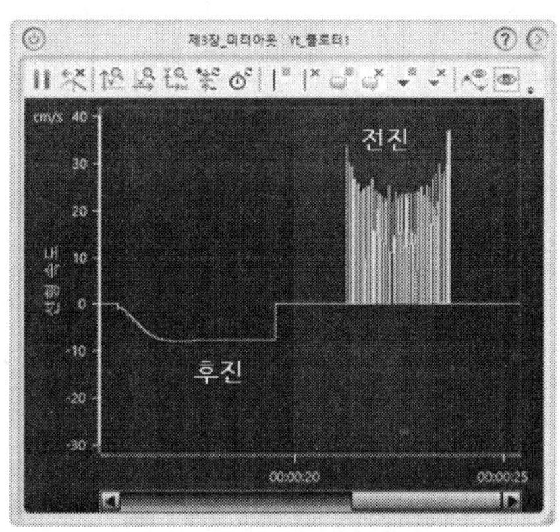

(c) 운동속도

그림 부록 2.42 유량제어밸브 시뮬레이션

2.2.9 공기 타이머

그림 부록 2.43은 실린더의 움직임을 타이머로 제어하기 위한 것으로서 ON 딜레이 공기 타이머를 사용하는 공기압 회로를 나타낸다. 공압 라이브러리의 타이머 목차를 선택하고 ON 딜레이 타이머 컴포넌트 심볼을 클릭하여 유량제어밸브와 실린더 사이에 위치시킨다. 공기 타이머는 일정한 용기에 설정한 압력에 도달하는 시간을 사용하여 타이머 역할을 한다.

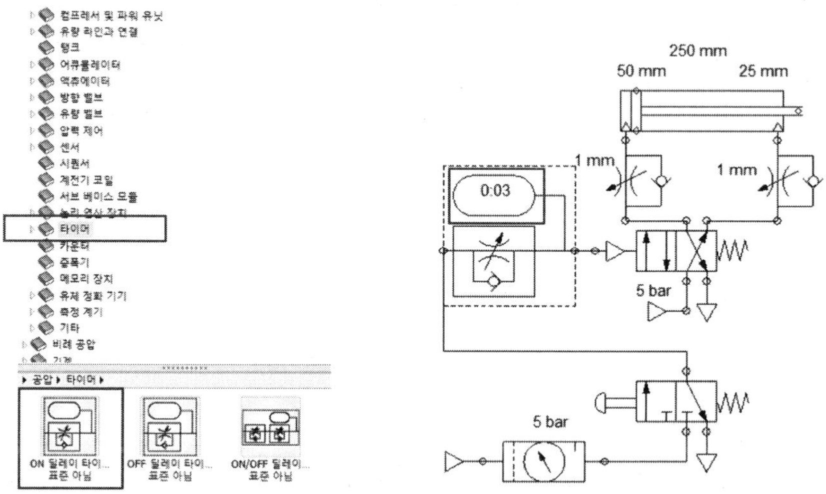

(a) 공압 라이브러리 : 타이머　　　　(b) 공기압 회로 : ON 3초 지연

그림 부록 2.43 공기 타이머

그림 부록 2.44는 ON 딜레이 타이머의 파라미터를 설정하는 컴포넌트 속성을 나타낸다. 압력 임계값이 1 bar로 설정되어 있으며 시간지연 설정시간은 3초로 설정한다.

그림 부록 2.45는 공기 타이머를 사용하는 공기압 회로의 시뮬레이션을 나타낸다. 3포트 2위치 수동밸브를 누르고 있으면 실린더는 3초 후에 전진한다. 수동밸브를 OFF하면 실린더는 후진한다.

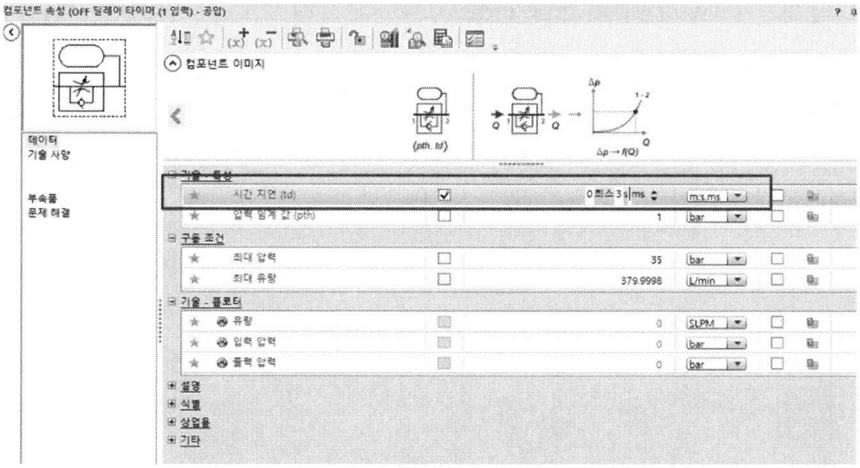

그림 부록 2.44 공기 타이머 파라미터 설정

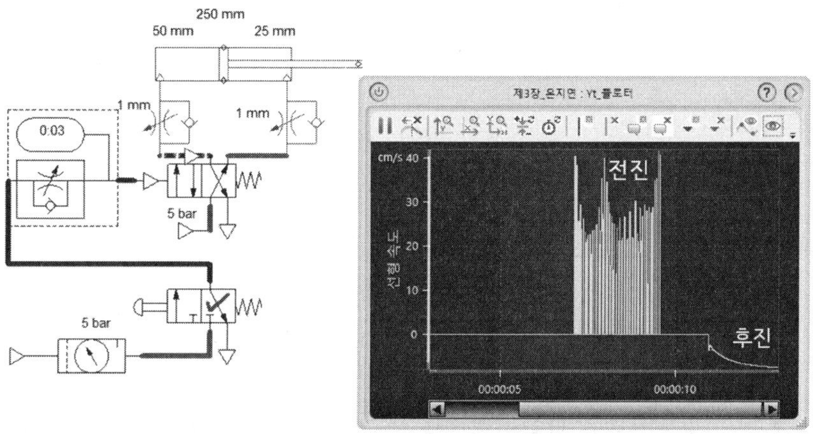

(a) 동작 시뮬레이션

(b) 운동속도

그림 부록 2.45 공기 타이머 시뮬레이션

2.3 순수 공기압 회로

2.3.1 미터인 방식과 미터아웃 방식

순수 공기압 회로를 사용하여 공압 실린더를 제어하기 위해서는 수동밸브와 파일럿 밸브를 사용할 수 있다. 실린더의 운동속도는 미터인 방식과 미터아웃 방식으로 구분한다.

그림 부록 2.46은 3포트 2위치 수동밸브 하나를 사용하여 단동 실린더 두 개를 동시에 제어하는 공기압 회로를 나타낸다. 두 개의 실린더는 미터인 방식과 미터아웃 방식으로 공기압 회로를 구성하여 실린더의 운동속도를 비교하여 본다. 공압 라이브러리의 공압 목차에서 컴포넌트 심볼 압력소스, 배기, 단동 실린더, 논-리턴 스로틀밸브가 있는 유량제어밸브, 압력계를 클릭하여 편집문서로 이동시키고 배관을 연결하여 공기압 회로를 완성한다. 미터인 방식은 유량제어밸브의 조절된 오리피스로 실린더에 공급되는 유량을 제어하는 방법이고 미터아웃 방식은 실린더 내부의 압축공기를 유량제어밸브를 사용하여 대기로 배출되는 유량을 제어하는 방법이다.

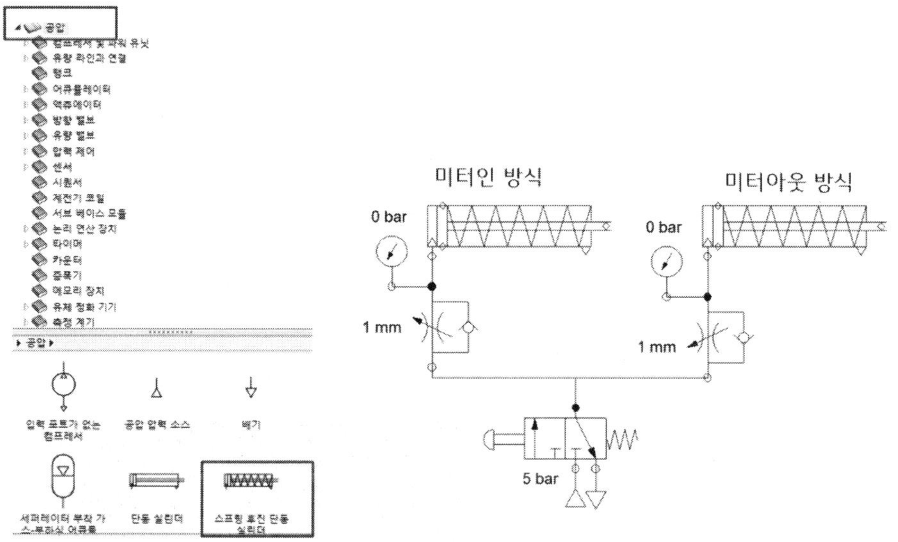

(a) 공압 라이브러리 (b) 단동실린더 공기압 회로도

그림 부록 2.46 미터인과 미터아웃 방식 : 수동밸브

그림 부록 2.47은 수동밸브와 파일럿밸브를 사용하여 단동 실린더 두 개를 동시에 제어하는 공기압 회로를 나타낸다. 3포트 2위치 외부 파일럿밸브 두 개를 유량제어밸브와 3포트 2위치 수동밸브 사이에 위치를 시키고 공기압 배관을 연결한다. 단동 실린더의 운동속도는 미터인 방식과 미터아웃 방식을 사용하여 제어한다. 수동밸브를 동작시키면 압력소스의 압축공기는 수동밸브를 통하여 3포트 2위치 외부 파일럿밸브를 ON시켜서 두 개의 실린더가 동시에 전진을 시작하고 수동밸브를 OFF시키면 동시에 후진한다.

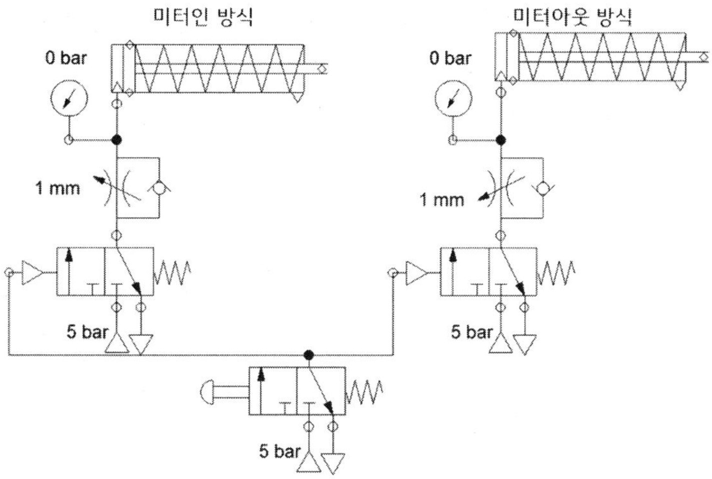

그림 부록 2.47 미터인과 미터아웃 : 파일럿밸브

그림 부록 2.48은 미터인 방식과 미터아웃 방식을 사용하여 복동 실린더의 운동속도를 제어하는 공기압 제어회로를 나타낸다. 두 개의 실린더는 4포트 2위치 수동밸브를 사용하여 동시에 제어하며 유량제어밸브 4개를 사용하여 전진과 후진 운동속도를 제어한다. 유량제어밸브의 오리피스 지름을 1 mm으로 설정하고 시뮬레이션을 통하여 전진과 후진 속도, 미터인 방식과 미터아웃 방식으로 구동되는 실린더의 운동 속도를 비교하여 본다.

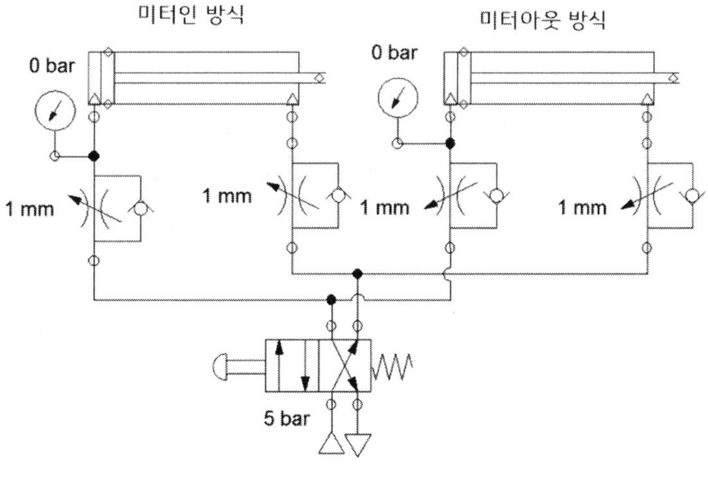

그림 부록 2.48 복동 실린더 제어회로

2.3.2 공기압 논리회로

그림 부록 2.49는 3포트 2위치 수동밸브 2개를 직렬로 연결하여 구성한 AND 조합의 공기압 논리회로를 나타낸다. 공압 라이브러리의 공압 목차에서 수동밸브와 복동 실린더, 압력소스,

배기 및 유량제어밸브를 가져오고 방향제어밸브 → 4/2 Way밸브 목차에서 외부로부터 조종됨 밸브를 선택하여 공기압 회로를 구성한다. 수동밸브 A와 B가 ON이 되는 조건에서만 4포트 2위치 파일럿밸브 C를 ON시켜서 실린더가 전진하고 그 외의 조건에서는 OFF신호가 되어 실린더는 후진한다.

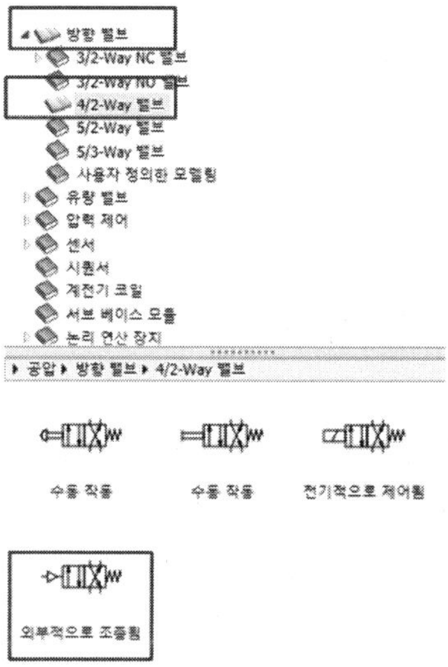

A	B	C
0	0	0
1	0	0
0	1	0
1	1	1

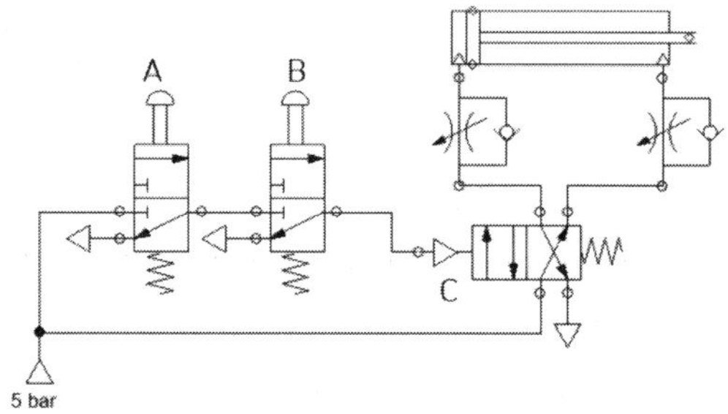

(a) 공압 라이브러리 : 방향밸브 (b) AND조합 공기압 회로도

그림 부록 2.49 공기압 논리회로 : AND

그림 부록 2.50은 수동밸브 2개와 셔틀밸브를 사용하여 OR 조합의 공기압 논리회로를 구성한 것이다. 공압 라이브러리의 공압 목차에서 컴포넌트 심볼 셔틀밸브를 선택하여 AND 조합을 구성한 공기압 회로를 수정하여 OR 조합의 논리회로를 구성한다. 수동밸브 A와 B가 OFF되는 조건에서는 4포트 2위치 파일럿밸브 C가 OFF가 되어 실린더가 후진하고 그 외의 조건에서는 ON이 되어서 실린더를 전진시킨다.

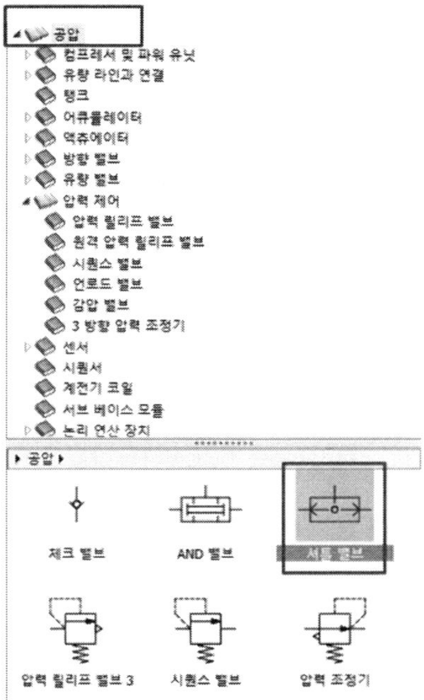

A	B	C
0	0	0
1	0	1
0	1	1
1	1	1

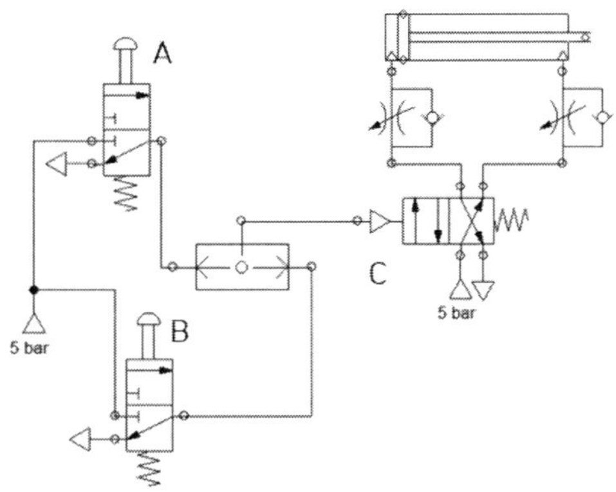

(a) 공압 라이브러리　　　　　(b) OR조합 공기압 회로도

그림 부록 2.50 공기압 논리회로 : OR

그림 부록 2.51은 3포트 2위치 파일럿 밸브와 리미트밸브를 사용하여 NOT 조합의 공기압 논리회로를 구성한 것이다. 공압 라이브러리에서 공압 → 방향밸브 목차의 컴포넌트 심볼에서 기계적으로 조종됨과 외부적으로 조종됨 밸브를 선택해서 OR 조합의 공기압 회로를 수정하여 NOT 조합을 완성한다. NOT 조합에서는 3포트 2위치 리미트밸브 A가 ON이 되면 3포트 2위치 파일럿밸브 B는 OFF가 되고 리미트밸브 A가 OFF가 되면 파일럿밸브는 ON이 된다. 3포트 2위치 수동밸브를 ON시키면 실린더가 전진하여 피스톤 로드가 리미트밸브를 ON시키면 파일럿밸브 B는 OFF가 된다. 수동밸브를 OFF시키면 실린더가 후진하면서 리미트밸브를 OFF시키고 파일럿밸브는 ON이 된다.

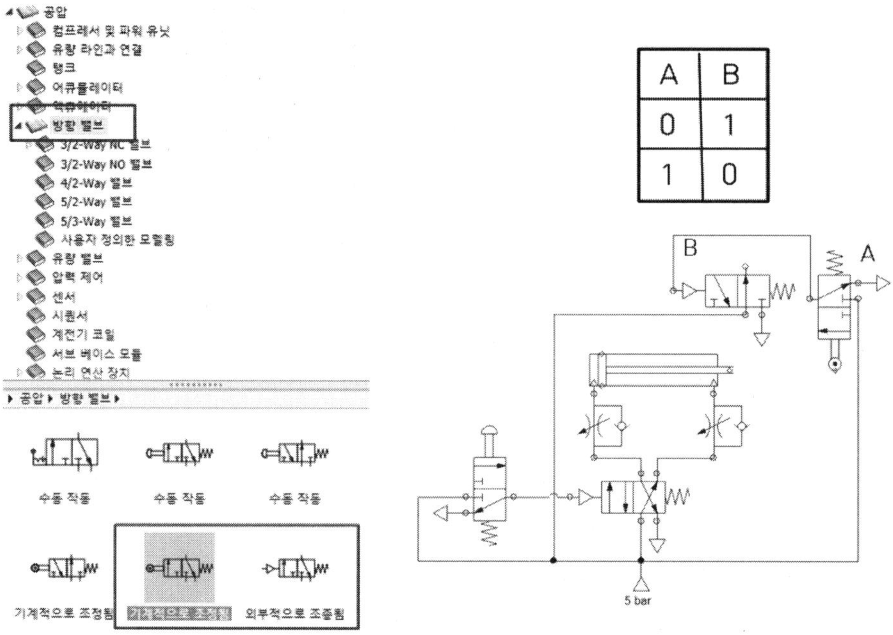

A	B
0	1
1	0

(a) 공압 라이브러리 : 방향밸브　　　　　(b) NOT조합 공기압 회로도

그림 부록 2.51 공기압 논리회로 : NOT

그림 부록 2.52는 리미트밸브를 사용하여 NOT 조합의 공기압 회로를 구성하는 과정을 나타낸다. 공압 라이브러리의 방향밸브에서 기계적으로 조종됨 밸브를 선택하여 피스톤 로드의 부근에 위치시킨다. 피스톤 로드의 끝부분에 있는 기계적 접점 ◇과 리미트밸브의 접점 ◇을 일치시켜야 실린더의 풀 스트로크를 감지할 수 있다.

그림 부록 2.53은 실린더를 더블클릭해서 컴포넌트 속성창을 호출하여 데이터 항목을 선택한 상태를 나타낸다. 기술-모델링 목차를 열어서 전진 항목의 0% → 100%로 수정하면 피스톤 로드가 끝부분까지 전진하고 다시 0%를 입력하면 초기위치가 된다.

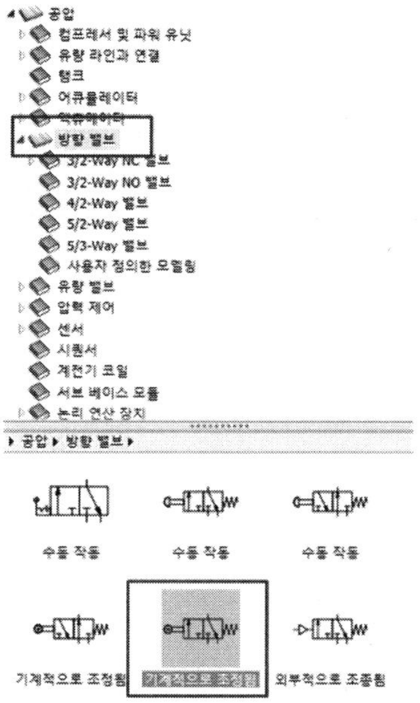

(a) 공압 라이브러리 : 방향밸브

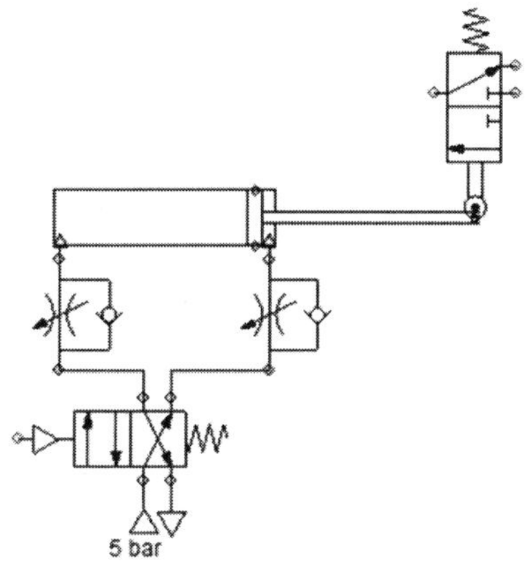

(b) NOT조합 공기압 회로도

그림 부록 2.52 리미트밸브를 사용하는 공기압 회로

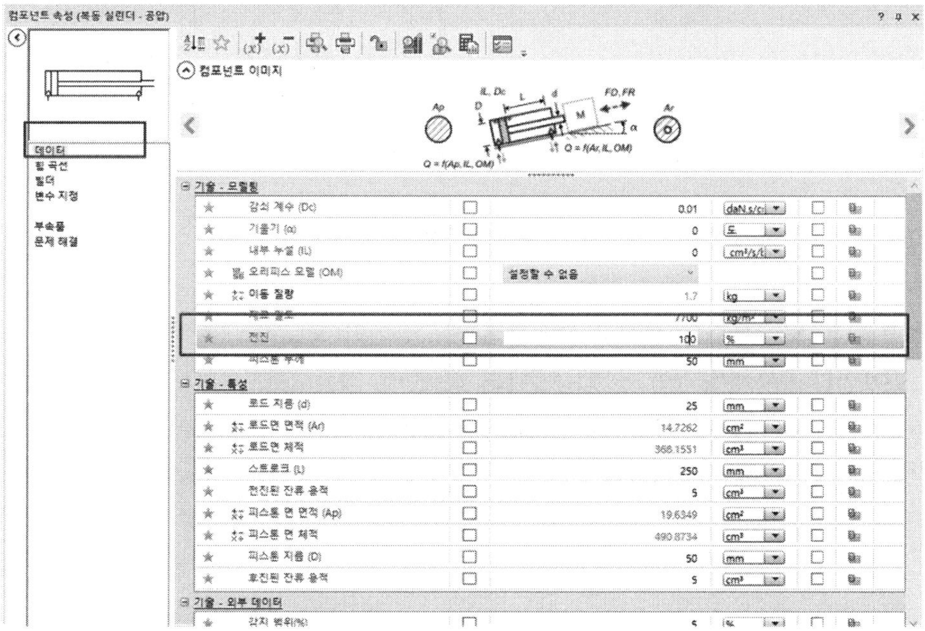

그림 부록 2.53 컴포넌트 속성창 : 실린더 전진 100%

2.3.3 왕복제어 공기압 회로

그림 부록 2.54는 복동 실린더를 1회 왕복 운동하는 공기압 회로도를 나타낸다. 3포트 2위치 수동밸브는 실린더의 전진 신호로 사용하고 3포트 2위치 리미트밸브는 실린더의 후진 신호로 사용한다. 수동밸브가 ON이 되면 압축공기가 4포트 2위치 파일럿밸브를 ON시켜서 실린더를 전진시키고 피스톤 로드가 리미트밸브를 ON시키면 압축공기는 4포트 2위치 파일럿밸브를 OFF시켜 실린더를 후진시킨다.

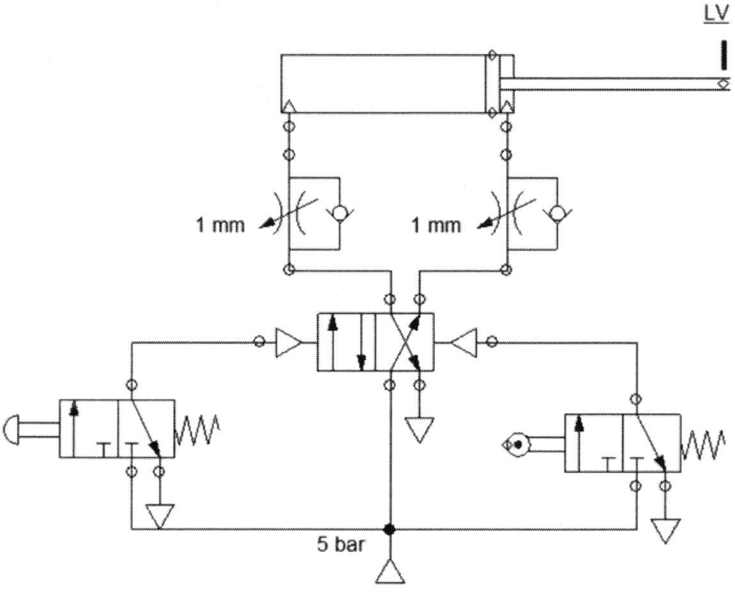

그림 부록 2.54 왕복제어 공기압 회로도

그림 부록 2.55는 복동 실린더를 1회 왕복하는 공기압 회로를 구성하는 과정을 나타낸다. 공압 라이브러리 목차에서 공압 → 방향밸브의 컴포넌트 심볼 3포트 2위치 파일럿밸브를 선택하여 편집문서로 이동시킨다. 복동 실린더를 제어하기 위해서는 4포트 2위치 또는 5포트 2위치 파일럿밸브를 사용해야 하므로 3포트 2위치 파일럿밸브를 사용하여 포트와 위치수를 변경한다.

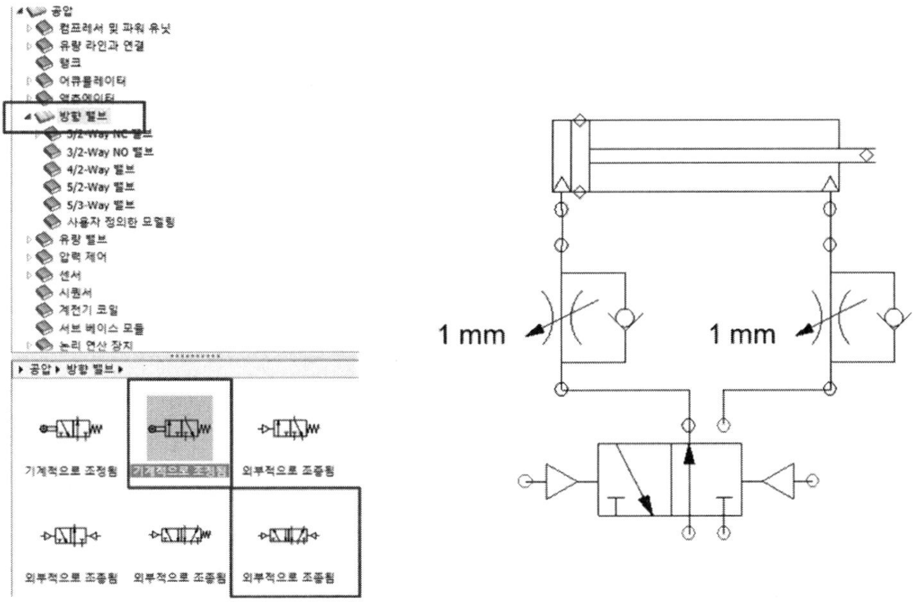

(a) 공압 라이브러리 : 방향밸브　　　　　　(b) 1회 왕복제어 공기압 회로도

그림 부록 2.55 복동 실린더제어 기본회로 구성

그림 부록 2.56은 3포트 2위치 파일럿밸브를 더블클릭하여 방향밸브 컴포넌트 속성창을 호출한 상태이다. 빌더 항목을 선택하면 포트와 위치를 변경하는 항목이 나타나고 3포트 → 4포트로 변경한다. 4포트로 변경하면 네모칸 안에는 ?표시가 나타나며 OFF되는 네모칸을 더블클릭하여 공기의 흐름방향을 선택한다.

그림 부록 2.57은 압축공기의 흐름방향을 결정하는 스풀을 선택하는 것이다. OFF된 스풀상태는 압축공기가 피스톤 로드에 공급되고 실린더의 압축공기는 대기로 배출되는 흐름방향을 선택하고 ON되는 스풀상태는 피스톤 헤드에 압축공기가 공급되고 피스톤 로드의 압축공기는 대기로 배출되는 흐름방향을 선택한다.

그림 부록 2.58은 압축공기의 흐름을 선택하는 스풀을 확정한 상태가 된다. 스풀은 ON과 OFF의 위치를 가지고 있으며 외부 파일럿 압력에 의해 동작하는 부분이 ON이 되고 스프링에 의해 복귀되는 부분이 OFF위치이다.

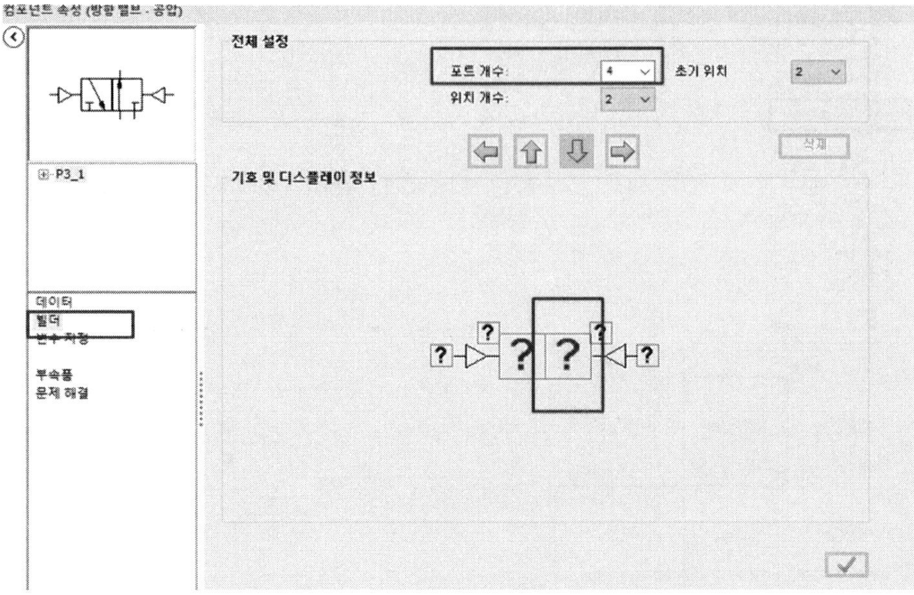

그림 부록 2.56 방향밸브 컴포넌트 속성창

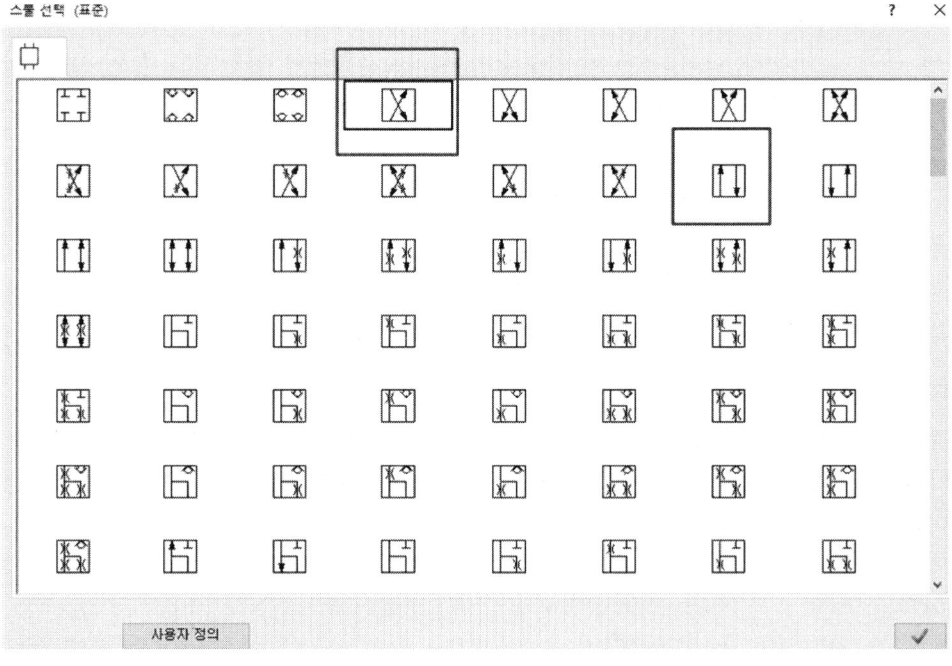

그림 부록 2.57 공기의 흐름방향 선택

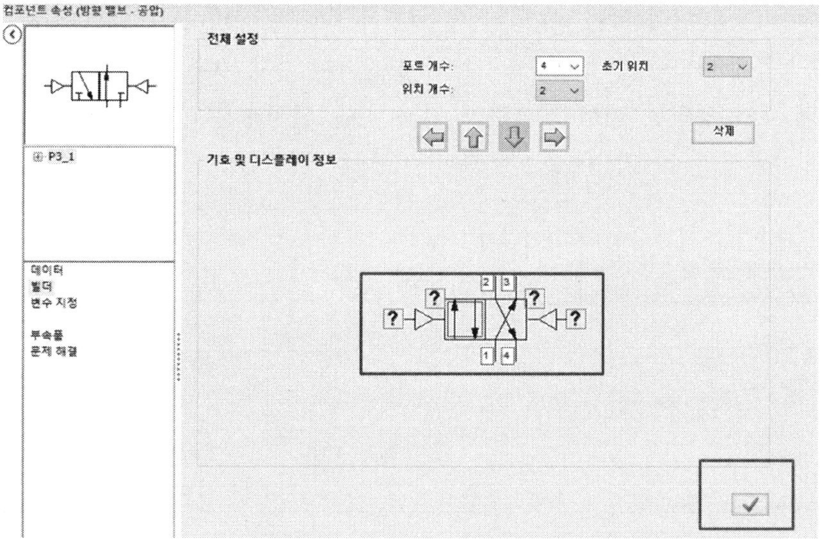

그림 부록 2.58 공기의 흐름방향 결정 : 스풀확정

그림 부록 2.59는 리미트밸브를 사용하여 실린더를 동작시키기 위하여 양방향 센서 레퍼런스를 사용하는 상태를 나타낸다. 공압 라이브러리에서 공압 → 센서 목차를 선택하고 컴포넌트 심볼의 양방향 센서 레퍼런스를 클릭하여 피스톤 로드 끝부분에 위치시킨다.

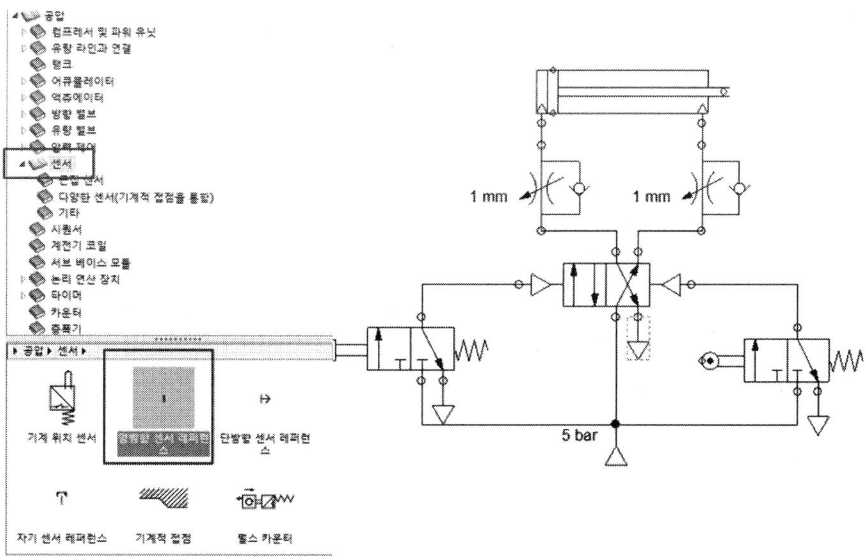

그림 부록 2.59 양방향 센서 레퍼런스

그림 부록 2.60은 양방향 센서 레퍼런스의 변수지정과 기계적 접점을 일치시키는 과정을 나타낸다. 양방향 센서 레퍼런스를 편집문서로 가져오면 변수수정 대화상자가 나타나며 알리아스에 변수명 LV를 입력한다. 알리아스를 지정한 후에는 실린더를 더블클릭하여 실린더의 컴포넌트 속성창에 나타나면 데이터 항목에서 실린더의 전진 100%로 변경하여 피스톤 로드의 기계적 접점 ◇와 양방향 센서 레퍼런스 접점 ◇을 일치시킨다.

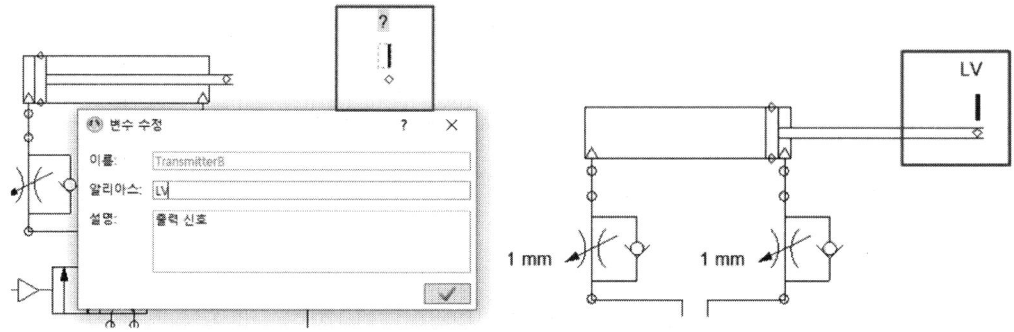

(a) 리미트 밸브 이동 (b) 리미트 밸브와 피스톤 로드 기계접점 맞춤

그림 부록 2.60 기계적 접점 일치

그림 부록 2.61은 양방향 센서 레퍼런스와 리미트밸브를 연결시키는 알리아스를 일치시키는 상태를 나타낸다. 리미트밸브를 더블클릭하면 컴포넌트 속성창이 호출되고 변수지정 항목을 선택한다. 호환되는 시뮬레이션 변수에서 알리아스 LV를 검색하면 알리아스 LV가 나타나고 컴포넌트 변수의 알리아스 LV를 선택한다. 호환되는 시뮬레이션 변수에서 알리아스 LV를 더블클릭하면 하단부의 연결에 알리아스 LV가 나타나고 양방향 센서 레퍼런스는 파란색 하이퍼링크로 변화되어 연결되었음을 알려준다.

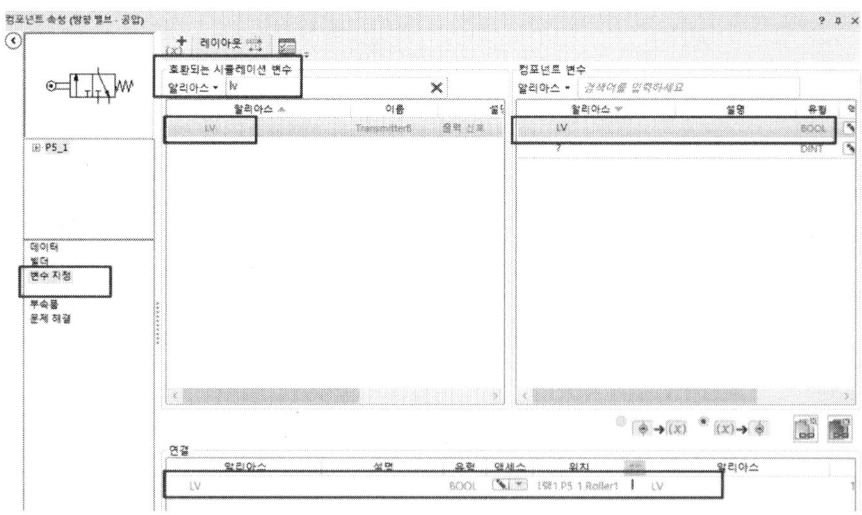

그림 부록 2.61 리미트밸브의 알리아스 지정

그림 부록 2.62는 1회 왕복 운동하는 복동 실린더의 공기압 회로가 완성되었으므로 동작을 확인하는 시뮬레이션과 Y(t) 플로터를 사용하여 실린더의 운동속도를 그래프로 나타낸다. 시뮬레이션 탭 메뉴를 선택하고 데이터를 그래프로 나타낼 수 있는 Y(t) 플로터를 선택하여 편집문서에 위치시킨다.

그림 부록 2.63은 실린더의 움직임 데이터를 Y(t) 플로터에서 그래프로 출력하는 과정을 나타낸다. 컨트롤키 CTRL을 누른 상태에서 실린더를 클릭하여 Y(t) 플로터로 드래그한다. 플롯 선택의 대화상자가 나타나면 선형속도를 체크한다. 시뮬레이션을 시작하면 Y(t) 플로터에서 X축은 시간, Y축은 실린더 속도를 그래프에 표시한다.

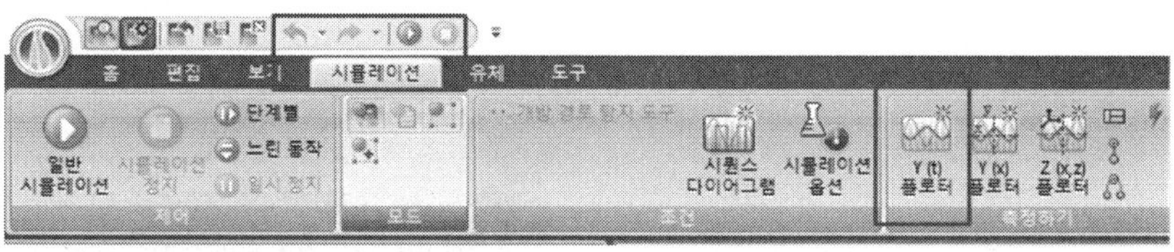

(a) 시뮬레이션 탭 메뉴

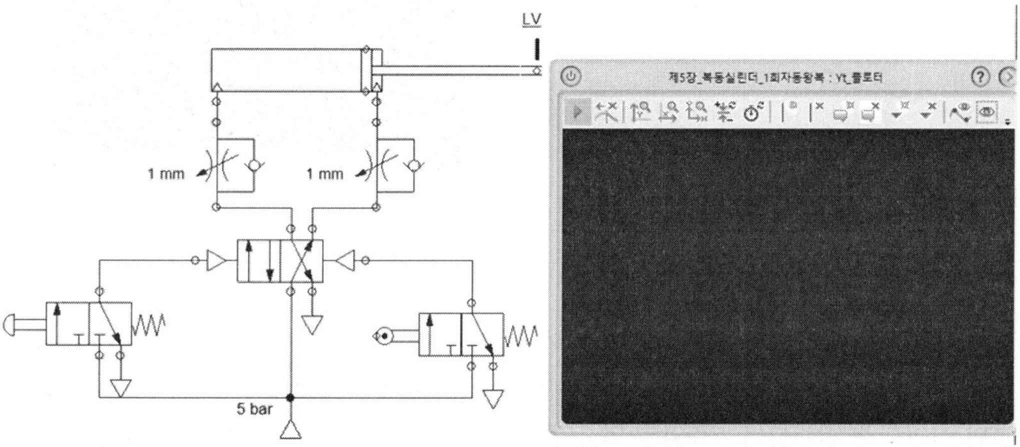

(b) Y(t) 플로터

그림 부록 2.62 시뮬레이션과 Y(t) 플로터

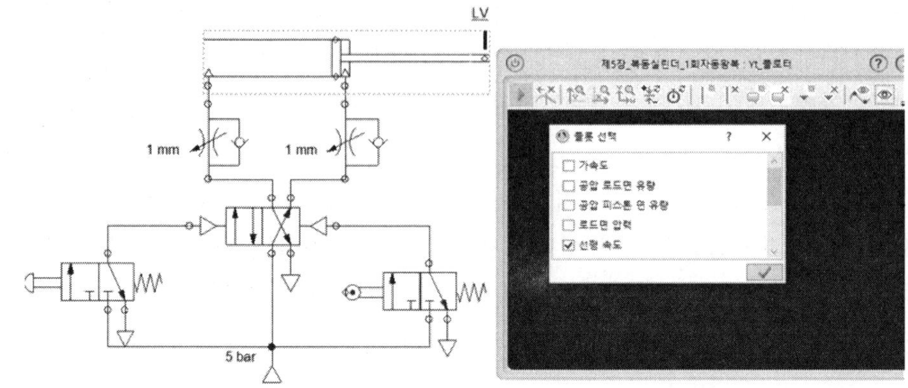

(a) 실린더＋CTRL : Y(t) 플로터로 이동

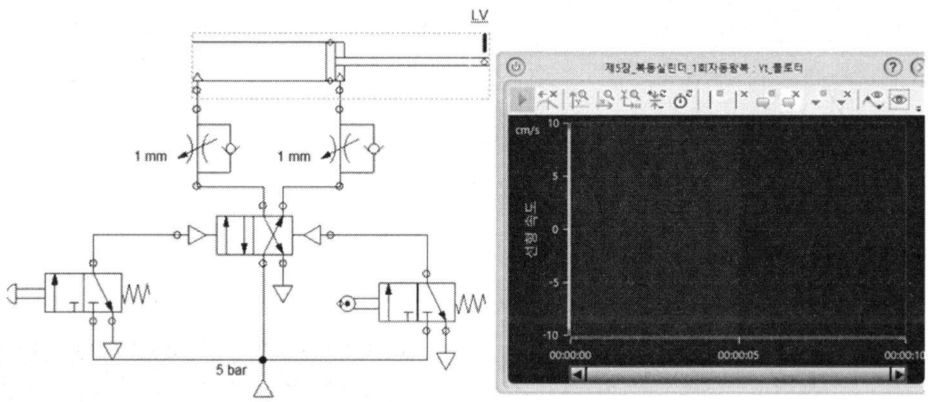

(b) 선형속도 선택

그림 부록 2.63 Y(t) 플로터

그림 부록 2.64는 복동 실린더의 1회 왕복 운동하는 공기압 회로의 동작 시뮬레이션과 운동속도를 나타낸다. 시뮬레이션을 시작하면 실린더는 후진상태에서 대기한다. 수동밸브를 누르면 실린더가 전진하며 운동속도는 급하게 가속된 후에 서서히 속도가 증가되는 현상을 나타내고 피스톤 로드가 리미트밸브를 ON시키면 실린더는 후진한다. 실린더의 전진속도는 후진속도보다 빨리 움직이는 것을 확인할 수 있다.

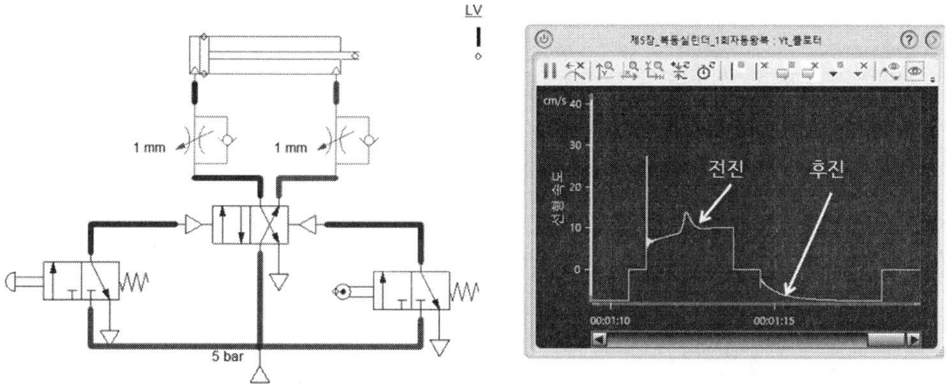

(a) 1회 왕복 시뮬레이션 (b) 실린더의 전진과 후진속도

그림 부록 2.64 동작 시뮬레이션과 운동속도

2.3.4 무한반복 공기압 회로

그림 부록 2.65는 공기압 실린더를 무한 반복하도록 구성한 공기압 회로도를 나타낸다. 실린더가 후진한 상태는 초기위치이고 리미트밸브 LS1이 ON된 상태가 된다. 초기상태에서 수동밸브를 ON시킨 상태를 유지시키면 실린더가 전진하여 리미트밸브 LV의 신호를 받아서 후진하고 리미트밸브 LS1 신호를 받아서 전진을 반복한다.

그림 부록 2.66은 양방향 센서 레퍼런스를 사용하여 실린더의 전진 신호를 만들기 위하여 알리아스를 입력하는 상태를 나타낸다. 공압 라이브러리의 센서 목차에서 양방향 센서 레퍼런스를 클릭하여 실린더의 전진 위치 근처에 놓고 알리아스 LS1을 입력한다. 다음으로 기계적 접점을 클릭하여 수동밸브 옆에 위치시킨다.

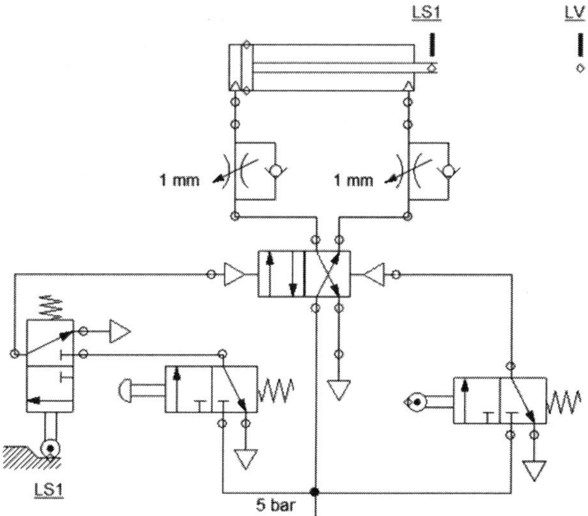

그림 부록 2.65 무한반복 공기압 회로도

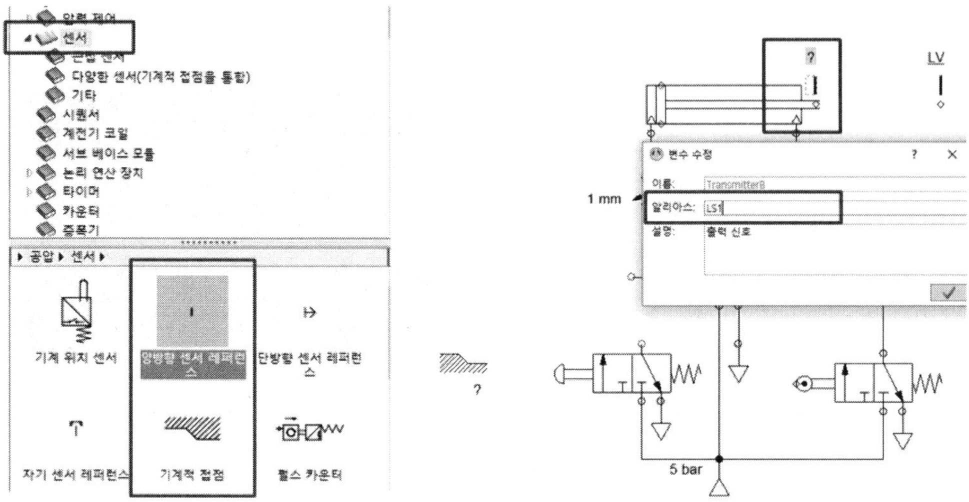

(a) 공압 라이브러리 : 센서 (b) 알리아스 입력

그림 부록 2.66 양방향 센서 레퍼런스 : 알리아스 입력

그림 부록 2.67은 리미트밸브와 기계적 접점의 알리아스를 연결하는 상태를 나타낸다. 기계적 접점을 더블클릭하고 컴포넌트 속성창의 변수지정 항목을 선택한다. 호환되는 시뮬레이션 변수에서 LS를 입력하면 알리아스 LS1이 나타나므로 이것과 컴포넌트 변수 LS1을 일치시키고 더블클릭하면 하단부의 연결에 알리아스 LS1이 나타난다. 기계적 접점과 리미트밸브가 연결되면 파란색 하이퍼링크로 연결되었음을 표시한다.

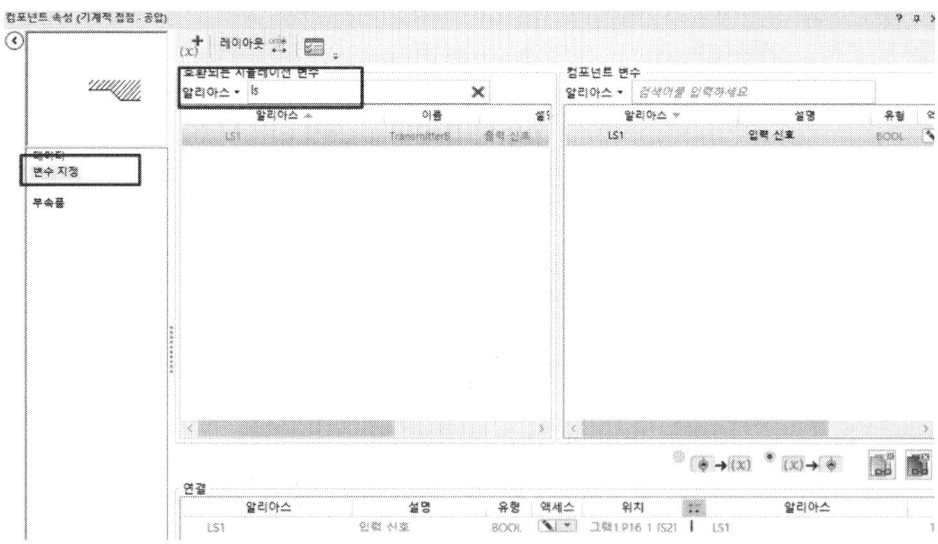

그림 부록 2.67 알리아스 연결

그림 부록 2.68은 공압 라이브러리의 방향밸브 목차에서 리미트밸브를 클릭하여 기계적 접점의 위치에 올려놓은 상태를 나타낸다. 양방향 센서 레퍼런스와 기계적 접점을 연결하였으므로 별도로 연결할 필요는 없다. 실린더의 전진 끝부분에 양방향 센서 레퍼런스를 위치시키고 알리아스 LV를 입력하여 리미트밸브와 연결한다.

그림 부록 2.69는 무한반복 공기압 회로의 동작을 확인하기 위하여 일반 시뮬레이션을 선택한 상태를 나타낸다. 시뮬레이션을 시작하면 실린더는 후진하고 리미트밸브 LS1이 ON된다.

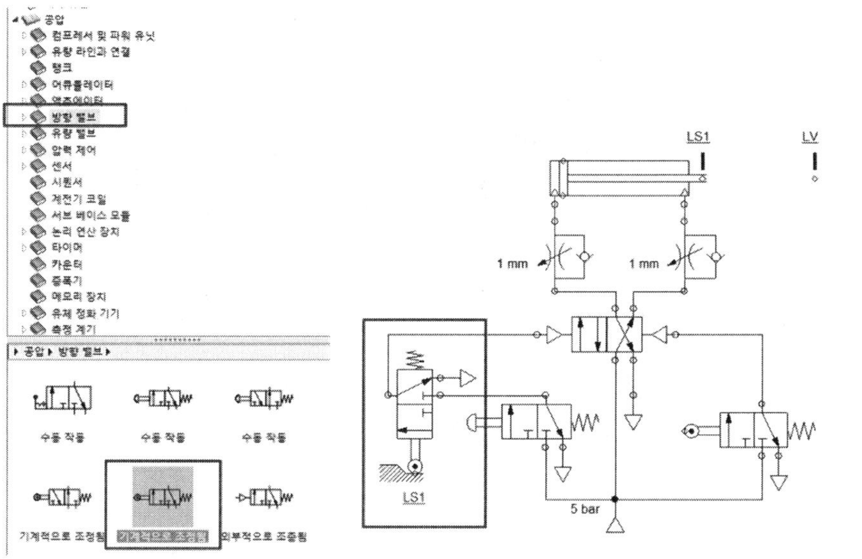

(a) 공압 라이브러리 : 방향밸브　　　　　(b) 리미트밸브 : 기계적으로 조정됨

그림 부록 2.68 리미트밸브와 기계적 접점 연결

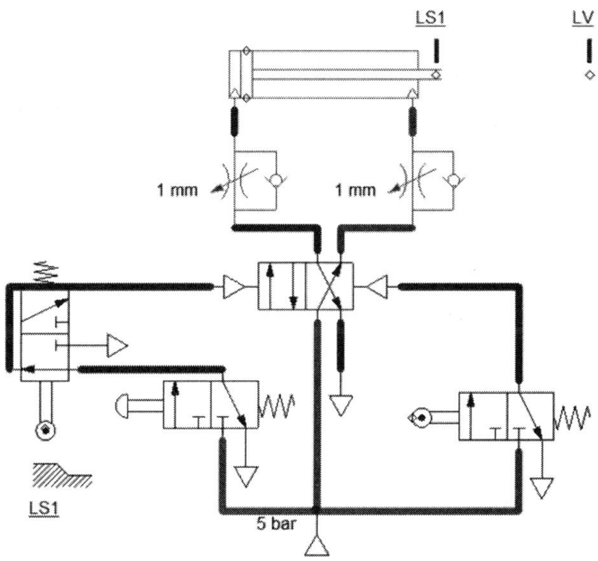

그림 부록 2.69 시뮬레이션 시작 상태

그림 부록 2.70은 시뮬레이션을 시작하고 수동밸브를 ON시켜서 실린더가 전진과 후진을 반복하는 상태를 나타낸다. 수동밸브의 상태를 ON으로 유지시키면 무한반복으로 실린더가 전진과 후진을 지속한다. 정지를 시켜야하는 경우에는 수동밸브를 OFF시키면 전진 중이었으면 리미트밸브 LV의 신호를 받아서 후진하여 정지한다.

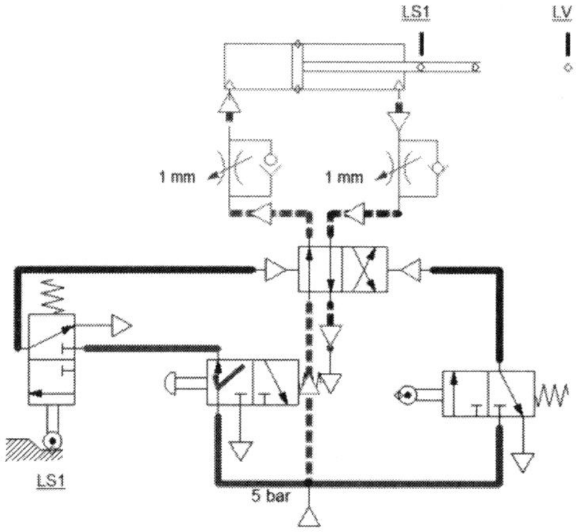

(a) 실린더 전진 : 시동밸브 ON

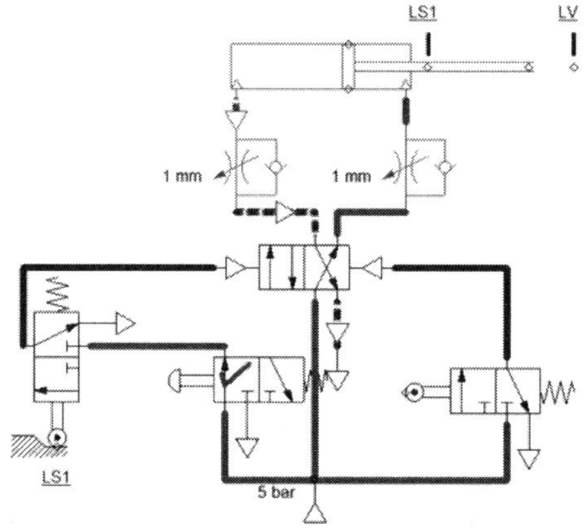

(b) 실린더 후진

그림 부록 2.70 실린더의 전진과 후진

부록 3 전기 공기압 제어

3.1 복동 실린더 수동제어

오토메이션 스튜디오를 사용하여 전기회로와 공기압 회로를 작성하여 공압 액추에이터를 제어하는 시뮬레이션을 통하여 전기회로를 검증한다. 공기압 제어에 사용되는 전기회로를 작성하기 위해서는 오토메이션 스튜디오의 사용법을 익혀야 한다.

3.1.1 복동 실린더 수동제어 전기 공기압 회로도

그림 부록 3.1은 복동 실린더를 제어하는 4포트 2위치 솔레노이드밸브를 가진 공기압 회로와 두 개의 스위치와 코일, 솔레노이드로 구성된 전기회로를 나타낸다. 하나의 편집문서에 전기회로와 공기압 회로를 작성할 수도 있으나 여기서는 편집문서를 수직으로 분할하여 좌측에는 전기회로, 우측에는 공기압 회로를 작성한다. 공기압 회로의 작성법은 익히고 있는 상태이므로 여기서는 전기회로를 작성하는 방법에 대하여 기술한다. 복동 실린더는 실린더 내경이 50 mm, 피스톤 로드의 직경은 25 mm, 행정은 250 mm를 사용하고 실린더의 운동방향은 4포트 2위치 솔레노이드밸브를 사용한다. 실린더의 운동속도는 유량제어밸브를 사용하며 오리피스의 직경은 1 mm로 설정하고 미터아웃 방식을 사용한다. 압력소스는 10 bar이고 실린더에 공급되는 사용압력은 공기압 유니트를 사용하여 5 bar로 설정한다. 누름버튼 스위치 두 개를 사용하여 실린더가 전진하고 후진하는 전기회로를 작성해보자.

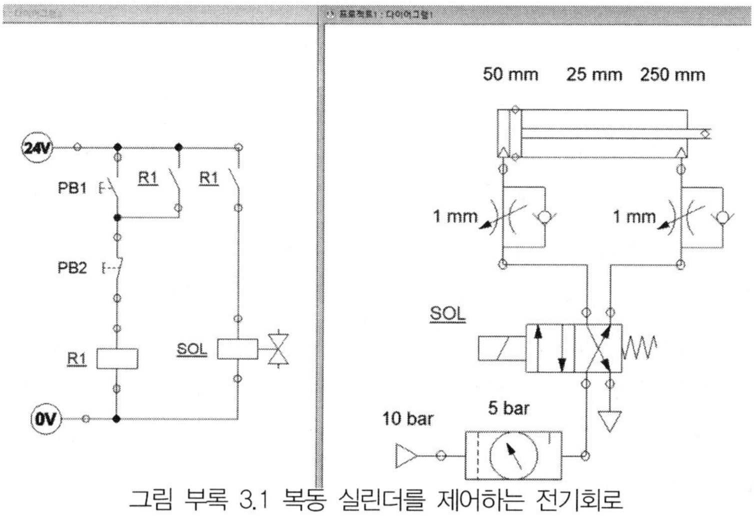

그림 부록 3.1 복동 실린더를 제어하는 전기회로

3.1.2 복동 실린더 수동제어 전기 회로도 작성

그림 부록 3.2는 공기압 회로와 전기회로를 작성하기 위하여 각각의 편집문서를 수직으로 분할하는 과정을 나타낸다. 편집문서의 우측에 있는 프로젝트 탐색기에서 프로젝트 1을 마우스 우측 버튼으로 클릭하면 새로운 → 표준다이어그램을 선택하여 템플릿을 디폴트로 선택한다. 프로젝트 1의 하단에는 다이어그램 1과 다이어그램 2가 생성된다. 보기의 탭 메뉴를 선택하고 우측의 수직타입을 선택하면 편집문서 다이어그램 1과 2는 수직으로 분할되어 나타나므로 여기에 전기회로와 공기압 회로를 작성한다.

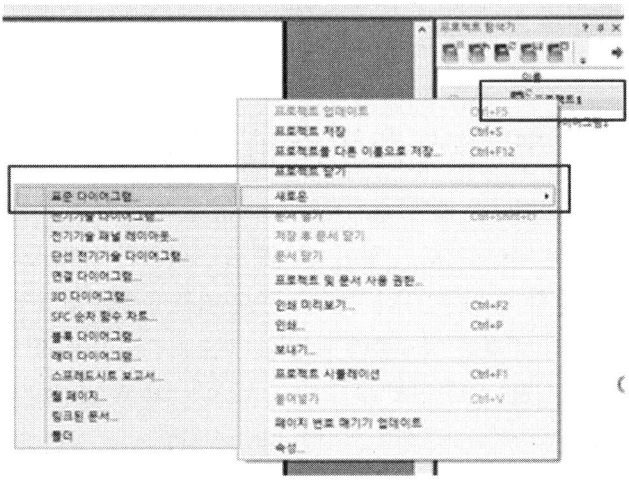

(a) 프로젝트 탐색기

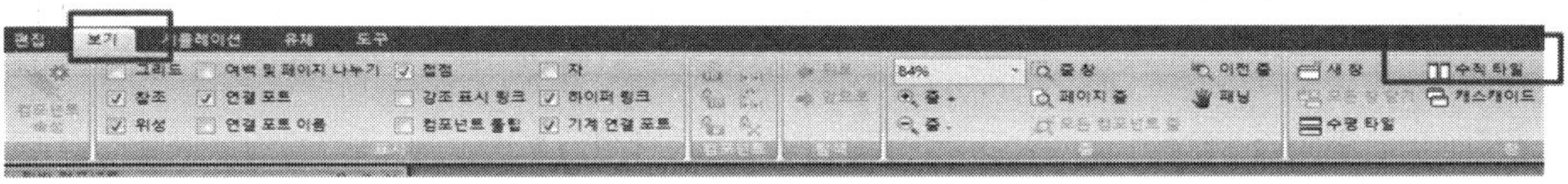

(b) 수직타입

그림 부록 3.2 수직타입으로 편집문서 분할

그림 부록 3.3은 공기압 회로를 제어하기 위하여 전기회로를 구성하기 위한 전원과 스위치를 사용하는 과정을 나타낸다. 라이브러리 트리에서 전기제어(IEC표준) → 전원 공급원 목차를 선택하고 컴포넌트 심볼에서 24 V와 0 V를 편집문서로 이동시킨다. 다음은 전기제어(IEC표준) → 스위치 목차를 선택하고 컴포넌트 심볼에서 상시열림(a접점) 스위치를 편집문서로 이동시키고 변수수정 대화창이 나타나면 알리아스 PB1과 PB2를 입력한다.

그림 부록 3.4는 출력신호로 코일을 사용하는 과정을 나타낸다. 라이브러리 트리에서 전기제어(IEC표준) → 출력 컴포넌트 → 코일 목차를 선택하고 컴포넌트 심볼에서 코일을 클릭하여 편집문서로 이동시킨다. 변수수정 대화창이 나타나면 알리아스 R1을 입력하고 스위치 PB1과 PB2, 코일 R1을 직렬로 연결한다.

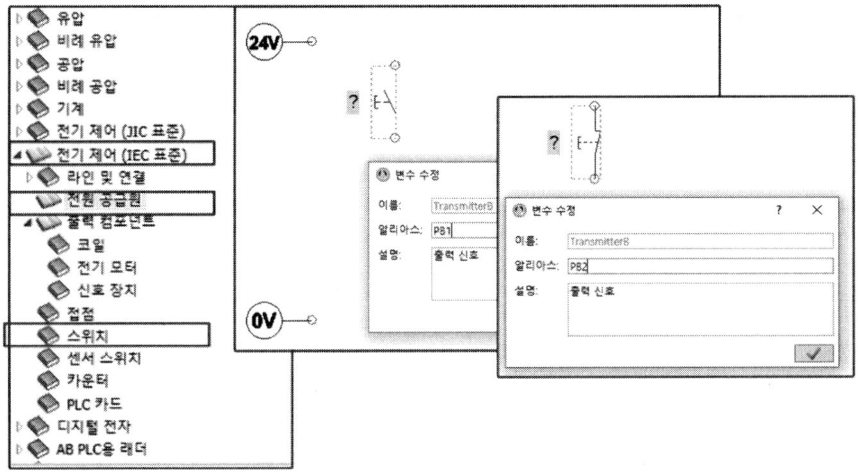

그림 부록 3.3 전기제어(IEC) : 전원과 스위치

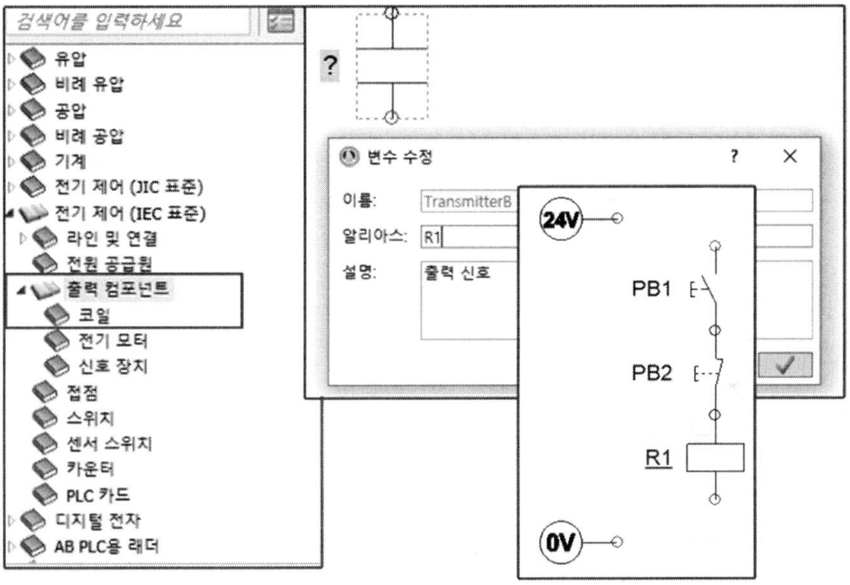

그림 부록 3.4 전기제어(IEC) : 출력컴포넌트

그림 부록 3.5는 입력신호로 접점을 사용하는 과정을 나타낸다. 라이브러리 트리에서 전기제어(IEC표준) → 접점 목차를 선택하고 컴포넌트 심볼에서 상시열림(a접점) 접점을 클릭하여 편집문서로 이동시킨다. 컴포넌트 속성창이 나타나면 변수지정 항목을 선택하여 호환되는 시뮬레이션 변수의 검색창에 R을 입력하면 알리아스 R1이 나타나면 알리아스 변수창에도 R1이 나타난다. 호환되는 시뮬레이션 변수에서 알리아스 R1을 더블클릭하면 하단부의 연결창에 알리아스 R1이 연결된 것을 확인할 수 있다. 이 과정에 의해 코일 R1과 접점 R1이 연결되고 파란색 하이퍼링크 표시로 연결되었음을 나타낸다.

그림 부록 3.6은 출력신호로 솔레노이드밸브를 사용하는 과정을 나타낸다. 라이브러리 트리에서 전기제어(IEC표준) → 출력컴포넌트 목차를 선택하고 컴포넌트 심볼에서 솔레노이드밸브를 클릭하여 편집문서로 이동시킨다. 변수수정 대화창이 나타나면 알리아스 SOL을 입력한다. 접점 R1과 솔레노이드밸브 SOL은 직렬로 연결하고 전원선과 각 전기부품을 연결하여 전기회로를 완성한다.

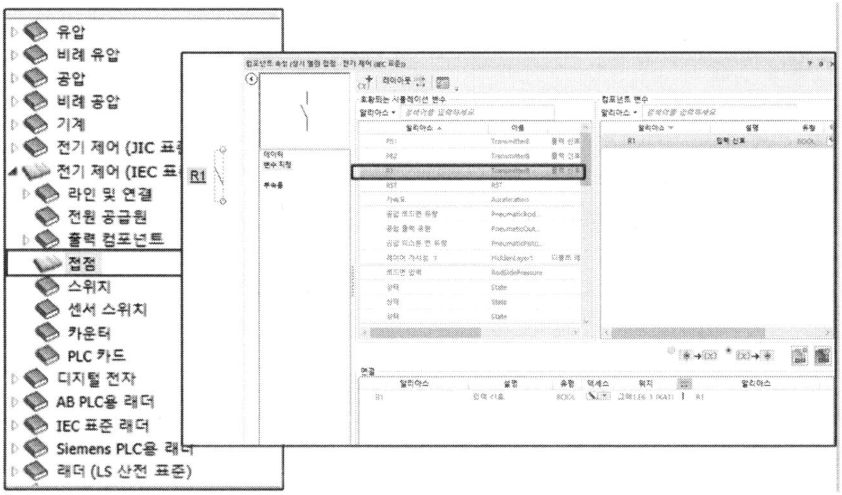

그림 부록 3.5 전기제어(IEC) : 접점

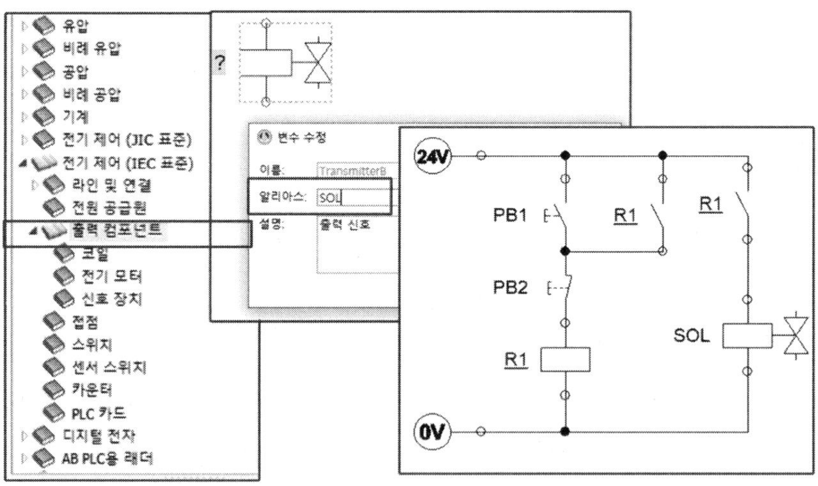

그림 부록 3.6 전기제어(IEC) : 출력컴포넌트

3.1.3 복동 실린더 수동제어 공기압 회로도 작성

그림 부록 3.7은 전기회로를 완성한 상태에서 공기압 회로를 구성하는 과정을 나타낸다. 다이어그램 2 편집문서에는 전기회로가 완성되었으므로 다이어그램 1 편집문서에는 공기압 회로를 구축한다. 라이브러리 트리에서 공압 목차를 선택하고 컴포넌트 심볼에서 압력소스, 배기, 복동 실린더, 논-리턴 유량제어밸브를 선택하여 편집문서로 이동시킨다. 다음은 공압 → 방향밸브 → 4포트 2위치 밸브 목차를 선택하고 4포트 2위치 스프링 복귀형 솔레노이드밸브를 편집문서로 이동시키고 공압 → 유체정화기기 목차를 선택하여 컴포넌트 심볼에서 정화기기를 편집문서로 이동시킨다.

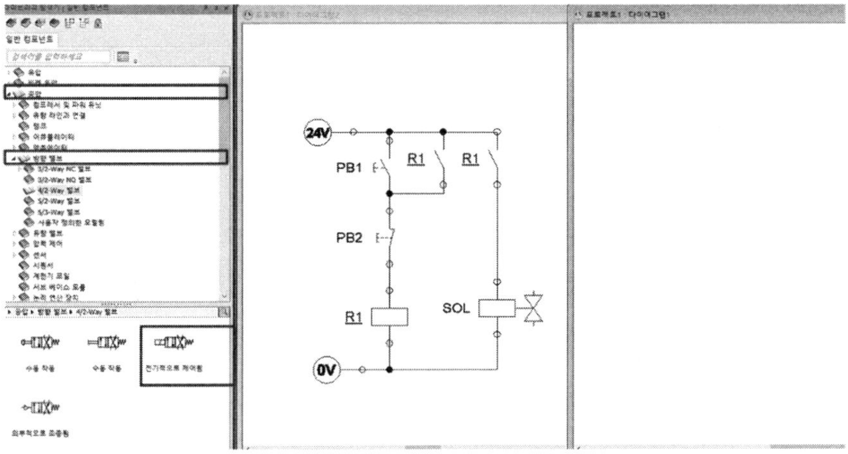

그림 부록 3.7 전기회로와 공기압 회로 구성

그림 부록 3.8은 전기회로와 공기압 회로를 완성한 상태를 나타낸다. 다이어그램 1 편집문서에 있는 공기압 부품의 위치를 결정하고 공기압 배관을 연결하여 공기압 회로를 완성한다.

그림 부록 3.9는 전기회로의 솔레노이드밸브 SOL과 공기압 회로의 솔레노이드밸브를 연결하는 과정을 나타낸다. 공기압 회로에서 솔레노이드밸브를 더블클릭하면 방향밸브의 컴포넌트 속성창이 나타나고 변수지정 항목을 선택한다. 변수지정 항목 선택 후에는 좌측 상단의 솔레노이드밸브 표시기호에서 솔레노이드를 클릭하면 빨간색으로 바뀌고, 호환되는 시뮬레이션 변수창과 컴포넌트 변수창에 알리아스 SOL이 나타난다. 호환되는 시뮬레이션 변수창에서 알리아스 SOL을 더블클릭하면 하단부의 연결창에 알리아스 SOL이 표시되며 전기회로와 공기압 회로의 솔레노이드밸브 SOL은 파란색의 하이퍼링크로 연결되었음을 표시한다.

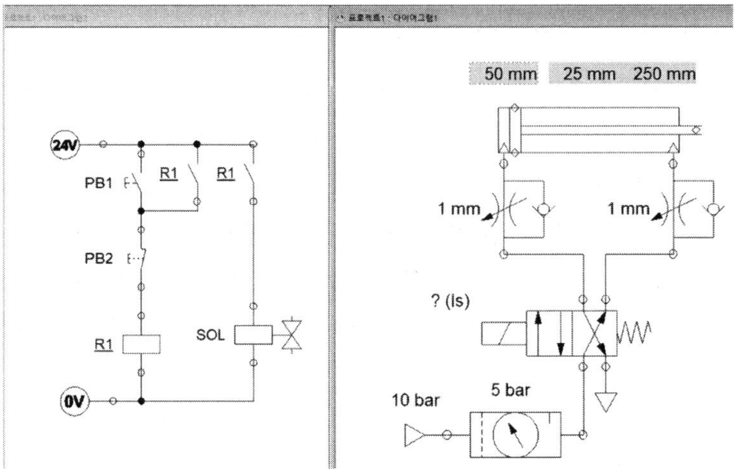

그림 부록 3.8 전기회로와 공기압 회로

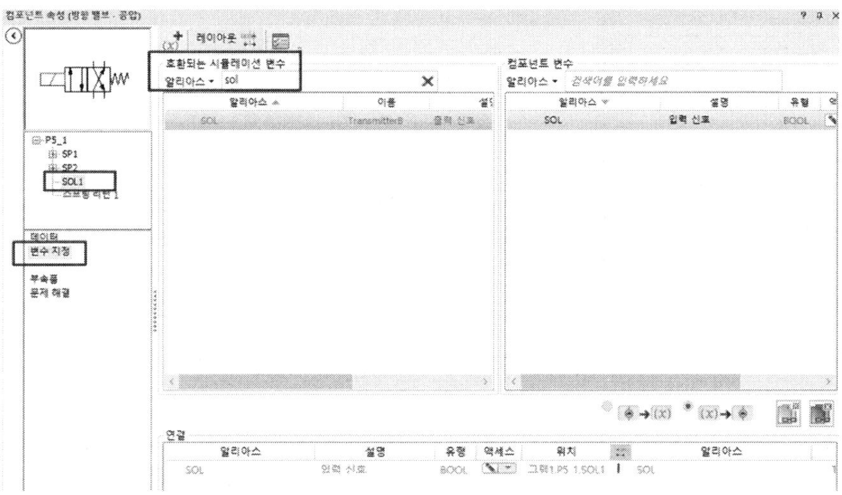

그림 부록 3.9 솔레노이드밸브 연결

3.1.4 복동 실린더 수동제어 동작확인

그림 부록 3.10은 전기회로와 공기압 회로를 각각 구성한 후에 상호작용해야 하는 각 부품의 알리아스 연결을 완성한 상태를 나타낸다. 회로의 구축이 완료되면 시뮬레이션 탭 메뉴에서 일반 시뮬레이션을 선택하면 공기압의 압력소스와 전원이 투입되어 전기회로와 공기압 회로는 입력신호를 기다리는 초기상태가 된다.

그림 부록 3.11은 복동 실린더의 동작을 확인하기 위한 시뮬레이션을 시작하여 실린더의 전진과 후진 상태를 나타낸다. 초기상태는 일반 시뮬레이션을 시작한 상태로서 피스톤 로드에는 압축공기가 공급되고 피스톤 헤드에 있는 압축공기는 대기로 배출되며 실린더는 후진상태로 대기한다. 전기회로에서는 전원이 투입되어 스위치 PB1의 입력을 대기한다. 스위치 PB1을 누르면 코일 R1이 ON되면서 접점 R1도 ON된다. 접점 R1에 의해 자기유지를 하고 솔레노이드 밸브 SOL을 ON시켜서 실린더가 전진한다. 스위치 PB2를 누르면 코일 R1이 OFF되면서 자기유지가 해제되고 솔레노이드밸브 SOL이 OFF되면서 실린더는 후진한다.

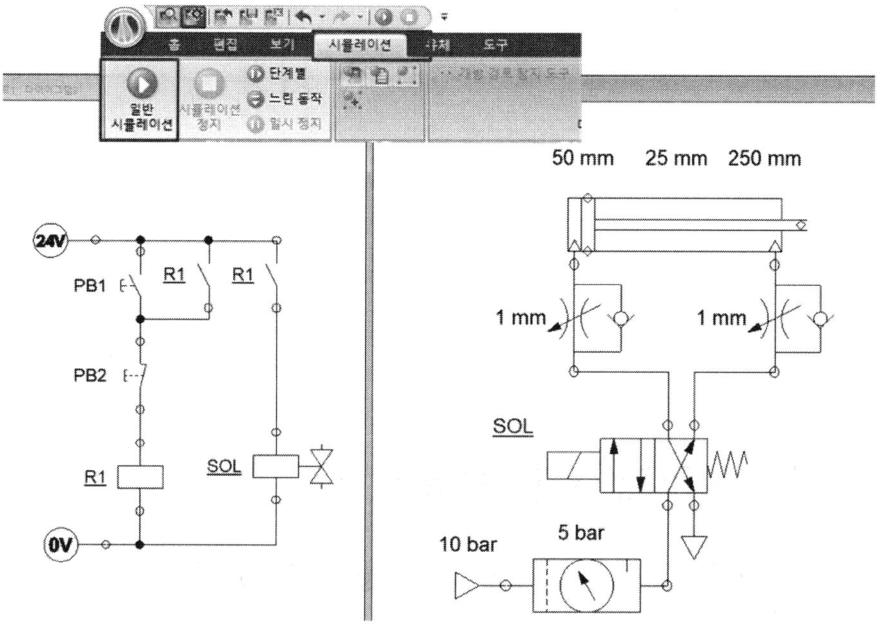

그림 부록 3.10 전기 공기압 회로의 시뮬레이션

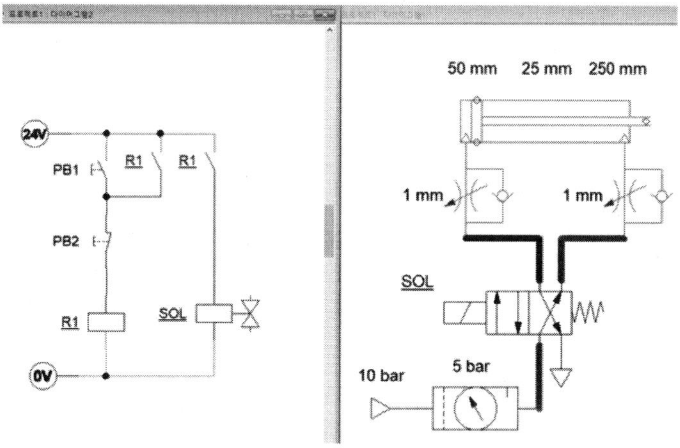

(a) 초기상태

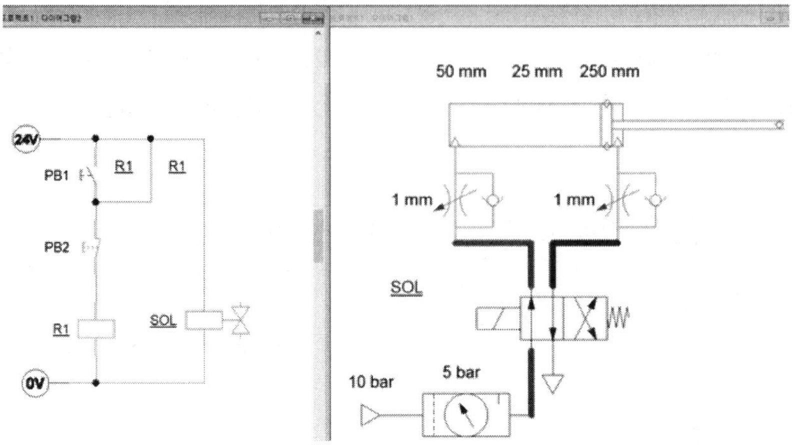

(b) PB1을 누른 상태

그림 부록 3.11 실린더의 전진과 후진

3.2 복동 실린더 1회 자동제어

3.2.1 복동 실린더 1회 자동제어 전기 공기압 회로도

그림 부록 3.12는 스위치 PB1을 누르면 1회 왕복하는 전기 공기압 회로도를 나타낸다. 복동 실린더는 4포트 2위치 밸브를 사용하여 왕복운동을 하고 운동속도는 미터아웃 방식으로 제어한다. 작동압력은 공기압 유니트를 사용하여 5 [bar]로 설정하고 DC24 V 전원을 사용하여 스위치 PB1은 전진, 리미트 스위치 LS는 후진하도록 실린더를 제어한다.

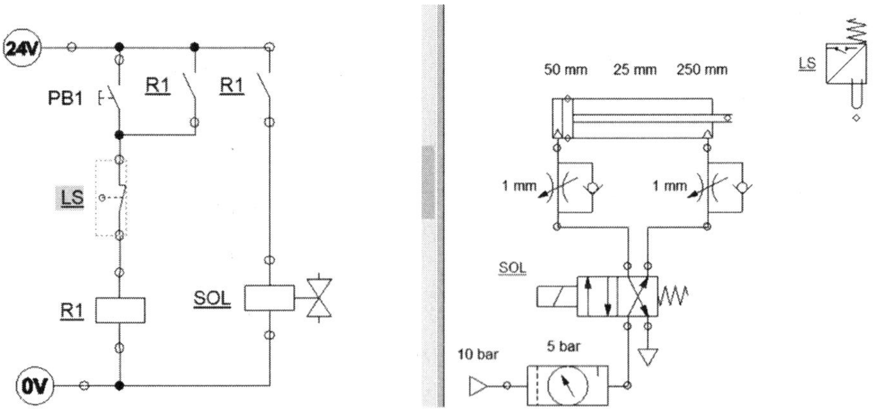

그림 부록 3.12 1회 왕복하는 전기 공기압 회로도

3.2.2 복동 실린더 1회 자동제어 공기압 회로도

그림 부록 3.13은 실린더의 후진신호로 사용하는 기계 위치센서를 편집문서로 가져오는 과정을 나타낸다. 공압 라이브러리에서 센서 목차를 선택하고 컴포넌트 심볼의 기계 위치센서를 드래그하여 편집문서로 가져간다. 변수수정의 대화상자가 나타나면 알리아스 LS를 입력한다.

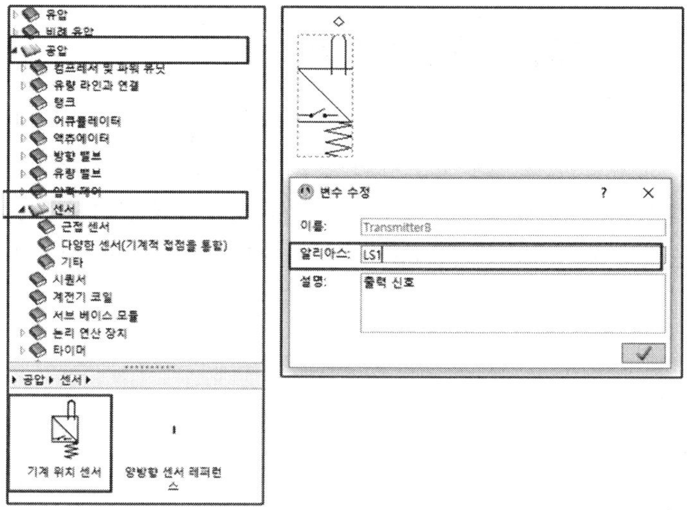

그림 부록 3.13 공압 : 센서

그림 부록 3.14는 복동 실린더를 1회 왕복하는 데 사용하는 리미트 스위치를 가진 공기압 회로도를 나타낸다. 공기압 회로도는 그림 부록 3.8에서 구성한 회로도에 기계 위치센서를 추가한다. 기계 위치센서를 수평 반전하여 자세를 수정하고 실린더를 전진시켜 피스톤 로드의 끝부분에 있는 기계적 접점과 기계 위치센서의 접점을 일치시킨다. 기계적 접점을 일치시킨 후에는 실린더를 후진하여 초기위치를 만든다.

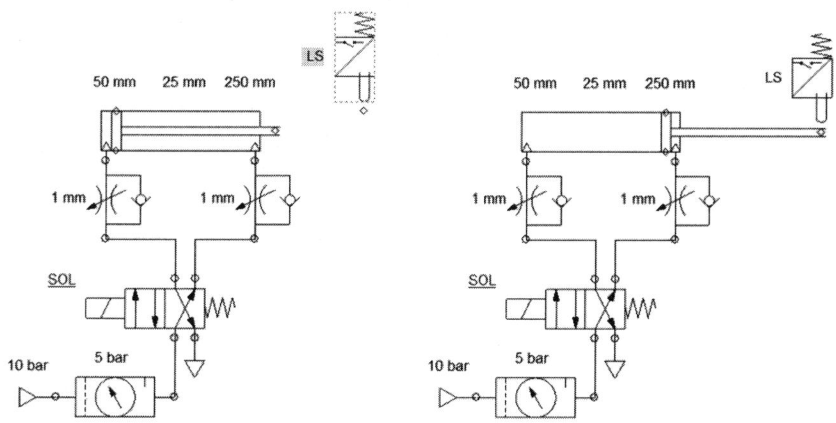

(a) 기계 위치 센서 (b) 기계적 접점 일치

그림 부록 3.14 리미트 스위치를 사용하는 공기압 회로도

그림 부록 3.15은 실린더를 더블클릭하여 호출한 실린더 컴포넌트 속성창을 나타낸다. 실린더를 전진시키기 위해서는 공기압 회로도에서 실린더를 더블클릭한다. 실린더 컴포넌트 속성창이 나타나면 데이터 항목을 선택하고 기술-모델링 목차에서 전진 항목 0 %를 100 %으로 수정하면 실린더가 전진한다. 실린더를 전진시켜서 기계 위치센서와 기계적 접점을 일치시킨 후에는 전진 항목에 0 %를 입력하여 실린더를 후진시킨다.

3.2.3 복동 실린더 1회 자동제어 전기 회로도

그림 부록 3.16은 라이브러리 트리에서 전기제어(IEC표준) → 센서 스위치 목차를 선택하고 상시닫힘 리미트 스위치를 선택하는 것을 나타낸다. 전기 회로도는 그림 부록 3.8에서 구성한 전기 회로도에서 PB2의 위치에 상시닫힘 리미트 스위치를 입력한다. 공기압 회로도의 기계 위치센서와 전기 회로도의 상시닫힘 리미트 스위치는 아직 연결되지 않은 상태이므로 이 둘을 연결시킨다.

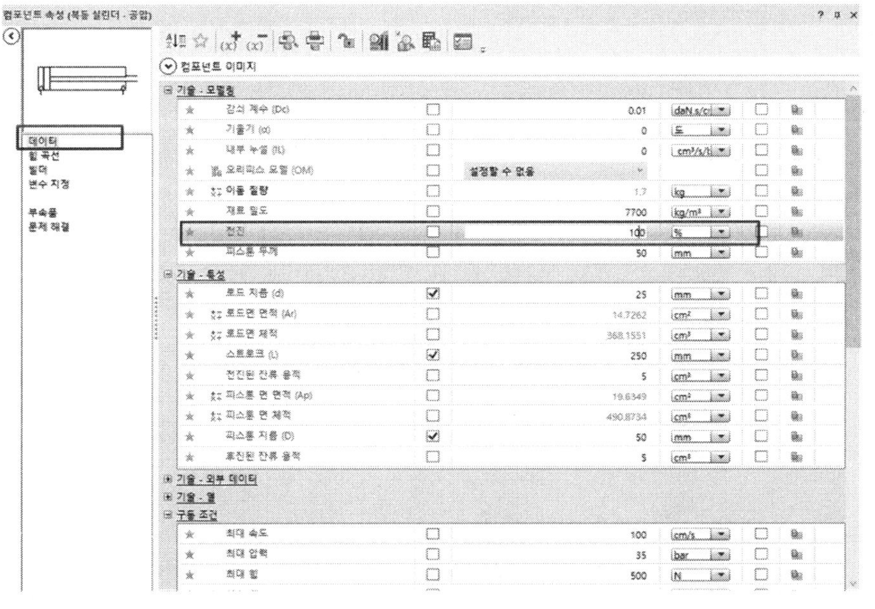

그림 부록 3.15 실린더 컴포넌트 속성창 설정

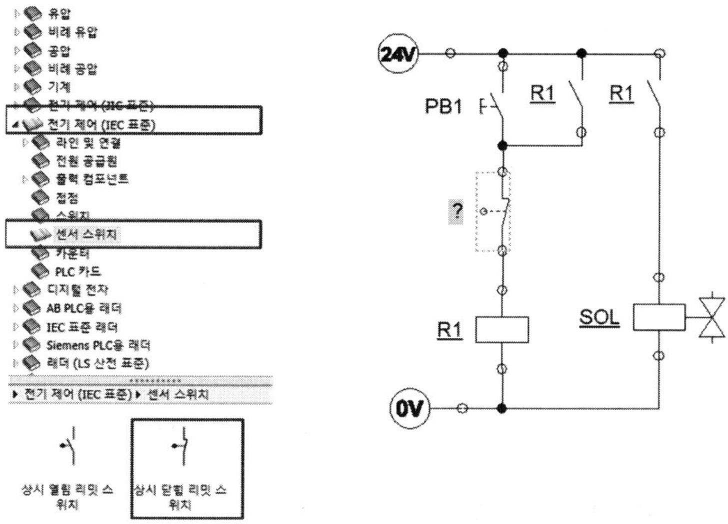

그림 부록 3.16 전기제어(IEC표준) : 센서 스위치

그림 부록 3.17은 전기 회로도에서 상시닫힘 리미트 스위치를 더블클릭하여 컴포넌트 속성창을 호출한 상태를 나타낸다. 컴포넌트 속성창에서 변수지정 항목을 선택하고 호환되는 시뮬레이션 변수의 검색창에 LS를 입력하면 알리아스 LS가 나타난다. 이를 더블클릭하면 컴포넌트 변수와 하단부의 연결창에 알리아스 LS가 표시되며 회로도에는 파란색의 하이퍼링크로 나타나서 연결되었음을 알려준다.

그림 부록 3.18은 1회 왕복 운동하는 전기 회로도와 공기압 회로도를 나타낸다. PB1 스위치를 사용하여 실린더를 전진시키고 LS의 신호로 솔레노이드밸브 SOL을 OFF시키면 실린더가 후진하고 후진 상태에서 다음의 입력이 들어올 때까지 대기한다.

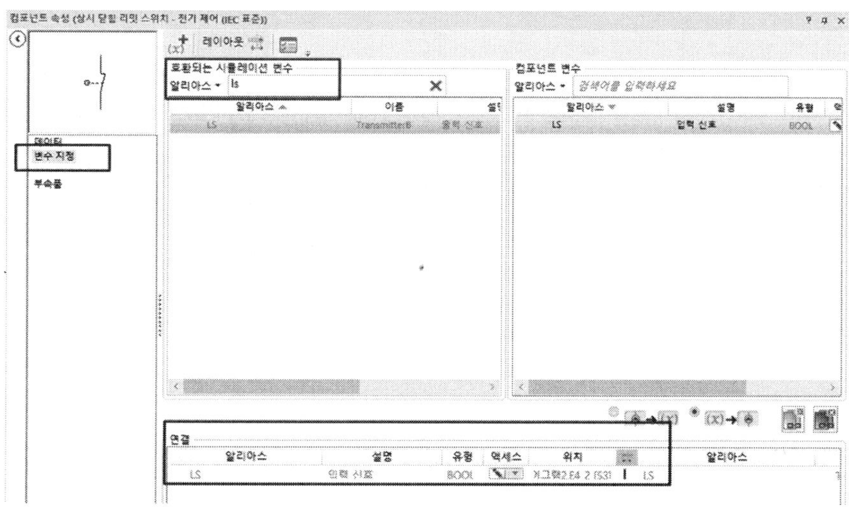

그림 부록 3.17 상시닫힘 리미트 스위치 컴포넌트 속성창

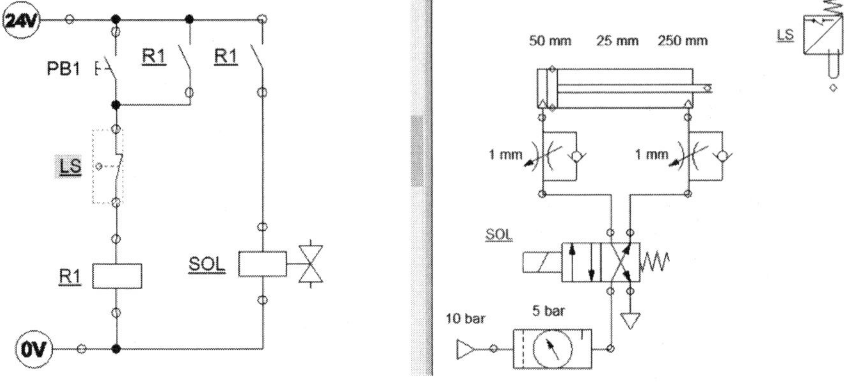

그림 부록 3.18 1회 왕복하는 전기 공기압 회로도

3.2.4 복동 실린더 1회 자동제어 동작확인

그림 부록 3.19는 복동 실린더가 1회씩 왕복하는 전기 공기압 회로도의 실행상태를 나타낸다. 스위치 PB1이 입력되면 코일 R1이 ON되면서 자기유지를 하고 솔레노이드밸브 SOL을 ON시켜서 피스톤 헤드에 압축공기를 공급하고 피스톤 로드의 압축공기는 대기로 배출하여 실린더는 전진한다. 리미트 스위치 LS가 ON되면 코일 R1이 OFF되면서 자기유지를 해제하고 솔레노이드밸브 SOL을 OFF시켜서 피스톤 로드에 압축공기를 공급하고 피스톤 헤드의 압축공기를 대기로 배출하여 실린더는 후진한다. 실린더가 후진한 상태에서 다음의 입력신호 PB1이 들어올 때까지 대기한다.

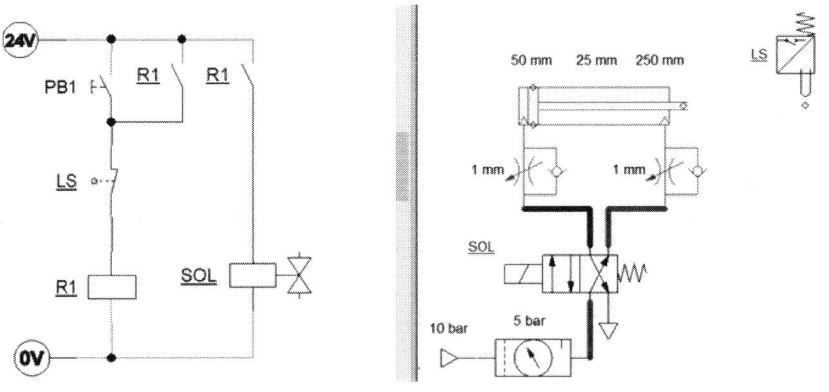

(a) 초기 상태

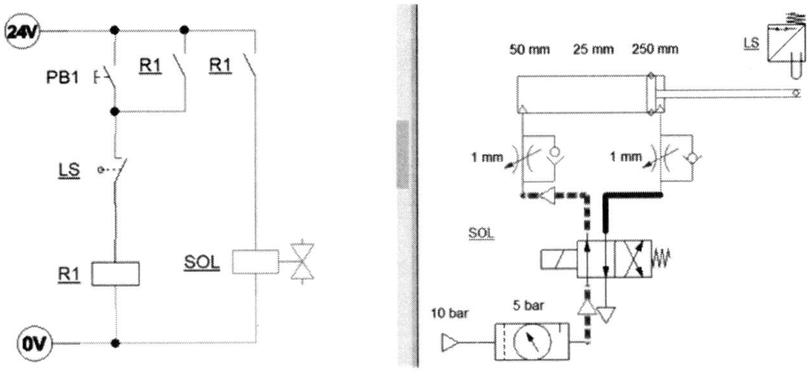

(b) 푸시버튼 스위치 PB1 = ON 상태

그림 부록 3.19 1회 왕복하는 전기 공기압 회로 동작상태

3.3 복동 실린더 자동제어

3.3.1 복동 실린더 자동제어 전기 공기압 회로도

그림 부록 3.20은 리미트 스위치를 사용하여 복동 실린더를 자동왕복 운전하는 전기회로와 공기압 회로를 나타낸다. 스위치 PB1은 시동 스위치, PB2는 정지 스위치로 사용하고 리미트 스위치 LS1과 LS2는 전진과 후진의 입력신호로 사용한다. 업 카운터를 설치하여 실린더가 전진하는 횟수를 카운터해서 5회가 되면 LED를 점등하도록 하고 스위치 PB3는 카운터 리셋신호이다.

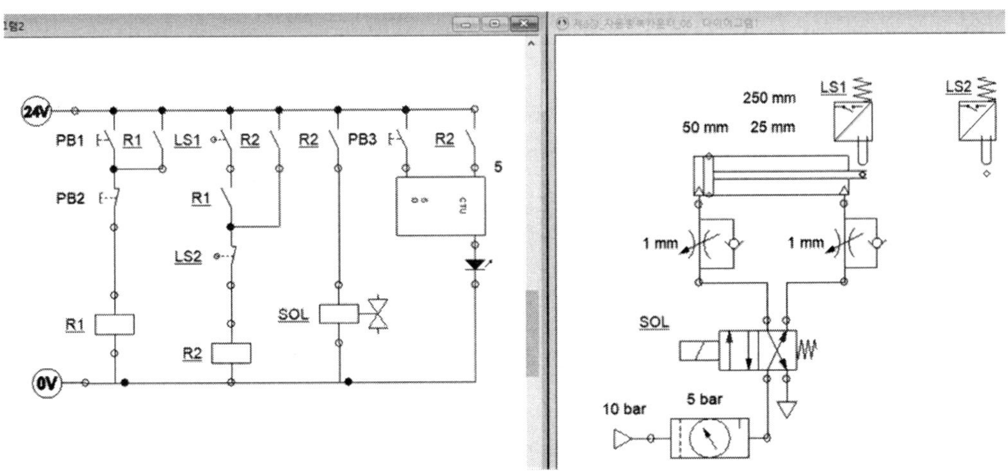

그림 부록 3.20 리미트 스위치를 사용한 자동왕복 운전

그림 부록 3.21은 전기회로에 업 카운터를 설치하는 과정을 나타낸다. 라이브러리 트리에서 전기제어(IEC표준) → 카운터를 선택하고 컴포넌트 영역에서 업 카운터를 편집문서에 위치시키고 카운터의 입력신호는 코일 R2, 리셋신호는 PB3를 사용한다. 카운터의 설정값은 5회이므로 5회에 도달하면 LED를 점등한다.

그림 부록 3.22는 업 카운터 설정하기 위한 컴포넌트 속성창을 나타낸다. 업 카운터를 더블클릭하여 컴포넌트 속성창이 나타나면 최대값을 5로 설정하고 코일 R2의 입력신호를 카운트하여 5회가 되면 출력신호를 내보내어 LED를 점등한다.

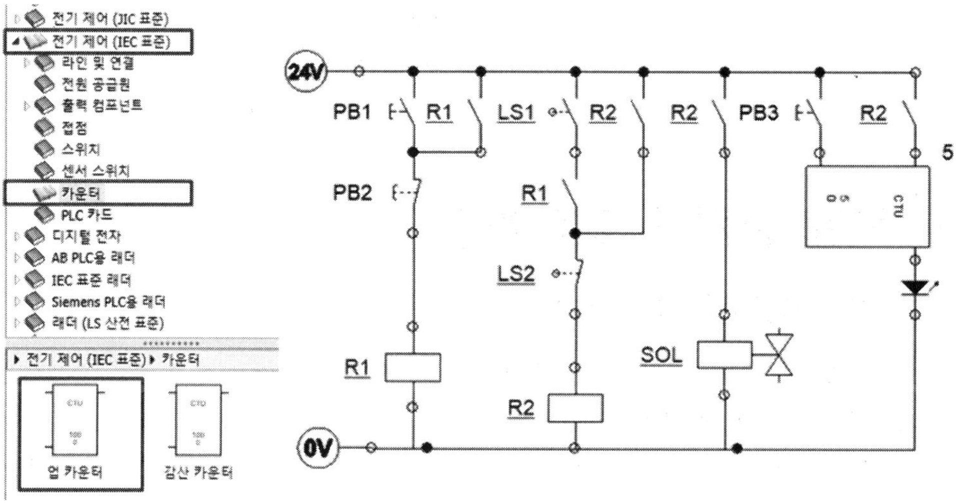

그림 부록 3.21 업 카운터 설치

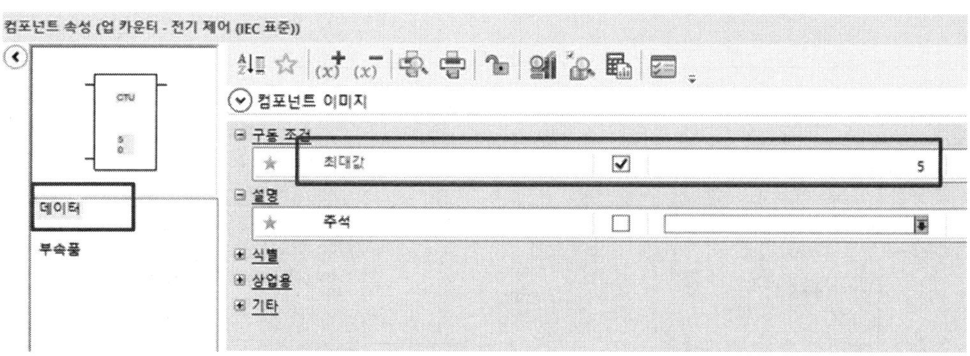

그림 부록 3.22 업 카운터 컴포넌트 속성창

그림 부록 3.23은 리미트 스위치를 사용하여 복동 실린더를 자동 운전하여서 실린더의 전진신호인 코일 R2를 입력으로 받아들이는 업 카운터의 실행상태를 나타낸다. 카운터 설정은 최대값 5로 설정하였으므로 코일 R2가 5회 입력되면 카운터는 LED를 점등한다. 리셋을 실시할 경우에는 스위치 PB3를 눌러서 카운터 설정 횟수를 초기화한다.

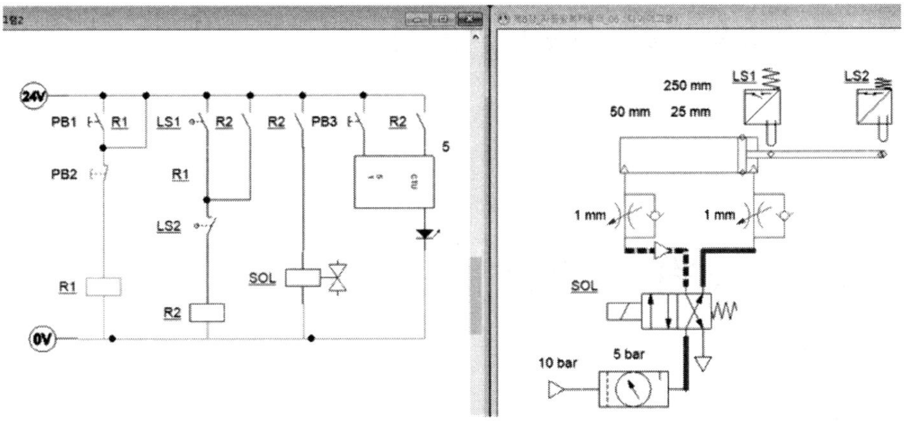

(a) 카운터 시작

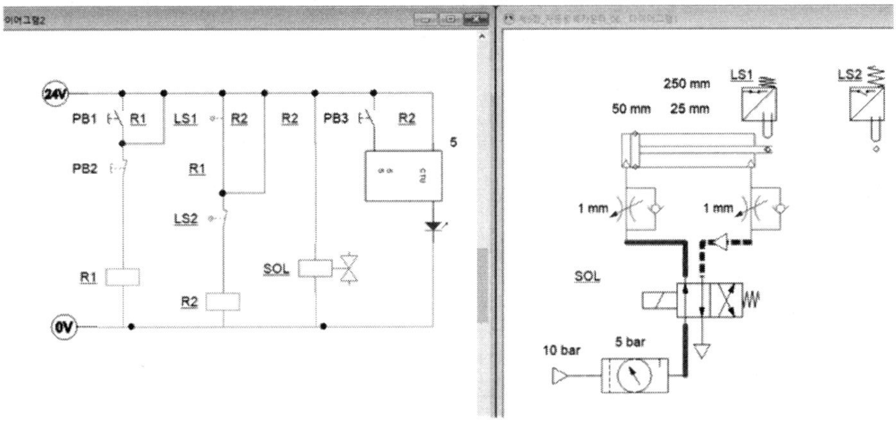

(b) 설정 카운터 도달상태

그림 부록 3.23 업 카운터 실행

부록 4 PLC 공기압 제어

4.1 4포트 2위치 밸브

4.1.1 직접제어

■ 공기압 회로도

그림 부록 4.1은 복동 실린더를 제어하는 4포트 2위치 밸브 스프링 복귀형 솔레노이드밸브를 사용하는 공기압 회로도를 나타낸다. 사용하는 압력은 공기압 유니트의 레귤레이터를 사용하여 5 bar로 설정하고 논-리턴 유량제어밸브를 사용하여 실린더의 운동속도를 제어한다. 실린더의 운동방향을 제어하는 솔레노이드밸브는 PLC를 사용하여 제어한다. 솔레노이드밸브를 PLC에 연결하고 누름버튼 스위치를 사용하여 복동 실린더를 직접 제어하는 PLC 프로그램을 작성한다.

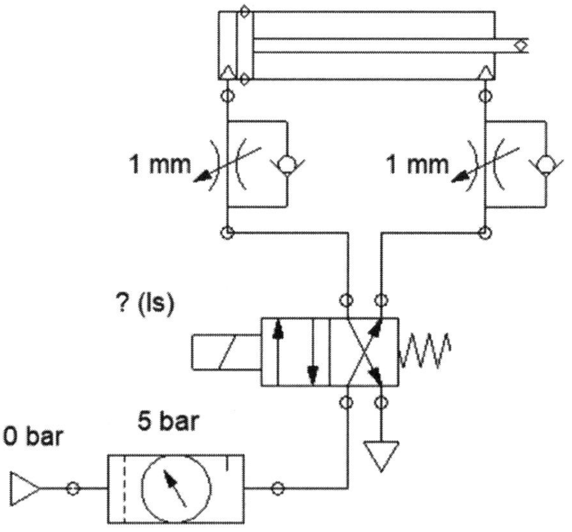

그림 부록 4.1 공기압 회로도

그림 부록 4.2는 4포트 2위치 솔레노이드밸브를 사용하여 복동 실린더를 제어하는 공기압 회로도 작성을 나타낸다. 라이브러리 트리에서 공압을 선택하고 컴포넌트 영역에서 압력소스, 배기, 복동 실린더 및 유량제어밸브를 편집문서로 이동시키고 공압 → 유체정화기기에서 공기압 유니트를, 공압 → 방향밸브 → 4/2-Way밸브에서 4포트 2위치 편방향 스프링 복귀형 솔레노이드밸브를 선택하여 편집문서로 이동시킨다. 공기압 부품의 압력소스에서 복동 실린더까지 정렬하고 공기압 배관을 실시하여 공기압 회로를 완성한다. 논-리턴 유량제어밸브의 오리피스 지름은 1 mm으로 설정하고 미터아웃 방식으로 실린더의 운동속도를 제어한다.

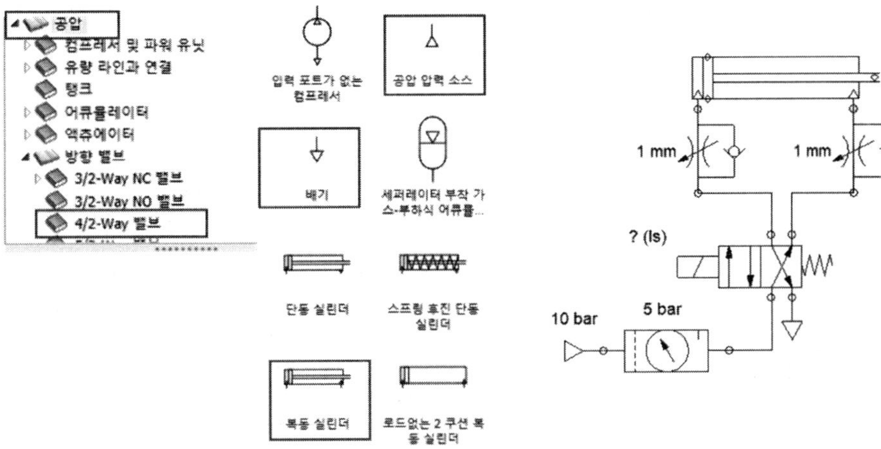

그림 부록 4.2 공기압 회로도 작성

■ 전기 회로도

그림 부록 4.3은 4포트 2위치 솔레노이드밸브를 사용하여 복동 실린더를 직접 제어하는 전기 회로도 작성을 나타낸다. 라이브러리 트리에서 전기제어(JIC표준) → 전원 공급원 목차를 선택하고 컴포넌트 영역에서 24 V와 0 V를 선택하여 편집문서로 이동시키고 전기제어(JIC표준) → PLC카드 목차에서 입력과 출력카드를 선택하여 편집문서로 이동시킨다.

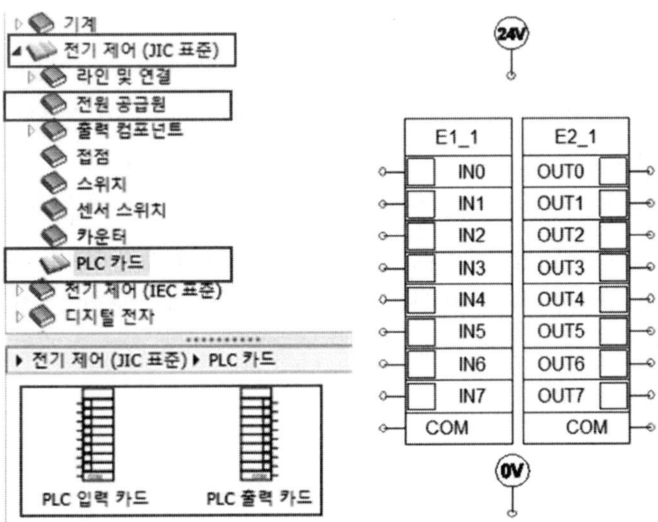

그림 부록 4.3 전기 회로도 작성

그림 부록 4.4는 스위치를 선택하여 입력카드와 연결하는 상태를 나타낸다. 라이브러리 트리에서 전기제어(JIC표준) → 스위치 목차를 선택하고 컴포넌트 영역에서 상시열림 누름버튼을 선택하여 편집문서로 이동시키고 알리아스를 지정한다. 스위치를 입력카드의 IN0 번지에 위치시키면 변수지정 대화상자가 나타나고 알리아스를 PB1으로 입력하고 체크를 선택하면 스위치의 변수는 PB1이 된다.

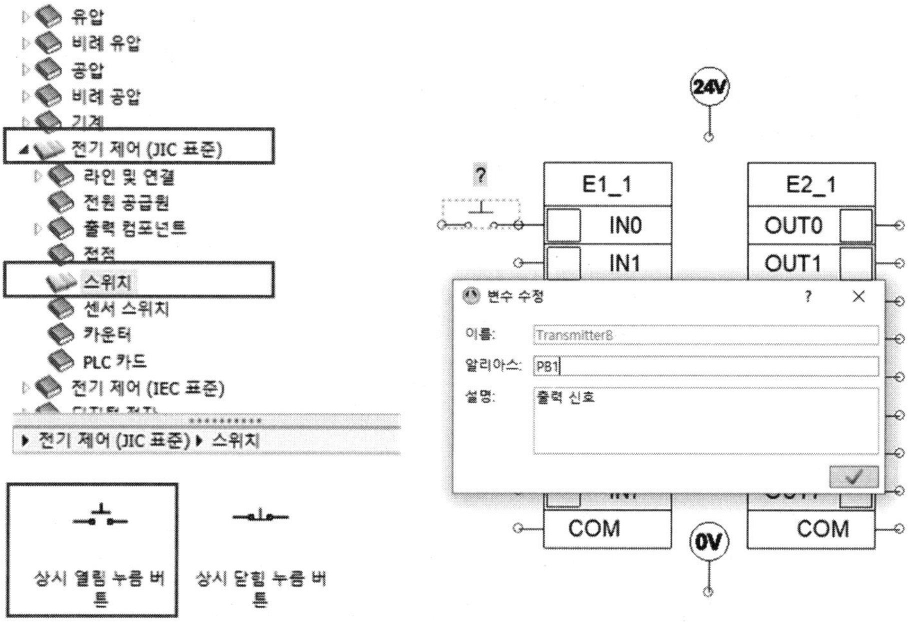

그림 부록 4.4 스위치 선택

그림 부록 4.5는 솔레노이드밸브를 선택하여 출력카드와 연결하는 상태를 나타낸다. 라이브러리 트리에서 전기제어(JIC표준) → 출력 컴포넌트 목차를 선택하고 컴포넌트 영역에서 솔레노이드 DC/AC를 클릭하여 편집문서로 이동시킨다. 솔레노이드를 출력카드 OUT0에 접속시키면 변수지정 대화상자가 나타나고 알리아스에 SOL을 입력한다.

그림 부록 4.6은 전기 회로도와 공기압 회로도를 나타낸다. 전기 회로도에서는 스위치 PB1과 솔레노이드 SOL을 PLC의 입출력카드와 연결한다. PLC와 연결한 IO번지로서는 PB1 = IN0, SOL = OUT0이다. 복동 실린더를 제어하기 위해서는 공기압 회로도의 4포트 2위치 솔레노이드 밸브와 전기회로의 SOL을 연결하여야 한다.

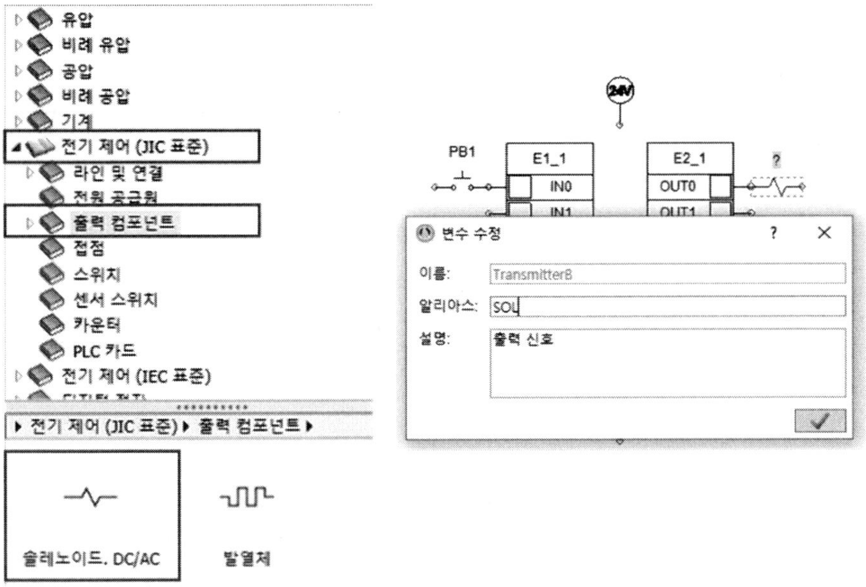

그림 부록 4.5 솔레노이드밸브 선택

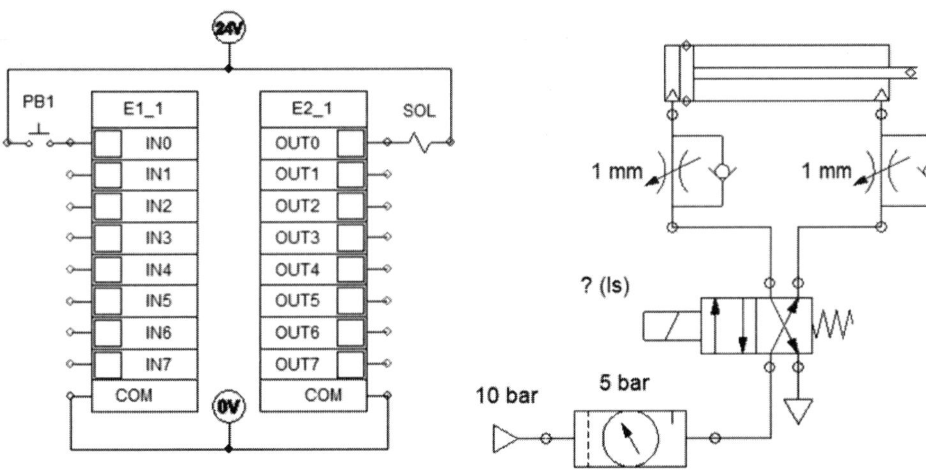

그림 부록 4.6 전기 회로도와 공기압 회로도

그림 부록 4.7은 솔레노이드밸브를 전기 회로와 공기압 회로에 연결하는 상태를 나타낸다. 공기압 회로도에서 솔레노이드밸브를 더블클릭하면 방향밸브의 컴포넌트 속성창이 나타난다. 속성창에서 변수지정 항목을 선택하고 4포트 2위치 솔레노이드밸브의 표시기호에서 솔레노이드를 클릭하고 호환되는 시뮬레이션 변수 검색에서 S를 입력하면 S와 연관되어있는 알리아스가 검색된다. 알리아스 SOL을 더블클릭하면 컴포넌트 변수에도 알리아스 SOL으로 바뀌고 연결에서도 알리아스 SOL이 나타나며 전기 회로와 공기압 회로에서 SOL은 파란색으로 바뀌어져 연결되었음을 확인할 수 있다.

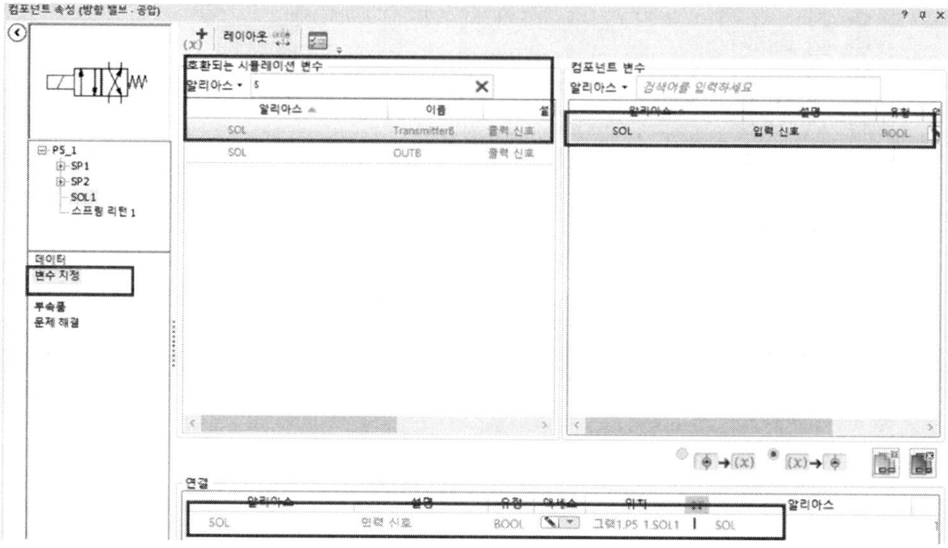

그림 부록 4.7 솔레노이드밸브 연결

■ PLC 프로그램

그림 부록 4.8은 PLC를 사용하는 제어프로그램을 작성하기 위하여 IEC 표준래더를 선택한 상태를 나타낸다. 라이브러리 트리에서 IEC 표준래더 → 렁 목차를 선택하고 컴포넌트 영역에서 렁 심볼을 선택하여 편집문서로 이동시킨다. 렁의 좌측 모선에는 입력을 나타내는 스위치와 접점을 연결하고 출력을 나타내는 코일 및 솔레노이드 등은 우측의 모선에 연결한다.

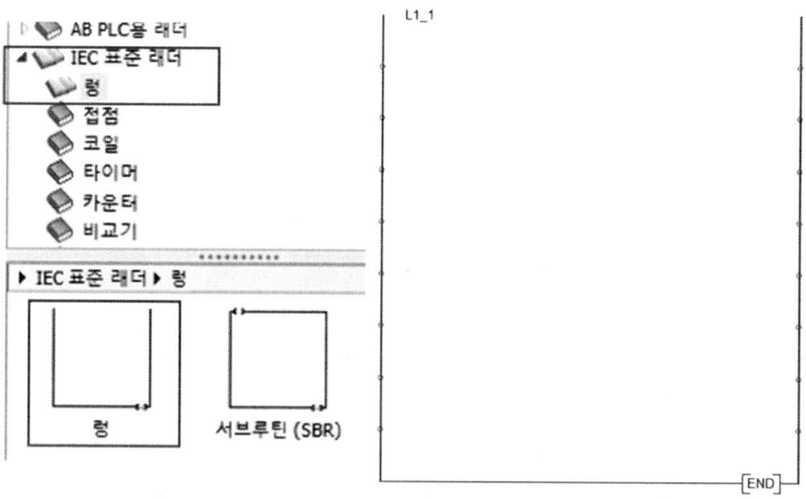

그림 부록 4.8 IEC 표준래더 : 렁

그림 부록 4.9는 PLC를 제어하기 위하여 프로그램을 작성하는 상태를 나타낸다. 라이브러리 트리에서 IEC 표준래더 → 접점 목차를 선택하고 컴포넌트 영역에서 NO접점을 선택하여 편집 문서로 이동시킨다. NO접점을 렁의 왼쪽 모선과 연결하고 더블클릭하면 컴포넌트 속성창이 나타난다. 호환되는 시뮬레이션 변수 검색창에서 P를 입력하면 연관된 알리아스 PB1이 검색된다. 알리아스 PB1을 더블클릭하면 컴포넌트 변수 알리아스 PB1과 연결 알리아스 PB1이 나타나고 전기회로의 PB1은 파란색으로 변경되어 연결되었음을 확인한다.

그림 부록 4.10은 래더 다이어그램에서 출력을 연결하는 상태를 나타낸다. 라이브러리 트리에서 IEC 표준래더 → 코일 목차를 선택하고 컴포넌트 영역에서 출력 코일을 선택하여 편집문서로 이동시킨다. 출력 코일은 렁의 오른쪽 모선과 연결하고 변수지정에서 알리아스 SOL을 입력한다.

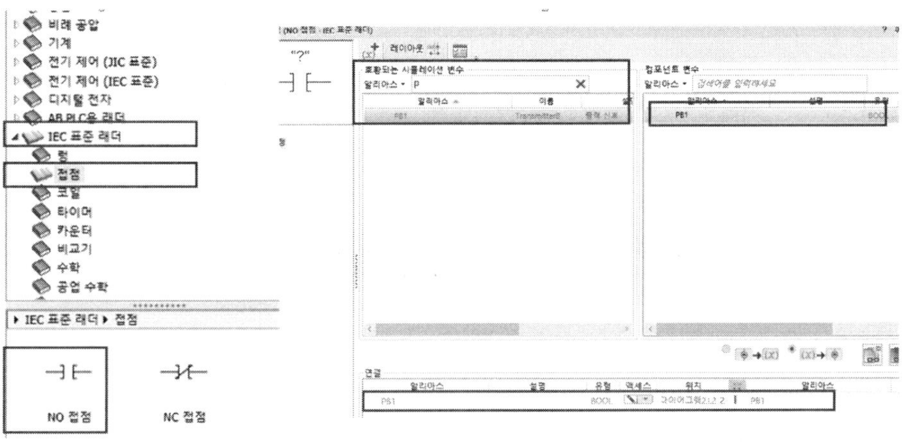

그림 부록 4.9 IEC 표준래더 : 접점

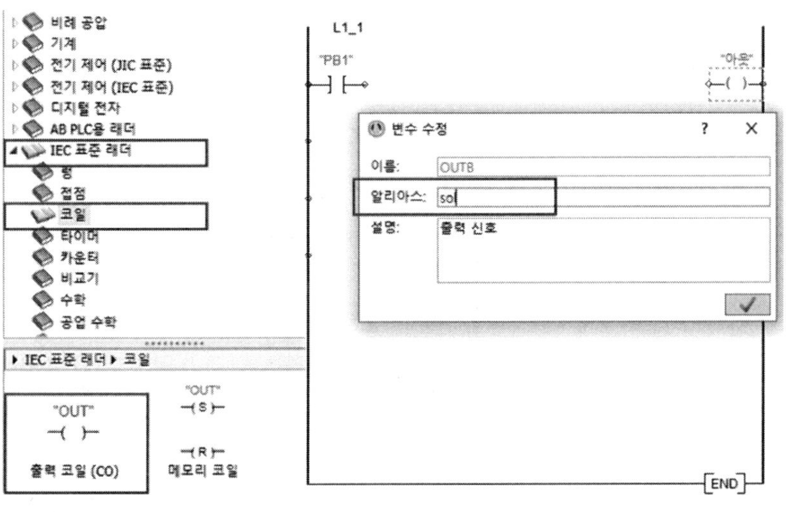

그림 부록 4.10 IEC 표준래더 : 코일

그림 부록 4.11은 래더 다이어그램에서 출력 코일을 PLC와 연결하는 과정을 나타낸다. 래더 다이어그램에서 출력 코일 SOL을 더블클릭하면 컴포넌트 속성창이 나타나고 호환되는 시뮬레이션 변수 검색에서 O를 입력하여 검색한다. OUT0에서 OUT7까지 나타나며 출력 코일 SOL은 OUT0과 연결되어 있으므로 이를 더블클릭하면 컴포넌트 변수와 연결에 OUT0가 나타난다.

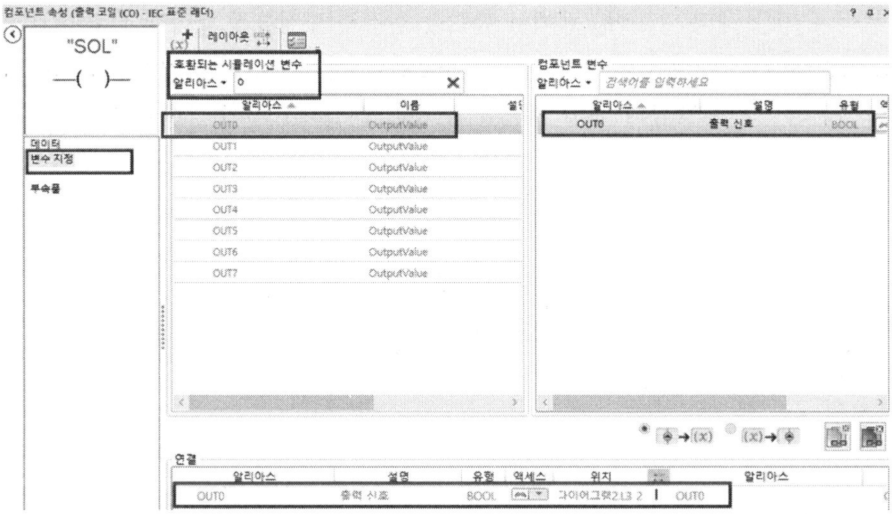

그림 부록 4.11 컴포넌트 속성창 : 출력 코일

■ 시뮬레이션

그림 부록 4.12는 PLC를 사용하여 복동 실린더를 제어하는 회로와 프로그램을 나타낸다. PLC 프로그램은 스위치 PB1과 출력 코일 OUT0(SOL)으로 작성하고 전기회로는 입력카드에 스위치 PB1을, 출력카드는 솔레노이드 SOL을 연결한다. 공기압 회로는 4포트 2위치 솔레노이드밸브를 사용하여 실린더 운동을 제어한다.

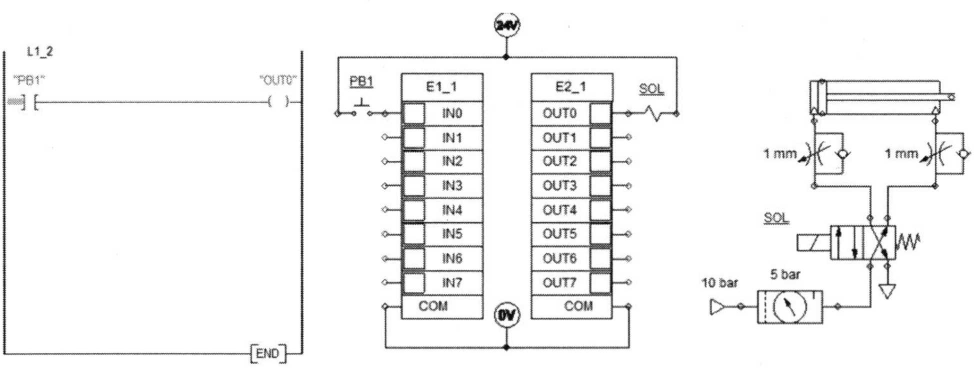

(a) PLC 프로그램 (b) 전기 회로도 (c) 공기압 회로도

그림 부록 4.12 복동 실린더를 제어하는 회로와 프로그램

그림 부록 4.13은 PLC를 사용하여 실린더를 동작시키는 시뮬레이션 상태를 나타낸다. 시뮬레이션을 시작하면 초기상태가 되고 이때 실린더는 후진된 상태가 된다. 스위치 PB1은 OFF 상태이므로 솔레노이드밸브도 OFF가 된다.

그림 부록 4.14는 PLC를 사용하여 실린더를 동작시키는 시뮬레이션 상태에서 실린더가 전진하는 것을 나타낸다. 스위치 PB1을 눌러서 ON시키면 솔레노이드밸브가 ON이 되면서 실린더는 전진한다. 실린더를 전진시키기 위해서는 스위치 PB1을 계속 누르고 있어야 한다.

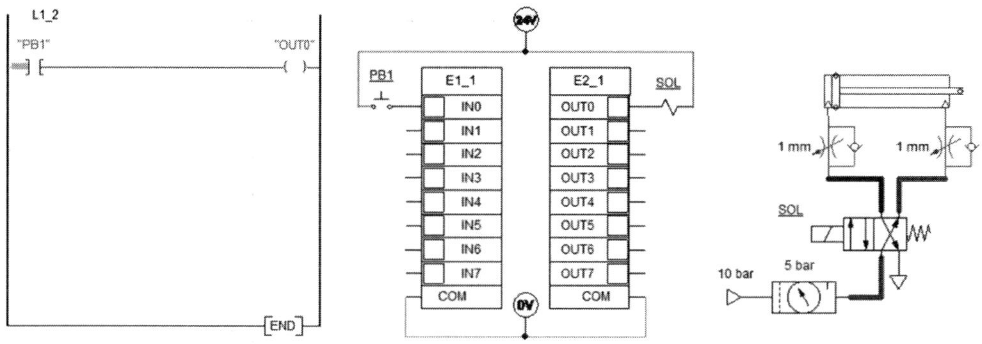

(a) PLC 프로그램 (b) 전기 회로도 (c) 공기압 회로도

그림 부록 4.13 실린더 후진 : PB1 = OFF 상태

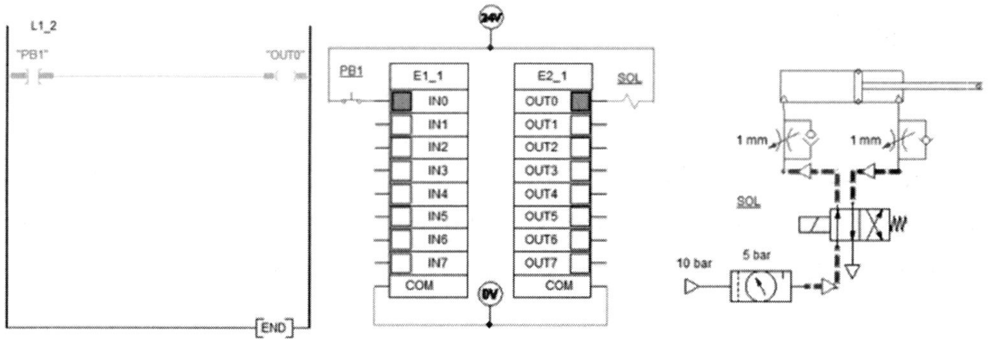

(a) PLC 프로그램 (b) 전기 회로도 (c) 공기압 회로도

그림 부록 4.14 실린더 전진 : PB1 = ON 상태

4.1.2 자기유지회로

■ 전기 회로도

그림 부록 4.15는 자기유지회로를 구성하기 위한 전기 회로도를 나타낸다. 자기유지회로를 구성하기 위해서는 자기유지와 해제를 위한 스위치 두 개가 필요하므로 PLC의 입력카드에 NO접점 두 개를 IN0과 IN1에 연결한다.

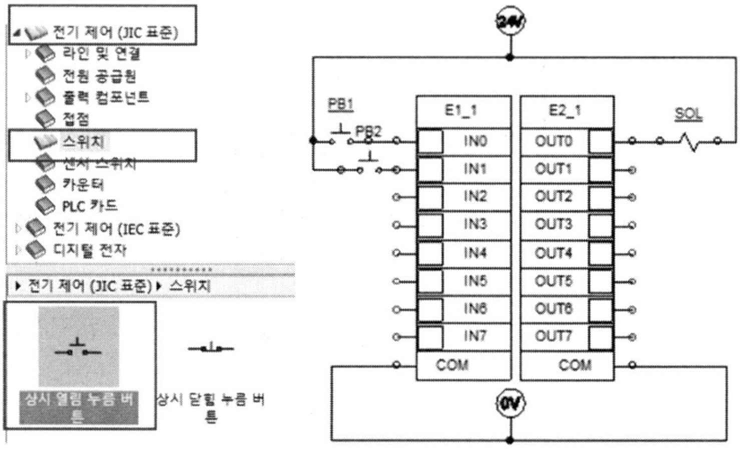

그림 부록 4.15 전기 회로도

■ PLC 프로그램

그림 부록 4.16은 자기유지를 위한 프로그램을 작성하기 위하여 라이브러리 트리에서 IEC 표준래더 → 렁, 접점 및 코일 목차를 선택하고 컴포넌트 영역에서 렁, NO접점과 출력 코일 심볼을 선택하여 편집문서로 이동시킨 상태를 나타낸다. NO접점은 렁 모선의 좌측에 위치시키고 출력 코일은 우측에 연결한다. NO접점을 더블클릭하여 컴포넌트 속성창에서 알리아스 PB1을 연결하고 출력 코일은 변수수정에서 알리아스 R1을 입력한다.

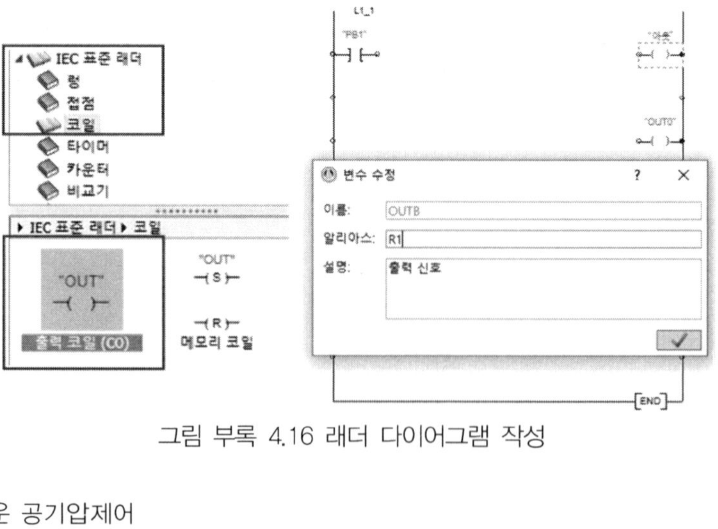

그림 부록 4.16 래더 다이어그램 작성

그림 부록 4.17은 자기유지해제를 위한 NC접점을 작성하는 상태를 나타낸다. 라이브러리 트리에서 IEC 표준래더 → 접점 목차를 선택하고 컴포넌트 영역에서 NC접점 심볼을 선택하여 스위치 PB1과 직렬로 연결한다.

그림 부록 4.18은 프로그램의 NC접점과 PLC 입력카드의 IO번지를 연결하는 상태를 나타낸다. NC접점을 더블클릭하면 컴포넌트 속성창이 나타나고 변수지정 항목을 선택하여 호환되는 시뮬레이션 변수 검색에 P를 입력하여 검색한다. P와 관련된 알리아스를 검색하고 알리아스 PB2를 더블클릭하면 컴포넌트 변수와 연결에 PB2가 나타나고 프로그램과 PLC 입력카드의 연결이 완성된다.

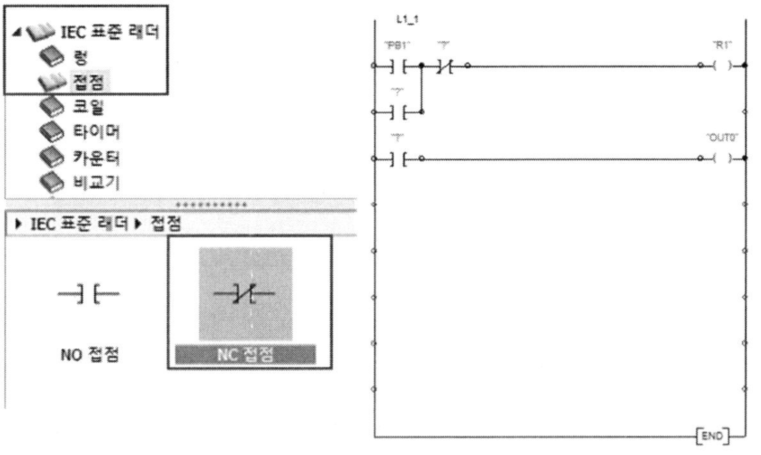

그림 부록 4.17 NC접점 작성

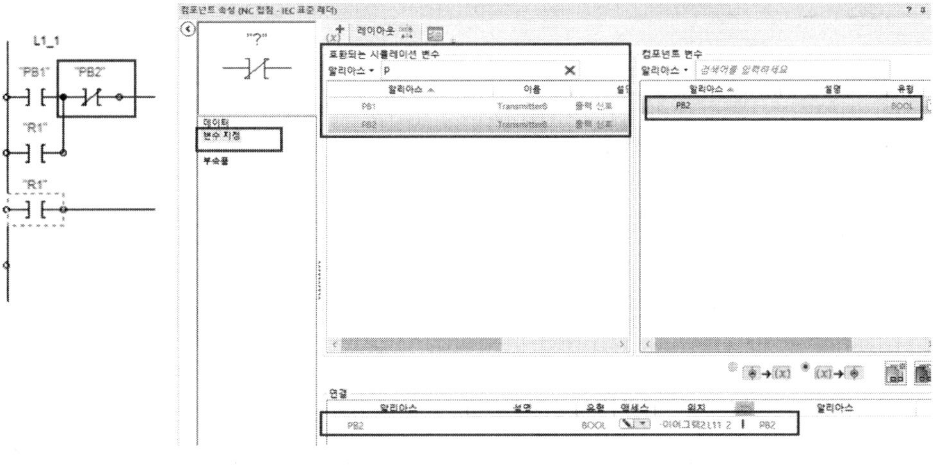

그림 부록 4.18 NC접점 연결

■ 시뮬레이션

그림 부록 4.19는 자기유지 기능을 사용하여 복동 실린더를 제어하는 프로그램과 전기 공기압 회로 구성을 나타낸다. 스위치 PB1과 PB2는 자기유지와 해제를 위한 기능을 하기 위하여 입력카드 IN0과 IN1에 연결되어 있다. 실린더를 전진시키는 솔레노이드밸브 SOL은 출력카드 OUT0에 연결되어 PB1이 ON되면 SOL 또한 ON되어 실린더가 전진한다.

그림 부록 4.20은 시뮬레이션을 시작한 초기상태 또는 PB2 스위치를 사용하여 자기유지를 해제한 상태를 나타낸다. 실린더가 전진한 상태에서 스위치 PB2를 ON시키면 자기유지가 해제되면서 솔레노이드밸브 SOL이 OFF되어 실린더가 후진한다.

그림 부록 4.21은 스위치 PB1에 의해 자기유지를 실행하여서 실린더를 전진시킨 상태를 나타낸다. 스위치 PB1을 ON시키면 코일 R1이 ON되어서 자기유지를 실행하고 출력 코일 OUT0을 ON시켜서 솔레노이드밸브가 ON되어 실린더가 전진한다.

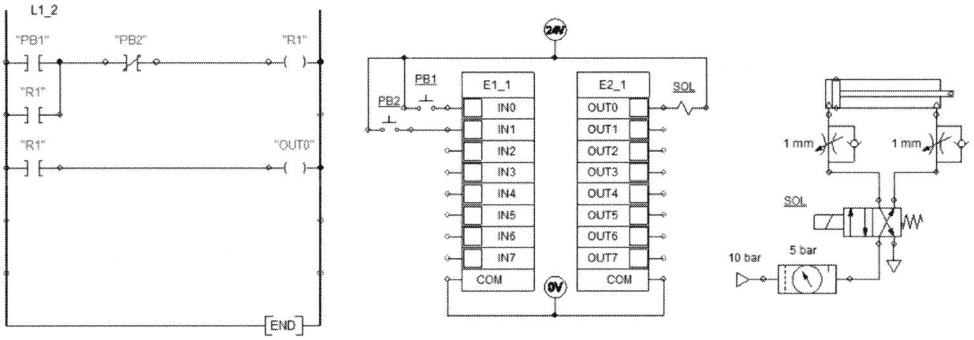

(a) PLC 프로그램 (b) 전기 회로도 (c) 공기압 회로도

그림 부록 4.19 자기유지 프로그램과 전기 공기압 회로 구성

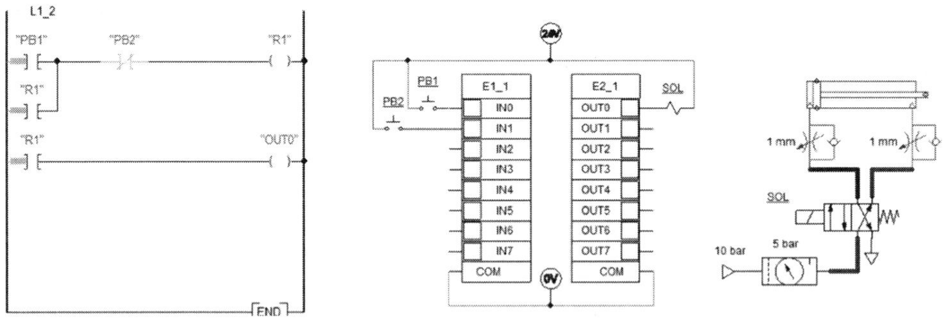

(a) PLC 프로그램 (b) 전기 회로도 (c) 공기압 회로도

그림 부록 4.20 자기유지해제(PB2 = ON) 및 초기상태

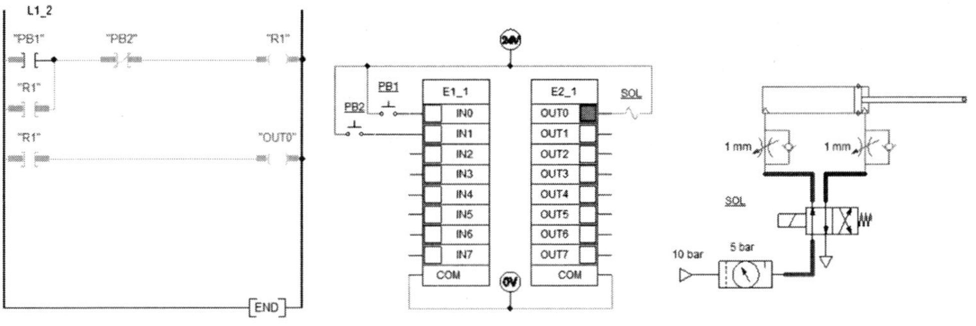

(a) PLC 프로그램 (b) 전기 회로도 (c) 공기압 회로도

그림 부록 4.21 자기유지(PB1 = ON) 및 실린더 전진

4.2 5포트 3위치 밸브

4.2.1 직접제어

■ 공기압 회로도

그림 부록 4.22는 5포트 3위치 밸브를 사용하여 스위치로 직접 실린더를 제어하는 공기압 회로도를 나타낸다. 라이브러리 트리에서 공압 목차를 선택하고 컴포넌트 영역에서 압력소스, 배기, 복동 실린더, 논-리턴 유량제어밸브를 편집문서로 이동시키고 유체정화기기에서 정화기기를, 방향밸브에서 5포트 3위치 솔레노이드밸브를 편집문서로 이동시킨다. 각 공기압 부품의 위치를 정렬하고 공기압 배관을 연결하여 공기압 회로를 완성한다.

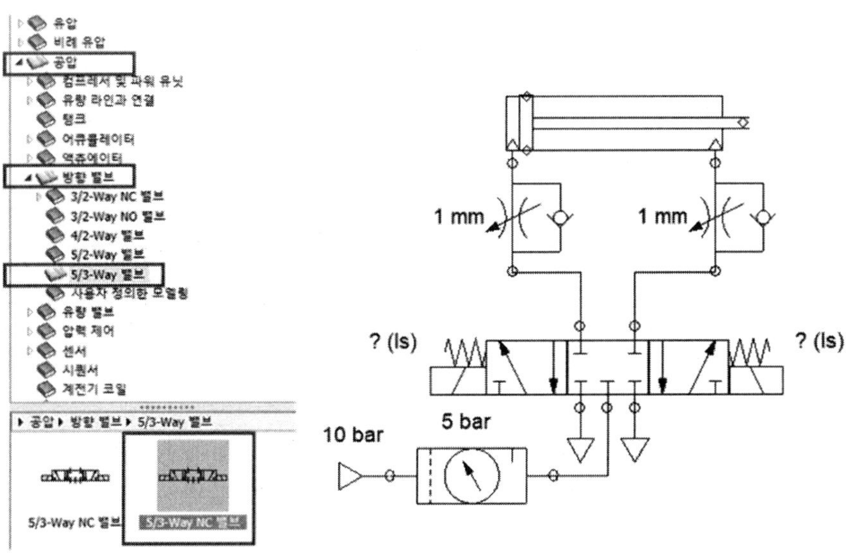

그림 부록 4.22 공기압 회로도 작성

그림 부록 4.23은 5포트 3위치 양방향 솔레노이드밸브에 스프링 리턴기능 추가를 나타낸다. 5포트 3위치 밸브를 더블클릭하면 컴포넌트 속성창이 나타나고 빌더 항목을 선택한다. 빌더 항목에서 5포트 3위치 밸브의 솔레노이드 상단의 물음표를 더블클릭하여 커맨드 선택창에서 스프링 리턴을 선택하고 체크하면 솔레노이드 상단에 스프링이 설치된다.

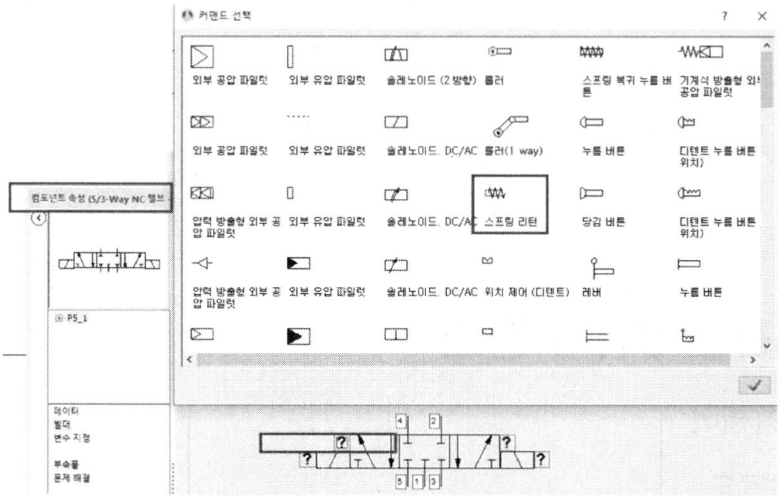

그림 부록 4.23 스프링 리턴 설정

■ 전기 회로도

그림 부록 4.24는 5포트 3위치 양방향 솔레노이드밸브와 PLC를 사용하여 복동 실린더를 직접 제어하는 전기 회로도 작성상태를 나타낸다. 라이브러리 트리에서 전기제어(JIC표준) → 전원 공급원 목차를 선택하고 컴포넌트 영역에서 24 V와 0 V를 이동시킨 다음 PLC카드 목차에서 입력카드와 출력카드를 편집문서로 이동시킨다.

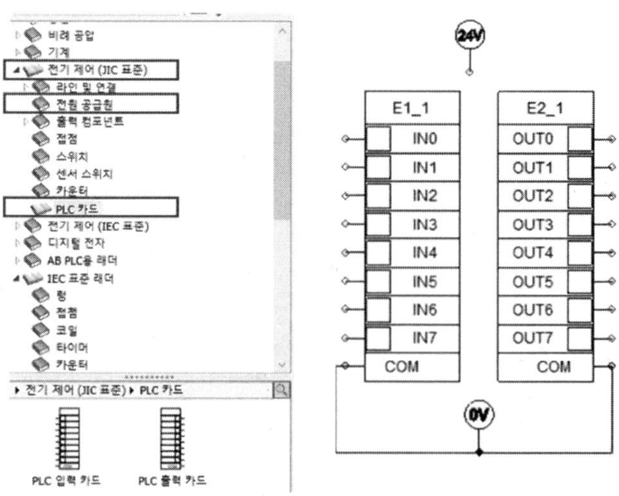

그림 부록 4.24 전기 회로도 작성

그림 부록 4.25는 스위치와 솔레노이드밸브를 입력카드와 출력카드에 접속하는 과정을 나타낸다. 라이브러리 트리에서 전기제어(JIC표준) → 스위치 목차를 선택하고 컴포넌트 영역에서 상시열림 스위치를 선택하여 입력카드의 IN0와 IN1에 연결하고 변수지정에서 PB1과 PB2를 입력한다. 출력 컴포넌트 목차에서 솔레노이드 DC/AC를 출력카드 OUT0와 OUT1에 연결하고 변수지정에서 SOL1과 SOL2를 입력한다.

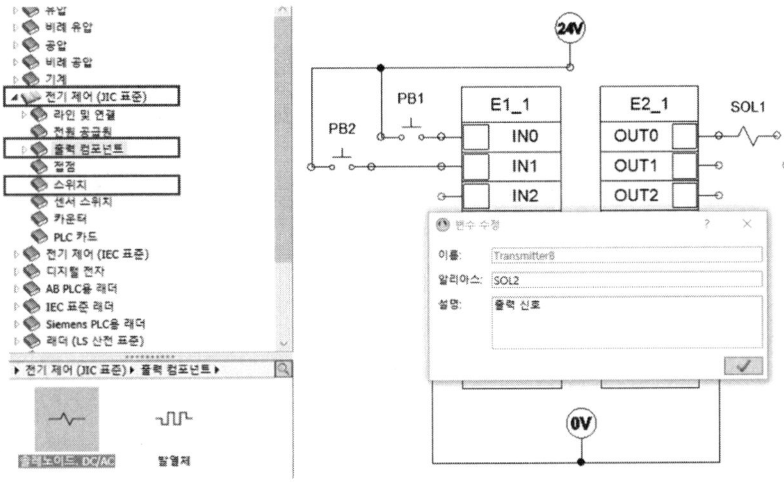

그림 부록 4.25 스위치와 솔레노이드밸브 설치

그림 부록 4.26은 5포트 3위치 밸브를 사용하여 복동 실린더를 자동으로 제어하는 전기공기압 회로를 나타낸다. 스위치 두 개와 기계 위치센서 두 개를 사용하여 5포트 3위치 양방향 솔레노이드밸브를 구동시킨다. 현재 상태로서는 전기배선 작업과 공기압 배관이 완성되었으나 PLC를 제어하는 프로그램 작성이 완성되지 않아서 제어는 불가능하다. 프로그램 작성에서는 가장 먼저 PLC와 연결되어있는 스위치와 솔레노이드밸브의 동작을 확인하는 IO체크 프로그램을 작성하고 동작을 확인한 후에 자동으로 왕복하는 프로그램을 작성한다.

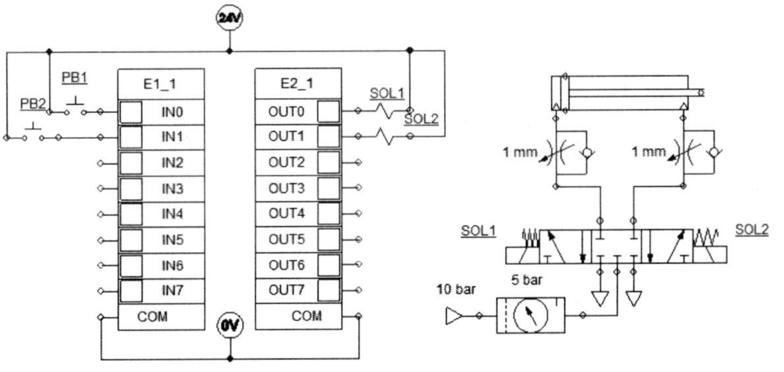

그림 부록 4.26 전기 공기압 회로 완성

■ PLC 프로그램

그림 부록 4.27은 PLC와 연결되어있는 5포트 3위치 양방향 솔레노이드 밸브와 스위치로 직접 제어하여 복동 실린더를 구동시키고 IO체크를 하는 프로그램을 나타낸다. 스위치 PB1과 PB2는 렁의 왼쪽 모선과 접속하고 출력 코일 OUT0과 OUT1은 오른쪽 모선과 접속한다. 각각의 입력 접점과 출력 코일을 더블클릭해서 컴포넌트 속성창을 사용하여 프로그램과 PLC와 알리아스를 연결한다.

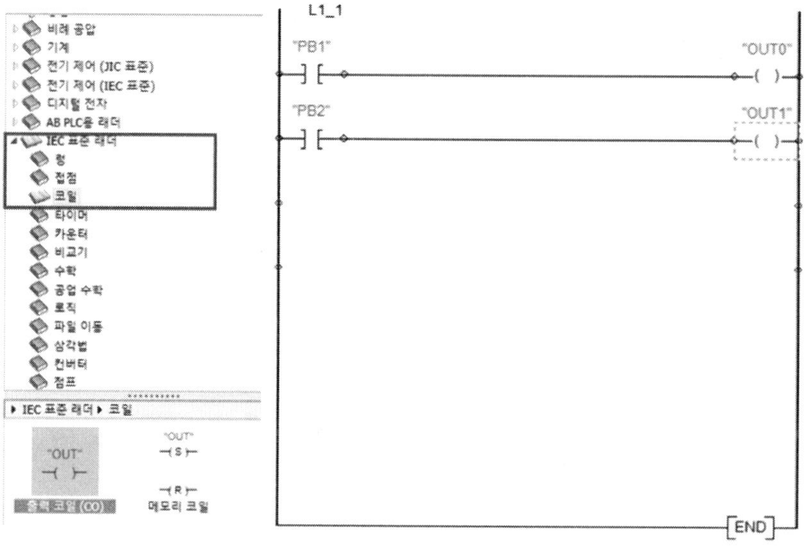

그림 부록 4.27 직접제어 프로그램 작성

■ 시뮬레이션

그림 부록 4.28은 복동 실린더를 스위치로 직접 제어하는 프로그램 및 전기 공기압 회로를 나타낸다. 실린더의 전진에 필요한 스위치 PB1과 솔레노이드밸브 SOL1를 연결하고 실린더 후진에 필요한 스위치 PB2와 솔레노이드밸브 SOL2를 직접 연결하였으므로 각각의 스위치에 의해 실린더는 전진과 후진을 할 수 있다.

그림 부록 4.29는 복동 실린더를 전진시키기 위하여 스위치 PB1을 ON시킨 상태를 나타낸다. PB1이 ON되면 PLC의 출력카드 OUT0이 ON신호를 출력하여 솔레노이드밸브 SOL1이 ON되고 실린더는 전진한다. 스위치 PB1을 놓으면 그 자리에 정지하고, 누르면 다시 전진한다.

그림 부록 4.30은 실린더를 후진시키기 위한 스위치 PB2가 ON이 되는 상태를 나타낸다. PB2가 ON되면 출력카드 OUT1에 ON이 출력되어 솔레노이드밸브 SOL2가 ON되어서 실린더는 후진한다. PB2를 놓으면 실린더는 그 자리에 정지하고 다시 ON시키면 실린더는 후진한다.

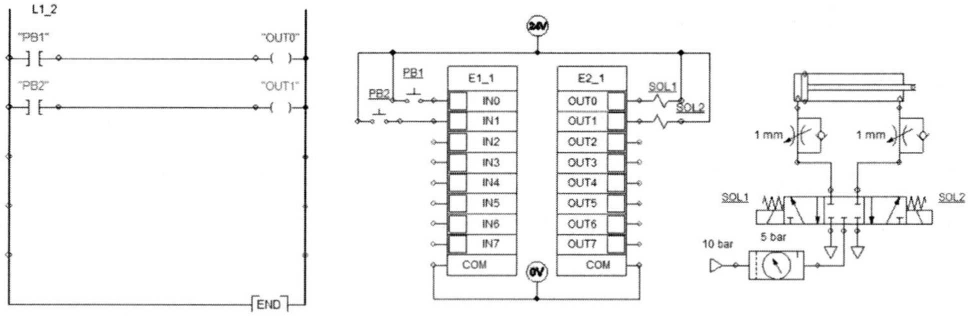

(a) PLC 프로그램 (b) 전기 회로도 (c) 공기압 회로도

그림 부록 4.28 직접제어 프로그램 및 전기 공기압 회로

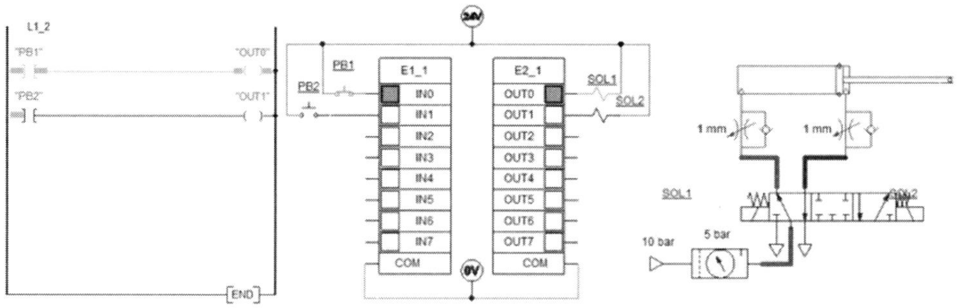

(a) PLC 프로그램 (b) 전기 회로도 (c) 공기압 회로도

그림 부록 4.29 실린더 전진 : PB1 = ON

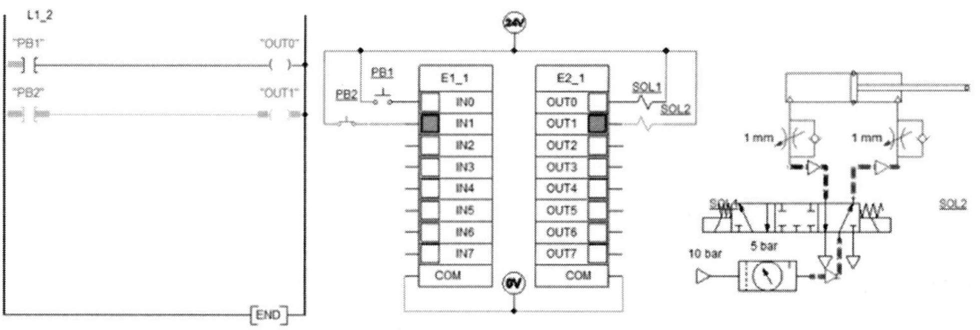

(a) PLC 프로그램 (b) 전기 회로도 (c) 공기압 회로도

그림 부록 4.30 실린더 후진 : PB2 = ON

4.2.2 자기유지 수동제어

■ **PLC 프로그램**

그림 부록 4.31은 5포트 3위치 양방향 솔레노이드밸브와 스위치 두 개로 직접 실린더를 제어하는 공기압 회로와 전기회로는 그대로 두고 프로그램만 변경하는 상태를 나타낸다. 스위치 PB1과 PB2를 눌렀다가 놓아도 ON상태를 유지하여 실린더가 전진 또는 후진하는 자기유지 프로그램을 작성한다. PB1을 누르면 코일 R1이 ON되고 자기유지를 하면서 OUT0을 ON시켜 실린더를 전진시킨다. PB2를 누르면 R1에 의한 자기유지는 해제되고 코일 R2가 ON되어서 자기유지되어 실린더를 후진시킨다. 다시 PB1을 누르면 R2에 의한 자기유지는 해제되고 코일 R1이 작동하여 실린더는 전진한다.

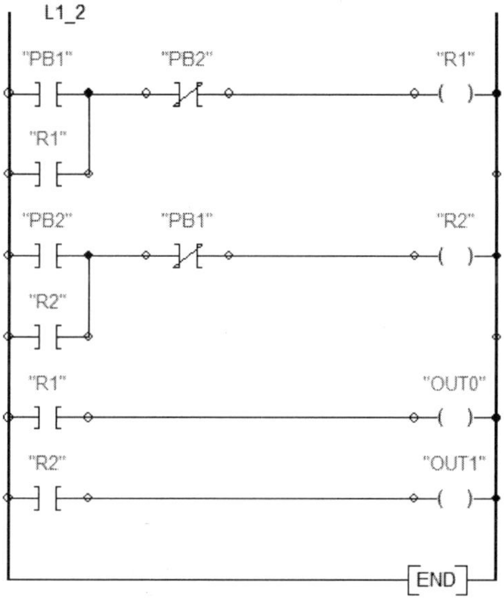

그림 부록 4.31 자기유지 프로그램

■ **시뮬레이션**

그림 부록 4.32은 프로그램을 사용하여 스위치 PB1과 PB2를 자기유지시켜서 실린더를 전진과 후진시키는 프로그램 및 전기 공기압 회로를 나타낸다. 스위치 PB1은 실린더 전진을 위한 스위치이고, PB2는 실린더 후진을 위한 스위치를 나타낸다.

그림 부록 4.33은 실린더를 전진시키기 위하여 스위치 PB1을 눌렀다가 놓으면 코일 R2에 의한 자기유지를 해제하고 코일 R1이 ON되면서 자기유지를 한다. 코일 R1은 접점 R1에 의해 자기유지를 하면서 OUT0을 ON시켜서 실린더를 전진시킨다.

그림 부록 4.34는 실린더를 후진시키는 것으로서 스위치 PB2를 눌렀다가 놓으면 코일 R1에 의한 자기유지를 해제하고 코일 R2가 ON되면서 자기유지를 하고 OUT1을 ON시켜서 실린더가 후진한다.

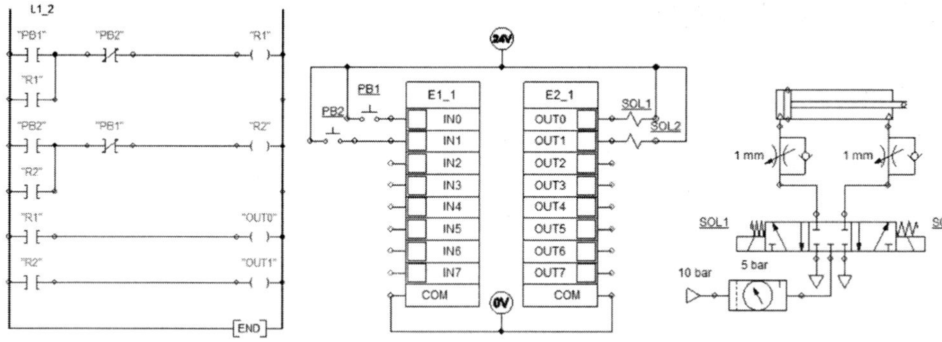

(a) PLC 프로그램　　(b) 전기 회로도　　(c) 공기압 회로도

그림 부록 4.32 자기유지 프로그램 및 전기 공기압 회로

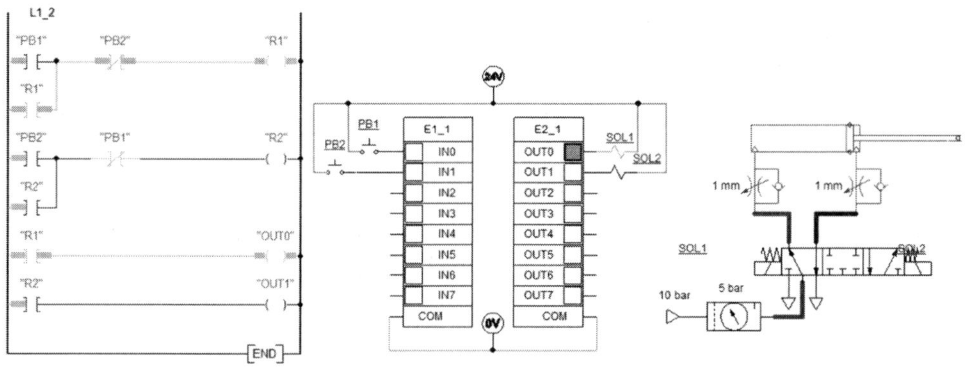

(a) PLC 프로그램　　(b) 전기 회로도　　(c) 공기압 회로도

그림 부록 4.33 실린더 전진 : PB1 = ON

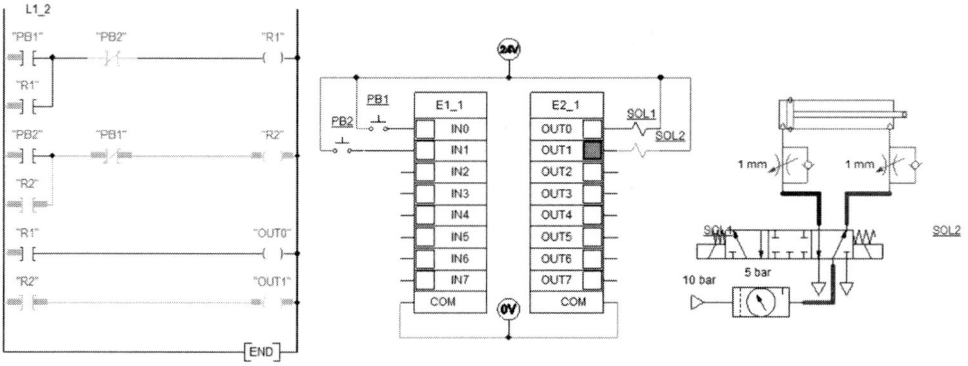

(a) PLC 프로그램　　(b) 전기 회로도　　(c) 공기압 회로도

그림 부록 4.34 실린더 후진 : PB2 = ON

4.2.3 자기유지 자동제어

■ **공기압 회로도**

그림 부록 4.35는 5포트 3위치 양방향 솔레노이드밸브와 기계 위치센서를 사용하여 실린더를 자동으로 운전하는 공기압 회로를 나타낸다. 5포트 3위치 밸브는 전진, 중립 및 후진의 3개 위치를 가지고 있으며 실린더가 동작하는 도중에 솔레노이드밸브가 OFF되면 두 개의 위치센서 신호를 받지 못하는 경우가 발생한다. 이러한 경우에는 시동 스위치를 사용하여 강제적으로 전진 또는 후진하는 프로그램을 작성하는 경우도 있지만 여기서는 스프링 복귀형 누름버튼을 가진 밸브를 사용하는 방법을 설명한다.

그림 부록 4.36은 5포트 3위치 솔레노이드밸브에 스프링 복귀 누름버튼 기능을 추가하는 상태를 나타낸다. 공기압 회로에서 5포트 3위치 밸브를 더블클릭하면 컴포넌트 속성창이 나타나고 빌더 항목을 선택한다. 빌더 항목을 선택하면 5포트 3위치 솔레노이드 표시기호가 나타나고 솔레노이드 상단의 물음표를 더블클릭하면 커맨드 선택창이 나타난다. 스프링 복귀 누름버튼을 클릭하고 체크하면 솔레노이드 상단에 스프링 복귀 누름버튼 표시기호가 생성된다.

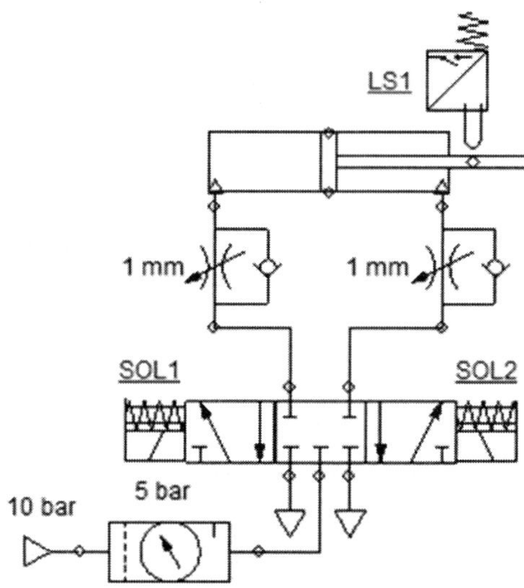

그림 부록 4.35 자동운전 공기압 회로

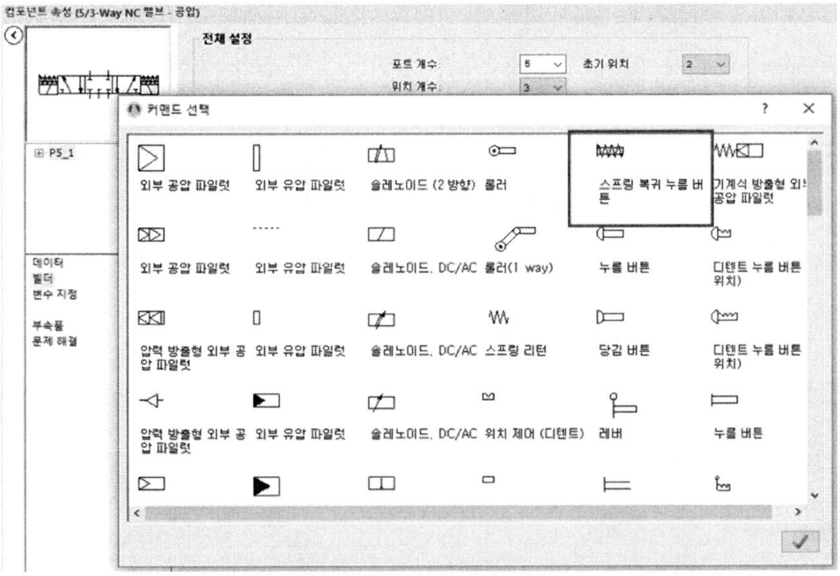

그림 부록 4.36 스프링 복귀 누름버튼 설정

그림 부록 4.37은 공기압 회로에서 실린더를 자동운전하기 위한 기계 위치센서를 작성하는 상태를 나타낸다. 라이브러리 트리에서 공압 목차를 선택하고 컴포넌트 영역을 스크롤하여 하단부로 내려오면 기계 위치센서 심볼이 나타난다. 이를 클릭하여 피스톤 로드의 기계적 접점 표시가 있는 피스톤 로드 끝점 근처에 위치시키면 변수수정 대화상자가 나타나고 알리아스 LS1을 입력한다. 기계 위치센서를 마우스로 클릭하고 편집 탭 메뉴에서 위치를 클릭하여 수평 반전을 선택하여 센서의 자세를 바꾼다. 같은 방법으로 기계 위치센서를 실린더가 전진한 끝부분의 피스톤 로드 기계적 접점 근처에 센서를 위치시키고 알리아스 LS2를 입력한다.

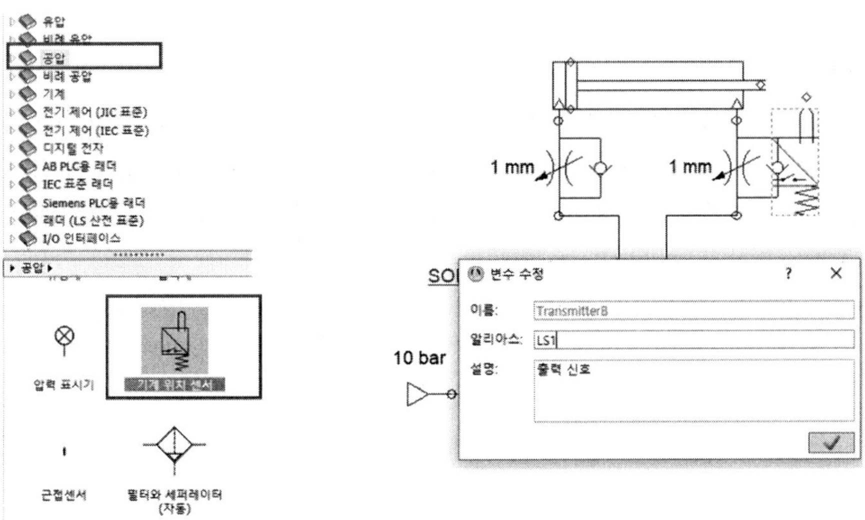

그림 부록 4.37 기계 위치센서 작성

그림 부록 4.38은 실린더에 있는 기계적 접점과 기계 위치센서의 기계적 접점을 일치시키는 상태를 나타낸다. 공기압 회로의 초기상태는 실린더가 후진한 상태이므로 기계 위치센서의 접점을 후진한 피스톤 로드의 끝점에 있는 기계적 접점을 일치시킨다. 다음으로 실린더를 더블클릭하여 컴포넌트 속성창이 나타나면 데이터 항목을 선택하고 기술-모델 목차에서 전진 항목을 100 % 입력하면 실린더가 전진한 상태가 된다. 실린더가 전진한 피스톤 로드의 끝점에 있는 기계적 접점을 기계 위치센서와 일치시키고 0 %를 입력하여 실린더를 후진시키는 상태로 변경한다.

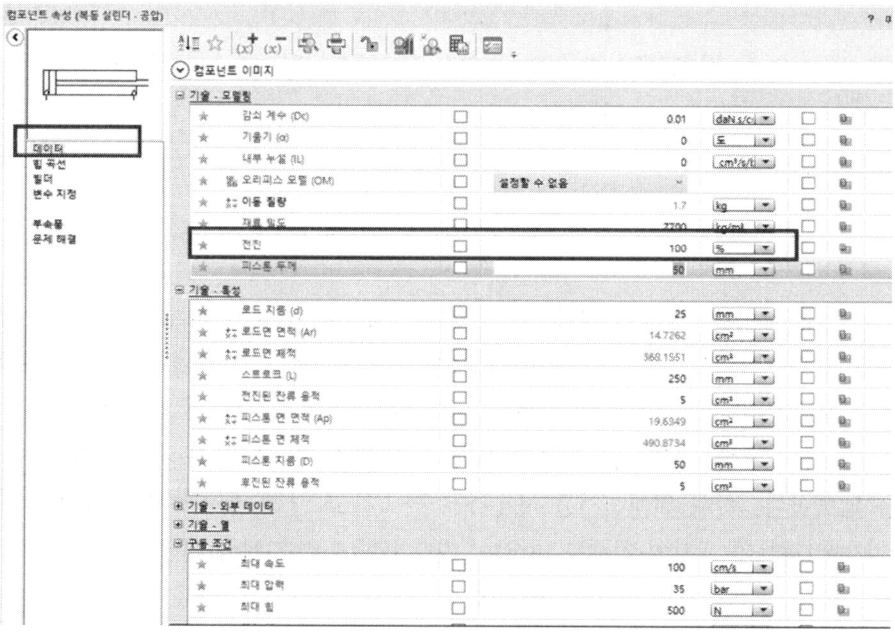

그림 부록 4.38 기계적 접점 일치

■ 전기 회로도

그림 부록 4.39는 복동 실린더를 스위치 두 개를 사용하여 수동으로 제어하는 전기회로에 기계 위치센서 두 개를 추가한 상태를 나타낸다. 라이브러리 트리에서 전기제어(JIC표준) → 센서 스위치 목차를 선택하고 컴포넌트 영역에서 상시열림 리밋 스위치를 클릭하여 입력카드 IN2와 IN3에 연결하고 컴포넌트 속성창을 이용하여 연결한다. 현재 상태는 기계 위치센서 LS1과 LS2는 공기압 회로도에 설치한 기계 위치센서와 미연결된 상태이다.

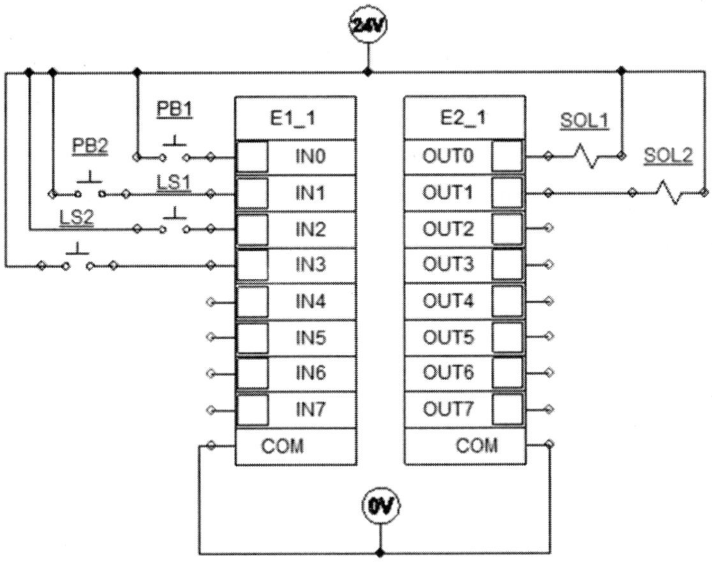

그림 부록 4.39 전기회로 작성

그림 부록 4.40은 기계 위치센서 LS1과 LS2를 PLC를 제어하는 프로그램과 미연결 상태이므로 이를 연결하는 과정을 나타낸다. 상시열림 리밋 스위치를 더블클릭하면 컴포넌트 속성창이 나타나고 변수지정 항목을 선택한다. 호환되는 시뮬레이션 변수 검색창에 L을 입력하고 검색하면 알리아스 LS1과 LS2가 검색된다. 알리아스 LS1을 더블클릭하면 컴포넌트 변수와 연결에 LS1이 나타나 연결되었음을 표시하고 공기압 회로와 전기회로의 LS1이 파란색으로 변경된다. 같은 방법으로 LS2를 연결한다.

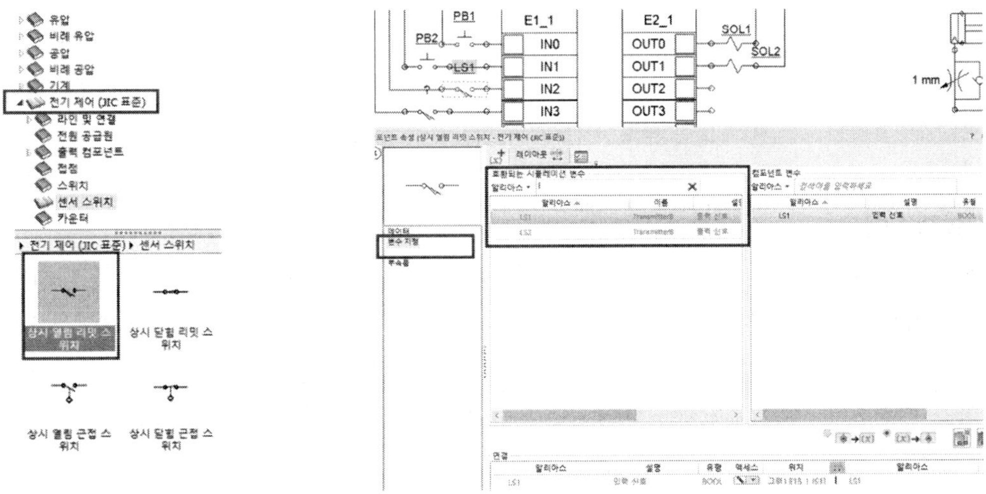

그림 부록 4.40 기계 위치센서 연결

■ PLC 프로그램

그림 부록 4.41은 스위치 PB1과 PB2, 기계 위치센서 LS1과 LS2를 사용하여 실린더를 자동 운전하는 래더 다이어그램을 나타낸다. 라이브러리 트리에서 IEC 표준래더 → 렁, 접점 및 코일을 선택하고 컴포넌트 영역에서 렁, NO접점, NC접점과 출력 코일을 클릭하여 편집문서에 위치시킨다. 가장 먼저 렁의 위치를 결정하고 NO접점을 왼쪽 모선과 연결하고 NC접점을 직렬로 접속한다. 출력 코일은 오른쪽 모선에 연결하고 알리아스 R을 입력한다. 래더 다이어그램을 완성한 후에는 각 접점, 코일 및 출력 코일을 더블클릭하여 컴포넌트 속성창이 나타나면 호환되는 시뮬레이션 변수 검색창에 접점, 코일 및 출력 코일에 관련한 문자를 입력하여 검색한다. 관련 알리아스가 나타나면 더블클릭하여 컴포넌트 변수와 연결의 알리아스를 일치시켜 프로그램과 PLC를 연결한다.

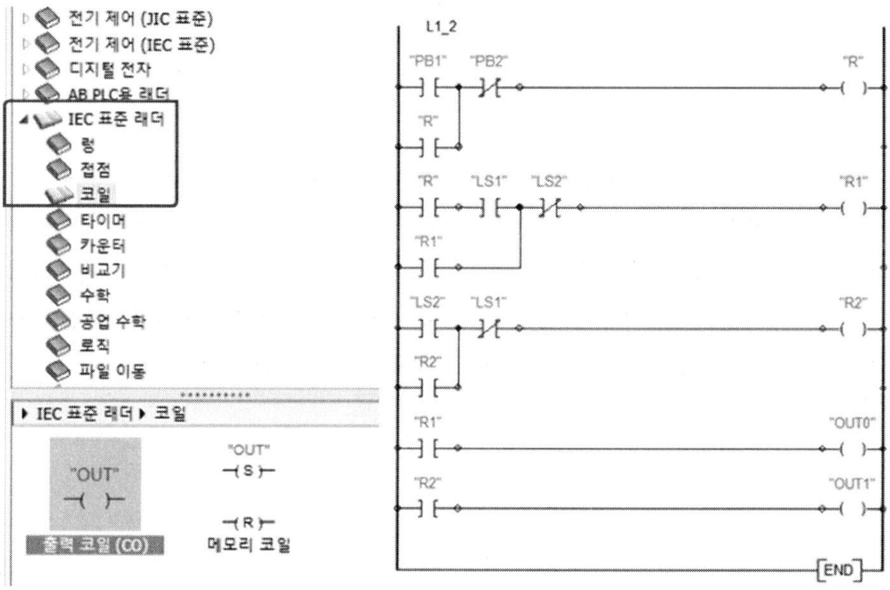

그림 부록 4.41 자동운전 래더 다이어그램

■ 시뮬레이션

그림 부록 4.42는 복동 실린더를 자동 운전하는 프로그램 및 전기 공기압 회로를 나타낸다. 프로그램에서는 PB1을 누르면 코일 R이 ON되어서 자기유지를 하고 기계 위치센서 LS1과 직렬로 연결되어서 코일 R이 ON상태에서 LS1이 ON되면 코일 R2의 자기유지가 해제되고 실린더는 전진한다. 실린더가 전진하여 LS2가 ON되면 코일 R1의 자기유지가 해제되고 실린더는 후진한다.

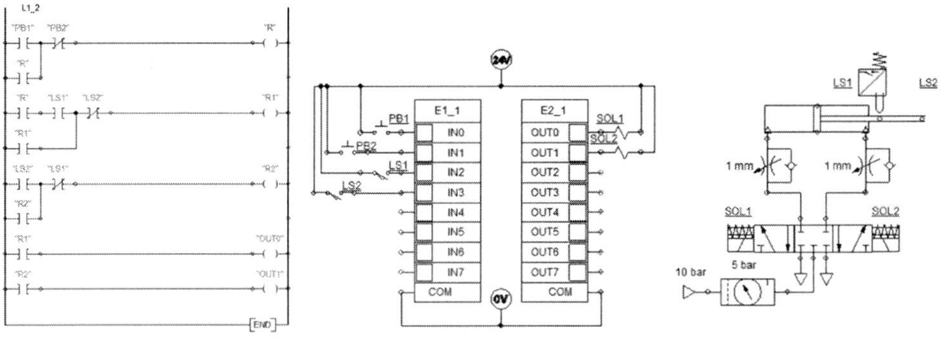

(a) PLC 프로그램　　　　(b) 전기 회로도　　　　(c) 공기압 회로도

그림 부록 4.42 자동운전 프로그램 및 전기 공기압 회로

그림 부록 4.43은 실린더를 동작시키기 위한 초기상태를 나타내며 피스톤 로드가 임의의 위치, 즉 운전 도중에 멈추어서 기계 위치센서 신호를 받지 못하는 중간에 정지한 상태이다. 이러한 경우에는 PB1을 눌러서 코일 R이 ON되어도 LS1과 LS2가 AND 접속을 하고 있으므로 실린더는 움직이지 않는다. 이러한 현상이 발생할 수도 있으므로 5포트 3위치 양방향 솔레노이드밸브에 스프링 복귀 누름버튼 기능을 추가하였다.

그림 부록 4.44는 실린더가 운전 도중에 멈춤으로 피스톤 로드의 끝점 위치가 LS1과 LS2 사이 임의의 위치에 있어 어느 한쪽의 신호도 받지 못하는 상태를 해결하는 과정을 나타낸다. 5포트 3위치 솔레노이드밸브에 추가한 스프링 복귀 누름버튼을 볼펜 또는 뾰족한 기구로 누르면 압축공기를 실린더에 수동으로 공급할 수 있다. 실린더의 전진 또는 후진에 가까운 위치에 있는 솔레노이드밸브의 스프링 복귀 누름버튼으로 실린더가 LS1 또는 LS2의 신호를 받을 수 있는 위치로 이동시킨다.

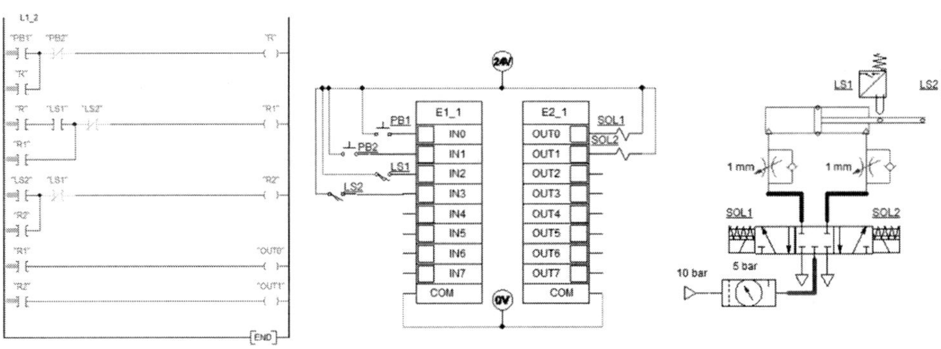

(a) PLC 프로그램　　　　(b) 전기 회로도　　　　(c) 공기압 회로도

그림 부록 4.43 실린더 중간정지 상태

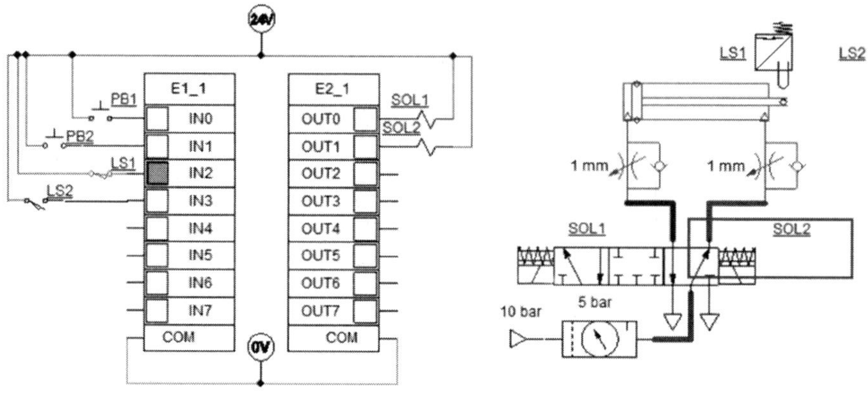

그림 부록 4.44 스프링 복귀형 누름버튼 작동

그림 부록 4.45는 실린더를 전진시키기 위하여 LS1이 ON되어 있는 상태에서 스위치 PB1을 눌러서 코일 R을 ON시켜 자기유지를 하면서 OUT0에 ON을 출력하여 SOL1을 동작시킨 상태이다. SOL1이 ON되면 압축공기는 피스톤 헤드에 공급되고 피스톤 로드의 압축공기는 대기로 배출되는 유량이 조절되어 실린더가 일정한 속도로 전진한다.

그림 부록 4.46은 실린더를 후진시키기 위하여 PB1에 코일 R이 ON되어 있으므로 AND 조합으로 결합한 LS2가 ON되면 OUT1이 ON되어 SOL2를 동작시킨다. SOL2가 ON되면 피스톤 로드에 압축공기가 공급되고 피스톤 헤드에 있는 압축공기는 유량조절밸브에 의해 대기로 배출되는 유량을 제어하여 후진하는 운동속도를 제어한다.

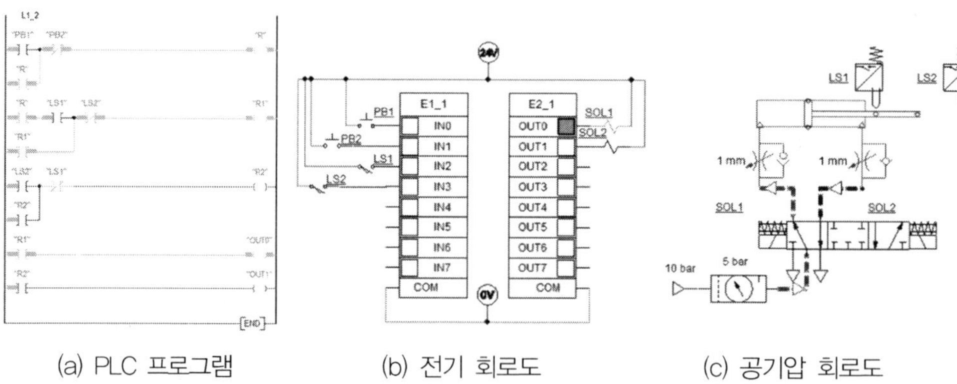

(a) PLC 프로그램 (b) 전기 회로도 (c) 공기압 회로도

그림 부록 4.45 실린더 전진 : R = ON, LS1 = ON

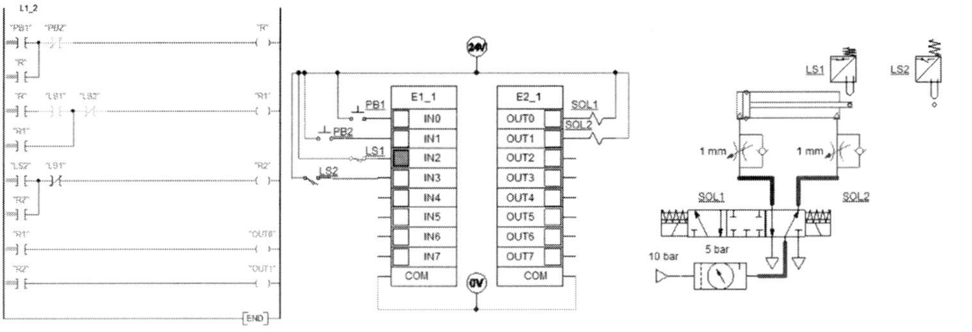

(a) PLC 프로그램 (b) 전기 회로도 (c) 공기압 회로도

그림 부록 4.46 실린더 후진 : R = ON, LS2 = ON

저자약력

공학박사 **박정규(朴晸圭)**

- 1979년 영남대학교 기계공학과 공학사
- 1992년 일본 오카야마대학교 대학원 생산기계공학과 공학석사
- 1995년 일본 오카야마대학교 대학원 자연과학연구과(시스템과학전공) 공학박사
- 1995년 LG전자 생산기술센터 선임 연구원
- 1999년~현재 두원공과대학교 메카트로닉스공학과 교수

저자와의 협의에 의해 인지 생략

알기쉬운
공기압제어

2판 2쇄 2024년 3월 4일

저 자 박정규
발행인 송광헌
발행처 복두출판사
주 소 서울특별시 영등포구 경인로82길 3-4 센터플러스 807호 (우) 07371
전 화 02-2164-2580
FAX 02-2164-2584
등 록 1993. 11. 22. 제 10-902 호

정가 : 27,000원
ISBN : 979-11-6675-401-2 93550

한국과학기술출판협회 회원사